"十四五"职业教育国家规划教材

"十三五"职业教育国家规划教材

1+X职业技能等级证书配套教材

1+X职业技能等级证书——传感网应用开发

# 传感网应用开发（高级）


组　编　北京新大陆时代教育科技有限公司

主　编　陈继欣　邓　立

副主编　王永星　厉　鹏　徐连城　冯福生　王　刚
　　　　钱　进　杨现德　贾海瀛　朱昌洪

参　编　陈荣军　谢治军　邵彩幸　贾晓强　韩　芳
　　　　董　瑞　金诗博

机　械　工　业　出　版　社

本书参照“1+X”《传感网应用开发职业技能等级标准》高级部分，根据物联网相关科研机构及企事业单位产品研发、部品开发等岗位涉及的工作领域和工作任务所需的职业技能要求，通过8个学习单元介绍了传感网应用开发中数据采集、RS-485总线通信应用开发、CAN总线通信应用开发、ZigBee协议栈组网开发、蓝牙通信应用开发、Wi-Fi通信应用开发、NB-IoT通信应用开发和LoRaWAN组网通信应用开发等内容。

本书是“1+X”职业技能等级证书——传感网应用开发（高级）的培训认证配套用书。

本书配有电子课件，教师可到机械工业出版社教育服务网（www.cmpedu.com）免费注册并下载，或联系编辑（010-88379194）咨询。

**图书在版编目（CIP）数据**

传感网应用开发：高级/北京新大陆时代教育科技有限公司组编；陈继欣，邓立主编．—北京：机械工业出版社，2020.1（2024.1重印）

1+X职业技能等级证书配套教材　1+X职业技能等级证书

ISBN 978-7-111-64719-5

Ⅰ．①传…　Ⅱ．①北…　②陈…　③邓…　Ⅲ．①无线电通信—传感器—职业技能—鉴定—教材　Ⅳ．①TP212

中国版本图书馆CIP数据核字（2020）第024128号

机械工业出版社（北京市百万庄大街22号　邮政编码100037）

策划编辑：梁　伟　　责任编辑：赵志鹏　梁　伟　王宗锋

责任校对：潘　蕊　梁　静　　封面设计：鞠　杨

责任印制：常天培

固安县铭成印刷有限公司印刷

2024年1月第1版第4次印刷

184mm×260mm・25.5印张・561千字

标准书号：ISBN 978-7-111-64719-5

定价：67.00元

电话服务　　网络服务

客服电话：010-88361066　　机　工　官　网：www.cmpbook.com

010-88379833　　机　工　官　博：weibo.com/cmp1952

010-68326294　　金　书　网：www.golden-book.com



机工教育服务网：www.cmpedu.com

# 关于“十四五”职业教育国家规划教材的出版说明

为贯彻落实《中共中央关于认真学习宣传贯彻党的二十大精神的决定》《习近平新时代中国特色社会主义思想进课程教材指南》《职业院校教材管理办法》等文件精神，机械工业出版社与教材编写团队一道，认真执行思政内容进教材、进课堂、进头脑要求，尊重教育规律，遵循学科特点，对教材内容进行了更新，着力落实以下要求：

1. 提升教材铸魂育人功能，培育、践行社会主义核心价值观，教育引导学生树立共产主义远大理想和中国特色社会主义共同理想，坚定“四个自信”，厚植爱国主义情怀，把爱国情、强国志、报国行自觉融入建设社会主义现代化强国、实现中华民族伟大复兴的奋斗之中。同时，弘扬中华优秀传统文化，深入开展宪法法治教育。

2. 注重科学思维方法训练和科学伦理教育，培养学生探索未知、追求真理、勇攀科学高峰的责任感和使命感；强化学生工程伦理教育，培养学生精益求精的大国工匠精神，激发学生科技报国的家国情怀和使命担当。加快构建中国特色哲学社会科学学科体系、学术体系、话语体系。帮助学生了解相关专业和行业领域的国家战略、法律法规和相关政策，引导学生深入社会实践、关注现实问题，培育学生经世济民、诚信服务、德法兼修的职业素养。

3. 教育引导学生深刻理解并自觉实践各行业的职业精神、职业规范，增强职业责任感，培养遵纪守法、爱岗敬业、无私奉献、诚实守信、公道办事、开拓创新的职业品格和行为习惯。

在此基础上，及时更新教材知识内容，体现产业发展的新技术、新工艺、新规范、新标准。加强教材数字化建设，丰富配套资源，形成可听、可视、可练、可互动的融媒体教材。

教材建设需要各方的共同努力，也欢迎相关教材使用院校的师生及时反馈意见和建议，我们将认真组织力量进行研究，在后续重印及再版时吸纳改进，不断推动高质量教材出版。

机械工业出版社

近年来，在供给侧和需求侧的双重推动下，物联网技术进入以基础性行业和规模消费为代表的第三次发展浪潮。随着互联网企业、传统行业企业、设备商、电信运营商全面布局物联网，产业生态初具雏形；连接技术不断突破，NB-IoT、LoRa等低功耗广域网全球商用化进程不断加速，数以万亿计的新设备将接入网络并产生海量数据；物联网平台迅速增长，服务支撑能力迅速提升；区块链、边缘计算、人工智能等新技术题材不断注入物联网，为物联网带来新的创新活力。受技术和产业成熟度的综合驱动，物联网呈现“边缘的智能化、连接的泛在化、服务的平台化、数据的延伸化”新特征，物联网迎来跨界融合、集成创新和规模化发展的新阶段。

2019年初，在国务院《关于印发国家职业教育改革实施方案的通知》（国发［2019］4号）中，提出了“从2019年开始，在职业院校、应用型本科高校启动‘学历证书+若干职业技能等级证书’制度试点（以下称‘1+X’证书制度试点）工作”的要求。为落实“1+X”证书制度，北京新大陆时代教育科技有限公司作为“1+X”证书制度试点第二批职业教育培训评价组织，结合物联网发展的新特征，从用人单位物联网岗位的要求出发，制定了《传感网应用开发职业技能等级标准》（下面简称《标准》）。《标准》规定了传感网应用开发职业技能的等级、工作领域、工作任务及职业技能要求，分为初级、中级、高级三部分。

《标准》高级部分主要针对物联网相关科研机构及企事业单位，面向产品研发、部品开发等岗位，从事协议设计、软件开发、性能优化等工作，从数据采集、有线组网通信、短距离无线通信、低功耗窄带组网通信、通信协议应用和通信协议设计6个工作领域规定了相应的职业技能要求。

本书是“1+X”职业技能等级证书——传感网应用开发（高级）的培训认证配套用书。内容包含数据采集、RS-485总线通信应用开发、CAN总线通信应用开发、ZigBee 协议栈组网开发、蓝牙通信应用开发、Wi-Fi通信应用开发、NB-IoT通信应用开发和LoRaWAN组网通信应用开发8个学习单元，覆盖了《标准》中6个工作领域的知识点和技能点，充分体现了传感网应用开发相关人员在职业活动中所需要的综合能力。

本书由北京新大陆时代教育科技有限公司组编，由于编者水平有限，书中仍难免有不妥和错误之处，恳请读者批评指正。

编　者

目录
CONTENTS

CONTENTS

目录
CONTENTS

CONTENTS

目录

Project 1

# 学习单元 1

# 数据采集

## 单元概述

本单元主要面向的工作领域是传感网应用开发中的数据采集，介绍了在完成模拟量、数字量和开关量传感数据采集工作案例时所需要的核心职业技能。首先，依据不同工作案例的特点选取了多种典型工作案例，讲解了与典型工作案例相关的常用传感器、传感器基本工作原理和基本参数、传感器选用方法。然后，以典型器件为例，介绍了传感器电路原理图、传感器技术手册以及相关电路基础知识。最后，简单介绍了传感数据采集所需的信号处理知识和方法、传感数据误差分析和优化方法，以及传感数据统计处理方法。

## 知识目标

- 掌握模拟量、数字量和开关量传感数据的基本概念；
- 理解常用传感器的基本工作原理和基本参数；
- 了解传感数据采集所需的信号处理知识；
- 了解传感数据采集样本误差分析和优化所需数学统计知识；
- 了解对所采集的传感数据进行处理所需的数学统计知识。

## 技能目标

- 能够依据不同工作任务的特点选取常用传感器；
- 能够识读传感器电路原理图和技术手册；
- 能够根据需求检测并处理信号；
- 能够将采样获得的数据换算成带单位的物理量；
- 能够运用数学知识对采样得到的数据样本进行误差分析和优化处理；
- 能够运用数学统计知识对采集到的传感数据进行处理。

# 1.1 模拟量传感数据采集

模拟量是指在时间和数值上都是连续的物理量。在利用相应传感器对光照度和气体浓度进行数据采集时，所输出的信号就是典型的模拟量。在本单元中，选取光照度采集和气体浓度采集这两个典型的模拟量传感数据采集工作案例，讲解工作过程中所需使用的常用传感器、传感器基本工作原理和基本参数、传感器选用方法；然后，以典型器件为例，介绍光照度和气体浓度传感器的核心电路原理图和技术手册中的基本内容；最后，简单介绍将所采集的模拟量传感数据转换成数字量传感数据的基本方法。

## 1.1.1 光照度数据采集

在采集光照度传感数据时，通常使用光敏传感器，而光敏传感器的理论基础是光电效应。光可以认为是由具有一定能量的粒子（称为光子）所组成的，光照射在物体表面上就可看成是物体受到一连串的光子轰击。光电效应就是由于该物体吸收到光子能量后产生的电效应，光电效应通常可以分为外光电效应、内光电效应和光生伏特效应。在光线的作用下，物体内的电子逸出物体表面向外发射的现象称为外光电效应。基于外光电效应的光电器件有光电管、光电倍增管等。在光线的作用下，电子吸收光子能量从键合状态过渡到自由状态，而引起材料电导率的变化，这种现象称为内光电效应，又称光电导效应。基于这种效应的光电器件有光敏电阻等。在光线的作用下，能够产生一定方向的电动势的现象叫作光生伏特效应。光敏传感器广泛用于导弹制导、天文探测、光电自动控制系统、极薄零件的厚度检测器、光照量测量设备、光电计数器及光电跟踪系统等方面。

### 1. 常用传感器

传感器是一种检测装置，能感受到被测量的信息，并能将感受到的信息按一定规律变换成为电信号或其他所需形式的信息输出，以满足信息的传输、处理、存储、显示、记录和控制等要求。

在本单元中，以光敏二极管型器件、光敏晶体管型器件和光敏电阻型器件为例介绍光敏传感器的基本参数和特性。

（1）光敏二极管型器件

光敏二极管所利用的是光生伏特效应。按材料分，光敏二极管有硅、砷化镓、锑化铟光敏二极管等。按结构分，有同质结与异质结之分。其中最典型的是同质结硅光敏二极管。光敏二极管的结构与普通二极管相似，是一种利用PN结单向导电性的结型光敏器件。光敏二极管的PN结装在管的顶部，可以直接受到光照射，在电路中一般处于反向工作状态。在不接受光照射时，光敏二极管处于截止状态；在接受光照射时，光敏二极管处于导通状态。具体而言，光敏二极管在没有光照射时，只有少数载流子在反向偏压的作用下，渡越阻挡层形成微小的反向电流（也称暗电流），因此反向电阻很大而反向电流很小，光敏二极管处于截止状态；光敏二极管在接受光照射时，PN结附近受光子轰击，吸收其能量而产生电子-空穴对，从而使P区和N区的少数载流子浓度大大增加，因此在外加反向偏压和内电场的作用下，P区的少数载流子渡越阻挡层进入N区，N区的少数载流子渡越阻挡层进入P区，从而使通过PN结的反向电流大为增加，这就形成了光电流，且光电流与光照度之间能够基本呈现线性关系。

（2）光敏晶体管型器件

光敏晶体管与普通晶体管相似，具有电流放大的作用，不同的是它的本体上有一个光窗，集电结处集电极电流不只受基极电路控制，同时也受到光辐射的控制。光敏晶体管的引脚有三根引线的，也有两根引线的，通常两根引线的是基极不引出。光敏晶体管也分NPN型和PNP型两种。以NPN型为例，光敏晶体管工作时，集电结反向偏置，发射结正向偏置，无光照时，仅有很小的穿透电流流过，当有光照到集电结上时，在内建电场的作用下，将形成很大的集电极电流。在原理上，光敏晶体管实际上相当于一个由光敏二极管与普通晶体管结合而成的组合件。相比较而言，光敏二极管的光照特性的线性较好，而光敏晶体管在照度小时光电流随照度的增加较小，且在强光照时又趋于饱和，所以只有在某一段光照范围内线性较好。

（3）光敏电阻型器件

光敏电阻所利用的是内光电效应，即在光线作用下，电子吸收光子能量从键合状态过渡到自由状态所引起的材料电导率变化，从而引起电阻器的阻值随入射光线的强弱变化而变化。在内光电效应的作用下，若光敏导体为本征半导体材料，当外部光照能量变强时，光导材料价带上的电子将激发到导带上去，从而使导带的电子和价带的空穴增加，致使光敏导体的电导率变大。因此，光敏电阻的电阻值随入射光照强度的变化而变化。通常，光敏电阻都制成薄片结构，以便吸收更多的光能。当它受到光的照射时，半导体片（光敏层）内就激发出电子-空穴对，参与导电，使电路中的电流增强。为了获得高的灵敏度，光敏电阻的电极常采用梳状结构。常用光敏电阻的结构如图1-1所示。

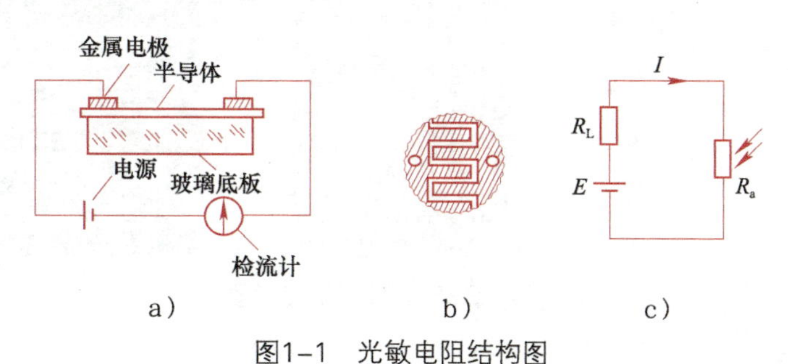


图1-1　光敏电阻结构图

a）光敏电阻结构　b）光敏电阻电极　c）光敏电阻接线图

光敏电阻通常由半导体、玻璃底板（或树脂防潮膜）和电极等组成。光敏电阻在电路中用字母“R”“RS”或“RC”表示。

光敏电阻的主要参数：

① 光电流、亮电阻：光敏电阻在一定的外加电压下，当有光照射时，流过的电流称为光电流，外加电压与光电流之比称为亮电阻，常用“100lx”表示。

② 暗电流、暗电阻：光敏电阻在一定的外加电压下，当没有光照射的时候，流过的电流称为暗电流。外加电压与暗电流之比称为暗电阻，常用“0lx”表示。

③ 灵敏度：灵敏度是指光敏电阻不受光照射时的电阻值（暗电阻）与受光照射时的电阻值（亮电阻）的相对变化值。

④ 光谱特性：光谱响应曲线如图1-2所示。从图中可以看出，光敏电阻对入射光的光谱具有选择作用，即光敏电阻对不同波长的入射光有不同的灵敏度。

⑤ 光照特性：硫化镉光敏电阻的光照特性曲线如图1-3所示。从图中可以看出，随着光照强度的增加，光敏电阻的阻值开始迅速下降，相应的电流会增大。若进一步增大光照强度，则电阻值变化减小，然后逐渐趋向平缓。在大多数情况下，该特性是非线性的。

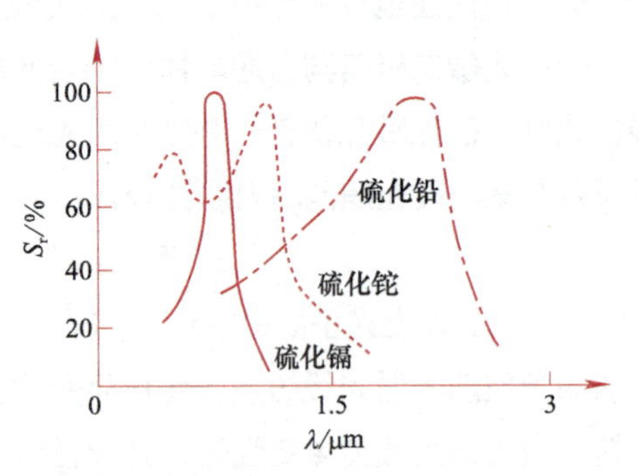


图1-2　不同材料光敏电阻的光谱响应曲线

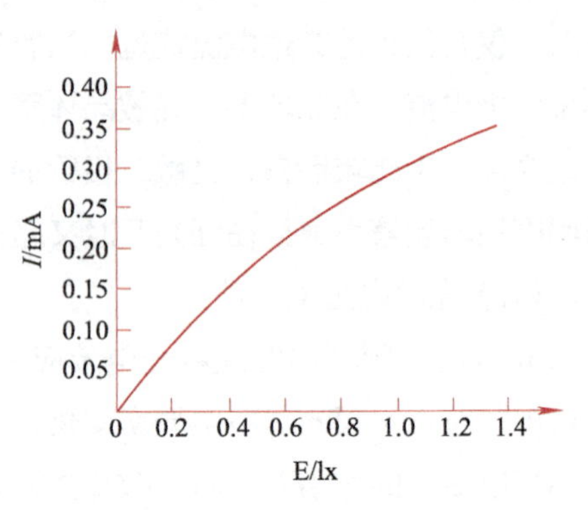


图1-3　硫化镉光敏电阻的光照特性曲线

## 2. 典型器件举例

本单元以GB5-A1E光敏传感器为例（见图1-4），介绍其具体特性。

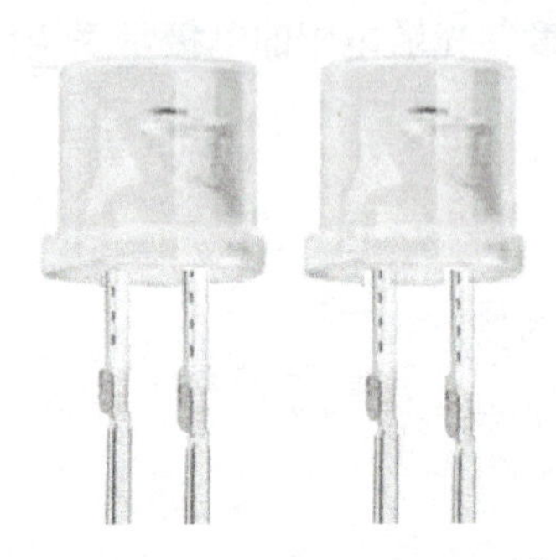

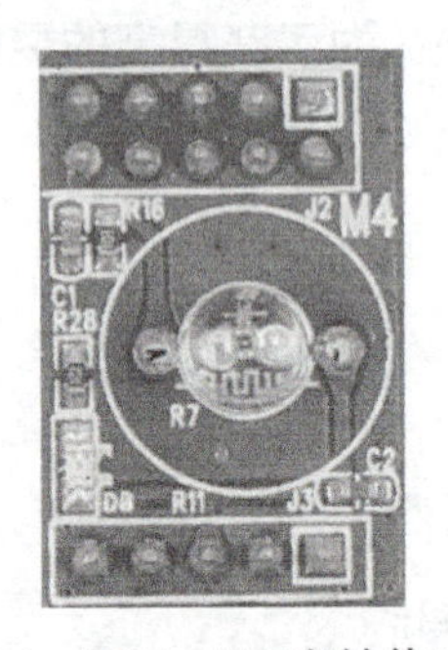

图1-4　GB5-A1E光敏传感器

（1）基本特性

- 环境光照度变化与输出的电流成正比；
- 稳定性好，一致性强，实用性高；
- 对可见光的反应近似于人眼；
- 工作温度范围广。

（2）典型应用

- 背光调节：电视机、计算机显示器、手机、数码相机、MP4、PDA、车载导航；

- 节能控制：红外摄像机、室内广告机、感应照明器具、玩具；
- 仪表、仪器：测量光照度仪器以及工业控制。

（3）额定参数

额定参数（$T_a$=25℃），见表1-1。

表1-1　GB5-A1E光敏传感器额定参数（$T_a$=25℃）

| 参数名称 | 符号 | 额定值 | 单位 |
|---|---|---|---|
| 反击穿电压 | $V_{(BR)CEO}$ | 30 | V |
| 正向电流 | $I_{CM}$ | 30 | μA |
| 最大功耗 | $P_{CM}$ | 50 | mW |
| 工作温度范围 | $T_{opr}$ | −40～85 | ℃ |
| 储存温度 | $T_{stg}$ | −40～100 | ℃ |
| 工作温度 | $T_{amb}$ | −25～70 | ℃ |
| 焊接温度（5s） | $T_{sol}$ | 260 | ℃ |

（4）光电参数

光电参数（$T_a$=25℃），见表1-2。

表1-2　GB5-A1E光敏传感器光电参数（$T_a$=25℃）

<table>
<tr><th colspan="2">参数名称</th><th>符号</th><th>测试条件</th><th>最小值</th><th>典型值</th><th>最大值</th><th>单位</th></tr>
<tr><td colspan="2">暗电流</td><td>$I_{drk}$</td><td>0 lx，$V_{dd}$=10V</td><td></td><td></td><td>0.2</td><td>μA</td></tr>
<tr><td colspan="2" rowspan="2">亮电流</td><td rowspan="2">$I_{ss}$</td><td>$V_{dd}$=5V，10 lx，$R_{ss}$=1kΩ</td><td>2</td><td>4</td><td>8</td><td rowspan="2">μA</td></tr>
<tr><td>$V_{dd}$=5V，100 lx，$R_{ss}$=1kΩ</td><td>20</td><td>40</td><td>80</td></tr>
<tr><td colspan="2">感光光谱</td><td>λ</td><td></td><td></td><td>880</td><td>1 050</td><td>nm</td></tr>
<tr><td rowspan="2">响应速度</td><td>上升</td><td>$t_r$</td><td rowspan="2">$V_{dd}$=10V，$I_{ss}$=5mA，$R_L$=100Ω</td><td></td><td>4</td><td></td><td>μs</td></tr>
<tr><td>下降</td><td>$t_f$</td><td></td><td>4</td><td></td><td>μs</td></tr>
</table>

（5）光电流测试

光电流测试方法如图1-5所示（光电流=$V_{out}/R_{ss}$）。

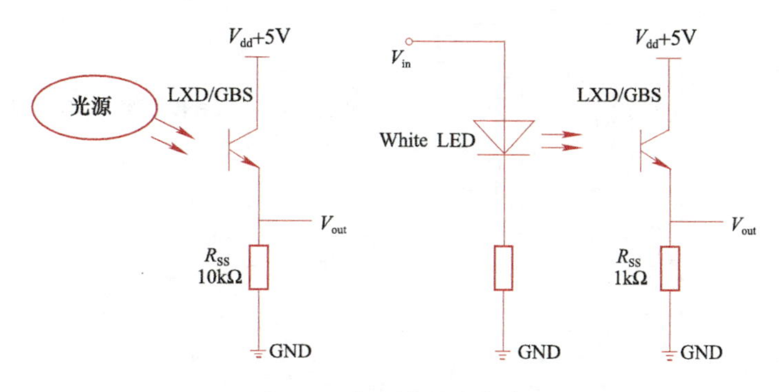


图1-5　光电流测量方法图

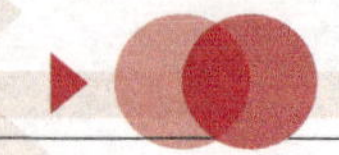


（6）光谱响应曲线

光谱响应曲线如图1-6所示，图中横坐标为波长（nm）。从图中可以看出，该光敏传感器对入射光的光谱具有选择作用，即该光敏传感器对不同波长的入射光有不同的灵敏度。

（7）光照特性曲线

光照特性曲线如图1-7所示。从图中可以看出，该光敏传感器输出的光电流随光照度的变化而变化，只有在有效工作区域内时，光电流才与光照度基本呈现为线性关系。

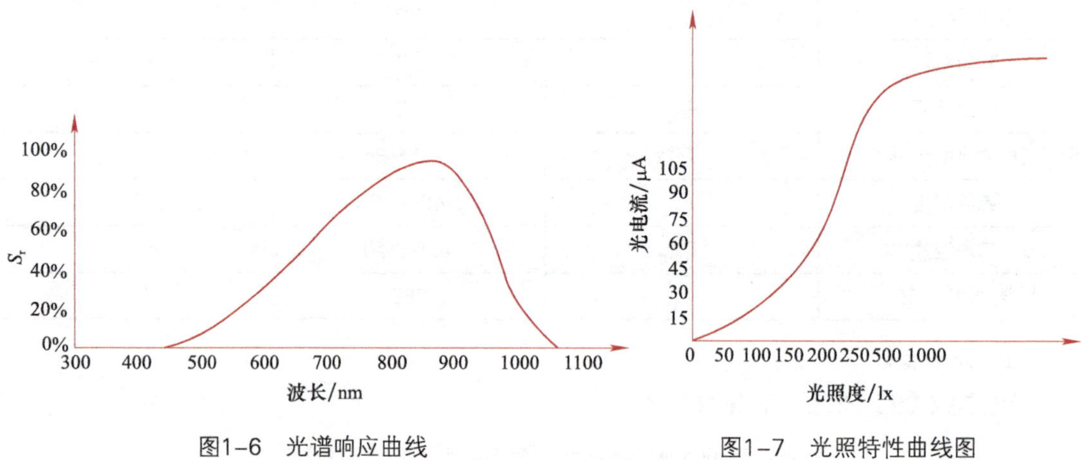


图1-6　光谱响应曲线　　　　图1-7　光照特性曲线图

典型的光敏传感电路如图1-8所示（图中有两个光敏电阻R7和R11，实际电路只焊接了R7，R11是预留位，未焊接。）。当外部光照较强时，光敏二极管（GB5-A1E）产生的光电流较大，输出电压较高；当外部光照变暗时，光敏二极管所产生的光电流变小，输出电压变小。输出电压送至相应模块的模数转换接口（J2的10号口），可以将光敏传感电路采集的模拟量信号转换为对应的数字量。

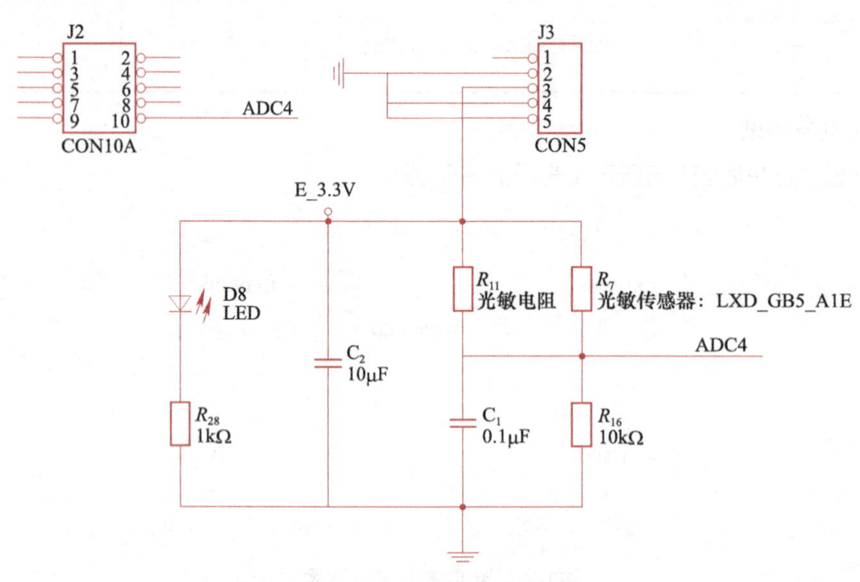


图1-8　光敏传感电路图

## 1.1.2 气体浓度数据采集

在采集气体浓度传感数据时，通常使用气敏传感器，而气敏传感器是一种把气体中的特定成分检测出来并转换为电信号的器件，可以提供有关待测气体的存在性及浓度信息。在选用气敏传感器时通常需要从以下维度进行考虑，气敏传感器对被测气体的灵敏度、气体选择性、光照稳定性、响应速度。按照气体传感器的结构特性，一般可以分为半导体型气敏传感器、电化学型气敏传感器、固体电解质气敏传感器、接触燃烧式气敏传感器、光化学型气敏传感器、高分子气敏传感器、红外吸收式气敏传感器。常见气敏传感器主要检测对象及其应用场所见表1-3。

表1-3　常见气敏传感器主要检测对象及其应用场所举例

| 分类 | 检测对象气体 | 应用场合 |
| --- | --- | --- |
| 易燃易爆气体 | 液化石油气、焦炉煤气、发生炉煤气、天然气、甲烷、氢气 | 家庭、煤矿、冶金、试验室 |
| 有毒气体 | 一氧化碳（不完全燃烧的煤气）、硫化氢、含硫的有机化合物卤素、卤化物、氨气等 | 煤气灶等、石油工业、制药厂、冶炼厂、化肥厂 |
| 环境气体 | 氧气（缺氧）、水蒸气（调节湿度，防止结露）、大气污染 | 地下工程、家庭、电子设备、汽车、温室、工业区 |
| 工业气体 | 燃烧过程气体控制、调节燃/空比、一氧化碳（防止不完全燃烧）、水蒸气（食品加工） | 内燃机、锅炉、冶炼厂、电子灶 |
| 其他 | 烟雾、酒精 | 火灾预报、安全预警 |

### 1. 常用传感器

当前，半导体型气敏传感器使用广泛，而半导体型气敏传感器按照半导体变化的物理特性分为电阻式和非电阻式，见表1-4。半导体型气敏传感器主要是利用半导体气敏元件同气体接触所造成的半导体性质变化来检测气体的成分或浓度，其作用原理主要是半导体与气体相互作用时产生表面吸附或反应，引起以载流子运动为特征的电导率或伏安特性或表面电位变化。借此来检测特定气体的成分或者测量其浓度，并将其变换成电信号输出。

表1-4　半导体型气敏传感器的分类

| 分类 | 主要物理特性 | 传感器举例 | 工作温度 | 典型被测气体 |
| --- | --- | --- | --- | --- |
| 电阻式 | 表面控制型 | 氧化银、氧化锌 | 室温～450℃ | 可燃性气体 |
| | 体控制型 | 氧化钛、氧化钴、氧化镁、氧化锡 | 700℃以上 | 酒精、氧气、可燃性气体 |
| 非电阻式 | 表面电位 | 氧化银 | 室温 | 硫醇 |
| | 二极管整流特性 | 铂/硫化镉、铂/氧化钛 | 室温～200℃ | 氢气、一氧化碳、酒精 |
| | 晶体管特性 | 铂栅MOS场效应晶体管 | 150℃ | 氢气、硫化氢 |

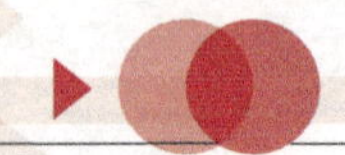

（1）电阻型气敏器件

电阻型气敏器件按结构可分为烧结型、薄膜型和厚膜型三种。其中，烧结型气敏器件通常使用直热式和旁热式两类工艺（见图1-9和图1-10），其常用制作工艺是将一定配比的敏感材料及掺杂剂等以水或黏合剂调和并均匀混合，然后埋入加热丝和测量电极再用传统的制陶方法进行烧结。烧结型气敏器件结构制造工艺简单，但存在热容量小而易受环境气流的影响、测量电路和加热电路之间易相互干扰、加热丝易与材料接触不良等缺点。

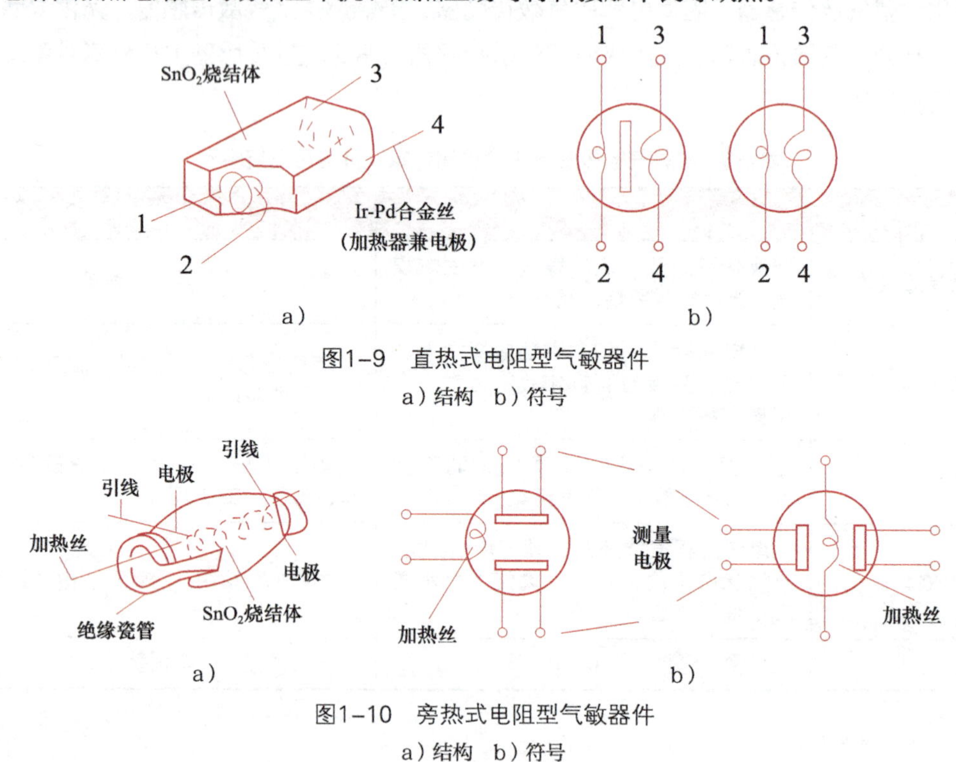


图1-10 旁热式电阻型气敏器件

a）结构 b）符号

薄膜型气敏器件（常见结构见图1-11）的制作首先须处理基片，焊接电极，再采用蒸发或溅射方法在基片上形成一薄层氧化物半导体薄膜。薄膜型气敏器件通常具有较高的机械强度，而且具有互换性好、产量高、成本低等优点。

厚膜型气敏器件的制作步骤与薄膜型气敏器件相同，但其加热用的加热器为印制厚膜电阻（见图1-12）。厚膜型气敏器件的一致性较好，机械强度高，适于批量生产。

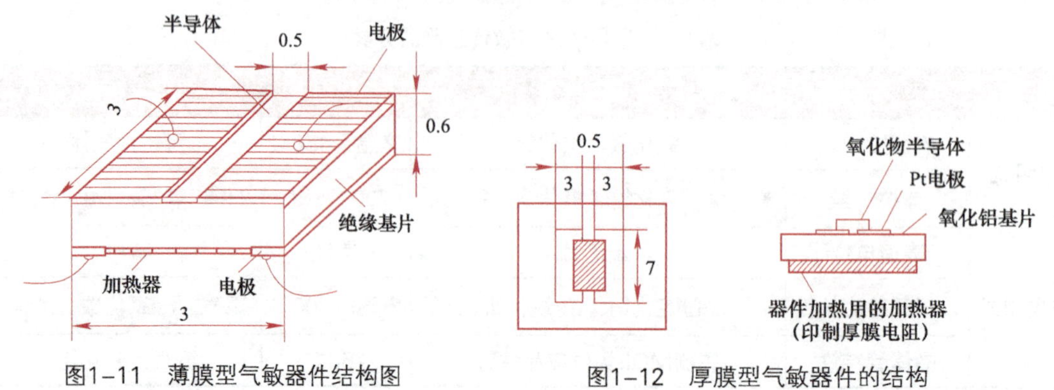


图1-11 薄膜型气敏器件结构图

图1-12 厚膜型气敏器件的结构

以上三种气敏器件都附有加热器。在实际应用时，加热器能使附着在测控部分上的油雾、尘埃等烧掉，同时加速气体的吸附，从而提高了器件的灵敏度和响应速度，一般加热到200～400℃，具体温度视所掺杂质不同而异。

（2）非电阻型气敏器件

非电阻型气敏器件可以分为二极管气敏传感器、MOS二极管气敏器件和MOSFET气敏器件三种。其中，二极管气敏传感器是一种利用了所吸附的特定气体对半导体的禁带宽度（反映价电子被束缚强弱程度的一个物理量，也就是产生本征激发所需要的最小能量）或金属的功函数（表示一个起始能量为费米能级的电子由金属内部逸出到真空中所需的最小能量）的影响所导致的整流特性变化所制成的气敏器件；MOS二极管气敏器件是一种利用MOS二极管的电容-电压特性的变化制成的MOS半导体气敏器件；MOSFET气敏器件是一种利用MOS场效应晶体管（MOSFET）的阈值电压的变化做成的半导体气敏器件。

## 2. 典型器件举例

本单元以TGS813可燃性气体传感器（见图1-13和图1-14，其中MQ-4与TGS813原理类似用法一样）和MQ135空气质量传感器（见图1-15，其中TGS2602与MQ135原理类似）为例，介绍具体特性。

（1）TGS813可燃性气体传感器

图1-13 可燃性气体传感器TGS813和MQ-4

① 基本特性。

- 驱动电路简单；
- 寿命长，功耗低；
- 对甲烷、乙烷、丙烷等可燃性气体的敏感度高。

② 典型应用。

- 家庭用泄漏气体检测报警器；
- 工业用可燃性气体检测报警器；
- 便携式可燃性气体检测报警器。

③ 技术参数

- 回路电压$V_C$：最大24V；
- 测量范围：500～10 000ppm；
- 灵敏度（电阻比）：0.55～0.65；
- 加热器电压$V_H$：5V±0.2V（AC/DC）。

TGS813可燃性气体传感器测试电路如图1-14所示，共有6个引脚，其中引脚1和引脚3短路后接回路电压；引脚4和引脚6短接后作为传感器的信号输出端；引脚2和引脚5为传感器的加热丝的两端，外接加热器电压。加热器电压$V_H$用于加热，回路电压$V_C$则是用于测定负载电阻$R_L$上的两端电压$V_{RL}$。随着待测气体浓度的变化，引脚1和引脚4之间的阻抗随之发生变化，从而通过负载电阻$R_L$引起$V_{RL}$的变化，因此可以通过测量$V_{RL}$来检测待测气体的浓度。

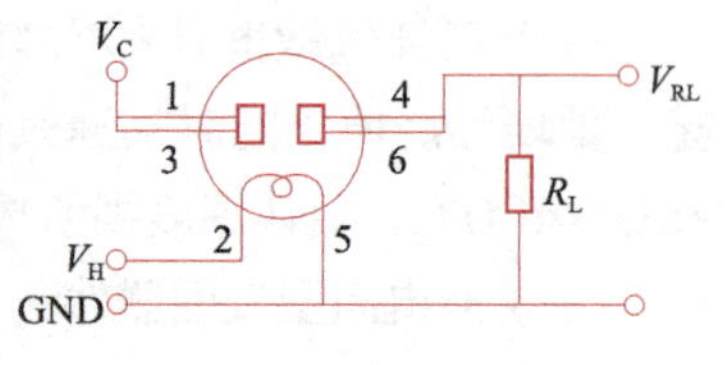


图1-14　TGS813可燃性气体传感器测试电路示意图

（2）MQ135空气质量传感器

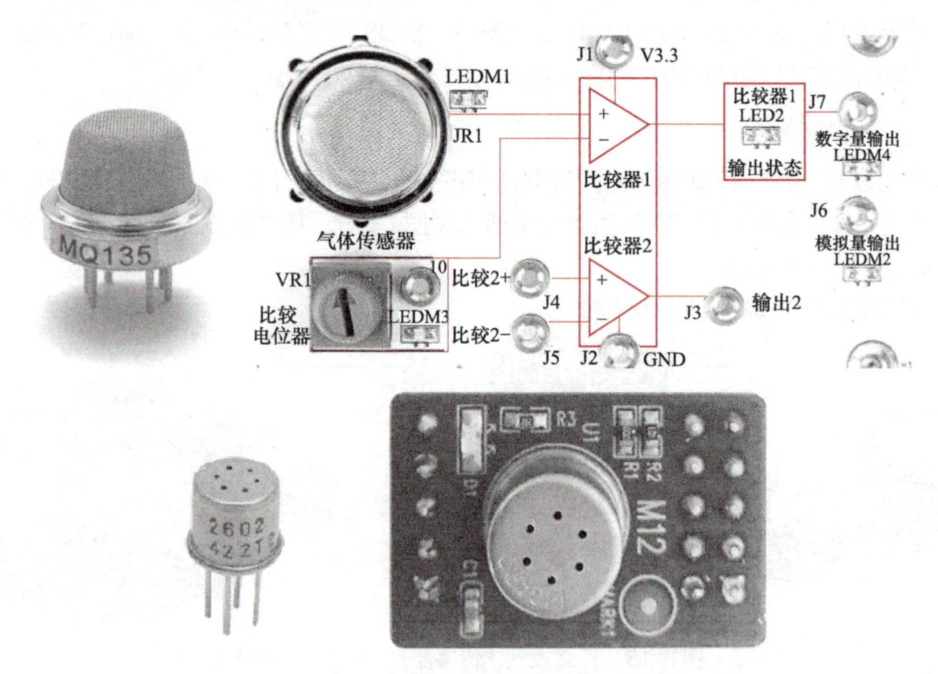


图1-15　空气质量传感器MQ135和TGS2602

MQ135空气质量传感器所使用的气敏材料是在清洁空气中电导率较低的二氧化锡。当传感器所处环境中存在污染气体时，传感器的电导率随空气中污染气体浓度的增加而增大。使用简单的电路即可将电导率的变化转换为与该气体浓度相对应的输出信号。

① 基本特性。

- 驱动电路简单；
- 寿命长，功耗低；
- 对氨气、硫化物、苯系蒸气的灵敏度高，对烟雾和其他有害气体的检测也较为有效。

② 典型应用。

- 空气质量检测报警器；
- 工业有害气体检测报警器；
- 空气清新机、换气扇、脱臭器等。

③ MQ135空气质量传感器技术参数见表1-5。

表1-5　MQ135空气质量传感器技术参数

| 产品型号 | | | MQ135 |
|---|---|---|---|
| 产品类型 | | | 半导体气体传感器 |
| 标准封装 | | | 胶木，金属罩 |
| 检测气体 | | | 氨气、硫化物、苯系蒸气 |
| 检测浓度 | | | （10～1 000）$\times10^{-6}$（氨气、甲苯、氢气、烟） |
| 标准电路条件 | 回路电压 | $V_c$ | ≤24V（直流） |
| | 加热电压 | $V_H$ | 5V±0.1V（AC or DC） |
| | 负载电阻 | $R_L$ | 可调 |
| 标准测试条件下气敏元件特性 | 加热电阻 | $R_H$ | 29Ω±3Ω（室温） |
| | 加热功耗 | $P_H$ | ≤950mW |
| | 灵敏度 | $S$ | $R_s$（in air）/$R_s$（in $400\times10^{-6}H_2$）≥5 |
| | 输出电压 | $V_s$ | 2.0～4.0V（in $400\times10^{-6}$ $H_2$） |
| | 浓度斜率 | $\alpha$ | ≤0.6（$R400\times10^{-6}/R100\times10^{-6}$ $H_2$） |
| 标准测试条件 | 温度、湿度 | | 20℃±2℃；55%RH±5%RH |
| | 标准测试电路 | | $V_c$：5V±0.1V；$V_H$：5V±0.1V |
| | 预热时间 | | 不少于48h |

MQ135空气质量传感器测试电路如图1-16所示，该传感器需要施加两个电压：加热器电压（$V_H$）和测试电压（$V_C$）。其中$V_H$用于为传感器提供特定的工作温度，可用直流电源或交流电源。$V_{RL}$是传感器串联的负载电阻（$R_L$）上的电压。$V_C$是为负载电阻$R_L$提供测试的电压，须用直流电源。

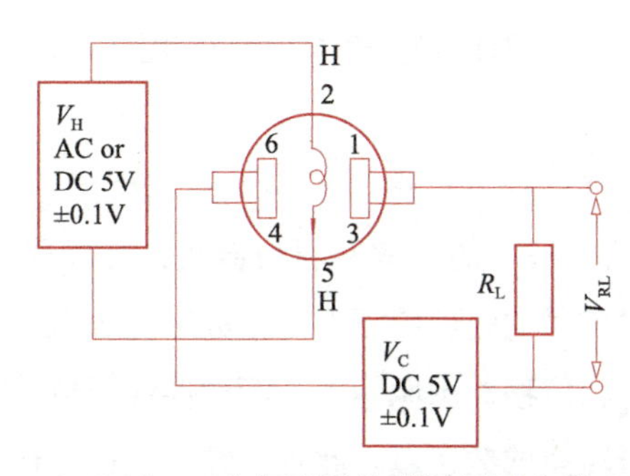


图1-16　MQ135空气质量传感器测试电路示意图

TGS813可燃性气体传感器和MQ135空气质量传感器的工作电路原理较为相似，其典型电路如图1-17所示。1、3引脚受空气中相关气体浓度的影响输出相应的电压信号，该点既可以作为LM393中比较器1的正端（3引脚）输入电压，也可以直接送至其他模块的模数转换接口，转换为相应的数字量，并进一步对该传感数据进行定量分析。采集电位器（$VR_1$）调节端的电压作为比较器1负端（2引脚）输入电压。比较器1根据两个电压的情况进行对比，输出端（1引脚）输出相应的电平信号。调节$VR_1$，即调节比较器1负端的输入电压，设置对应的气体浓度灵敏度，即阈值电压。当气体正常或有害气体浓度较低时，传感器的输出电压小于阈值电压，比较器1输出为低电平电压；当出现有害气体（液化气等）且浓度超过阈值时，传感器的输出电压增大，增大到大于阈值电压时，比较器1输出为高电平。比较器1的输出信号实际上是一种开关量传感数据（详见后续内容的介绍），可以送至其他微控制器的输入口进行识别以实现定性分析，或者连接其他模块的输入电路以实现控制功能（比如继电器）。其他型号电阻型气体传感器（比如，TGS2602、MQ-2、MQ4）的工作原理大同小异，分别提供加热和测试电压，对输出的电压进行模数转换后再换算成相应的浓度值，或者将输出的模拟电压通过比较器电路实现开关量输出。

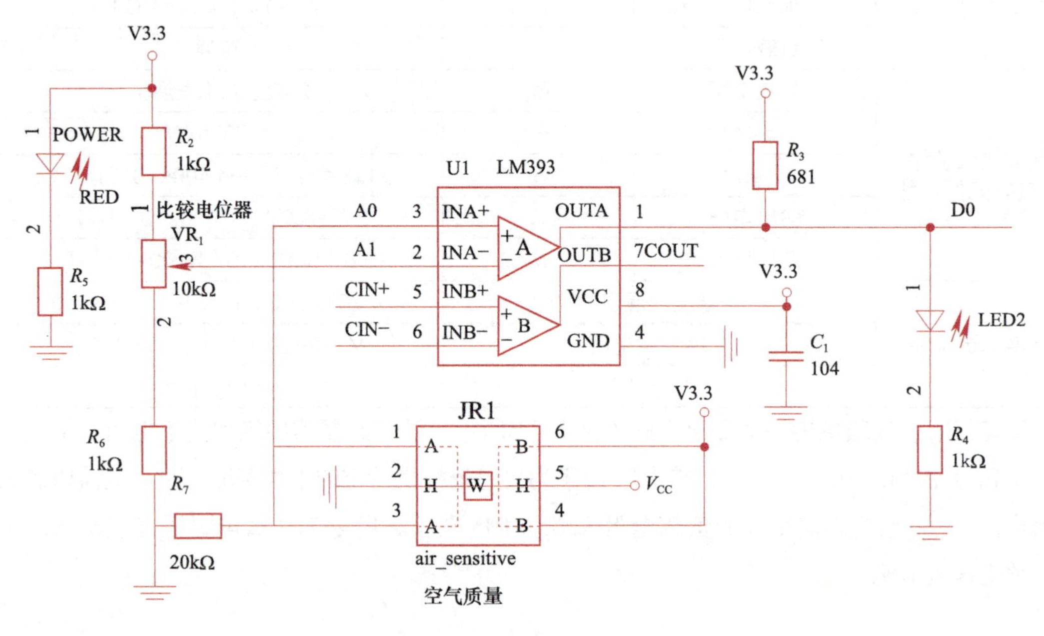


图1-17 气体传感电路图

## 1.1.3 模拟量转换为数字量的方法

随着数字技术，特别是信息技术的飞速发展与普及，在现代控制、通信及检测等领域，为了提高系统的性能指标，对信号的处理广泛采用了数字计算机技术。由于系统的实际对象往往都是模拟量（如温度、压力、位移、图像等），而要使计算机或数字仪表能识别、处理这些信号，必须首先将这些模拟量转换成数字量。此外，经计算机分析、处理后输出的数字量也往往需要将其转换为相应的模拟量才能为执行机构所接受。因此，就需要一种能在模拟量与数字量之间起桥梁作用的器件——模-数转换器和数-模转换器。

将模拟量转换成数字量的器件，称为模-数转换器（简称A-D转换器或ADC，Analog to Digital Converter）。将数字信号转换为模拟信号的电路称为数-模转换器（简称D-A转换器或DAC，Digital to Analog Converter）。A-D转换器和D-A转换器已成为信息系统中不可缺少的接口器件。

### 1．A-D转换的过程

模-数转换过程包括采样、保持、量化和编码四个过程。在某些特定的时刻对这种模拟信号进行测量叫作采样，通常采样脉冲的宽度是很短的，所以采样输出是断续的窄脉冲。要把一个采样输出信号数字化，需要将采样输出所得的瞬时模拟信号保持一段时间，这就是保持过程。量化是将保持的抽样信号转换成离散的数字信号。编码是将量化后的信号编码成二进制代码输出。这些过程有些是合并进行的，例如，采样和保持就利用一个电路连续完成，量化和编码也是在转换过程中同时实现的，且所用时间又是保持时间的一部分。

### 2．A-D转换器的主要性能指标

1）分辨率：它表明A-D对模拟信号的分辨能力，由它来确定能被A-D辨别的最小模拟量变化。一般来说，A-D转换器的位数越多，其分辨率则越高。实际的A-D转换器通常有8、10、12和16位等。

2）量化误差：由A-D的有限分辨率而引起的误差，即有限分辨率A-D的阶梯状转移特性曲线与无限分辨率A-D（理想A-D）的转移特性曲线（直线）之间的最大偏差。通常是1个或半个最小数字量的模拟变化量，表示为1LSB、1/2LSB。

3）转换时间：转换时间是A-D完成一次转换所需要的时间。一般转换速度越快越好，常见有高速（转换时间<1μs）、中速（转换时间<1ms）和低速（转换时间<1s）等。

4）绝对精度：指的是对应于一个给定量，A-D转换器的误差，其误差大小由实际模拟量输入值与理论值之差来度量。

5）相对精度：指的是满度值校准以后，任一数字输出所对应的实际模拟输入值（中间值）与理论值（中间值）之差再去除以量程。例如，对于一个8位0～3.3V的A-D转换器，如果其相对误差为1LSB，则其绝对误差为12.9mV，相对误差为0.39%。

### 3．模拟量转换为数字量举例

A-D转换电路中，模拟量$U_A$经模-数转换后的数字量A-D计算过程如下：

$$A-D=2^n\frac{U_A}{V_{DD}}=\frac{2^n}{V_{DD}}U_A \quad (1\text{-}1)$$

式中，$n$为模-数转换的精度位数，$V_{DD}$为转换电路的供电电压。如传感器实验模块中精度为8位、供电电压为3.3V，则$A-D=\frac{256}{3.3}U_A$。

## 1.2 数字量传感数据采集

数字量是与模拟量相对应的一种物理量，通常它用一组由0和1组成的二进制代码串表示某个信号的大小。数字量的特征是其变化在时间上和数值上都是不连续的（离散），其数值变化都是某一个最小数量单位的整数倍。在利用相应传感器对温度、湿度和心率进行数据采集时，所输出的信号就是典型的数字量。在本单元中，选取温度、湿度和心率采集这三个典型的数字量传感数据采集工作案例，讲解工作过程中所需使用的常用传感器、传感器基本工作原理和基本参数、传感器选用方法；然后，以典型器件为例，介绍温度传感器、湿度传感器和心率传感器的核心电路原理图和技术手册中的基本内容。

## 1.2.1 温度数据采集

在采集温度传感数据时，通常使用温度传感器。它能感知物体温度并将非电学的物理量转换为电学量。温度传感器是通过物体随温度变化而改变某种特性来间接测量的，依据其工作原理可以分为以下几类：利用体积热膨胀可制成气体温度器件、水银温度器件、有机液体温度器件、双金属温度器件、液体压力温度器件、气体压力温度器件；利用电阻变化可制成铂测温电阻、热敏电阻；利用温差电现象可制成热电偶；利用磁导率变化可制成热敏铁氧体；利用压电效应可制成石英晶体振动器；利用超声波传播速度变化可制成超声波温度器件；利用晶体管特性变化可制成晶体管半导体温度传感器；利用晶闸管动作特性变化可制成晶闸管温度器件；利用热、光辐射可制成辐射温度器件、光学高温器件。

温度传感器按测量方式可分为接触式和非接触式两大类。接触式温度传感器直接与被测物体接触进行温度测量，由于被测物体的热量传递给传感器，降低了被测物体温度，特别是被测物体热容量较小时，测量精度较低。因此采用这种方式要测得物体的真实温度的前提条件是被测物体的热容量足够大。非接触式温度传感器主要是利用被测物体热辐射而发出红外线，从而测量物体的温度，可进行遥测。其制造成本较高，测量精度却较低。其优点在于不从被测物体上吸收热量，因而不会干扰被测对象的温度场。温度传感器广泛用于温度测量与控制、温度补偿等，温度传感器的数量在各种传感器中占据了较大比重。

### 1．常用传感器

（1）热敏电阻

热敏电阻是一种电阻值随温度变化的半导体传感器。它的温度系数很大，比温差电偶和线绕电阻测温元件的灵敏度高几十倍，适用于测量微小的温度变化。热敏电阻体积小、热容量小、响应速度快，能在空隙和狭缝中测量。它的阻值高，测量结果受引线的影响小，可用于远距离测量。它的过载能力强，成本低廉。但热敏电阻的阻值与温度为非线性关系，所以它只能在较窄的范围内用于精确测量。热敏电阻在一些精度要求不高的测量和控制装置中得到广泛应用。

使用热敏电阻制成的探头有珠状、棒杆状、片状和薄膜等形式，封装外壳多用玻璃、镍和不锈钢管等套管结构。图1-18为热敏电阻的结构图和部分常用热敏电阻的实物图。

热敏电阻的温度特性是指半导体材料的电阻值随温度变化而变化的特性。热敏电阻按电阻温度特性分为：负温度系数热敏电阻、正温度系数热敏电阻和临界温度热敏电阻。负温度系数（Negative Temperature Coefficient，NTC）热敏电阻泛指负温度系数很大的半导体材料或元器件。NTC热敏电阻是一种典型具有温度敏感性的半导体电阻，它的电阻值随着温度的升高呈线性减小，通常以锰、钴、镍和铜等金属氧化物为主要材料，采用陶瓷工艺制造而成。上述金属氧化物材料都具有半导体性质：在温度变低时其中的载流子数目少，所以其电阻值较高；随着温度的升高，载流子数目增加，所以电阻值降低。正温度系数（Positive Temperature Coefficient，PTC）热敏电阻泛指正温度系数很大的半导体材料或元器件。PTC热敏电阻是一种典型具有温度敏感性的半导体电阻，超过一定的温度时，它的电阻值随着温度的升高呈阶跃性的增高。采用一般陶瓷工艺成形、高温烧结，其温度系数随成分及烧结条件（尤其是冷却温度）不同而变化。临界温度热敏电阻（Critical Temperature Resistor，CTR）具有负电阻突变特性，即电阻值随温度的增加急剧减小，具有很大的负温度系数。构成材料通常是钒、钡、锶、磷等元素氧化物的混合烧结体，其骤变温度随添加锗、钨、钼等的氧化物而变化。

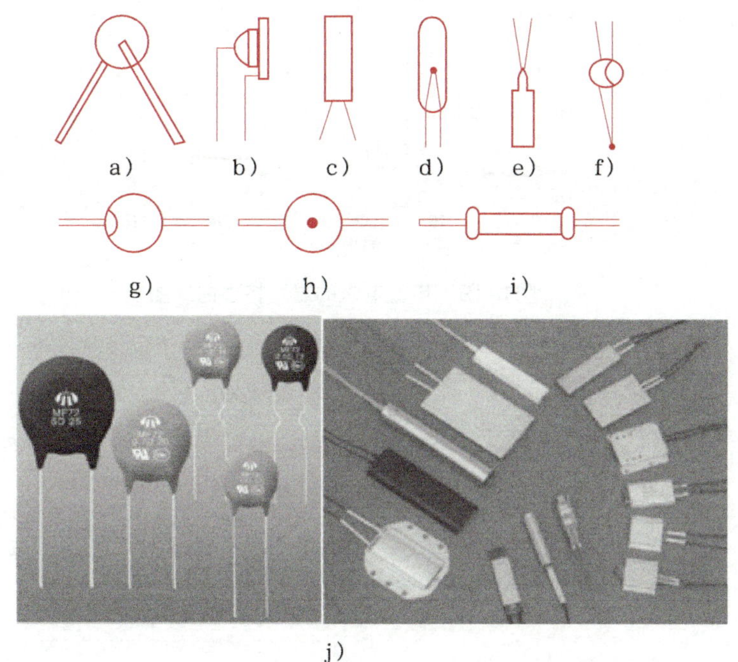


图1-18　热敏电阻的结构图与部分常用热敏电阻实物图

a）圆片形　b）薄膜形　c）杆形　d）管形　e）平板形　f）珠形　g）扁圆形
h）垫圆形　i）杆形（金属帽引出）　j）实物图

热敏电阻的温度特性曲线图如图1-19所示，可以看出：热敏电阻的温度系数值远远大于金属热电阻，所以具有较高的灵敏度；热敏电阻温度曲线非线性现象十分严重，所以其有效测温范围小于金属热电阻。

由于热敏电阻温度曲线非线性严重，为了保证一定范围内温度测量的精度要求，应进行线性化处理。线性化处理的方法有下面几种方法：

线性化网络：利用包含有热敏电阻的电阻网络（常称线性化网络）来代替单个的热敏电阻，使网络中的电阻与温度成单值线性关系，最简单的方法是用温度系数很小的精密电阻与热敏电阻串联或并联构成电阻网络。经处理后的等效电阻与温度的关系曲线会显得比较平坦，因此可以在某一特定温度范围内得到线性的输出特性。图1-20展示了一种热敏电阻的线性化网络，可以依据所需要的温度特性，通过计算或图解方法确定网络中的电阻$R_1$、$R_2$和$R_3$。

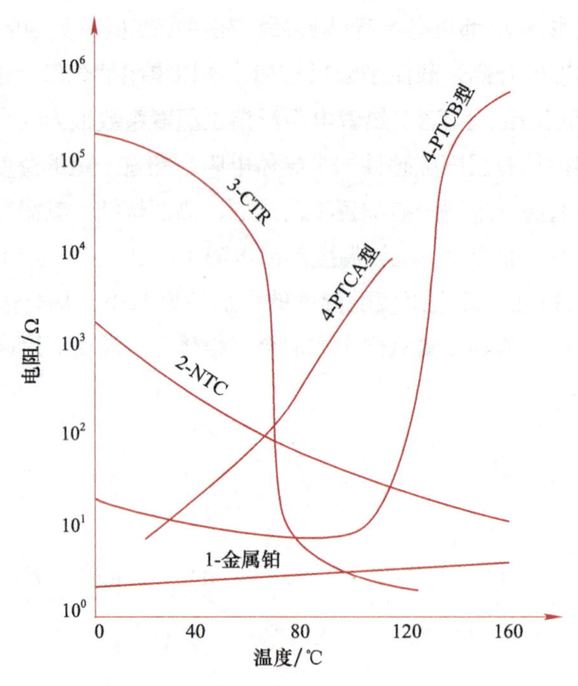


图1-19　热敏电阻的温度特性曲线图

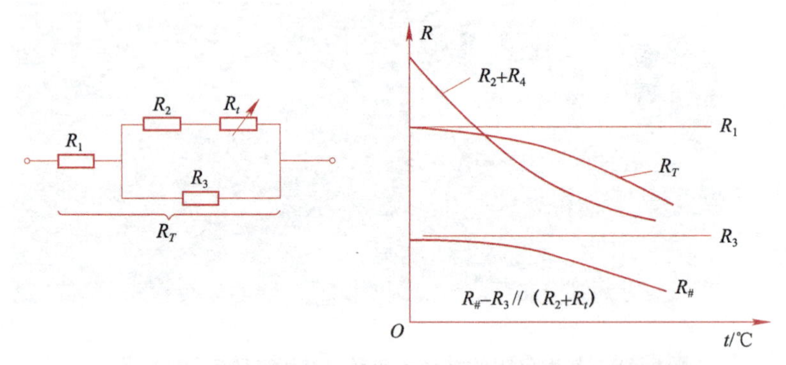


图1-20　热敏电阻线性化网络示例及对应温度特性曲线

利用测量装置中其他部件的特性进行修正：利用电阻测量装置中其他部件的特性可以进行综合修正。图1-21所示是一个温度—频率转换电路，虽然电容$C$的充电特性是非线性特性，但适当地选取电路中的电阻，可以在一定的温度范围内得到近似于线性的温度—频率转换特性。

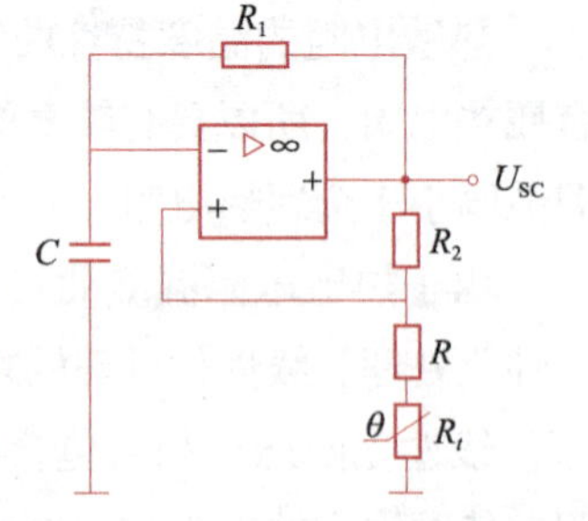


图1-21　温度–频率转换电路

计算修正法：在带有微处理器（或微型计算机）的测量系统中，当已知热敏电阻的实际特性和要求的理想特性时，可采用线性插值法将特性分段，并把各分段点的值存放在计算机的存储器内。计算机将根据热敏电阻的实际输出值进行校正计算后给出要求的输出值。

（2）热电偶

热电偶（见图1-22）是温度测量仪表中常用的测温元件，它直接测量温度，并把温度信号转换成热电动势信号，通过电气仪表（二次仪表）转换成被测介质的温度。各种热电偶的外形虽不相同但基本结构却大致相同，通常由热电极、绝缘套保护管和接线盒等主要部分组成。热电偶的工作原理可以总结为：当有两种不同的导体组成一个回路时，只要两接点处的温度不同，回路中就产生一个电动势，该电动势的方向和大小与导体的材料及两接点的温度有关。这种现象称为热电效应，两种导体组成的回路即为热电偶，产生的电动势则称为热电动势。

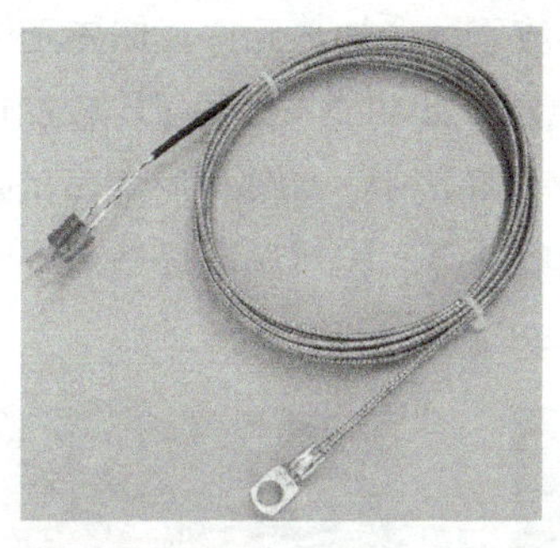

图1-22　热电偶实物

热电动势由两部分电动势组成，一部分是两种导体的接触电动势，另一部分是单一导体的温差电动势。接触电动势是指当两种不同的导体连接在一起时，由于两者内部的自由电子密度不同，在其接触处就会发生电子的扩散，且电子在两个方向上扩散的速率不相同，从而在接触处形成电位差（即电动势）。接触电动势的大小与导体的材料、接点的温度有关，而与导体的直径、长度、几何形状等无关。温差电动势是指当单一金属导体的两端温度不同时，其两端将产生一个由热端指向冷端的静电场，从而产生的电位差。温差电动势的大小取决于导体材料和两端的温度。

在热电偶回路中接入第三种金属材料时，只要该材料两个接点的温度相同，热电偶所产生的热电动势就保持不变，即不受第三种金属接入回路中的影响。因此，在热电偶测温时，可接入测量仪表，测得热电动势后，即可知道被测介质的温度。热电偶测量温度时要求其冷端（测量端为热端，通过引线与测量电路连接的端称为冷端）的温度保持不变，其热电动势大小才与测量温度呈一定的比例关系。若测量时，冷端的（环境）温度变化，将严重影响测量的准确性。在冷端采取一定措施，补偿由于冷端温度变化造成的影响称为热电偶的冷端补偿。

热电偶输出的电动势只有在冷端温度不变的条件下才与工作端温度成单值函数关系。在实际应用中，热电偶冷端可能离工作端很近，且又处于大气中，其温度受到测量对象和周围环境温度变化的影响，因而冷端温度难以保持恒定，这样会带来测量误差，因此需要进行冷端温度补偿。常见的有补偿导线法、冷端温度校正法、冷端恒温法及自动补偿法。

### 2．典型器件举例

本单元以SHT11温湿度传感器（见图1-23）为例，介绍其具体特性。

SHT11温湿度传感器将温度感测、湿度感测、信号变换、A-D转换和加热器等功能集成到一个芯片上采用CMOS过程微加工技术，具有较高的可靠性和稳定性。该传感器由1个电容式聚合体测湿组件和1个能隙式测温组件组成，并与1个14位A-D转换器以及1个2-wire数字接口在单晶片中无缝结合，使得该产品具有功耗低、反应快、抗干扰能力强等优点。该芯片包括一个电容性聚合体湿度敏感元件和一个用能隙材料制成的温度敏感元件。这两个敏感元件分别将湿度和温度转换成电信号，该电信号首先进入微弱信号放大器进行放大，然后进入一个14位的A-D转换器；最后经过二线串行数字接口输出数字信号。SHT11在出厂前都会在恒湿或恒温环境中进行校准，校准系数存储在校准寄存器中；在测量过程中，校准系数会自动校准来自传感器的信号。此外，SHT11内部还集成了一个加热元件，加热元件接通后可以将SHT11的温度升高5℃左右，同时功耗也会有所增加。此功能主要为了比较加热前后的温度和湿度，可以综合验证两个传感器元件的性能。在高湿环境中，加热传感器可预防传感器结露，同时缩短响应时间，提高精度。加热后SHT11温度升高、相对湿度降低，较加热前，测量值会略有差异。

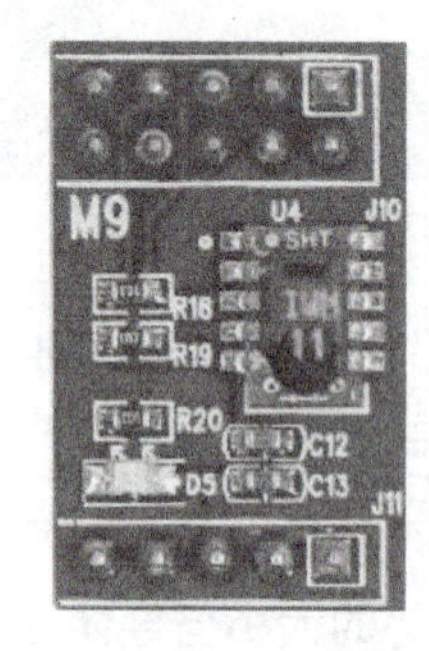
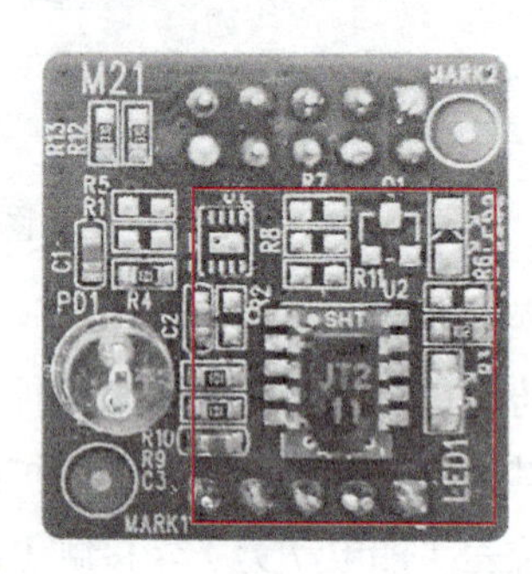

图1-23　SHT11温湿度传感器

① 基本特性。

- 相对湿度和温度的测量；
- 全部校准，数字输出；
- 接口简单（2-wire），响应速度快；
- 超低功耗，自动休眠；
- 出色的长期稳定性；
- 超小体积（表面贴装）。

② 典型应用。

- 智能环境监控系统；
- 数据采集器、变送器；
- 计量测试、医药业。

③ 技术参数。

- 全量程标定，两线数字输出；
- 湿度测量范围：0～100%RH；
- 温度测量范围：-40～123.8℃；
- 湿度测量准确度：±3%RH；
- 温度测量准确度：±0.4℃；
- 封装：SMD（LCC）。

SHT11温湿度传感器的典型工作电路如图1-24所示，SHT11通过二线数字串行接口来访问，所以电路结构较为简单。微处理器和温湿度传感器通信采用串行二线接口SCK和DATA，其中SCK为时钟线，DATA为数据线。需要注意的是，数据线DATA需要外接上拉电阻。时钟线SCK用于微处理器和SHT11之间通信同步，由于接口包含了完全静态逻辑，所以对SCK最低频率没有要求；当工作电压高于4.5V时，SCK的频率最高为5MHz，而当工作电压低于4.5V时，SCK的最高频率为1 MHz。DATA和SCK这二线串行通信协议和$I^2C$协议是不兼容的。在程序开始，微处理器需要用一组“启动传输”时序表示数据传输的启动。当SCK时钟为高电平时，DATA翻转为低电平；紧接着SCK变为低电平，随后又变为高电平；在SCK时钟为高电平时，DATA再次翻转为高电平。接着，在发布一组测量命令后，SHT11通过下拉DATA至低电平并进入空闲模式，表示测量结束，随后，外部的微控制器就可以通过DATA口读取传感器输出的2B的测量数据和1B的CRC奇偶校验数据了。

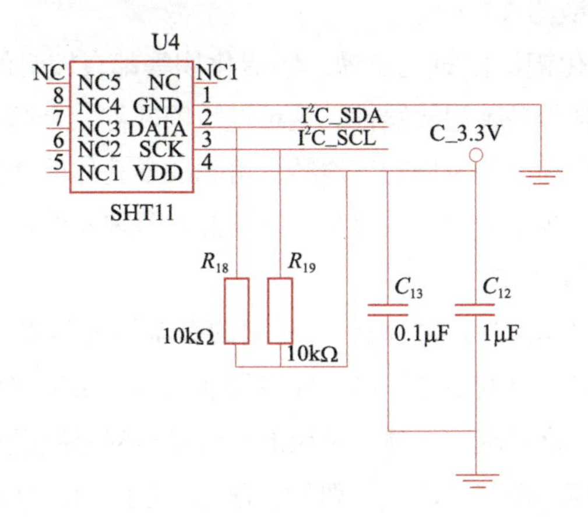


图1-24 SHT11温湿度传感器工作电路图

## 1.2.2 湿度数据采集

在采集湿度传感数据时，通常使用湿度传感器，而湿度传感器是指能够感受外界湿度变化，并通过器件材料的物理或化学性质变化将非电学的物理量转换为电学量的器件。湿度检测较之其他物理量的检测显得困难，这首先是因为空气中水蒸气含量要比空气少得多；另外，液态水会使一些高分子材料和电解质材料溶解，一部分水分子电离后与溶入水中的空气中的杂质结合成酸或碱，使湿敏材料不同程度地受到腐蚀和老化，从而丧失其原有的性质；再者，湿度信息的传递必须靠水对湿敏器件直接接触来完成，因此湿敏器件只能直接暴露于待测环境中，不能密封。通常，对湿敏器件有下列要求：在各种气体环境下稳定性好、响应时间短、寿命长、有互换性、耐污染和受温度影响小等。

在实际生活中，许多现象与湿度有关，如水分蒸发的快慢。然而除了与空气中水蒸气分压有关外，更主要的是和水蒸气分压与饱和蒸汽压的比值有关。因此有必要引入相对湿度的概念。相对湿度为某一被测蒸汽压与相同温度下的饱和蒸汽压的比值的百分数，常用“%RH”

表示。这是一个无量纲的值。显然，绝对湿度给出了水分在空间的具体含量，相对湿度则给出了大气的潮湿程度，故使用更广泛。湿敏器件主要分为两大类：水分子亲和力型湿敏元件和非水分子亲和力型湿敏器件。利用水分子有较大的偶极矩，易于附着并渗透入固体表面的特性制成的湿敏器件称为水分子亲和力型湿敏器件。非亲和力型湿敏器件利用其与水分子接触产生的物理效应来测量湿度。

### 1．常用传感器

（1）电解质型湿敏器件

电解质型湿敏器件是利用潮解性盐类受潮后电阻发生变化制成的湿敏器件。最常用的是电解质氯化锂（LiCl）。氯化锂具有滞后误差较小，不受测试环境的风速影响，不影响和破坏被测湿度环境等优点，但因其基本原理是利用潮解盐的湿敏特性，经反复吸湿、脱湿后，会引起电解质膜变形和性能变劣，尤其遇到高湿及结露环境时，会造成电解质潮解而流失，导致器件损坏。

（2）半导体陶瓷型湿敏器件

许多金属氧化物如氧化铝、四氧化三铁、钽氧化物等都有较强的吸脱水性能，将它们制成烧结薄膜或涂布薄膜可制作多种湿敏器件。这种湿敏器件称为金属氧化物膜湿敏器件。将极其微细的金属氧化物颗粒在高温1 300℃下烧结，可制成多孔体的金属氧化物陶瓷，在这种多孔体表面加上电极，引出接线端子就可做成半导体陶瓷型湿敏器件。

（3）高分子材料型湿敏器件

高分子材料型湿敏器件是利用有机高分子材料的吸湿性能与膨润性能制成的湿敏器件。吸湿后，介电常数发生明显变化的高分子电介质可做成电容式湿敏器件。吸湿后电阻值改变的高分子材料，可做成电阻变化式湿敏器件。常用的高分子材料是醋酸纤维素、尼龙和硝酸纤维素等。高分子湿敏器件的薄膜做得极薄，一般约5 000Å（1Å=0.1nm=$10^{-10}$m），使元件易于很快的吸湿与脱湿，减少了滞后误差，响应速度快。这种湿敏器件的缺点是不宜用于含有机溶媒气体的环境，器件也不能耐80℃以上的高温。

（4）电容式湿敏器件

电容式湿敏器件（见图1-25）是利用湿敏器件的电容值随湿度变化的原理进行湿度测量的传感器，其应用较为广泛。这类湿敏器件实际上是一种吸湿性电介质材料的介电常数随湿度变化而变化的薄片状电容器。吸湿性电介质材料（感湿材料）主要有高分子聚合物（例如，乙酸—丁酸纤维素和乙酸—丙酸纤维素）和金属氧化物（例如，多孔氧化铝）等。由吸湿性电介质材料构成的薄片状电容式湿敏器件能测全湿范围的湿度，且线性好、重复性好、滞后小、响应快、尺寸小，通常能在-10～70℃的环境温度中使用。

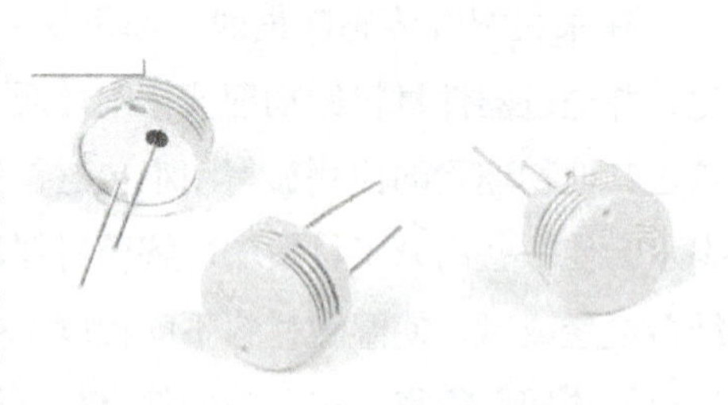

图1-25　电容式湿敏器件

电容式湿敏器件的结构如图1-26所示，在清洗干净衬底上蒸镀一层下电极并在其表面上均匀涂覆（或浸渍）一层感湿膜，然后在感湿膜的表面上蒸镀一层上电极。由上、下电极和夹在其间的感湿膜构成一个对湿度敏感的平板形电容器。

当环境中的水分子沿着电极的毛细微孔进入感湿膜而被吸附时，湿敏器件的电容值与相对湿度之间成正比关系，如图1-27所示。这类电容式湿敏器件的响应速度快，是由于电容器的上电极是多孔的透明金属薄膜，水分子能顺利地穿透薄膜，且感湿膜只有一层呈微孔结构的薄膜，因此吸湿和脱湿容易。

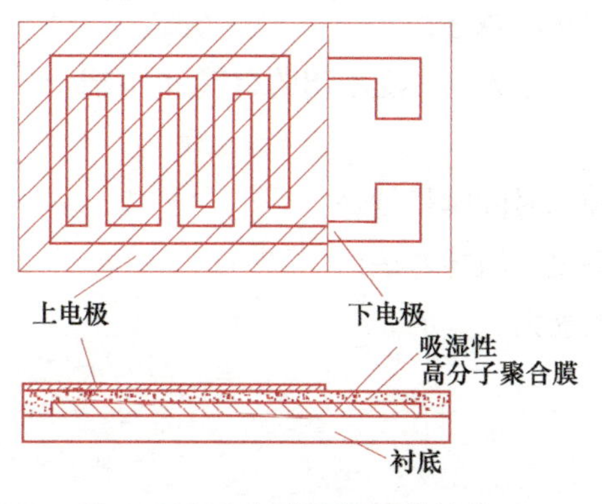


图1-26　电容式湿敏器件结构图

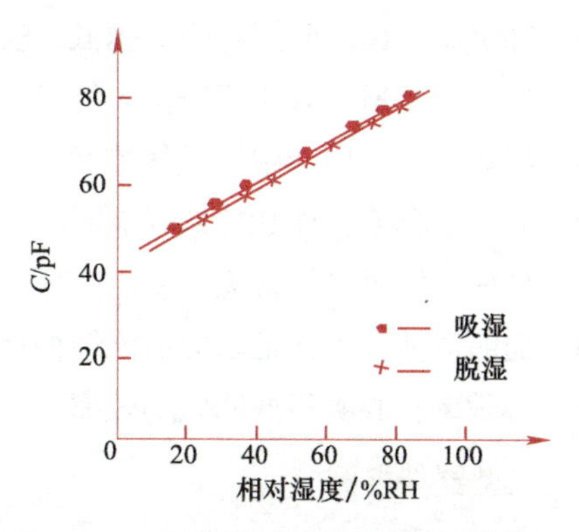


图1-27　电容式湿敏器件的响应特性图

在一定温度范围内，电容值的改变与相对湿度的改变成正比。但在高湿环境中（相对湿度大于90%）会出现非线性。为了改善湿度特性的线性度，提高湿敏器件的长期稳定性和响应速度，对氧化铝薄膜表面进行纯化处理（如盐酸处理或在蒸馏水中煮沸等），可以收到较为显著的效果。常用的电容式湿敏器件，其电容量随着所测空气湿度的增加而增大，湿敏电容值的变化转换为与之呈反比的电压频率信号。

2. 典型器件举例

在上一节中，已经介绍了SHT11温湿度传感器，此处不再赘述。

### 1.2.3　心率采集

在采集心率传感数据时，通常使用心率传感器。心率采集方法主要有三种：一是从心电信号中提取；二是从测量血压时压力传感器测到的波动来计算脉率；三是光电容积脉搏波描记法。目前，光电容积脉搏波描记法是应用最普遍的方法，具有方法简单、佩戴方便、可靠性高等特点。

光电容积脉搏波描记法的工作原理是：将光照进皮肤，用以检测由血脉搏率或血容积变化所产生的血液流动光散射，并通过相关算法利用所接收到的反馈信息计算出心率。具体而言，采用对动脉血中氧合血红蛋白和血红蛋白有选择性的特定波长的发光二极管作为光源，当光束透过人体外周血管时，由于动脉搏动充血容积变化导致这束光的透光率发生改变，此时由光电变换器接收经人体组织反射的光线，转变为电信号后将其放大和输出。由于脉搏是随心脏的搏动而周期性变化的信号，动脉血管容积也周期性变化，因此可以利用光电变换器的电信号变化周期推算出心率。

1. 常用传感器

常用的光学心率传感器主要包括四个核心器件：至少由两个发光二极管构成的光发射器，负责将光照进皮肤内部；光接收器和模拟前端，负责获取由穿戴者反射的光，并将模拟信号转换成数字信号作为光电容积脉搏波描记法的输入数据之一；加速计，负责测量运动状态数据，并作为光电容积脉搏波描记法算法的另一个输入数据；计算单元，负责利用来自模拟前端和加速计的输入数据计算获得心率数据。

除心率数据外，通过深度解读光学心率传感器所提供的数据（或波形）可以进一步获得大量的生物特征信息。比如：

- 呼吸率：休息时的呼吸率越低，表明身体状况越好；
- 最大摄氧量：人体可以摄入的最大氧气量，是人们广泛使用的有氧耐力指标；
- 血氧水平：血液中的氧气浓度；
- 心率变异率：血脉冲的间隔时间，心跳间隔时间越长越好；
- 血压：提供了一种无需使用血压计即可测量血压的方法；
- 血液灌注：人体推动血液流经循环系统的能力；
- 心效率：心脏每搏的做功效率。

### 2．典型器件举例

本单元以MAX30102光学心率传感器（见图1-28）为例，介绍其具体特性。

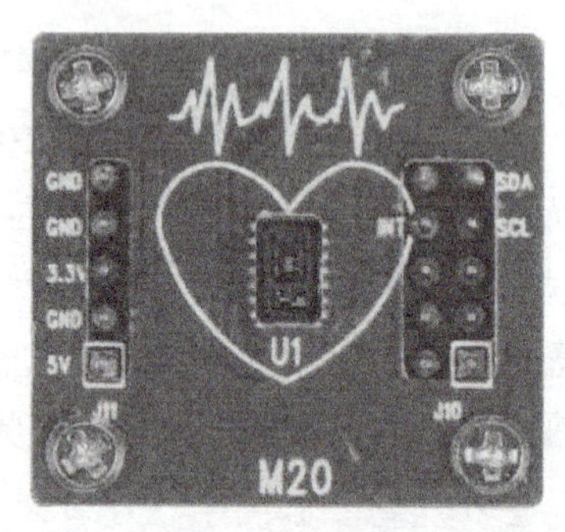

图1-28　MAX30102光学心率传感器

MAX30102是集成了脉搏血氧仪和心率监测仪生物传感器的模块。它包含了多组发光二极管、光电检测器、模拟前端以及能抑制环境光的电路系统，采用一个1.8V电源和一个独立的3.3V内部LED的电源。该传感器主要应用于可穿戴设备，主要面向基于手指、耳垂和手腕等处的心率和血氧检测。标准的$I^2C$兼容的通信接口可以将采集到的数值传输给单片机进行心率和血氧计算。此外，该芯片还可通过软件关断模块，使待机电流接近为零，实现电源始终维持供电状态。MAX30102集成了玻璃盖，可以有效排除外界和内部光干扰，拥有较好的可靠性。

① 基本特性。

- 具有较好的抗环境光性能；
- 超低功率；
- 快速数据输出能力；
- 强大的运动伪影复原能力、信噪比高；
- 工作温度范围广。

② 典型应用。

- 广泛用于可穿戴设备，进行心率和血氧采集检测。

③ 技术参数。

- LED峰值波长：660nm/880nm；
- LED供电电压：3.1～5V；
- 检测信号类型：光反射信号（PPG）；

● 输出信号接口：$I^2C$接口。

MAX30102心率传感器的典型工作电路如图1-29所示，MAX30102通过$I^2C$访问，电路结构较为简单。需要注意的是，需要通过VLED+对MAX30102心率传感器中的发光二极管进行供电，SCL时钟和SDA数据都需要接上拉电阻。MAX30102可将所采集的心率信息通过SDA口送至微处理器，供进一步处理和使用。

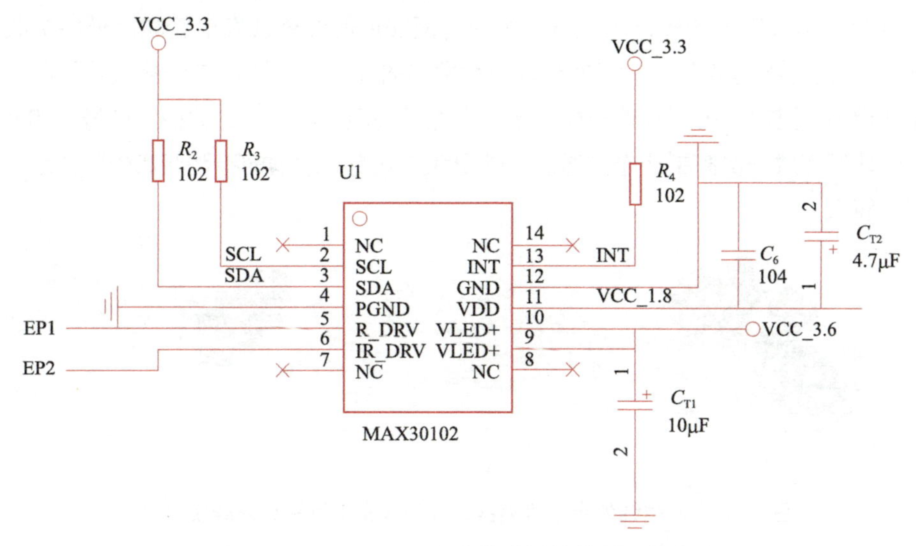


图1-29　MAX30102心率传感器的典型工作电路

# 1.3 开关量传感数据采集

开关量传感数据可以对应于模拟量传感数据的“有”和“无”，也可以对应于数字量传感数据的“1”和“0”两种状态，是传感数据中最基本、最典型的一类。在利用相应传感器采集红外信号或声音信号并判定其有无时，所输出的就是典型的开关量。在本单元中，选取采集并判定红外信号或声音信号这两个典型的开关量传感数据采集工作案例，讲解了工作过程中所需使用的常用传感器、传感器基本工作原理和基本参数、传感器选用方法。然后，以典型器件为例，介绍了红外传感器和声音传感器的核心电路原理图和技术手册中的基本内容。

## 1.3.1 红外信号数据采集

在采集红外传感数据时，通常使用红外传感器。它是一种能感知目标所辐射的红外信号并利用红外信号的物理性质来进行测量的器件。本质上，可见光、紫外光、红外光及无线电等都是电磁波，它们之间的差别只是波长（或频率）的不同而已。红外信号因其频谱位于可见光中的红光以外，因而称之为红外光。考虑到任何温度高于绝对零度的物体都会向外部空间辐射红外信号，因此红外传感器广泛应用于航空航天、天文、气象、军事、工业和民用等众多领域。

### 1．常用传感器

在本单元中，以槽型、对射型、反光板反射型和人体感应型器件为例介绍红外光电传感器的基本参数和特性。

（1）槽型红外光电传感器

槽型红外光电传感器的槽体内包含一组面对面安放的红外线发射管和红外线接收管如图1-30所示。在无阻挡的情况下，红外线发射管发出的红外光能被红外线接收管接收。而当被检测物体从槽中通过时，由于红外光被遮挡，光电开关便输出一个开关控制信号，切断或接通负载电流，从而完成一次控制动作。通常，槽型红外光电传感器的检测距离受整体结构的限制一般只有几厘米。

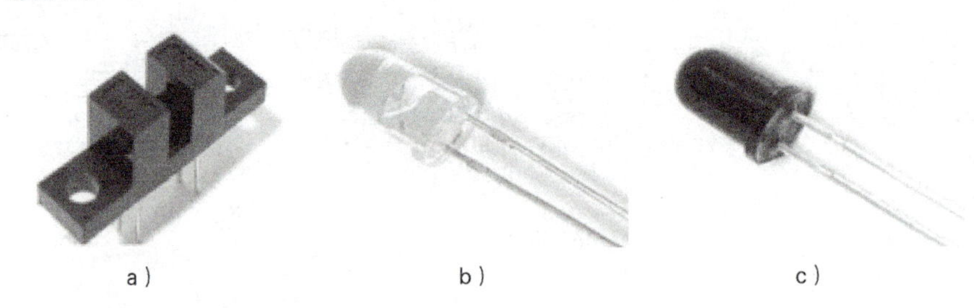

a）　　b）　　c）

图1-30　槽型红外光电传感器、红外线发射管和红外线接收管

（2）对射型红外光电传感器

对射型红外光电传感器工作原理类似于槽型红外光电传感器，其区别主要在于加大了红外线发射管和红外线接收管之间的距离，此类器件又可称为对射分离式红外开关如图1-31所示。其基本结构仍是由一个发射器和一个接收器组成的，检测距离可达几米乃至几十米。在使用时，可以把发射器和接收器分别装在待检测物需要通过路径的两侧，当检测物通过时便会阻挡光路，从而输出一个开关控制信号。

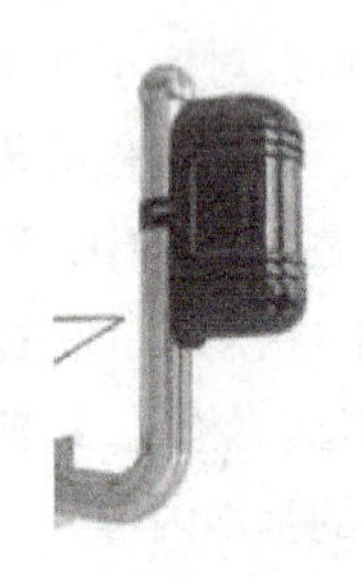

图1-31　对射型红外光电传感器

（3）反光板反射型红外光电传感器

如果把发射器和接收器装入同一个装置内，并在其前方装一块反光板，利用反射原理完成光电控制作用的器件称为反光板反射型（或反射镜反射式）红外光电传感器（如图1-32所示）。在正常情况下，发射器发出的光被反光板反射回来然后被接收器收到；一旦光路被检测物挡住，接收器收不到光时，光电开关即可输出一个开关控制信号。

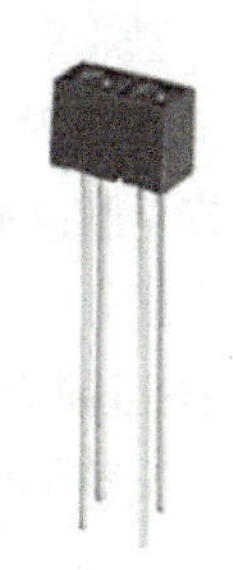

图1-32 反光板反射型红外光电传感器

（4）人体感应红外传感器

人体感应红外传感器可以探测人体红外热辐射，主要由透镜、红外热辐射感应器、感光电路和控制电路所组成，如图1-33所示。透镜可以接收人体所发出的具有特定波长的红外信号并增强聚集到感光组件上，这使得感光组件中的热释电元件产生极化压差，触发感光电路发出识别信号，从而达到探测人体的目的。当需要感知运动的人体时，传感器中需要使用至少两个感应器，当感应区域内无运动人体时，两个感应器会检测到相同量的红外热辐射；而当有人体（或具有相似热辐射特征的物体）经过时将导致两个感应器之间的检测量发生变化。人体红外传感器广泛安装于走廊、楼道、化妆室、地下室、仓库、车库等场所，常应用在基于人体感应的安防报警、自动照明等智能控制系统中。

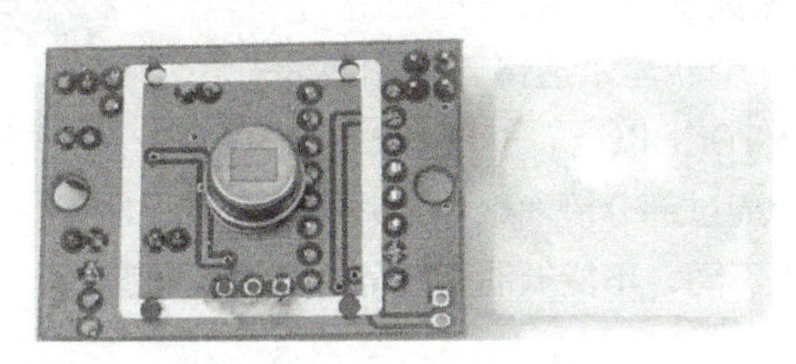

图1-33 人体感应红外传感器及透镜

## 2. 典型器件举例

本单元以Flame-1000-D红外火焰传感器（见图1-34，其中M23与Flame-1000-D原理类似）、HC-SR501人体感应红外传感器为例（见图1-35），介绍其具体特性。

（1）Flame-1000-D红外火焰传感器

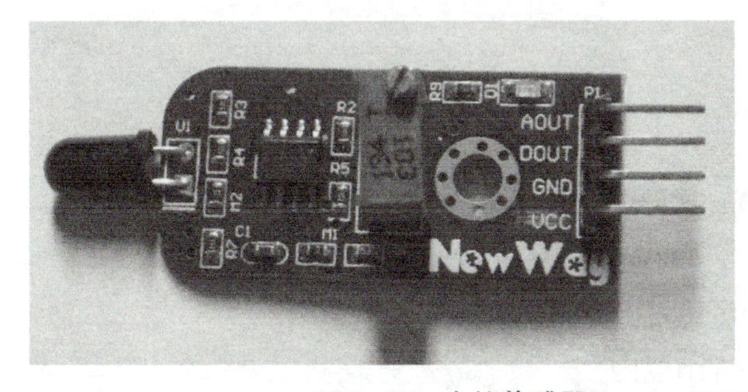


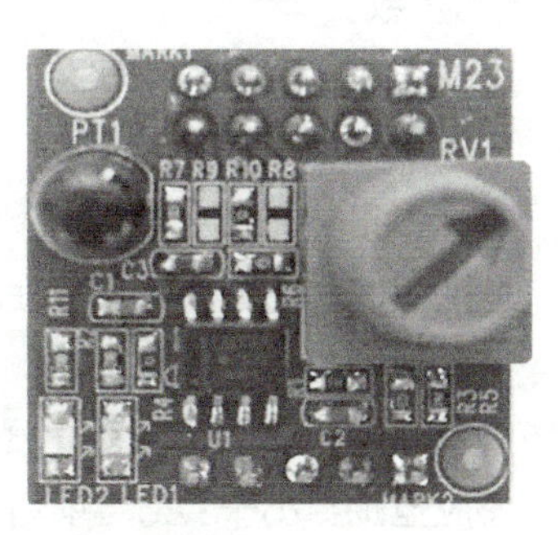


图1-34 火焰传感器Flame-1000-D和M23

① 基本特性。

- 能够探测火焰发出的波段范围为700～1 100 nm的短波近红外线；

● 双重输出组合，数字输出使得系统设计简化，更为简单；模拟输出使得需要高精度的场合使用更为精确。满足不同需求的场合使用；

● 检测距离可调节，通过调节精密电位器，检测距离能够很方便地调节。

② 典型应用。

红外火焰探测技术是目前火灾预警的最佳方案之一，该技术通过探测火焰所发出的特征红外线来预警火灾，比传统感烟或感温式火灾探测技术响应速度更快。

③ 技术参数。

● 探测波长：700～1 100nm；

● 探测距离：大于1.5m；

● 供电电压：3～5.5V；

● 数字输出：当检测到火焰时输出高电平，没有检测到火焰时输出低电平；

● 模拟输出：输出端电压随火焰强度变化而改变。

（2）HC-SR501人体感应红外传感器

① 基本特性。

探测元件将探测并接收到的红外辐射转变成弱电压信号，经装在探头内的场效应晶体管放大后向外输出。为了提高探测器的探测灵敏度以增大探测距离，一般在探测器的前方装设一个菲涅尔透镜，它和放大电路相配合，可将信号放大70dB以上。一旦有人侵入探测区域内，人体红外辐射通过部分镜面聚焦，并被热释电元件接收，但是两片热释电元件接收到的热量不同，热释电也不同，不能抵消，经信号处理而报警。

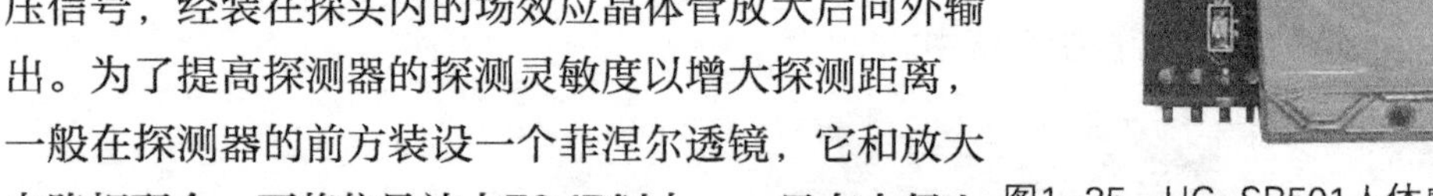


图1-35　HC-SR501人体感应红外传感器

② 典型应用。

● 自动照明控制；

● 安防系统；

● 自动门控制；

● 非接触测温。

③ 技术参数。

● 工作电压：DC 5～20V；

● 静态功耗：65μA；

● 电平输出：高3.3V，低0V；

● 延迟时间：可调（0.3s～10min）；

● 封锁时间：0.2s；

● 触发方式：L-不可重复，H-可重复，默认值为H；

● 感应范围：小于120° 锥角，7m以内；

● 工作温度：-15～70℃。

人体感应红外传感器电路如图1-36所示，主要工作原理如下：当检测到运动的人体时，J7的引脚2会输出电平经$R_{11}$至晶体管2N3904S的基极，从而点亮发光二极管$D_1$，该信号可以同时送至外部微处理器（J1）的INT引脚进行识别（即高低电平的识别）。

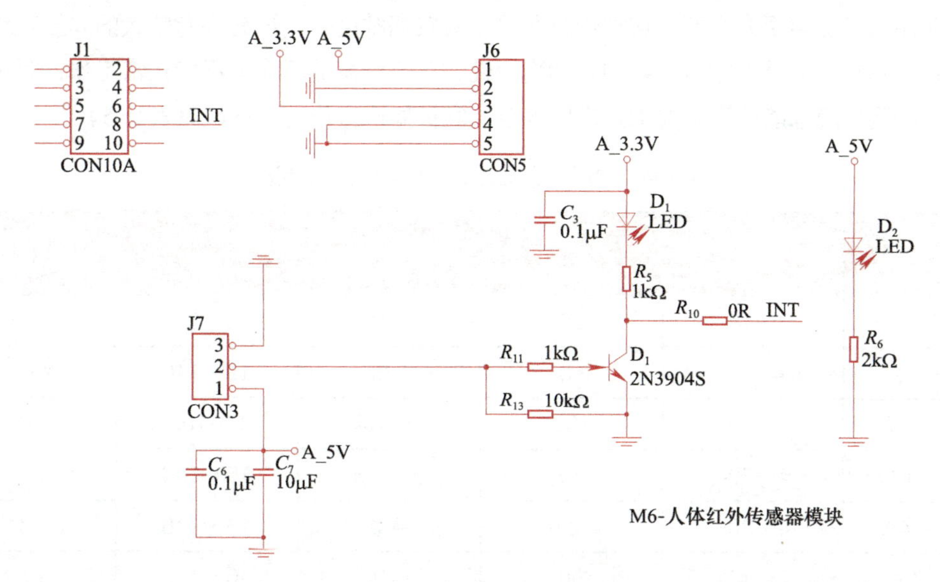


图1-36　人体红外传感器电路

## 1.3.2　声音信号数据采集

声音是由物体振动产生的声波，是通过介质传播并能被听觉器官所感知的波动现象。声音信号采集器件的功能就是将外界作用于其上的声信号转换成相应的电信号，然后将这个电信号输送给后续处理电路以实现传感数据采集。常用的声传感器按换能原理不同大体可分为3种类型，即电容式、压电式和电动式，其典型应用为电容式驻极体声音信号采集器件、压电驻极体电声器件和动圈式声音信号采集器件，它们具有结构简单、使用方便、性能稳定、可靠性好、灵敏度高等诸多优点。声音信号采集器件也可以分为压强型和自由场型两种形式，考虑到自由场型更适合于噪声声级的测量，所以一般在声级测量中均采用自由场型的声音信号采集器件。声音信号采集器件的性能通常还与其尺寸有关，尺寸大的一般具有灵敏度较高和可测声级的下限较低的优点，但其频率范围较窄；而尺寸小的虽然灵敏度较低但其频率范围一般较宽且可测声级的上限较高。

### 1. 常用传感器

（1）电容式驻极体声音传感器

电容式驻极体声音传感器通常可以分为振膜式和背极式，背极式由于膜片与驻极体材料各自发挥其特长，因此性能比振膜式好。电容式驻极体声音传感器的结构与一般的电容式声音传感器大致相同，工作原理也相同，只是不需要外加极化电压，而是由驻极体膜片或带驻极体薄层的极板表面电位来代替。电容式驻极体声音传感器的振膜受声波策动时就会产生一个按照声波规律变化的微小电流，经过电路放大后就产生了音频电压信号。

电容式驻极体声音传感器通常具有寿命长、频响宽、工艺简单、体积小及重量轻的优点，从而使现场使用更为方便。这种传感器除了有较高精度外，还允许有较大的非接触距离、优良的频响曲线。另外，它有良好的长期稳定性，在高潮湿的环境下仍能正常工作，对于一般的生产或检测环境都能够满足要求。常用电容式驻极体声音传感器参数见表1-6。

表1-6 常用电容式驻极体声音传感器参数

| 型号 | 频率范围<br>±2dB/Hz | 灵敏度<br>/（mV/Pa） | 响应类型 | 动态范围<br>/dB | 外形尺寸直径<br>/mm |
|---|---|---|---|---|---|
| CHZ-11 | 3～18k | 50 | 自由场 | 12～146 | 23.77 |
| CHZ-12 | 4～8k | 50 | 声场 | 10～146 | 23.77 |
| CHZ-11T | 4～16k | 100 | 自由场 | 5～100 | 20 |
| CHZ-13 | 4～20k | 50 | 自由场 | 15～146 | 12 |
| CHZ-14A | 4～20k | 12.5 | 声场 | 15～146 | 12 |
| HY205 | 2～18k | 50 | 声场 | 40～160 | 12.7 |
| 4 175 | 5～12.5k | 50 | 自由场 | 16～132 | 2 642 |
| BF5032P | 70～20 000 | 5 | 自由场 | 20～135 | 49 |
| CZⅡ-60 | 40～12 000 | 100 | 自由场/声场 | 34 | 9.7 |

（2）压电驻极体声音传感器

压电驻极体声音传感器利用压电效应进行声电/电声变换，其声电/电声转换器通常为一片30～80μm厚的多孔聚合物压电驻极体薄膜，相对电容式/动圈式结构复杂且精度要求极高的零件配合设计，大大减小了电声器件的体积；同时，零件数目大为减少，可靠性得到保证，满足大规模生产的需求。压电驻极体声音传感器利用压电效应进行声电变换，取消了空气共振腔的设计，大大减小了声音传感器的体积；在性能上，压电材料的力电/声电转换性能稳定（在多孔聚合物上表现为薄膜内部的电荷稳定、不容易丢失）；同时，由于取消了电容式的声电变换结构，使零件数目减少，制造工艺简单化，成本低廉。这些特性均使压电驻极体声音传感器具有广泛的应用范围与推广价值。

（3）动圈式声音传感器

如果把一个导体置于磁场中，在声波的推动下使其振动，这时在导体两端便会产生感应电动势，利用这一原理制造的声音传感器称为电动式声音传感器。如果导体是一个线圈，则称为动圈式声音传感器，如果导体为一个金属带箔，则称为带式声音传感器。动圈式声音传感器是一种使用最为广泛的声音传感器。

## 2．典型器件举例

本单元以MP9767声音传感器（见图1-37）为例，介绍具体特性。

MP9767声音传感器基本特性见表1-7。

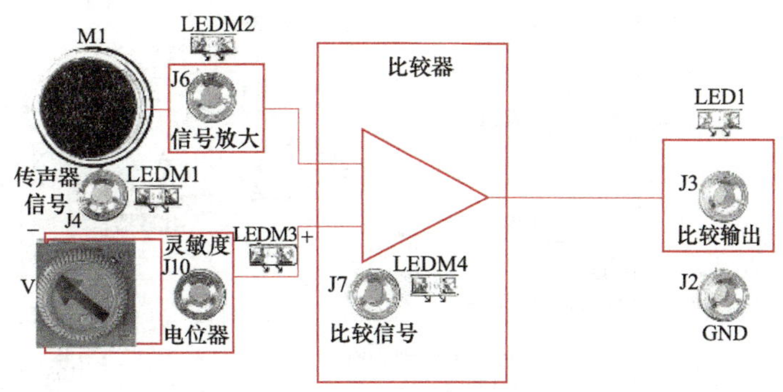


图1-37　MP9767声音传感器

**表1-7　MP9767声音传感器基本特性**

| | |
|---|---|
| 灵敏度 | -48～66dB |
| 频响范围 | 50Hz～20kHz |
| 方向特性 | 全指向 |
| 阻抗特性 | 低阻抗 |
| 电流消耗 | 最大500μA |
| 标准工作电压 | 3V |
| 信噪比 | 大于58dB |
| 灵敏度变化 | 电压变化1.5V，灵敏度变化小于3dB |

典型的声音信号采集电路如图1-38所示。传声器输出电压受环境声音影响，输出相应的音频信号，将该信号进行放大。放大后的音频信号叠加在直流电平上作为LM393中比较器1的反相输入端（引脚2）输入电压。采集电位器（$VR_1$）调节端的电压作为比较器1同相输入端（引脚3）输入电压。比较器1根据两个电压的情况进行对比，输出端（引脚1）输出相应的电平信号；该电压信号经过$D_6$升压，$D_6$正端的电压信号作为比较器2反相输入端（引脚6）输入电压，采集$R_7$的电压信号作为比较器2同相输入端（引脚5）的输入电压，比较器2根据两个电压的情况进行对比，输出端（引脚7）输出相应的电平信号。

调节$VR_1$，即调节比较器1同相输入端的输入电压，设置对应的采集灵敏度，即阈值电压。当环境中没有声音或声音比较低时，传声器基本没有音频信号输出，比较器1的反相输入端电压较低，小于阈值电压，比较器1输出高电平电压；该电压经过$D_6$，$D_6$正端的电压比比较器2的同相输入端电压高，这时比较器2输出低电平电压。当环境中出现很高声音时，传声器感应并产生相应的音频信号，该音频信号经过放大后叠加在比较器1反相输入端的直流电平上，使得反相输入端电压比同相输入端电压高，比较器1输出低电平电压；该电压经过$D_6$后，$D_6$正端的电压比比较器2的同相输入端电压低，比较器2输出高电平。同样，比较器2的输出信号可以送至其他微控制器的输入口进行识别以实现定性分析，或者连接其他模块的输入电路以实现控制功能（如继电器）。

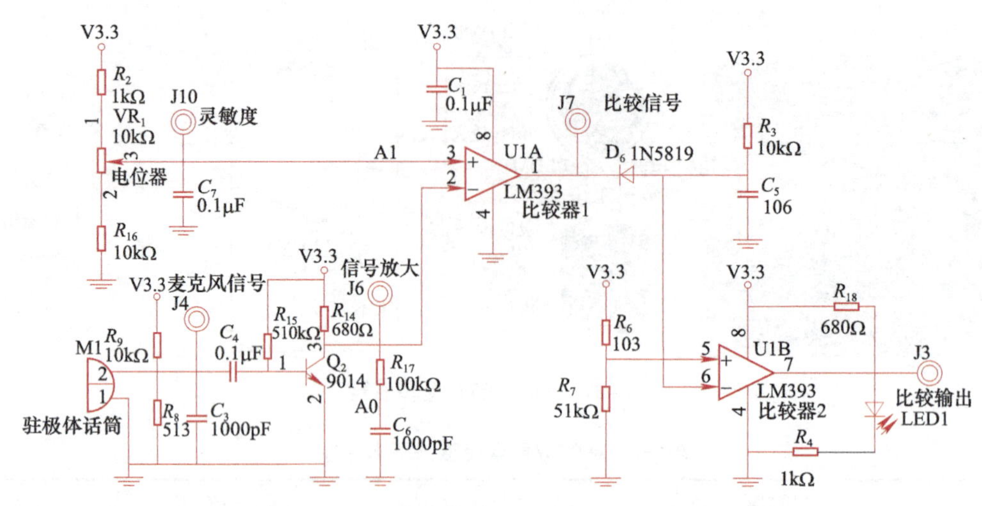


图1-38　声音传感器电路板功能电路图

# 1.4 误差分析

在传感数据采集工作中，即使在同样的采集环境中使用同样的传感器和采集方法，多次采集结果之间往往并不是完全一致的。这种现象说明，在传感数据采集中通常会存在误差。因此，需要了解误差产生的原因及其表示方法，进而实现缩减误差以提高采样结果准确性的目标。

## 1.4.1 真实值、平均值与中位数

### 1. 真实值

传感数据采集的真实值是指所采集的物理量客观存在的确定值。然而，由于传感器性能、采集方法、采集环境等外部条件都不可能是完美的，因此真实值实际上是无法获取的，仅是一个理想值。通常，真实值的定义可以弱化为：设采集次数为无限多，则根据误差分布定律正负误差出现的概率相等，故将各观察值相加，加以平均，在无系统误差的情况下可能获得的极近于真实值的数值。

### 2. 平均值

然而，在传感数据采集的实际工作中，采集次数无法做到无限多，因此用有限的采集次数求出的平均值只能是近似真值，或称为最佳值。常用的最佳值有下列几种。

（1）算术平均值

这种平均值最常用，且当测量值的分布服从正态分布时，算术平均值为最佳值或最可信赖值。具体计算过程如下：

$$\bar{x}=\frac{x_1+x_2+\cdots+x_n}{n}=\frac{\sum_{i=1}^{n}x_i}{n} \tag{1-2}$$

式中：$x_1$、$x_2$、$\cdots x_n$是各次采集值；$n$是采集的次数。

（2）方均根值

方均根值也是一种常用的最佳值，也称有效值，它的计算方法是先二次方、再平均、然后开二次方。具体计算过程如下：

$$\bar{x}_{\text{rms}}=\sqrt{\frac{x_1^2+x_2^2+\cdots+x_n^2}{n}}=\sqrt{\frac{\sum_{i=1}^{n}x_i^2}{n}} \tag{1-3}$$

（3）加权平均值

对同一物理量用不同的方法去测定，或对同一物理量由不同的人去测定，计算平均值时，常对比较可靠的数值予以加重平均，称为加权平均。具体计算过程如下：

$$\bar{x}_w=\frac{w_1\cdot x_1+w_2\cdot x_2+\cdots+w_n\cdot x_n}{w_1+w_2+\cdots+w_n}=\frac{\sum_{i=1}^{n}w_i\cdot x_i}{\sum_{i=1}^{n}w_i} \tag{1-4}$$

式中，$x_1$、$x_2$、$\cdots x_n$是各次采集值；$w_1$、$w_2$、$\cdots w_n$是各次采集值所对应的权重。各观测值的权数一般凭经验确定。

以上介绍的各种平均值目的是要从一组采集值中找出最接近真实值的那个值。平均值的选择主要决定于一组观测值的分布类型，如数据分布基本呈现正态分布，可以采用算术平均值。

#### 3．中位数

一组测量数据按大小顺序排列，中间的一个数据即为中位数。当测定次数为偶数时，中位数为中间相邻的两个数据的平均值。它的优点是能简便地说明一组测量数据的结果，不受两端具有过大误差的数据的影响。缺点是不能充分利用数据。

### 1.4.2　误差

误差是指测定值与真实值之间相符合程度，也可以简单理解为误差的大小。误差有两种表示方法：绝对误差和相对误差。

#### 1．绝对误差

某物理量在一系列采集中，某采集值（即测定值）与其真实值之差称为绝对误差。实际工作中，常以最佳值代替真实值，则采集值与最佳值之差称绝对误差。具体计算过程如下：

绝对误差=测定值-真实值（或最佳值）　　（1-5）

#### 2．相对误差

为了比较不同采集值的精确度，以绝对误差与真实值（或最佳值）之比作为相对误差。

具体计算过程如下：

$$\text{相对误差}=\frac{\text{测定值-真实值（或最佳值）}}{\text{真实值（或最佳值）}} \tag{1-6}$$

需要指出的是，由于测定值可能大于真实值，也可能小于真实值，所以绝对误差和相对误差都有正、负之分。相对误差是指误差在真实值中所占的百分比，用相对误差来衡量测定的准确度更具有实际意义。

### 1.4.3 精密度与偏差

精密度是指在相同条件下$n$次重复测定结果彼此相符合的程度。精密度的大小用偏差表示，偏差愈小说明精密度愈高。

#### 1. 偏差

偏差分为绝对偏差和相对偏差。绝对偏差通常是指单次测定值与平均值的偏差。相对偏差是指绝对偏差在平均值中所占的百分率。绝对偏差和相对偏差都有正负之分，单次测定的偏差之和等于零。

#### 2. 算术平均偏差

对多次测定数据的精密度常用算术平均偏差表示。算术平均偏差是指单次测定值与平均值的偏差（取绝对值）之和，除以测定次数。具体计算过程如下：

$$\bar{d}=\frac{\sum_{i=1}^{n}\left|x_i-\bar{x}\right|}{n} \tag{1-7}$$

#### 3. 标准偏差

在传感数据采集的过程中，标准偏差常被用来衡量精密度。

（1）总体标准偏差

总体标准偏差是用来表达测定数据的分散程度。具体计算过程如下：

$$\sigma=\sqrt{\frac{\sum_{i=1}^{n}\left(x_i-\bar{x}\right)^2}{n}} \tag{1-8}$$

（2）样本标准偏差

一般测定次数有限，均值未知，只能用样本标准偏差来表示精密度。具体计算过程如下：

$$S=\sqrt{\frac{\sum_{i=1}^{n}\left(x_i-\bar{x}\right)^2}{n-1}} \tag{1-9}$$

式中，（$n$-1）在统计学中称为自由度，表示在$n$次测定中只有（$n$-1）个独立可变的偏差，因为$n$个绝对偏差之和等于零，所以只要知道（$n$-1）个绝对偏差就可以确定第$n$个的偏差。

（3）相对标准偏差

标准偏差在平均值中所占的百分率叫作相对标准偏差，也叫变异系数或变动系数（$cv$）。具体计算过程如下：

$$cv=\frac{s}{\bar{x}}\times 100\% \tag{1-10}$$

用标准偏差表示精密度比用算术平均偏差表示要好，所以误差分析报告中常用$cv$表示精密度。

## 1.4.4 误差产生原因分析

进行传感数据采集的目的是为了获取准确的物理量。然而，因为误差的客观存在性，即使使用最精密的传感器、最完善的采集方法、最细致的操作，所测得的数据也不可能和真实值完全一致。因此，需要进一步掌握误差产生的基本规律，将误差减小到允许的范围内。根据误差产生的原因和性质，可以分为系统误差和偶然误差两大类。

### 1. 系统误差

系统误差又可称为可测误差，通常是在传感器数据采集过程中产生的，对结果的影响比较固定。系统误差产生的原因通常可以归纳为以下几个方面。

（1）设备误差

这种误差是由于使用的设备本身不够精密所造成的，如传感器件自身、传感器电路设计、电路元件的缺陷。

（2）方法误差

这种误差是由于采集方法造成的。例如，未达到传感器件所必须的数值稳定时间，外界环境对测量环境的影响等原因都会引起误差。

（3）操作误差

这种误差是由于传感数据采集工作的操作者的职业技能或职业素养不够所致的。例如，对传感器使用不熟练、操作过程不熟悉，甚至在操作前未检查设备是否完好。这一类误差可以通过提升操作者的职业技能或职业素养来进行有效消除。

### 2. 偶然误差

（1）偶然误差的规律

偶然误差又称随机误差，是指测定值受各种因素的随机波动而引起的误差。例如，外界环境温度、湿度和气压的微小波动、仪器性能的微小变化等，都会使传感数据采集结果在一定范围内波动。一般而言，增加采集次数可以有效减少偶然误差，因为理论上进行无穷多次采集并取平均值就可能接近真实值。

（2）随机不确定度

准确度和精密度只是对采集结果的定性描述，而不确定度才是对结果的定量描述。由于随机误差是不能完全消除的，所以测量结果总是存在随机不确定度。

### 1.4.5 减小误差的方法

通过分析传感数据采集过程中可能产生误差的各种因素并采取有效的措施，可以将这些误差减小到最小。

#### 1. 选择合适的传感数据采集设备、熟悉使用方法

掌握常用传感器、传感器基本工作原理和基本参数、传感器选用方法，依据不同传感数据采集工作任务的特点选取合适的采集设备。进而，熟悉所选传感器的电路原理图、传感器技术手册相关电路基础知识、使用注意要点。

#### 2. 增加传感数据采集次数

如上一节所述，理论上进行无穷多次采集并取平均值就可能接近真实值，因此增加采集次数可以有效减少偶然误差。

#### 3. 减小系统误差

（1）空白试验

由设备自身的缺陷所导致的系统误差，一般可做空白试验来加以校正。空白试验是指设定标准条件（如已知准确的传感数据值）的前提下执行与实际采集时一致的操作。空白试验所得的结果数值称为空白值，依据空白值对实际采集值进行调整，通常可以有效消除系统误差。

（2）对照试验

对照试验是指在分析某一个具体的条件对传感数据采集结果的影响。在进行对照试验时，除了待分析的条件不同外其他条件都必须相同。例如，通过多次更换不同的传感器件可以基本判定某一个传感器件是否导致了较大的误差。

### 1.4.6 传感数据优化

传感数据结果处理的目的就是从测量得到的原始数据中求出被测量的最佳估计值，并最终表示出正确的结果。

#### 1. 测量结果的表示

测量结果表示为一定的数值和相应的计量单位。例如，20mA、40kW等。

#### 2. 有效数字和有效数字位

有效数字是指它的绝对误差不超过末位数字单位的一半时，从它最左端一位非零数字起到最末一位的所有数字。由于测量结果含有误差，所以必须对测量得到的数据进行处理。处理过程中应注意以下几点：

- 可以从有效数字的位数估计出测量误差，一般规定误差不超过有效数字末位单位的一半；
- “0”在最左面为非有效数字；
- 有效数字不能因选用单位的变化而变化。

#### 3. 数字舍入规则

在测量数据的处理过程中，当需要保留$N$位有效数字时要遵循以下规则：若保留$N$位有效

数字，N位以后的数字若大于保留数字末位单位的一半，则舍去的同时第N位加1；若小于保留数字末位单位的一半，则舍去的同时第N位不变；若等于保留数字末位单位的一半，如第N位原为奇数则加1变为偶数，原为偶数不变。即：

- 小于5舍去，末位不变；
- 大于5进1，在末位增1；
- 等于5时，取偶数。即当末位是偶数，末位不变；末位是奇数，在末位加1。

4．数字近似运算规则

保留的位数原则上取决于各数中准确度最差的那一项。

加减规则：以小数点后位数最少的为准（各项无小数点，则以有效位数最少者为准），其余各数可多取一位。

乘除规则：以有效数字位数最少的数为准，其余参与运算的数字及结果中的有效数字位数与之相等或多保留一位有效数字。

## 1.5 传感数据采集结果处理

由于数据采集工作过程中误差存在的客观性以及待测物理量自身的随机性质，实际采集所得的传感数据必然带有一定的随机性。传感数据采集结果处理的目标是：科学地收集、整理、分析传感数据，并总结出传感数据中所蕴含的统计规律。

### 1.5.1 传感数据统计

统计方法是指有关收集、整理、分析和解释统计数据，并对其所反映的问题做出一定结论的方法。统计描述是对统计数据进行整理和描述的方法。常用曲线、表格、图形等反映统计数据和描述观测结果，以使数据更加容易理解，例如，可将统计数据整理成折线图、曲线图和频数直方图等。统计推断，通过对数据的分析和统计运算所得到的特性值，对事物的状态和发展趋势进行预测和推断。统计控制，通过对数据的整理、分析和统计计算所得到的结果，评价事物状态、监测变异，从而保持控制过程处于稳定的状态。传感数据统计工作步骤通常分为：搜集数据；整理数据，包含数据分组、制作数据统计表、统计图等；统计分析，合理运用统计方法，对传感数据进行定量与定性相结合的分析。统计分析可以把数据、情况、问题、建议等融为一体，是发挥信息、咨询、管理、监督和决策功能的重要技术支撑。

对传感数据进行统计的用途主要包括：提供表示待测物理量特征的数据（平均值、中位数、标准偏差、方差、极差）；比较传感数据间的差异（假设检验、显著性检验、方差分析、水平对比法）；分析影响传感数据变化的因素（因果图、调查表、散布图、分层法、树图、方差分析）；分析传感数据之间的相互关系（散布图、试验设计法）；协助制定更为科学的传感数据采集方法（抽样方法、抽样检验、试验设计、可靠性试验）；把握传感数据的分布状况和动态变化（频数直方图、控制图、排列图）。总体而言，对传感数据进行统计，可以优化传感数据采集方法、剔除不合格的统计数据、整体把握待测物理量的特征。

## 1.5.2 传感数据常见分布及抽样方法

### 1．传感数据常见分布

（1）计量数据

它是指可以连续取值的传感数据，或者说可以用测量工具具体测量出小数点以下数值的这类传感数据。例如，光照度、气体浓度、温度、湿度、心率等计量数据，一般服从正态分布。

（2）计数数据

它是指不能连续取值的传感数据或者说即使使用测量工具也得不到小数点以下数值而只能得到计数性质的这类传感数据。例如，人体红外、声音、火焰等传感器输出的开关量，一般服从二项式分布或泊松分布。

### 2．传感数据常用抽样方法

（1）简单随机抽样法

简单随机抽样法是指总体中的每个个体被抽到的机会是相同的。其优点在于抽样误差小，缺点在于抽样手续比较繁杂。

（2）系统抽样法

系统抽样法又叫等距抽样法或机械抽样法。其优点在于操作简便、实施不易出错，其缺点在于容易出现较大偏差。

（3）分层抽样法

分层抽样法也叫类型抽样法，它是从一个可以分成不同子总体的总体（或称为层）中按规定的比例从不同层中随机抽取样品（个体）的方法。其优点在于样本的代表性比较好、抽样误差比较小，其缺点主要在于抽样手续比简单随机抽样还要繁杂。该方法在传感数据统计工作中较为常见。

（4）整群抽样法

整群抽样法又叫集团抽样法，是将总体分成许多群，每个群由个体按一定方式结合而成，然后随机抽取若干群，并由这些群中的所有个体组成样本。其优点在于抽样实施方便，而其缺点在于代表性差，抽样误差大。该方法常用于优化传感数据采集方法。

## 1.5.3 传感数据常用统计工具

在对传感数据进行统计时常用直方图与散布图。直方图是频数直方图的简称。它是用一系列宽度相等、高度不等的长方形表示数据的图。长方形的宽度表示数据范围的间隔，长方形的高度表示在给定间隔内的数据数。直方图的作用是：显示传感数据波动的状态；较直观地传递有关传感数据的整体特征。散布图是研究成对出现的两组相关数据之间相关关系的简单图示技术。在散布图中，成对的数据形成点子云，研究点子云的分布状态便可推断成对数据之间的相关程度。散布图可以用来发现、显示和确认两组相关数据之间的相关程度，并确定其预期关系。

### 1. 直方图制作步骤

1）收集数据（作直方图数据一般应大于50个）。

2）确定数据的极差（$R=X_{max}-X_{min}$）。

3）确定组数$k$和组距（$h=R\div k$，一般取测量单位的整倍数）。

4）确定各组的界限值（界限值单位应取最小测量单位的1/2）。

5）编制频数分布表（统计各组数据的频数$f$）。

6）按数据值比例画横坐标。

7）按数据值比例画纵坐标。

8）画直方图。在直方图上应标注出公差范围、样本大小、样本平均值、样本标准偏差值和公差中心的位置等。

以表1-8所给出的传感数据集为例，简单介绍直方图的制作。

表1-8　传感数据集举例

| | | | | | | | | | |
|---|---|---|---|---|---|---|---|---|---|
| 43 | 28 | 27 | 26 | 33 | 29 | 18 | 24 | 32 | 14 |
| 34 | 22 | 30 | 29 | 22 | 24 | 22 | 28 | 48 | 1 |
| 24 | 29 | 35 | 36 | 30 | 34 | 14 | 42 | 38 | 6 |
| 28 | 32 | 22 | 25 | 36 | 39 | 24 | 18 | 28 | 16 |
| 38 | 36 | 21 | 20 | 26 | 20 | 18 | 8 | 12 | 37 |
| 40 | 28 | 28 | 12 | 30 | 31 | 30 | 26 | 28 | 47 |
| 42 | 32 | 34 | 20 | 28 | 34 | 20 | 24 | 27 | 24 |
| 29 | 18 | 21 | 46 | 14 | 10 | 21 | 22 | 34 | 22 |
| 28 | 28 | 20 | 38 | 12 | 32 | 19 | 30 | 28 | 19 |
| 30 | 20 | 24 | 35 | 20 | 28 | 24 | 24 | 32 | 40 |

1）确定数据的极差：$R=X_{max}-X_{min}=47$。

2）确定组距（取组数$k=10$）：$h=R\div k=4.7$。

3）确定各组的界限值（界限值单位应取最小测量单位的1/2，即$1\div2=0.5$）。

4）第一组下限值：最小值$-0.5$，即$1-0.5=0.5$。

5）第一组上限值：第一组下限值+组距，即$0.5+5=5.5$。

6）第二组下限值：等于第一组上限值，即5.5。

7）第二组上限值：第二组下限值+组距，即$5.5+5=10.5$。

8）第三组以后，依此类推出各组的界限值：15.5、20.5、25.5、30.5、35.5、

40.5、45.5、50.5。

9）编制传感数据集频数分布表，见表1-9。

表1-9　传感数据集频数分布表

| 组号 | 组界 | 组中值 | 频数统计 | $f_i$ |
|---|---|---|---|---|
| 1 | 0.5～5.5 | 3 | / | 1 |
| 2 | 5.5～10.5 | 8 | / / / | 3 |
| 3 | 10.5～15.5 | 13 | / / / / / / | 6 |
| 4 | 15.5～20.5 | 18 | / / / / / / / / / / / / / / / / | 14 |
| 5 | 20.5～25.5 | 23 | / / / / / / / / / / / / / / / / / / / | 19 |
| 6 | 25.5～30.5 | 28 | / / / / / / / / / / / / / / / / / / / / / / / / / / / | 27 |
| 7 | 30.5～35.5 | 33 | / / / / / / / / / / / / / / | 14 |
| 8 | 35.5～40.5 | 38 | / / / / / / / / / / | 10 |
| 9 | 40.5～45.5 | 43 | / / / | 3 |
| 10 | 45.5～50.5 | 48 | / / / | 3 |
| 合计 | | | | 100 |

绘制直方图，如图1-39所示。

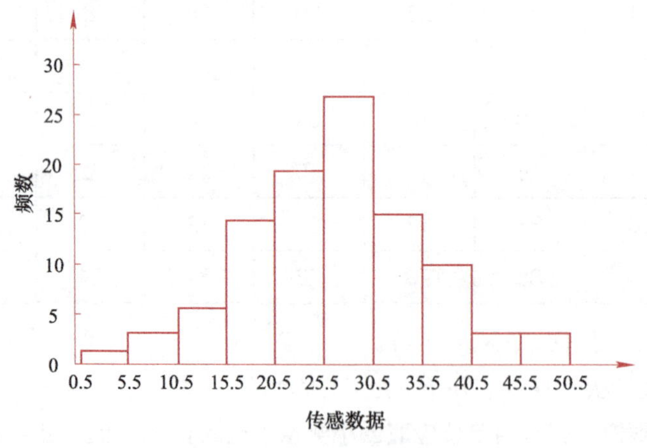


图1-39　传感数据集直方图

## 2．散布图制作步骤

1）收集成对数据（$X$，$Y$）（不得少于30对）。

2）标明$X$轴和$Y$轴。

3）找出$X$和$Y$的最大值和最小值，并用这两个值标定横轴$X$和纵轴$Y$。

4）描点（当两组数据值相等即数据点重合时，可围绕数据点画同心圆表示）。

5）判断（分析研究点子云的分布状况，确定相关关系的类型）。

在利用散布图进行相关性判断时，常用对照典型图例判断法、象限判断法和相关系数判断法。具体内容涉及较多数据统计专业的内容，本书篇幅有限，建议查阅相关专业书籍。

## 单元总结

本单元以光照度、气体浓度、温湿度、心率、红外、声音等常用传感器为例，讲解了模拟量、数字量、开关量传感数据采集所需的信号处理知识和方法、传感数据误差分析和优化方法，以及传感数据统计处理方法。

Project 2

# 学习单元2 RS-485总线通信应用开发

## 单元概述

本单元主要面向的工作领域是传感网应用开发中的RS-485总线通信应用，主要介绍在工业控制、智能仪表和嵌入式系统等领域常用的总线的基础知识，讲解RS-485标准的电气特性并将其与RS-422、RS-232标准进行对比。本单元还分析了RS-485收发器芯片的工作原理及其典型应用电路，并详细讲解了RS-485的应用层协议—— Modbus通信协议。读者通过搭建智能安防系统、编写Modbus从机的数据解析和响应帧生成发送函数、编写Modbus主机的数据上报网关和请求帧生成发送函数，可掌握基于RS-485总线通信系统的构建与调试方法，并对Modbus通信协议的实际应用进行实践。

## 知识目标

- 掌握总线的基础知识；
- 掌握RS-485标准的电气特性及其与RS-422、RS-232标准的区别；
- 掌握RS-485通信的收发器芯片的功能及其典型应用电路；
- 了解Modbus通信协议的基础知识。

## 技能目标

- 能进行基于Modbus串行通信协议软件的开发；
- 能搭建RS-485总线并编程实现组网通信。

# 2.1 总线概述

在20世纪80年代中后期，随着工业控制、计算机、通信以及模块化集成等技术的发展，出现了现场总线控制系统。按照国际电工委员会IEC 61158标准的定义，现场总线是应用在制造或过程区域现场装置与控制室内自动控制装置之间的数字式、串行、多点通信的数据总线。它也被称为开放式、数字化、多点通信的底层控制网络。以现场总线为技术核心的工业控制系统，称为现场总线控制系统（Fieldbus Control System，FCS）。

在计算机领域，总线最早是指汇集在一起的多种功能的线路。经过深化与延伸之后，总线指的是计算机内部各模块之间或计算机之间的一种通信系统，涉及硬件（器件、线缆、电平）和软件（通信协议）。当总线被引入嵌入式系统领域后，主要用于嵌入式系统的芯片级、板级和设备级的互连。

在总线的发展过程中，有多种分类方式。

一是按照传输速率分类：可分为低速总线和高速总线。

二是按照连接类型分类：可分为系统总线、外设总线和扩展总线。

三是按照传输方式分类：可分为并行总线和串行总线。

本单元主要介绍计算机与嵌入式系统领域的高速串行总线技术。

# 2.2 串行通信的基础知识

## 2.2.1 串行通信

学习RS-485通信标准就不得不提串行通信，因为RS-485通信隶属于串行通信的范畴。在计算机网络与分布式工业控制系统中，设备之间经常通过各自配备的标准串行通信接口及合适的通信电缆实现数据交换。所谓“串行通信”是指外设和计算机之间，通过数据信号线、地线与控制线等，按位进行传输数据的一种通信方式。

目前常见串行通信接口标准有RS-232、RS-422和RS-485等。另外，SPI（Serial Peripheral Interface，串行外设接口）、$I^2C$（Inter-Integrated Circuit，内置集成电路）和CAN（Controller Area Network，控制器局域网）通信也属于串行通信。

## 2.2.2 常见的电平信号及其电气特性

在电子产品开发领域，常见的电平信号有TTL电平、CMOS电平、RS-232电平与USB电平等。由于它们对于逻辑“1”和逻辑“0”的表示标准有所不同，因此在不同器件之间进行通信时，要特别注意电平信号的电气特性。表2-1对常见电平信号的逻辑表示与电气特性进行了归纳。

表2-1 常见电平信号的逻辑表示与电气特性

| 电平信号名称 | 输入 | | 输出 | | 说明 |
|---|---|---|---|---|---|
| | 逻辑1 | 逻辑0 | 逻辑1 | 逻辑0 | |
| TTL电平 | ≥2.0V | ≤0.8V | ≥2.4V | ≤0.4V | 噪声容限较低，约为0.4V。MCU芯片引脚都是TTL电平 |
| CMOS电平 | ≥0.7$V_{CC}$ | ≤0.3$V_{CC}$ | ≥0.8$V_{CC}$ | ≤0.1$V_{CC}$ | 噪声容限高于TTL电平，$V_{CC}$为供电电压 |
| | 逻辑1 | | 逻辑0 | | |
| RS-232电平 | -15～-3V | | 3～15V | | PC的COM口为RS-232电平 |
| USB电平 | ($V_{D+}$-$V_{D-}$) ≥200mV | | ($V_{D-}$-$V_{D+}$) ≥200mV | | 采用差分电平，4线制：VCC、GND、D+和D- |

RS-232电平与TTL电平的逻辑表示对比如图2-1所示。

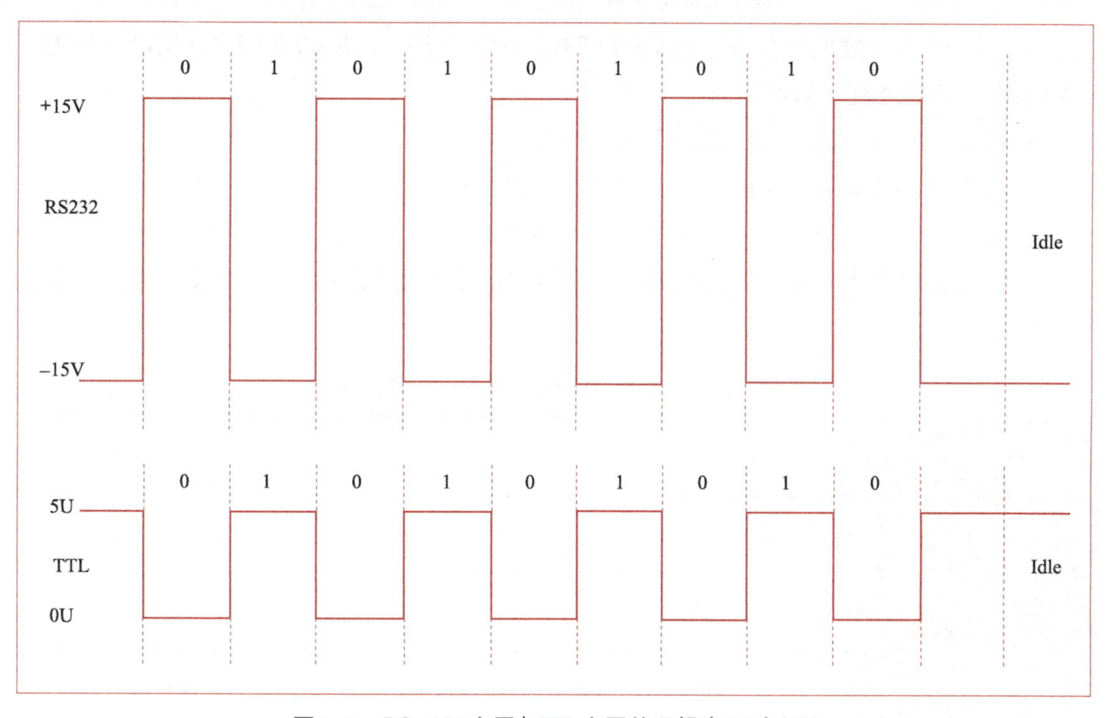


图2-1 RS-232电平与TTL电平的逻辑表示对比图

## 2.3 RS-485与RS-422/RS-232通信标准

RS-232、RS-422和RS-485标准最初都是由美国电子工业协会（Electronic Industries Association，EIA）制订并发布的。RS-232标准在1962年发布，它的缺点是

通信距离短、速率低，而且只能点对点通信，无法组建多机通信系统。另外，在工业控制环境中，基于RS-232标准的通信系统经常会由于外界的电气干扰而导致信号传输错误。以上缺点决定了RS-232标准无法适用于工业控制现场总线。

RS-422标准是在RS-232的基础上发展而来的，它弥补了RS-232标准的一些不足。例如，RS-422标准定义了一种平衡通信接口，改变了RS-232标准的单端通信的方式，总线上使用差分电压进行信号的传输。这种连接方式将传输速率提高到10Mbit/s，并将传输距离延长到4 000ft（速率低于100kbit/s时），而且允许在一条平衡总线上最多连接10个接收器。

为了扩展应用范围，EIA又于1983年发布了RS-485标准。RS-485标准与RS-422标准相比，增加了多点、双向的通信能力。

一条RS-485总线能并联多少台设备和芯片、所用电缆的品质相关，节点越多、传输距离越远、电磁环境越恶劣，所选的电缆要求就越高。

支持32个节点数的芯片有：SN75176、SN75276、SN75179、SN75180、MAX485、MAX488、MAX490。

支持64个节点数的芯片有：SN75LBC184。

支持128个节点数的芯片有：MAX487、MAX1487。

支持256个节点数的芯片有：MAX1482、MAX1483、MAX3080～MAX3089。

下面对RS-232、RS-422和RS-485标准的主要电气特性进行比较，比较结果见表2-2。

表2-2　RS-232、RS-422、RS-485标准比较

| 标准 | | RS-232 | RS-422 | RS-485 |
|---|---|---|---|---|
| 工作方式 | | 单端（非平衡） | 差分（平衡） | 差分（平衡） |
| 节点数 | | 1收1发（点对点） | 1发10收 | 1发32收 |
| 最大传输电缆长度 | | 50ft | 4 000ft | 4 000ft |
| 最大传输速率 | | 20kbit/s | 10Mbit/s | 10Mbit/s |
| 连接方式 | | 点对点（全双工） | 一点对多点（四线制，全双工） | 多点对多点（两线制，半双工） |
| 电气特性 | 逻辑1 | -3～-15V | 两线间电压差2～6V | 两线间电压差2～6V |
| | 逻辑0 | 3～15V | 两线间电压差-2～-6V | 两线间电压差-2～-6V |

# 2.4 RS-485收发器

RS-485收发器（Transceiver）芯片是一种常用的通信接口器件，因此世界上大多数半导体公司都有符合RS-485标准的收发器产品线。例如，Sipex公司的SP307x系列芯片、Maxim公司的MAX485系列、TI公司的SN65HVD485系列、Intersil公司的ISL83485系列等。

接下来以Sipex公司的SP3072EEN芯片为例，讲解RS-485标准的收发器芯片的工作原理与典型应用电路。图2-2展示了RS-485收发器芯片的典型应用电路。

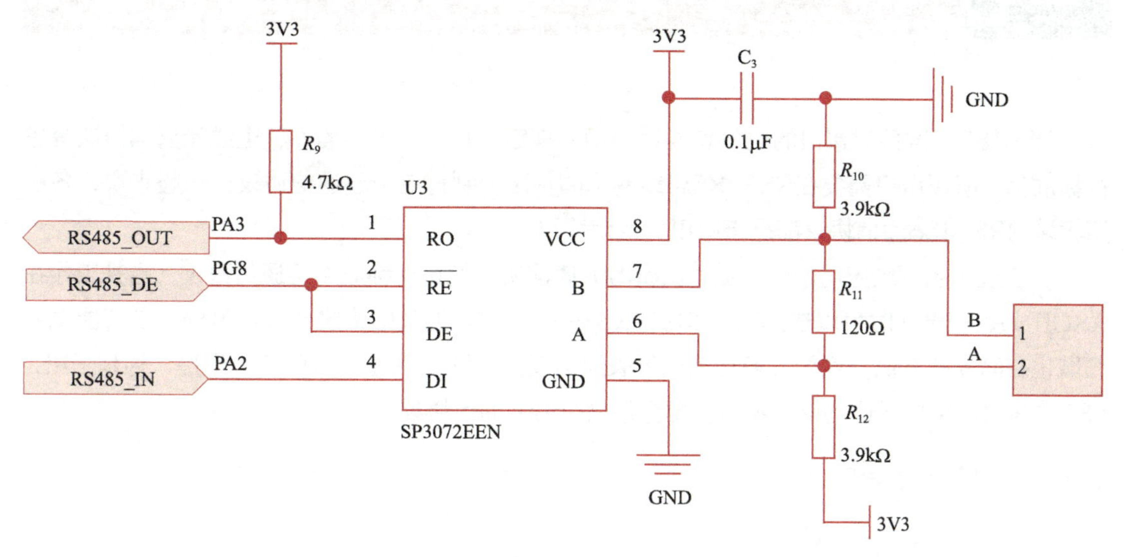


图2-2　RS-485收发器芯片的典型应用电路

在图2-2中，电阻$R_{11}$为终端匹配电阻，其阻值为120Ω。电阻$R_{10}$和$R_{12}$为偏置电阻，它们用于确保在静默状态时RS-485总线维持逻辑1高电平状态。SP3072EEN芯片的封装是SOP-8，RO与DI分别为数据接收与发送引脚，它们用于连接MCU的USART外设。$\overline{RE}$和DE分别为接收使能和发送使能引脚，它们与MCU的GPIO引脚相连。A、B两端用于连接RS-485总线上的其他设备，所有设备以并联的形式接在总线上。

目前市面上各个半导体公司生产的RS-485收发器芯片的引脚分布情况几乎相同，具体的引脚功能描述见表2-3。

表2-3　RS-485收发器芯片的引脚功能描述

| 引脚编号 | 名称 | 功能描述 |
| --- | --- | --- |
| 1 | RO | 接收器输出（至MCU） |
| 2 | $\overline{RE}$ | 接收允许（低电平有效） |
| 3 | DE | 发送允许（高电平有效） |
| 4 | DI | 发送器输入（来自MCU） |

（续）

| 引脚编号 | 名称 | 功能描述 |
| --- | --- | --- |
| 5 | GND | 接地 |
| 6 | A | 发送器同相输出/接收器同相输入 |
| 7 | B | 发送器反相输出/接收器反相输入 |
| 8 | VCC | 电源电压 |

# 2.5 Modbus通信协议

RS-485标准只对接口的电气特性做出相关规定，却并未对接插件、电缆和通信协议等进行标准化，所以用户需要在RS-485总线网络的基础上制订应用层通信协议。一般来说，各应用领域的RS-485通信协议都是指应用层通信协议。

在工业控制领域应用十分广泛的Modbus通信协议就是一种应用层通信协议，当其工作在ASCII或RTU模式时可以选择RS-232或RS-485总线作为基础传输介质。另外，在智能电表领域也有同样的案例，例如，多功能电能表通信规约（DL/T645—1997）也是一种基于RS-485总线的应用层通信协议。本节主要介绍Modbus通信协议。

## 2.5.1 Modbus概述

### 1. Modbus通信协议

Modbus通信协议由Modicon（现为施耐德电气公司的一个品牌）在1979年开发，是全球第一个真正用于工业现场的总线协议。为了更好地普及和推动Modbus在以太网上的分布式应用，目前施耐德公司已将Modbus协议的所有权移交给IDA（Interface for Distributed Automation，分布式自动化接口）组织，并专门成立了Modbus-IDA组织。该组织的成立为Modbus未来的发展奠定了基础。

Modbus通信协议是应用于电子控制器上的一种通用协议，目前已成为一通用工业标准。通过此协议，控制器之间或者控制器经由网络（例如，以太网）与其他设备之间可以通信。Modbus使不同厂商生产的控制设备可以连成工业网络，进行集中监控。Modbus通信协议定义了一个消息帧结构，并描述了控制器请求访问其他设备的过程，控制器如何响应来自其他设备的请求，以及怎样侦测错误并记录。

在Modbus网络上通信时，每个控制器必须知道它们的设备地址，识别按地址发来的消息，决定要做何种动作。如果需要响应，则控制器将按Modbus消息帧格式生成反馈信息并发出。

### 2. Modbus通信协议的版本

Modbus通信协议有多个版本：基于串行链路的版本、基于TCP/IP的网络版本以及基于其他互联网协议的网络版本，其中前面两者的实际应用场景较多。

基于串行链路的Modbus通信协议有两种传输模式，分别是Modbus RTU与Modbus ASCII，这两种模式在数值数据表示和协议细节方面略有不同。Modbus RTU是一种紧凑的、采用二进制数据表示的方式，而Modbus ASCII的表示方式更加冗长。在数据校验方面，Modbus RTU采用循环冗余校验方式，而Modbus ASCII采用纵向冗余校验方式。另外，配置为Modbus RTU模式的节点无法与Modbus ASCII模式的节点通信。

### 2.5.2 Modbus通信的请求与响应

Modbus是一种单主/多从的通信协议，即在同一段时间内总线上只能有一个主设备，但可以有一个或多个（最多247个）从设备。主设备是指发起通信的设备，从设备是接收请求并做出响应的设备。在Modbus网络中，通信总是由主设备发起，而从设备没有收到来自主设备的请求时不会主动发送数据。ModBus通信的请求与响应模型如图2-3所示。

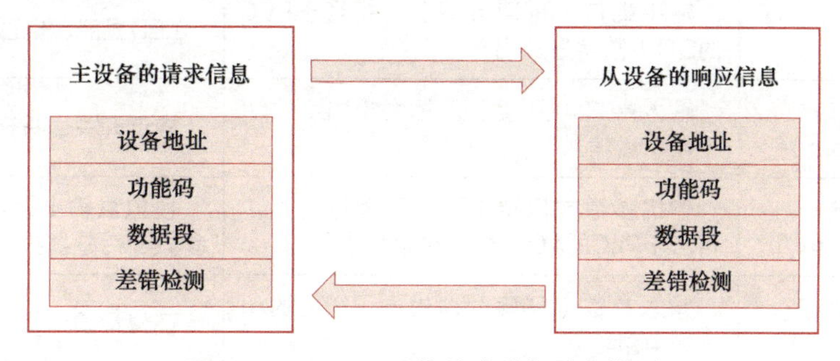


图2-3　Modbus通信的请求与响应模型

主设备发送的请求报文包括从设备地址、功能码、数据段以及差错检测字段。这几个字段的内容与作用如下：

- 设备地址：被选中的从设备地址；
- 功能码：告知被选中的从设备要执行何种功能；
- 数据段：包含从设备要执行功能的附加信息。例如，功能码"03"要求从设备读保持寄存器并响应寄存器的内容，则数据段必须包含要求从设备读取寄存器的起始地址及数量；
- 差错检测：为从机提供一种数据校验方法，以保证信息内容的完整性。

从设备的响应信息也包含设备地址、功能码、数据段和差错检测。其中设备地址为本机地址，数据段包含了从设备采集的数据：如寄存器值或状态。正常响应时，响应功能码与请求信息中的功能码相同；发生异常时，功能码将被修改以指出响应消息是错误的。差错检测允许主设备确认消息内容是否可用。

在Modbus网络中，主设备向从设备发送Modbus请求报文的模式有两种：单播模式与广播模式。

单播模式：主设备寻址单个从设备。主设备向某个从设备发送请求报文，从设备接收并处理完毕后向主设备返回一个响应报文。

广播模式：主设备向Modbus网络中的所有从设备发送请求报文，从设备接收并处理完毕后不要求返回响应报文。广播模式请求报文的设备地址为0，且功能指令为Modbus标准功能码中的写指令。

### 2.5.3 Modbus寄存器

寄存器是Modbus通信协议的一个重要组成部分，它用于存放数据。

Modbus寄存器最初借鉴于PLC（Programmable Logical Controller，可编程序控制器）。后来随着Modbus通信协议的发展，寄存器这个概念也不再局限于具体的物理寄存器，而是逐渐拓展到了内存区域范畴。根据存放的数据类型及其读写特性，Modbus寄存器被分为4种类型，见表2-4。

表2-4 Modbus寄存器的分类与特性

| 寄存器种类 | 特性说明 | 实际应用 |
|---|---|---|
| 线圈状态（Coil） | 输出端口（可读可写），相当于PLC的DO（数字量输出） | LED显示、电磁阀输出等 |
| 离散输入状态（Discrete Input） | 输入端口（只读），相当于PLC的DI（数字量输入） | 接近开关、拨码开关等 |
| 保持寄存器（Holding Register） | 输出参数或保持参数（可读可写），相当于PLC的AO（模拟量输出） | 模拟量输出设定值、PID运行参数、传感器报警阈值等 |
| 输入寄存器（Input Register） | 输入参数（只读），相当于PLC的AI（模拟量输入） | 模拟量输入值 |

Modbus寄存器的地址分配见表2-5。

表2-5 Modbus寄存器地址分配

| 寄存器种类 | 寄存器PLC地址 | 寄存器Modbus协议地址 | 位/字操作 |
|---|---|---|---|
| 线圈状态 | 00001～09999 | 0000H～FFFFH | 位操作 |
| 离散输入状态 | 10001～19999 | 0000H～FFFFH | 位操作 |
| 保持寄存器 | 40001～49999 | 0000H～FFFFH | 字操作 |
| 输入寄存器 | 30001～39999 | 0000H～FFFFH | 字操作 |

### 2.5.4 Modbus的串行消息帧格式

在计算机网络通信中，帧（Frame）是数据在网络上传输的一种单位，帧一般由多个部分组合而成，各部分执行不同的功能。Modbus通信协议在不同的物理链路上的消息帧是有差异的，本节主要介绍串行链路上的Modbus消息帧格式，包括ASCII和RTU两种模式的消息帧。

#### 1. ASCII消息帧格式

在ASCII模式中，消息以冒号（“:”，ASCII码为3AH）字符开始，以回车换行符

（ASCII码为0DH，0AH）结束。消息帧的其他域可以使用的传输字符是十六进制的0～F。

Modbus网络上的各设备都循环侦测起始位—— 冒号（“:”）字符，当接收到起始位后，各设备都解码地址域并判断消息是否发给自己的。注意：两个消息帧之间的时间间隔最长不能超过1s，否则接收的设备将认为传输错误。一个典型的Modbus ASCII消息帧见表2-6。

表2-6 Modbus ASCII消息帧格式

| 起始位 | 地址 | 功能代码 | 数据 | LRC校验 | 结束符 |
|---|---|---|---|---|---|
| 1个字符 | 2个字符 | 2个字符 | *n*个字符 | 2个字符 | 2个字符CR，LF |

## 2．RTU消息帧格式

在RTU模式中，消息的发送与接收以至少3.5个字符时间的停顿间隔为标志。

Modbus网络上的各设备都不断地侦测网络总线，计算字符间的间隔时间，判断消息帧的起始点。当侦测到地址域时，各设备都对其进行解码以判断该帧数据是否发给自己的。

另外，一帧报文必须以连续的字符流来传输。如果在帧传输完成之前有超过1.5个字符时间的间隔，则接收设备将认为该报文帧不完整。

一个典型的Modbus RTU消息帧见表2-7。

表2-7 Modbus RTU消息帧格式

| 起始位 | 地址 | 功能代码 | 数据 | CRC校验 | 结束符 |
|---|---|---|---|---|---|
| ≥3.5字符 | 8位 | 8位 | n个8位 | 16位 | ≥3.5个字符 |

## 3．消息帧各组成部分的功能

（1）地址域

地址域存放了Modbus通信帧中的从设备地址。Modbus ASCII消息帧的地址域包含两个字符，Modbus RTU消息帧的地址域长度为1B。

在Modbus网络中，主设备没有地址，每个从设备都具备唯一的地址。从设备的地址范围为0～247，其中地址0作为广播地址，因此从设备实际的地址范围是1～247。

在下行帧中，地址域表明只有符合地址码的从机才能接收由主机发送来的消息。上行帧中的地址域指明了该消息帧发自哪个设备。

（2）功能码域

功能码指明了消息帧的功能，其取值范围为1～255（十进制）。在下行帧中，功能码告诉从设备应执行什么动作。在上行帧中，如果从设备发送的功能码与主设备发送的功能码相同，则表明从设备已响应主设备要求的操作；如果从设备没有响应操作或发送出错，则将返回的消息帧中的功能码最高位（MSB）置1（即：加上0×80）。例如，主设备要求从设备读一组保持寄存器时，消息帧中的功能码为0000 0011（0×03），从机正确执行请求的动作后，返回相同的值；否则，从机将返回异常响应信息，其功能码将变为1000 0011（0×83）。

（3）数据域

数据域与功能码紧密相关，存放功能码需要操作的具体数据。数据域以字节为单位，长度是可变的。

（4）差错校验

在基于串行链路的Modbus通信中，ASCII模式与RTU模式使用了不同的差错校验方法。

在ASCII模式的消息帧中，有一个差错校验字段。该字段由两个字符构成，其值是对全部报文内容进行纵向冗余校验（Longitudinal Redundancy Check，LRC）计算得到的，计算对象不包括开始的冒号及回车换行符。

与ASCII模式不同，RTU消息帧的差错校验字段由16bit共两个字节构成，其值是对全部报文内容进行循环冗余校验（Cyclical Redundancy Check，CRC）计算得到，计算对象包括差错校验域之前的所有字节。将差错校验码添加进消息帧时，先添加低字节然后高字节，因此最后一个字节是CRC校验码的高位字节。

## 2.5.5 Modbus功能码

### 1. 功能码分类

Modbus功能码是Modbus消息帧的一部分，它代表将要执行的动作。以RTU模式为例，见表2-7，RTU消息帧的Modbus功能码占用一个字节，取值范围为1～127。

Modbus标准规定了3类Modbus功能码：公共功能码、用户自定义功能码和保留功能码。

公共功能码是经过Modbus协会确认的，被明确定义的功能码，具有唯一性。部分常用的公共功能码见表2-8。

表2-8 部分常用的Modbus公共功能码

| 代码 | 功能码名称 | 位/字操作 | 操作数量 |
|---|---|---|---|
| 01 | 读线圈状态 | 位操作 | 单个或多个 |
| 02 | 读离散输入状态 | 位操作 | 单个或多个 |
| 03 | 读保持寄存器 | 字操作 | 单个或多个 |
| 04 | 读输入寄存器 | 字操作 | 单个或多个 |
| 05 | 写单个线圈 | 位操作 | 单个 |
| 06 | 写单个保持寄存器 | 字操作 | 单个 |
| 15 | 写多个线圈 | 位操作 | 多个 |
| 16 | 写多个保持寄存器 | 字操作 | 多个 |

用户自定义的功能码由用户自己定义，无法确保其唯一性，代码范围为65～72和

100～110。本节主要讨论RTU模式的公共功能码。

### 2．读线圈/离散量输出状态功能码01

该功能码用于读取从设备的线圈或离散量（DO，数字量输出）的输出状态（ON/OFF）。

该功能码的使用案例如下。

（1）请求报文：06 01 00 16 00 21 1C 61（见表2-9）

表2-9　功能码01的请求报文

| 从设备地址 | 功能码 | 起始地址 | 寄存器个数 | CRC校验 |
| --- | --- | --- | --- | --- |
| 06 | 01 | 00 16 | 00 21 | 1C 61 |

从表2-9中可以看到，从设备地址为06，需要读取的Modbus起始地址为22（0×16），结束地址为54（0×36），共读取33（0×21）个状态值。

假设地址22～54的线圈寄存器的值见表2-10，则相应的响应报文见表2-11。

表2-10　线圈寄存器的值

| 地址范围 | 取值 | 字节值 |
| --- | --- | --- |
| 22～29 | ON-ON-OFF-OFF-OFF-ON-OFF-OFF | 0x23 |
| 30～37 | ON-ON-OFF-ON-OFF-OFF-OFF-ON | 0x8B |
| 38～45 | OFF-OFF-ON-OFF-OFF-ON-OFF-OFF | 0x24 |
| 46～53 | OFF-OFF-ON-OFF-OFF-OFF-ON-ON | 0xC4 |
| 54 | ON | 0x01 |

在表2-10中，状态“ON”与“OFF”分别代表线圈的“开”与“关”。

（2）响应报文：06 01 05 23 8B 24 C4 01 ED 9C

表2-11　功能码01的响应报文

| 从设备地址 | 功能码 | 数据域字节数 | 5个数据 | CRC校验 |
| --- | --- | --- | --- | --- |
| 06 | 01 | 05 | 23 8B 24 C4 01 | ED 9C |

### 3．读离散量输入值功能码02

该功能码用于读取从设备的离散量（DI，数字量输入）的输入状态（ON/OFF）。

该功能码的使用案例如下。

（1）请求报文：04 02 00 77 00 1E 48 4D（见表2-12）

表2-12　功能码02的请求报文

| 从设备地址 | 功能码 | 起始地址 | 寄存器个数 | CRC校验 |
| --- | --- | --- | --- | --- |
| 04 | 02 | 00 77 | 00 1E | 48 4D |

从表2-12中可以看到，从设备地址为04，需要读取的Modbus的起始地址为119（0×77），结束地址为148（0×94），共读取30（0×1E）个离散输入状态值。

假设地址119～148的线圈寄存器的值见表2-13，则相应的响应报文见表2-14。

表2-13　离散量寄存器的值

| 地址范围 | 取值 | 字节值 |
|---|---|---|
| 119～126 | ON-OFF-ON-ON-OFF-ON-OFF-ON | 0xAD |
| 127～134 | ON-ON-ON-OFF-ON-ON-OFF-ON | 0xB7 |
| 135～142 | ON-OFF-ON-OFF-OFF-OFF-OFF-OFF | 0x05 |
| 143～148 | OFF-OFF-OFF-ON-ON-ON | 0x38 |

（2）响应报文：04 02 04 AD B7 05 38 3C EA

表2-14　功能码02的响应报文

| 从设备地址 | 功能码 | 数据域字节数 | 4个数据 | CRC校验 |
|---|---|---|---|---|
| 04 | 02 | 04 | AD B7 05 38 | 3C EA |

### 4．读保持寄存器值功能码03

该功能码用于读取从设备保持寄存器的二进制数据，不支持广播，使用案例如下。

（1）请求报文：06 03 00 D2 00 04 E5 87（见表2-15）

表2-15　功能码03的请求报文

| 从设备地址 | 功能码 | 起始地址 | 寄存器个数 | CRC校验 |
|---|---|---|---|---|
| 06 | 03 | 00 D2 | 00 04 | E5 87 |

从表2-15中可以看到，从设备地址为06，需要读取Modbus地址210（0×D2）～213（D5）共4个保持寄存器的内容。相应的响应报文见表2-16。

（2）响应报文：06 03 08 02 6E 01 F3 01 06 59 AB 1E 6A

表2-16　功能码03的响应报文

| 从设备地址 | 功能码 | 数据域字节数 | 4个数据 | CRC校验 |
|---|---|---|---|---|
| 06 | 03 | 08 | 02 6E 01 F3 01 06 59 AB | 1E 6A |

注意：Modbus的保持寄存器和输入寄存器是以字为基本单位，即：每个寄存器分别对应两个字节。请求报文连续读取4个寄存器的内容，将返回8个字节。

### 5．读输入寄存器值功能码04

该功能码用于读取从设备输入寄存器的二进制数据，不支持广播，使用案例如下：

（1）请求报文：06 04 01 90 00 05 30 6F（见表2-17）

表2-17　功能码04的请求报文

| 从设备地址 | 功能码 | 起始地址 | 寄存器个数 | CRC校验 |
| --- | --- | --- | --- | --- |
| 06 | 04 | 01 90 | 00 05 | 30 6F |

从表2-17中可以看到，从设备地址为06，需要读取Modbus地址400（0×0190）～404（0×0194）共5个寄存器的内容。相应的响应报文见表2-18。

（2）响应报文：06　04 0A 1C E2 13 5A 35 DB 23 3F 56 E3 54 3F

表2-18　功能码04的响应报文

| 从设备地址 | 功能码 | 数据域字节数 | 5个数据 | CRC校验 |
| --- | --- | --- | --- | --- |
| 06 | 04 | 0A | 1C E2 13 5A 35 DB 23 3F 56 E3 | 54 3F |

## 6．写单个线圈或单个离散输出功能码05

该功能码用于将单个线圈或单个离散输出状态设置为“ON”或“OFF”。0×FF00对应状态“ON”，0×0000表示状态“OFF”，其他值对线圈无效。使用案例如下。

（1）请求报文：04 05 00 98 FF 00 0D 80（见表2-19）

例如，从设备地址为04，设置Modbus地址152（0×98）为ON状态。

表2-19　功能码05的请求报文

| 从设备地址 | 功能码 | 起始地址 | 变更数据 | CRC校验 |
| --- | --- | --- | --- | --- |
| 04 | 05 | 00 98 | FF 00 | 0D 80 |

（2）响应报文：04 05 00 98 FF 00 0D 80

响应报文见表2-20。

表2-20　功能码05的响应报文

| 从设备地址 | 功能码 | 起始地址 | 变更数据 | CRC校验 |
| --- | --- | --- | --- | --- |
| 04 | 05 | 00 98 | FF 00 | 0D 80 |

## 7．写单个保持寄存器功能码06

该功能码用于更新从设备单个保持寄存器的值，使用案例如下。

（1）请求报文：03 06 00 82 02 AB 68 DF（见表2-21）

表2-21　功能码06的请求报文

| 从设备地址 | 功能码 | 起始地址 | 变更数据 | CRC校验 |
| --- | --- | --- | --- | --- |
| 03 | 06 | 00 82 | 02 AB | 68 DF |

从表2-21中可以看到，从设备地址为03，要求设置从设备Modbus地址130（0×82）的内容为683（0×02AB）。相应的响应报文见表2-22。

（2）响应报文：03 06 00 82 02 AB 68 DF

表2-22　功能码06的响应报文

| 从设备地址 | 功能码 | 起始地址 | 寄存器数 | CRC校验 |
| --- | --- | --- | --- | --- |
| 03 | 06 | 00 82 | 02 AB | 68 DF |

## 8．写多个线圈功能码15（0×0F）

该功能码用于将连续的多个线圈或离散输出设置为“ON”或“OFF”，支持广播模式。其使用案例如下。

（1）请求报文：03 0F 00 14 00 0F 02 C2 03 EE E1（见表2-23）

表2-23　功能码15的请求报文

| 从设备地址 | 功能码 | 起始地址 | 寄存器数 | 字节数 | 变更数据 | CRC校验 |
| --- | --- | --- | --- | --- | --- | --- |
| 03 | 0F | 00 14 | 00 0F | 02 | C2 03 | EE E1 |

从表2-23中可以看到，从设备地址为03，Modbus协议起始地址为20（0×14），需要将地址20～34共15个线圈寄存器的状态设定为表2-24中的值。

表2-24　线圈寄存器的值

| 地址范围 | 取值 | 字节值 |
| --- | --- | --- |
| 20～27 | OFF-ON-OFF-OFF-OFF-OFF-ON-ON | 0xC2 |
| 28～34 | ON-ON-OFF-OFF-OFF-OFF-OFF | 0x03 |

（2）响应报文：03 0F 00 14 00 0F 54 29（见表2-25）

响应报文的内容见表2-25。

表2-25　功能码15的响应报文

| 从设备地址 | 功能码 | 起始地址 | 寄存器数 | CRC校验 |
| --- | --- | --- | --- | --- |
| 03 | 0F | 00 14 | 00 0F | 54 29 |

## 9．写多个保持寄存器功能码16（0×10）

该功能码用于设置或写入从设备保持寄存器的多个连续的地址块，支持广播模式。数据字段保存需写入的数据，每个寄存器可存放两个字节。使用案例如下。

（1）请求报文：05 10 00 15 00 03 06 53 6B 05 F3 2A 08 3E 72（见表2-26）

表2-26　功能码16的请求报文

| 从设备地址 | 功能码 | 起始地址 | 寄存器数 | 字节数 | 变更数据 | CRC校验 |
| --- | --- | --- | --- | --- | --- | --- |
| 05 | 10 | 00 15 | 00 03 | 06 | 53 6B 05 F3 2A 08 | 3E 72 |

从表2-26可以看到，从设备地址为05，Modbus协议起始地址为21（0×15），需要改变地址21～23共3个寄存器（6B数据）的内容，需要变更的数据为“53 6B 05 F3 2A

08”。相应的响应报文见表2-27。

（2）响应报文：05 10 00 15 00 03 90 48

表2-27 功能码16的响应报文

| 从设备地址 | 功能码 | 起始地址 | 寄存器数 | CRC校验 |
|---|---|---|---|---|
| 05 | 10 | 00 15 | 00 03 | 90 48 |

# 2.6 应用案例：智能安防系统构建

## 2.6.1 任务1 案例分析

### 1. 系统构成

本案例要求搭建一个基于RS-485总线的智能安防系统，系统构成如下：

- PC一台（作为上位机）；
- 网关一个；
- RS-485通信节点三个（一个作为主机、两个作为从机）；
- 火焰传感器一个（安装在从机1上）；
- 可燃气体传感器一个（安装在从机2上）；
- USB转485调试器一个（调试RS-485网络数据时使用）。

智能安防系统拓扑图如图2-4所示。整个系统由两个RS-485网络构成，RS-485网络1含一个主机节点，两个从机节点、使用Modbus通信协议作为应用层协议。主机节点与网关之间的连接基于RS-485网络2，网关通过以太网连接到云平台。

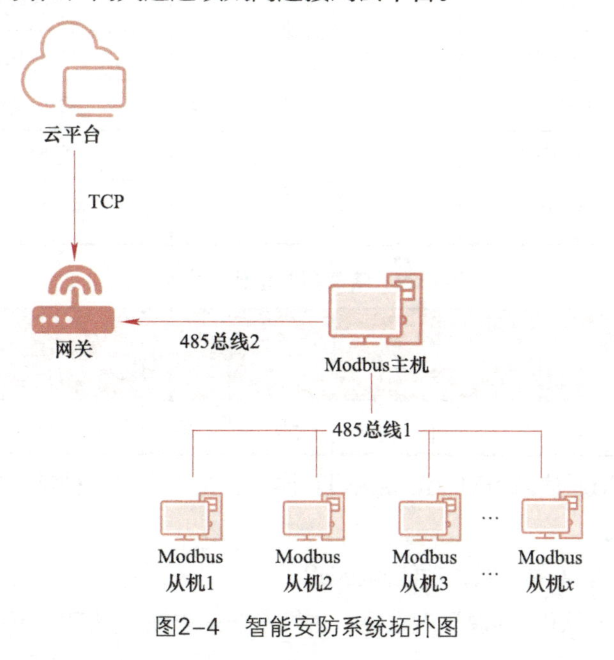


图2-4 智能安防系统拓扑图

## 2．系统数据通信协议分析

（1）RS-485网络1的数据帧

在RS-485网络1中，从机节点可连接三种类型的传感器：开关量、模拟量和数字量。另外，需要对从机节点的地址与传感器类型编号进行配置，它们的数据类型为数字量。

根据2.5.5节Modbus功能码的相关基础知识，可规划本系统的功能码、寄存器地址与传感器的对应关系，见表2-28。

传感器类型代号定义见表2-29。

传感器类型在本地485组网系统中，定义为三类：模拟量、数字量、开关量。获取功能码分别为0×04、0×03、0×02。其中人体红外、红外、声音传感器为开关量，温湿度、心率传感器为数字量（温湿度传感器在本书中仅从其数据输出类型将其归类为数字量），光照、空气质量、火焰传感器、可燃气体传感器为模拟量，见表2-28。

表2-28　功能码、寄存器地址与传感器的对应关系表

| 功能码 | 寄存器地址 | 传感器（数据）类型 | 传感器（数据）名称 |
|---|---|---|---|
| 0×02<br>读离散输入状态 | 0x0000 | 开关量 | 人体红外传感器 |
| | 0x0001 | | 声音传感器 |
| | 0x0002 | | 红外传感器 |
| 0×03<br>读保持寄存器 | 0x0000 | 数字量 | 温湿度传感器 |
| | 0x0001 | | 本节点地址 |
| | 0x0002 | | 节点连接的传感器类型 |
| 0×04<br>读输入寄存器 | 0x0000 | 模拟量 | 光敏传感器 |
| | 0x0001 | | 空气质量传感器 |
| | 0x0002 | | 火焰传感器 |
| | 0x0003 | | 可燃气体传感器 |
| 0×06<br>写单个保持寄存器 | 0x0001 | 数字量 | 配置（写）节点地址 |
| | 0x0002 | | 配置（写）传感器类型 |

表2-29　传感器类型代号定义

| 传感器类型 | 温湿度 | 人体检测 | 火焰 | 可燃气体 | 空气质量 | 光敏 | 声音传感器 | 红外传感器 | 心率传感器 |
|---|---|---|---|---|---|---|---|---|---|
| 代号 | 1 | 2 | 3 | 4 | 5 | 6 | 7 | 8 | 9 |

本案例的RS-485通信采用Modbus　RTU模式。接下来对几种常用的主机请求与从机响应的通信帧进行介绍。

① 温湿度数据采集（数字量，功能码0×03）。

如果主机需要读取从机1的温湿度数据，主机发送请求帧，见表2-30。

表2-30 读取温湿度数据请求帧格式

| 地址<br>1个字节 | 功能码<br>1个字节 | 寄存器地址<br>2个字节 | 寄存器数量<br>2个字节 | CRC校验<br>2个字节 |
|---|---|---|---|---|
| 0×01 | 0×03 | 0×0000 | 0×0001 | 0×840A |

从机1收到Modbus通信帧后，假设温度值为25℃，湿度值为25%，则响应帧见表2-31。

表2-31 读取温湿度从机响应帧格式

| 地址<br>1个字节 | 功能码<br>1个字节 | 返回字节数<br>1个字节 | 寄存器值<br>2个字节 | CRC校验<br>2个字节 |
|---|---|---|---|---|
| 0×01 | 0×03 | 0×02 | 0×1919 | 0×721E |

② 可燃气体传感器数据采集（模拟量，功能码0×04）。

如果主机需要读取从机1的可燃气体传感器数据，主机发送请求帧，见表2-32。

表2-32 读取可燃气体数据请求帧格式

| 地址<br>1个字节 | 功能码<br>1个字节 | 寄存器地址<br>2个字节 | 寄存器数量<br>2个字节 | CRC校验<br>2个字节 |
|---|---|---|---|---|
| 0×01 | 0×04 | 0×0003 | 0×0001 | 0×C1CA |

从机1收到Modbus通信帧后，响应帧见表2-33，返回ADC的值为300（0×012C）。

表2-33 读取可燃气体数据从机响应帧格式

| 地址<br>1个字节 | 功能码<br>1个字节 | 返回字节数<br>1个字节 | 寄存器值<br>2个字节 | CRC校验<br>2个字节 |
|---|---|---|---|---|
| 0×01 | 0×04 | 0×02 | 0×012C | 0×B97D |

③ 火焰传感器数据采集（模拟量，功能码0×04）。

如果主机需要读取从机1的火焰传感器数据，主机发送请求帧，见表2-34。

表2-34 读取火焰传感器数据请求帧格式

| 地址<br>1个字节 | 功能码<br>1个字节 | 寄存器地址<br>2个字节 | 寄存器数量<br>2个字节 | CRC校验<br>2个字节 |
|---|---|---|---|---|
| 0×01 | 0×04 | 0×0002 | 0×0001 | 0×900A |

从机1收到Modbus通信帧后，响应帧见表2-35，返回ADC的值为200（0×00C8）。

表2-35 读取火焰传感器数据从机响应帧格式

| 地址<br>1个字节 | 功能码<br>1个字节 | 返回字节数<br>1个字节 | 寄存器值<br>2个字节 | CRC校验<br>2个字节 |
|---|---|---|---|---|
| 0×01 | 0×04 | 0×02 | 0×00C8 | 0×B8A6 |

④ 声音传感器数据采集（开关量，功能码0×02）。

如果主机需要采集从设备1的声音传感器数据，主机发送请求帧，见表2-36。

表2-36　读取声音传感器数据请求帧格式

| 地址<br>1个字节 | 功能码<br>1个字节 | 寄存器地址<br>2个字节 | 寄存器数量<br>2个字节 | CRC校验<br>2个字节 |
|---|---|---|---|---|
| 0×01 | 0×02 | 0×0001 | 0×0001 | 0×E80A |

从机1收到Modbus通信帧后，响应帧见表2-37，返回值为1。

表2-37　读取声音传感器数据从机响应帧格式

| 地址<br>1个字节 | 功能码<br>1个字节 | 返回字节数<br>1个字节 | 寄存器值<br>2个字节 | CRC校验<br>2个字节 |
|---|---|---|---|---|
| 0×01 | 0×02 | 0×01 | 0×0001 | 0×88 78 |

⑤ 配置从机传感器类型（数字量，功能码0×06）。

如果主机需要配置从机1的传感器类型为可燃气体传感器，主机发送请求帧，见表2-38。

表2-38　配置传感器类型请求帧指令

| 地址<br>1个字节 | 功能码<br>1个字节 | 寄存器地址<br>2个字节 | 寄存器值<br>2个字节 | CRC校验<br>2个字节 |
|---|---|---|---|---|
| 0×01 | 0×06 | 0×0002 | 0×0004 | 0×29C9 |

从机1收到Modbus通信帧后，修改本机的传感器类型，发送响应帧，见表2-39。

表2-39　配置传感器类型从机响应帧格式

| 地址<br>1个字节 | 功能码<br>1个字节 | 寄存器地址<br>2个字节 | 寄存器值<br>2个字节 | CRC校验<br>2个字节 |
|---|---|---|---|---|
| 0×01 | 0×06 | 0×0002 | 0×0004 | 0×29C9 |

⑥ 配置从机节点地址（数字量，功能码0×06）。

如果主机需要将从机的节点地址由“0×01（一号节点）”配置为“0×02（二号节点）”，主机发送请求帧，见表2-40。

表2-40　配置从机节点地址请求帧指令

| 地址<br>1个字节 | 功能码<br>1个字节 | 寄存器地址<br>2个字节 | 寄存器值<br>2个字节 | CRC校验<br>2个字节 |
|---|---|---|---|---|
| 0×01 | 0×06 | 0×0001 | 0×0002 | 0×59CB |

从机1收到Modbus通信帧后，修改本机的传感器类型，发送响应帧，见表2-41。

表2-41　配置传感器类型从机响应帧格式

| 地址<br>1个字节 | 功能码<br>1个字节 | 寄存器地址<br>2个字节 | 寄存器值<br>2个字节 | CRC校验<br>2个字节 |
|---|---|---|---|---|
| 0×01 | 0×06 | 0×0001 | 0×0002 | 0×59CB |

（2）通过RS-485网络上传到网关的数据帧

RS-485网络1的主机需要将采集到的传感器数据通过网关节点上报至云平台。根据本案例的需求，制订表2-42的数据帧格式。RS-485网络2数据通信的应用层没有采用Modbus通信协议，而是使用了自定义的通信协议。

表2-42 通过RS-485网络上传到网关的数据帧格式

| 组成部分（缩写） | 帧起始符（START） | 地址域（ADDR） | 命令码域（CMD） | 数据长度域（LEN） | 传感器类型（TYPE） | 数据域（DATA） | 校验码域（CS） |
|---|---|---|---|---|---|---|---|
| 长度/B | 1 | 2 | 1 | 1 | 1 | 2 | 1 |
| 内容 | 固定为0×DD | DstAddr | 见本表格说明 | Length | 见本表格说明 | Data | CheckSum |
| 举例 | 0xDD | 0×0002 | 0×02 | 0×09 | 0×01 | 0×18<br>0×40 | 0×43 |

对表2-42各字段说明如下：

- 帧起始符：固定为0×DD；
- 地址域：为发送节点的地址；
- 命令码域：0×01代表上报CAN网络的数据，0×02代表上报RS-485网络的数据；
- 数据长度域：固定为0×09，即：9B；
- 传感器类型：1为温湿度传感器，2为人体红外传感器，3为火焰传感器，4为可燃气体传感器，5为空气质量传感器，6为光敏二极管，7为声音传感模块，8为红外传感模块，9为心率传感器，10为其他；
- 数据域：占两个字节，高8位和低8位。例如，对应温湿度传感器，高8位为温度值，低8位为湿度值，则温度24℃对应0×18，湿度64%对应0×40；
- 校验码域：采用和校验方式，计算从“帧起始符”到“数据域”之间所有数据的累加和，并将该累加和与0×FF按位与而保留低8位，将此值作为CS的值。

#### 3．系统工作流程分析

系统的工作流程如下：

1）RS-485网络1的主机每隔0.5s发送一次查询从机传感器数据的Modbus通信帧。

2）RS-485网络1中的从机收到通信帧后，解析其内容，判断是否是发给自己的，然后根据功能码要求采集相应的传感器数据至主机。

3）主机收到从机的传感器数据后，通过RS-485网络2上报至网关。

4）网关通过TCP/IP将传感器数据上传至云平台。

### 2.6.2 任务2 完善工程代码

#### 1．完善Modbus从机代码

打开资源包里的RS-485从机基础工程（路径为“…\RS-485总线通信应用开发

\Newlab HAL slave\MDK-ARM\RS485_slave.uvprojx”）。

（1）定义Modbus帧与Modbus协议管理器的结构体

在“protocol.h”中核对以下代码：

```
1.  //modbus帧定义
2.  __packed typedef struct {
3.      u8 address;                    //设备地址：0，广播地址；1～247，从机地址
4.      u8 function;                   //帧功能
5.      u8 count;                      //帧编号
6.      u8 datalen;                    //有效数据长度
7.      u8 *data;                      //数据存储区
8.      u16 chkval;                    //校验值
9.  } m_frame_typedef;
10.
11. //modbus协议管理器
12. typedef struct {
13.     u8* rxbuf;                     //接收缓存区
14.     u16 rxlen;                     //接收数据的长度
15.     u8 frameok;                    //一帧数据接收完成标记：0，还没完成；1，完成了1帧
16.     u8 checkmode;                  //校验模式：0,校验和;1,异或;2,CRC8;3,CRC16
17. } m_protocol_dev_typedef;
```

（2）编写Modbus通信帧解析函数

在“protocol.c”中输入以下代码：

```
1.  m_result mb_unpack_frame(m_frame_typedef *fx)
2.  {
3.      u16 rxchkval=0;            //接收到的校验值
4.      u16 calchkval=0;           //计算得到的校验值
5.      u8 cmd = 0 ;               //计算功能码
6.      u8 datalen=0;              //有效数据长度
7.      u8 address=0;
8.      u8 res;
9.      if(m_ctrl_dev.rxlen>M_MAX_FRAME_LENGTH||m_ctrl_dev.rxlen<M_MIN_FRAME_
LENGTH)
10.     {
11.         m_ctrl_dev.rxlen=0;                  //清除rxlen
12.         m_ctrl_dev.frameok=0;                //清除frameok标记，以便下次可以正常接收
13.         return MR_FRAME_FORMAT_ERR;  //帧格式错误
14.     }
15.     datalen=m_ctrl_dev.rxlen;
16.     DBG_B_INFO("当前数据长度 %d",m_ctrl_dev.rxlen);
17.
```

```
18.     switch(m_ctrl_dev.checkmode) {
19.     case M_FRAME_CHECK_SUM:                         //校验和
20.         calchkval=mc_check_sum(m_ctrl_dev.rxbuf,datalen+4);
21.         rxchkval=m_ctrl_dev.rxbuf[datalen+4];
22.         break;
23.     case M_FRAME_CHECK_XOR:                         //异或校验
24.         calchkval=mc_check_xor(m_ctrl_dev.rxbuf,datalen+4);
25.         rxchkval=m_ctrl_dev.rxbuf[datalen+4];
26.         break;
27.     case M_FRAME_CHECK_CRC8:                        //CRC8校验
28.         calchkval=mc_check_crc8(m_ctrl_dev.rxbuf,datalen+4);
29.         rxchkval=m_ctrl_dev.rxbuf[datalen+4];
30.         break;
31.     case M_FRAME_CHECK_CRC16:                       //CRC16校验
32.         calchkval=mc_check_crc16(m_ctrl_dev.rxbuf,datalen-2);
33.         rxchkval=((u16)m_ctrl_dev.rxbuf[datalen-2]<<8)+m_ctrl_dev.rxbuf[datalen-1];
34.         break;
35.     }
36.
37.     m_ctrl_dev.rxlen=0;             //清除rxlen
38.     m_ctrl_dev.frameok=0;           //清除frameok标记，以便下次可以正常接收
39.
40.     //如果校验正常
41.     if(calchkval==rxchkval)
42.     {
43.         address=m_ctrl_dev.rxbuf[0];
44.         if (address!= SLAVE_ADDRESS) {
45.             return MR_FRAME_SLAVE_ADDRESS;        //从机地址错误
46.         }
47.         cmd=m_ctrl_dev.rxbuf[1];
48.         if ((cmd > 0x06 )||(cmd < 0x01)) {
49.             return MR_FRANE_ILLEGAL_FUNCTION;     //命令帧错误
50.         }
51.
52.         switch (cmd)
53.         {
54.         case 0x02:
55.             res = ReadDiscRegister();              //读取离散量（重要）
56.             break;
57.         case 0x03:
58.             res = ReadHoldRegister();              //读取保持寄存器（重要）
59.             break;
60.         case 0x04:
```

```
61.             res = ReadInputRegister();              //读取输入寄存器（重要）
62.             break;
63.         case 0x06:
64.             res = WriteHoldRegister();              //写保持寄存器（重要）
65.             break;
66.         }
67.     }
68.     else
69.     {
70.         return MR_FRAME_CHECK_ERR;
71.     }
72.     return MR_OK;
73. }
```

（3）编写读取传感器数据并回复响应帧的函数

在本案例中，两个从机节点分别连接火焰传感器和可燃气体传感器。根据表2-28知，这两种传感器都是模拟量传感器，主机将使用功能码04来读取从机的传感器数据。因此，从机在解析完主机的请求帧以后，应编写读取传感器数据并回复响应帧的函数。

在基础工程的“inputregister. c”中输入以下代码：

```
1. u8 ReadInputRegister(void)
2. {
3.      u16 regaddress;
4.      u16 regcount;
5.      u16 * input_value_p;
6.
7.      u16 iregindex;
8.
9.      u8 sendbuf[20];                                    //发送缓冲区
10.     u8 send_cnt=0;
11.
12.     u16 calchkval=0;                                   //计算得到的校验值
13.
14.     regaddress=(u16)(m_ctrl_dev.rxbuf[2]<<8);          //取出主机请求帧中的寄存器地址
15.     regaddress|=(u16)(m_ctrl_dev.rxbuf[3]);
16.
17.     regcount =(u16)(m_ctrl_dev.rxbuf[4]<<8);           //取出主机请求帧中的寄存器数量
18.     regcount |= (u16)(m_ctrl_dev.rxbuf[5]);
19.
20.     input_value_p = inbuf;
21.
22.     //组建响应帧
23.     if((1<=regcount)&&(regcount<4)) {
```

```
24.         if((regaddress>=0)&&(regaddress<=3)) {
25.             sendbuf[send_cnt]=SLAVE_ADDRESS;          //从机地址
26.             send_cnt++;
27.             sendbuf[send_cnt]=0x04;                   //功能码0x04
28.             send_cnt++;
29.             sendbuf[send_cnt]=regcount*2;             //字节长度
30.             send_cnt++;
31.
32.             iregindex=regaddress-0;
33.             //将寄存器内容赋值给响应帧
34.             while(regcount>0) {
35.                 sendbuf[send_cnt]=(u8)(input_value_p[iregindex]>>8);
36.                 send_cnt++;
37.                 sendbuf[send_cnt]=(u8)(input_value_p[iregindex]& 0xFF);
38.                 send_cnt++;
39.                 iregindex++;
40.                 regcount--;
41.             }
42.             switch(m_ctrl_dev.checkmode)
43.             {
44.             case M_FRAME_CHECK_SUM:                              //校验和
45.                 calchkval=mc_check_sum(sendbuf,send_cnt);
46.                 break;
47.             case M_FRAME_CHECK_XOR:                              //异或校验
48.                 calchkval=mc_check_xor(sendbuf,send_cnt);
49.                 break;
50.             case M_FRAME_CHECK_CRC8:                             //CRC8校验
51.                 calchkval=mc_check_crc8(sendbuf,send_cnt);
52.                 break;
53.             case M_FRAME_CHECK_CRC16:                            //CRC16校验
54.                 calchkval=mc_check_crc16(sendbuf,send_cnt);
55.                 break;
56.             }
57.
58.             if(m_ctrl_dev.checkmode==M_FRAME_CHECK_CRC16)
59.             {
60.                 sendbuf[send_cnt]=(calchkval>>8)&0XFF;           //高字节在前
61.                 send_cnt++;
62.                 sendbuf[send_cnt]=calchkval&0XFF;                //低字节在后
63.             }
64.             RS4851_Send_Buffer(sendbuf,send_cnt+1);              //发送这一帧数据
65.         }
66.     } else {
```

```
67.             return 1;
68.         }
69.         return 0;
70. }
```

代码编写完成后编译，编译成功后将生成用于下载的从机固件文件（扩展名为“.hex”）。

## 2. 完善Modbus主机代码

打开资源包里的RS-485主机基础工程（路径为“…\RS-485总线通信应用开发\Newlab HAL master\MDK-ARM\RS485_master.uvprojx”）。

（1）编写主机组建请求通信帧的函数

在本案例中，从机连接的火焰传感器和可燃气体传感器属于模拟量传感器，根据表2-28功能码、寄存器地址与传感器的对应关系，主机应使用功能码04组建请求通信帧读取传感器数据。

在“inputregister_m.c”中输入以下代码：

```
1. /*
2.   * @brief:组建读取输入寄存器的通信请求帧
3.   * @param: ucSndAddr-从机地址
4.   * @param: usRegAddr-寄存器地址
5.   * @param: usNRegs-要读取的寄存器个数
6.   * @retval:None
7.   */
8. void masterInputRegister(u8 ucSndAddr, u16 usRegAddr, u16 usNRegs)
9. {
10.     u8 sendbuf[8];                              //发送缓冲区
11.     u8 send_cnt=0;
12.     u16 calchkval=0;                            //计算得到的校验值
13.     sendbuf[send_cnt]=ucSndAddr;                //填从机地址
14.     send_cnt++;
15.     sendbuf[send_cnt]=0x04;                     //填功能码
16.     send_cnt++;
17.     sendbuf[send_cnt]= usRegAddr >> 8;          //填寄存器地址高8位
18.     send_cnt++;
19.     sendbuf[send_cnt]= usRegAddr;               //填寄存器地址低8位
20.
21.     send_cnt++;
22.     sendbuf[send_cnt]= usNRegs >> 8;            //填需要读取的寄存器个数高8位
23.     send_cnt++;
24.     sendbuf[send_cnt]= usNRegs;                 //填需要读取的寄存器个数低8位
25.     send_cnt++;
26.
```

```
27.     //计算并填入校验位
28.     switch(m_ctrl_dev.checkmode) {
29.     case M_FRAME_CHECK_SUM:                 //校验和
30.         calchkval=mc_check_sum(sendbuf,send_cnt);
31.         break;
32.     case M_FRAME_CHECK_XOR:                 //异或校验
33.         calchkval=mc_check_xor(sendbuf,send_cnt);
34.         break;
35.     case M_FRAME_CHECK_CRC8:                //CRC8校验
36.         calchkval=mc_check_crc8(sendbuf,send_cnt);
37.         break;
38.     case M_FRAME_CHECK_CRC16:               //CRC16校验
39.         calchkval=mc_check_crc16(sendbuf,send_cnt);
40.         break;
41.     }
42.     //如果是CRC16,则有两个字节的CRC
43.     if(m_ctrl_dev.checkmode==M_FRAME_CHECK_CRC16) {
44.         sendbuf[send_cnt]=(calchkval>>8)&0XFF;          //CRC校验码高字节在前
45.         send_cnt++;
46.         sendbuf[send_cnt]=calchkval&0XFF;               //CRC校验码低字节在后
47.         m_send_frame.address=sendbuf[0];
48.         m_send_frame.function=sendbuf[1];
49.         m_send_frame.reg_add=usRegAddr;
50.         m_send_frame.reg_cnt_value=usNRegs;
51.         m_send_frame.chkval=calchkval;
52.     }
53.     RS4851_Send_Buffer(sendbuf,send_cnt+1);             //发送这一帧数据
54. }
```

（2）编写主机上报网关的通信帧

根据2.6.1节的案例分析，主机在接收到从机响应的传感器数据后，需要将其上报给网关。这部分的通信协议为自定义协议，相关细节内容见表2-42。

在“app_master.c”中输入以下代码：

```
1. /*
2.   * @brief:组建上传给网关云平台通信帧并发送
3.   * @param: i–从机地址（取值为0x01或者0x02）
4.   * @retval:None
5.   */
6. static void master_push(u8 i)
7. {
8.      u8 push485buf[10];
9.      u8 add=0;
10.     add = i;
```

```
11.
12.     push485buf[0]=0xDD;                          //帧起始符固定为0xDD
13.     push485buf[1]=class_sen[add].add >> 8;       //从机地址高8位
14.     push485buf[2]=class_sen[add].add;            //从机地址低8位
15.     push485buf[3]=0x02;                          //0x02代表RS-485网络数据
16.     push485buf[4]=0x09;
17.
18.     //判断传感器类型，填入传感器类型代号
19.     switch (class_sen[add].senty) {
20.     case BodyInfrared_Sensor:                    //人体红外
21.         push485buf[5]=0x02;
22.         break;
23.     case Sound_Sensor:                           //声音传感器
24.         push485buf[5]=0x07;
25.         break;
26.     case Infrared_Sensor:                        //红外传感器
27.         push485buf[5]=0x08;
28.         break;
29.     //2. 模拟量
30.     case Photosensitive_Sensor:                  //光敏
31.         push485buf[5]=0x06;
32.         break;
33.     case AirQuality_Sensor:                      //空气质量
34.         push485buf[5]=0x05;
35.         break;
36.     case Flame_Sensor:                           //火焰传感器
37.         push485buf[5]=0x03;
38.         break;
39.     case FlammableGas_Sensor:                    //可燃气体
40.         push485buf[5]=0x04;
41.         break;
42.     //3.温湿度
43.     case TemHum_Sensor:                          //温湿度
44.         push485buf[5]=0x01;
45.         break;
46.     default:
47.         push485buf[5]=0x10;
48.         break;
49.     }
50.     push485buf[6]=(u8)(class_sen[add].value>>8); //传感器数据高8位
51.     push485buf[7]=(u8)class_sen[add].value;      //传感器数据低8位
52.     push485buf[8]=CHK(push485buf,8);
```

```
53.
54.        RS4853_Send_Buffer(push485buf, 9);
55.  }
```

代码编写完成后编译，编译成功后将生成用于下载的主机固件文件（扩展名为“.hex”）。

## 2.6.3 任务3 系统搭建

### 1. 硬件接线

按照图2-4连接三个RS-485节点的485-A与485-B端子，使其构成一个RS-485通信网络。

两个RS-485从机节点分别连接可燃气体传感器与火焰传感器。另外，网关WAN口通过网线连接外网，LAN口通过网线连接PC，PC需开启DHCP或与网关处于同一网段。

硬件接线如图2-5所示。

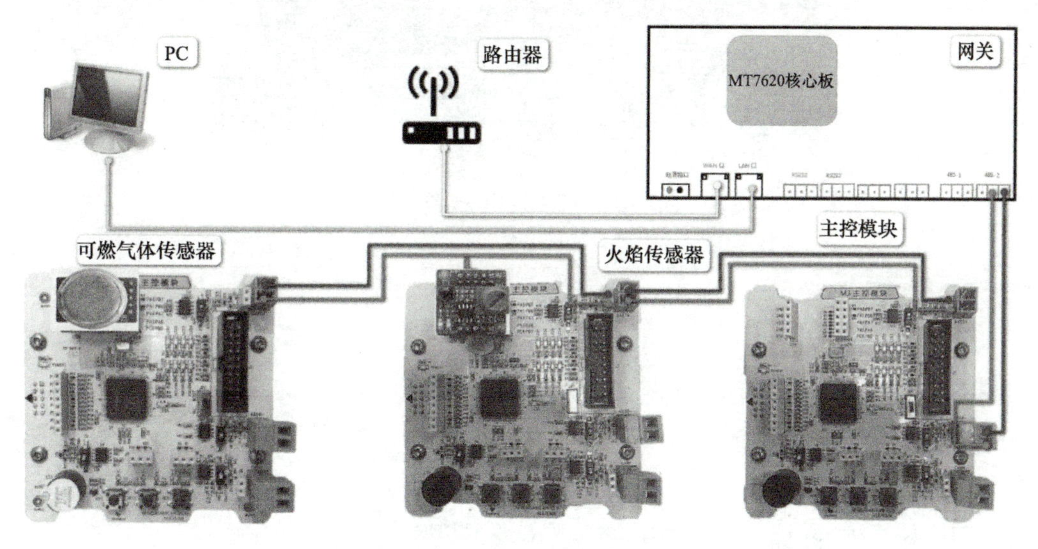


图2-5 智能安防系统硬件连线图

### 2. 节点固件下载

选取两个“M3主控模块”，下载“从机节点”固件，文件使用任务2编译生成的从机固件。选取一个“M3主控模块”，下载“主机节点”固件，文件使用任务2编译生成的主机固件。

（1）主控模块板设置

将M3主控模块板的JP1拨码开关拨向“BOOT”模式，如图2-6所示。

（2）配置串行通信与Flash参数

使用ST官方发布的ISP（In-System Programming，在线编程）工具“Flash Loader Demonstrator”进行固件下载。

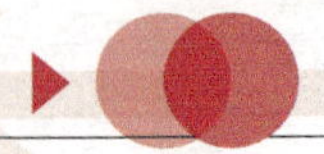


打开该工具后，需要配置串行通信口及其通信波特率，如图2-7a所示。软件读到硬件设备后，选择MCU型号为“STM32F1_High-density-512K”，单击“Next”按钮，如图2-7b所示。

图2-6　M3主控模块烧写设置

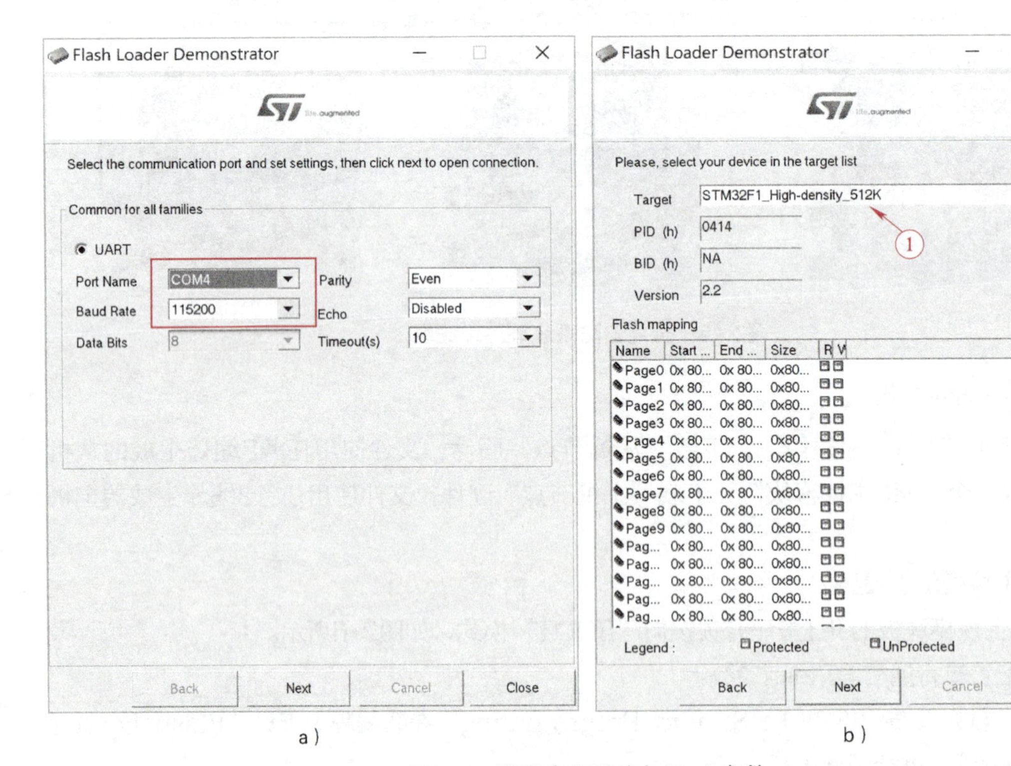


a）　　　　　　　　b）

图2-7　配置串行通信与Flash参数

（3）选择需要下载的固件

配置好串行通信与Flash参数之后，还应对需要下载的固件文件进行选择，如图2-8所示。

选取需要下载的固件文件（扩展名为“.hex”），然后单击“Next”按钮即可开始下载。

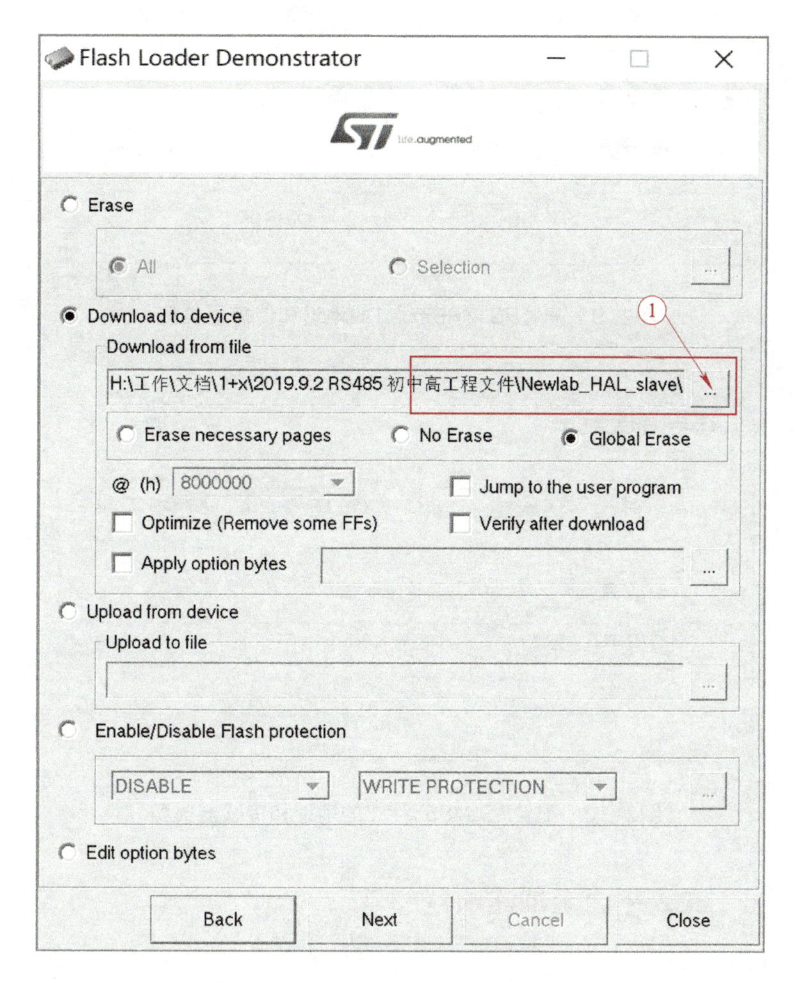


图2-8　选取合适的固件文件

按照上述步骤，分别下载另外两个节点的固件。

## 3．节点配置

使用“M3主控模块配置工具”（路径为“../01　工具驱动/09　M3主控模块配置工具”）进行RS-485节点的配置，注意要先勾选“485协议”，再打开连接。需要配置的内容有两个：一是节点地址；二是传感器类型。

从机节点1的地址配置为“0x01”，连接传感器类型配置为“火焰传感器”，如图2-9所示。

从机节点2的地址配置为“0x02”，连接传感器类型配置为“可燃气体传感器”，如图2-10所示。

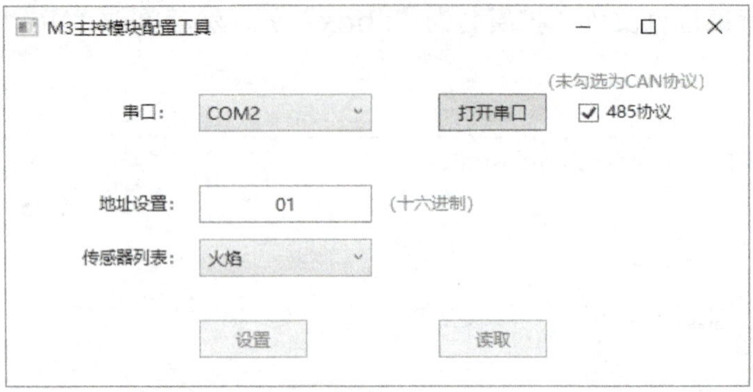

图2-9　配置RS-485节点1的地址和传感器类型

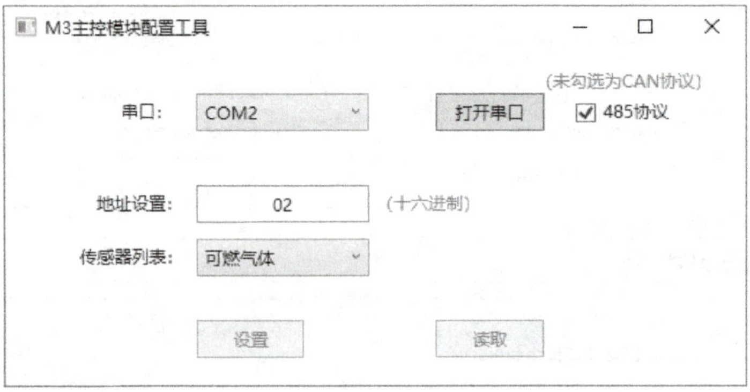

图2-10　配置RS-485节点2的地址和传感器类型

## 2.6.4　任务4　在云平台上创建项目

### 1．新建项目

登录云平台http://www.nlecloud.com，单击“开发者中心”→“开发设置”，确认APIKey有没有过期，如果已过期则需重新生成APIKey，如图2-11所示。

先单击“开发者中心”按钮（图2-12标号①处），然后单击“新增项目”（图2-12标号②处）。

在弹出的“添加项目”对话框中，可对“项目名称”“行业类别”以及“联网方案”等信息进行填充（图2-12中的标号③处）。

在本案例中，设置“项目名称”为“智能安防系统”，“行业类别”选择“工业物联”，“联网方案”选择“以太网”。

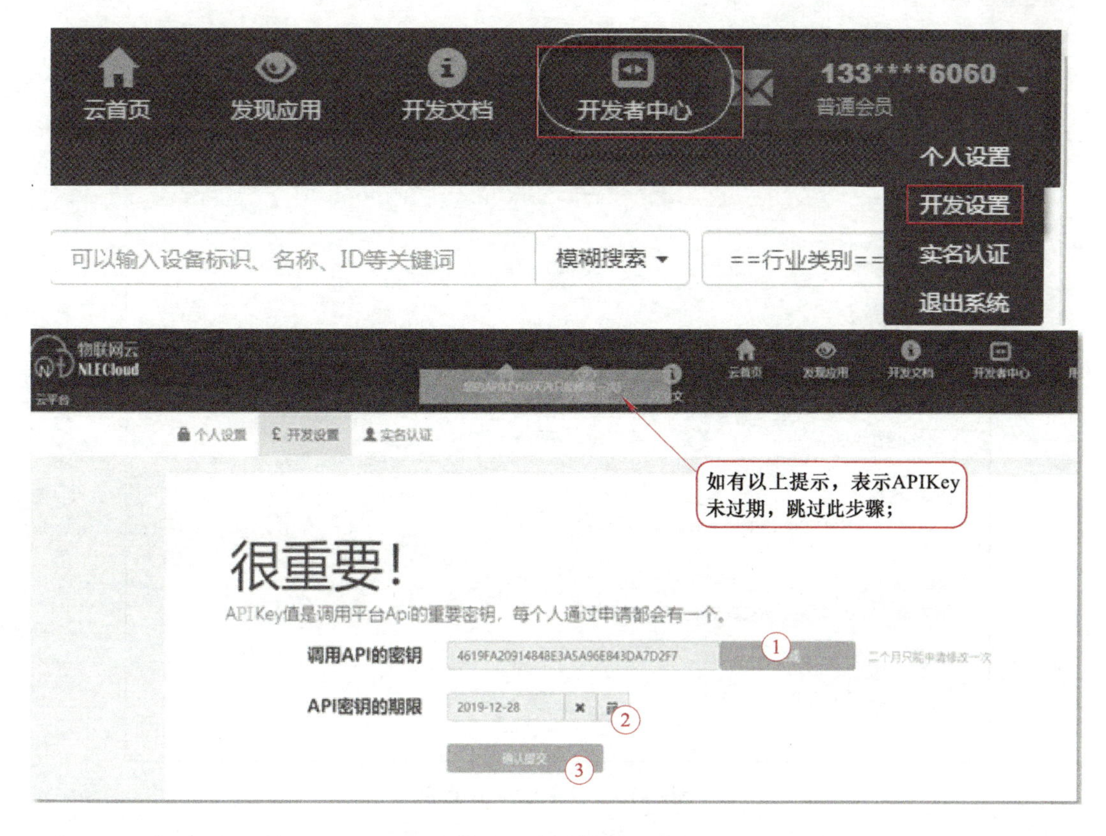


图2-11 生成APIKey

图2-12 云平台新建项目

## 2. 添加设备

项目新建完毕后，可为其添加设备，如图2-13所示。

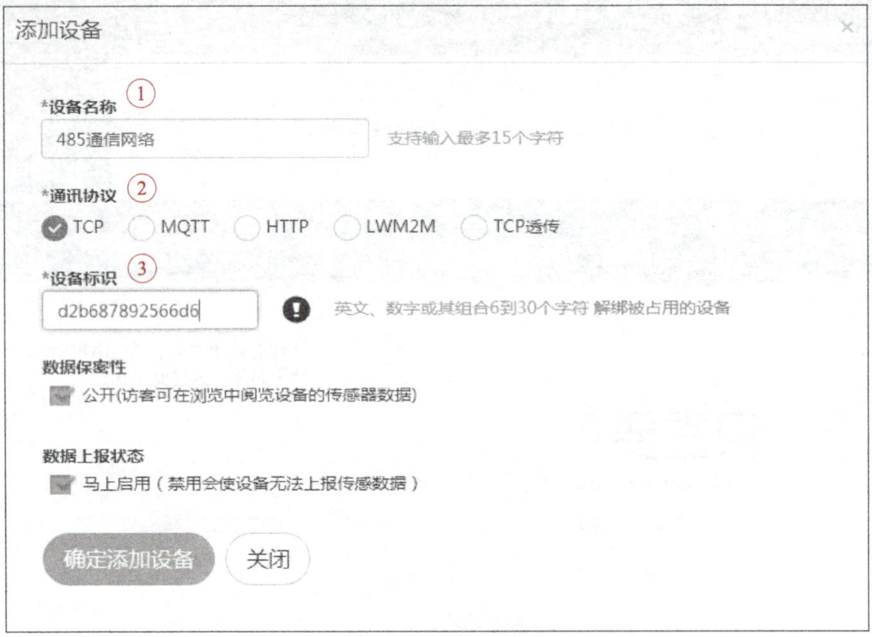
添加设备
*设备名称 ①
485通信网络
支持输入最多15个字符
*通讯协议 ②
TCP MQTT HTTP LWM2M TCP透传
*设备标识 ③
d2b687892566d6
英文、数字或其组合6到30个字符 解绑被占用的设备
数据保密性
公开(访客可在浏览中阅览设备的传感器数据)
数据上报状态
马上启用（禁用会使设备无法上报传感数据）
确定添加设备
关闭

图2-13　云平台添加设备

从图2-13中可以看到，需要对“设备名称”（标号①处）、“通讯协议”（标号②处）和“设备标识”（标号③处，可以随便输入，只要不重复即可）进行设置。

单击“确定添加设备”按钮，添加设备完成后如图2-14所示。

添加设备
设备图片
设备名称
485通信网络
①
设备ID：42219
② 设备标识： d2b687892566d6
③ 传输密钥： acc30dc33ac5414a8aa0b343fdc84cd2
通讯协议： TCP
数据浏览： http://www.nlecloud.com/device/42219

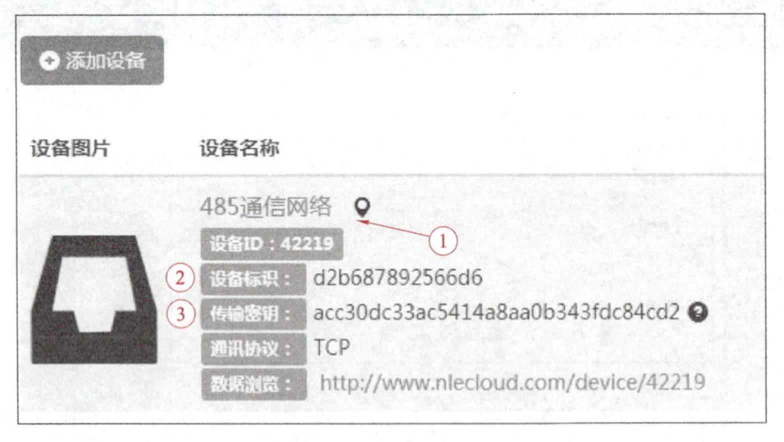

图2-14　添加设备完成效果

将图2-14中标号②处的“设备标识”和标号③处的“传输密钥”记下，网关配置时需要用到这些信息。

## 3. 配置网关接入云平台

将网关的LAN口与PC通过网线相连，WAN口与外网相连。

确认网关与PC处于同一网段后，打开PC上的浏览器，在地址栏中输入“192.168.14.200:8400”（以从网关获取的实际IP地址为准，这里仅供参考）进入配置界面。

单击图2-14标号①处的标签，将出现图2-15所示的网关配置界面。在此界面的标号②~⑦处填写好对应的内容，单击标号⑧处的“设置”按钮即可完成网关的配置。

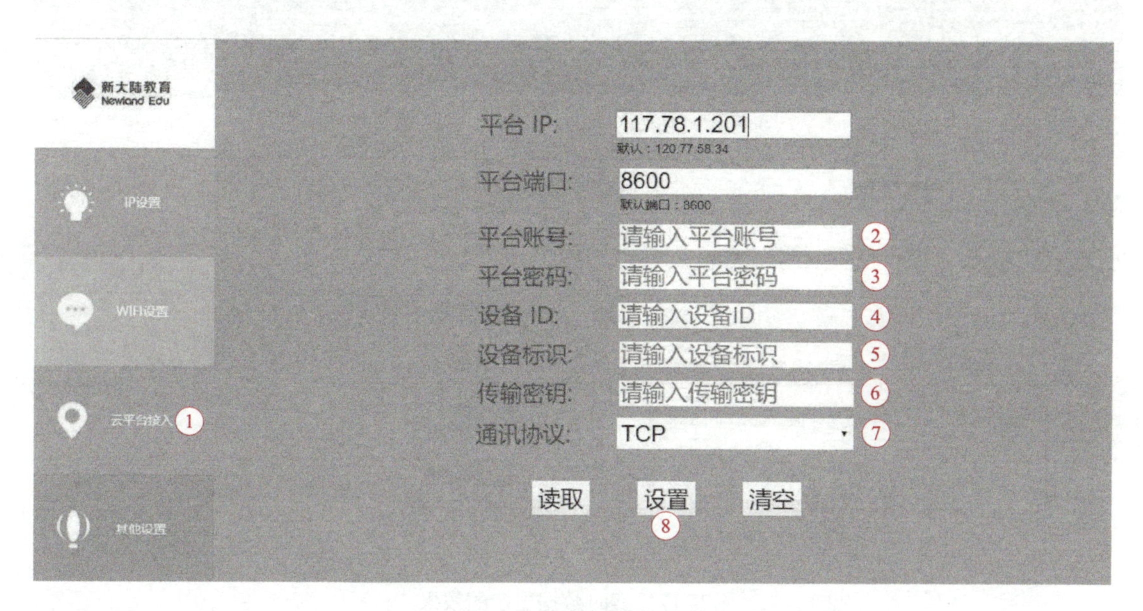


图2-15 网关配置界面

物联网网关配置完成后系统自动重启，20s左右，网关系统初始化完毕。刷新网页，可以看到网关上线了，并且自动识别到了Modbus总线上接的传感器设备，如图2-16所示。

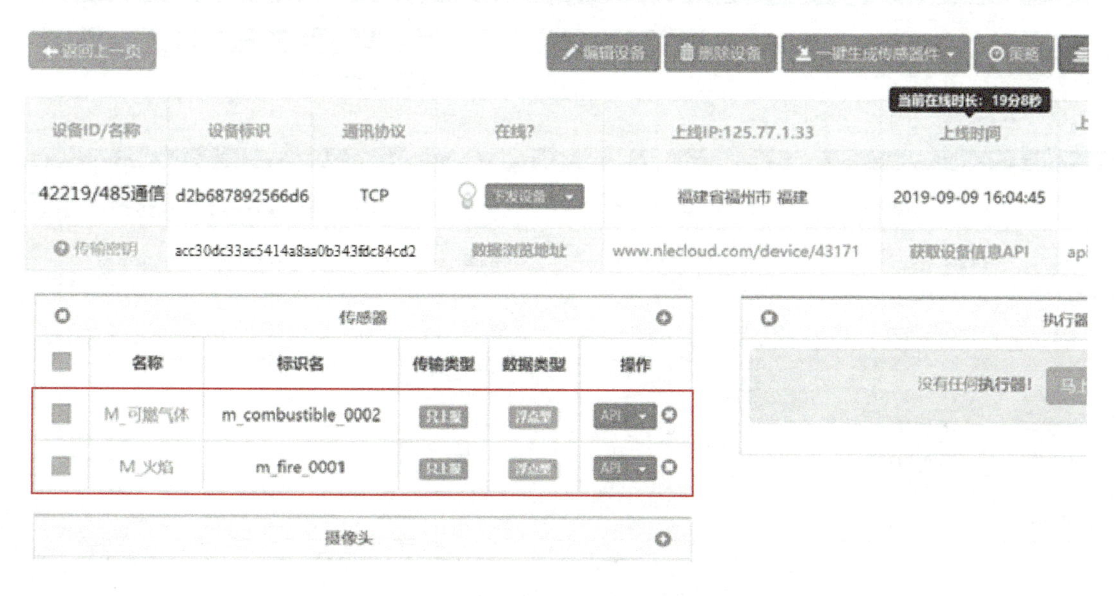


图2-16 自动识别到的传感器

### 4. 系统运行情况分析

用户可查看实时上报的数据，如图2-17所示，单击①处打开实时数据显示开关，可以看到实时数据显示在②处，并且每隔5s刷新一次。

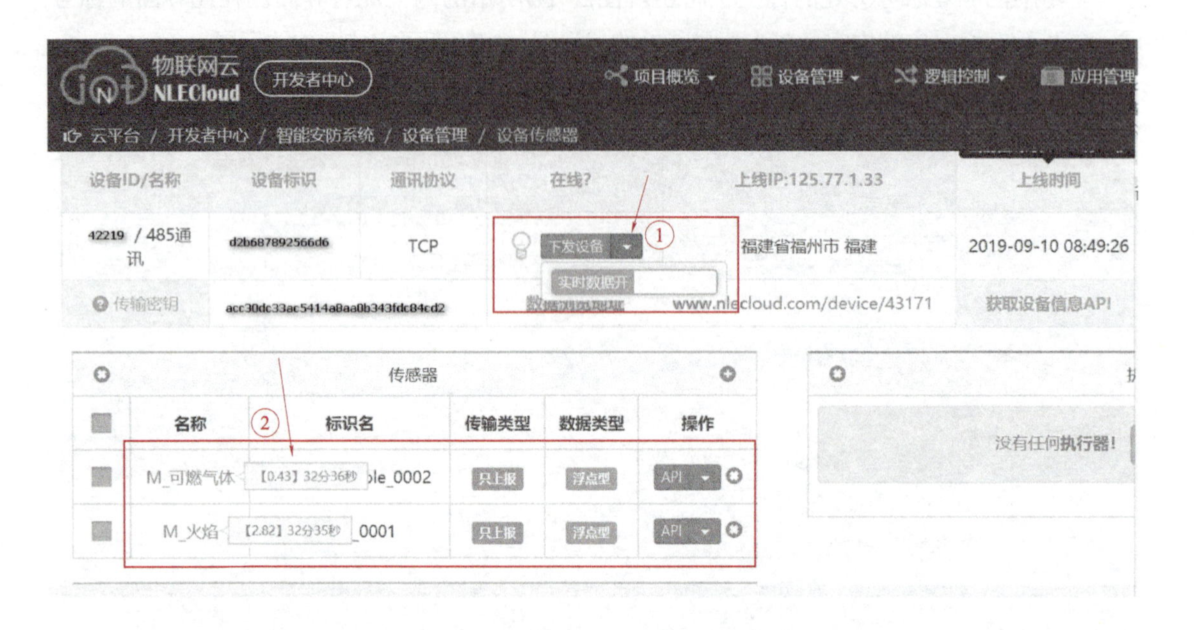


图2-17　实时数据显示的效果

用户也可以查看历史数据，如图2-18所示。

| 记录ID | 记录时间 | 传感ID | 传感名称 | 传感标识名 | 传感值/单位 | 设备标识 |
|---|---|---|---|---|---|---|
| 855499469 | 2019-09-10 09:33:44 | 138821 | M_可燃气体 | m_combustible_0002 | 0.44 | M0000002 |
| 855499399 | 2019-09-10 09:33:43 | 138822 | M_火焰 | m_fire_0001 | 2.83 | M0000002 |
| 855499372 | 2019-09-10 09:33:42 | 138821 | M_可燃气体 | m_combustible_0002 | 0.44 | M0000002 |
| 855499327 | 2019-09-10 09:33:41 | 138822 | M_火焰 | m_fire_0001 | 2.82 | M0000002 |
| 855499190 | 2019-09-10 09:33:40 | 138821 | M_可燃气体 | m_combustible_0002 | 0.44 | M0000002 |
| 855499188 | 2019-09-10 09:33:39 | 138822 | M_火焰 | m_fire_0001 | 2.83 | M0000002 |
| 855499158 | 2019-09-10 09:33:38 | 138821 | M_可燃气体 | m_combustible_0002 | 0.44 | M0000002 |
| 855499140 | 2019-09-10 09:33:37 | 138822 | M_火焰 | m_fire_0001 | 2.83 | M0000002 |

图2-18　查看历史数据

# 单元总结

本单元介绍了串行通信与RS-485标准的基础知识，详细讲解了Modbus通信协议的内容，最后以智能安防系统为载体，向读者展示了RS-485网络与Modbus通信协议在实际中的应用。

通过对本单元的学习，读者可掌握RS-485网络的搭建方法、Modbus通信主机与从机的配置过程以及在云平台上创建项目的步骤。同时，可掌握Modbus通信从机的“解析请求帧”与“生成响应帧并发送”等相关函数代码的编写方法，还对Modbus通信主机的“生成请求帧并发送”与“上报数据至网关”等函数代码的编写进行了实践。另外，通过实施智能安防系统的构建案例，读者可进一步提升其软硬件联调的能力。

Project 3

# 学习单元3 CAN总线通信应用开发

## 单元概述

本单元主要面向的工作领域是传感网应用开发中的CAN总线通信应用，介绍了CAN总线相关的基础知识，其中包括CAN总线概述、CAN技术规范与标准、CAN总线的报文信号电平、CAN总线的网络拓扑与节点硬件构成、CAN总线的传输介质、CAN通信帧和CAN优先级与位时序等。本单元还讲解了CAN控制器与CAN收发器的工作原理，给出了CAN收发器的典型应用电路，还专门分析了STM32F1系列MCU的CAN控制器和CAN筛选器的工作原理与配置方法。通过讲解CAN优先级与位时序的基础知识，分析了CAN通信波特率的配置原理。读者通过实施本单元的案例——生产线环境监测系统的搭建，可掌握基于CAN总线的通信系统的构建与调试方法。

## 知识目标

- 掌握CAN总线相关的基础知识；
- 理解CAN控制器与CAN收发器芯片的接口方式与典型应用电路；
- 掌握CAN总线通信系统的接线方式。

## 技能目标

- 能进行基于CAN总线协议应用程序的开发；
- 能搭建CAN总线网络并编程实现组网通信。

# 3.1 CAN总线基础知识

## 3.1.1 CAN总线概述

CAN（Controller Area Network，控制器局域网）由德国Bosch公司于1983年开发出来，最早被应用于汽车内部控制系统的监测与执行机构间的数据通信，目前是国际上应用最广泛的现场总线之一。

近年来，由于CAN总线具备高可靠性、高性能、功能完善和成本较低等优势，其应用领域已从最初的汽车工业慢慢渗透进航空工业、安防监控、楼宇自动化、工业控制、工程机械及医疗器械等领域。例如，酒店客房管理系统集成了门禁、照明、通风、加热和各种报警安全监测等设备，这些设备通过CAN总线连接在一起，形成各种执行器和传感器的联动，这样的系统架构为用户提供了实时监测各单元运行状态的可能性。

CAN总线具有以下主要特性：

- 数据传输距离远（最远10km）；
- 数据传输速率高（最高数据传输速率1Mbit/s）；
- 具备优秀的仲裁机制；
- 使用筛选器实现多地址的数据帧传递；
- 借助遥控帧实现远程数据请求；
- 具备错误检测与处理功能；
- 具备数据自动重发功能；
- 故障节点可自动脱离总线且不影响总线上其他节点的正常工作。

## 3.1.2 CAN技术规范与标准

1991年9月，Philips半导体公司制定并发布了CAN技术规范V2.0版本。这个版本的CAN技术规范包括A和B两部分，其中2.0A版本技术规范只定义了CAN报文的标准格式，而2.0B版本同时定义了CAN报文的标准与扩展两种格式。1993年11月，ISO正式颁布了CAN国际标准ISO 11898与ISO 11519。ISO 11898标准的CAN通信数据传输速率为125kbit/s～1Mbit/s，适合高速通信应用场景；而ISO 11519标准的CAN通信数据传输速率为125kbit/s以下，适合低速通信应用场景。

CAN技术规范主要对OSI基本参照模型中的物理层（部分）、数据链路层和传输层（部分）进行了定义。ISO 11898与ISO 11519标准则对数据链路层及物理层的一部分进行了标准化，如图3-1所示。

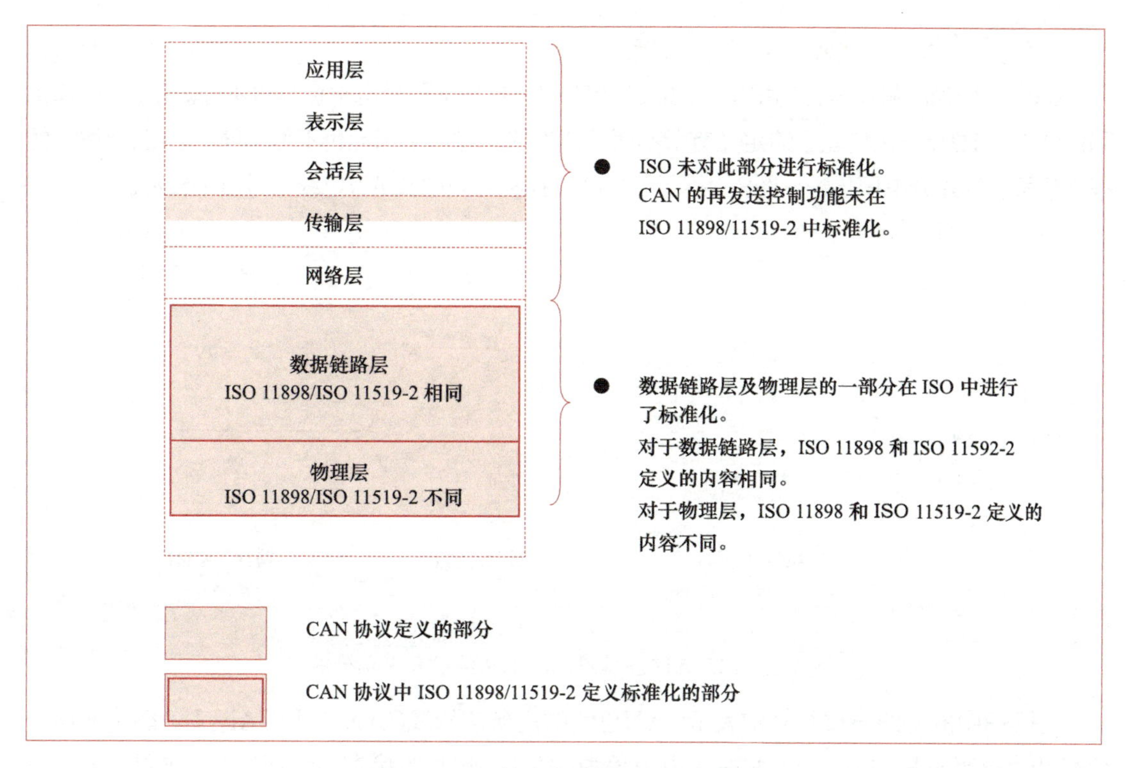


图3-1　OSI基本参照模型与CAN标准

ISO组织并未对CAN技术规范的网络层、会话层、表示层和应用层等部分进行标准化，而美国汽车工程师学会（Society of Automotive Engineers，SAE）等其他组织、团体和企业则针对不同的应用领域对CAN技术规范进行了标准化。这些标准对ISO标准未涉及的部分进行了定义，它们属于CAN应用层协议。常见的CAN标准及其详情见表3-1。

**表3-1　常见的CAN标准**

| 序号 | 标准名称 | 制定组织 | 波特率/（bit/s） | 物理层线缆规格 | 适用领域 |
|---|---|---|---|---|---|
| 1 | SAE J1939-11 | SAE | 250k | 双线式、屏蔽双绞线 | 卡车、大客车 |
| 2 | SAE J1939-12 | SAE | 250k | 双线式、屏蔽双绞线 | 农用机械 |
| 3 | SAE J2284 | SAE | 500k | 双线式、双绞线（非屏蔽） | 汽车（高速：动力、传动系统） |
| 4 | SAE J24111 | SAE | 33.3k、83.3k | 单线式 | 汽车（低速：车身系统） |
| 5 | NMEA-2000 | NEMA | 62.5k、125k、250k、500k、1M | 双线式、屏蔽双绞线 | 船舶 |
| 6 | DeviceNet | ODVA | 125k、250k、500k | 双线式、屏蔽双绞线 | 工业设备 |
| 7 | CANopen | CiA | 10k、20k、50k、125k、250k、500k、800k、1M | 双线式、双绞线 | 工业设备 |
| 8 | SDS | Honeywell | 125k、250k、500k、1M | 双线式、屏蔽双绞线 | 工业设备 |

### 3.1.3 CAN总线的报文信号电平

总线上传输的信息被称为报文，总线规范不同，其报文信号电平标准也不同。ISO 11898和ISO 11519标准在物理层的定义有所不同，两者的信号电平标准也不尽相同。CAN总线上的报文信号使用差分电压传送。图3-2展示了ISO 11898标准的CAN总线信号电平标准。

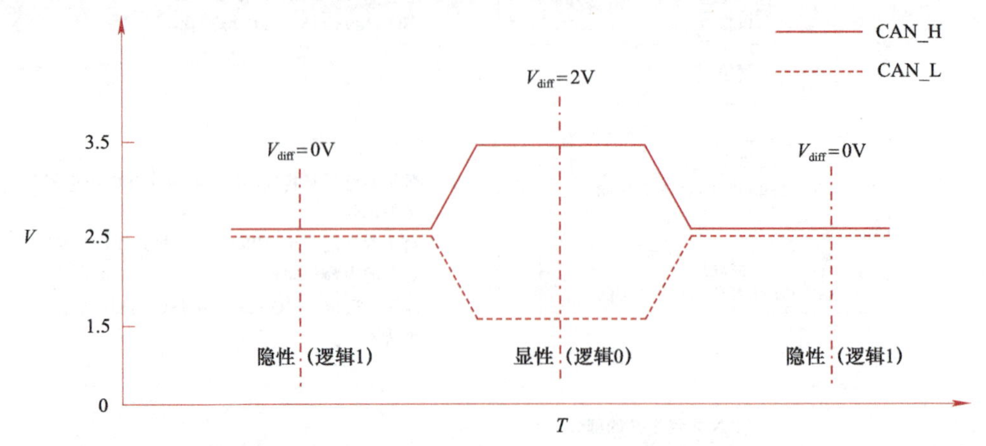


图3-2 ISO 11898标准的CAN总线信号电平标准

图3-2中的实线与虚线分别表示CAN总线的两条信号线CAN_H和CAN_L。静态时两条信号线上电平电压均为2.5V左右（电位差为0V），此时的状态表示逻辑1（或称“隐性电平”状态）。当CAN_H上的电压值为3.5V且CAN_L上的电压值为1.5V时，两线的电位差为2V，此时的状态表示逻辑0（或称“显性电平”状态）。

### 3.1.4 CAN总线的网络拓扑与节点硬件构成

CAN总线的网络拓扑结构如图3-3所示。

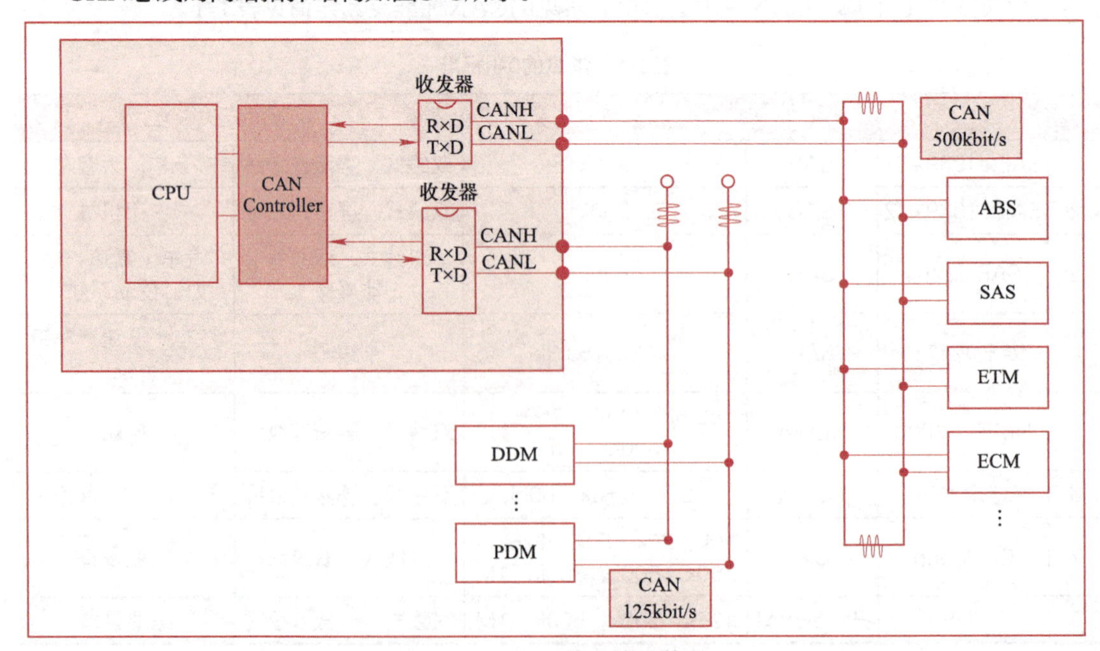


图3-3 CAN总线网络拓扑图

图3-3展示的CAN总线网络拓扑包括两个网络：其中一个是遵循ISO 11898标准的高速CAN总线网络（传输速率为500kbit/s），另一个是遵循ISO 11519标准的低速CAN总线网络（传输速率125kbit/s）。高速CAN总线网络被应用在汽车动力与传动系统，它是闭环网络，总线最大长度为40m，要求两端各有一个120Ω的电阻。低速CAN总线网络被应用在汽车车身系统，它的两根总线是独立的，不形成闭环，要求每根总线上各串联一个2.2kΩ的电阻。

### 3.1.5 CAN总线的传输介质

CAN总线可以使用多种传输介质，常用的有双绞线、同轴电缆和光纤。

#### 1. 传输介质选择的注意事项

通过对“CAN总线的报文信号电平”小节的学习，了解到CAN总线上的报文信号使用差分电压传送，有两种信号电平，分别是“隐性电平”和“显性电平”。

因此，在选择CAN总线的传输介质时，需要关注以下几个注意事项：

- 物理介质必须支持“显性”和“隐性”状态，同时在总线仲裁时，“显性”状态可支配“隐性”状态；
- 双线结构的总线必须使用终端电阻抑制信号反射，并且采用差分信号传输以减弱电磁干扰的影响；
- 使用光学介质时，隐性电平通过状态“暗”表示，显性电平通过状态“亮”表示；
- 同一段CAN总线网络必须采用相同的传输介质。

#### 2. 双绞线

双绞线目前已在很多CAN总线分布式系统中得到广泛应用，例如，汽车电子、电力系统、电梯控制系统和远程传输系统等。

双绞线具有以下特点：

1）双绞线采用抗干扰的差分信号传输方式；

2）技术上容易实现，造价比较低廉；

3）对环境电磁辐射有一定的抑制能力；

4）随着频率的增长，双绞线线对的衰减迅速增高；

5）最大总线长度可达40m；

6）适合传输速率为5kbit/s～1Mbit/s的CAN总线网络。

ISO11898标准推荐的电缆参数见表3-2。

表3-2 ISO 11898标准推荐的电缆与参数

| 总线长度/m | 电缆 | | 终端电阻/Ω（精度1%） | 最大位速率 |
|---|---|---|---|---|
| | 直流电阻/(mΩ/m) | 导线截面积 | | |
| 0～40 | 70 | 0.25～0.34mm$^2$ AWG23，AWG22 | 124 | 1M bit/s at 40m |
| 40～300 | <60 | 0.34～0.60mm$^2$ AWG22，AWG20 | 127 | >500kbit/s at 100m |
| 300～600 | <40 | 0.50～0.60mm$^2$ AWG20 | 127 | >100kbit/s at 500m |
| 600～1000 | <26 | 0.75～0.80mm$^2$ AWG18 | 127 | >50kbit/s at 1km |

使用双绞线构成CAN网络时的注意事项如下：

1）网络的两端必须各有一个120Ω左右的终端电阻；

2）支线尽可能短；

3）确保不在干扰源附近部署CAN网络；

4）所用的电缆电阻越小越好，以避免线路压降过大；

5）CAN总线的波特率取决于传输线的延时，通信距离随着波特率减小而增加。

### 3．光纤

光纤CAN网络可选用石英光纤或塑料光纤，其拓扑结构有以下几种类型：

- 总线型：由一根用于共享的光纤总线作为主线路，各个节点使用总线耦合器和站点耦合器实现与主线路的连接；
- 环形：每个节点与相邻的节点进行点对点相连，所有节点形成闭环；
- 星形：网络中有一个中心节点，其他节点与中心节点进行点对点相连。

光纤与双绞线、同轴电缆相比，有以下优点：

- 光纤的传输损耗低，中继距离大大增加；
- 光纤具有不辐射能量、不导电、没有电感的优点；
- 光纤不存在串扰或光信号相互干扰的影响；
- 光纤不存在线路接头的感应耦合而导致的安全问题；
- 光纤具有强大的抗电磁干扰的能力。

## 3.1.6　CAN通信帧介绍

### 1．CAN通信帧类型

CAN总线上的数据通信基于5种类型的通信帧，它们的名称与用途见表3-3。

表3-3　CAN总线的帧类型和用途

| 序号 | 帧类型 | 帧用途 |
| --- | --- | --- |
| 1 | 数据帧 | 用于发送单元向接收单元传送数据 |
| 2 | 遥控帧 | 用于接收单元向具有相同 ID 的发送单元请求数据 |
| 3 | 错误帧 | 用于检测出错误时向其他单元通知错误 |
| 4 | 过载帧 | 用于接收单元通知发送单元其尚未做好接收准备 |
| 5 | 帧间隔 | 用于将数据帧及遥控帧与前面的帧分离 |

### 2．数据帧

数据帧由7个段构成，如图3-4所示。图中深灰色底的位为“显性电平”，浅色底的位为“显性或隐性电平”，白色底的位为“隐性电平”（下同）。

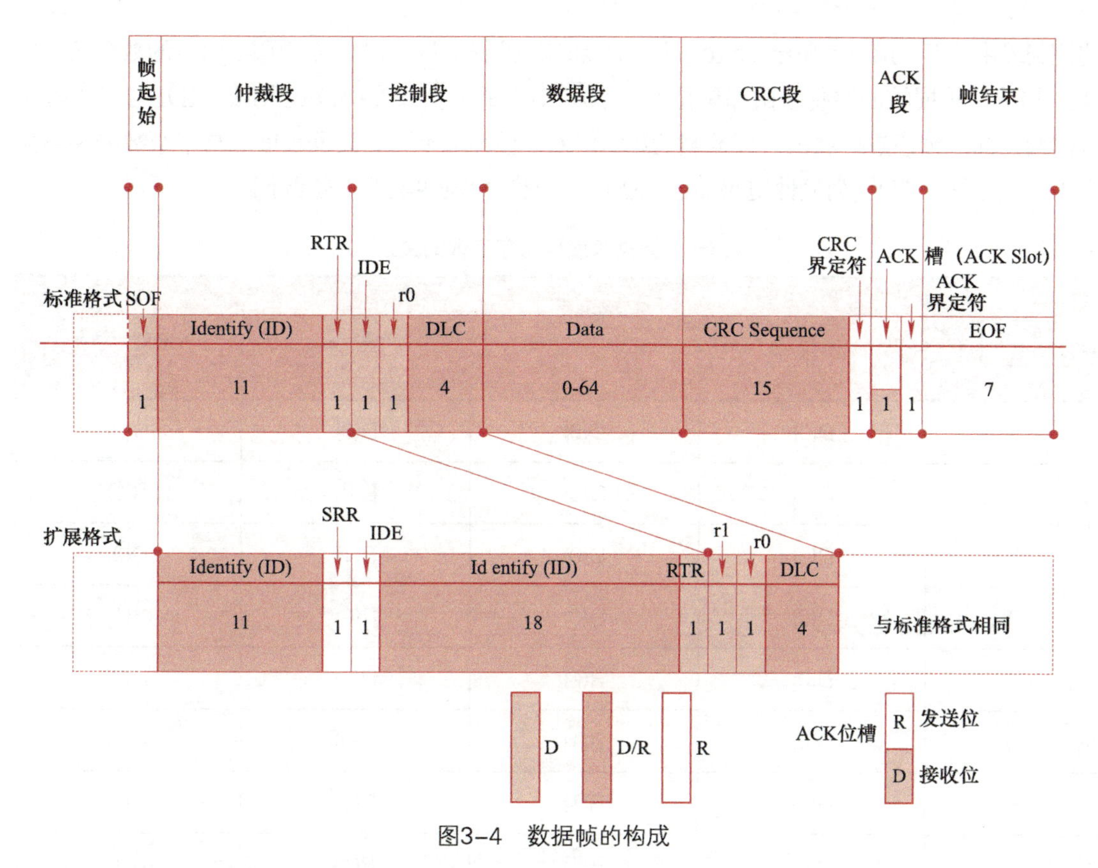


图3-4　数据帧的构成

（1）帧起始（Start of Frame）

帧起始（SOF）表示数据帧和远程帧的起始，它仅由一个“显性电平”位组成。CAN总线的同步规则规定，只有当总线处于空闲状态（总线电平呈现隐性状态）时，才允许站点开始发送信号。

（2）仲裁段（Arbitration Field）

仲裁段是表示帧优先级的段。标准帧与扩展帧的仲裁段格式有所不同：标准帧的仲裁段由11bit的标识符ID和RTR（Remote Transmission Request，远程发送请求）位构成；扩展帧的仲裁段由29bit的标识符ID、SRR（Substitute Remote Request，替代远程请求）位、IDE位和RTR位构成。

RTR位用于指示帧类型，数据帧的RTR位为“显性电平”，而遥控帧的RTR位为“隐性电平”。

SRR位只存在于扩展帧中，与RTR位对齐，为“隐性电平”。因此当CAN总线对标准帧和扩展帧进行优先级仲裁时，在两者的标识符ID部分完全相同的情况下，扩展帧相对标准帧而言处于失利状态。

（3）控制段（Control Field）

控制段是表示数据的字节数和保留位的段，标准帧与扩展帧的控制段格式不同。标准帧的控制段由IDE（Identifier Extension，标志符扩展）位、保留位r0和4个bit的数据长度码DLC构成。扩展帧的控制段由保留位r1、r0和4bit的数据长度码DLC构成。IDE位用于指示数据帧为标准帧还是扩展帧，标准帧的IDE位为“显性电平”。数据长度码与字节数的关系见表3-4。其中，“D”为显性电平（逻辑0），“R”为隐性电平（逻辑1）

表3-4 数据长度码与字节数的关系

| 数据字节数 | 数据长度码 | | | |
| --- | --- | --- | --- | --- |
| | DLC3 | DLC2 | DLC1 | DLC0 |
| 0 | D(0) | D(0) | D(0) | D(0) |
| 1 | D(0) | D(0) | D(0) | R(1) |
| 2 | D(0) | D(0) | R(1) | D(0) |
| 3 | D(0) | D(0) | R(1) | R(1) |
| 4 | D(0) | R(1) | D(0) | D(0) |
| 5 | D(0) | R(1) | D(0) | R(1) |
| 6 | D(0) | R(1) | R(1) | D(0) |
| 7 | D(0) | R(1) | R(1) | R(1) |
| 8 | R(1) | D(0) | D(0) | D(0) |

（4）数据段（Data Field）

数据段用于承载数据的内容，它可包含0～8B的数据，从MSB（最高有效位）开始输出。

（5）CRC段（CRC Field）

CRC段是用于检查帧传输是否错误的段，它由15bit的CRC序列和1bit的CRC界定符（用于分隔）构成。CRC序列是根据多项式生成的CRC值，其计算范围包括帧起始、仲裁段、控制段和数据段。

（6）ACK段（Acknowledge Field）

ACK段是用于确认接收是否正常的段，它由ACK槽（ACK Slot）和ACK界定符（用于分隔）构成，长度为2bit。

（7）帧结束（End of Frame）

帧结束（EOF）用于表示数据帧的结束，它由7bit的隐性位构成。

### 3. 遥控帧

遥控帧的构成如图3-5所示。

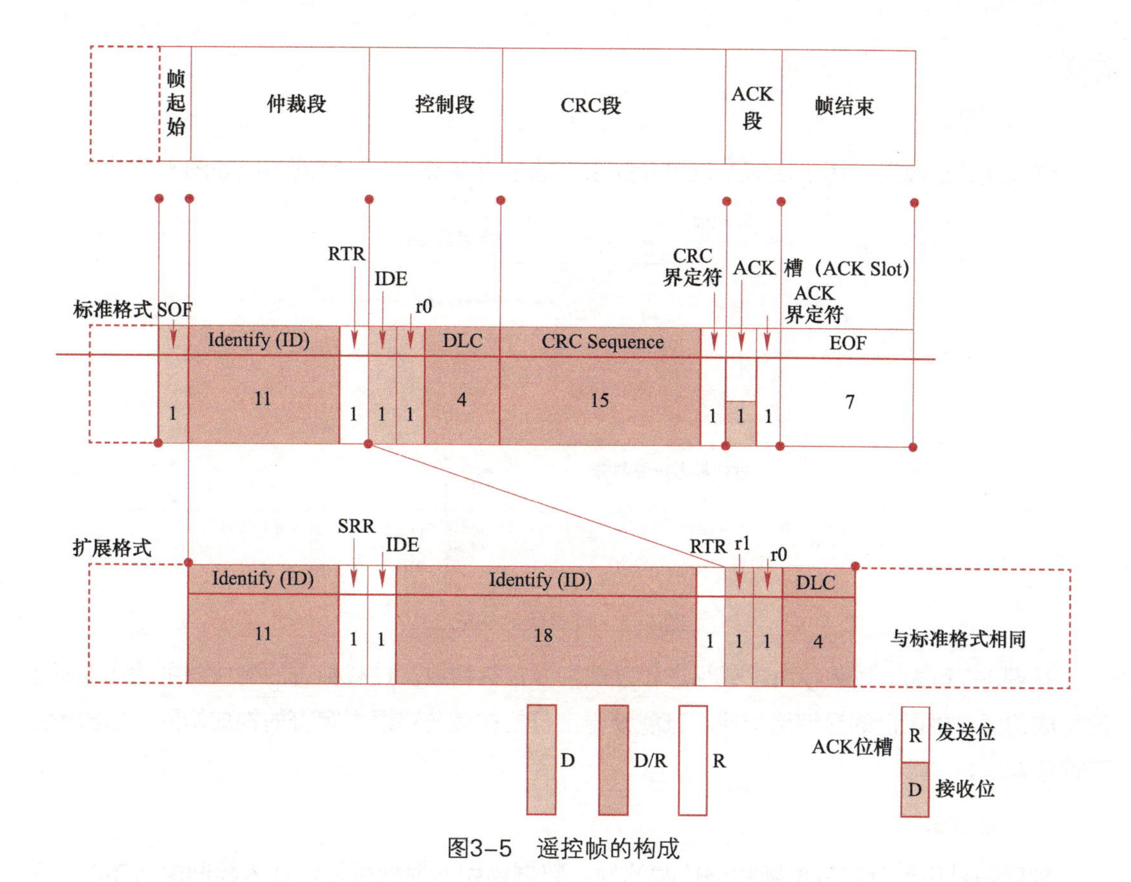


图3-5　遥控帧的构成

从图3-5中可以看到，遥控帧与数据帧相比，除了没有数据段之外，其他段的构成均与数据帧完全相同。如前所述，RTR位的极性指明了该帧是数据帧还是遥控帧，遥控帧中的RTR位为“隐性电平”。

### 4．错误帧

错误帧用于在接收和发送消息时检测出错误并通知错误，它的构成如图3-6所示。

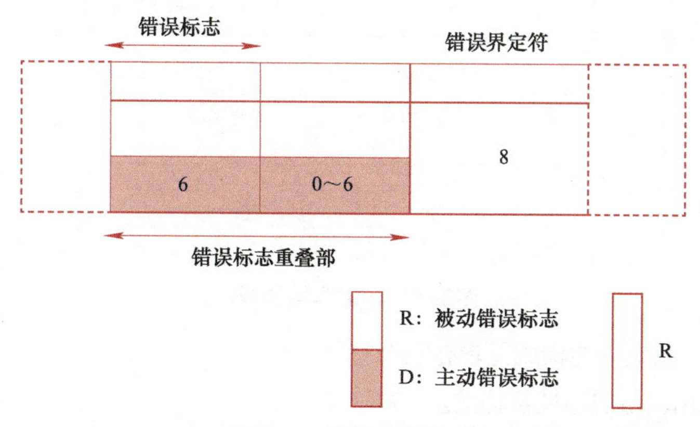


图3-6　错误帧的构成

从图3-6可知，错误帧由错误标志和错误界定符构成。错误标志包括主动错误标志和被动错误标志，前者由6bit的显性位构成，后者由6bit的隐性位构成。错误界定符由8bit的隐性位构成。

5. 过载帧

过载帧是接收单元用于通知发送单元尚未完成接收准备的帧，它的构成如图3-7所示。

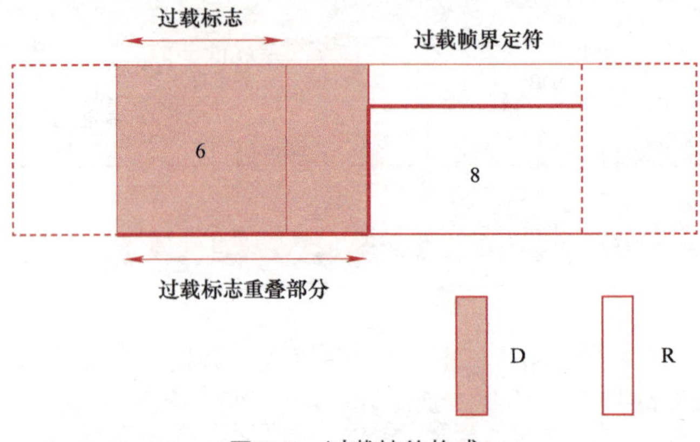


图3-7　过载帧的构成

从图3-7可知，过载帧由过载标志和过载帧界定符构成。过载标志的构成与主动错误标志的构成相同，由6bit的显性位构成。过载帧界定符的构成与错误界定符的构成相同，由8bit的隐性位构成。

6. 帧间隔

帧间隔是用于分隔数据帧和遥控帧的帧。数据帧和遥控帧可通过插入帧间隔将本帧与前面的任何帧（数据帧、遥控帧、错误帧或过载帧等）隔开，但错误帧和过载帧前不允许插入帧间隔。帧间隔的构成如图3-8所示。

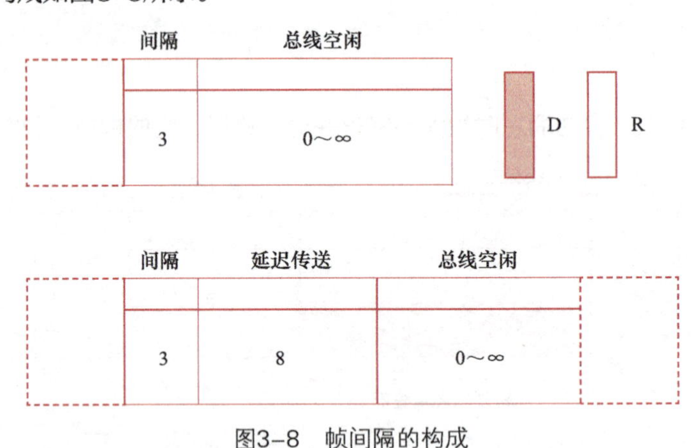


图3-8　帧间隔的构成

如图3-8所示，帧间隔的构成元素有三个：

一是间隔，它由3bit的隐性位构成。

二是总线空闲，它由隐性电平构成，且无长度限制。注意：只有在总线处于空闲状态下，要发送的单元才可以开始访问总线。

三是延迟传送，它由8bit的隐性位构成。

## 3.1.7 CAN优先级与位时序

### 1. CAN优先级仲裁

CAN总线上可以挂载多个CAN控制器单元，每个单元都可以作为主机进行数据的发送与接收。CAN技术规范规定在总线空闲的时候仅有一个单元可以占有总线并发送数据。但如果有多个单元同时准备发送数据，它们检测信道为空闲后在同一时刻将数据发送出来，这就产生了发送冲撞。

为了解决上述数据发送的冲撞问题，CAN技术规范提出了优先级的概念。数据帧与遥控帧中的仲裁段即标明了帧的优先级。在多个单元同时发送数据时，优先级较高的帧先发，低优先级的帧则等待CAN总线再次空闲后发送。

CAN技术规范规定“显性电平（逻辑0）”的优先级高于“隐性电平（逻辑1）”。CAN通信的帧优先级是根据仲裁段的信号物理特性来判定的。多个单元同时发送数据时，CAN总线对通信帧进行仲裁，从仲裁段的第一位开始，连续输出显性电平最多的单元可继续发送。若某个单元仲裁失利，则从下一个位开始转为接收状态。

图3-9展示了具有相同标识符ID的数据帧与遥控帧的仲裁过程。

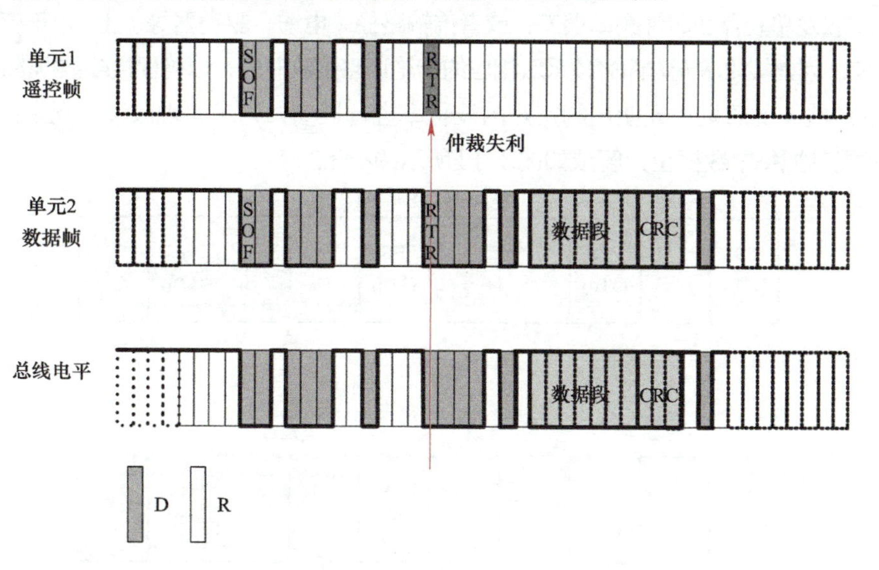


图3-9 数据帧与遥控帧的仲裁过程

从图3-9可知，具有相同标识符ID的数据帧与遥控帧在CAN总线上竞争时，由于数据帧仲裁段的最后一位（RTR）为显性电平，而遥控帧中相应的位为隐性电平，因此数据帧具有优先权，可继续发送。

图3-10展示了具有相同标识符ID的标准数据帧与扩展数据帧的仲裁过程。

从图3-10可知，具有相同标识符ID的标准数据帧与扩展数据帧在总线上竞争时，标准数据帧的RTR位为显性电平，而扩展数据帧中相同位置的SRR位为隐性电平，因此标准数据帧具有优先权，可继续发送。

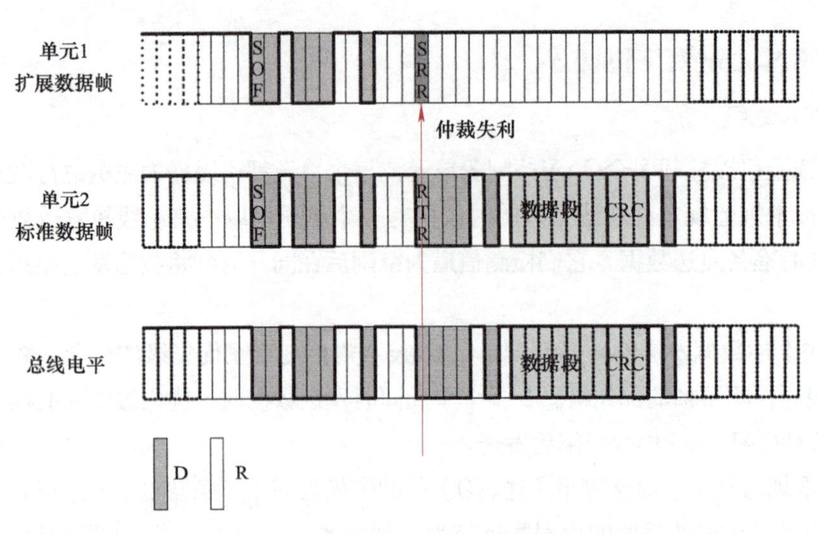


图3-10　标准数据帧与扩展数据帧的仲裁过程

## 2. 位时序

CAN通信属于异步通信，收发单元之间没有同步信号。发送单元与接收单元之间无法做到完全同步，即收发单元存在时钟频率误差，或者传输路径（电缆、驱动器等）上的相位延迟也会引起同步误差。因此接收单元方面必须采取相应的措施调整接收时序，以确保接收数据的准确性。

CAN总线上的收发单元使用约定好的波特率进行通信，为了实现收发单元之间的同步，CAN技术规范把每个数据位分解成如图3-11所示的4段。

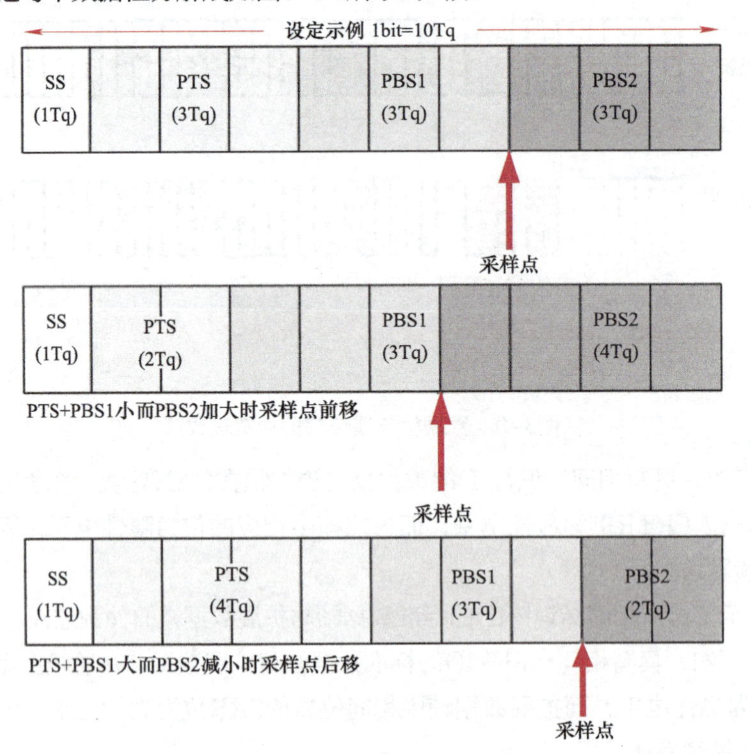


图3-11　数据位的构成与采样

从图3-11可知，每个数据位由SS段、PTS段、PBS1段和PBS2段构成，每个段又由若干个被称为“Time Quantum（简称Tq）”的最小时间片构成。最小时间片长度的计算方法将在后文中给出。

1）SS段：同步段（Synchronization Segment），它用于收发单元之间的时序同步。若接收单元检测到总线上的信号跳变沿包含在SS段内，则表示接收单元当前的时序与CAN总线是同步的。SS段的长度固定为1Tq。

2）PTS段：传播时间段（Propagation Time Segment），它用于吸收网络上的物理延迟，即发送单元的输出延迟、信号传播延迟、接收单元的输入延迟等。PTS段的时间长度为上述延迟时间之和的两倍以上，一般为1～8Tq。

3）PBS1段：相位缓冲段1（Phase Buffer Segment 1），它和PBS2段一起用于补偿收发单元由于时钟不同步引起的误差，通过加长PBS1段的时间来吸收误差。PBS1段的时间长度一般为1～8Tq。

4）PBS2段：相位缓冲段2（Phase Buffer Segment 2），它和PBS1段一起用于补偿收发单元由于时钟不同步引起的误差，通过缩短PBS2段的时间来吸收误差。PBS2段的时间长度为2～8Tq。

上述介绍中提到了通过“加长PBS1段”或“缩短PBS2段”补偿收发单元之间的传输误差，而CAN技术规范规定了误差补偿的最大值，人们将其称为“再同步补偿宽度SJW（reSynchronization Jump Width）”。SJW的时间长度范围是1～4Tq。在实际应用中，调整PBS1段和PBS2段的时间长度不可超过SJW。

另外，从图3-11中可以看到，数据位的“采样点”位于PBS1段与PBS2段的交界处。PBS1段与PBS2段的时间长度是可变的，因此“采样点”的位置也是可偏移的。当接收单元的时序与总线时序同步后，即可确保在“采样点”上采集到的电平为该位的准确电平。

# 3.2 CAN控制器与收发器

## 3.2.1 CAN节点的硬件构成

在学习CAN控制器与收发器之前，先看一下CAN总线上单个节点的硬件架构，如图3-12所示。

从图3-12中可以看到，CAN总线上单个节点的硬件架构有两种方案：

第一种硬件架构由MCU、CAN控制器和CAN收发器组成。这种方案采用了独立的CAN控制器，优点是程序可以方便地移植到其他使用相同CAN控制器芯片的系统，缺点是需要占用MCU的I/O资源且硬件电路更复杂一些。

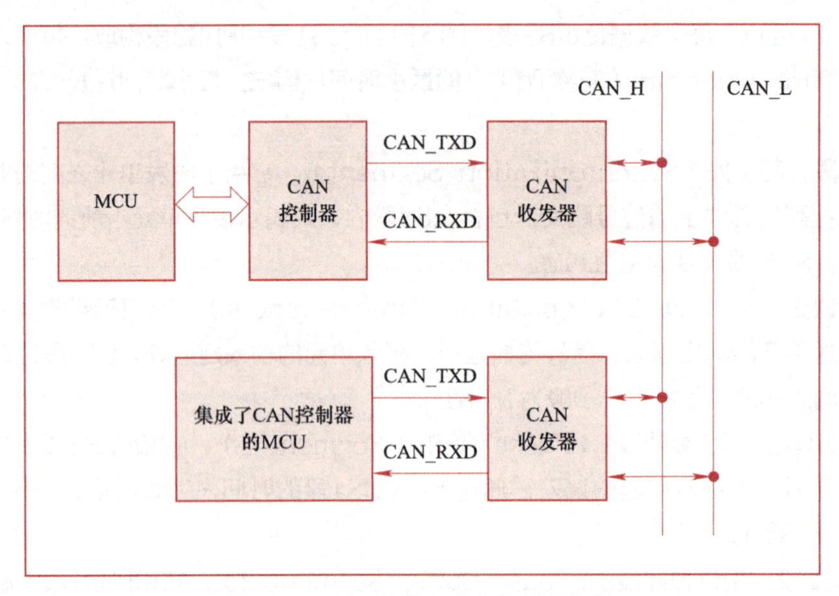


图3-12　CAN总线上节点的硬件架构

第二种硬件架构由集成了CAN控制器的MCU和CAN收发器组成。这种方案优点是硬件电路简单，缺点是用户编写的CAN驱动程序只适用某个系列的MCU（如，ST公司的STM32F103、TI的TMS320LF2407等），可移植性较差。

## 3.2.2　CAN控制器

CAN控制器是一种实现“报文”与“符合CAN规范的通信帧”之间相互转换的器件，它与CAN收发器相连，以便在CAN总线上与其他节点交换信息。

### 1．CAN控制器的分类

CAN控制器主要分为两类：一类是独立的控制器芯片，如，NXP半导体的MCP2515、SJA1000等；另一类与微控制器集成在一起，如，NXP半导体的P87C591和LPC11Cxx系列微控制器，ST公司的STM32F103系列和STM32F407系列等。

### 2．CAN控制器的工作原理

CAN控制器内部的结构示意图如图3-13所示。

（1）接口管理逻辑

接口管理逻辑用于连接微控制器，解释微控制器发送的命令，控制CAN控制器寄存器的寻址，并向微控制器提供中断信息和状态信息。

（2）CAN核心模块

接收数据时，CAN核心模块用于将接收到的报文由串行流转换为并行数据。发送数据时则相反。

（3）发送缓冲器

发送缓冲器用于存储完整的报文。需要发送数据时，CAN核心模块从发送缓冲器中读取

CAN报文。

（4）接收滤波器

接收滤波器用于过滤掉无需接收的报文。

（5）接收FIFO

接收FIFO是接收滤波器与微控制器之间的接口，用于存储从CAN总线上接收的所有报文。

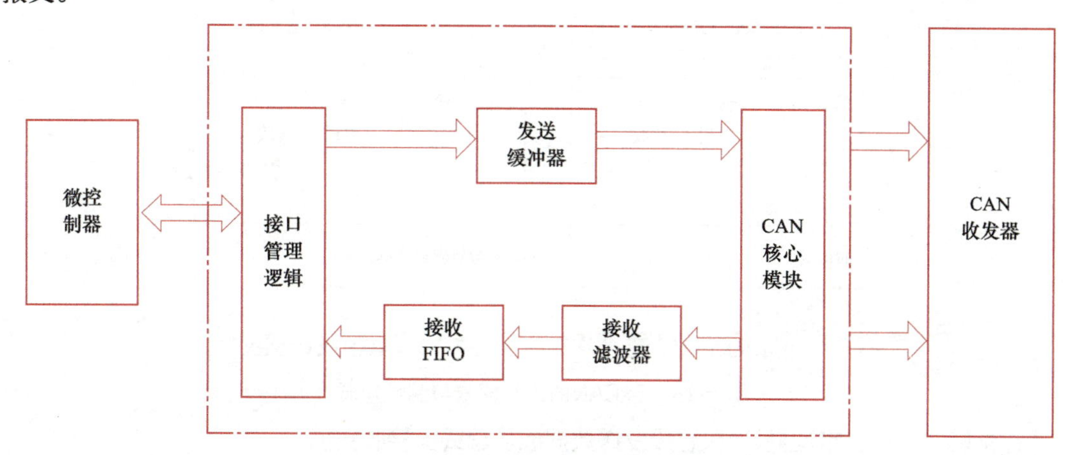


图3-13　CAN控制器结构示意图

### 3．STM32F1系列MCU的CAN控制器介绍

STM32F1系列微控制器内部集成了CAN控制器，名为BxCAN（Basic Extended CAN）。

（1）BxCAN的主要特性

BxCAN支持CAN技术规范V2.0A和V2.0B，通信比特率高达1Mbit/s，支持时间触发通信方案。

数据发送相关的特性有：BxCAN含三个发送邮箱，其发送优先级可配置，帧起始段支持发送时间戳。

在数据接收方面的特性有：BxCAN含两个具有三级深度的接收FIFO，其上溢参数可配置，并具有可调整的筛选器组，帧起始段支持接收时间戳。

（2）BxCAN的工作模式与测试模式

BxCAN有三种主要的工作模式：初始化、正常和睡眠。硬件复位后，BxCAN进入睡眠模式以降低功耗。当硬件处于初始化模式时，可以进行软件初始化操作。一旦初始化完成，软件必须向硬件请求进入正常模式，这样才能在CAN总线上进行同步，并开始接收和发送。

同时为了方便用户调试，BxCAN提供了测试模式，包括静默、环回与静默环回组合。用户通过配置位时序寄存器CAN_BTR的“SILM”与“LBKM”位段可以控制BxCAN在正常模式与三种测试模式之间进行切换。各种模式的工作示意图如图3-14所示。

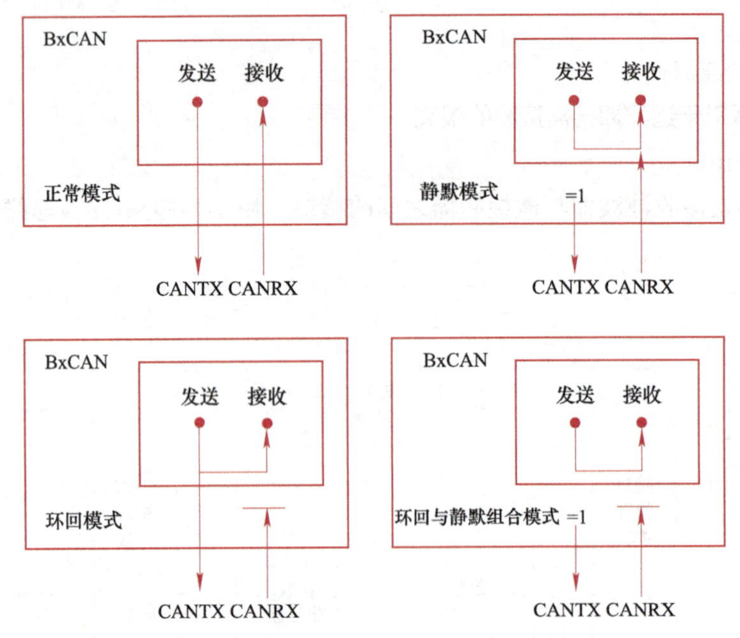


图3-14　BxCAN的正常模式与测试模式

正常模式：可正常地向CAN总线发送数据或从总线上接收数据。

静默模式：只能向CAN总线发送数据1（隐性电平），不能发送数据0（显性电平），但可以正常地从总线上接收数据。由于这种模式发送的隐性电平不会影响总线的电平状态，故称为静默模式。

环回模式：向CAN总线发送的所有内容会同时直接传到接收端，但无法接收总线上的任何数据。这种模式一般用于自检。

环回与静默组合模式：这种模式是静默模式与环回模式的组合，同时具有两种模式的特点。

（3）BxCAN的组成

STM32F1系列MCU的BxCAN有两组CAN控制器：CAN1（主）和CAN2（从），它的组成框图如图3-15所示。

从图3-15中可以看到，BxCAN主要由CAN控制核心、CAN发送邮箱、CAN接收FIFO和筛选器构成。

1）CAN控制核心。

CAN控制核心包括CAN 2.0B主动内核与各种控制、状态和配置寄存器，应用程序使用这些寄存器可完成以下操作：

- 配置CAN参数，如：波特率等；
- 请求发送；
- 处理接收；
- 管理中断；
- 获取诊断信息。

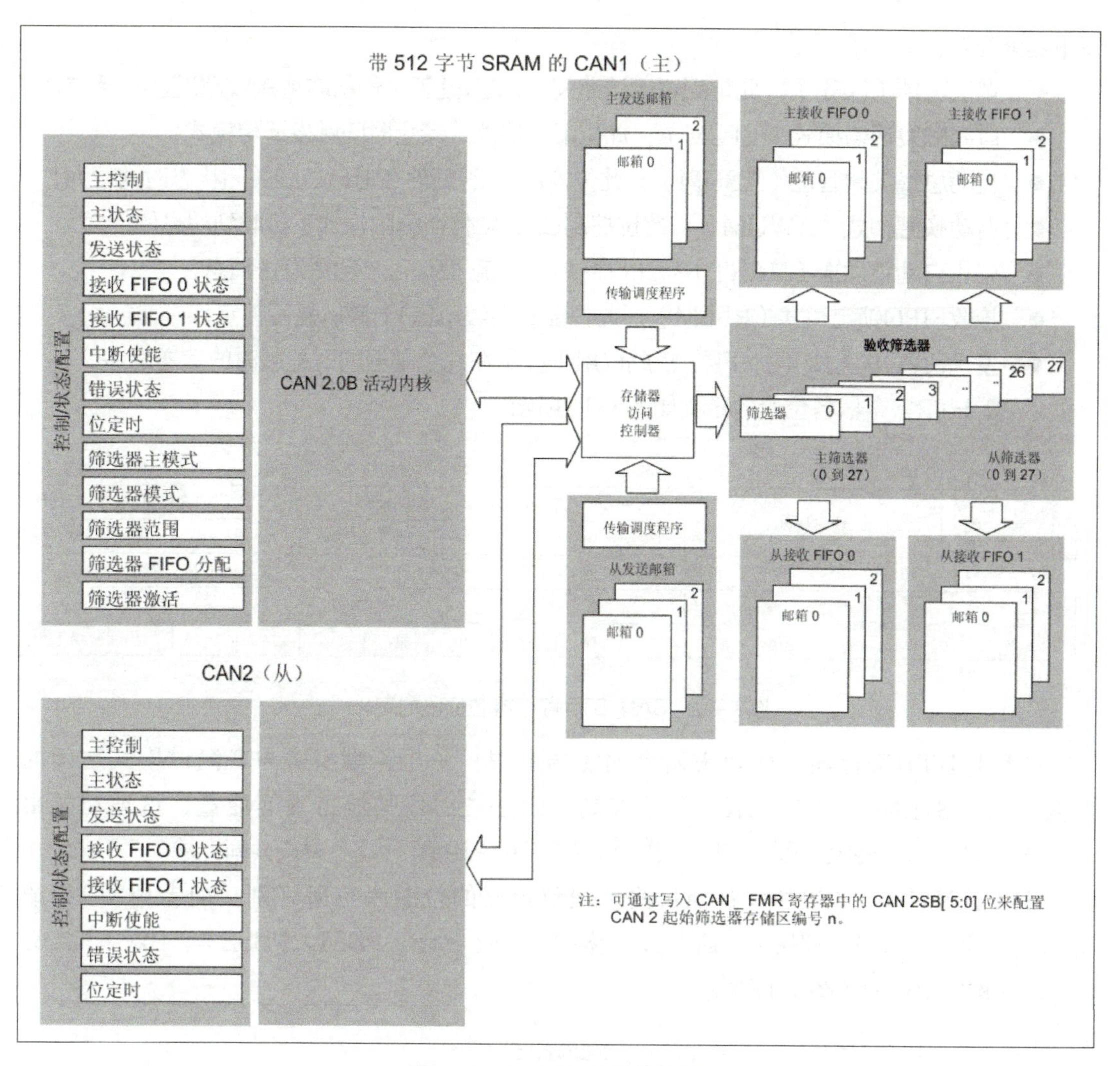


图3-15　BxCAN的组成框图

在CAN控制核心所有的寄存器中，CAN主控制寄存器（CAN Master Control Register，CAN_MCR）与CAN位时序寄存器（CAN Bit Timing Register，CAN_BTR）是比较重要的两个寄存器。接下来分别对它们进行介绍。

CAN_MCR寄存器各位段的定义如图3-16所示。

| 31 | 30 | 29 | 28 | 27 | 26 | 25 | 24 | 23 | 22 | 21 | 20 | 19 | 18 | 17 | 16 |
|---|---|---|---|---|---|---|---|---|---|---|---|---|---|---|---|
| Reserved | | | | | | | | | | | | | | | DBF |
| | | | | | | | | | | | | | | | rw |

| 15 | 14 | 13 | 12 | 11 | 10 | 9 | 8 | 7 | 6 | 5 | 4 | 3 | 2 | 1 | 0 |
|---|---|---|---|---|---|---|---|---|---|---|---|---|---|---|---|
| RESET | Reserved | | | | | | | TTCM | ABOM | AWUM | NART | RFLM | TXFP | SLEEP | INRQ |
| rs | | | | | | | | rw | rw | rw | rw | rw | rw | rw | rw |

图3-16　CAN_MCR寄存器各位段的定义

从图3-16中可以看到，CAN_MCR寄存器负责BxCAN的工作模式的配置，它主要完成以下功能配置：

- 调试冻结（DBF）：此位配置调试期间，CAN处于工作状态或接收/发送冻结状态；
- 时间触发通信模式（TTCM）：此位配置使能或禁止时间触发通信模式；
- 自动总线关闭管理（ABOM）：此位控制CAN硬件在退出总线关闭状态时的行为；
- 自动唤醒模式（AWUM）：此位控制CAN硬件在睡眠模式下接收到消息的行为；
- 禁止自动重发送（NART）：此位控制CAN硬件是否自动重发送消息；
- 接收FIFO锁定模式（RFLM）：此位配置接收FIFO上溢后是否锁定；
- 发送FIFO优先级（TXFP）：此位用于控制在几个邮箱同时挂起时的发送顺序。

CAN_BTR寄存器各位段的定义如图3-17所示。

| 31 | 30 | 29 | 28 | 27 | 26 | 25 | 24 | 23 | 22 | 21 | 20 | 19 | 18 | 17 | 16 |
|---|---|---|---|---|---|---|---|---|---|---|---|---|---|---|---|
| SILM | LBKM | Reserved | | | | SJW[1:0] | | Res. | TS2[2:0] | | | TS1[3:0] | | | |
| rw | rw | | | | | rw | rw | | rw | rw | rw | rw | rw | rw | rw |
| **15** | **14** | **13** | **12** | **11** | **10** | **9** | **8** | **7** | **6** | **5** | **4** | **3** | **2** | **1** | **0** |
| Reserved | | | | | | BRP[9:0] | | | | | | | | | |
| | | | | | | rw | rw | rw | rw | rw | rw | rw | rw | rw | rw |

图3-17　CAN_BTR寄存器各位段的定义

CAN_BTR寄存器主要负责两个功能的配置：一是正常模式与各测试模式之间的切换，由“SILM”与“LBKM”位控制；二是位时序与波特率的配置，这项功能由“SJW [1:0]”“TS2 [2:0]”“TS1 [3:0]”和“BRP [9:0]”几个位段共同完成。

BxCAN定义的位时序与CAN技术规范定义的位时序有所区别：前者由3段构成（SYNC_SEG、BS1、BS2），后者由4段构成（SS、PTS、PBS1、PBS2）。BxCAN定义的位时序构成示意图如图3-18所示。

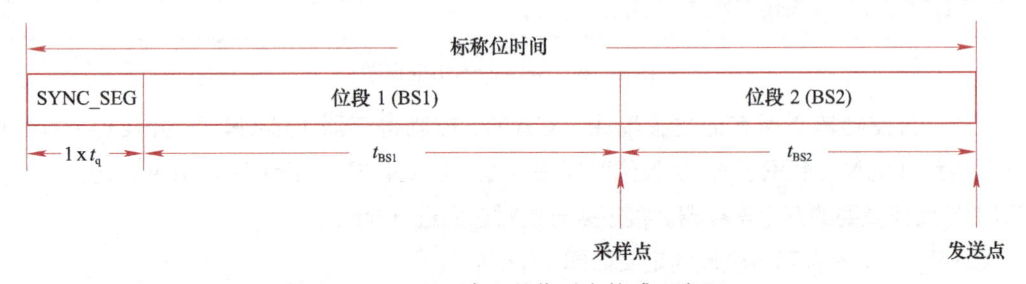


图3-18　BxCAN定义的位时序构成示意图

从图3-18中可以看到，BxCAN定义的位时序由三段构成：

- 同步段（SYNC_SEG）：对应CAN技术规范位时序的同步段（SS），占用一个时间片长度；
- 位段1（BS1）：对应CAN标准位时序的传播时间段（PTS）和相位缓冲段1（PBS1），其持续长度可以在1～16个时间片之间调整，可自动加长以补偿不同网络节点的频率差异所导致的正相位漂移；
- 位段2（BS2）：对应CAN标准位时序的相位缓冲段2（PBS2），其持续长度可以在

1～8个时间片之间调整，可自动缩短以补偿负相位漂移。

BxCAN的波特率配置步骤与计算过程如下：

① 计算BS1段的时间：$t_{BS1}=t_q\times(TS1[3:0]+1)$。

② 计算BS2段的时间：$t_{BS2}=t_q\times(TS2[2:0]+1)$。

③ 计算一个数据位的时间：$t_{1bit}=1t_q+t_{BS1}+t_{BS2}=Nt_q$。

④ 计算一个时间片长度：$t_q=t_{PCLK}\times(BRP[9:0]+1)$。

⑤ 计算BxCAN的波特率：$BaudRate=\frac{1}{Nt_q}$ $(N=1+TS1[3:0]+TS2[2:0])$。

注：PCLK为APB1总线的时钟频率，对于STM32F103微控制器来说，其值默认为36MHz。

表3-5以一个具体的BxCAN波特率配置实例（波特率配置为512kbit/s）解析了上述配置步骤与计算过程。

表3-5 BxCAN波特率配置实例

| 步骤 | 参数 | 说明与计算过程 |
|---|---|---|
| 1 | 同步段（SYNC_SEG） | 时间长度固定为$1t_q$ |
| 2 | 位段1（BS1） | 将CAN_BTR寄存器的TS1[3:0]配置为8<br>配置BS1段的时间长度为$8t_q$ |
| 3 | 位段2（BS2） | 将CAN_BTR寄存器的TS2[2:0]配置为3<br>配置BS2段的时间长度为$3t_q$ |
| 4 | $t_{PCLK}$ | $t_{PCLK}=\frac{1}{36M}s=\frac{1}{36}ms$ |
| 5 | BxCAN时钟分频系数 | 将CAN_BTR寄存器的BRP[9:0]配置为5<br>配置BxCAN时钟的分频系数为6 |
| 6 | 时间片长度 | $t_q=t_{PCLK}\times(BRP[9:0]+1)=\frac{1}{6}ms$ |
| 7 | 一个数据位时间长度 | $t_{1bit}=1t_q+t_{BS1}+t_{BS2}=12t_q=2ms$ |
| 8 | BxCAN的波特率 | $Baudrate=\frac{1}{Nt_q}=\frac{1}{12\times t_q}=0.5Mbit/s=512kbit/s$ |

2）CAN发送邮箱。

BxCAN有3个发送邮箱，可缓存3个待发送的报文，并由发送调度程序决定先发送哪个邮箱的内容。

每个发送邮箱都包含4个与数据发送功能相关的寄存器，它们的具体名称与功能如下。

- 标识符寄存器（CAN_TIxR）：用于存储待发送报文的标准ID、扩展ID等信息；
- 数据长度控制寄存器（CAN_TDTxR）：用于存储待发送报文的数据长度DLC段信息；
- 低位数据寄存器（CAN_TDLxR）：用于存储待发送报文数据段的低4个字节内容；
- 高位数据寄存器（CAN_TDHxR）：用于存储待发送报文数据段的高4个字节内容。

用户使用STM32F1标准外设库编写BxCAN数据发送函数时，先将报文的各段内容分离出，然后分别存入相应的寄存器中，最后使能发送即可将数据通过CAN总线发送出去。

3）CAN接收FIFO。

BxCAN有两个接收FIFO，分别具有3级深度。即每个FIFO中有3个接收邮箱，共可缓存6个接收到的报文。为了节约CPU负载、简化软件设计并保证数据的一致性，FIFO完全由硬件进行管理。接收到报文时，FIFO的报文计数器自增。反之，FIFO中缓存的数据被取走后报文计数器自减。应用程序通过查询CAN接收FIFO寄存器（CAN_RFxR）可以获知当前FIFO中挂起的消息数。

根据CAN主控制寄存器CAN_MCR的相关介绍，用户配置该寄存器的“RFLM”位可以控制接收FIFO上溢后是否锁定。FIFO工作在锁定模式时，溢出后会丢弃新报文。反之，在非锁定模式下，FIFO溢出后新报文将覆盖旧报文。

与发送邮箱类似，每个接收FIFO也包含4个与数据接收功能相关的寄存器，它们的具体名称和功能如下。

- 标识符寄存器（CAN_RIxR）：用于存储接收报文的标准ID、扩展ID等信息；
- 数据长度控制寄存器（CAN_RDTxR）：用于存储接收报文的数据长度DLC段信息；
- 低位数据寄存器（CAN_RDLxR）：用于存储接收报文数据段的低4B的内容；
- 高位数据寄存器（CAN_RDHxR）：用于存储接收报文数据段的高4B的内容。

4）筛选器。

根据CAN技术规范，报文消息的标识符ID与节点地址无关，它是消息内容的一部分。在CAN总线上，发送单元将消息广播给所有接收单元，接收单元根据标识符ID的值来判断是否需要该消息。若需要则存储该消息，反之则丢弃该消息。接收单元方面的整个流程应在无软件干预的情况下完成。

为了满足这一要求，STM32F103系列微控制器的BxCAN为应用程序提供了14个可配置可调整的硬件筛选器组（编号0～13），进而节省软件筛选所需的CPU资源。每个筛选器组包含两个32位寄存器，分别是CAN_FxR0和CAN_FxR1。

筛选器参数配置涉及的寄存器有：CAN筛选器主寄存器（CAN_FMR）、模式寄存器（CAN_FM1R）、尺度寄存器（CAN_FS1R）、FIFO分配寄存器（CAN_FFA1R）和激活寄存器（CAN_FA1R）。在使用过程中，需要对筛选器作以下配置。

一是配置筛选器的模式（Filter Mode）。用户通过配置模式寄存器（CAN_FM1R）可将筛选器配置成“标识符掩码”模式或“标识符列表”模式。

标识符掩码模式将允许接收的报文标识符ID的某几位作为掩码。筛选时，只需将掩码与待收报文的标识符ID中相应的位进行比较，若相同则接收该报文。标识符掩码模式也可以理解成“关键字搜索”。

标识符列表模式将所有允许接收的报文标识符ID制作成一个列表。筛选时，如果待收报文的标识符ID与列表中的某一项完全相同，则筛选器接收该报文。标识符列表模式也可以理解成“白名单管理”。

二是配置筛选器的尺度（Filter Scale Configuration）。用户通过配置尺度寄存器（CAN_FS1R）可将筛选器尺度配置为“双16位”或“单32位”。

三是配置筛选器的FIFO关联情况（FIFO Assignment for Filter x）。用户通过配置FIFO分配寄存器（CAN_FFA1R）可将筛选器与“FIFO0”或“FIFO1”相关联。

不同的筛选器模式与尺度的组合构成了4种筛选器工作状态，如图3-19所示。

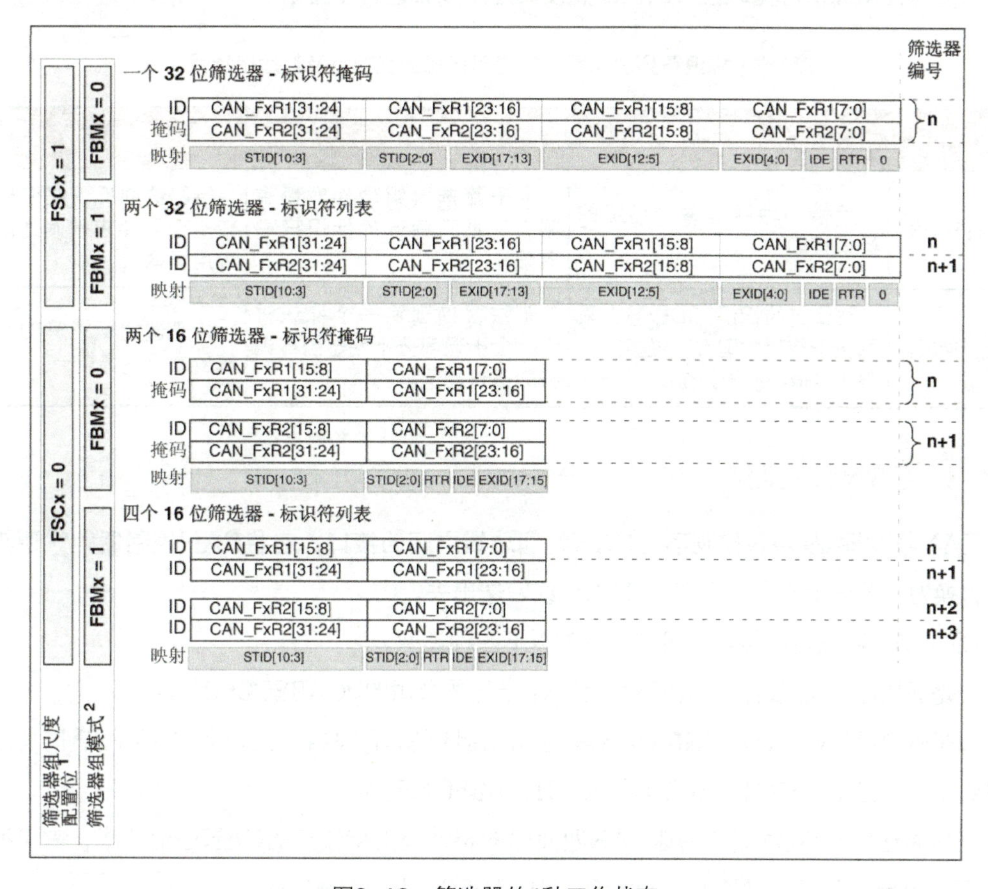


图3-19　筛选器的4种工作状态

图3-19中的“x”代表筛选器组编号，“ID”代表标识符。

筛选器的4种工作状态说明见表3-6。

表3-6　筛选器的4种工作状态说明

| 序号 | 工作状态 | 模式 | 尺度 | 说明 |
|---|---|---|---|---|
| 1 | 一个32位筛选器 | 标识符掩码 | 32位 | CAN_FxR1存储ID，CAN_FxR2存储掩码，两个寄存器表示1组待筛选的ID与掩码。可适用于标准ID和扩展ID |
| 2 | 两个32位筛选器 | 标识符列表 | 32位 | CAN_FxR1和CAN_FxR2各存储1个ID，两个寄存器表示两个待筛选的位ID。可适用于标准ID和扩展ID |
| 3 | 两个16位筛选器 | 标识符掩码 | 16位 | CAN_FxR1高16位存储ID，低16位存储相应的掩码，CAN_FxR2高16位存储ID，低16位存储相应掩码，两个寄存器表示两组待筛选的16位ID与掩码。只适用于标准ID |
| 4 | 四个16位筛选器 | 标识符列表 | 16位 | CAN_FxR1存储两个ID，CAN_FxR2存储两个ID，两个寄存器表示4个待筛选的16位ID。只适用于标准ID |

根据ISO 11898标准定义，标准ID的长度为11位，扩展ID的长度为29位，因此筛选器的16位尺度只能适用于标准ID的筛选，32位尺度则可适用于标准ID或扩展ID的筛选。表3-7对标识符列表和标识符掩码模式的优缺点及其适用场景进行了分析。

表3-7　标识符列表和标识符掩码模式的优缺点及其适用场景

| 筛选器模式 | 优点 | 缺点 | 适用场景 |
|---|---|---|---|
| 标识符列表 | 可精确地筛选每个指定的标识符ID | 由于筛选器组硬件数量有限，因此可筛选的标识符ID有限 | 待筛选的标识符ID数量较少，且要求精确适配的应用场景 |
| 标识符掩码 | 可筛选的标识符ID数量上限取决于掩码的配置，最多无上限（当掩码配置为全0时） | 无法精确到每一个标识符ID，会出现部分不期望的标识符ID通过筛选器的情况 | 待筛选的标识符ID数量较多的应用场景 |

## 3.2.3　CAN收发器

CAN收发器是CAN控制器与CAN物理总线之间的接口，它将CAN控制器的“逻辑电平”转换为“差分电平”，并通过CAN总线发送出去。

根据CAN收发器的特性，可将其分为以下四种类型。

一是通用CAN收发器，常见型号有NXP半导体公司的PCA82C250芯片。

二是隔离CAN收发器。隔离CAN收发器的特性是具有隔离、ESD保护及TVS管防总线过压的功能，常见型号有CTM1050系列、CTM8250系列等。

三是高速CAN收发器。高速CAN收发器的特性是支持较高的CAN通信速率，常见型号有：NXP半导体公司的SN65HVD230、TJA1050、TJA1040等。

四是容错CAN收发器。容错CAN收发器可以在总线出现破损或短路的情况下保持正常运行，对于易出故障领域的应用具有至关重要的意义，常见型号有NXP半导体公司的TJA1054、TJA1055等。

接下来以NXP半导体公司的SN65HVD230为例，讲解CAN收发器芯片的工作原理与典型应用电路。图3-20展示了基于CAN总线的多机通信系统接线图。

在图3-20中，电阻$R_{14}$与$R_{15}$为终端匹配电阻，其阻值为120Ω。SN65HVD230芯片的封装类型是SOP-8，RXD与TXD分别为数据接收与发送引脚，它们用于连接CAN控制器的数据收发端。CAN_H、CAN_L两端用于连接CAN总线上的其他设备，所有设备以并联的形式接在CAN总线上。

目前市面上各个半导体公司生产的CAN收发器芯片的引脚分布情况几乎相同，具体的引脚功能描述见表3-8。

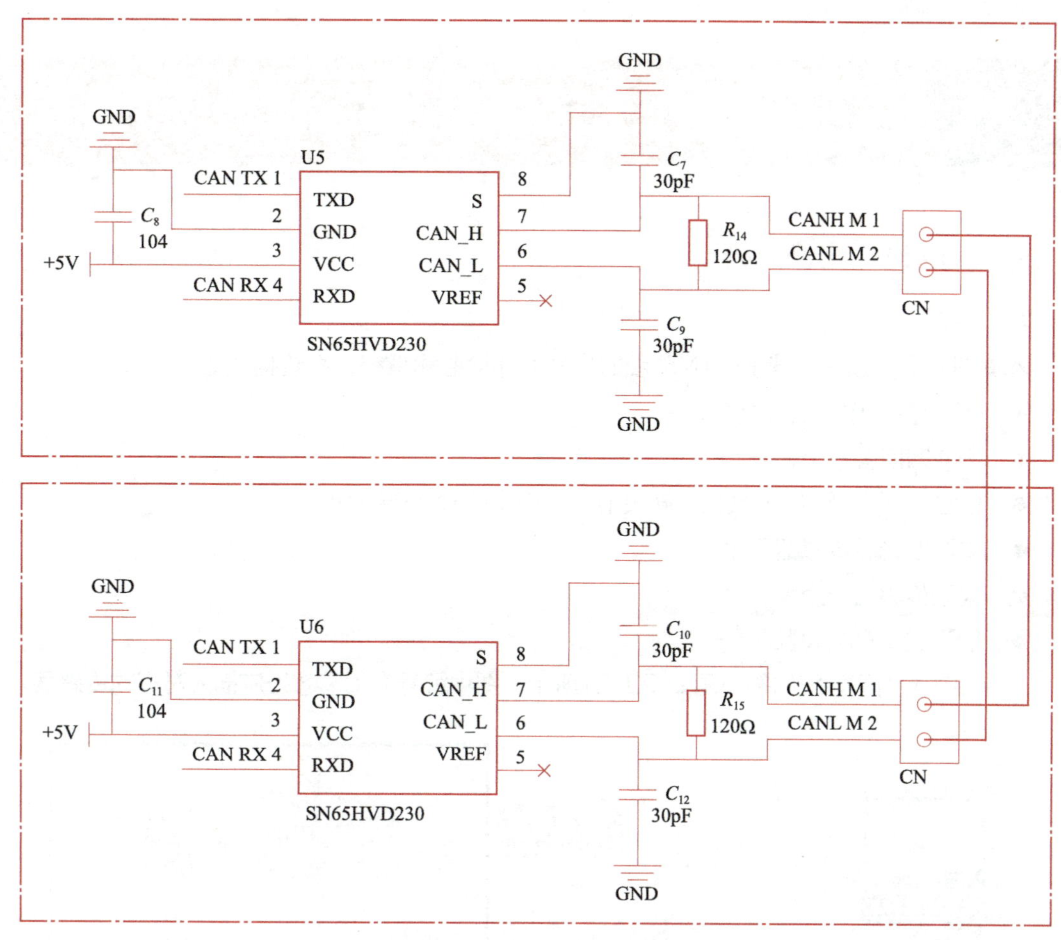


图3-20　基于CAN总线的多机通信系统接线图

表3-8　CAN收发器芯片的引脚功能描述

| 引脚编号 | 名称 | 功能描述 |
|---|---|---|
| 1 | TXD | CAN发送数据输入端（来自CAN控制器） |
| 2 | GND | 接地 |
| 3 | VCC | 接3.3V供电 |
| 4 | RXD | CAN接收数据输出端（发往CAN控制器） |
| 5 | S | 模式选择引脚<br>拉低接地：高速模式<br>拉高接VCC：低功耗模式<br>10kΩ至100kΩ拉低接地：斜率控制模式 |
| 6 | CAN_H | CAN总线高电平线 |
| 7 | CAN_L | CAN总线低电平线 |
| 8 | VREF | VCC/2参考电压输出引脚，一般留空 |

# 3.3 应用案例：生产线环境监测系统的构建

## 3.3.1 任务1 案例分析

### 1. 系统构成

本案例要求搭建一个基于CAN总线的生产线环境监测系统，系统构成如下：

- PC一台（作为上位机）；
- 物联网网关一个；
- CAN节点三个（一个CAN网关节点、两个CAN终端节点）；
- 温湿度光敏传感器两个；
- 火焰传感器一个；
- USB接口CAN调试器一个。

生产线环境监测系统的拓扑图如图3-21所示，图中编号为①②③处应插入对应的传感器。

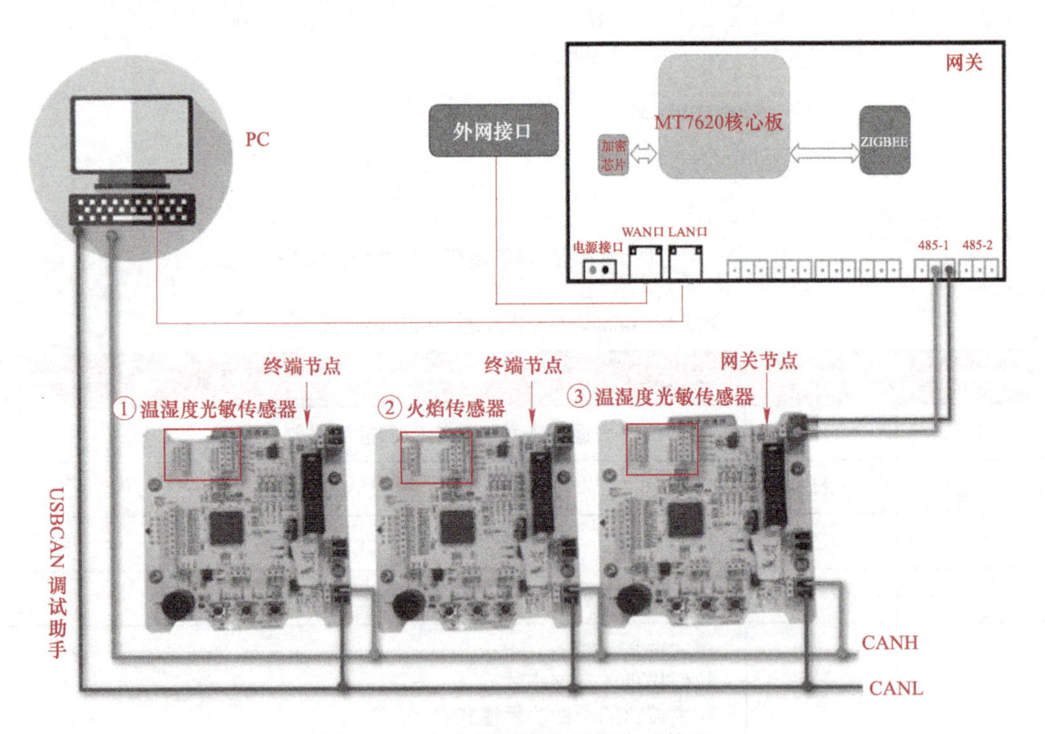


图3-21 生产线环境监测系统拓扑图

### 2. 系统数据通信协议分析

（1）CAN网络数据帧

本案例的CAN通信采用标准格式的数据帧，其格式可参考图3-4，主要内容见表3-9。

表3-9　标准格式数据帧的构成

| 段类型 | 帧ID | 帧类型RTR | 标识符ID类型IDE | 保留位 | 数据长度DLC | 数据段Data[8] |
|---|---|---|---|---|---|---|
| 长度 | 11 bit（标准帧） | 1 bit | 1 bit | 1 bit | 4 bit | 8 Byte |
| 内容 | 标准帧ID | 0：数据帧<br>1：远程帧 | 0：标准帧<br>1：扩展帧 | r0 | DLC | Data |
| 举例 | 0x12 | 0 | 0 | 0 | 0x08 | Data[0]～Data[7] |

（2）通过RS-485网络上报网关的数据帧

网关节点需要通过RS-485网络将采集到的传感器数据上报至物联网网关。根据本案例的需求制订数据帧格式，见表3-10。

表3-10　RS-485网络数据帧格式

| 组成部分 | 帧起始符（START） | 地址域（ADDR0） | 地址域（ADDR1） | 命令码域（CMD） | 数据长度域（LEN） | 传感器类型（TYPE） | 数据域（DATA） | 校验码域（CS） |
|---|---|---|---|---|---|---|---|---|
| 长度 | 1 Byte | 1 Byte | 1 Byte | 1 Byte | 1 Byte | 1 Byte | 2 Bytes | 1 Byte |
| 内容 | 固定为0xDD | DstAddr | DstAddr | 见本表格说明 | Length | 见本表格说明 | Data | CheckSum |
| 举例 | 0xDD | 0x34 | 0x12 | 0x01 | 0x09 | 0x01 | 0x18<br>0x40 | 0x86 |

对表3-10各字段说明如下：

- 帧起始符：固定为0xDD；
- 地址域：为发送节点的地址，低位在前，高位在后，如地址为0x3412则ADDR0=34 ADDR1=12；
- 命令码域：0x01代表上报CAN总线网络的数据，0x02代表上报RS-485总线网络的数据；
- 数据长度域：固定为0x09；
- 传感器类型：1温湿度传感器，2人体红外传感器，3火焰传感器，4可燃气体传感器，5空气质量传感器，6光敏传感器，7声音传感器，8红外传感器，9心率传感器，10其他；
- 数据域：占两个字节，高8位和低8位。例如，对应温湿度传感器，高8位为温度值，低8位为湿度值。则温度24℃对应0x18，湿度64%对应0x40；
- 校验码域：采用和校验方式，计算从“帧起始符”到“数据域”之间所有数据的累加和，并将该累加和与0xFF按位与而保留低8位，将此值作为CS的值。

### 3．系统工作流程分析

网络中的CAN节点每隔1.5s上传一次数据至CAN网关节点。

CAN网关节点收到传感器数据后，通过RS-485网络将其上报至物联网网关。同时，CAN网关节点每隔1.5s也将自身采集的温湿度数据上报给网关。

物联网网关收到传感器数据后，将通过TCP上传至云平台。

## 3.3.2 任务2 系统搭建

参照图3-21所示的系统拓扑图，在上位机安装“USB_CAN”调试软件与CH340硬件驱动程序。在进行抓包分析时使用USB接口CAN调试器分别连接三个CAN节点的CAN_H与CAN_L端子，使其构成一个CAN通信网络以便于调试。

两个CAN节点分别连接温湿度光敏传感器与火焰传感器，CAN网关节点连接温湿度光敏传感器。

## 3.3.3 任务3 完善工程代码与编译下载

### 1. 完善工程代码

打开资源包里的CAN初始工程（路径为“..\CAN总线通信应用开发\CAN_BASE\MDK-ARM\CAN_BASE.uvprojx”），进行相关代码的编写。

1）打开“user_can.c”文件，在“void CAN_User_Config(CAN_HandleTypeDef* hcan）”函数中添加如下代码。

```
1.  void CAN_User_Config(CAN_HandleTypeDef* hcan )
2.  {
3.          CAN_FilterTypeDef  sFilterConfig;
4.      HAL_StatusTypeDef  HAL_Status;
5.           TxMeg.IDE=CAN_ID_EXT;//CAN_ID_STD; CAN_ID_EXT
6.           TxMeg.RTR=CAN_RTR_DATA;
7.
8.  //CAN filter0初始化  ID号为：08AC0006  FMI=0 @ FIFO0
9.          sFilterConfig.FilterBank=0;
                                      //过滤器 0，该数字范围只能0到13
10.     sFilterConfig.FilterMode=CAN_FILTERMODE_IDMASK;       //标识符屏蔽位模式
11.     sFilterConfig.FilterScale=CAN_FILTERSCALE_32BIT;      //选择过滤器位宽32bit
12.     sFilterConfig.FilterIdHigh=FilterIDH(Exd_ID_1) ;      //用来设定过滤器标识符高位
13.     sFilterConfig.FilterIdLow=FilterIDL(Exd_ID_1);        //用来设定过滤器标识符低位
14.     sFilterConfig.FilterMaskIdHigh=0xFFFF;
                                      //用来设定过滤器屏蔽标识符或者过滤器标识符高位
15.     sFilterConfig.FilterMaskIdLow=0xFFFF;
                                      //用来设定过滤器屏蔽标识符或者过滤器标识符低位
16.     sFilterConfig.FilterFIFOAssignment=CAN_RX_FIFO0;
                                      //过滤器FIFO0指向过滤器x，用于接收时使用FIFO0的邮箱
17.     sFilterConfig.FilterActivation=ENABLE;                //激活过滤器 0
18.
19.         sFilterConfig.SlaveStartFilterBank  = 0;
20. //          HAL_Status=HAL_CAN_ConfigFilter(hcan, &sFilterConfig); //过滤器初始化
21. //          if(HAL_Status!=HAL_OK)
22. //          {
23. //              printf("过滤器初始化error!\r\n");
```

```
24. //          }
25. ////CAN filter0初始化  ID号为：182C0004   FMI=1 @ FIFO0
26.         sFilterConfig.FilterBank=1;
                                        //过滤器 1，该数字范围只能0~13
27.     sFilterConfig.FilterMode=CAN_FILTERMODE_IDMASK;         //标识符屏蔽位模式
28.     sFilterConfig.FilterScale=CAN_FILTERSCALE_32BIT;        //选择过滤器位宽32bit
29.     sFilterConfig.FilterIdHigh=FilterIDH(Exd_ID_2);          //用来设定过滤器标识符高位
30.     sFilterConfig.FilterIdLow=FilterIDL(Exd_ID_2);           //用来设定过滤器标识符低位
31.     sFilterConfig.FilterMaskIdHigh=0xFFFF;
                                        //用来设定过滤器屏蔽标识符或者过滤器标识符高位
32.     sFilterConfig.FilterMaskIdLow=0xFFFF;
                                        //用来设定过滤器屏蔽标识符或者过滤器标识符低位
33.     sFilterConfig.FilterFIFOAssignment=CAN_RX_FIFO0;
                                        //过滤器FIFO0指向过滤器x，用于接收时使用FIFO0的邮箱
34.     sFilterConfig.FilterActivation=ENABLE;                  //激活过滤器 0
35.         sFilterConfig.SlaveStartFilterBank  = 1;
36. //      HAL_Status=HAL_CAN_ConfigFilter(hcan, &sFilterConfig);  //过滤器初始化
37. //    if(HAL_Status!=HAL_OK)
38. //    {
39. //          printf("过滤器初始化error!\r\n");
40. //    }
41. //CAN filter0初始化 ID号为：08AC0003  FMI=2 @ FIFO0
42.           sFilterConfig.FilterBank=2;
                                        //过滤器 2，该数字范围只能0~13
43.     sFilterConfig.FilterMode=CAN_FILTERMODE_IDMASK;         //标识符屏蔽位模式
44.     sFilterConfig.FilterScale=CAN_FILTERSCALE_32BIT;        //选择过滤器位宽32bit
45.     sFilterConfig.FilterMaskIdHigh=FilterIDH(Exd_ID_3);      //用来设定过滤器标识符高位
46.     sFilterConfig.FilterMaskIdLow=FilterIDL(Exd_ID_3);       //用来设定过滤器标识符低位
47.     sFilterConfig.FilterMaskIdHigh=0xFFFF;
                                        //用来设定过滤器屏蔽标识符或者过滤器标识符高位
48.     sFilterConfig.FilterMaskIdLow=0xFFFF;
                                        //用来设定过滤器屏蔽标识符或者过滤器标识符低位
49.     sFilterConfig.FilterFIFOAssignment=CAN_RX_FIFO0;
                                        //过滤器FIFO0指向过滤器x，用于接收时使用FIFO0的邮箱
50.     sFilterConfig.FilterActivation=ENABLE;                  //激活过滤器 2
51.         sFilterConfig.SlaveStartFilterBank  = 2;
52.     HAL_Status=HAL_CAN_ConfigFilter(hcan, &sFilterConfig);   //过滤器初始化
53.         if(HAL_Status!=HAL_OK)
54.     {
55.         printf("过滤器初始化error!\r\n");
56.     }
57.
58.     HAL_Status=HAL_CAN_Start(hcan);                         //开启CAN
59.     if(HAL_Status!=HAL_OK)
60.     {
```

```
61.         printf("开启CAN失败\r\n");
62.     }
63.
64.         HAL_Status=HAL_CAN_ActivateNotification(hcan, CAN_IT_RX_FIFO0_MSG_PENDING);
65.     if(HAL_Status!=HAL_OK)
66.     {
67.         printf( "开启挂起中段允许失败\r\n" );
68.     }
69. }
```

2）在"CAN_User_Init"函数中添加通过过滤器组0允许接受的CAN节点标准帧ID。

```
1.  void CAN_User_Init(CAN_HandleTypeDef* hcan)
2.  {
3.   CAN_FilterTypeDef  sFilterConfig;
4.   HAL_StatusTypeDef  HAL_Status;
5.
6.     TxMeg.IDE=CAN_ID_STD;
7.     TxMeg.RTR=CAN_RTR_DATA;
8.     sFilterConfig.FilterBank = 0;
9.     sFilterConfig.FilterMode =  CAN_FILTERMODE_IDLIST;
10.    sFilterConfig.FilterScale = CAN_FILTERSCALE_16BIT;
11.    sFilterConfig.FilterIdHigh = CAN_ID_STDaa<<5;
12.    sFilterConfig.FilterIdLow  =  CAN_ID_STDbb<<5;
13.    sFilterConfig.FilterMaskIdHigh = CAN_ID_STDcc<<5;
14.    sFilterConfig.FilterMaskIdLow = CAN_ID_STDdd<<5;
15.    sFilterConfig.FilterFIFOAssignment = CAN_RX_FIFO0;
16.    sFilterConfig.FilterActivation = ENABLE;
17.    sFilterConfig.SlaveStartFilterBank  =0;
18.
19.    HAL_Status=HAL_CAN_ConfigFilter(hcan, &sFilterConfig);
20.         if(HAL_Status!=HAL_OK)
21.    {
22.          printf(" HAL_CAN_ConfigFilter失败\r\n");
23.    }
24.       HAL_Status=HAL_CAN_Start(hcan);
25.     if(HAL_Status!=HAL_OK)
26.     {
27.         printf("开启can失败！ \r\n");
28.     }
29.         HAL_Status=HAL_CAN_ActivateNotification(hcan, CAN_IT_RX_FIFO0_MSG_PENDING);
30.     if(HAL_Status!=HAL_OK)
31.     {
32.         printf("开启挂起允许中断失败\r\n");
```

```
33.     }
34.  }
```

3）在“HAL_CAN_RxFifo0MsgPendingCallback”回调函数中添加通过过滤器组0允许接收的CAN节点标准帧ID的处理。

```
1.  void HAL_CAN_RxFifo0MsgPendingCallback(CAN_HandleTypeDef *hcan)
2.  {
3.      CAN_RxHeaderTypeDef RxMessage;
4.      uint8_t  Data[8] = {0};
5.      HAL_StatusTypeDef   HAL_RetVal;
6.
7.       uint8_t FMI;
8.       uint32_t Id;
9.       int i=0;
10.      RxMessage.StdId=0x00;
11.      RxMessage.ExtId=0x00;
12.      RxMessage.IDE=0;
13.      RxMessage.DLC=0;
14.      RxMessage.FilterMatchIndex=0;
15.      HAL_RetVal=HAL_CAN_GetRxMessage(hcan,  CAN_RX_FIFO0, &RxMessage,  Data);
16.      if ( HAL_OK==HAL_RetVal)
17.      {
18.         for(i=0;i<RxMessage.DLC;i++)
19.         Can_data[i]= Data[i];
20.      }
21.      Id=RxMessage.StdId;
22.      FMI=RxMessage.FilterMatchIndex;
23.      Can_data[7]=RxMessage.DLC;
24.      switch(Id)
25.      {
26.        case 0xAA:
27.                    flag_send_data=1;
28.                    printf(" [FMI= %d ] [ STD_ID= %x ]  \r\n",FMI ,Id );
29.                    printf("StdId== 0x%X  Data[0]=0x%x Data[1]=0x%x Data[2]=0x%x \r\n ",
Id,Can_data[0], Can_data[1],Can_data[2]);
30.                   break;
31.        case 0xBB:
32.                flag_send_data=1;
33.               printf("StdId== 0x%X Data[0]=0x%x Data[1]=0x%x Data[2]=0x%x \r\n ", Id,Can_
data[0], Can_data[1],Can_data[2]);
34.                    break;
35.        case 0xDD:
```

```
36.               flag_send_data=1;
37.               printf("StdId== 0x%X  Data[0]=0x%x Data[1]=0x%x Data[2]=0x%x \r\n ", Id,Can_
data[0], Can_data[1],Can_data[2]);
38.                   break;
39.          default:
40.                                  break;
41.          }
42. }
```

4）在“Can_Send_Msg_StdId”函数中添加如下代码，发送标准帧。

```
1. uint8_t Can_Send_Msg_StdId(uint16_t My_StdId,uint8_t len,uint8_t Type_Sensor)
2. {
3.          CAN_TxHeaderTypeDef  TxMeg;
4.       ValueType ValueType_t;
5.       uint8_t vol_H,vol_L;
6.       uint16_t i=0;
7.       uint8_t data[8];
8.
9.       TxMeg.StdId=My_StdId;
10.      TxMeg.ExtId=0x00;
11.      TxMeg.IDE=CAN_ID_STD;
12.      TxMeg.RTR=CAN_RTR_DATA;
13.      TxMeg.DLC=len;
14.      for(i=0;i<len;i++)
15.      {
16.        data[i]=0;
17.      }
18.        data[0] = Sensor_Type_t;
19.      printf("Can_Send_Msg_StdId >>My_StdId 标准帧ID= %x   \r\n",My_StdId);
20.      printf("Can_Send_Msg_StdId >>Sensor_Type_t %d \r\n",data[0]);
21.      ValueType_t=ValueTypes(Type_Sensor);
22.      printf("Can_Send_Msg_StdId >>ValueType_t %d \r\n",ValueType_t);
23.       data[3] = (uint8_t) My_StdId&0x00ff;
24.       data[4] = My_StdId>>8;
25.      switch(ValueType_t)
26.      {
27.        case Value_ADC:
28.
29.              vol_H = (vol&0xff00)>>8;
30.              vol_L = vol&0x00ff;
31.              data[1]=vol_H;
32.              data[2]=vol_L;
```

```
33.             printf("Can_Send_Msg_StdId >> Value_ADC TxMessage.Data[1]= %d \r\
n",data[1]);
34.             printf("Can_Send_Msg_StdId >> Value_ADC TxMessage.Data[2]= %d \r\
n",data[2]);
35.         break;
36.       case Value_Switch:
37.             data[1]=switching;
38.             data[2]=0;
39.         break;
40.       case Value_I2C:
41.             data[1]=sensor_tem;
42.             data[2]=sensor_hum;
43.             printf("Can_Send_Msg_StdId >> Value_I2C TxMessage.Data[1]= %d \r\
n",data[1]);
44.             printf("Can_Send_Msg_StdId >> Value_I2C TxMessage.Data[2]= %d \r\
n",data[2]);
45.         break;
46.       default:
47.         break;
48.     }
49.     if (HAL_CAN_AddTxMessage(&hcan, &TxMeg, data, &TxMailbox) != HAL_OK)
50.     {
51.       printf("Can send data error\r\n");
52.     }
53.     else
54.     {
55.       printf("Can send data success\r\n");
56.     }
57.     return 0;
58. }
```

5）将该工程配置为网关节点工程，在“main.c”的“int main(void)”函数中添加如下粗体代码。

```
1. int main(void)
2. {
3.   ……
4.   while (1)
5.   {
6.
7.     if(1)
8.     {
```

```
9.     Value_Type=ValueTypes(Sensor_Type_t);
10.     switch(Value_Type)
11.     {
12.        case Value_ADC:
13.           sensor_number=1;
14.           vol=Get_Voltage();
15.           printf("vol=Get_Voltage  ===== %x \r\n",vol);
16.           break;
17.        case Value_Switch:
18.           sensor_number=1;
19.           switching=Switching_Value();
20.           printf("switching=Switching_Value== %d \r\n",switching);
21.           break;
22.        case Value_I2C:
23.           sensor_number=2;
24.           SHT1x_get_temperature(&sensor_tem);
25.           SHT1x_get_relative_humidity(&sensor_hum);
26.           printf("sensor_tem  ===== %d :;sensor_hum===%d \r\n",(int)sensor_tem,(int)
sensor_hum);
27.           break;
28.        default:
29.           break;
30.     }
31.   //发送网关节点本机数据至物联网网关
32.     Master_To_Gateway(Can_STD_ID, Value_Type, vol,  switching, sensor_hum, sensor_tem );
33.   }
34.  HAL_Delay(1500);
35.  //把can节点数据上报至物联网网关
36.     if(flag_send_data==1)
37.     {
38.        CAN_Master_To_Gateway( Can_data,9);
39.        flag_send_data=0;
40.     }
41.   ……
42.  }
43.  }
```

填写完成后编译代码，编译成功后，在该工程目录（CAN_BASE\MDK-ARM\CAN_BASE）中找到“CAN_BASE.hex”，在资源包“..\CAN总线通信应用开发”目录下新建文件夹“网关节点固件”，将“CAN_BASE.hex”剪切到“网关节点固件”文件夹中，并重命名为网关节点（注：此处用剪切防止下一步出错）。

6）将该工程配置为节点工程，在“main.c”中的“int main(void)”函数内将上一步添加的32、34~39行代码删除，并添加新的代码（以下粗体代码），其他不变。

```
1.  int main(void)
2.  {
3.    ......
4.    while (1)
5.    {
6.
7.     /* USER CODE END WHILE */
8.        if(1)
9.        {
10.           Value_Type=ValueTypes(Sensor_Type_t);
11.           switch(Value_Type)
12.           {
13.               ......
14.           }
15.           //CAN节点发送传感器数据至CAN总线
16.           Can_Send_Msg_StdId(Can_STD_ID,8,Sensor_Type_t);
17.       }
18.       HAL_Delay(1500);
19.
20.       ......
21.     /* USER CODE BEGIN 3 */
22.   }
23.   /* USER CODE END 3 */
24. }
```

填写完成后编译代码，编译成功后，在该工程目录（CAN_BASE\MDK-ARM\CAN_BASE）中找到“CAN_BASE. hex”，在资源包“..\CAN总线通信应用\”目录下新建文件夹“节点固件”，将“CAN_BASE. hex”复制到“节点固件”文件夹中，并重命名为节点工程。

### 2．节点固件下载与配置

选取三个“M3主控模块”。其中两个下载“节点工程”固件，路径为“..\ CAN总线通信应用开发\节点固件”；另一个“M3主控模块”下载“网关节点”固件，路径为“..\CAN总线通信应用开发\网关节点固件”。

1）配置串行通信口及其通信波特率。

M3主控模块拨到BOOT状态（见图3-22），按一下复位键。烧写时只允许一个M3主控模块上电。

使用ST官方出品的ISP（In-System Programming，在线编程）工具“Flash Loader Demonstrator”进行固件下载。

打开该工具后，需要配置串行通信口及其通信波特率，如图3-23所示。

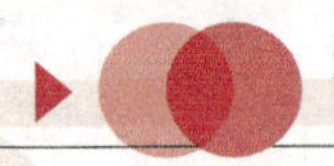

图3-22　M3主控模块拨到BOOT状态

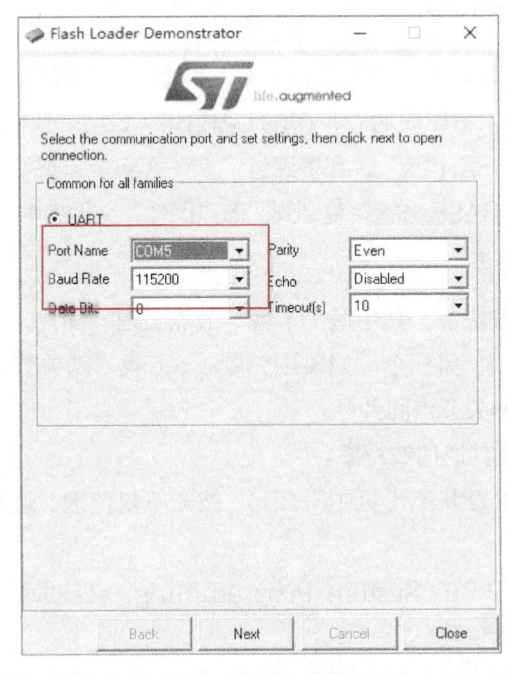


图3-23　下载工具的配置

2）选择需要下载的固件。

配置好串行通信口及其通信波特率之后，还应对需要下载的固件文件进行选择，如图3-24所示。

单击图3-24中标号①处的按钮，选取需要下载的固件文件（扩展名为.hex），然后单击“Next”按键即可开始下载。

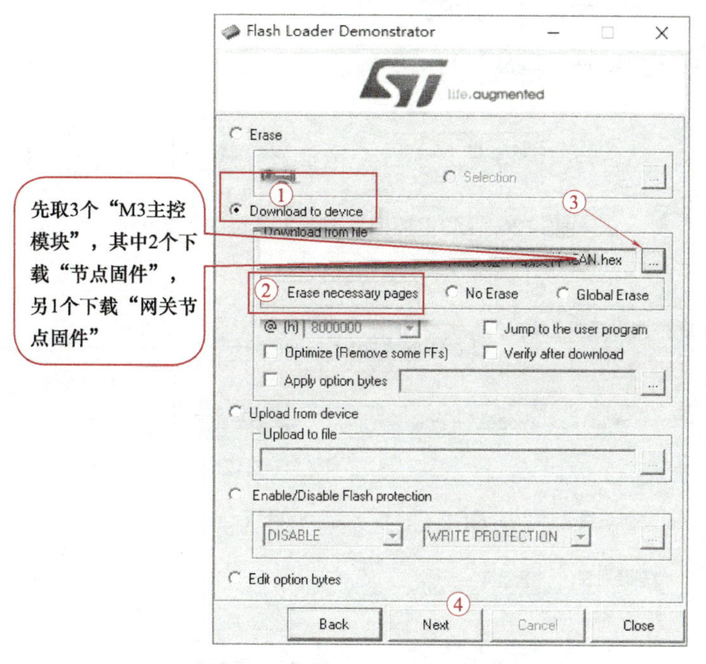


图3-24　选取合适的固件文件

烧写完成后拨到NC状态，按一下复位键。

按照上述步骤分别下载两个节点固件和一个网关节点固件。

3）配置下载后的M3主控模块。

确认其中两个主控模块下载节点固件，另外一个主控模块下载网关节点固件；

使用“M3主控模块配置工具”进行CAN节点的配置，如图3-25～图3-27所示。

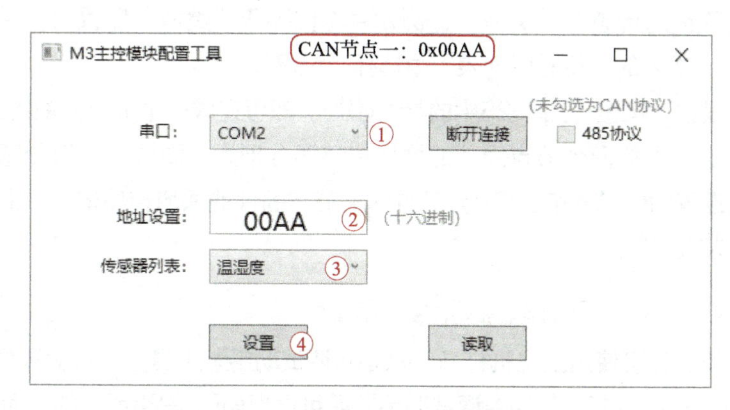


图3-25　M3主控模块配置工具截图（一）

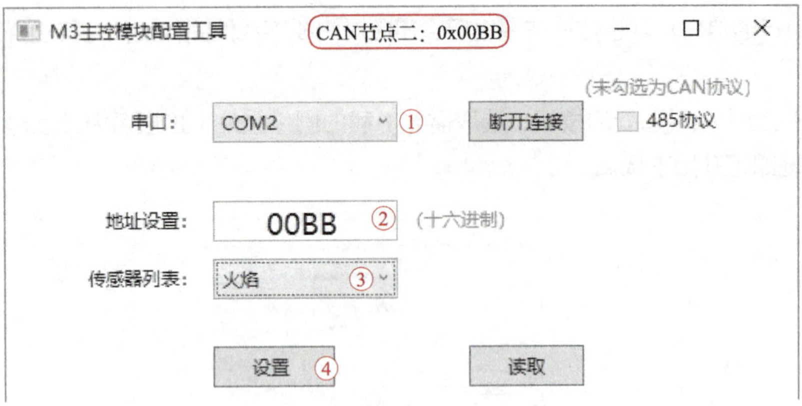

M3主控模块配置工具　CAN节点二：0x00BB
(未勾选为CAN协议)
串口：COM2 ①　断开连接　485协议
地址设置：00BB ②（十六进制）
传感器列表：火焰 ③
设置 ④　读取

图3-26　M3主控模块配置工具截图（二）

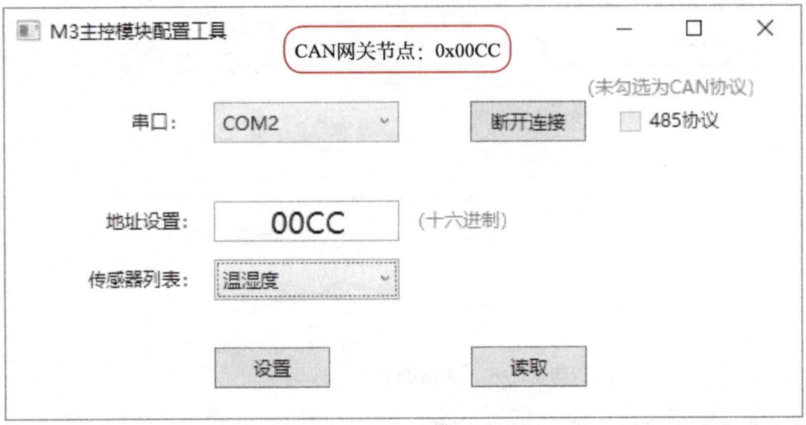

M3主控模块配置工具　CAN网关节点：0x00CC
(未勾选为CAN协议)
串口：COM2　断开连接　485协议
地址设置：00CC（十六进制）
传感器列表：温湿度
设置　读取

图3-27　M3主控模块配置工具截图（三）

单击图3-25中的标号①进行串行通信口的配置。另外，还有两项需要配置的内容：

一是节点发送数据的“标识符ID”，例如，将“标识符ID”配置为0x00AA，则需要在图3-25中标记②处的“地址设置”中填入“00AA”。

二是节点所连接的传感器“类型”，例如，将传感器“类型”配置为“温湿度”，则需要在图3-25中标记③处的“传感器列表”中选择“温湿度”。

最后单击“设置”按钮（图3-25中的标号④处）即可完成一个节点的配置。

按照上述步骤，配置两个节点固件的模块传感器分别为“温湿度光敏传感器”和“火焰传感器”，地址设置为00AA和00BB；配置网关节点固件的模块传感器为“温湿度光敏传感器”，地址设置为00CC。

### 3.3.4　任务4　CAN通信数据抓包与解析

系统搭建完毕后，可使用上位机打开 “CAN调试助手”工具进行通信数据的抓包与分析工作。若系统连接正常，打开“CAN调试助手”后可出现如图3-28所示的界面。

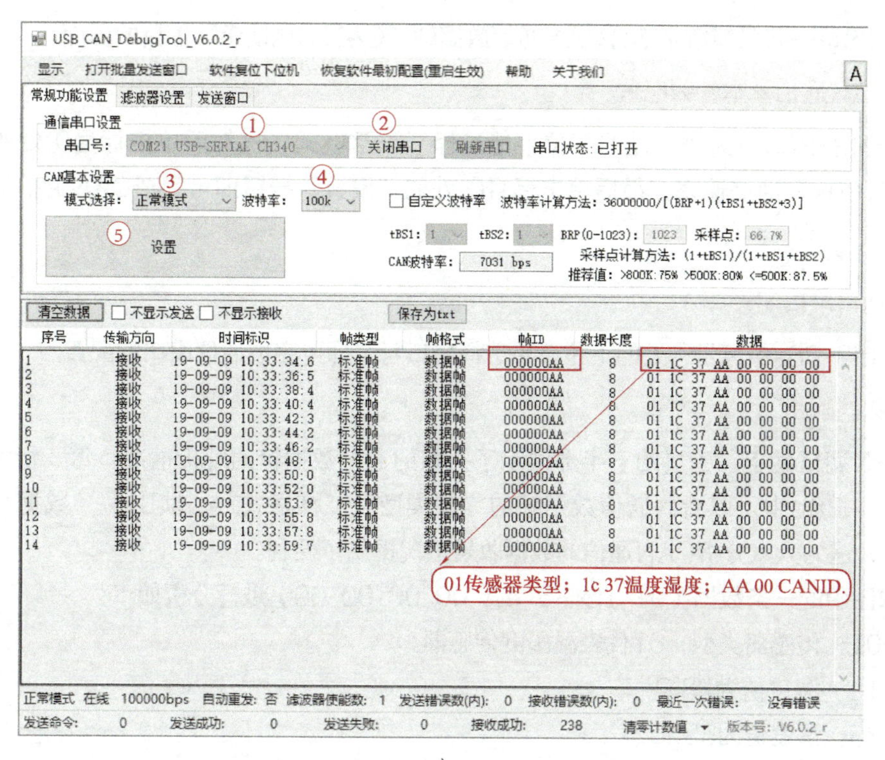


a）

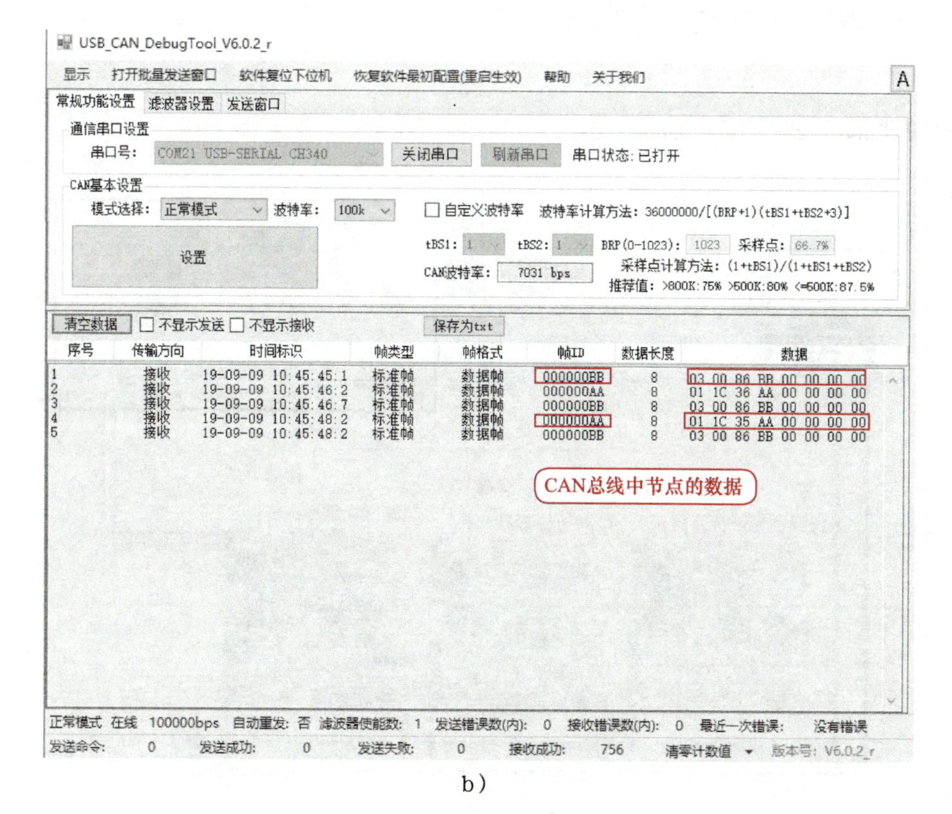


b）

图3-28 CAN调试助手界面

图3-28是一张已抓取了部分CAN通信数据的“CAN调试助手”工具的界面。

1．CAN通信基本参数配置

单击图3-28a中标号③处的下拉菜单选择“正常模式”，然后单击标号④处的下拉菜单选择“100k”通信速率，最后单击标号⑤处的“设置”按钮即可完成CAN通信的基本参数配置。

2．通信串口配置

单击图3-28a中标号①处的下拉菜单选择串口号，即可完成通信串口的配置。

3．数据解析

“CAN调试助手”工具的下半部展示了抓取的通信数据帧的解析情况，每一行为一条数据。从图3-28b中可以看到通信数据帧的“帧类型”“帧格式”“帧ID”“数据长度”和“数据”，这为大家分析CAN通信的数据收发情况提供了便利。

选取图中的一条数据（01 1C 35 AA 00 00 00 00）进行分析如下：

- 01：传感器类型，01代表温湿度传感器；
- 1C：温度值为28℃；
- 35：湿度值为53%。

## 3.3.5 任务5 云平台远程监测

1．系统拓扑图搭建（见图3-29）

确保按照图3-29完成系统的搭建。

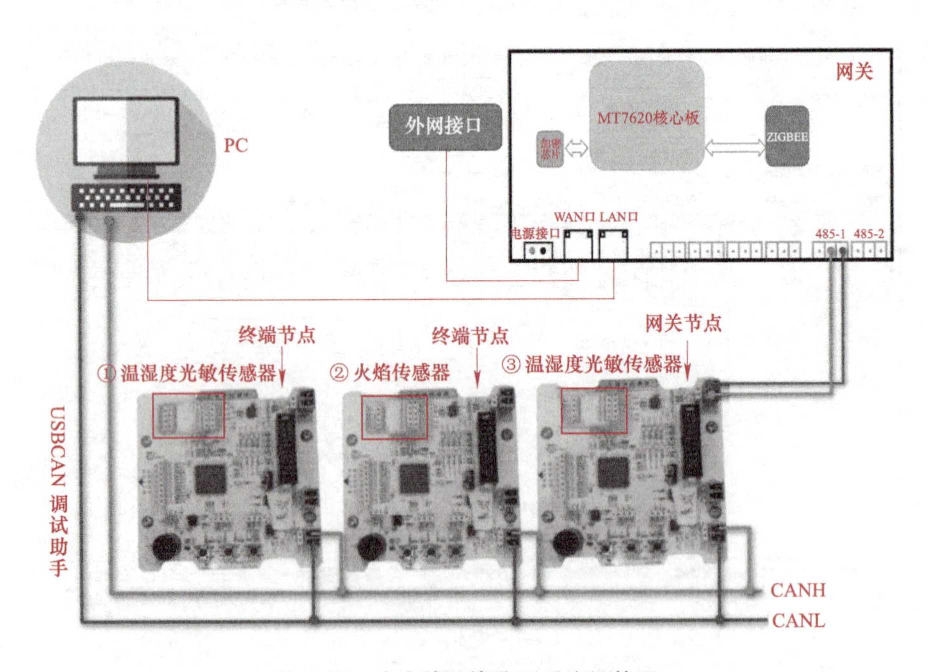


图3-29 生产线环境监测系统拓扑图

## 2. 云平台创建工程

登录云平台http://www.nlecloud.com，单击“开发者中心”→“开发设置”，确认APIKey有没有过期，如果已过期则重新生成APIKey，如图3-30所示。

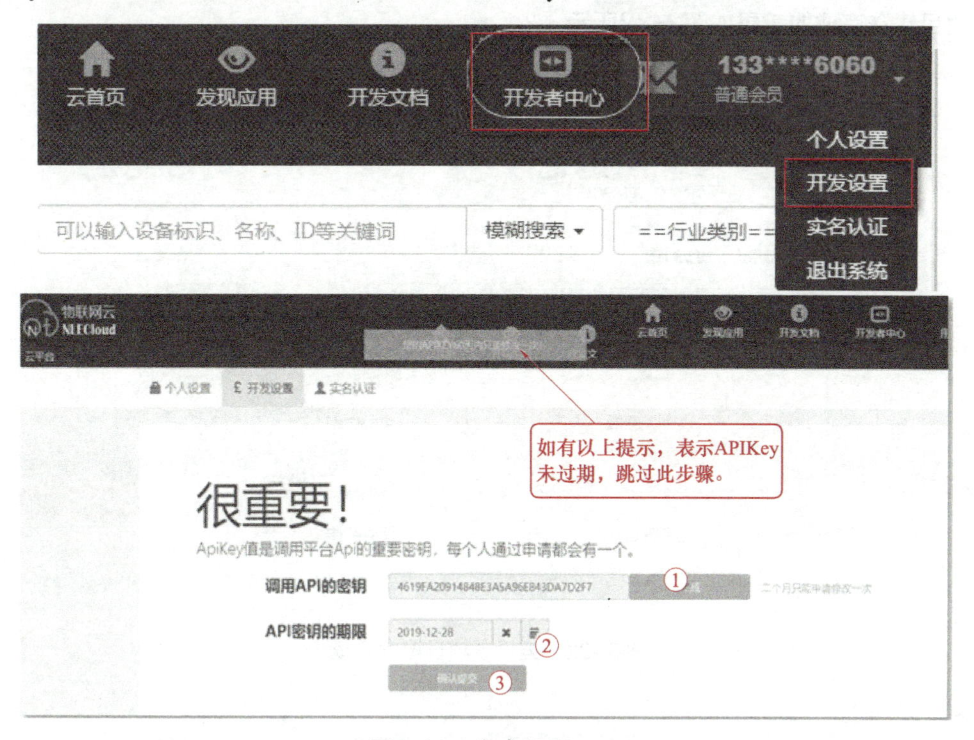


图3-30　生成APIKey

单击“开发者中心”按钮，然后单击“新增项目”按钮即可新建一个项目，如图3-31所示。

图3-31　云平台新建项目

在弹出的“添加项目”对话框中，可填写“项目名称”“行业类别”以及“联网方案”

等信息（图3-31中的标号③处）。

在本案例中，设置“项目名称”为“生产线环境监测系统”，“行业类别”选择“工业物联”，“联网方案”选择“以太网”。

项目建立完成的效果如图3-32所示。

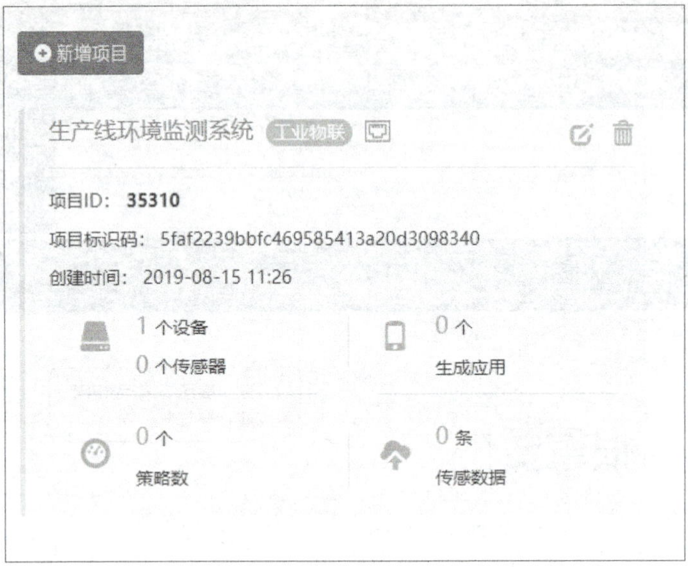

新增项目
生产线环境监测系统 工业物联
项目ID：35310
项目标识码：5faf2239bbfc469585413a20d3098340
创建时间：2019-08-15 11:26
1 个设备
0 个传感器
0 个
生成应用
0 个
策略数
0 条
传感数据

图3-32 云平台项目建立完成

## 3．添加设备

项目新建完毕后，可为其添加设备，如图3-33所示。

图3-33 云平台添加设备

从图3-33中可以看到，需要对“设备名称”（标号①处）、“通讯协议”（标号②处）和“设备标识”（标号③处）进行设置。

设备添加完成的效果如图3-34所示。

图3-34　设备添加完成效果

将图3-34中标号①处的“设备ID”，标号②处的“设备标识”和标号③处的“传输密钥”记下，网关配置时需用到这些信息。至此云平台配置完毕。

### 4. 配置物联网网关接入云平台

登录物联网网关系统管理界面192.168.14.200:8400（IP地址可自行设置，端口号固定），如图3-35所示。

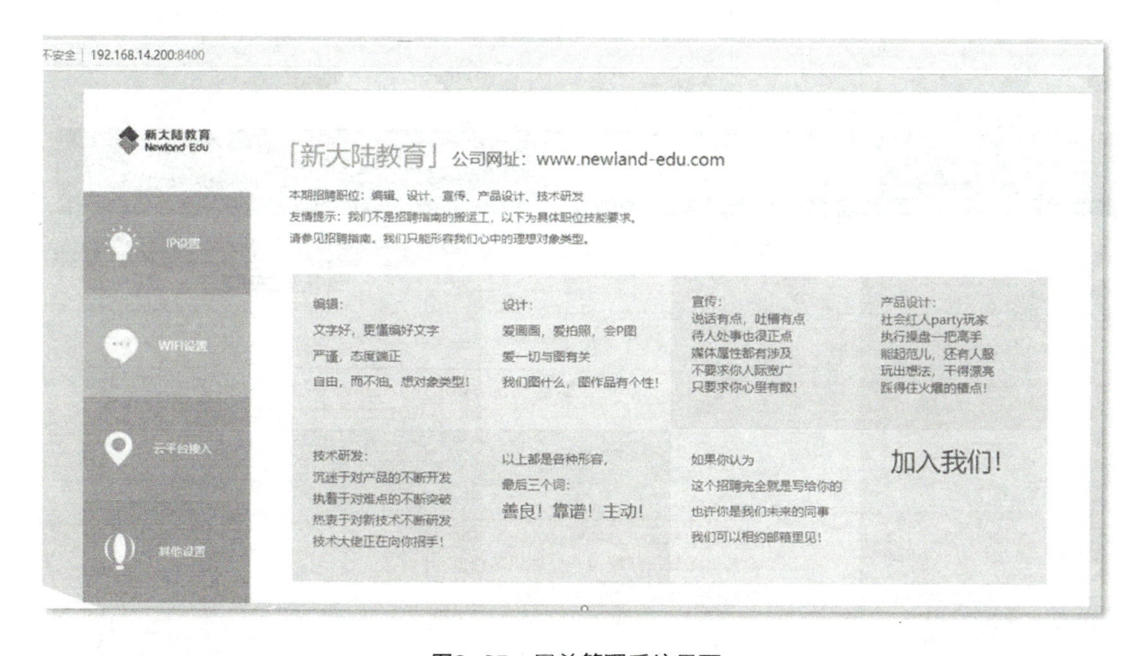


图3-35　网关管理系统界面

单击①处的“云平台接入”按钮，按实际情况输入②～⑦处的信息后单击“设置”按钮，如图3-36所示。

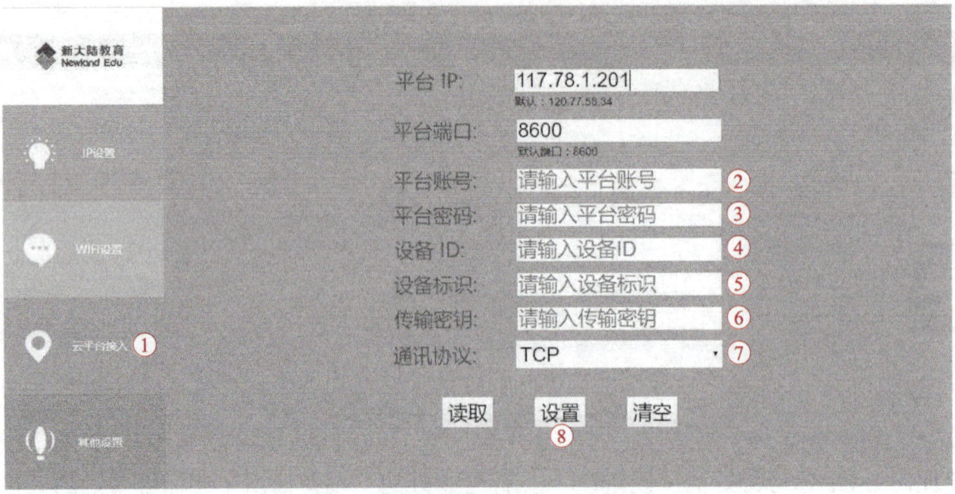

新大陆教育 Newland Edu
IP设置
WIFI设置
云平台接入 ①
其他设置
平台 IP: 117.78.1.201
默认：120.77.58.34
平台端口: 8600
默认端口：8600
平台账号: 请输入平台账号 ②
平台密码: 请输入平台密码 ③
设备 ID: 请输入设备ID ④
设备标识: 请输入设备标识 ⑤
传输密钥: 请输入传输密钥 ⑥
通讯协议: TCP ⑦
读取 设置 ⑧ 清空

图3-36　网关参数填写

物联网网关配置参数完毕，单击⑧处的“设置”按钮，物联网网关系统自动重启，20s左右，网关系统初始化完毕，刷新网页，可以看到网关上线并自动识别出接入设备的标识，如图3-37所示。

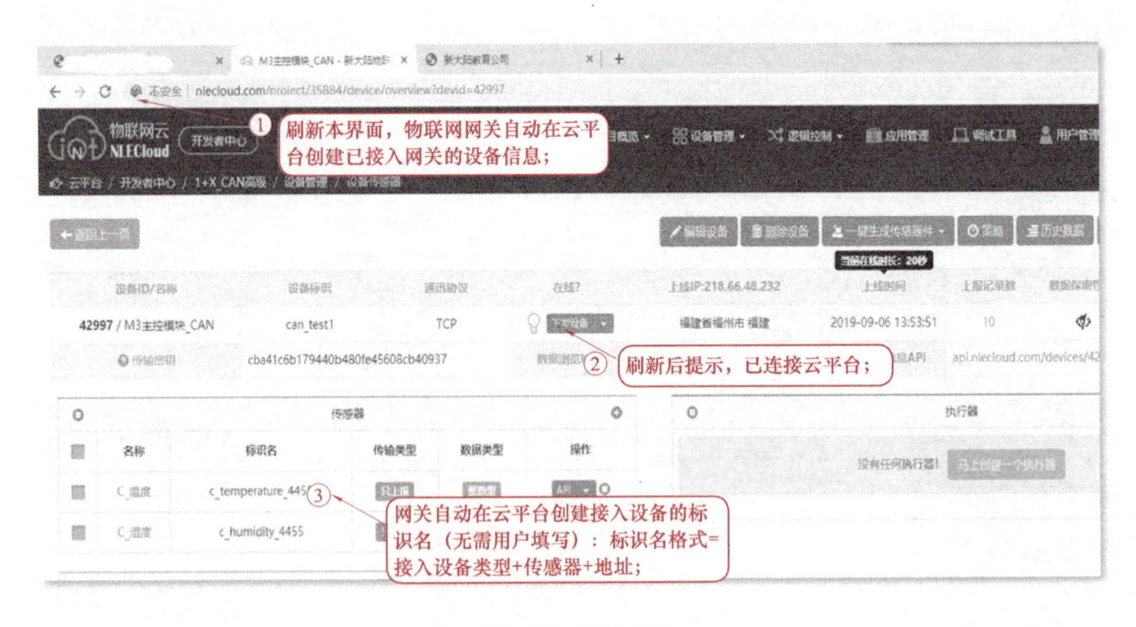


图3-37　网关上线

## 5. 系统运行情况分析

用户可查看实时上报的数据，如图3-38所示，单击①处的“下发设备”按钮打开实时数据显示开关，可以看到实时数据显示在②处，并且每隔5s刷新一次。

图3-38　查看实时数据

用户也可以查看历史数据，如图3-39所示。

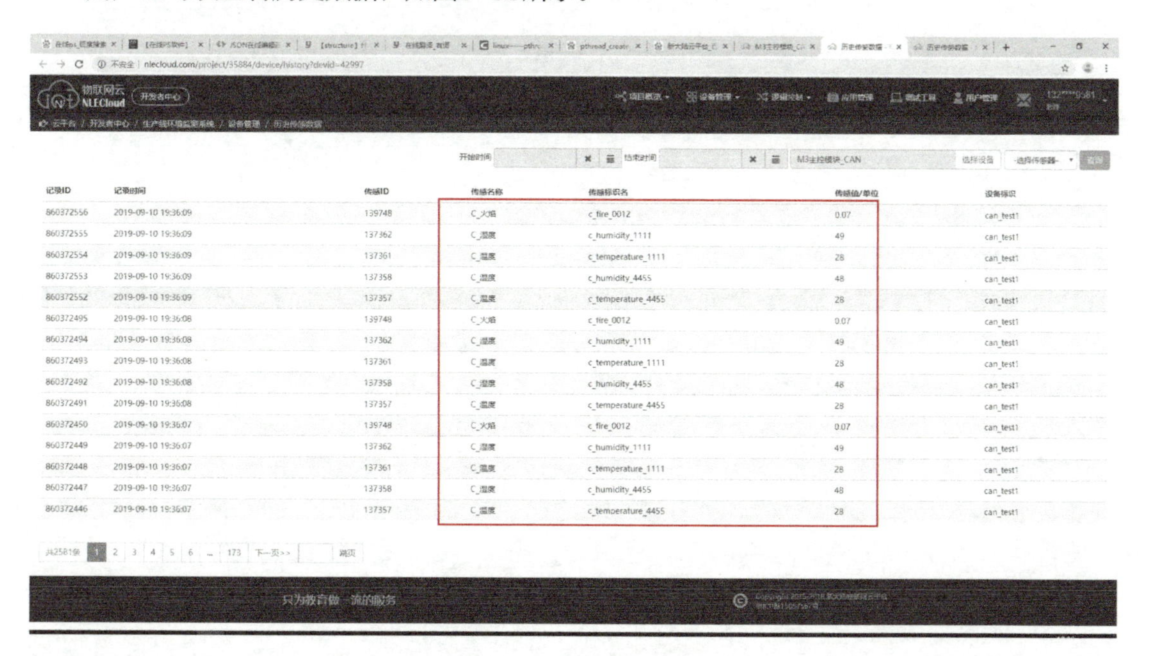

图3-39　历史数据显示

至此生产线环境监测系统的构建完毕，并成功通过物联网网关接入云平台。

# 单元总结

本单元介绍了CAN总线的基础知识，讲解了CAN控制器的工作原理以及CAN收发器的典型应用，对CAN总线的各种通信帧进行了分析。分析了STM32F1系列MCU的BxCAN外设的构成，着重讲解了筛选器的工作原理与配置方法。通过学习CAN优先级与位时序的基础知识，读者掌握了CAN通信波特率的设置方法。

通过“生产线环境监测系统构建”案例的学习，读者掌握了系统的构建过程、通信数据的抓包与解析方法，并掌握了工程的关键代码。另外，借助云平台上的应用，读者可对监测系统采集的传感器数据进行可视化显示，便于开展数据分析等相关工作。

Project 4

# ZigBee协议栈组网开发

## 单元概述

本单元主要面向的工作领域是传感网应用开发中的短距离无线通信领域中的ZigBee通信应用开发，首先介绍了ZigBee协议，然后介绍了Z-Stack协议栈的结构、OSAL操作系统等内容，最后采用理论与实践相结合的方式，让读者能掌握基于ZigBee协议栈的串口通信、点对点通信、点对多点通信等方法，逐步能组建ZigBee无线传感器网络，实现无线传感器数据采集、远程监控等功能。

## 知识目标

- 掌握Z-Stack协议栈的结构、基本概念；
- 掌握协调器、路由器、终端节点的基本概念；
- 掌握Z-Stack协议栈实时操作系统，理解OSAL调度管理、API函数等；
- 掌握单播、组播和广播的基本原理与基本概念。

## 技能目标

- 能使用MCU进行驱动开发（GPIO、定时器、中断、PWM等）；
- 能配置ZigBee网络中的协调器、路由节点、终端节点；
- 能熟练调用各种控制节点入网/退网的接口；
- 能编程实现各种通信方式（单播、组播、广播）；
- 能调度任务并进行性能优化。

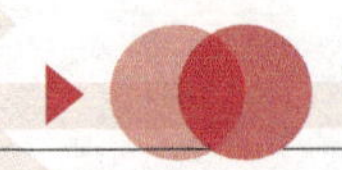


# 4.1 基础知识

## 4.1.1 ZigBee技术概述

ZigBee技术的命名主要来自于人们对蜜蜂采蜜过程的观察—— 蜜蜂在采蜜过程中，跳着优美的舞蹈，形成ZigZag的形状，以此来相互交流信息，以便获取共享食物源的方向、距离和位置等信息。又因蜜蜂自身体积小，所需的能量少，且能传递所采集的花粉，因此，人们用ZigBee技术来代表具有成本低、体积小、能量消耗小和传输速率低的无线通信技术。

ZigBee技术是一种具有统一技术标准的短距离无线通信技术，其物理层和数据链路层协议为IEEE 802.15.4协议标准，网络层和应用层由ZigBee联盟制定，应用层可以根据用户的应用需要对其进行开发利用，因此该技术能够为用户提供机动、灵活的组网方式。

ZigBee技术主要用于距离短、功耗低且传输速率不高的各种电子设备之间，进行数据以及典型的有周期性数据、间歇性数据和低反应时间数据传输的应用。ZigBee技术可工作在2.4GHz（全球流行）、915MHz（美国流行）和868MHz（欧洲流行）三个频段上，分别具有最高250kbit/s、40kbit/s和20kbit/s的传输速率，其传输距离为10～75m，但可以继续增加。作为一种无线通信技术，ZigBee自身的技术优势主要有功耗低、成本低、可靠性高、容量大、时延小、安全性好、有效范围小及兼容性好等。

1）在组网性能上，ZigBee可以构造为星形网络或者点对点等网络，在每一个ZigBee组成的无线网络中，连接地址码分为16bit短地址或64bit长地址，可容纳的最大设备个数分别为216个和264个，具有较大的网络容量。

2）在无线通信技术上，ZigBee采用CSMA-CA方式，有效地避免了无线电载波之间的冲突。此外，为保证传输数据的可靠性，ZigBee还建立了完整的应答通信协议。

3）ZigBee设备为低功耗设备，其发射功率为0～3.6dBm，通信距离为30～70m，具有能量检测和链路质量指示能力，根据这些检测结果，设备可以自动调整设备的发射功率，在保证通信链路质量的条件下，可最小地消耗设备能量。

4）为保证ZigBee设备之间通信数据的安全保密性，ZigBee技术采用了密钥长度为128bit的加密算法，对所传输的数据信息进行加密处理。

## 4.1.2 ZigBee网络中的设备类型

### 1. 设备类型

在ZigBee网络中存在3种逻辑设备类型：协调器（Coordinator）、路由器（Router）和终端设备（End-Device）。ZigBee网络由一个协调器以及多个路由器和多个终端设备组成。如图4-1所示，黑色节点为协调器，灰色节点为路由器，白色节点为终端设备。

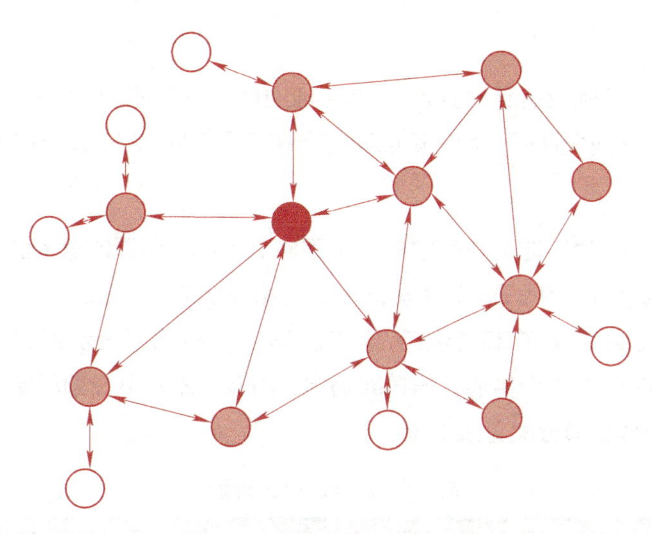

图4-1　ZigBee网络示意图

（1）协调器

协调器是每个独立的ZigBee网络中的核心设备，负责选择一个信道和一个网络ID（也称PAN ID），启动整个ZigBee网络。

协调器的主要作用是负责建立和配置网络。由于ZigBee网络本身的分布特性，一旦ZigBee网络建立完成后，整个网络的操作就不再依赖协调器了，它与普通的路由器也就没有什么区别了。

（2）路由器

路由器允许其他设备加入网络，多台路由器协助终端设备通信。

一般情况下，路由器需要一直处于工作状态，它必须使用电力电源供电。但是当使用树形网络拓扑结构时，允许路由器间隔一定的时间操作一次，此时路由器可以使用电池供电。

（3）终端设备

终端设备是ZigBee实现低功耗的核心，它的入网过程和路由器是一样的。终端设备没有维持网络结构的职责，所以它并不是一直都处在接收状态的，大部分情况下它都将处于IDLE或者低功耗休眠模式，因此，它可以由电池供电。

### 2．拓扑结构

ZigBee网络支持星形、树形和网形三种网络拓扑结构。

1）星形网络由一个协调器和多个终端设备组成，只存在协调器与终端的通信，终端设备间的通信都需通过协调器的转发。

2）树形网络由一个协调器和一个或多个星形结构连接而成，设备除了能与自己的父节点或子节点进行点对点直接通信外，其他只能通过树状路由器完成消息传输。

3）网形网络是树形网络基础上实现的，与树形网络不同的是，它允许网络中所有具有路由功能的节点直接互连，由路由器中的路由表实现消息的网状路由。该拓扑的优点是减少了消息延时，增强了可靠性，缺点是需要更多的存储空间开销。

### 3．PAN ID

PAN ID其全称是Personal Area Network ID。一个网络只有一个PAN ID，主要用于区分不同的网络，从而允许同一地区可以同时存在多个不同PAN ID的ZigBee网络。

### 4．信道

ZigBee采用的是免执照的工业科学医疗（ISM）频段，所以ZigBee使用了3个频段，分别为：868MHz（欧洲）、915MHz（美国）、2.4GHz（全球）。

因此，ZigBee共定义了27个物理信道。其中，868MHz频段定义了一个信道；915MHz频段附近定义了10个信道，信道间隔为2MHz；2.4GHz频段定义了16个信道，信道间隔为5MHz。具体信道分配见表4-1。

表4-1　ZigBee信道分配

| 信道编号 | 中心频率/MHz | 信道间隔/MHz | 频率上限/MHz | 频率下限/MHz |
|---|---|---|---|---|
| $k$=0 | 868.3 | | 868.6 | 868.0 |
| $k$=1，2，3，…，10 | 906+2×（$k$−1） | 2 | 928.0 | 902.0 |
| $k$=11，12，13，…，26 | 2401+5×（$k$−11） | 5 | 2483.5 | 2400.0 |

理论上，在868MHz的物理层，数据传输速率为20kbit/s；在915MHz的物理层，数据传输速率为40kbit/s；在2.4GHz的物理层，数据传输速率为250kbit/s。实际上，除掉信道竞争应答和重传等消耗，真正能被应用所利用的速率可能不足100kbit/s，并且余下的速率可能要被临近多个节点和同一个节点的应用瓜分。

**注意：** ZigBee工作在2.4GHz频段时，与其他通信协议的信道有冲突：15、20、25、26信道与Wi-Fi信道冲突较小；蓝牙基本不会冲突；无绳电话尽量不与ZigBee同时使用。

## 4.1.3　Z-Stack协议栈

TI公司推出CC253x射频芯片的同时，还向用户提供了ZigBee的Z-Stack协议栈，这是经过ZigBee联盟认可，并被全球很多企业广泛采用的一种商业级协议栈。Z-Stack协议栈中包括一个小型操作系统（抽象层OSAL），其负责系统的调度，操作系统的大部分代码被封装在库代码中，用户无法查看。对于用户来说，只能使用API来调用相关库函数。IAR公司开发的IAR Embedded Workbench for 8051软件可以作为Z-Stack协议栈的开发环境。

### 1．Z-Stack协议栈结构

Z-Stack协议也在OSI参考模型的基础上，结合无线网络的特点，采用分层的思想实现。Z-Stack协议栈由物理层（Physical Layer，PHY）、介质访问控制层（Medium Access Control Sub-layer，MAC）、网络层（Network Layer，NWK）和应用层（Application Layer，APL）组成，如图4-2所示。其中IEEE 802.15.4标准定义了底层协议：物理层和介质访问控制层。ZigBee协议定义了网络层、应用层架构。在应用层内提供了应用程序支持子层（Application Support Sub-layer，APS）和ZigBee设备对象

（ZigBee Device Object，ZDO）。应用框架中则加入了用户自定义的应用对象。在协议栈中，上层实现的功能对下层来说是未知的，上层可以调用下层提供的函数来实现某些功能。

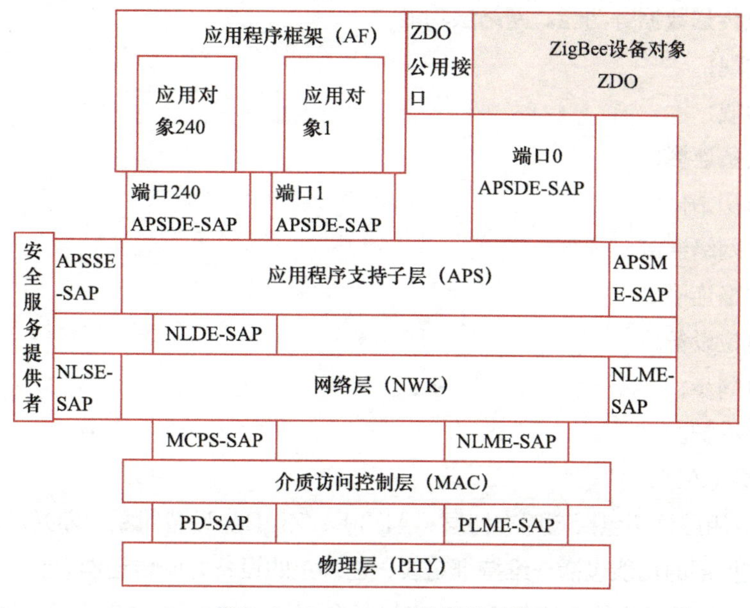


图4-2　Z-Stack协议栈的结构

（1）物理层（PHY）

物理层定义了物理无线信道和MAC子层之间的接口，提供物理层数据服务和物理层管理服务。物理层内容：

- ZigBee的激活；
- 当前信道的能量检测；
- 接收链路服务质量信息；
- ZigBee信道接入方式；
- 信道频率选择；
- 数据传输和接收。

（2）介质访问控制层（MAC）

MAC负责处理所有的物理无线信道访问，并产生网络信号、同步信号；支持PAN连接和分离，提供两个对等MAC实体之间可靠的链路。MAC层功能：

- 网络协调器产生信标；
- 与信标同步；
- 支持PAN（个人域网）链路的建立和断开；
- 为设备的安全性提供支持；
- 信道接入方式采用免冲突载波检测多址接入（CSMA-CA）机制；
- 处理和维护保护时隙（GTS）机制；
- 在两个对等的MAC实体之间提供一个可靠的通信链路。

（3）网络层（NWK）

Z-Stack的核心部分在网络层。网络层主要实现节点加入或离开网络、接收或抛弃其他节点、路由查找及传送数据等功能。网络层功能：

- 网络发现；
- 网络形成；
- 允许设备连接；
- 路由器初始化；
- 设备同网络连接；
- 断开网络连接；
- 重新复位设备；
- 接收机同步；
- 信息库维护。

（4）应用层（APL）

Z-Stack 应用层框架包括应用支持层（APS）、ZigBee设备对象（ZDO）和应用对象。

- 应用支持层的功能包括：维持绑定表、在绑定的设备之间传送消息；
- ZigBee 设备对象的功能包括：定义设备在网络中的角色（如ZigBee协调器和终端设备），发起和响应绑定请求，在网络设备之间建立安全机制。ZigBee 设备对象还负责发现网络中的设备，并且决定向他们提供何种应用服务；
- ZigBee 应用层除了提供一些必要函数以及为网络层提供合适的服务接口外，一个重要的功能是应用者可在这层定义自己的应用对象。

整个Z-Stack 采用分层的软件结构，协议分层的目的是为了使各层相对独立，每一层都提供一些服务，服务由协议定义，程序员只需关心与他的工作直接相关的那些层的协议，它们向高层提供服务，并由底层提供服务。

- 硬件抽象层（HAL）提供各种硬件模块的驱动，包括定时器Timer，通用I/O口GPIO，通用异步收发传输器UART，模-数转换ADC的应用程序接口API，提供各种服务的扩展集。
- 操作系统抽象层OSAL实现了一个易用的操作系统平台，通过时间片轮转函数实现任务调度，提供多任务处理机制。用户可以调用OSAL提供的相关API进行多任务编程，将自己的应用程序作为一个独立的任务来实现。

### 2. Z-Stack下载与安装

ZigBee协议栈有很多版本，不同厂商提供的ZigBee协议栈有一定的区别，本书选用TI公司推出的ZStack-CC2530-2.5.1a版本，用户可登录TI公司的官方网站下载，然后安装使用。另外，Z-Stack需要在IAR Assembler for 8051 8.10.1版本上运行。

双击ZStack-CC2530-2.5.1a.exe文件，即可进行协议栈的安装，如图4-3所示，默认是安装到C盘根目录下。

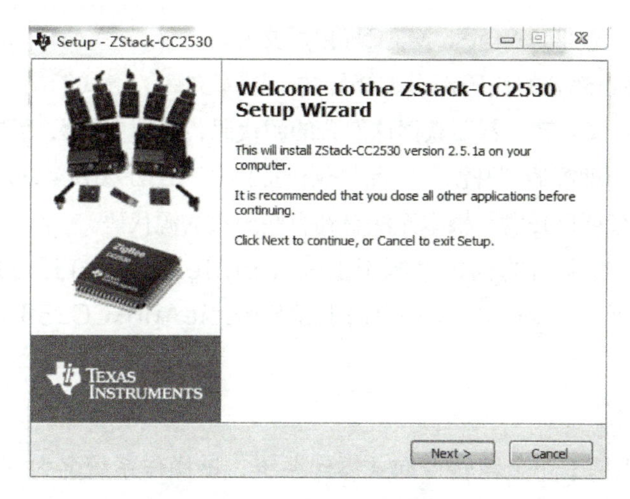


图4-3　Z-Stack安装

### 3. Z-Stack目录结构

安装完成之后，在C:\Texas Instruments\ZStack-CC2530-2.5.1a目录下有4个文件夹，分别是Documents、Projects、Tools和Components。

（1）Documents文件夹

该文件夹内有很多PDF文档，主要是对整个协议栈进行说明，用户可以根据需要进行查阅。

（2）Projects文件夹

该文件夹内包括用于Z-Stack功能演示的各个项目的例程，用户可以在这些例程的基础进行开发。

（3）Tools文件夹

该文件夹内包括TI公司提供的一些工具。

（4）Components文件夹

Components是一个非常重要的文件夹，其中包括Z-Stack协议栈的各个功能函数，具体如下：

① hal文件夹。为硬件平台的抽象层。

② mac文件夹。包括IEEE802.15.4物理协议所需要的头文件，TI公司没有给出这部分的具体源代码，而是以库文件的形式存在。

③ mt文件夹。包括Z-tools调试功能所需要的源文件。

④ osal文件夹。包括操作系统抽象层所需要的文件。

⑤ services文件夹。包括Z-Stack提供的两种服务所需要的文件，即寻址服务和数据服务。

⑥ stack文件夹。这是Components文件夹最核心的部分，是ZigBee协议栈的具体实现部分。在该文件夹下，包括7个文件夹，分别是af（应用框架）、nwk（网络层）、sapi（简单应用接口）、sec（安全）、sys（系统头文件）、zcl（ZigBee簇库）和zdo（ZigBee设备对象）。

⑦ zmac文件夹。包括Z-Stack MAC导出层文件。

Z-Stack中的核心部分的代码都是编译好的，以库文件的形式给出，比如安全模块、路由模块、Mesh自组网模块等。若要获得这部分的源代码，可以向TI公司购买。TI公司提供的Z-Stack代码并非人们理解的“开源”，而是仅仅提供了一个Z-Stack开发平台，用户可以在Z-Stack的基础上进行项目开发，根本无法看到有些函数的源代码。

为方便讲解，下面所有的代码来源于工程SampleApp，打开方式为双击ZStack-CC2530-2.5.1a\Projects\zstack\Samples\SampleApp\CC2530DB\SampleApp.eww，打开工程。

#### 4. OSAL术语介绍

Z-Stack协议栈基于一个轮转查询式操作系统，该操作系统名为“操作系统抽象层”（Operating System Abstraction Layer，OSAL）。Z-Stack协议栈将底层、网络层等复杂部分屏蔽掉，让程序员通过API函数就可以轻松地开发一套ZigBee系统。

（1）资源（Resource）

任务所占用的实体都可以称为资源，如一个变量、数组、结构体等。

（2）共享资源（Shared Resource）

至少可以被两个任务使用的资源称为共享资源，为了防止共享资源被破坏，每个任务在操作共享资源时，必须保证是独占该资源。

（3）任务（Task）

任务又称线程，是一个简单程序的执行过程。在任务设计时，需要将问题尽可能地分为多个任务，每个任务独立完成某种功能，同时被赋予一定的优先级，拥有自己的CPU寄存器和堆栈空间。一般将任务设计为一个无限循环。

（4）多任务运行（Muti-task Running）

CPU采用任务调度的方法运行多个任务，例如：有10个任务需要运行，每隔10ms运行一个任务，由于每个任务运行的时间很短，任务切换很频繁，这就造成了多任务同时运行的“假象”。实际上，一个时间点只有一个任务在运行。

（5）内核（Kernel）

在多任务系统中，内核负责为每个任务分配CPU时间、切换任务、任务间的通信等。内核可以大大简化应用系统的程序设计，可以将应用程序分为若干个任务，通过任务切换来实现程序运行。

（6）互斥（Mutual Exclusion）

多任务间通信的最简单方法是使用共享数据结构，对于单片机系统来说，所有任务共用同一地址的数据，具体表现为全局变量、指针、缓冲区等数据结构。虽然共享数据结构的方法简单，但是必须保证对共享数据结构的写操作具有唯一性。

保护共享资源常用的方法有：关中断、使用测试并置位指令（T&S指令）、禁止任务切换和使用信号量。其中，在ZigBee协议栈操作系统中，经常使用的方法是关中断。

（7）消息队列（Message Queue）

消息是收到的事件和数据的封装，比如发生了一个事件（收到别的节点发来的消息），这时就会把这个事件所对应的事件号及收到的数据封装成消息，放入消息队列中。

（8）事件（Events）

ZigBee协议栈是由各个层组成的，每一层都要处理各种事件，所以就为每一层定义了一个事件处理函数，可以把这个处理函数理解为任务，任务从消息队列中提取消息，从消息中提取所发生的具体事件，调用相应的具体事件处理函数，比如按键处理函数等。

# 4.2 任务1 基于Z-Stack的串口通信

## 4.2.1 任务要求

搭建ZigBee模块与PC的串口通信系统，要求ZigBee模块每隔1s向串口发送“Hello ZigBee!”，并在PC上的串口调试软件上实时显示相应信息；另外，增加一个应用层新任务，实现由PC端串口发送字符“1”或“0”，进而控制ZigBee模块中LED的开或关。

## 4.2.2 知识链接

### 1．OSAL运行机制

OSAL就是以实现多任务为核心的系统资源分配机制，主要提供任务注册、初始化和启动，任务间的同步、互斥，中断处理，存储器分配与管理等功能。

在ZigBee协议栈中，OSAL负责调度各个任务运行，如果有事件发生，则会调用相应的事件处理函数进行处理。OSAL运行机制如图4-4所示。

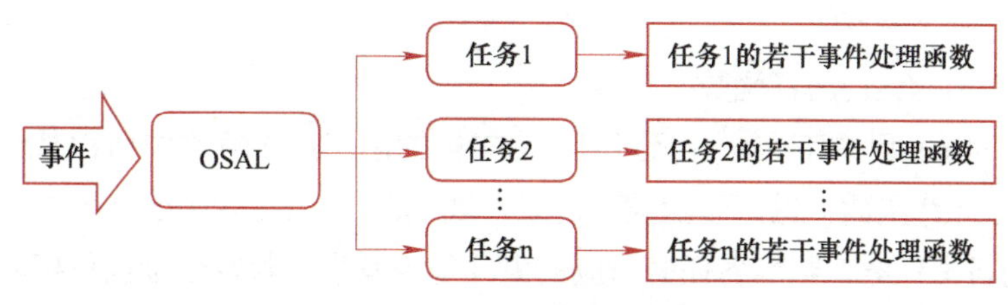


图4-4 OSAL运行机制

在ZigBee协议栈中，tasksCnt、tasksEvents和tasksArr这3个变量非常重要。

1）tasksCnt：该变量保存了系统中任务的总数量。

2）tasksEvents：这是一个指针，指向了事件表的首地址。在OSAL_SampleApp.c中声明为“uint16 *tasksEvents;”。

3）tasksArr：这个数组里存放了所有任务的事件处理函数的地址，在这里事件处理函数就代表了任务本身，也就是说事件处理函数标识了与其对应的任务。该数组在OSAL_

SampleApp. c中定义为：

```
1.  const pTaskEventHandlerFn tasksArr[] = {
2.      macEventLoop,
3.      nwk_event_loop,
4.      Hal_ProcessEvent,
5.  #if defined( MT_TASK )
6.      MT_ProcessEvent,
7.  #endif
8.      APS_event_loop,
9.  #if defined ( ZIGBEE_FRAGMENTATION )
10.     APSF_ProcessEvent,
11. #endif
12.     ZDApp_event_loop,
13. #if defined ( ZIGBEE_FREQ_AGILITY ) || defined ( ZIGBEE_PAN ID_CONFLICT )
14.     ZDNwkMgr_event_loop,
15. #endif
16.     SampleApp_ProcessEvent
17. };
```

程序分析：在OSAL_Tasks. h文件中对pTaskEventHandlerFn类型如下声明如下。

```
typedef unsigned short (*pTaskEventHandlerFn)( unsigned char task_id, unsigned short event );
```

数组tasksArr[ ]的每个元素都是函数的地址（用函数名表示函数的地址），即该数组的元素都是事件处理函数的函数名，如第16行，SampleApp_ProcessEvent就是“通用应用任务事件处理函数名”，该函数在SampleApp. c文件中被定义了。

到此，大家可能对OSAL有一种朦胧的认识，但是要彻底弄清楚OSAL运行机理，必须要深入探究osal_run_system()和SampleApp_ProcessEvent()函数是如何被调动起来的。

### 2. OSAL关键函数分析

（1）osal_run_system()函数

在工程的ZMain目录下有一个ZMain. c文件的main()函数中可以找到void osal_start_system(void)函数，进入该函数，可以发现osal_run_system()函数。该函数的主要功能是依次轮询各个任务，判断各任务对应的事件是否发生，若发生则执行相应的事件处理函数。其定义如下（去掉了部分条件编译代码，但工作原理没有变化）：

```
1.  void osal_run_system( void )
2.  {   uint8 idx = 0;                 //定义任务索引（任务编号）
3.      osalTimeUpdate();              //更新系统时钟
4.      Hal_ProcessPoll();             //查看硬件是否有事件发生，如：串口、SPI接口
5.      do {
6.              if (tasksEvents[idx])  //判断某一任务的事件是否发生，即循环查看事件表
7.              {   break;
```

```
8.          }
9.    } while (++idx < tasksCnt);//从第0个任务到第tasksCnt个任务循环判断每个任务的事件
10.   if (idx < tasksCnt)
11.   {   uint16 events;
12.         halIntState_t intState;                    //中断状态
13.         HAL_ENTER_CRITICAL_SECTION(intState); //中断临界：保存先前中断状态，然后关中断
14.         events = tasksEvents[idx];                 //读取事件
15.         tasksEvents[idx] = 0;                      //对该任务的事件清零
16.         HAL_EXIT_CRITICAL_SECTION(intState); //跳出中断临界状态：恢复先前中断状态
17.         activeTaskID = idx;
18.         events = (tasksArr[idx])( idx, events );   //调用相对应的任务事件处理函数
19.         activeTaskID = TASK_NO_TASK;
20.         HAL_ENTER_CRITICAL_SECTION(intState);
21.         tasksEvents[idx] |= events; //把返回未处理的任务事件添加到当前任务中再进行处理
22.         HAL_EXIT_CRITICAL_SECTION(intState);
23.   }
```

程序分析如下。

① 分析第13行和第20行HAL_ENTER_CRITICAL_SECTION (intState) 函数，以及第16行和第22行HAL_EXIT_CRITICAL_SECTION (intState) 函数。在hal_mcu. h中定义：

```
1.  #define HAL_ENABLE_INTERRUPTS()           st( EA = 1; )
2.  #define HAL_DISABLE_INTERRUPTS()          st( EA = 0; )
3.  #define HAL_INTERRUPTS_ARE_ENABLED()      (EA)
4.  typedef unsigned char halIntState_t;
5.  #define HAL_ENTER_CRITICAL_SECTION(x)     st( x = EA;  HAL_DISABLE_INTERRUPTS(); )
6.  #define HAL_EXIT_CRITICAL_SECTION(x)      st( EA = x; )
```

HAL_ENTER_CRITICAL_SECTION (intState) 函数的作用是把原先中断状态EA赋给X，然后关中断；以便后面可以恢复原先的中断状态。目的是为了在访问共享变量时，保证变量不被其他任务同时访问。

HAL_EXIT_CRITICAL_SECTION (intState) 函数的作用是跳出上面的中断临界状态，恢复先前的中断状态，相当于开中断。

② 第11行代码uint16　events定义了临时事件变量，该变量是16位的二进制变量。如，在ZComDef. h文件中，定义无线新数据接收事件（AF_INCOMING_MSG_CMD为0x1A；），在MT. h文件中，定义串口接收事件（CMD_SERIAL_MSG为0x01；）。

不同的任务，事件值可以相同，但表示的意义不同。例如：tasksEvents [0] =0x01，tasksEvents [1] =0x01，前者表示第1个任务的事件为0x01，后者表示第2个任务的事件为0x01。

③ 第14行代码events=tasksEvents [idx]，获取任务事件。一定要搞清楚“*tasksEvents”与tasksEvents [idx] 之间的关系，在C语言中，指向数组的指针变量可以带下标，所以

tasksEvents [idx] 等价于*(tasksEvents+idex)。因此，tasksEvents [idx] 中存的是数据而不是地址（指针）。

在系统初始化时，系统将所有任务的事件初始化为0。第6行通过tasksEvents [idx] 是否为0来判断是否有事件发生，若有事件发生，则跳出循环，进入任务事件处理相关处理。

④ 第15行代码tasksEvents [idx] =0用于清除任务idx的事件。

⑤ 第18行代码events= (tasksArr [idx] ) (idx, events)，调用相对应的任务事件处理函数。每个任务都有一个事件处理函数，这个函数需要处理若干个事件。

⑥ 第21行代码tasksEvents [idx] |= events，每次调用18行代码，只处理一个事件，若一个任务有多个事件响应，则把返回未处理的任务事件添加到当前任务中再进行处理。

（2）事件处理函数

osal_run_system () 函数中的events= (tasksArr [idx] ) (idx, events) 代码用于调用相对应的任务事件处理函数，并返回未处理的事件给变量events。对于Z-Stack协议栈示例任务的事件处理函数是SampleApp_ProcessEvent，下面以该函数为例，分析事件处理函数关键步骤。函数的总体功能是：通过调用osal_msg_receive函数从消息队列中接收一个消息（消息包括事件和相关数据），然后使用switch-case语句或if语句来判断事件类型，然后调用相应的事件处理函数。

```
1.  uint16 SampleApp_ProcessEvent( uint8 task_id, uint16 events )
2.  {   afIncomingMSGPacket_t *MSGpkt;
3.      if ( events & SYS_EVENT_MSG )
4.      {   MSGpkt = (afIncomingMSGPacket_t *)osal_msg_receive( SampleApp_TaskID );
5.              while ( MSGpkt )
6.              {   switch ( MSGpkt->hdr.event )
7.              {   case AF_INCOMING_MSG_CMD:
8.                      SampleApp_MessageMSGCB( MSGpkt );
9.                      break;
10.                 default:
11.                     break;
12.             }
13.             osal_msg_deallocate( (uint8 *)MSGpkt ); // 释放消息内存
14.                 MSGpkt = (afIncomingMSGPacket_t *)osal_msg_receive( SampleApp_TaskID );
15.             }
16.             return (events ^ SYS_EVENT_MSG); // 返回未处理的事件
17.     }
18.     if ( events & SAMPLEAPP_SEND_PERIODIC_MSG_EVT )
19.     {   SampleApp_SendPeriodicMessage();
20.             return (events ^ SAMPLEAPP_SEND_PERIODIC_MSG_EVT); // 返回未处理的事件
21.     }
22.   return 0;
23. }
```

程序分析：

① 第3行和第18行两个if语句，用于判断事件类型，其中SYS_EVENT_MSG包含了很多事件，所以采用switch-case语句再次判断不同的事件。

在ZigBee协议栈中，事件既可以是用户定义的事件，也可以是协议栈内部已经定义的事件，SYS_EVENT_MSG就是协议栈内部定义的事件之一，SYS_EVENT_MSG定义如下：

```
#define  SYS_EVENT_MSG    0x8000
```

由于协议栈定义的事件为系统强制事件，因此SYS_EVENT_MSG是一个事件集合，主要包括以下几个事件：

- AF_INCOMING_MSG_CMD：表示收到了一个新的无线数据事件。
- ZDO_STATE_CHANGE：表示当网络状态发生变化时，会产生该事件。如节点加入网络时，该事件就有效，还可以进一步判断加入的设备是协调器、路由器或终端设备。
- KEY_CHANGE：表示按键事件。
- ZDO_CB_MSG：表示每一个注册的ZDO响应消息。
- AF_DATA_CONFIRM_CMD：调用AF_DataRequest( )发送数据时，有时需要确认信息，该事件与此有关。

② 第7行，判断事件是否为接收到新数据事件AF_INCOMING_MSG_CMD，如果是，则调用SampleApp_MessageMSGCB(MSGpkt)事件处理函数处理从无线信道接收的数据。

③ 第14行，再次从消息队列中接收有效消息（与第4行代码功能相同），然后再返回while（MSGpkt）重新处理事件，直到没有等待消息为止。

④ 第16行和第20行都是使用异或运算，返回未处理的事件。例如：此时events=0x0005，则进入SampleApp_ProcessEvent()函数后，第3行if语句无效，则会跳到第18行if语句，SAMPLEAPP_SEND_PERIODIC_MSG_EVT的值为0x0001，则events^0x0001=0x00004。即第20行会返回0x0004。可见异或运算可以将处理完的事件清除掉，仅留下未处理的事件。

到此，将OSAL的运行机制总结以下几点：

- OSAL是一种基于事件驱动的任务轮询式操作系统，事件有效才调用相应任务的事件处理函数；
- 通过不断查询事件表（tasksEvents[idx]）来判断是否有事件发生，若有，则查找函数表（tasksArr[idx]），调用相应事件处理函数；
- 事件表用数组来表示，数组的每个元素对应一个任务的事件，一般用户定义的事件最好是每一位二进制数表示一个事件，那么一个任务最多可以有16个事件（因为events是uint16类型）。例如：0x01表示串口接收新数据，0x02表示读取温度数据，0x04表示读取湿度数据等，但是不用0x03、0xFE等数值表示事件；
- 函数表用指针数组来表示，数组的每个元素是相应任务的事件处理函数的首地址（函数指针）。

（3）消息队列

通常某些事件的发生，又伴随着一些附加数据的产生，这就需要将事件和数据封装成一个消息，将消息发送到消息队列中，然后使用osal_msg_receive(SampleApp_TaskID)函数从消息队列中得到消息。

OSAL维护一个消息队列，每个消息都会被放入该消息队列中，每个消息都包括一个消息头osal_msg_hdr_t和用户自定义的消息。在OSAL.h中，osal_msg_hdr_t结构体的定义为：

```
1.  typedef struct
2.  {     void   *Next;
3.        uint16 len;
4.        uint8  dest_id;
5.  } osal_msg_hdr_t;
```

### 3. 新任务添加

在ZigBee协议栈应用程序开发时，经常添加新的任务及其对应的事件，方法如下：

- 在任务的函数表中添加新任务；
- 编写新任务的初始化函数；
- 定义新任务全局变量和事件；
- 编写新任务的事件处理函数。

步骤1：在任务的函数表中添加新任务。

在OSAL_SampleApp.c文件中，找到任务的函数表代码：

```
1.  const pTaskEventHandlerFn tasksArr[] = {
2.     macEventLoop,
3.     nwk_event_loop,
4.     Hal_ProcessEvent,
5.  #if defined( MT_TASK )
6.     MT_ProcessEvent,
7.  #endif
8.     APS_event_loop,
9.  #if defined ( ZIGBEE_FRAGMENTATION )
10.    APSF_ProcessEvent,
11. #endif
12.    ZDApp_event_loop,
13. #if defined ( ZIGBEE_FREQ_AGILITY ) || defined ( ZIGBEE_PAN ID_CONFLICT )
14.    ZDNwkMgr_event_loop,
15. #endif
16.    SampleApp_ProcessEvent
17. };
```

程序分析：在数组tasksArr[]的最后添加第16行代码，这是新任务的事件处理函数名，新任务的事件处理函数添加到16行后面即可。

步骤2：编写新任务的初始化函数。

在OSAL_SampleApp. c文件中，找到任务初始化函数，其代码如下：

```
1.  void osalInitTasks( void )
2.  {    uint8 taskID = 0;
3.       tasksEvents = (uint16 *)osal_mem_alloc( sizeof( uint16 ) * tasksCnt);
4.       osal_memset( tasksEvents, 0, (sizeof( uint16 ) * tasksCnt));
5.         macTaskInit( taskID++ );
6.       nwk_init( taskID++ );
7.       Hal_Init( taskID++ );
8.    #if defined( MT_TASK )
9.       MT_TaskInit( taskID++ );
10.   #endif
11.      APS_Init( taskID++ );
12.   #if defined ( ZIGBEE_FRAGMENTATION )
13.      APSF_Init( taskID++ );
14.  #endif
15.      ZDApp_Init( taskID++ );
16.  #if defined ( ZIGBEE_FREQ_AGILITY ) || defined ( ZIGBEE_PAN ID_CONFLICT )
17.      ZDNwkMgr_Init( taskID++ );
18.  #endif
19.      SampleApp_Init( taskID );
20.  }
```

程序分析：将新任务的初始化函数添加在osalInitTasks(void)函数的最后，如第19行代码。值得注意的是，任务的函数表tasksArr[]中的元素（事件处理函数名）排列顺序与任务的初始化函数osalInitTasks(void)中的任务初始化子函数排列顺序是一一对应的，不允许错位。变量taskID是任务编号，有非常严格的自上到下的递增，最后一个任务的taskID值不需要加1，因为接下没有任务。

步骤3：定义新任务全局变量和事件。

为了保证osalInitTasks(void)函数能分配到任务ID，必须给每个任务定义一个全局变量。所以在SampleApp. c文件中，定义了uint8 SampleApp_TaskID变量，并在void SampleApp_Init(taskID)函数中被赋值，即：SampleApp_TaskID=task_id。

在SampleApp. h文件中定义事件，格式如下：

```
#define   SAMPLEAPP_SEND_PERIODIC_MSG_EVT    0x0001
```

步骤4：编写新任务的事件处理函数

在SampleApp_ProcessEvent()函数中编写事件处理代码，详见之前对该函数的分析。

### 4. Z-Stack的LED驱动概述

（1）Z-Stack的驱动程序概述（见表4-2）

表4-2 LED的主要操作函数描述

| 函数名 | 功能 |
| --- | --- |
| HAL_TURN_OFF_LED1() | 熄灭LED1，LED1可修改为LED1～LED4中任一个 |
| HAL_TURN_ON_LED1() | 点亮LED1，LED1可修改为LED1～LED4中任一个 |
| HAL_TOGGLE_LED1() | 翻转LED1，LED1可修改为LED1～LED4中任一个 |
| HalLedSet (uint8 leds, uint8 mode) | 1. 形参leds可为HAL_LED_1\2\3\4\ALL中任一个<br>2. 形参mode可为HAL_LED_MODE_BLINK\FLASH\TOGGLE\ ON\OFF中任一个<br>举例：HalLedSet (HAL_LED_1, HAL_LED_MODE_ON)，点亮LED1 |
| HalLedBlink (uint8 leds, uint8 numBlinks, uint8 percent, uint16 period) | 1. 形参leds可为HAL_LED_1\2\3\4\ALL中任一个<br>2. 形参numBlinks为闪烁次数，如10为闪烁10次，0为无限闪烁<br>3. 形参percent为每个周期的占空比，即一定时间内LED亮的时间占百分之几；形参period为周期<br>举例1：HalLedBlink ( HAL_LED_4, 0, 50, 500 )，表示LED4无限闪烁，50是百分之五十，就是亮灭各一半，500是周期，就是0.5s<br>举例2：HalLedBlink ( HAL_LED_ALL,10, 50, 500 )，表示使LED1、LED2、LED3和LED4全部同时闪烁10次，并且闪烁10次之后全部熄灭 |

（2）Z-Stack的LED宏定义与应用

在HAL/Include目录下的hal_led. h文件中，定义了LED相关的参数，包括4个LED和LED状态参数。

```
1.  /* LEDS – The LED number is the same as the bit position */
2.  #define HAL_LED_1       0x01
3.  #define HAL_LED_2       0x02
4.  #define HAL_LED_3       0x04
5.  #define HAL_LED_4       0x08
6.  #define HAL_LED_ALL   (HAL_LED_1 | HAL_LED_2 | HAL_LED_3 | HAL_LED_4)
7.  /* Modes */
8.  #define HAL_LED_MODE_OFF          0x00
9.  #define HAL_LED_MODE_ON           0x01
10. #define HAL_LED_MODE_BLINK        0x02
11. #define HAL_LED_MODE_FLASH        0x04
12. #define HAL_LED_MODE_TOGGLE       0x08
13. /* Defaults */
14. #define HAL_LED_DEFAULT_MAX_LEDS          4
15. #define HAL_LED_DEFAULT_DUTY_CYCLE        5
16. #define HAL_LED_DEFAULT_FLASH_COUNT       50
17. #define HAL_LED_DEFAULT_FLASH_TIME        1000
```

在HAL/Target/Config目录下的hal_board_cfg. h文件中，有LED硬件相关的宏定义，这些代码都是根据TI公司自己的开发板定义的。

```
1.  /* 1 – Green */
2.  #define LED1_BV           BV(0)          //LED1位于第0位
3.  #define LED1_SBIT         P1_0           //LED1端口为P1_0
4.  #define LED1_DDR          P1DIR          //P1端口方向寄存器，设置P1_0为输出
```

```
5.  #define LED1_POLARITY     ACTIVE_HIGH     //高电平有效
6.  #if defined (HAL_BOARD_CC2530EB_REV17)
7.  /* 2 – Red */
8.    #define LED2_BV            BV(1)
9.    #define LED2_SBIT          P1_1
10.   #define LED2_DDR           P1DIR
11.   #define LED2_POLARITY      ACTIVE_HIGH
12. /* 3 – Yellow */
13.   #define LED3_BV            BV(4)
14.   #define LED3_SBIT          P1_4
15.   #define LED3_DDR           P1DIR
16.   #define LED3_POLARITY      ACTIVE_HIGH
17. #endif
```

程序分析：TI公司的CC2530EB评估开发板主要有rev13和rev17两个版本，在硬件上稍有不同，默认为rev17版本。所以在程序的第6行有一个条件编译，即rev13版本只有LED1，而rev17版本有LED1～LED3。

在hal_board_cfg.h文件中定义了对LED操作的宏，虽然Z-Stack各层对LED有点亮、熄灭、翻转、闪烁等操作，但是都是用这些宏来操作。

## 4.2.3 任务实施

### 1. 打开Z-Stack的SampleApp.eww工程

先在磁盘的合适的位置创建一个名为“任务1　基于Z-Stack的串口通信”的文件夹（作为新工程目录），在默认安装路径C:\Texas Instruments\ZStack-CC2530-2.5.1a中找到Components和Projects文件夹，并复制到文件夹“任务1　基于Z-Stack的串口通信”下，如图4-5所示。

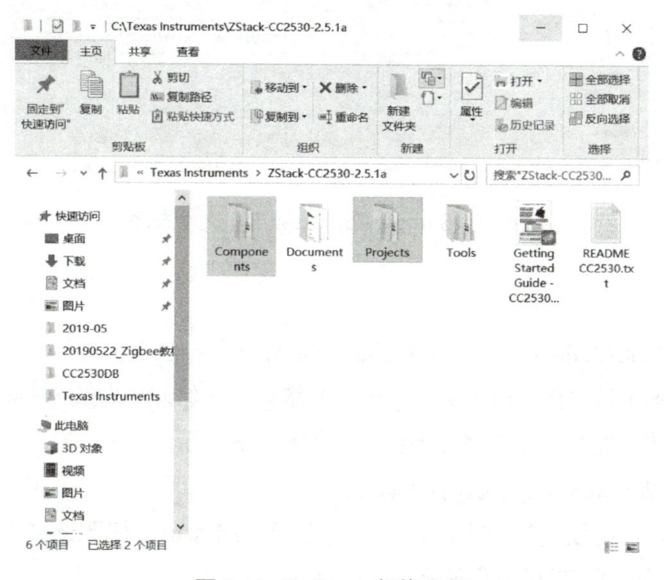


图4-5　Z-Stack安装目录

从新工程路径下的Projects\zstack\Samples\SampleApp\CC2530DB中找到工程名为SampleApp. eww的文件，并双击打开这个新工程，如图4-6所示。

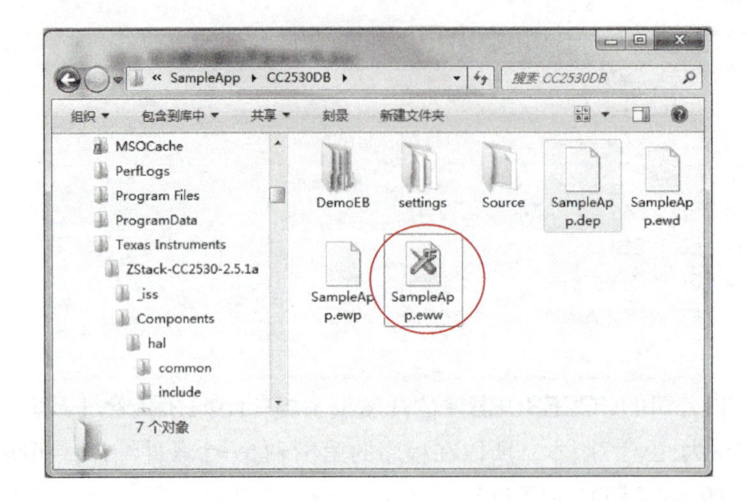


图4-6　SampleApp.eww工程路径

打开该工程后，可以看到SampleApp. eww工程文件布局，如图4-7所示。

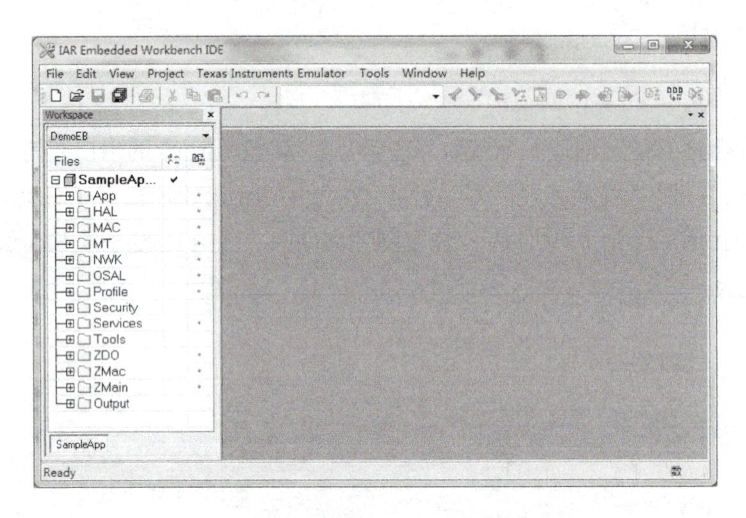


图4-7　SampleApp.eww工程文件布局

## 2. 文件删除

1）移除工程中SampleAppHw. h和SampleAppHw. c文件。

将SampleApp工程中的SampleAppHw. h移除，移除方法为选择SampleAppHw. h，单击右键，在弹出的下拉菜单中选择Remove，如图4-8所示。

按照同样的方法移除SampleAppHw. c。

2）修改SampleApp. c文件对头文件的引用，Workspace修改选择为“DemoEB”。

修改的代码如图4-9和图4-10所示。

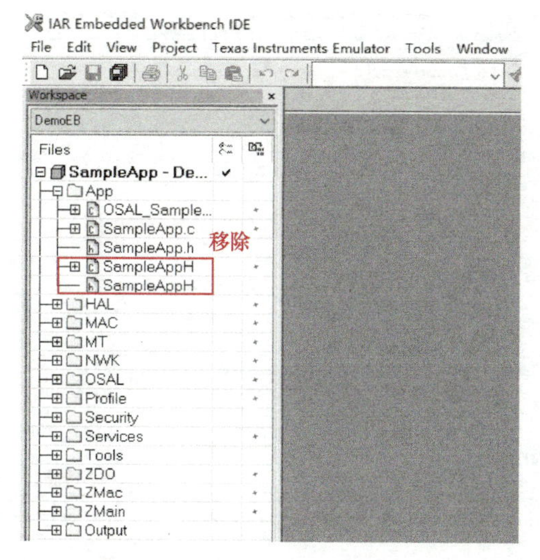


图4-8　移除SampleAppHW.h

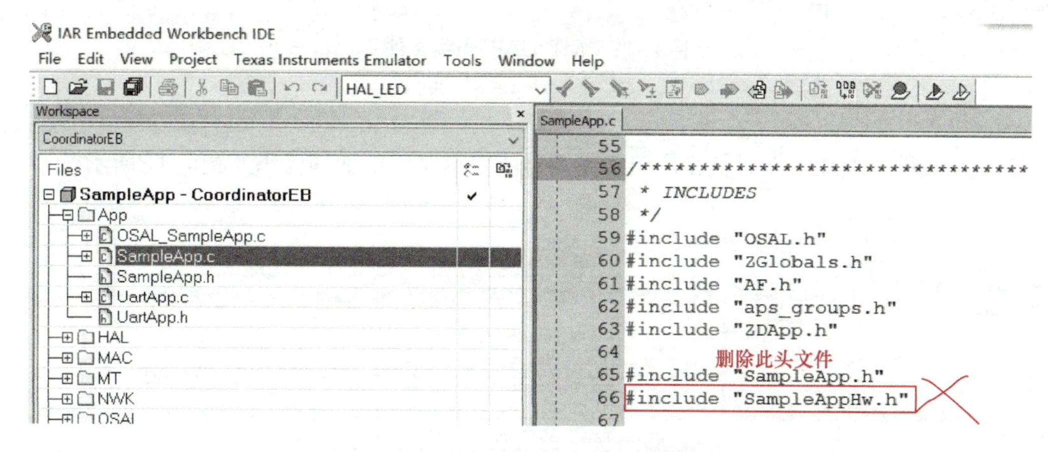


图4-9　SampleApp文件删除头文件

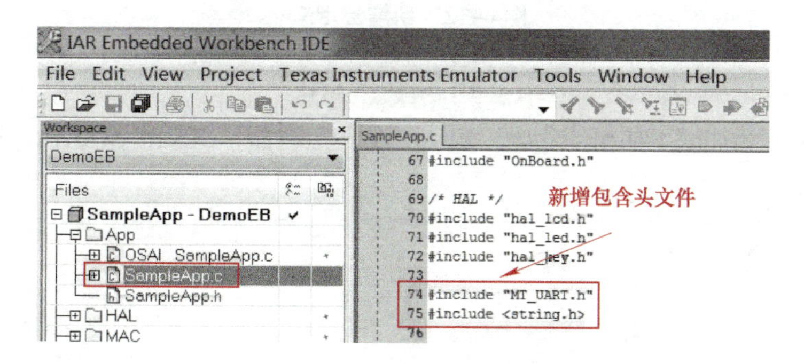


图4-10　SampleApp文件增加头文件

### 3．修改串口配置代码

打开MT/MT_UART.h头文件，按照图4-11所示修改第71行和第75行代码，关闭串口流控功能和将波特率修改为115200。

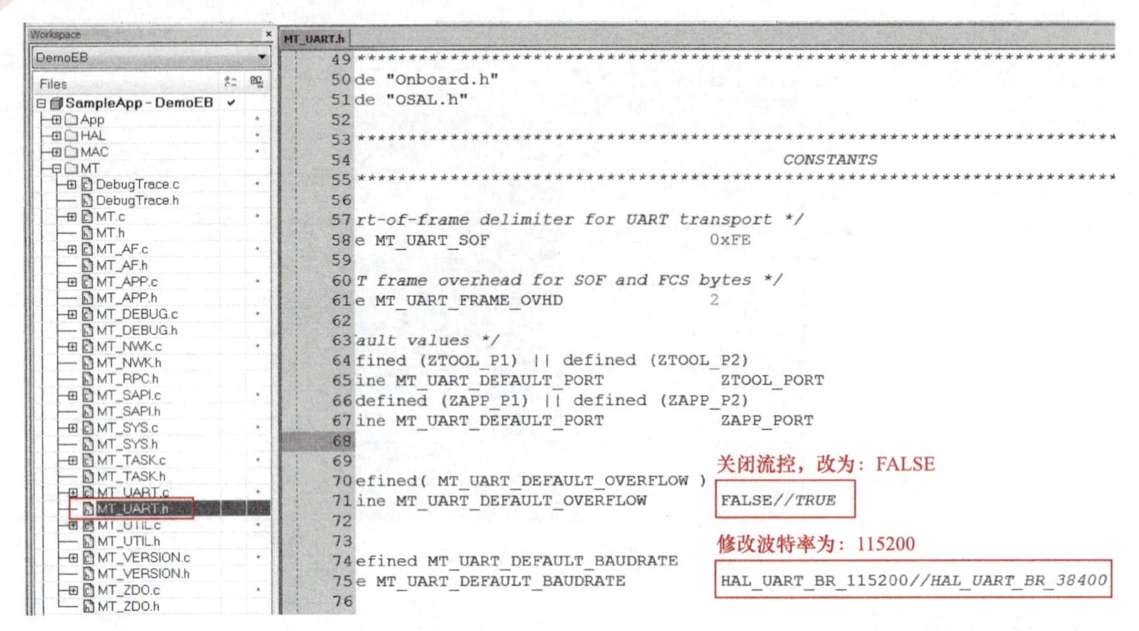


图4-11　MT_UART.h头文件

## 4．修改SampleApp. h文件

在该头文件中增加周期时长和串口事件编号的宏定义，增加的代码如图4-12所示。

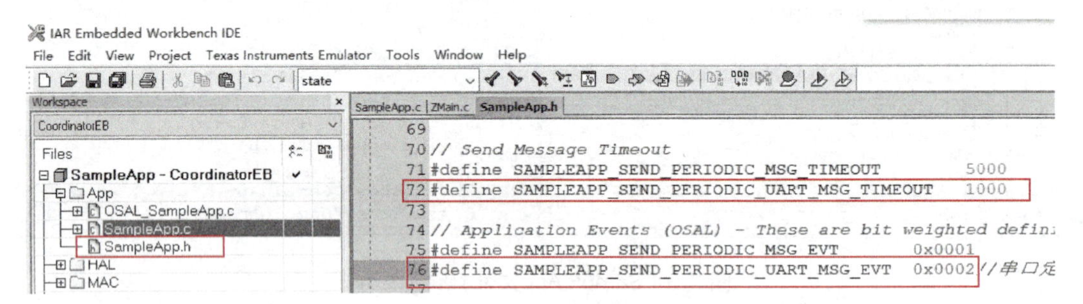

图4-12　新增宏定义

## 5．SampleApp. c中修改SampleApp_Init初始化函数

在该函数末尾添加底下加粗的代码，启动一个1s定时器，向SampleApp_TaskID发送串口定时发送事件。

```
1.  void SampleApp_Init( uint8 task_id )
2.  {
3.    …//此处省略无关代码
4.  #if defined ( LCD_SUPPORTED )
5.      HalLcdWriteString( "SampleApp", HAL_LCD_LINE_1 );
6.  #endif
7.      //启动串口定时发送事件，注意\后不能有空格，否则编译有错
8.      osal_start_timerEx( SampleApp_TaskID, \
9.                      SAMPLEAPP_SEND_PERIODIC_UART_MSG_EVT, \
```

```
10.                        SAMPLEAPP_SEND_PERIODIC_UART_MSG_TIMEOUT );
11. }
```

### 6. 修改SampleApp_ProcessEvent函数

增加对新事件SAMPLEAPP_SEND_PERIODIC_UART_MSG_EVT的处理，首先向串口输出“Hello ZigBee!”信息，然后再次启动1s定时器。代码如下：

```
1.  case ZDO_STATE_CHANGE://ZDO状态改变事件
2.          SampleApp_NwkState = (devStates_t)(MSGpkt->hdr.status);//读取设备状态
3.          //若设备是协调器、路由器或终端节点
4.          if ((SampleApp_NwkState == DEV_ZB_COORD)
5.            || (SampleApp_NwkState == DEV_ROUTER)
6.              || (SampleApp_NwkState == DEV_END_DEVICE) )
7.          {
8.            osal_start_timerEx( SampleApp_TaskID, SAMPLEAPP_SEND_PERIODIC_MSG_EVT,
SAMPLEAPP_SEND_PERIODIC_MSG_TIMEOUT );
9.          }
10.       ……此处省略……
11.     return (events ^ SYS_EVENT_MSG);
12.   }
13.  if ( events & SAMPLEAPP_SEND_PERIODIC_MSG_EVT )
14.   {
15.     SampleApp_SendPeriodicMessage();
16.
17.     osal_start_timerEx( SampleApp_TaskID, SAMPLEAPP_SEND_PERIODIC_MSG_EVT,
18.                  (SAMPLEAPP_SEND_PERIODIC_MSG_TIMEOUT + (osal_rand() & 0x00FF)) );
19.     return (events ^ SAMPLEAPP_SEND_PERIODIC_MSG_EVT); // 返回未处理的事件
20.   }
21.  //发送"Hello ZigBee!"信息的事件SAMPLEAPP_SEND_PERIODIC_UART_MSG_EVT
22.  if ( events & SAMPLEAPP_SEND_PERIODIC_UART_MSG_EVT )//串口定时发送事件
23.   {
24.    //串口发送数据
25.    HalUARTWrite ( MT_UART_DEFAULT_PORT, \
26.                 (uint8 *)"Hello ZigBee !\r\n", \
27.                 strlen("Hello ZigBee !\r\n") );
28.    //实现循环启动定时时间
29.    osal_start_timerEx( SampleApp_TaskID, \
30.                 SAMPLEAPP_SEND_PERIODIC_UART_MSG_EVT, \
31.                 SAMPLEAPP_SEND_PERIODIC_UART_MSG_TIMEOUT );
32.
33.    // return unprocessed events
34.    return (events ^ SAMPLEAPP_SEND_PERIODIC_UART_MSG_EVT);
35.   }
```

程序分析：

第22～35行新增代码，增加串口定时发送处理，会定时向串口输出“Hello ZigBee！”，然后再次开启1s定时器。

通过上述1～6的步骤，就实现ZigBee模块每隔1s向串口发送信息的功能。下面步骤是实现新增任务，接收串口数据功能。

7．添加应用层新任务

1）在IAR下单击“File”，在弹出的下拉菜单中选择“New”，然后选择“File”，将文件保存为UartApp.h，放在ZStack-CC2530-2.5.1a\Projects\zstack\Samples\SampleApp\Source目录下。然后以同样的方法新建UartApp.c。

右击“APP”选择add→add files命令，把刚才的两个文件（UartApp.h和UartApp.c）导入到工程中。

2）增加UartApp.h头文件代码，在该文件中新增任务初始化函数和事件处理函数声明。

打开UartApp.h文件，增加的代码如下：

```
1.  #ifndef _UARTAPP_H_
2.  #define _UARTAPP_H_
3.
4.  // Application Events (OSAL) – These are bit weighted definitions.
5.  #define UART_APP_EVT        0x0001
6.
7.  void UartApp_Init( uint8 task_id );
8.  uint16 UartApp_ProcessEvent( uint8 task_id, uint16 events );
9.
10. #endif
```

3）打开UartApp.c文件，在该文件中增加新任务的初始化函数和事件处理函数。增加代码如下：

```
1.  /*******************************************************************
2.   * INCLUDES
3.   */
4.  #include <string.h>
5.  #include "hal_led.h"
6.  #include "hal_uart.h"
7.  #include "MT_UART.h"
8.  #include "UartApp.h"
9.
10.
11. uint8 UartApp_TaskID;  // Task ID for internal task/event processing
12.
13. /*********************************************************************
14.  *函数：void UartApp_Init( uint8 task_id )
```

```
15. *功能：Initialization function for the UART App Task.
16. *输入：task_id – the ID assigned by OSAL.  This ID should be used to send messages and set
17. *                timers.
18. *输出：无
19. *返回：无
20. *特殊说明：无
21. ************************************************************************/
22. void UartApp_Init( uint8 task_id )
23. {
24.   UartApp_TaskID = task_id;
25.   osal_set_event( UartApp_TaskID, UART_APP_EVT );
26. }
27.
28. /*********************************************************************
29.  * @fn      UartApp_ProcessEvent
30.  *
31.  * @brief   UART Application Task event processor.  This function
32.  *          is called to process all events for the task.
33.  *
34.  * @param   task_id  – The OSAL assigned task ID.
35.  * @param   events – events to process.  This is a bit map and can
36.  *                   contain more than one event.
37.  *
38.  * @return  none
39.  */
40. uint16 UartApp_ProcessEvent( uint8 task_id, uint16 events )
41. {
42.   (void)task_id;  // Intentionally unreferenced parameter
43.
44.   if ( events & UART_APP_EVT )
45.   {
46.     uint8 buf[8] = {0};
47.     if(Hal_UART_RxBufLen(MT_UART_DEFAULT_PORT) > 0)
48.     {//串口有收到数据
49.       HalUARTRead(MT_UART_DEFAULT_PORT,buf,8);          //从串口读取数据
50.       if((buf[0] == '0') || (buf[0] == 0x00))
51.       {//收到字符“0”或数值0则灭灯
52.         HalLedSet( HAL_LED_2, HAL_LED_MODE_OFF);
53.       }
54.       else
55.       {//非0或“0”则亮灯
56.         HalLedSet( HAL_LED_2, HAL_LED_MODE_ON);
57.       }
58.     }
```

```
59.        //Set a Task Event 设置事件，以便下次再次进入事件
60.        osal_set_event( UartApp_TaskID, UART_APP_EVT );
61.        return (events ^ UART_APP_EVT);  // 清任务标志
62.      }
63.
64.      // Discard unknown events
65.      return 0;
66.  }
```

4）打开OSAL_SampleApp.c文件，在任务数组const pTaskEventHandlerFn tasksArr [] 中增加应用层任务处理函数UartApp_ProcessEvent，保证新增任务处理函数得到调度。如图4-13所示。

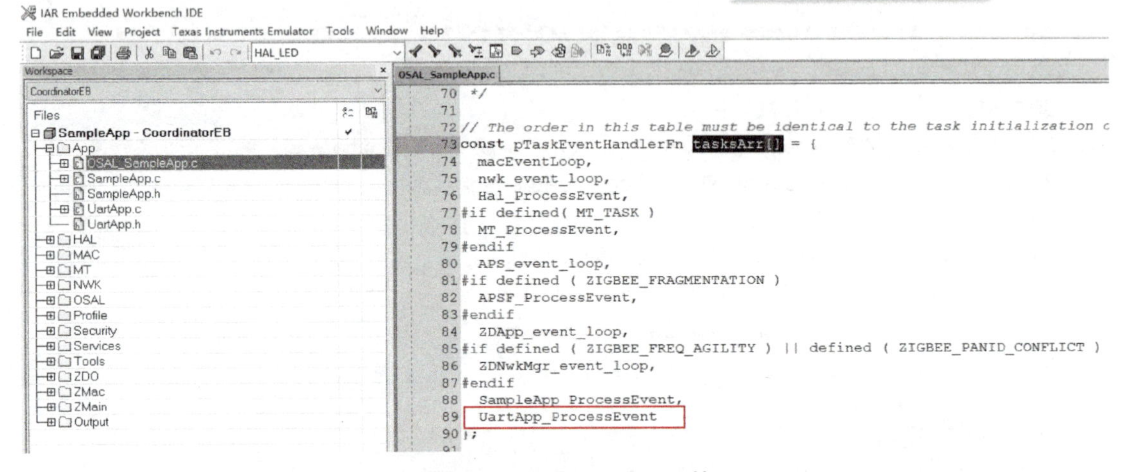


图4-13　新增任务处理函数

5）打开OSAL_SampleApp.c文件，在osalInitTasks函数中增加对新增任务初始化函数的调用，为新任务分配任务ID，如图4-14所示。

```
107 void osalInitTasks( void )
108 {
109   uint8 taskID = 0;
110
111   tasksEvents = (uint16 *)osal_mem_alloc( sizeof( uint16 ) * tasksCnt);
112   osal_memset( tasksEvents, 0, (sizeof( uint16 ) * tasksCnt));
113
114   macTaskInit( taskID++ );
115   nwk_init( taskID++ );
116   Hal_Init( taskID++ );
117 #if defined( MT_TASK )
118   MT_TaskInit( taskID++ );
119 #endif
120   APS_Init( taskID++ );
121 #if defined ( ZIGBEE_FRAGMENTATION )
122   APSF_Init( taskID++ );
123 #endif
124   ZDApp_Init( taskID++ );
125 #if defined ( ZIGBEE_FREQ_AG
126   ZDNwkMgr_Init( taskID++ );
127 #endif
128   SampleApp_Init( taskID++ );
129   UartApp_Init( taskID );
130 }
```

修改“SampleApp_Init(taskID);”为“SampleApp_Init(taskID++);”，并新增UartApp_Init(taskID);

图4-14　新增任务初始化

6）在OSAL_SampleApp.c中添加头文件UartApp.h的引用，如图4-15所示。

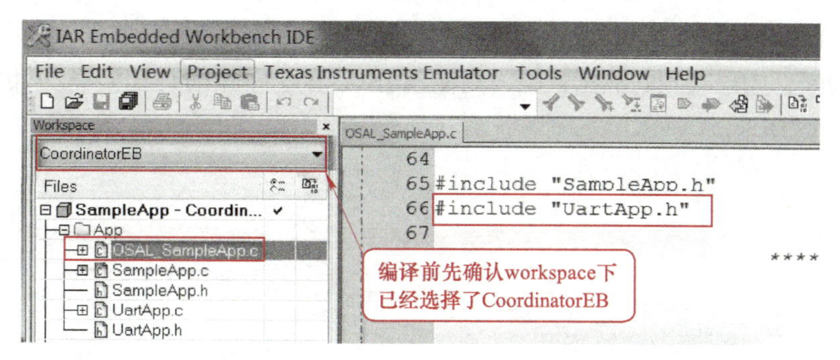


图4-15 添加头文件UartApp.h的引用

### 8. 下载和运行

编译链接无误后，将一块ZigBee模块上电，把程序下载到ZigBee模块中。然后，打开上位机串口调试助手，设置波特率为115 200。程序运行效果如图4-16所示。

1）在串口调试窗口会间隔1s显示字符串“Hello ZigBee!”。

2）在串口调试窗口中输入字符“1”，单击“发送”按钮，ZigBee模块的LED2会点亮。在串口调试窗口中输入字符“0”，单击“发送”按钮，ZigBee模块的LED2会熄灭。

图4-16 串口通信程序运行效果图

# 4.3 任务2 基于Z-Stack的点对点通信

## 4.3.1 任务要求

采用两个ZigBee模块，一个作为协调器（ZigBee 节点1），另一个作为终端节点或路由

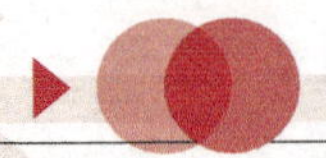

器（ZigBee 节点2）。按下ZigBee 节点2的SW1键，ZigBee 节点1收到数据后，对接收到的数据进行判断，如果收到的数据正确，则使ZigBee节点1的LED1切换亮/灭状态。数据传输模型如图4-17所示。

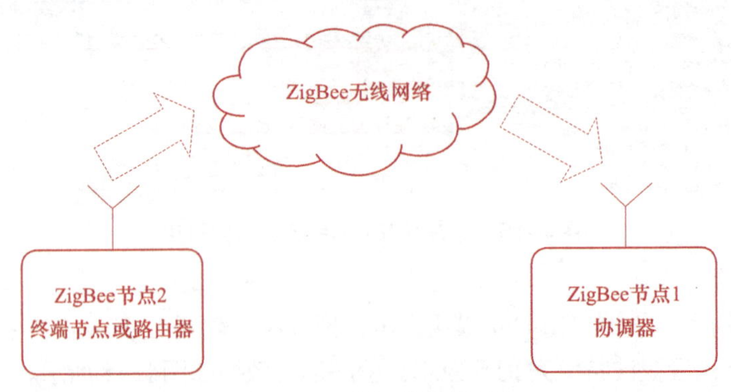


图4-17　数据传输模型

## 4.3.2　知识链接

### 1．设备类型和基本配置

在Workspace栏中，有四个子项目可以选择，分别为DemoEB（测试项目）、CoordinatorEB（协调器项目）、RouterEB（路由器项目）和EndDeviceEB（终端节点项目），如图4-18所示。本次任务主要选择CoordinatorEB和EndDeviceEB项目。

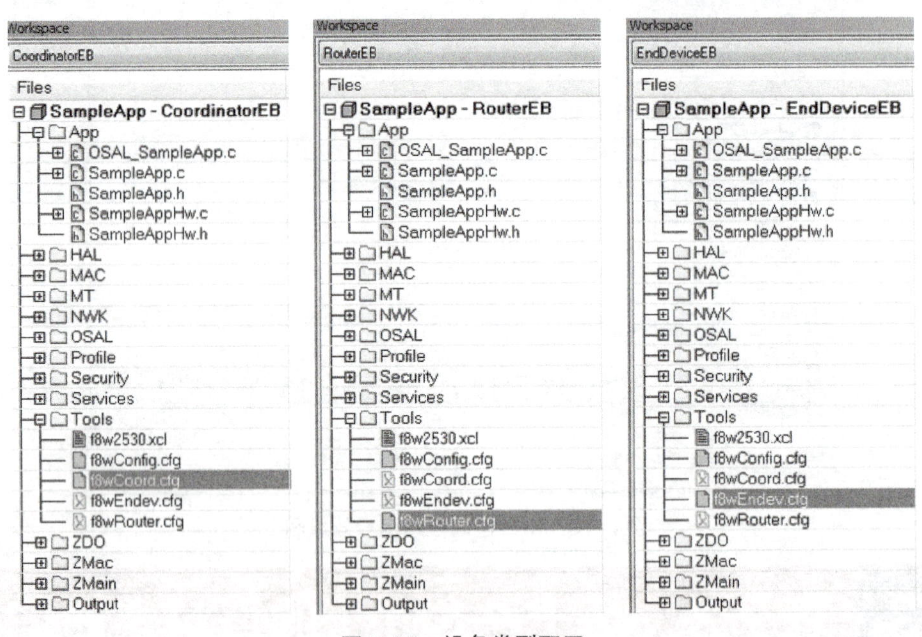


图4-18　设备类型配置

1）当选择CoordinatorEB选项时，f8wCoord. cfg有效，f8wEndev. cfg和f8wRouter. cfg两个文件无效（文件呈灰白色，表示不参与编译）。f8wCoord. cfg文件定义了协调器设备类型，具体代码如下：

```
1.  /* Coordinator Settings */
2.  -DZDO_COORDINATOR                    // Coordinator Functions
3.  -DRTR_NWK                            // Router Functions
```

程序分析：协调器首先负责建立一个新的网络，一旦网络建立，该设备就等同于一个路由器，所以协调器有双重功能。

2）当选择RouterEB选项时，f8wRouter. cfg有效，f8wEndev. cfg和f8wCoord. cfg两个文件无效。f8wRouter. cfg文件定义了路由器设备类型，具体代码如下：

```
1.  /* Router Settings */
2.  -DRTR_NWK                            // Router Functions
```

3）当选择EndDeviceEB选项时，f8wEndev. cfg有效，f8wRouter. cfg和f8wCoord. cfg两个文件无效。f8wEndev. cfg文件默认配置终端节点设备类型。

4）f8w2530. xcl文件对CC2530单片机的堆栈、内存进行了分配，一般不需要修改。

5）f8wConfig. cfg文件对信道选择、网络号ID等有关的链接命令进行了配置。例如：

```
1.   /* Default channel is Channel 11 - 0x0B */
2.   // Channels are defined in the following:
3.   //          0      : 868 MHz        0x00000001
4.   //          1 - 10 : 915 MHz        0x000007FE
5.   //         11 - 26 : 2.4 GHz        0x07FFF800
6.   //-DMAX_CHANNELS_868MHZ             0x00000001
7.   //-DMAX_CHANNELS_915MHZ             0x000007FE
8.   //-DMAX_CHANNELS_2.4GHZ             0x07FFF800
9.   -DDEFAULT_CHANLIST=0x00000800  // 11 - 0x0B
10.  /* Define the default PAN ID.*/
11.  -DZDAPP_CONFIG_PAN_ID=0xFFFF
```

程序分析：上述代码定义了建立网络的信道默认值为11，即从11信道上建立ZigBee网络。第11行代码定义了ZigBee网络的PAN ID号。因此，如果要建立其他信道或PAN ID号，在此修改即可。

对于f8wConfig. cfg中的PAN ID号“-DZDAPP_CONFIG_PAN_ID”要特别注意，如果要让协调器自己生成PAN ID号，则-DZDAPP_CONFIG_PAN_ID要等于0xFFFF，协调器建立网络时会自动生成一个不与已经存在的ZigBee网络重复的唯一的PAN ID号。如果用户想要让自己的ZigBee设备入网到指定的PAN ID号网络中，则需要所有ZigBee设备-DZDAPP_CONFIG_PAN_ID等于一个指定的值，这个值是除0x0000或0xFFFF以外的值，比如取：0x1B2E，那么所有的ZigBee设备只会入网到PAN ID号为0x1B2E的网络中。若同一个地理区域内有多个ZigBee网络，为防止自己的ZigBee设备入网到不相关的网络中，可以采用指定PAN ID号组网的方法。

### 2．Z-Stack按键驱动

Z-Stack协议栈中提供了轮询和中断两种按键控制方式，其中轮询方式是每隔一定时间检测按键状态，并进行相应处理；中断方式是按键触发外部中断，并进行相应处理。Z-Stack协议栈默认使用轮询方式，如果觉得轮询方式处理按键不够灵敏，可以修改为中断方式。

Z-Stack协议栈中定义了1个Joystick游戏摇杆和2个独立按键，其中Joystick游戏摇杆方向键采用ADC接口、中心键采用TTL接口，方向键与CC2530的AN6（P0_6）相连，随着摇杆方向不同，抽头的阻值随着变化，CC2530的ADC采样的值就会发生变化，从而得知摇杆的方向；中心键与CC2530的P2_0相连。独立按键仅有SW6按键宏定义，即与CC2530的P0_1相连，SW7按钮需用户补充。随着摇杆方向不同，抽头的阻值随着变化。Z-Stack按键驱动代码分析如下：

（1）Z-Stack的按键宏定义

① 在HAL/Include目录下的hal_key.h文件中，对按键进行了基本的配置。

```
1.  #define HAL_KEY_INTERRUPT_DISABLE    0x00    //中断禁止宏定义
2.  #define HAL_KEY_INTERRUPT_ENABLE     0x01    //中断使能宏定义
3.  #define HAL_KEY_STATE_NORMAL         0x00    //按键正常状态
4.  #define HAL_KEY_STATE_SHIFT          0x01    //按键处于shift状态
```

② 在HAL/Target/Drivers目录下的hal_key.c文件中，对按键进行了具体的配置。注意：只有采用中断方式响应按键，才用到以下代码配置按键输入端口。

```
1.   /* 配置按键和摇杆的中断状态寄存器*/
2.   #define HAL_KEY_CPU_PORT_0_IF P0IF
3.   #define HAL_KEY_CPU_PORT_2_IF P2IF
4.   /* 按键SW_6与P0_1相连，并进行端口配置 */
5.   #define HAL_KEY_SW_6_PORT     P0
6.   #define HAL_KEY_SW_6_BIT      BV(1)
7.   #define HAL_KEY_SW_6_SEL      P0SEL
8.   #define HAL_KEY_SW_6_DIR      P0DIR
9.   /*中断边沿配置 */
10.  #define HAL_KEY_SW_6_EDGEBIT   BV(0)
11.  #define HAL_KEY_SW_6_EDGE      HAL_KEY_FALLING_EDGE
12.  /* SW_6 中断配置 */
13.  #define HAL_KEY_SW_6_IEN       IEN1  /* CPU interrupt mask register */
14.  #define HAL_KEY_SW_6_IENBIT    BV(5) /* Mask bit for all of Port_0 */
15.  #define HAL_KEY_SW_6_ICTL      P0IEN /* Port Interrupt Control register */
16.  #define HAL_KEY_SW_6_ICTLBIT   BV(1) /* P0IEN - P0_1 enable/disable bit */
17.  #define HAL_KEY_SW_6_PXIFG     P0IFG /* Interrupt flag at source */
18.  /* Joy stick move at P2_0---Joy stick中心按键（中键）与P2_0相连，并进行端口配置*/
```

③ 在HAL/Target/Config目录下的hal_board_cfg.h文件中，对按键进行了配置，注意：只有采用轮询方式响应按键，才用到以下代码配置按键输入端口。

```
1.  #define ACTIVE_LOW        !
2.  #define ACTIVE_HIGH       !!    /* double negation forces result to be '1' */
3.  /* SW6按键 */
4.  #define PUSH1_BV          BV(1)
5.  #define PUSH1_SBIT        P0_1
6.  #if defined (HAL_BOARD_CC2530EB_REV17)
7.    #define PUSH1_POLARITY       ACTIVE_HIGH
8.  #elif defined (HAL_BOARD_CC2530EB_REV13)
9.    #define PUSH1_POLARITY       ACTIVE_LOW
10. #else
11.   #error Unknown Board Indentifier
12. #endif
13. ……
```

（2）Z-Stack的按键初始化代码分析

① 分析HalDriverInit( )函数。

Z-Stack协议栈中有关硬件初始化的代码都集中在HalDriverInit( )函数中，如：定时器、ADC、DMA、KEY等硬件初始化都在该函数中。HalDriverInit( )函数是在main( )函数中被调用的，在HAL/Common目录下的hal_drivers. c中定义的。HalDriverInit( )函数的相关代码如下。

```
1.  void HalDriverInit ( )
2.  {
3.  /* ADC */
4.  #if (defined HAL_ADC) && (HAL_ADC == TRUE)
5.  HalAdcInit();
6.  #endif
7.  ……
8.  /* KEY */
9.  #if (defined HAL_KEY) && (HAL_KEY == TRUE)
10. HalKeyInit();
11. #endif
12. ……}
```

程序分析：所有初始化函数被调用之前都要进行条件判断，第9行是KEY的条件判断语句，Z-Stack协议栈默认使用KEY，初始化条件有效。因为在HAL\Target\CC2530EB\config目录下的hal_board_cfg. h文件中有如下代码：

```
1. /* Set to TRUE enable KEY usage, FALSE disable it */
2. #ifndef HAL_KEY
3. #define HAL_KEY TRUE
4. #endif
```

② 分析HalKeyInit( )函数。

```
1.   void HalKeyInit( )
2.   { halKeySavedKeys = 0;     /* 初始化全局变量的值为0，用来保存KEY值 */
3.     HAL_KEY_SW_6_SEL &=~(HAL_KEY_SW_6_BIT);   /* 设置SW6按键端口为GPIO */
4.     HAL_KEY_SW_6_DIR &=~(HAL_KEY_SW_6_BIT);   /*设置SW6按键端口为输入方向 */
5.
6.     …
7.     /* Initialize callback function */
8.     pHalKeyProcessFunction  = NULL;
9.
10.    /* Start with key is not configured */
11.    HalKeyConfigured = FALSE;
12.
13.  }
```

程序分析：注意3个重要的全局变量：第1个是halKeySavedKeys，用来保存按键的值，初始化时将其初始化为0，如第2行代码。第2个是pHalKeyProcessFunction，它是指向按键处理函数的指针，若有按键响应，则调用按键处理函数，并对某按键进行处理，初始化时将其初始化为NULL，在按键配置函数中对其进行配置。第3个是HalKeyConfigured，用来标识按键是否被配置，初始化时没有配置按键，所以初始化时将其初始化为FALSE。

③ 分析InitBoard(uint8 level)函数。

InitBoard(uint8 level)函数为板载初始化函数，在main()函数中被调用的，在ZMain目录中的OnBoard.c文件中定义。

```
1. void InitBoard( uint8 level )
2. {   if ( level == OB_COLD )
3.     { …… }
4.     else  // !OB_READY
5.     { /* Initialize Key stuff */
6.  HalKeyConfig(HAL_KEY_INTERRUPT_DISABLE, OnBoard_KeyCallback);
7.     }}
```

程序分析：InitBoard（unit8 level）函数在main()函数中被两次调用，第1次函数调用时传入参数为OB_COLD，即第2行代码if有效。第2次函数调用传入参数为OB_READY ，即第4行else有效，从而运行第6行代码：HalKeyConfig(HAL_KEY_INTERRUPT_DISABLE, OnBoard_KeyCallback)函数，对按键进行配置，决定了按键采用轮询还是中断方式，默认情况下为轮询方式，若要配置为中断方式，可以将HalKeyConfig()函数的第一个参数HAL_KEY_INTERRUPT_DISABLE修改为HAL_KEY_INTERRUPT_ENABLE。

④ 分析HalKeyConfig (bool interruptEnable, halKeyCBack_t cback)函数。

该函数在HAL\Target\Drivers目录下的hal_key.c文件中定义。

```
1.  void HalKeyConfig (bool interruptEnable, halKeyCBack_t cback)
2.  {  Hal_KeyIntEnable = interruptEnable;   /* Enable/Disable Interrupt or */
3.     pHalKeyProcessFunction = cback;       /* Register the callback fucntion */
4.     if (Hal_KeyIntEnable)       /* Determine if interrupt is enable or not */
5.     { ……
6.       if (HalKeyConfigured == TRUE)
7.       { osal_stop_timerEx(Hal_TaskID, HAL_KEY_EVENT);  /* Cancel polling if active */
8.       }
9.     }
10.    else    /* Interrupts NOT enabled */
11.    { HAL_KEY_SW_6_ICTL &= ~(HAL_KEY_SW_6_ICTLBIT); /* 关闭中断 */
12.      HAL_KEY_SW_6_IEN &= ~(HAL_KEY_SW_6_IENBIT);   /* 清零中断标志 */
13.      osal_set_event(Hal_TaskID, HAL_KEY_EVENT);
14.    }
15.  /* Key now is configured */
16.  HalKeyConfigured = TRUE;
17.  }
```

程序分析：

a．若采用中断方式，则第4行if语句有效；若采用轮询方式，则第10行else语句有效。第16行对HalKeyConfigured赋值TRUE，表示已经进行了按键配置。

b．Z-Stack协议栈默认采用轮询方式，第13行代码触发事件HAL_KEY_EVENT，其任务ID是Hal_TaskID。若在OSAL循环运行中检测到事件HAL_KEY_EVENT发生了，则调用HAL层的事件处理函数Hal_ProcessEvent( )，该函数在HAL\Common目录下的hal_drivers. c中。触发事件HAL_KEY_EVENT标志着开始了按键的轮询工作。

c．如果采用中断方式，则需要配置中断触发方式，如上升沿有效、还是下降沿有效，以及中断使能。

（3）Z-Stack轮询方式的按键代码分析

① 分析Hal_ProcessEvent( )函数。

在按键初始化和配置之后，会触发HAL_KEY_EVENT事件，若OSAL检测到该事件，则调用HAL层的事件处理函数Hal_ProcessEvent( )，该函数在HAL\common目录下的hal_drivers. c文件中。

```
1.  uint16 Hal_ProcessEvent( uint8 task_id, uint16 events )
2.  { ……
3.    if ( events & SYS_EVENT_MSG )
4.    {  ……   }
5.    if (events & HAL_KEY_EVENT)
6.    {
7.  #if (defined HAL_KEY) && (HAL_KEY == TRUE)
```

```
8.      HalKeyPoll();   /* Check for keys */
9.      if (!Hal_KeyIntEnable) /* if interrupt disabled, do Next polling */
10.     { osal_start_timerEx( Hal_TaskID, HAL_KEY_EVENT, 100);
11.     }
12.  #endif// HAL_KEY
13.     return events ^ HAL_KEY_EVENT;
14.  }}
```

程序分析：

a. 第5行代码用于判断HAL_KEY_EVENT事件是否有效，若有效，则调用按键轮询函数HalKeyPoll()，用于检测按键是否按下（相当于单片机中的扫描按键功能）。

b. 由于采用非中断方式，即轮询方式，所以第9行if语句有效，运行第10行代码osal_start_timerEx()，其作用是100ms之后再次触发HAL_KEY_EVENT事件，该事件再次被触发，OSAL就会检测到该事件，则会再次调用HAL层的事件处理函数Hal_ProcessEvent( )，又会调用按键轮询函数HalKeyPoll()和osal_start_timerEx()函数，从而再过100ms又会触发HAL_KEY_EVENT事件，如此循环触发HAL_KEY_EVENT事件，达到每隔100ms调用一次按键轮询函数HalKeyPoll()的目的，进行动态扫描按键。

② HalKeyPoll( )函数在HAL\common目录下的hal_drivers. c文件中，其作用是检测是否有按键按下。

③ 分析OnBoard_KeyCallback(uint8 keys, uint8 state)函数。

```
1.  void OnBoard_KeyCallback ( uint8 keys, uint8 state )
2.  {   uint8 shift;
3.     (void)state;
4.     shift = (keys & HAL_KEY_SW_6) ? true : false;
5.     if ( OnBoard_SendKeys( keys, shift ) != ZSuccess )
6.     { if ( keys & HAL_KEY_SW_1 )  // Process SW1 here
7.       {   }
8.  ……  }}
```

程序分析。

a. OnBoard_KeyCallback (uint8 keys, uint8 state)函数是将按键信息传到应用层，在第5行调用OnBoard_SendKeys (keys, shift)函数进一步处理。

b. 第4行，将SW6键作为Shift键，配合其他键使用。

c. 第6行开始，可以编写SW1～SW6各按键的处理代码，Z-Stack协议栈默认条件下此处没有代码，用户可以添加。

④ 分析OnBoard_SendKeys (uint8 keys, uint8 state)函数。

该函数在ZMain目录下的OnBoard. c文件中定义，其作用是将按键的值和按键的状态进行“打包”发送到注册过的按键层。

```
1.  uint8 OnBoard_SendKeys( uint8 keys, uint8 state )
2.  {   keyChange_t *msgPtr;
3.    if ( registeredKeysTaskID != NO_TASK_ID )
4.    { // Send the address to the task
5.  msgPtr = (keyChange_t *)osal_msg_allocate( sizeof(keyChange_t) );
6.      if ( msgPtr )
7.      { msgPtr->hdr.event = KEY_CHANGE;
8.  msgPtr->state = state;
9.  msgPtr->keys = keys;
10. osal_msg_send( registeredKeysTaskID, (uint8 *)msgPtr );}
11.     return ( ZSuccess );  }
12. else
13. return ( ZFailure );}
```

程序分析：

a．第3行，按键注册判断。在Z-Stack协议栈中，若要使用按键，则必须先对按键进行注册，并且按键仅能注册给一个层。

b．第10行，发送数据。在确定按键已经注册的前提下，将包括按键值和按键状态在内的信息封装到信息包msgPtr中，再调用osal_msg_send (registeredKeysTaskID, (uint8 *) msgPtr) 函数，将按键信息发送到注册按键的应用层。在应用层将触发KEY_CHANGE事件，OSAL检测到该事件，则会调用应用层的事件处理函数。

## 4.3.3 任务实施

### 1．创建工程

将任务1的IAR工程文件复制为副本进行备份，再将这个副本重命名为“任务2 基于Z-Stack的点对点通信”，然后打开任务2的IAR工程文件。

### 2．修改SampleApp. h头文件

打开SampleApp. h头文件，删除周期时长、事件编号、闪烁时长、闪烁组编号的宏定义，删除的代码如图4-19所示。然后新增LED相关宏定义和灯切换代码，新增代码如图4-20所示。

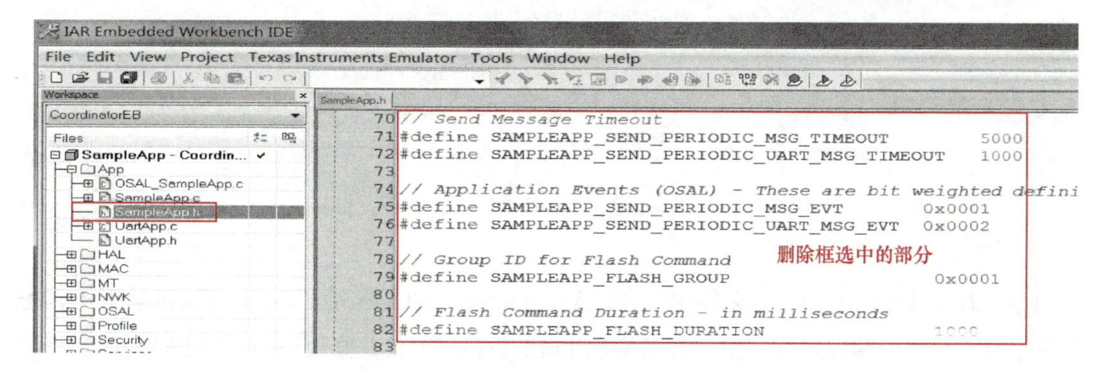


图4-19 删除SamleApp.h头文件的宏

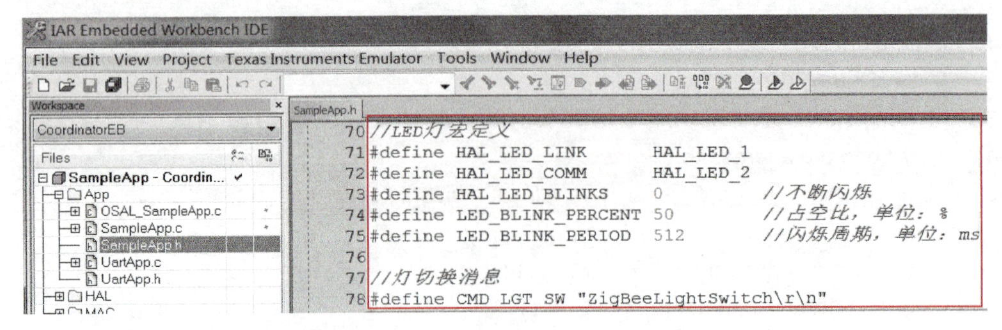


图4-20　新增LED相关宏定义和灯切换消息

## 3．修改簇相关信息

1）修改簇列表。在SampleApp.c（注意：SampleApp.c已重名为Coordinator.c）文件中删除原有的无效簇列表成员，新增的簇列表成员为“SAMPLEAPP_LIGHT_SWITCH_CLUSTERID”，如图4-21所示。

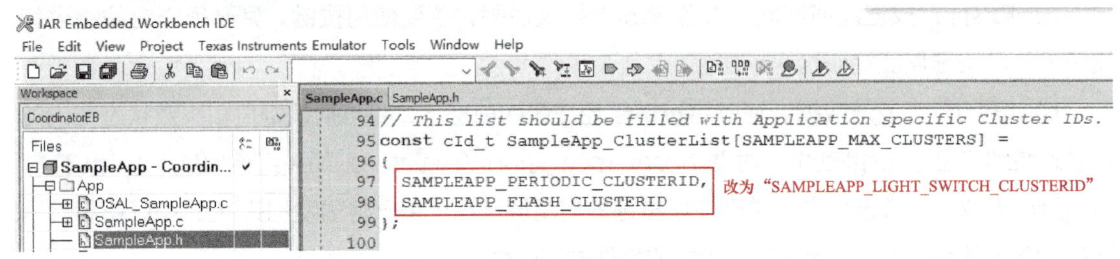


图4-21　簇列表

2）修改簇宏定义。在SampleApp.h中删除图4-22中方框内的内容，然后新增最大簇数量和灯切换的簇编号的宏，值都为1。

```
1. #define SAMPLEAPP_MAX_CLUSTERS        1//最大簇数
2. #define SAMPLEAPP_LIGHT_SWITCH_CLUSTERID 1//灯切换簇编号
```

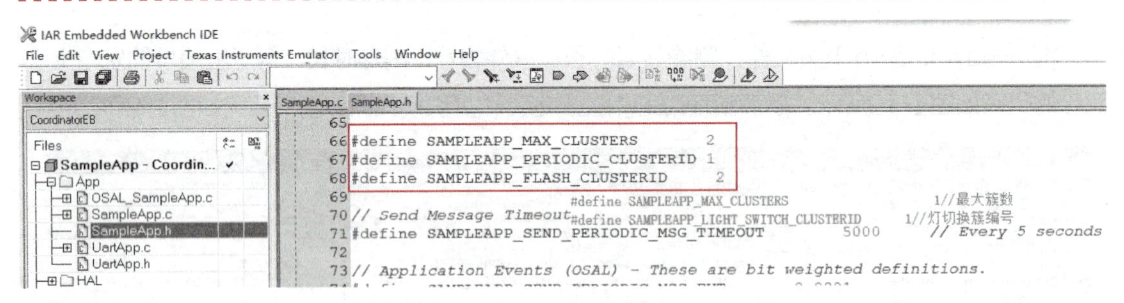


图4-22　簇定义

## 4．修改按键配置

1）在hal_board_cfg.h文件中（在HAL\Target\CC2530EB\Config目录下），把P1_2作为按键输入端口进行配置，并新增LED4的I/O口定义，修改LED4相应的内容。修改的代码如图4-23所示。

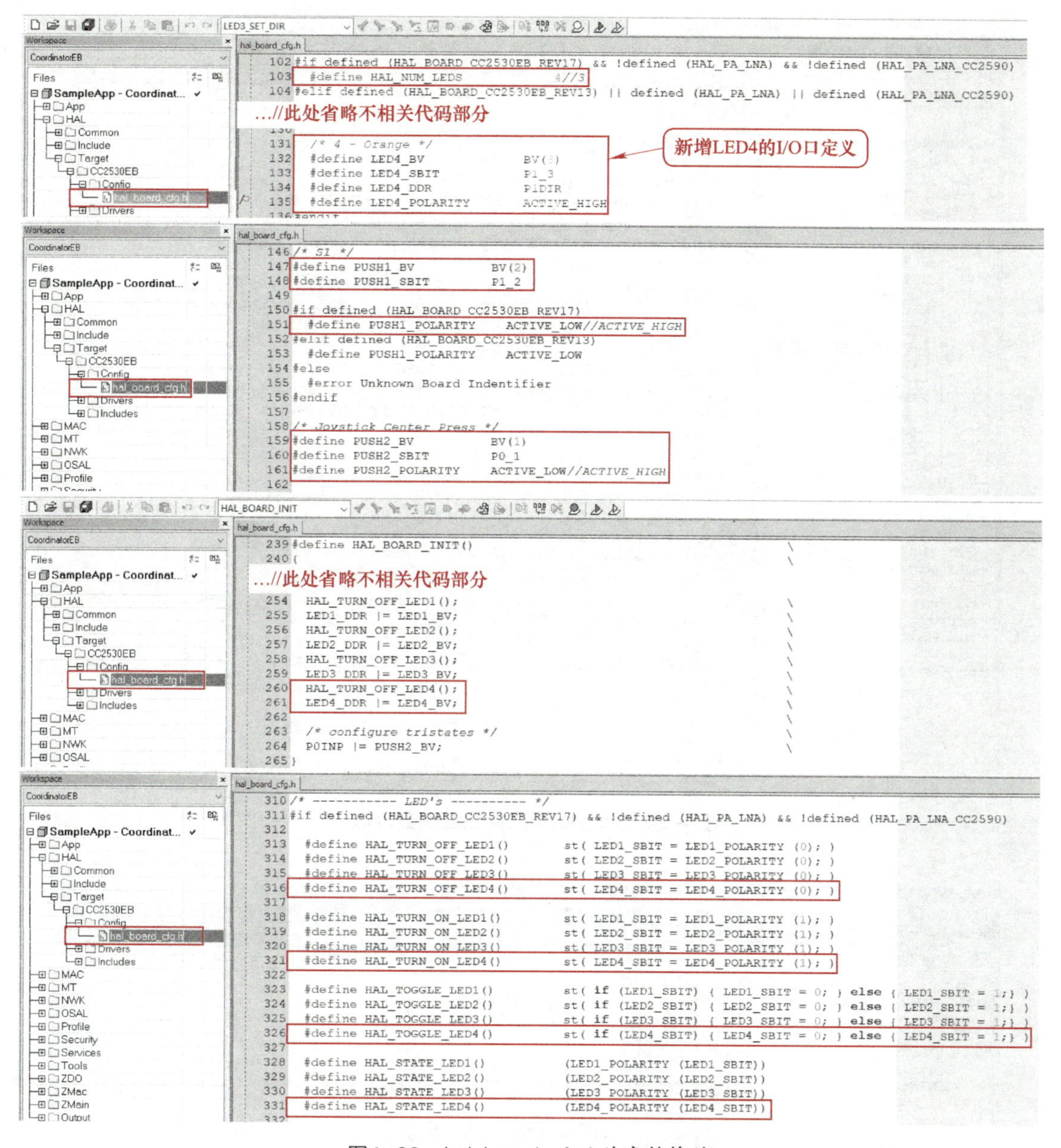


图4-23 hal_board_cfg.h头文件修改

修改说明：

a．配置P1_2作为按键输入端口，要修改为BV(2)和P1_2。

b．由于默认定义的是HAL_BOARD_CC2530EB_REV17，而且ZigBee模块上的SW1键是低电平有效，将SW1键的极性由ACTIVE_HIGH改为ACTIVE_LOW。再将相对应的LED4的初始化、开关操作、灯状态做修改和调整。

2）修改hal_key. c文件（在HAL\Target\CC2530EB\Drivers目录下）。

a．修改HAL_KEY_SW_6的通用I/O口所在位置和配套的中断参数，改成如图4-24和图4-25所示。

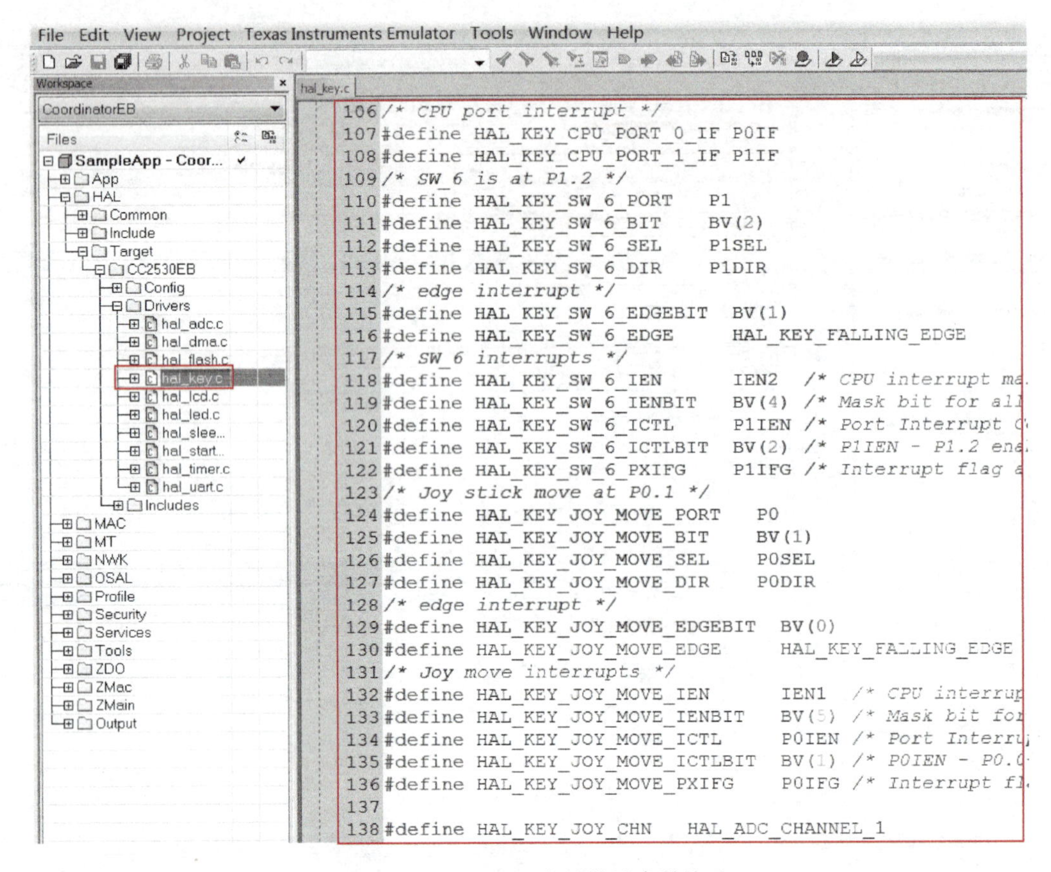


图4-24 hal_key.c文件按键参数修改

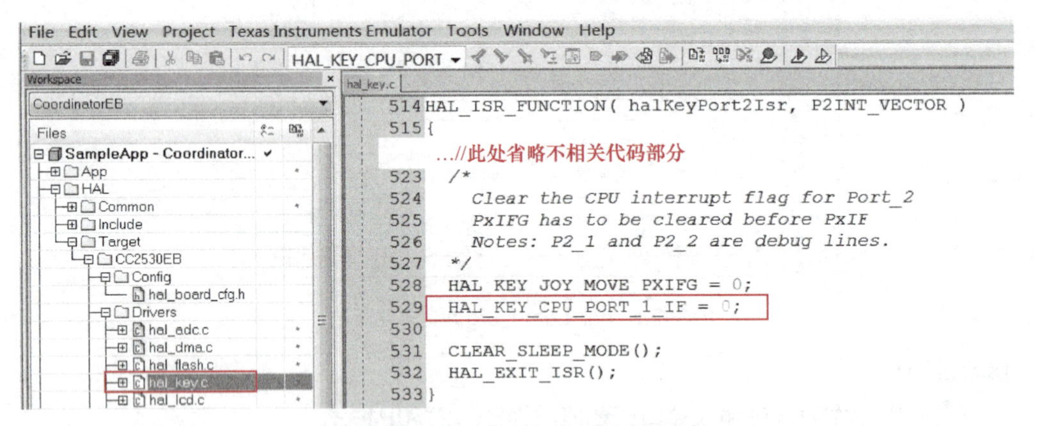


图4-25 hal_key.c文件中断函数修改

b．修改HalKeyPoll函数。该函数主要用于检测按键是否按下。这里需要调整读取HAL_KEY_SW_6的键值的顺序，否则在轮询方式下检测不到按键，修改如图4-26所示。

在轮询方式下，图4-26的第332行代码判断按键值是否和以前保留的按键值相同，如果相同则直接返回，从而不会执行按键回调函数的处理。所以在轮询方式下，一定要把if (HAL_PUSH_BUTTON1 ())语句提前。

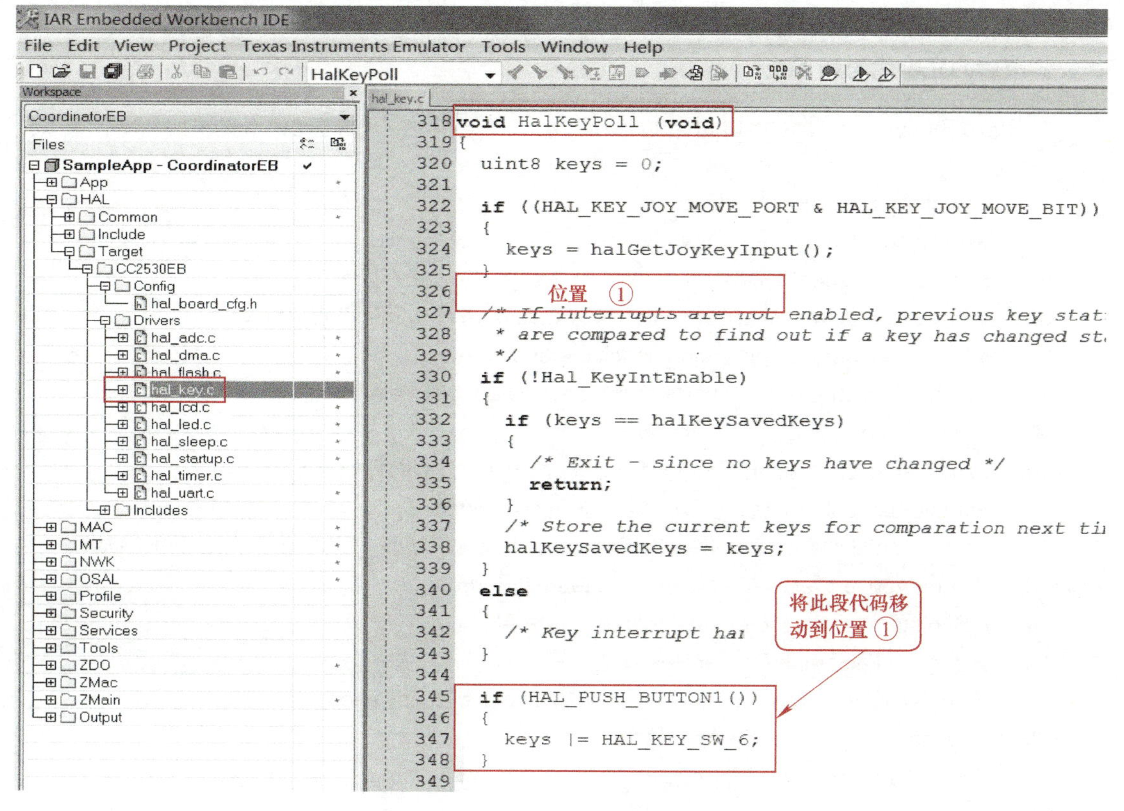


图4-26　HalKeyPoll函数

## 5．修改SampleApp.c文件

1）删除无效变量和函数声明，删除代码如图4-27所示。

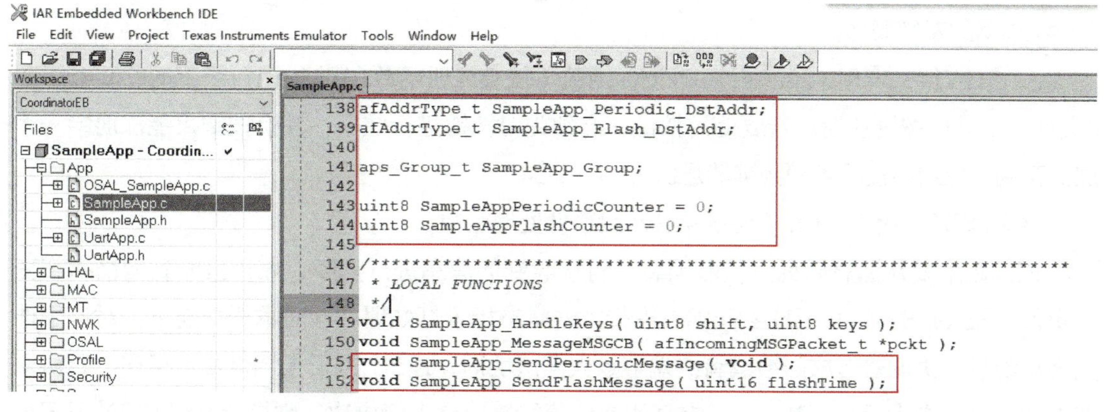

图4-27　删除无效变量

2）修改SampleApp_Init初始化函数。

删除函数内的无效代码，并新增调试信息“DEBUG_PRINT(“Hello ZigBee !\r\n”);”，使用函数DEBUG_PRINT()往串口打印调试信息时，必须引用头文件UartApp.h，也就是在相应的.c文件中添加代码“#include “UartApp.h””。DEBUG_PRINT()用法和printf()一样，请自行查阅printf()的相关用法。

修改后的完整代码如下：

```
1.  void SampleApp_Init( uint8 task_id )
2.  {
3.    SampleApp_TaskID = task_id;
4.    SampleApp_NwkState = DEV_INIT;
5.    SampleApp_TransID = 0;
6.    // Device hardware initialization can be added here or in main() (Zmain.c).
7.    // If the hardware is application specific - add it here.
8.    // If the hardware is other parts of the device add it in main().
9.    // Fill out the endpoint description.
10.   SampleApp_epDesc.endPoint = SAMPLEAPP_ENDPOINT;
11.   SampleApp_epDesc.task_id = &SampleApp_TaskID;
12.   SampleApp_epDesc.simpleDesc = (SimpleDescriptionFormat_t *)&SampleApp_SimpleDesc;
13.   SampleApp_epDesc.latencyReq = noLatencyReqs;
14.   // Register the endpoint description with the AF
15.   afRegister( &SampleApp_epDesc );
16.   // Register for all key events - This app will handle all key events
17.   RegisterForKeys( SampleApp_TaskID );
18.   DEBUG_PRINT("Hello ZigBee !\r\n");
19. }
```

程序分析：

a．第10～13行，对节点描述符进行初始化，初始化格式较为固定，一般不需要修改。

b．第15行，调用afRegister函数将节点描述符进行注册，只有注册以后，才可以使用OSAL提供的系统服务。

c．第17行，调用RegisterForKeys函数（按键注册函数在ZMain目录下的OnBoard.c文件中）进行按键注册。若要使用按键，必须先对按键进行注册，并且按键仅能注册给一个层。否则，应用层接收不到按键消息。

3）修改SampleApp_ProcessEvent事件处理函数。

该函数主要从消息队列上接收消息，对接收到的消息进行判断，如果接收到网络状态变化事件（ZDO_STATE_CHANGE）进行入网状态指示灯处理。针对本任务需求，对该事件实现功能是当协调器形成网络或者终端节点入网成功后，通过LED2指示灯提示用户。若协调器形成网络，则指示灯LDE2处于常亮状态；若终端节点入网成功，则指示灯LDE2处于闪烁状态。

修改后的代码如下：

```
1. case ZDO_STATE_CHANGE:
2.    SampleApp_NwkState = (devStates_t)(MSGpkt->hdr.status);
```

```
3.  if (SampleApp_NwkState == DEV_ZB_COORD)
4.  {
5.   //设备组网成功
6.   HalLedSet (HAL_LED_COMM, HAL_LED_MODE_ON);
7.  }
8.  else if ( (SampleApp_NwkState == DEV_ROUTER) || (SampleApp_NwkState == DEV_END_DEVICE) )
9.  {
10.  //设备入网成功
11.  HalLedBlink (HAL_LED_COMM, HAL_LED_BLINKS, LED_BLINK_PERCENT, LED_BLINK_PERIOD);
12. }
13. else
14. {
15.  // Device is no longer in the network
16.  HalLedSet (HAL_LED_COMM, HAL_LED_MODE_OFF);
17. }
18. break;
```

同时为了提高代码的可读性，在该函数中删除对SAMPLEAPP_SEND_PERIODIC_MSG_EVT和SAMPLEAPP_SEND_PERIODIC_UART_MSG_EVT事件处理代码，如图4-28所示。

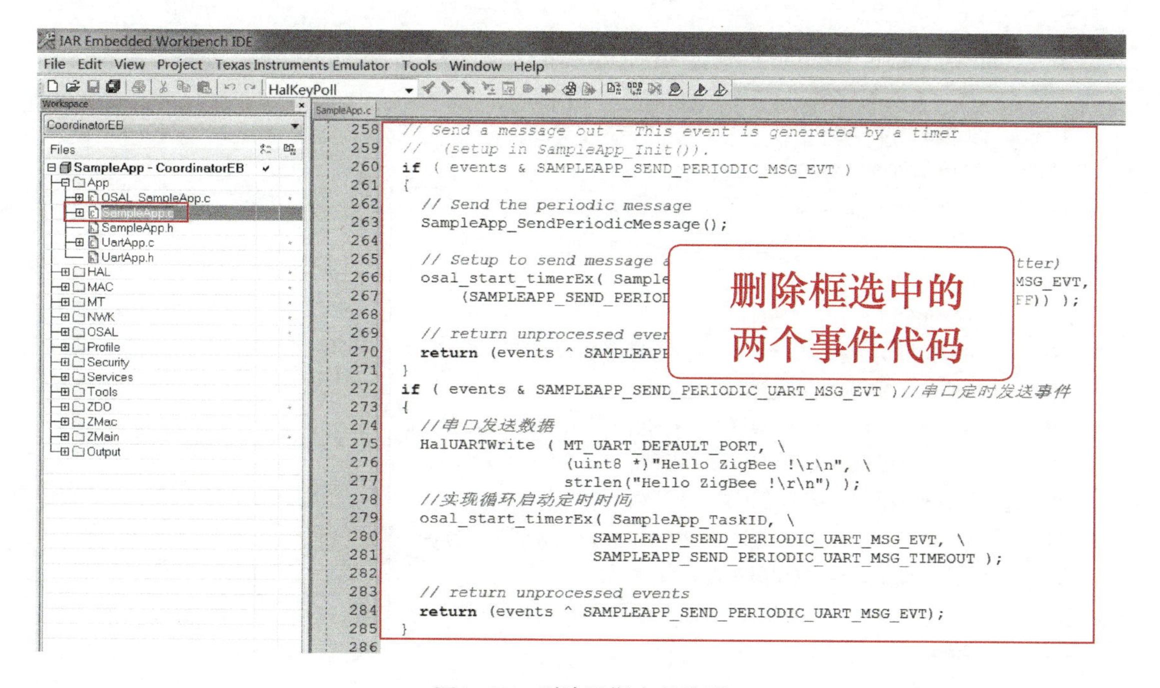


图4-28　删除周期事件处理

4）删除SampleApp_SendPeriodicMessage和SampleApp_SendFlashMessage两个函数的原型和声明，如图4-29所示。

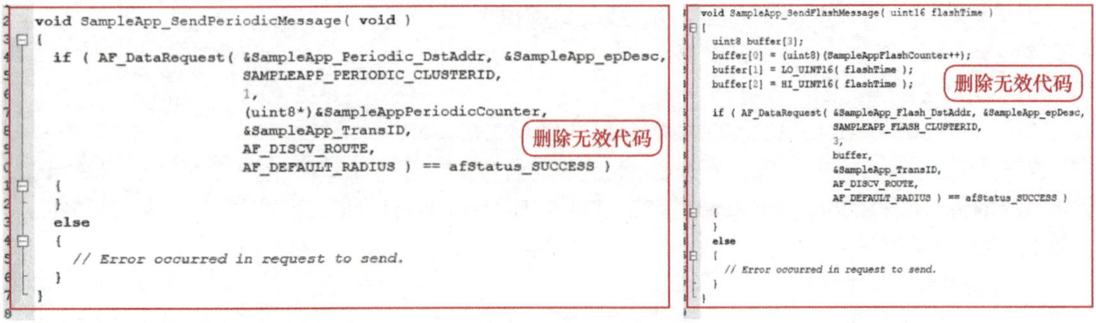

```
void SampleApp_SendPeriodicMessage( void )
{
  if ( AF_DataRequest( &SampleApp_Periodic_DstAddr, &SampleApp_epDesc,
                       SAMPLEAPP_PERIODIC_CLUSTERID,
                       1,
                       (uint8*)&SampleAppPeriodicCounter,
                       &SampleApp_TransID,
                       AF_DISCV_ROUTE,
                       AF_DEFAULT_RADIUS ) == afStatus_SUCCESS )
  {
  }
  else
  {
    // Error occurred in request to send.
  }
}
```

删除无效代码

```
void SampleApp_SendFlashMessage( uint16 flashTime )
{
  uint8 buffer[3];
  buffer[0] = (uint8)(SampleAppFlashCounter++);
  buffer[1] = LO_UINT16( flashTime );
  buffer[2] = HI_UINT16( flashTime );

  if ( AF_DataRequest( &SampleApp_Flash_DstAddr, &SampleApp_epDesc,
                       SAMPLEAPP_FLASH_CLUSTERID,
                       3,
                       buffer,
                       &SampleApp_TransID,
                       AF_DISCV_ROUTE,
                       AF_DEFAULT_RADIUS ) == afStatus_SUCCESS )
  {
  }
  else
  {
    // Error occurred in request to send.
  }
}
```

删除无效代码

图4-29　删除无效函数

### 6. 修改串口相关信息

1）在UartAPP.c中定义串口打印缓存数组PrintfBuf[USER_MAX_UART_LEN]，并修改UartApp_ProcessEvent()函数，修改代码如下：

```
1.  char PrintfBuf[USER_MAX_UART_LEN]={0}; //串口打印缓存
2.  uint16 UartApp_ProcessEvent( uint8 task_id, uint16 events )
3.  {
4.    (void)task_id;  // Intentionally unreferenced parameter
5.  
6.    if ( events & UART_APP_EVT )
7.    {
8.      if(Hal_UART_RxBufLen(MT_UART_DEFAULT_PORT) > 0)
9.      {//串口有收到数据
10.       uint8 TempOld = 0;
11.       uint8 TempNew = 0;
12.       uint8 TimeCnt = 0;
13.       uint8 buf[USER_MAX_UART_LEN] = {0};
14.       do{
15.         TempOld = TempNew;
16.         //以下NOP等效10us。传输一个字节，波特率115200时，用时8.6us
17.         NOP();NOP();NOP();NOP();NOP();
18.         NOP();NOP();NOP();NOP();NOP();
19.         NOP();NOP();NOP();NOP();NOP();
20.         NOP();NOP();NOP();NOP();NOP();
21.         TempNew = Hal_UART_RxBufLen(MT_UART_DEFAULT_PORT);
22.         if(TempOld == TempNew)
23.         {TimeCnt++;}
24.         else
25.         {TimeCnt = 0;}
26.     }while((TempNew > 0) && (TimeCnt <30));
27.     //串口字节接收间隔超过3个字节视为接收完成
28.     //8.6*3≈30us
29.     memset(buf, '\0', USER_MAX_UART_LEN);
```

```
30.     HalUARTRead(MT_UART_DEFAULT_PORT,buf,USER_MAX_UART_LEN);//从串口读取数据
31.     //回显
32.     HalUARTWrite ( MT_UART_DEFAULT_PORT, (uint8 *)buf, TempNew );//串口回显
33.     }
34.     //Set a Task Event 设置事件，以便下次再次进入事件
35.     osal_set_event( UartApp_TaskID, UART_APP_EVT );
36.     return (events ^ UART_APP_EVT);  // 清任务标志
37.   }
38.
39.   // Discard unknown events
40.   return 0;
41. }
```

2）在UartAPP.h中新增代码如下：

```
1. #include <string.h>
2. #include <stdio.h>
3. #include "MT_UART.h"
4. #define NOP()  asm("NOP")
5. #define USER_MAX_UART_LEN 128 //用户串口数据最大缓存大小
6. extern char PritfBuf[USER_MAX_UART_LEN]; //串口打印缓存
7. //从串口打印调试信息打印，用法和printf一致
8. #define DEBUG_PRINT(fmt, args...) \
9.                      do{ \
10.                     memset(PritfBuf, '\0', USER_MAX_UART_LEN); \
11.                     sprintf((char *)PritfBuf, fmt, ##args); \
12.                     HalUARTWrite ( MT_UART_DEFAULT_PORT, \
13.                     (uint8 *)PrintfBuf, \
14.                     strlen((const char *)PritfBuf) ); \
15.                     }while(0)
```

## 7．编写协调器代码

1）增加协调器文件。

将文件“SampleApp.c”复制成两份，分别命名为“Coordinator.c”和“EndDevice.c”，如图4-30所示。

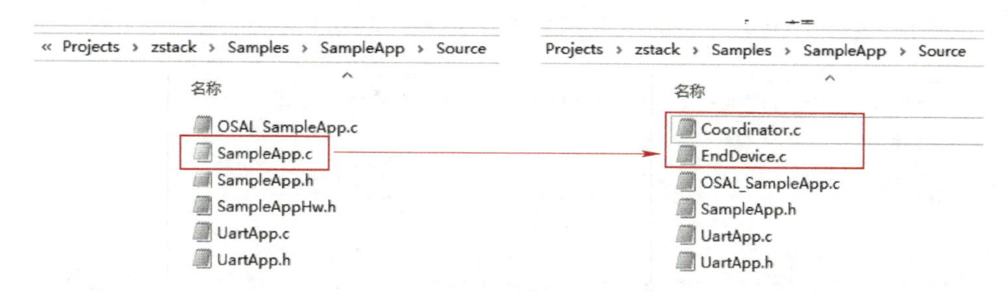


图4-30　协调器和终端节点C文件

2）在IAR工程中添加协调器和终端节点源文件，并移除SampleApp.c，如图4-31所示。

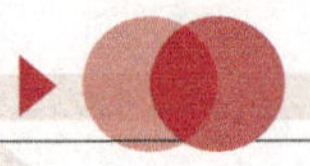

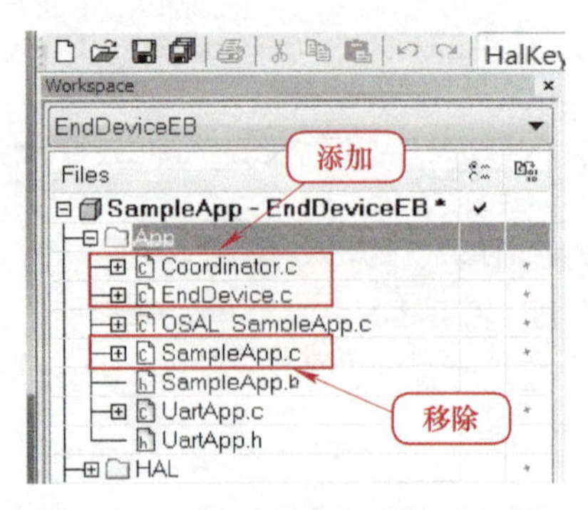


图4-31　添加协调器和终端文件

3）修改SampleApp_HandleKeys函数。

在Coordinator. c中修改SampleApp_HandleKeys()函数，如果按键是SW1，则点亮LED1。

```
1.  void SampleApp_HandleKeys( uint8 shift, uint8 keys )
2.  {
3.    (void)shift;  // Intentionally unreferenced parameter
4.    if ( keys & HAL_KEY_SW_6 )
5.    {  HalLedSet (HAL_LED_LINK, HAL_LED_MODE_TOGGLE);  } //控制灯切换
6.  }
```

4）修改SampleApp_MessageMSGCB函数，增加对无线数据事件消息的处理。首先判断消息的簇ID是否是灯光切换的簇ID。如果是，则检查接收到的内容是否正确，如果是“ZigBeeLightSwitch”命令，则切换LED1的亮灭状态，从而实现远程控制LED的功能。

```
1.   void  SampleApp_MessageMSGCB( afIncomingMSGPacket_t *pkt )
2.   {
3.     switch ( pkt->clusterId )
4.     {
5.       case SAMPLEAPP_LIGHT_SWITCH_CLUSTERID:
6.         if(strstr((const char *)(pkt->cmd.Data), (const char *)CMD_LGT_SW) != NULL)//检查是否
收到CMD_LGT_SW
7.         {
8.          HalLedSet (HAL_LED_LINK, HAL_LED_MODE_TOGGLE);
9.         }
10.        DEBUG_PRINT("%s",pkt->cmd.Data);//打印收到的信息至串口
11.        break;
12.      default : break;
13.    }
14.  }
```

### 8．编写终端代码

1）在EndDevice. c中编写函数void　SampleApp_SendLightSwitchMessage(void)，

并在EndDevice. c中的适当位置添加该函数的函数声明。该函数主要构造消息灯光控制消息并通过AF_DataRequest函数向协调器发送消息。

```
1.  /************************************************************************
2.  *函数：void SampleApp_SendLightSwitchMessage( void )
3.  *功能：发送灯切换命令
4.  *输入：无
5.  *输出：无
6.  *返回：无
7.  *特殊说明：无
8.  ************************************************************************/
9.  void SampleApp_SendLightSwitchMessage( void )
10. {
11. #define STR_LEN_TX 32
12.   uint8 buffer[STR_LEN_TX] = {0};
13.   memset(buffer, '\0', STR_LEN_TX);
14.   sprintf((char *)buffer, CMD_LGT_SW);
15.
16.   // Setup for the flash command’s destination address
17.   afAddrType_t SampleApp_Switch_DstAddr;
18.   SampleApp_Switch_DstAddr.addrMode = (afAddrMode_t)Addr16Bit;
19.   SampleApp_Switch_DstAddr.endPoint = SAMPLEAPP_ENDPOINT;
20.   SampleApp_Switch_DstAddr.addr.shortAddr = 0x0000;          //协调器地址为0x0000
21.
22.   if ( AF_DataRequest( &SampleApp_Switch_DstAddr, &SampleApp_epDesc,
23.                SAMPLEAPP_LIGHT_SWITCH_CLUSTERID,
24.                STR_LEN_TX,
25.                buffer,
26.                &SampleApp_TransID,
27.                AF_DISCV_ROUTE,
28.                AF_DEFAULT_RADIUS ) == afStatus_SUCCESS )
29.   {
30.   }
31.   else
32.   {
33.     // Error occurred in request to send.
34.   }
35. }
```

程序分析：

a．第12行，定义了一个数组buffer，用于存放要发送的数据。

b．第17行，定义了一个afAddrType_t类型的变量SampleApp_Switch_DstAddr，

因为数据发送函数AF_DataRequest的第一个参数就是这种类型的变量。

c．第18行，将发送地址模式设置为单播（Addr16Bit表示单播）。

d．第20行，在ZigBee网络中，协调器的网络地址是固定的为0x0000，因此，向协调器发送时，可以直接指定协调器的网络地址。

e．第22行，调用数据发送函数AF_DataRequest进行无线数据的发送。

2）修改SampleApp_HandleKeys函数，该函数的主要功能是用来判断按键是否按下。ZigBee模块上的SW1对应的键是HAL_KEY_SW6，当模块上的SW1按下时，将会读取到键值HAL_KEY_SW6，则调用SampleApp_SendLightSwitchMessage函数向协调器发送消息。

```
1.  void  SampleApp_HandleKeys( uint8 shift, uint8 keys )
2.  {
3.   (void)shift;  // Intentionally unreferenced parameter
4.   if ( keys & HAL_KEY_SW6 )
5.   {  SampleApp_SendLightSwitchMessage();  }  //发送灯切换命令
6.  }
```

3）修改SampleApp_MessageMSGCB函数。该函数主要功能是从无线接收到消息后，将接收的消息显示到串口调试软件上。

```
1.    void SampleApp_MessageMSGCB( afIncomingMSGPacket_t *pkt )
2.    {
3.      switch ( pkt->clusterId )
4.      {
5.       case SAMPLEAPP_LIGHT_SWITCH_CLUSTERID:
6.         DEBUG_PRINT("%s",pkt->cmd.Data);//打印收到的信息至串口
7.         break;
8.       default : break;
9.      }
10.  }
```

9．模块编译与下载

1）协调器模块。

将黑色ZigBee模块固定在NEWLab平台，在Workspace栏下选择“CoordinatorEB”模块，选中EndDevice.c（单击右键），选择“Options”，在弹出的对话框中将“Exclude from build”复选框中打“√”，然后单击“OK”。重新编译程序无误后，给NEWLab平台上电，下载协调器程序。

2）终端模块。

将白色ZigBee模块固定在NEWLab平台，在Workspace栏下选择“EndDeviceEB”模块，选中coordinator.c（单击右键），选择“Options”，在弹出的对话框中将“Exclude from build”复选框中打“√”，然后单击“OK”。重新编译程序无误后，给NEWLab平台上电，下载终端程序。

## 10. 程序运行

在终端节点按下SW1键，协调器收到数据后，则使协调器节点的LED1切换亮/灭状态。

如果学生集体做实验的话，建议将协调器和终端模块的PAN_ID修改为自己的PAN_ID，而且这个PAN_ID必须是不与他人重复的唯一编号，从而实现相互之间互不干扰。如图4-32所示。

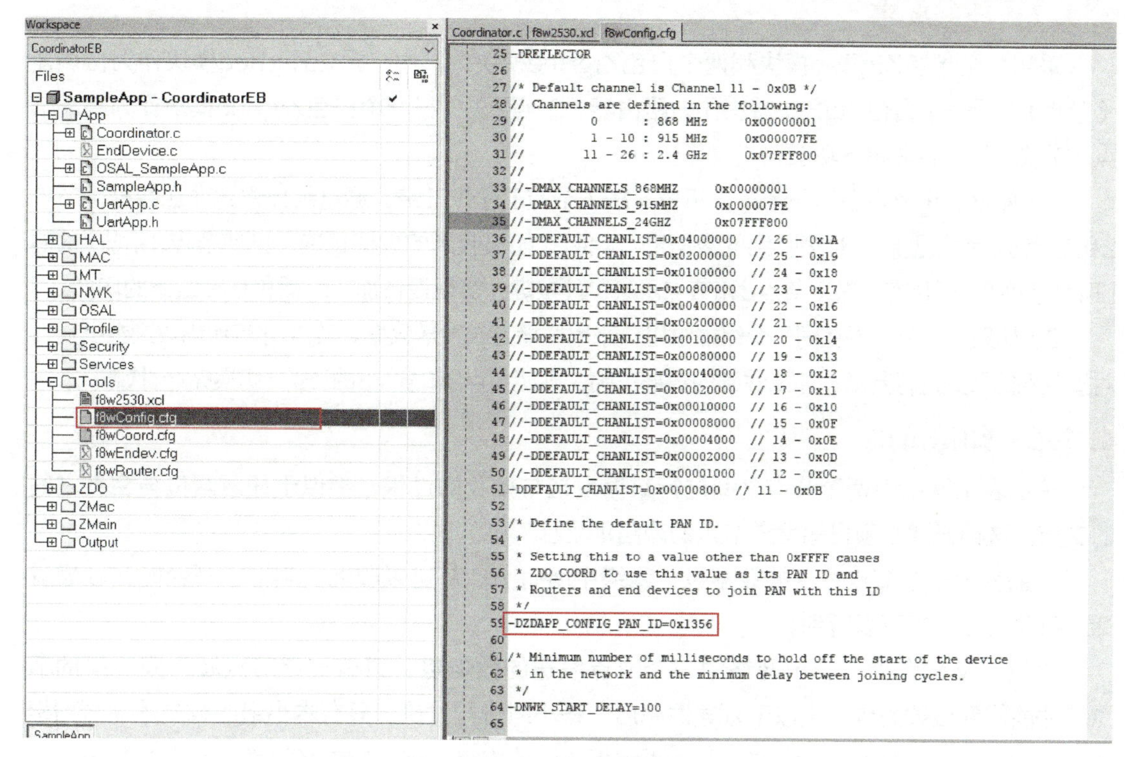


图4-32 修改PAN_ID

程序运行效果如图4-33所示。

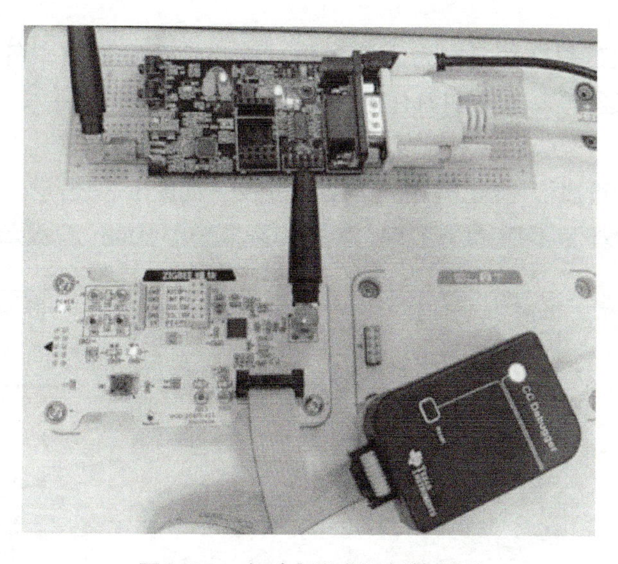

图4-33 点对点程序运行效果图

# 4.4 任务3 基于Z-Stack的点对多点通信

## 4.4.1 任务要求

采用一个黑色ZigBee模块和两个白色ZigBee模块，其中，黑色ZigBee模块作为协调器（节点1），一个白色ZigBee模块作为路由器（节点2），另一个白色ZigBee模块作为终端节点（节点3），实现如下功能：

1）如果三个节点在同一个组播组里，按下节点1的SW1键，通过组播方式发送数据。节点2和节点3收到数据后，对接收到的数据进行判断，如果收到的数据正确，则使节点2和节点3的LED1切换亮/灭状态。按下节点2和节点3的SW1按键，实现设备加入组播和移除组播的切换。

2）如果三个节点不在同一个组播组里，采用广播方式发送数据。节点2和节点3收到数据后，对接收到的数据进行判断。如果收到的数据正确，则使节点2和节点3的LED1切换亮/灭状态。

## 4.4.2 知识链接

单播表示网络中两个节点之间进行数据发送与接收的过程，类似于任意两位与会者之间的交流。这种方式必须已知发送节点的网络地址。

广播表示一个节点发送的数据包，网络中所有节点都可以收到。类似于开会时，领导讲话，每位与会者都可以听到。

组播，又称多播，表示网络中一个节点发送的数据包，只有与该节点属于同一组的节点，才能收到该数据包。类似于领导讲完后，各小组进行讨论，只有本小组的成员才能听到相关的讨论内容，不属于本小组的成员听不到相关讨论内容。这种方式必须确定节点的组号。

## 4.4.3 任务实施

### 1. 创建工程文件

将任务2的IAR工程文件复制为副本备份，再将这个副本重命名为“任务3　基于Z-Stack的点对多点通信”，然后打开任务3的IAR工程文件。

### 2. 修改SampleApp.h头文件

在头文件中增加组播相关和LED快闪周期宏定义，如图4-34所示。

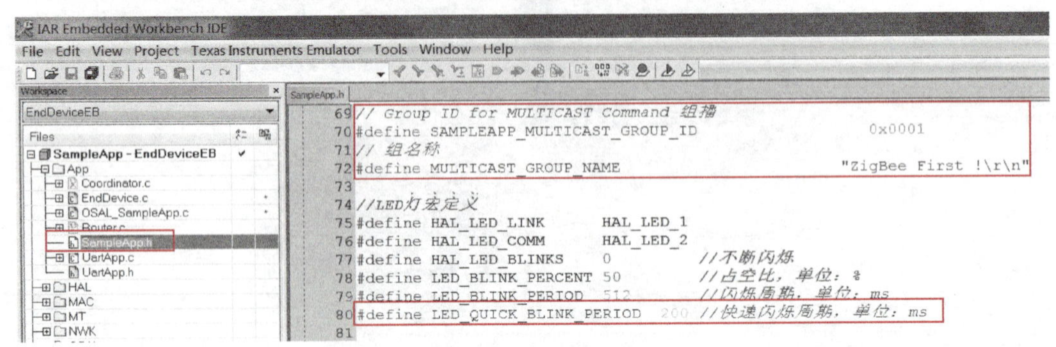


图4-34　修改SampleApp.h头文件

### 3．修改协调器Coordinator.c文件

1）修改SampleApp_Init初始化函数，实现设备启动后自动加入到组播1中。首先增加子函数SampleApp_AddGroup实现加入组播组功能，然后在SampleApp_Init函数调用该子函数完成组播组的加入，需要在Coordinator.c中新增的代码如下：

```
1.  /**********************************************************************
2.  *函数：void SampleApp_AddGroup( void )
3.  *功能：往指定端点中添加一个组信息，这个信息包含组名和组ID号
4.  *输入：
5.  *      uint8 endpoint, 端点编号
6.  *      uint16 groupID, 组ID号
7.  *      uint8 *groupName, 组名称
8.  *输出：无
9.  *返回：无
10. *特殊说明：如果定义了NV_RESTORE，aps_AddGroup()函数将会将组信息保存到非易失性存
储器中。
11. Call this function(Such as: aps_AddGroup( )、aps_RemoveGroup( ) … ) , If NV_RESTORE is
12. enabled, this function will operate non-volatile memory.
13. *********************************************************************/
14. void SampleApp_AddGroup( uint8 endpoint, uint16 groupID, uint8 *groupName )
15. {
16.    aps_Group_t SampleApp_Group;
17.    SampleApp_Group.ID = groupID;
18.    osal_memcpy( SampleApp_Group.name, groupName, strlen((const char *)groupName) );
19.    aps_AddGroup( endpoint, &SampleApp_Group );
20.    /*Call this function(Such as: aps_AddGroup( )、aps_RemoveGroup( ) … ) ,
21.      If NV_RESTORE is enabled, this function will operate non-volatile memory.*/
22. }
```

程序分析：

a．第17行，设置组号，为了进行组播通信，需要定义一个组号。

b．第18行，设置组名。

c．第19行，调用 aps_AddGroup将将端点加入指定组。

在Coordinator.c函数SampleApp_Init()的末尾处增加对SampleApp_AddGroup()函数调用的代码，SampleApp_Init()的最终代码如下：

```
1.  void SampleApp_Init( uint8 task_id )
2.  {
3.     SampleApp_TaskID = task_id;
4.     SampleApp_NwkState = DEV_INIT;
5.     SampleApp_TransID = 0;
6.     // Device hardware initialization can be added here or in main() (Zmain.c).
7.     // If the hardware is application specific - add it here.
```

```
8.     // If the hardware is other parts of the device add it in main().
9.     // Fill out the endpoint description.
10.    SampleApp_epDesc.endPoint = SAMPLEAPP_ENDPOINT;
11.    SampleApp_epDesc.task_id = &SampleApp_TaskID;
12.    SampleApp_epDesc.simpleDesc = (SimpleDescriptionFormat_t *)&SampleApp_SimpleDesc;
13.    SampleApp_epDesc.latencyReq = noLatencyReqs;
14.    // Register the endpoint description with the AF
15.    afRegister( &SampleApp_epDesc );
16.    // Register for all key events - This app will handle all key events
17.    RegisterForKeys( SampleApp_TaskID );
18.    //新增代码
19. #ifndef SAMPLE_APP_BROADCAST //非广播
20.    //添加组信息
21.    SampleApp_AddGroup( SAMPLEAPP_ENDPOINT, SAMPLEAPP_MULTICAST_GROUP_
ID, (uint8 *)MULTICAST_GROUP_NAME );
22. #endif /*SAMPLE_APP_BROADCAST*/
23.    DEBUG_PRINT("Hello ZigBee !\r\n");
24. }
```

2）增加协调器按下SW1按键后发送组播或者广播数据功能。首先在Coordinator. c中编写SampleApp_SendLightSwitchMessage()子函数，实现广播或者组播发送消息，然后在接收按键事件调用该子函数完成按键消息的处理。

```
1.  /**************************************************************************
2.  *函数：void SampleApp_SendLightSwitchMessage( void )
3.  *功能：发送灯切换命令
4.  *输入：无
5.  *输出：无
6.  *返回：无
7.  *特殊说明：无
8.  **************************************************************************/
9.  void SampleApp_SendLightSwitchMessage( void )
10. {
11. #define STR_LEN_TX 32
12.     uint8 buffer[STR_LEN_TX] = {0};
13.     memset(buffer, '\0', STR_LEN_TX);
14.     sprintf((char *)buffer, CMD_LGT_SW);
15. #ifdef SAMPLE_APP_BROADCAST //广播
16.     //设置为广播方式
17.     afAddrType_t SampleApp_DstAddr;
18.     SampleApp_DstAddr.addrMode = (afAddrMode_t)AddrBroadcast;
19.     SampleApp_DstAddr.endPoint = SAMPLEAPP_ENDPOINT;
20.     SampleApp_DstAddr.addr.shortAddr = 0xFFFF;
21. #else //组播
```

```
22.     // 设置为组播方式
23.     afAddrType_t SampleApp_DstAddr;
24.     SampleApp_DstAddr.addrMode = (afAddrMode_t)afAddrGroup;
25.     SampleApp_DstAddr.endPoint = SAMPLEAPP_ENDPOINT;
26.     SampleApp_DstAddr.addr.shortAddr = SAMPLEAPP_MULTICAST_GROUP_ID;
27.  #endif /*SAMPLE_APP_BROADCAST*/
28.     if ( AF_DataRequest( &SampleApp_DstAddr, &SampleApp_epDesc,
29.                          SAMPLEAPP_LIGHT_SWITCH_CLUSTERID,
30.                          STR_LEN_TX,
31.                          buffer,
32.                          &SampleApp_TransID,
33.                          AF_DISCV_ROUTE,
34.                          AF_DEFAULT_RADIUS ) == afStatus_SUCCESS )
35.     {
36.     }
37.     else
38.     {
39.       // Error occurred in request to send.
40.     }
41.  }
```

程序分析：

a．第15行，预编译选项，如果定义了广播的宏，启用广播放送。

b．第22～26行，组播参数配置，其中第24行发送地址模式设置为组播，发送地址为注册的组ID。

在SampleApp_HandleKeys()函数增加SampleApp_SendLightSwitchMessage()子函数调用，其中第8行为新增代码。

```
1.   void  SampleApp_HandleKeys( uint8 shift, uint8 keys )
2.   {
3.     (void)shift;  // Intentionally unreferenced parameter
4.
5.     if ( keys & HAL_KEY_SW_6 )
6.     {
7.      HalLedSet (HAL_LED_LINK, HAL_LED_MODE_TOGGLE);//控制灯切换
8.      SampleApp_SendLightSwitchMessage();
9.     }
10.  }
```

3）修改SampleApp_MessageMSGCB()函数，实现接收到消息显示功能。修改后的代码如下：

```
1.   void SampleApp_MessageMSGCB( afIncomingMSGPacket_t *pkt )
2.   {
3.     switch ( pkt->clusterId )
```

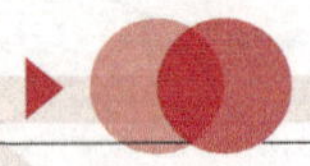



```
4.    {
5.      case SAMPLEAPP_LIGHT_SWITCH_CLUSTERID:
6.        DEBUG_PRINT("%s",pkt->cmd.Data);//打印收到的信息至串口
7.        break;
8.      default : break;
9.    }
10. }
```

4）增加函数声明。在Coordinator. c文件的函数声明处增加新函数声明，如图4-35所示。

```
92    */
93    void SampleApp_HandleKeys( uint8 shift, uint8 keys );
94    void SampleApp_MessageMSGCB( afIncomingMSGPacket_t *pckt );
95    void SampleApp_AddGroup( uint8 endpoint, uint16 groupID, uint8 *groupName );
96    void SampleApp_SendLightSwitchMessage( void );
97
98 ⊟ /*********************************************************
99    * NETWORK LAYER CALLBACKS
```

新增函数声明

图4-35　Coordinator.c新增函数声明

### 4. 修改终端EndDevice. c文件

1）修改SampleApp_Init初始化函数，修改点参考协调器初始化代码修改。

2）修改SampleApp_MessageMSGCB()函数，终端节点从无线接收到数据后，判断是否是“ZigBeeLightSwitch”字符，如果是，则切换LED2的状态，从而实现协调器远程控制终端节点的LED。修改后的代码如下：

```
1.  void SampleApp_MessageMSGCB( afIncomingMSGPacket_t *pkt )
2.  {
3.    switch ( pkt->clusterId )
4.    {
5.      case SAMPLEAPP_LIGHT_SWITCH_CLUSTERID:
6.        if(strstr((const char *)(pkt->cmd.Data), (const char *)CMD_LGT_SW) != NULL)
7.        {
8.          HalLedSet (HAL_LED_LINK, HAL_LED_MODE_TOGGLE);
9.        }
10.       DEBUG_PRINT("%s",pkt->cmd.Data);//打印收到的信息至串口
11.       break;
12.     default : break;
13.   }
14. }
```

3）修改SampleApp_HandleKeys()函数，实现组播组加入和离开切换功能。当终端节点按下SW1按键后，若设备在组播组1中，则从组播组1中移除；若设备不在组播组1中，则添加到组播组1中。修改后的代码如下：

```
1.  void SampleApp_HandleKeys( uint8 shift, uint8 keys )
2.  {
```

```
3.    (void)shift;  // Intentionally unreferenced parameter
4.
5.    if ( keys & HAL_KEY_SW_6 )
6.    {
7.  #ifndef SAMPLE_APP_BROADCAST //非广播
8.      //每次有按键，若设备在组x中，则从组x内移除；若设备不在组x中，则添加到组x中
9.      aps_Group_t *grp;
10.     grp = aps_FindGroup( SAMPLEAPP_ENDPOINT, SAMPLEAPP_MULTICAST_GROUP_ID );
11.     if ( grp )
12.     {
13.       // Remove from the group
14.       aps_RemoveGroup( SAMPLEAPP_ENDPOINT, SAMPLEAPP_MULTICAST_GROUP_ID );
15.       HalLedBlink( HAL_LED_LINK, HAL_LED_BLINKS, LED_BLINK_PERCENT, LED_QUICK_
BLINK_PERIOD );
16.       DEBUG_PRINT("退出组\r\n");
17.     }
18.     else
19.     {
20.       // Add to the group
21.       SampleApp_AddGroup( SAMPLEAPP_ENDPOINT, SAMPLEAPP_MULTICAST_GROUP_
ID, (uint8 *)MULTICAST_GROUP_NAME );
22.       HalLedSet( HAL_LED_LINK, HAL_LED_MODE_OFF );
23.       DEBUG_PRINT("加入组\r\n");
24.     }
25. #endif /*SAMPLE_APP_BROADCAST*/
26.   }
27. }
```

程序分析：

a．第10行，调用aps_FindGroup()函数根据端点和组ID从组播表查找组索引。

b．第11～17行，如果找到组索引，调用aps_RemoveGroup()函数把端点从组播组中移除。

c．第19～24行，如果没有找到索引，调用SampleApp_AddGroup()将端点加入组播组。

4）新增SampleApp_AddGroup()函数，实现往指定端点中添加一个组信息的功能，并在函数声明的位置添加该函数的声明，代码如下：

```
1.  /*********************************************************************
2.   *函数：void SampleApp_AddGroup( uint8 endpoint, uint16 groupID, uint8 *groupName )
3.   *功能：往指定端点中添加一个组信息，这个信息包含组名和组ID号
4.   *输入：
```

```
5.  *     uint8 endpoint, 端点编号
6.  *     uint16 groupID, 组ID号
7.  *     uint8 *groupName, 组名称
8.  *输出：无
9.  *返回：无
10. *特殊说明：如果定义了NV_RESTORE，aps_AddGroup()函数将会将组信息保存到非易失性存储器中。
11. Call this function(Such as: aps_AddGroup( )、aps_RemoveGroup( ) ... ) , If NV_RESTORE is
12. enabled, this function will operate non-volatile memory.
13. **********************************************************************/
14. void SampleApp_AddGroup( uint8 endpoint, uint16 groupID, uint8 *groupName )
15. {
16.   aps_Group_t SampleApp_Group;
17.   SampleApp_Group.ID = groupID;
18.   osal_memcpy( SampleApp_Group.name, groupName, strlen((const char *)groupName) );
19.   aps_AddGroup( endpoint, &SampleApp_Group );
20.   /*Call this function(Such as: aps_AddGroup( )、aps_RemoveGroup( ) ... ) ,
21.     If NV_RESTORE is enabled, this function will operate non-volatile memory.*/
22. }
```

### 5．生成路由节点Router. c文件

复制EndDevice. c文件，然后将复制后的文件重命名为Router. c，如图4-36所示。最后在IAR工程中将Router. c添加到Workspace下的App组内。

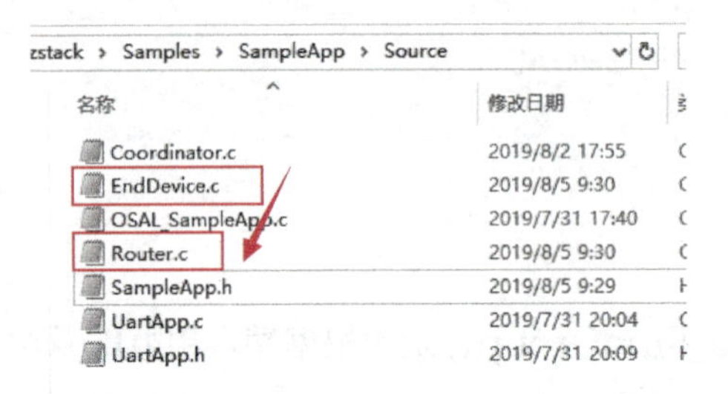


图4-36　路由节点文件

### 6．模块编译与下载

1）协调器模块。

将ZigBee模块固定在NEWLab平台，在Workspace栏下选择“CoordinatorEB”模块，选中“EndDevice. c”单击右键，选择“Options”，在弹出的对话框中将“Exclude from build”复选框中打“√”，然后单击“OK”。选中“Router. c”单击右键，选择“Options”，在弹出的对话框中将“Exclude from build”复选框中打“√”，然后单击“OK”。重新编译程序无误后，给NEWLab平台上电，下载协调器程序。

2）终端模块。

将ZigBee模块固定在NEWLab平台，在Workspace栏下选择“EndDeviceEB”模块，选中“coordinator.c”单击右键，选择“Options”，在弹出的对话框中将“Exclude from build”复选框中打“√”，然后单击“OK”。选中“Router.c”单击右键，选择“Options”，在弹出的对话框中将“Exclude from build”复选框中打“√”，然后单击“OK”。重新编译程序无误后，给NEWLab平台上电，下载终端程序。

3）路由模块。

将ZigBee模块固定在NEWLab平台，在Workspace栏下选择“RouterEB”模块，选中“coordinator.c”单击右键，选择“Options”，在弹出的对话框中将“Exclude from build”复选框中打“√”，然后单击“OK”。选中“EndDevice.c”单击右键，选择“Options”，在弹出的对话框中将“Exclude from build”复选框中打“√”，然后单击“OK”。重新编译程序无误后，给NEWLab平台上电，下载终端程序。

## 7. 程序运行

在协调器节点按下SW1键，在路由节点收到数据后，路由节点的LED1切换亮/灭状态。组播方式下，由于终端处于休眠状态，组播消息在终端休眠期间传播时，终端将无法接收到组播消息。程序运行效果如图4-37所示。按下节点2或者节点3的SW1按键，实现设备加入组播和移除组播的切换。

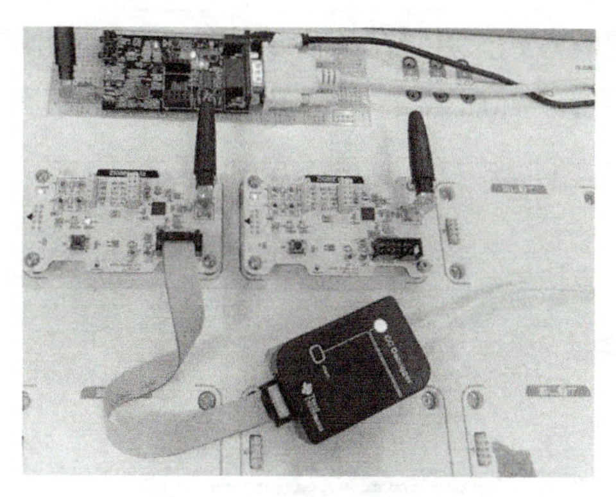

图4-37　点对多点运行效果

## 8. 广播通信

1）在项目工作组中分别选中“CoordinatorEB”“EndDeviceEB”和“RouterEB”模块，单击右键选择“Options”，在弹出的对话框中选择“C/C++Compile”类别，在右边的窗口中选择“Preprocessor”选项卡中的“Defined symbols:”中输入“SAMPLE_APP_BROADCAST”，具体设置如图4-38所示。

2）重新编译链接“CoordinatorEB”“EndDeviceEB”和“RouterEB”三个工程。编译程序无误后，给NEWLab平台上电，分别下载协调器、终端节点和路由节点程序。

3）程序运行。按下协调器节点SW1键，路由节点或者终端节点收到数据后，各自节点的LED1切换亮/灭状态，程序运行效果如图4-39所示。

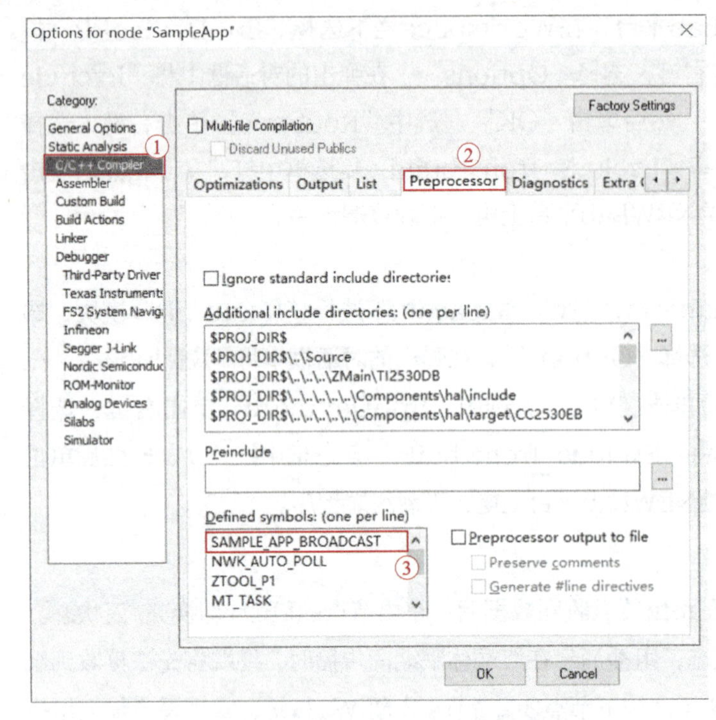


图4-38　SAMPLE_APP_BROADCAST编译选项

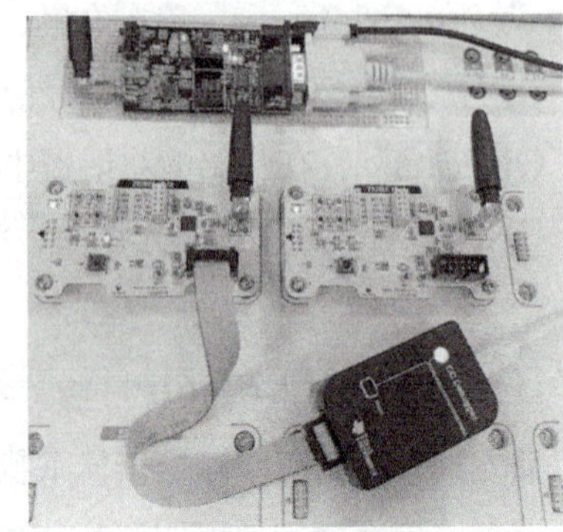

图4-39　点对多点运行效果

如果需要恢复成组播通信方式，可以在预编译配置中去掉SAMPLE_APP_BROADCAST选项，修改方法如图4-40所示。然后重复步骤2）和3），就能够看到运行效果。

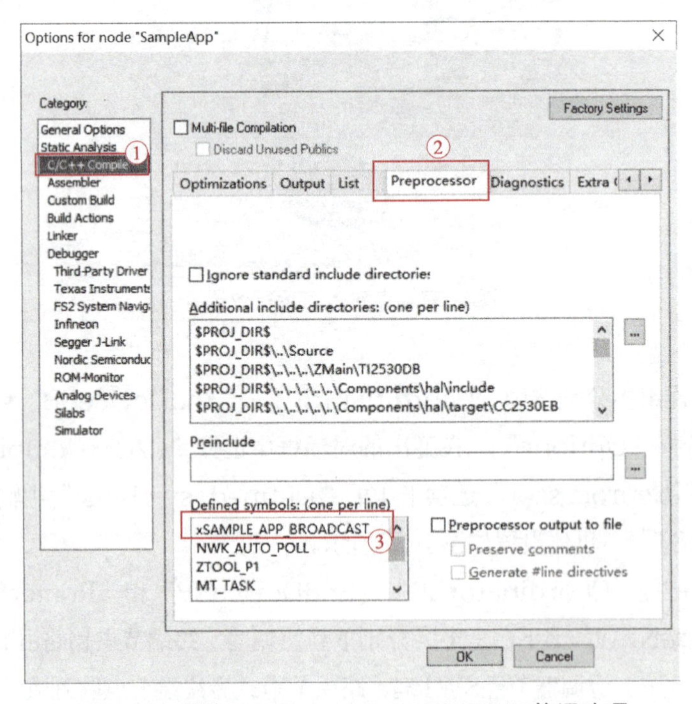


图4-40　删除SAMPLE_APP_BROADCAST编译选项

# 4.5 任务4 ZigBee节点入网和退网控制

## 4.5.1 任务要求

采用一个黑色ZigBee模块和两个ZigBee模块，其中，黑色ZigBee模块作为协调器（节点1），一个白色ZigBee模块作为路由器（节点2），另一个白色ZigBee模块作为终端节点（节点3），实现如下功能：

1）设备上电开始，不允许设备入网功能。每按一次协调器的SW1，实现允许入网和禁止入网切换功能。通过协调器LED1指示是否允许入网，如果LED1亮，则允许终端或者路由节点入网，否则禁止节点入网。

2）如果协调器处于禁止入网状态，按一次协调器的SW1开启允许入网，路由和终端会相继加入协调器建立的网络中，入网成功后路由和终端的LED2闪烁。

3）按下路由或终端的SW1键，将退出协调器建立的网络，并在一定时间内重启，重启后路由和终端的LED2处于常灭状态，表明设备已经退网。

## 4.5.2 知识链接

### 1. NLME_PermitJoiningRequest()函数

该函数用于协调器或路由器允许设备在一段固定的时间内加入它的网络。函数原型为：

```
ZStatus_t NLME_PermitJoiningRequest( byte PermitDuration );
```

其中PermitDuration表示设备（协调器或路由器）允许加入的持续时间。

- 0x00：表示禁止节点加入网络；
- 0x01～0xFE：表示允许加入的持续时间，以秒（s）为单位；
- 0xFF：表示一直允许加入，没有具体时间限制。

该函数一般在程序初始化时使用，通过该函数可以控制设备加入到网络。

### 2. NLME_LeaveReq()函数

该函数主要功能是实现自动退网。函数原型为：

```
ZStatus_t NLME_LeaveReq( NLME_LeaveReq_t* req );
```

req：离开请求结构体。

```
typedef struct
{
    uint8* extAddr;
    uint8 removeChildren;
    uint8 rejoin;
    uint8 silent;
} NLME_LeaveReq_t;
```

- extAddr表示离开设备的扩展地址，如果参数为NULL，表示当前自己离开网络，并通知父节点和周围的设备。
- removeChildren表示是否移除该设备的子节点。如果为true则移除子节点；如果为false则不移除子节点。
- rejoin表示是否允许设备重新加入。如果为true则允许重新加入；如果为false则不再加入网络。
- silent表示是否发送通知。

## 4.5.3 任务实施

### 1. 创建工程文件

将任务3的IAR工程文件复制为副本备份，再将这个副本重命名为“任务4　ZigBee节点入网和退网控制”，然后打开任务4的IAR工程文件。

### 2. 修改SampleApp.h头文件

在该文件中增加入网控制的宏定义，如图4-41所示。

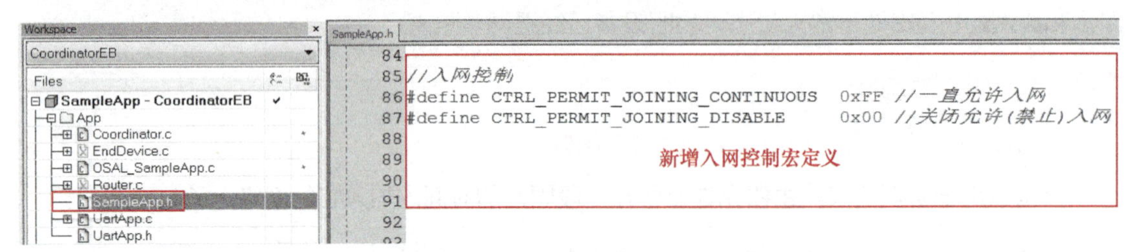


图4-41　入网控制宏定义

### 3. 修改协调器Coordinator.c文件

1）修改SampleApp_Init函数，在该函数内增加设备上电后禁止设备入网功能的代码，如图4-42所示。

```
Coordinator.c
167 void SampleApp_Init( uint8 task_id )
168 {
169   SampleApp_TaskID = task_id;
170   SampleApp_NwkState = DEV_INIT;
171   SampleApp_TransID = 0;
172
173   // Device hardware initialization can be added here or in main() (Zmain.c).
174   // If the hardware is application specific - add it here.
175   // If the hardware is other parts of the device add it in main().
176   // Fill out the endpoint description.
177   SampleApp_epDesc.endPoint = SAMPLEAPP_ENDPOINT;
178   SampleApp_epDesc.task_id = &SampleApp_TaskID;
179   SampleApp_epDesc.simpleDesc
180             = (SimpleDescriptionFormat_t *)&SampleApp_SimpleDesc;
181   SampleApp_epDesc.latencyReq = noLatencyReqs;
182
183   // Register the endpoint description with the AF
184   afRegister( &SampleApp_epDesc );
185
186   // Register for all key events - This app will handle
187   RegisterForKeys( SampleApp_TaskID );
188   DEBUG_PRINT("Hello ZigBee !\r\n");
189 #ifndef SAMPLE_APP_BROADCAST //非广播
190   //添加组信息
191   SampleApp_AddGroup( SAMPLEAPP_ENDPOINT, SAMPLEAPP_MULTICAST_GROUP_ID, (uint8 *)MULTICAST_GROUP_NAME
192 #endif /*SAMPLE_APP_BROADCAST*/
193
194   if(NLME_PermitJoiningRequest( CTRL_PERMIT_JOINING_DISABLE ) != ZSuccess)
195   {
196     DEBUG_PRINT("禁止入网操作失败\r\n");
197   }
198 }
```

禁止入网功能代码

图4-42　修改SampleApp_Init函数

程序分析：在设备启动后，调用NLME_PermitJoiningRequest()禁止加入网络，入网的持续时间为0x00。

2）按键代码修改。修改SampleApp_HandleKeys()函数对按键的处理，实现协调器控制允许/禁止入网。同时通过LED指示状态。如果协调器允许入网则点亮LED1，否则熄灭LED1。修改代码如图4-43所示。

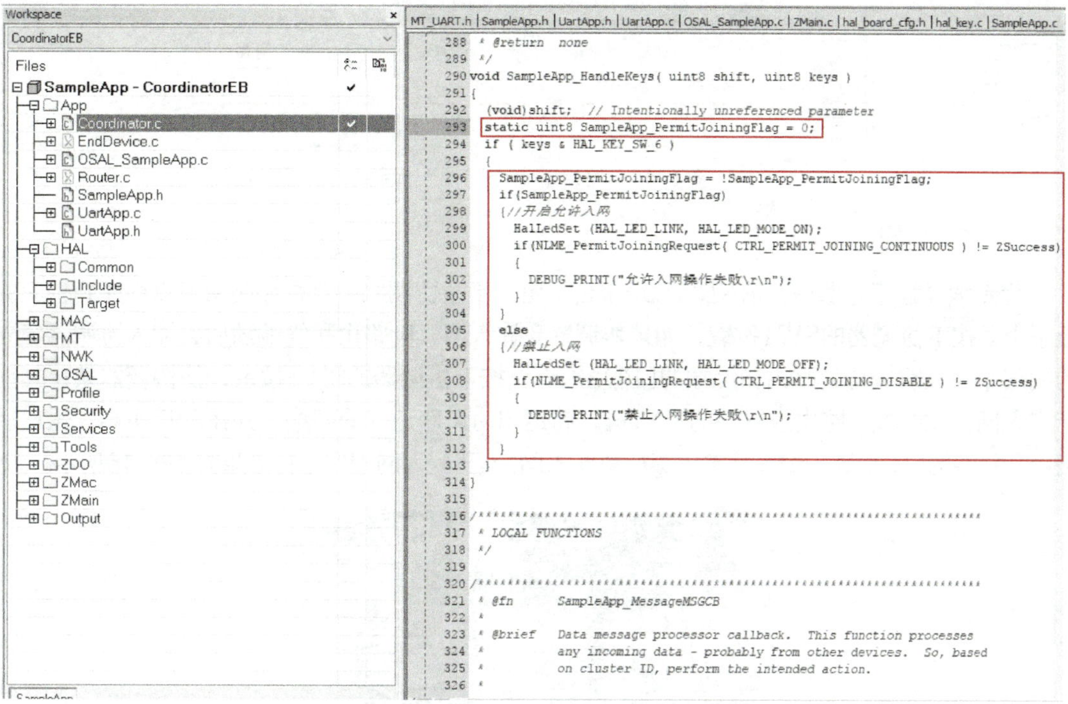

```
 * @return  none
 */
void SampleApp_HandleKeys( uint8 shift, uint8 keys )
{
  (void)shift;  // Intentionally unreferenced parameter
  static uint8 SampleApp_PermitJoiningFlag = 0;
  if ( keys & HAL_KEY_SW_6 )
  {
    SampleApp_PermitJoiningFlag = !SampleApp_PermitJoiningFlag;
    if(SampleApp_PermitJoiningFlag)
    {//开启允许入网
      HalLedSet (HAL_LED_LINK, HAL_LED_MODE_ON);
      if(NLME_PermitJoiningRequest( CTRL_PERMIT_JOINING_CONTINUOUS ) != ZSuccess)
      {
        DEBUG_PRINT("允许入网操作失败\r\n");
      }
    }
    else
    {//禁止入网
      HalLedSet (HAL_LED_LINK, HAL_LED_MODE_OFF);
      if(NLME_PermitJoiningRequest( CTRL_PERMIT_JOINING_DISABLE ) != ZSuccess)
      {
        DEBUG_PRINT("禁止入网操作失败\r\n");
      }
    }
  }
}
```

图4-43　允许/禁止入网代码修改

程序分析：通过SampleApp_PermitJoiningFlag标志位控制是否允许入网，如果标志位为1，则调用NLME_PermitJoiningRequest()函数（参数为0xFF）开启允许入网功能；否则调用NLME_PermitJoiningRequest()函数（参数为0x00）禁止入网。

### 4．修改终端节点EndDevice.c文件

1）修改SampleApp_Init()函数，在该函数内增加设备上电后禁止设备入网功能的代码。参考协调器初始化函数。

2）修改SampleApp_HandleKeys()函数实现终端节点按下SW1按键，节点自动退网处理，如图4-44所示。

### 5．修改路由节点Router.c文件

修改处代码参考终端节点修改代码。

```
235  * @param   keys - bit field for key events. Valid entries:
236  *                 HAL_KEY_SW_2
237  *                 HAL_KEY_SW_1
238  *
239  * @return  none
240  */
241 void SampleApp_HandleKeys( uint8 shift, uint8 keys )
242 {
243   (void)shift;  // Intentionally unreferenced parameter
244
245   if ( keys & HAL_KEY_SW_6 )
246   {
247     NLME_LeaveReq_t SampleApp_DeviceLeaveReq;
248     SampleApp_DeviceLeaveReq.extAddr = NULL;//NULL表示设备自身退网
249     SampleApp_DeviceLeaveReq.removeChildren = false;//不从网络中移除子节点
250     SampleApp_DeviceLeaveReq.rejoin = true;//寻找网络，并重新入网
251     SampleApp_DeviceLeaveReq.silent = false;//不静默
252     //注意：执行退网操作会导致设备重启
253     if(NLME_LeaveReq( &SampleApp_DeviceLeaveReq ) != ZSuccess)
254     {
255       DEBUG_PRINT("退网操作失败\r\n");
256     }
257   }
258 }
```

退网处理

图4-44　终端节点退网处理代码

### 6．程序运行

重新编译程序无误后，给NEWLab平台上电，下载协调器、终端和路由节点程序到相应的板子上。按下协调器的SW1按键，如果协调器允许入网，则路由和终端随后会加入协调器建立的网络中，入网成功后路由和终端的LED2闪烁。按下协调器的SW1按键，使协调器禁止其他节点入网，此时按下路由或终端的SW1键，将退出协调器建立的网络，并在5s后重启，重启后路由和终端的LED2处于熄灭状态，等待重新入网。退网/入网程序运行效果如图4-45所示。

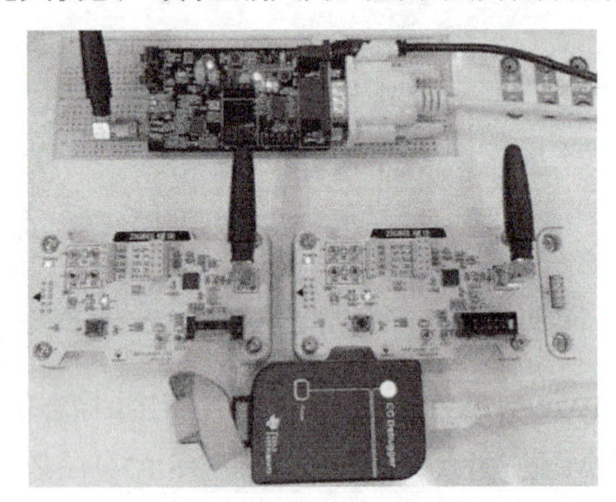

图4-45　退网/入网程序运行效果

## 单元总结

本单元通过4个任务实施，逐步讲解ZigBee技术的基本知识和基于Z-Stack协议栈无线通信技术的基本应用。通过本单元的学习，能够组建ZigBee无线传感器网络，实现无线传感器数据采集、远程监控、节点的入网和退网等功能。

Project 5

# 学习单元5 蓝牙通信应用开发

## 单元概述

本单元主要面向的工作领域是传感网应用开发中的短距离无线通信领域中的蓝牙通信应用开发，以“BLE协议栈蓝牙通信”项目为案例介绍蓝牙通信应用开发的过程。项目使用蓝牙通讯模块和4.0BLE协议栈进行开发，项目中实现了基于BLE协议栈的串口通信、主从机连接与数据传输、手机与蓝牙通讯模块通信等功能。项目共包含5个任务，分别为基于BLE协议栈的串口通信、主从机建立连接与数据传输、基于BLE协议栈的无线点灯、基于BLE协议栈的串口透传、蓝牙采集心率数据。

## 知识目标

- 掌握BLE协议栈的结构、基本概念；
- 理解从机与主机之间建立连接的流程；
- 掌握Peripheral_ProcessEvent、Central_ProcessEvent事件处理函数；
- 掌握节点设备和集中器设备启动过程，理解SBP_START_DEVICE_EVT事件；
- 理解BLE协议栈中的GAP和GATT两个基本配置文件；
- 掌握主机与从机数据传输的流程，理解主从数据发送与接收过程。

## 技能目标

- 能熟练搭建开发环境并使用仿真器进行调试下载；
- 能进行驱动开发（GPIO、定时器、中断、PWM等）；
- 能编程实现调用GATT服务操作特征值、句柄进行通信。

# 5.1 基础知识

## 5.1.1 蓝牙技术简介

蓝牙技术是全球使用范围最广的短距离无线标准之一，由爱立信、IBM等5家公司在1998年联合推出。如今全世界已有1 800多家公司加盟该组织。“蓝牙”作为一种大容量近距离无线数字通信技术标准，其目标是实现最高数据传输速率1Mbit/s，传输距离为10cm～10m，通过增加发射功率，传输距离可达到100m。蓝牙无线技术使用了全球通用的频带（2.4GHz），以确保能在世界各地通行无阻。

蓝牙4.0版本综合了传统蓝牙、高速蓝牙和低功耗蓝牙等3种蓝牙技术，它集成了蓝牙技术在无线连接上的固有优势，同时增加了高速蓝牙和低功耗蓝牙的特点。低功耗蓝牙（Bluetooth Low Energy，BLE）是蓝牙4.0的核心规范。随着物联网产业的发展，蓝牙4.0技术凭借超低的运行功耗、待机功耗等特点，在手机等智能终端产品已广泛应用，从而使得BLE技术在以手机为智能终端的物联网应用中具有强大的发展能力。另外，BLE技术将广泛应用于可穿戴设备（如手环、手表等）、保健设备（如体重秤、血压计等）、汽车电子产品等设备中。

## 5.1.2 蓝牙通讯模块简介

蓝牙通讯模块使用CC2541芯片，CC2541是一款针对低能耗以及私有2.4GHz应用的功率优化的真正片载系统（SoC）解决方案。它使得使用低总体物料清单成本建立强健网络节点成为可能。TI公司推出的CC254x系列单芯片（SoC）具有21个I/O，UART、SPI、USB2.0、PWM、ADC等外设，具有超宽的工作电压（2～3.6v）、极低的能耗（<0.4μA）和极小的唤醒延时（4μs）。该芯片内部集成增强型8051内核。

TI公司为BLE协议栈搭建了一个简单的操作系统，使得该芯片可以与BLE协议栈完美结合，能帮助用户设计出高弹性、低成本的蓝牙低功耗解决方案。

## 5.1.3 BLE协议栈简介

BLE协议栈是由蓝牙技术联盟在蓝牙4.0的基础上推出的低功耗蓝牙通信标准，发送与接收双方需要共同按照这一标准进行正常的数据发射和接收。在BLE协议栈中包括一个小型操作系统（抽象层OSAL），由其负责系统的调度。操作系统的大部分代码被封装在库代码中，用户查看不到。对于用户来说，只能使用API来调用相关库函数。

BLE协议栈中定义了GAP（Generic Access Profile）和GATT（Generic Attribute）两个基本配置文件，其中GAP层负责设备访问模式和进程，包括设备发现、建立连接、终止连接、初始化安全特性、设备配置等，GATT层用于已连接的设备之间的数据通信。

TI的BLE-stack协议栈是一个基于轮询式的操作系统。这个操作系统命名为OSAL

（Operating System Abstraction Layer），翻译为“操作系统抽象层”。

OSAL就是以实现多任务为核心的系统资源管理机制。程序的运行机制如图5-1所示。

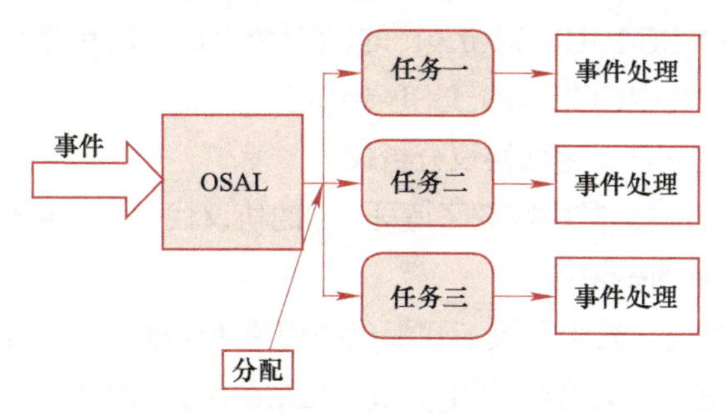


图5-1　OSAL的运行机制

# 5.2 项目分析

本项目使用蓝牙通信模块、BLE协议栈进行开发，通过五个渐进的任务实现蓝牙采集心率传感器数据，并通过手机App进行展现。

# 5.3 任务1　基于BLE协议栈的串口通信

## 5.3.1　任务要求

搭建蓝牙通讯模块与PC的串口通信系统，要求蓝牙通讯模块上电时，向串口发送“Hello NEWLab!”，并在PC的串口调试软件上显示。另外，在串口调试软件上发送信息给蓝牙通讯模块时，蓝牙通讯模块收到信息后，立刻原样返回串口接收到的数据给串口调试软件，并显示出来。

## 5.3.2　知识链接

安装BLE协议栈：

蓝牙4.0 BLE协议栈具有很多版本，不同厂家提供的蓝牙4.0 BLE协议栈有一些不同，本书选用TI公司推出的BLE-CC254x-1.3.2版本，双击BLE-CC254x-1.3.2.exe文件，即可以进行安装，默认安装在C盘，路径为C:\Texas Instruments\BLE-CC254x-1.3.2。

（1）工程文件介绍

安装完BLE协议栈之后，在安装目录下会出现Accessories、Components、

Documents、Projects等文件夹。

① Accessories文件夹。其中包括Drivers、HexFiles等文件夹，其中Drivers内有HostTestRelease程序的2540USBdongle的USB转串口驱动程序；HexFiles内有TI的开发板固件（hex文件），其中CC2540_USBdongle_HostTestRelease_All. hex是USB-dongle出厂时默认烧录的固件，用做协议分析仪。

② Components文件夹。其中存放了蓝牙4. 0的协议栈组件，包括底层的ble、TI开发板硬件驱动层hal、操作系统的osal等。

③ Documents文件夹。其中存放了TI提供的相关协议栈、demo文件以及开发文档。这些文件相当重要，几个重要的文档有《TI_BLE_Sample_Applications_Guide. pdf》协议栈应用指南，介绍协议栈demo操作；《TI_BLE_Software_Developer’s_Guide. pdf》协议栈开发指南，是介绍BLE协议栈高级开发的重要手册；《BLE_API_Guide_main. htm》BLE协议栈API文档，在调用API函数时，该文档是非常有用的手册。

④ Projects文件夹。其中存放了TI提供的不同功能的BLE工程，如BloodPressure、GlucoseCollector、GlucoseSensor、HeartRate、HIDEmuKbd等传感器的实际应用，并且有相应标准的Profile（通用协议），另外还有4种角色工程：SimpleBLEBroadcaster（广播者）、SimpleBLEObserver（观察者）、SimpleBLECentral（主机）和SimpleBLEPeripheral（从机）。一般Broadcaster和Observer一起使用，这种方式无需连接；Peripheral和Central一起使用，它们连接之后，才能交换数据。

（2）BLE协议栈编译与下载

此处只讨论SimpleBLEPeripheral（从机）和SimpleBLECentral（主机）两个工程，打开这些工程需要IAR8. 10以上版本。在路径“…\ble\SimpleBLEPeripheral\CC2541DB”目录下找到SimpleBLEPeripheral. eww文件，双击该文件，即可打开工程，如图5-2所示。图左边有很多文件夹，如：APP、HAL、OSAL、PROFILES等，这些文件夹对应蓝牙4. 0BLE协议栈中不同的层。在开发过程中，一般情况下，整个协议栈内需要修改的代码主要在APP和PROFILES两个文件夹的文件中，大部分的代码TI已经帮大家做好了。这类似于ZigBee协议栈开发。

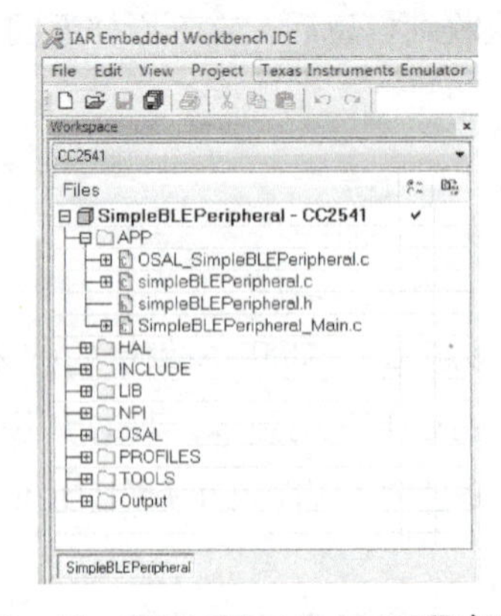


图5-2　SimpleBLEPeripheral工程文件结构

采用CC Debugger、SmartRF04EB等开发工具下载、仿真调试和烧录程序，建议选用CC Debugger作为蓝牙4.0开发工具。

## 5.3.3 任务实施

### 1. 搭建蓝牙串口通信系统

首先把蓝牙通讯模块固定在NEWLab平台上，再通过串口线把NEWLab平台与PC连接起来，并将NEWLab平台上的通信方式旋钮转到“通讯模式”，最后给CC2541上电，将拨码开关JP2拨到J9位置。

### 2. 打开SimpleBLEPeripheral工程

打开“...\ble\SimpleBLEPeripheral\CC2541DB”目录下的SimpleBLEPeripheral.eww工程，在Workspace栏内选择CC2541。

### 3. 串口初始化

打开工程中NPI文件夹下的npi.c文件，串口初始化函数void NPI_InitTransport ( npiCBack_t npiCBack)对串口号、波特率、流控、校验位等进行配置。

```
1.   void NPI_InitTransport( npiCBack_t npiCBack )
2.   {
3.     halUARTCfg_t uartConfig;
4.     uartConfig.configured                    = TRUE;
5.     uartConfig.baudRate                      = NPI_UART_BR;
6.     uartConfig.flowControl                   = NPI_UART_FC;
7.     uartConfig.flowControlThreshold          = NPI_UART_FC_THRESHOLD;
8.     uartConfig.rx.maxBufSize                 = NPI_UART_RX_BUF_SIZE;
9.     uartConfig.tx.maxBufSize                 = NPI_UART_TX_BUF_SIZE;
10.    uartConfig.idleTimeout                   = NPI_UART_IDLE_TIMEOUT;
11.    uartConfig.intEnable                     = NPI_UART_INT_ENABLE;
12.    uartConfig.callBackFunc                  = (halUARTCBack_t)npiCBack;
13.    (void)HalUARTOpen( NPI_UART_PORT, &uartConfig );
14.    return;
15.  }
```

程序分析：

第5行，uartConifg.baudRate将波特率配置为NPI_UART_BR，进入NPI_UART_BR可以看到具体的波特率，此处波特率配置为115200，想要修改为其他波特率，可以通过“go to definition of HAL_UART_BR_115200”选择其他设置。

第6行，uartConifg.flowControl是配置流控的，这里选择关闭。注意，2根线的串口通信（TTL电平模式）连接务必关闭流控，否则无法收发信息。

第12行，uartConfig.callBackFunc =(halUARTCBack_t)npiCBack是注册串口的回调函数，要对串口接收事件进行处理，就必须添加串口的回调函数。

配置好串口初始化函数，还要对预编译选项进行修改。选择Options→C/C++ Compiler→Preprocessor命令，修改编译选项，添加HAL_UART=TRUE，并将POWER_SAVING注释掉（即xPOWER_SAVING），否则不能使用串口，修改后的选项内容如图5-3所示。

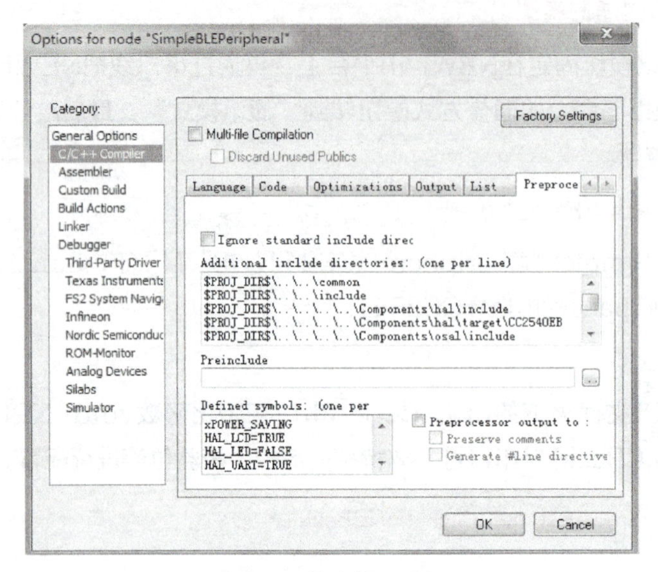


图5-3　修改编译选项

### 4. 串口发送数据

打开simpleBLEPeripheral.c文件中的初始化函数void SimpleBLEPeripheral_Init(uint8 task_id)，在此函数中修改NPI_InitTransport(NULL)，在后面再加上一条上电提示“Hello NEWLab!”的语句，添加头文件语句：#include “npi.h”，如图5-4所示。

```
280  * @param   task_id - the ID assigned by OSAL.
281  *                    used to send messages anc
282  *
283  * @return  none
284  */
285 void SimpleBLEPeripheral_Init( uint8 task_id )
286 {
287   simpleBLEPeripheral_TaskID = task_id;
288
289   NPI_InitTransport(NULL);
290   NPI_WriteTransport("Hello NEWLab!\n",14);
291
292   // Setup the GAP
293   VOID GAP_SetParamValue( TGAP_CONN_PAUSE_PERII
294
295   // Setup the GAP Peripheral Role Profile
296   {
297     #if defined( CC2540_MINIDK )
298       // For the CC2540DK-MINI keyfob, device
299       uint8 initial_advertising_enable = FALSE;
300     #else
301       // For other hardware platforms, device
302       uint8 initial_advertising_enable = TRUE;
303     #endif
```

图5-4　修改simpleBLEPeripheral.c文件

连接下载器和串口线，下载程序，按一下复位键就可以看到串口调试软件收到“Hello NEWLab!”的信息，如图5-5所示，通过NPI_WriteTransport(uint8*, uint16)函数实现串口发送功能。

图5-5　接收到CC2541模块发来的信息

## 5．串口接收数据

在simpleBLEPeripheral.c文件声明串口回调函数static void NpiSerialCallback(uint8 port, uint8 events)，并在void SimpleBLEPeripheral_Init(uint8 task_id)函数中传入串口回调函数，将NPI_InitTransport(NULL)修改为NPI_InitTransport(NpiSerialCallback)。

当串口特定的事件或条件发生时，操作系统就会使用函数指针调用回调函数对事件进行处理。具体处理操作在回调函数中实现。代码如下：

```
1.  static void NpiSerialCallback(uint8 port,uint8 events)
2.  {
3.   (void)port;
4.   uint8 numBytes=0;
5.   uint8 buf[128];
6.   if(events & HAL_UART_RX_TIMEOUT)           //串口有数据
7.   {  numBytes=NPI_RxBufLen();                //读出串口缓冲区有多少字节
8.     if(numBytes)
9.     { NPI_ReadTransport(buf,numBytes);       //从串口缓冲区读出numBytes字节数据
10.      NPI_WriteTransport(buf,numBytes);      //把串口接收到的数据再打印出来
11.    }
12.  }
13. }
```

程序分析：

第6行，当串口有数据接收时，会触发HAL_UART_RX_TIMEOUT事件，除了HAL_UART_RX_TIMEOUT事件，还有以下其他事件，详见hal_uart.h文件，代码如下：

```
1.  /* UART Events */
2.  #define HAL_UART_RX_FULL              0x01    //串口接收缓冲区满
3.  #define HAL_UART_RX_ABOUT_FULL        0x02    //串口接收缓冲区将满
4.  #define HAL_UART_RX_TIMEOUT           0x04    //串口接收
5.  #define HAL_UART_TX_FULL              0x08    //串口发送缓冲区满
6.  #define HAL_UART_TX_EMPTY             0x10    //串口发送缓冲区空
```

第9～10行，第9行用于读出串口的数据，第10行按原样向串口调试软件返回数据。下载程序运行，发送任何信息，如：发送“蓝牙4.0BLE”，则在串口观察窗口显示串口收到的数据（与发送数据相同），如图5-6所示，注意：发送区设置的“按十六进制发送”栏一定不能勾选。

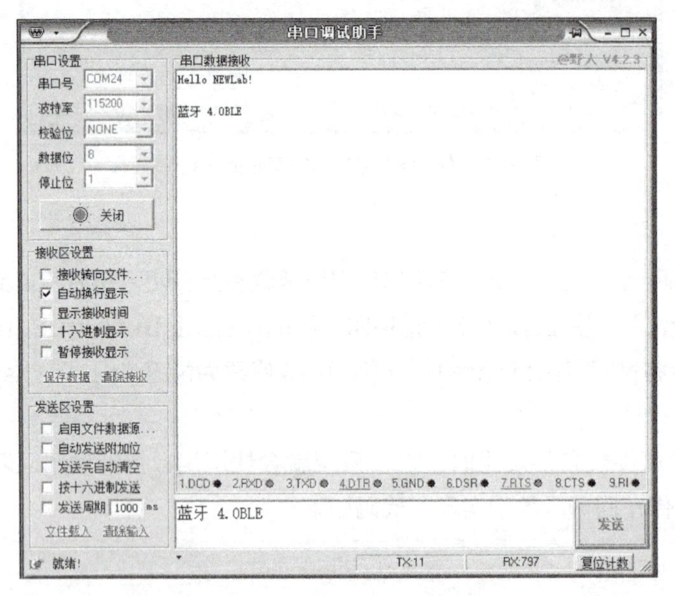


图5-6　串口显示接收到的数据

### 6. 串口显示SimpleBLEPeripheral工程初始化信息

TI官方的例程是利用LCD来输出信息的，本项目使用的设备没有LCD，但可以利用UART来输出信息，具体步骤如下：

1）打开工程目录中HAL\Target\CC2540EB\Drivers\hal_lcd.c文件，在HalLcdWriteString函数中添加以下代码（粗体代码部分）：

```
1.  void HalLcdWriteString ( char *str, uint8 option)
2.  {
3.    #ifdef LCD_TO_UART
4.      NPI_WriteTransport ( (uint8*)str,osal_strlen(str));    //串口显示
```

```
5.     NPI_WriteTransport ( "\n" ,1);                    //换行
6.   #endif
7.  ......
8.  }
```

2）在预编译中添加LCD_TO_UART，HAL_LCD=TRUE需要打开，并且在hal_lcd.c文件中添加#include "npi.h"，编译无误后，下载程序，模块上电后，打开串口调试助手，可以看到图5-7所示结果，这样就可以把LCD上显示的内容传送到PC端显示，调试更加方便，后续的项目都会用到这种方法。

图5-7　串口显示设备提示信息

# 5.4 任务2　主从机建立连接与数据传输

## 5.4.1　任务要求

采用两台NEWLab平台，每个平台上固定一个蓝牙通讯模块。一个模块作为从机（SimpleBLEPeripheral工程），另一个模块作为主机（SimpleBLECentral工程），使主从机建立连接，并能进行简单的无线数据传输，同时可以通过串口调试软件观察到主机和从机的连接状况和数据变化。注意，要打开CC2541的工程进行相关代码的修改。

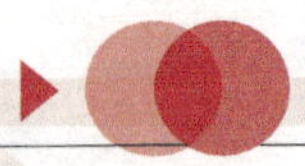



### 5.4.2 知识链接

#### 1. 蓝牙4.0BLE主从机建立连接剖析

以TI提供的SimpleBLEPeripheral和SimpleBLECentral工程为例，从机与主机之间建立连接的流程如图5-8所示。

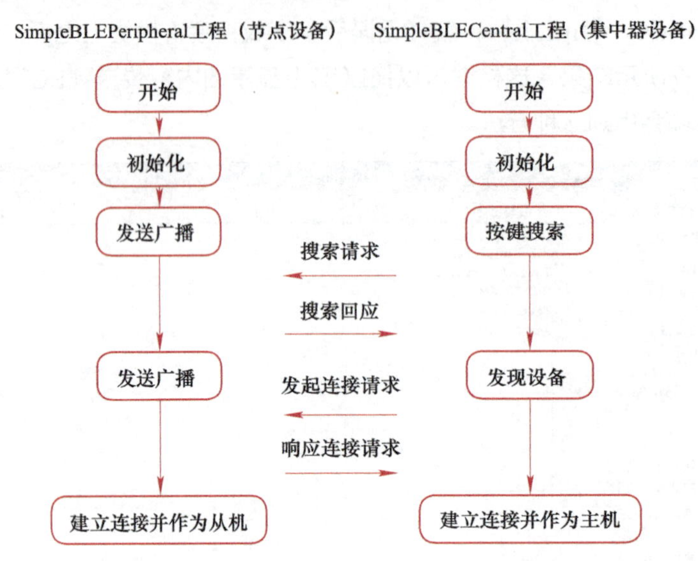


图5-8 从机与主机之间建立连接的流程

#### 2. 从机连接过程分析

（1）节点设备的可发现状态

以SimpleBLEPeripheral工程作为节点设备的程序，当初始化完成之后，以广播的方式向外界发送数据，此时节点设备处于可发现状态。可发现状态有两种模式：受限的发现模式和不受限的发现模式，其中前者是指节点设备在发送广播时，如果没有收到集中器设备发来的建立连接请求，则只保持30s的可发现状态，然后转为不可被发现的待机状态；而后者是指节点设备在没有收到集中器设备的连接请求时，一直发送广播，永久处于可被发现的状态。

在SimpleBLEPeripheral.c文件中，数组advertData定义节点设备发送的广播数据。

代码如下：

```
1.  static uint8 advertData[] =
2.  { 0x02,                                          //发现模式的数据长度
3.    GAP_ADTYPE_FLAGS,                              //广播类型标志为0x01
4.    DEFAULT_DISCOVERABLE_MODE | GAP_ADTYPE_FLAGS_BREDR_NOT_SUPPORTED,
5.    0x03,                                          //设备GAP基本服务UUID的数据段长度为3B数据
6.    GAP_ADTYPE_16BIT_MORE,                         //定义UUID为16bit，即2B数据长度
7.    LO_UINT16( SIMPLEPROFILE_SERV_UUID ),          //UUID低8位数据
8.    HI_UINT16( SIMPLEPROFILE_SERV_UUID ),          //UUID高8位数据
9.  };
```

程序分析:

第4行，定义节点设备的可发现模式，若预编译选项中包含了“CC2540_MINIDK”，则是受限的发现模式，否则为不受限的发现模式。

第5～8行，只有GAP服务的UUID相匹配，两设备才能建立连接，蓝牙通信中有两个非常重要的服务：一个是GAP服务，负责建立连接；另一个是GATT服务，负责连接后的数据通信。

（2）节点设备搜索回应的数据

在SimpleBLEPeripheral. c文件中，若节点设备接收到集中器的搜索请求信号，则会回应如下数据内容。代码如下:

```
1.  static uint8 scanRspData[] =
2.  { 0x14,                   // 节点设备名称数据长度，20B数据（从第3～6行，共计20B）
3.    GAP_ADTYPE_LOCAL_NAME_COMPLETE,                    //指明接下来的数据为本节点设备的名称
4.    0x53,                                              // 'S'
5.    0x69,                                              // 'i'
6.    ......
7.    0x05,                                              //连接间隔数据段长度，占5B
8.    GAP_ADTYPE_SLAVE_CONN_INTERVAL_RANGE,
                              //指明接下来的数据为连接间隔的最小值和最大值
9.    LO_UINT16( DEFAULT_DESIRED_MIN_CONN_INTERVAL ),    //最小值100ms
10.   HI_UINT16( DEFAULT_DESIRED_MIN_CONN_INTERVAL ),
11.   LO_UINT16( DEFAULT_DESIRED_MAX_CONN_INTERVAL ),    //最大值1s
12.   HI_UINT16( DEFAULT_DESIRED_MAX_CONN_INTERVAL ),
13.   0x02,                                              //发射功率数据长度，占2B
14.   GAP_ADTYPE_POWER_LEVEL,
                              //指明接下来的数据为发射功率，发射功率的可调范围为-127～127dBm
15.   0                                                  //发射功率设置为0dBm
16.  };
```

当集中器设备接收到节点设备搜索回应的数据后，向节点设备发送连接请求，节点设备接受请求并作为从机进入连接状态。

（3）关键函数及代码分析

在TI的BLE协议栈中，从机和主机都是基于OSAL系统的程序结构，很多方面有类似的内容。

1）SimpleBLEPeripheral_Init()任务初始化函数。

```
1.   void SimpleBLEPeripheral_Init( uint8 task_id )
2.   { simpleBLEPeripheral_TaskID = task_id;
3.     NPI_InitTransport(NpiSerialCallback);          //初始化串口，并传递串口回调函数
4.     NPI_WriteTransport("Hello NEWLab!\n",14);      //串口打印
5.     // Setup the GAP 设置GAP角色，这是从机与主机建立连接的重要部分
```

```
6.    VOID GAP_SetParamValue( TGAP_CONN_PAUSE_PERIPHERAL, DEFAULT_CONN_PAUSE_
PERIPHERAL );
7.    // Setup the GAP Peripheral Role Profile
8.    { #if defined( CC2540_MINIDK )
9.       uint8 initial_advertising_enable = FALSE;          //需要按键启动
10.   #else
11.      uint8 initial_advertising_enable = TRUE;           //不需要按键启动
12.   #endif
13.   //注意：以下9个GAPRole_SetParameter（ ）函数是对设置GAP角色参数，请查看源代码
14.   ......
15.   }
16.   // Setup the GAP Bond Manager 设置GAP角色配对与绑定
17.   { uint32 passkey = 0;                               // passkey "is000000"  绑定密码
18.   ......
19.   }
20.   // Setup the SimpleProfile Characteristic Values 设置Profile的特征值
21.   { uint8 charValue1 = 1;
22.    uint8 charValue2 = 2;
23.    uint8 charValue3 = 3;
24.    uint8 charValue4 = 4;
25.    uint8 charValue5[SIMPLEPROFILE_CHAR5_LEN] = { 1, 2, 3, 4, 5 };
26.    //以下是设置Profile的特征值的初值
27.    ......
28.   }
29.   // Register callback with SimpleGATTprofile 注册特征值改变时的回调函数
30.   VOID SimpleProfile_RegisterAppCBs( &simpleBLEPeripheral_SimpleProfileCBs );
31.   // Setup a delayed profile startup 启动BLE从机，开始进入任务函数循环
32.   osal_set_event( simpleBLEPeripheral_TaskID, SBP_START_DEVICE_EVT );
33. }
```

程序分析：

虽然任务初始化函数很复杂，但是只要明白关键的代码，如：GAP（负责连接参数设置，第5～19行）、GATT（负责主从通信参数设置，第20～30行）参数设置，此外还有启动事件SBP_START_DEVICE_EVT（第32行），启动该事件之后，进入系统事件处理函数。

2）SimpleBLEPeripheral_ProcessEvent()从机事件处理函数。

```
1.   uint16 SimpleBLEPeripheral_ProcessEvent( uint8 task_id, uint16 events )
2.   {  VOID task_id; // OSAL required parameter that isn't used in this function
3.      if ( events & SYS_EVENT_MSG )                 //系统事件，包括按键
4.      {  uint8 *pMsg;
5.         if ( (pMsg = osal_msg_receive( simpleBLEPeripheral_TaskID )) != NULL )
6.         { simpleBLEPeripheral_ProcessOSALMsg( (osal_event_hdr_t *)pMsg );
7.           VOID osal_msg_deallocate( pMsg );        // 释放OSAL信息内存
```

```
8.        }
9.        return (events ^ SYS_EVENT_MSG);                    // 返回未处理事件
10.     }
11.     if ( events & SBP_START_DEVICE_EVT )                  //初始化函数启动的事件，启动从机设备
12.     {                                                     // 传递设备状态改变时的回调函数
13.       VOID GAPRole_StartDevice( &simpleBLEPeripheral_PeripheralCBs );
14.       VOID GAPBondMgr_Register( &simpleBLEPeripheral_BondMgrCBs );  // 绑定管理注册
15.       osal_start_timerEx( simpleBLEPeripheral_TaskID, SBP_PERIODIC_EVT,
16.                           SBP_PERIODIC_EVT_PERIOD );
17.       return ( events ^ SBP_START_DEVICE_EVT );
18.     }
19.     if ( events & SBP_PERIODIC_EVT )                      //周期性事件
20.     {  if ( SBP_PERIODIC_EVT_PERIOD )
21.       { osal_start_timerEx( simpleBLEPeripheral_TaskID, SBP_PERIODIC_EVT,
22.                             SBP_PERIODIC_EVT_PERIOD );
23.       }
24.       performPeriodicTask();                              // 调用周期任务函数
25.       return (events ^ SBP_PERIODIC_EVT);
26.     }
27.   #if defined ( PLUS_BROADCASTER )
28.     if ( events & SBP_ADV_IN_CONNECTION_EVT )             //连接事件
29.     { uint8 turnOnAdv = TRUE;
30.       GAPRole_SetParameter( GAPROLE_ADVERT_ENABLED, sizeof( uint8 ), &turnOnAdv );
31.       return (events ^ SBP_ADV_IN_CONNECTION_EVT);
32.     }
33.   #endif // PLUS_BROADCASTER
34.     return 0;
35.   }
```

程序分析：

该函数处理的事件包括系统事件、节点设备启动事件、周期性事件以及其他事件，关键要理解的是：

① 节点设备在初始化函数中启动了一个SBP_START_DEVICE_EVT事件，该事件在该函数中被处理，处理的内容包括开启节点设备，并传递设备状态改变时的回调函数（第13行）；开启绑定管理，并传递绑定管理回调函数（第14行）；启动周期事件（第15行）。

② VOID GAPRole_StartDevice(&simpleBLEPeripheral_PeripheralCBs)函数中的回调函数的作用为当设备状态改变时，会自动调用该函数。该函数具体在simpleBLEPeripheral.c和peripheral.h文件中定义。

```
1.   //**************************以下代码在peripheral.h中定义************************
2.   typedef void (*gapRolesStateNotify_t)( gaprole_States_t newState );
3.   typedef void (*gapRolesRssiRead_t)( int8 newRSSI );
```

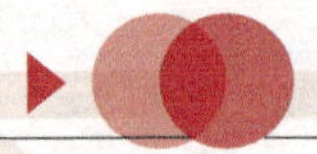


```
4.   typedef struct
5.   { gapRolesStateNotify_t    pfnStateChange;
6.     gapRolesRssiRead_t       pfnRssiRead;
7.   } gapRolesCBs_t;
8.   //******************以下代码在simpleBLEPeripheral.c中定义**********************
9.   static gapRolesCBs_t simpleBLEPeripheral_PeripheralCBs =
10.  { peripheralStateNotificationCB,      // 状态改变回调函数
11.    NULL
12.  };
13.  //**************************************************************************
14.  static void peripheralStateNotificationCB( gaprole_States_t newState )
15.  {   switch ( newState )
16.    {     case GAPROLE_STARTED:    //设备启动 GAPROLE_STARTED=0x01
17.          { ……
18.                HalLcdWriteString( bdAddr2Str( ownAddress ),  HAL_LCD_LINE_2 );//显示设备地址
19.                HalLcdWriteString( "Initialized",  HAL_LCD_LINE_3 );          //显示初始化完成字符
20.            #endif // (defined HAL_LCD) && (HAL_LCD == TRUE)
21.          }
22.          break;
23.        case GAPROLE_ADVERTISING: //广播 GAPROLE_ADVERTISING=0x02
24.          {#if   (defined HAL_LCD) && (HAL_LCD == TRUE)
25.                HalLcdWriteString( "Advertising",  HAL_LCD_LINE_3 );        //显示广播字符
26.            #endif // (defined HAL_LCD) && (HAL_LCD == TRUE)
27.          }
28.          break;
29.        case GAPROLE_CONNECTED:  //已连接 GAPROLE_CONNECTED=0x05
30.          ……      break;
31.        case GAPROLE_WAITING:      //断开连接 GAPROLE_WAITING=0x03
32.          ……      break;
33.        case GAPROLE_WAITING_AFTER_TIMEOUT:
                                     //超时等待GAPROLE_WAITING_AFTER_TIMEOUT=0x04
34.          ……      break;
35.        case GAPROLE_ERROR:         //错误状态 GAPROLE_ERROR=0x06
36.          ……      break;
37.        default:
38.    ……
39.  }
```

该函数处理节点设备启动、广播等6个状态，并将状态显示在LCD上，也可以打印到串口。

### 3．主机连接过程分析

SimpleBLECentral工程作为主机，默认状态要使用Joystick按键来启动主、从机连接。主机连接过程大概可以分为初始化、按键搜索节点设备、按键查看搜索到的从机、按键选择从机并且连接等环节。注意，要对预编译选项进行修改。打开Options→C/

C++ Compiler→Preprocessor，修改编译选项，添加HAL_UART=TRUE、LCD_TO_UART、HAL_LCD=TRUE，并将POWER_SAVING注释掉（即xPOWER_SAVING），否则不能使用串口。

（1）初始化

打开目录“…\Projects\ble\SimpleBLECentral\CC2541”下SimpleBLECentral.eww工程。

1）任务初始化函数SimpleBLECentral_Init(uint8 task_id)。

```
1.  void SimpleBLECentral_Init( uint8 task_id )
2.  { simpleBLETaskId = task_id;
3.    { uint8 scanRes = DEFAULT_MAX_SCAN_RES;        //最大的扫描响应从机个数，8个
4.      GAPCentralRole_SetParameter ( GAPCENTRALROLE_MAX_SCAN_RES, sizeof( uint8 ),
&scanRes );
5.    } //设置主机最大扫描从机的个数，8个，即主机可以与8个从机中的任意一个建立连接
6.    //***** 省略：GAP服务设置 绑定管理设置代码，详见源程序*****
7.    VOID GATT_InitClient();                         // Initialize GATT Client 初始化客户端
8.    GATT_RegisterForInd( simpleBLETaskId ); //注册GATT的notify和indicate的接收端
9.    GGS_AddService( GATT_ALL_SERVICES );            // GAP
10.   GATTServApp_AddService( GATT_ALL_SERVICES );  // GATT 属性
11.   RegisterForKeys( simpleBLETaskId );            //注册按键服务
12.   osal_set_event( simpleBLETaskId, START_DEVICE_EVT ); //主机启动事件
13. }
```

程序分析：

该初始化函数的功能主要包括：设置主机最大扫描节点设备的个数（默认为8个）、GAP服务设置、绑定管理设置、GATT属性初始化、注册按键服务。

第7行，初始化客户端。注意的是：SimpleBLECentral工程对应客户端（Client）、主机，而SimpleBLEPeripheral工程对应服务器（Service）、从机。客户端（Client）会调用GATT_WriteCharValue或者GATT_ReadCharValue来和服务器（Service）通信；但是服务器（Service）只能通过notify的方式，也就是调用GATT_Notification，发起和客户端（Client）的通信。

第12行，设置一个事件，主机启动事件，进入系统事件处理函数。

2）主机事件处理函数SimpleBLECentral_ProcessEvent( )。

```
1.  uint16 SimpleBLECentral_ProcessEvent( uint8 task_id, uint16 events )
2.  { VOID task_id; // OSAL required parameter that isn't used in this function
3.    if ( events & SYS_EVENT_MSG )      //系统消息事件，按键触发、GATT等事件
4.    { uint8 *pMsg;
5.      if ( (pMsg = osal_msg_receive( simpleBLETaskId )) != NULL )
6.      {  simpleBLECentral_ProcessOSALMsg( (osal_event_hdr_t *)pMsg );//系统事件处理函数
7.         VOID osal_msg_deallocate( pMsg );
8.      }
```

```
9.        return (events ^ SYS_EVENT_MSG);
10.    }
11.    if ( events & START_DEVICE_EVT )         //初始化之后，开始启动主机（最先执行该事件）
12.    { VOID GAPCentralRole_StartDevice( (gapCentralRoleCB_t *) &simpleBLERoleCB );
13.      GAPBondMgr_Register( (gapBondCBs_t *) &simpleBLEBondCB );
14.      return ( events ^ START_DEVICE_EVT );
15.    }
16.    if ( events & START_DISCOVERY_EVT )
                                         //主机扫描从机Service（开始扫描BLE从机的service）
17.    { simpleBLECentralStartDiscovery( );
                                         //该事件是主机发起连接时，如果还未发现从机service时会调用
18.      return ( events ^ START_DISCOVERY_EVT );
19.    }
20.    return 0;
21. }
```

程序分析：

第12～13行，开始启动主机，并且传递了两个回调函数地址：simpleBLERoleCB和simpleBLEBondCB，其代码如下：

```
1.  // GAP Role Callbacks  GAP服务（角色）回调函数
2.  static const gapCentralRoleCB_t simpleBLERoleCB =
3.  { simpleBLECentralRssiCB,    //RSSI callback RSSI信号值回调函数
4.    simpleBLECentralEventCB   //GAP Event callback GAP事件回调函数，告之主机当前的状态
5.  };
6.  // Bond Manager Callbacks 绑定管理回调函数
7.  static const gapBondCBs_t simpleBLEBondCB =
8.  { simpleBLECentralPasscodeCB,
9.    simpleBLECentralPairStateCB
10. };
```

其中simpleBLECentralEventCB回调函数很复杂，用于通知用户主机当前的状态，如主机初始化完毕后，在LCD上显示“BLE Central”和主机的设备地址。

第16～17行，主机扫描从机，通过调用simpleBLECentralStartDiscovery()函数，开始扫描从机的服务。该事件是主机发起连接时，若还未发现从机服务时会调用。

3）simpleBLECentralEventCB回调函数。

代码如下：

```
1.  static void simpleBLECentralEventCB( gapCentralRoleEvent_t *pEvent )
2.  { switch ( pEvent->gap.opcode )
3.    {  case GAP_DEVICE_INIT_DONE_EVENT:    //主机已经初始化完毕
4.          { LCD_WRITE_STRING( "BLE Central", HAL_LCD_LINE_1 );
5.            LCD_WRITE_STRING( bdAddr2Str( pEvent->initDone.devAddr ), HAL_LCD_LINE_2 );
6.          }
```

```
7.          break;
8.        case GAP_DEVICE_INFO_EVENT:
9.          ……    break;
10.       case GAP_DEVICE_DISCOVERY_EVENT:          //发现了BLE从机
11.           ……    break;
12.       case GAP_LINK_ESTABLISHED_EVENT:
                                        //建立连接时，定时触发START_DISCOVERY_EVT事件
13.          ……//START_DISCOVERY_EVT事件在SimpleBLECentral_ProcessEvent()事件函数中处理
14.          Osal_start_timerEx(simpleBLETaskId,START_DISCOVERY_EVT,DEFAULT_SVC_
DISCOVERY_DELAY)
15.          ……    break;
16.       case GAP_LINK_TERMINATED_EVENT:
17.          ……    break;
18.       case GAP_LINK_PARAM_UPDATE_EVENT:
19.          ……    break;
20.   }
21.  }
```

（2）按键搜索、查看、选择、连接节点设备

SimpleBLECentral工程默认采用按键进行从机搜索、连接，当有按键动作时，会触发KEY_CHANGE事件，进入simpleBLECentral_HandleKeys()函数。按键的功能见表5-1。

表5-1 SimpleBLECentral工程默认的按键功能

| 按键 | 功能 |
| --- | --- |
| UP | 1. 开始或停止设备发现；2. 连接后可读写特征值 |
| LEFT | 显示扫描到的节点设备，在LCD中滚动显示 |
| RIGHT | 连接更新 |
| CENTER | 建立或断开当前连接 |
| DOWN | 启动或关闭周期发送RSSI信号值 |

```
1.   static void simpleBLECentral_HandleKeys( uint8 shift, uint8 keys )
2.   { if ( keys & HAL_KEY_UP )        // Start or stop discovery开始或停止设备发现
3.     { if ( simpleBLEState != BLE_STATE_CONNECTED )        //判断有没有连接
4.       { if ( !simpleBLEScanning )      //判断主机是否正在扫描
5.         { simpleBLEScanning = TRUE; //若没有正在扫描，则执行以下代码
6.           simpleBLEScanRes = 0;
7.           LCD_WRITE_STRING( "Discovering...", HAL_LCD_LINE_1 );
8.           LCD_WRITE_STRING( " ", HAL_LCD_LINE_2 );
9.             GAPCentralRole_StartDiscovery( DEFAULT_DISCOVERY_MODE,
10.                                           DEFAULT_DISCOVERY_ACTIVE_SCAN,
11.                                           DEFAULT_DISCOVERY_WHITE_LIST );
```

```
12.         }else
13.         { GAPCentralRole_CancelDiscovery( ); }              //主机正在扫描，则取消扫描
14.       } else if ( simpleBLEState == BLE_STATE_CONNECTED &&
15.               simpleBLECharHdl != 0 &&
16.               simpleBLEProcedureInProgress == FALSE ) //处于连接状态
17.       {                                                  //以下省略：读写特征值代码
18.     }
19.     if ( keys & HAL_KEY_LEFT )                           // Display discovery results显示发现结果
20.     { if ( !simpleBLEScanning && simpleBLEScanRes> 0)
                                        //判断主机是否处于正在扫描状态以及扫到的设备是否为0
21.       { simpleBLEScanIdx++;                              // 用于滚动显示多个设备的索引
22.         if ( simpleBLEScanIdx >= simpleBLEScanRes )     //判断索引是否大于扫描到的数量
23.         { simpleBLEScanIdx = 0;     }                    //若是，则对索引清零
24.         LCD_WRITE_STRING_VALUE( "Device", simpleBLEScanIdx + 1, 10, HAL_LCD_LINE_1 );
25.         LCD_WRITE_STRING( bdAddr2Str( simpleBLEDevList[simpleBLEScanIdx].addr ),
26.                                 HAL_LCD_LINE_2 );        //根据索引不同显示不同的设备
27.       } }
28.     if ( keys & HAL_KEY_RIGHT )                          // Connection update连接更新
29.     { if ( simpleBLEState == BLE_STATE_CONNECTED )//判断主机是否处于连接状态
30.       { GAPCentralRole_UpdateLink( simpleBLEConnHandle,
31.                                     DEFAULT_UPDATE_MIN_CONN_INTERVAL,
32.                                     DEFAULT_UPDATE_MAX_CONN_INTERVAL,
33.                                     DEFAULT_UPDATE_SLAVE_LATENCY,
34.                                     DEFAULT_UPDATE_CONN_TIMEOUT );
35.       } }
36.     if ( keys & HAL_KEY_CENTER )                         //建立或断开当前连接
37.     { uint8 addrType; uint8 *peerAddr;
38.       if ( simpleBLEState == BLE_STATE_IDLE )            //是否建立连接
39.       { if ( simpleBLEScanRes > 0 )      //若有扫描到的设备，则主机与该设备建立连接
40.         { peerAddr = simpleBLEDevList[simpleBLEScanIdx].addr;
41.           addrType = simpleBLEDevList[simpleBLEScanIdx].addrType;
42.           simpleBLEState = BLE_STATE_CONNECTING;
43.           GAPCentralRole_EstablishLink( DEFAULT_LINK_HIGH_DUTY_CYCLE,
44.                                         DEFAULT_LINK_WHITE_LIST,
45.                                         addrType, peerAddr );
46.           LCD_WRITE_STRING( "Connecting", HAL_LCD_LINE_1 );
47.           LCD_WRITE_STRING( bdAddr2Str( peerAddr ), HAL_LCD_LINE_2 );
48.         } }
49.       else if ( simpleBLEState == BLE_STATE_CONNECTING ||
50.                 simpleBLEState == BLE_STATE_CONNECTED )
                                                    //若处于正在连接或已连接状态，则断开
51.       { simpleBLEState = BLE_STATE_DISCONNECTING;          // 未连接
52.         gStatus = GAPCentralRole_TerminateLink( simpleBLEConnHandle );
53.         LCD_WRITE_STRING( "Disconnecting", HAL_LCD_LINE_1 );
```

```
54.     } }
55.   if ( keys & HAL_KEY_DOWN )                          //开始或取消RSSI信号值的周期性显示
56.   { if ( simpleBLEState == BLE_STATE_CONNECTED )        //主机是否处于连接状态
57.     { if ( !simpleBLERssi )
58.       { simpleBLERssi = TRUE;
59.         GAPCentralRole_StartRssi( simpleBLEConnHandle, DEFAULT_RSSI_PERIOD );
60.       } else
61.       { simpleBLERssi = FALSE;
62.         GAPCentralRole_CancelRssi( simpleBLEConnHandle );
63.         LCD_WRITE_STRING( "RSSI Cancelled", HAL_LCD_LINE_1 );
64.       }
65.     }
66.   }
67. }
```

## 5.4.3 任务实施

### 1. 使用串口指令替代按键

由于蓝牙通讯模块没有Joystick按键，所以采用串口发指令方式代替按键，串口指令1、2、3、4、5分别对应Joystick按键的UP、LEFT、RIGHT、CENTER、DOWN。需要把主机程序simpleBLECentral. c中的按键程序simpleBLECentral_HandleKeys（uint8 shift，uint8 keys）中的代码移植到主机程序simpleBLECentral. c文件下的串口接收处理函数NpiSerialCallback（ ）中去，并加上头文件#include“hal_uart. h”，具体如下：

```
1.   static void NpiSerialCallback( uint8 port, uint8 events )
2.   { (void)port;
3.     uint8 numBytes = 0;
4.     uint8 buf[5];
5.     if (events & HAL_UART_RX_TIMEOUT)    //判断串口是否有数据
6.     {  numBytes = NPI_RxBufLen( );        //读出串口缓冲区有多少字节
7.       NPI_ReadTransport(buf,numBytes);    //读出串口缓冲区的数据
8.
9.       switch(buf[0])
10.      {
11.      case 1:
12.              simpleBLECentral_HandleKeys(0,HAL_KEY_UP);
13.              break;
14.      case 2:
15.              simpleBLECentral_HandleKeys(0,HAL_KEY_LEFT);
16.              break;
17.      case 3:
18.              simpleBLECentral_HandleKeys(0,HAL_KEY_RIGHT);
19.              break;
```

```
20.        case 4:
21.                simpleBLECentral_HandleKeys(0,HAL_KEY_CENTER);
22.                break;
23.        case 5:
24.                simpleBLECentral_HandleKeys(0,HAL_KEY_DOWN);
25.                break;
26.  }
27.  }
28.  }
```

### 2. 给主机和从机下载程序测试功能

1）给主机下载程序。

将主机拨码开关JP2拨到J9位置，编译并下载程序到蓝牙通讯模块中，上电运行，在串口调试软件上显示主机名称（BLE Central）、芯片厂家（Texas Instruments）和设备地址（0x50338BE4FE3F），如图5-9所示。

2）给从机下载程序。

将从机拨码开关JP2拨到J9位置，在Workspace栏内选择“CC2541”，编译并下载程序到蓝牙从机模块中，上电运行，在串口调试软件上显示从机名称（BLE Peripheral）、芯片厂家（Texas Instruments）、设备地址（0xC8FD19094753）、初始化完成提示字符（Initialized）和设备广播状态（Advertising），如图5-10所示。

图5-9　主机启动信息　　　　图5-10　从机启动信息

3）功能测试。

a. 主机对应的PC串口发送指令“1”，搜索节点设备。

b. 主机对应的PC串口发送指令“2”，查看搜索的节点设备，显示节点设备的编号。

c. 主机对应的PC串口发送指令“4”，与搜索到的节点设备进行连接，并显示与节点设备连接等相关信息。在以上主从机连接过程中，串口显示的信息如图5-11和图5-12所示。

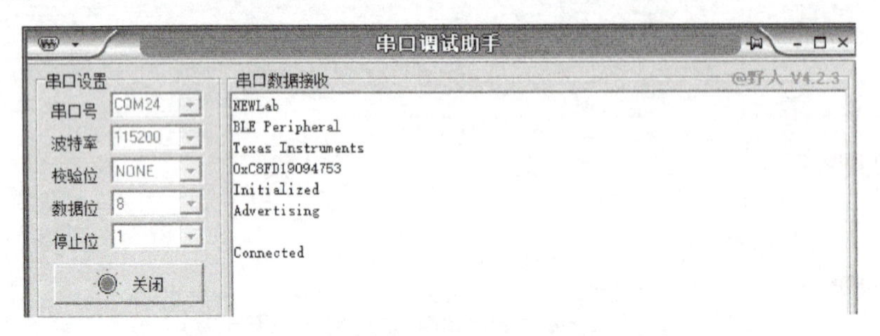


图5-11　从机连接过程中串口的显示信息

串口调试助手
串口设置
串口号 COM8
波特率 115200
校验位 NONE
数据位 8
停止位 1
关闭
接收区设置
接收转向文件...
自动换行显示
显示接收时间
十六进制显示
暂停接收显示
保存数据 清除接收
发送区设置
启用文件数据源...
自动发送附加位
发送完自动清空
按十六进制发送
发送周期 1000 ms
文件载入 清除输入
就绪!
串口数据接收
NEWLab
BLE Central
Texas Instruments
0x50338BE4FE3F
Discovering...
Devices Found 1
<- To Select
Device 1
0xC8FD19094753
Connecting0xC8FD19094753
Connected
0xC8FD19094753
Simple Svc Found
Param Update
1.DCD 2.RXD 3.TXD 4.DTR 5.GND 6.DSR 7.RTS 8.CTS 9.RI
4
发送
TX:3
RX:201
复位计数

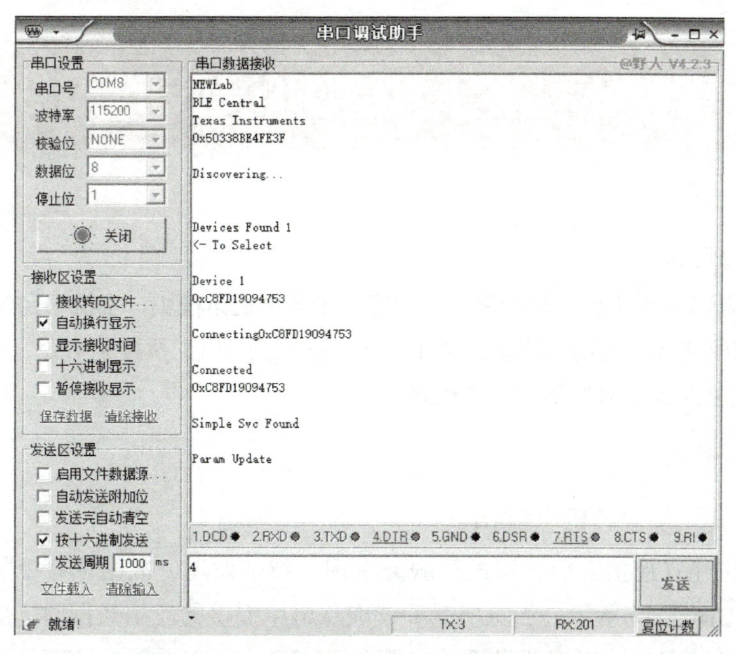

图5-12　主机连接过程中串口的显示信息

d. 主机对应的PC串口发送指令“5”，周期性显示RSSI信号值，再次发送指令“5”则取消显示。

e. 在当前连接的状态下，主机对应的PC串口发送指令“1”，会执行读写char。发送指令“1”先write char，再次发送指令“1”是read char。每一次循环，读写的char值增加1。

f. 在当前连接的状态下，主机对应的PC串口发送指令“4”，主机与从机断开，同时，从机又处于广播状态。在以上传输过程中，主机和从机串口显示的信息如图5-13和图5-14所示。

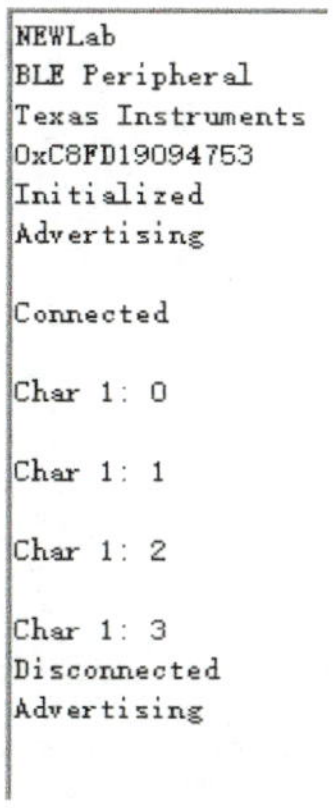

NEWLab
BLE Peripheral
Texas Instruments
0xC8FD19094753
Initialized
Advertising
Connected
Char 1: 0
Char 1: 1
Char 1: 2
Char 1: 3
Disconnected
Advertising

图5-13　传输过程中从机串口显示的信息

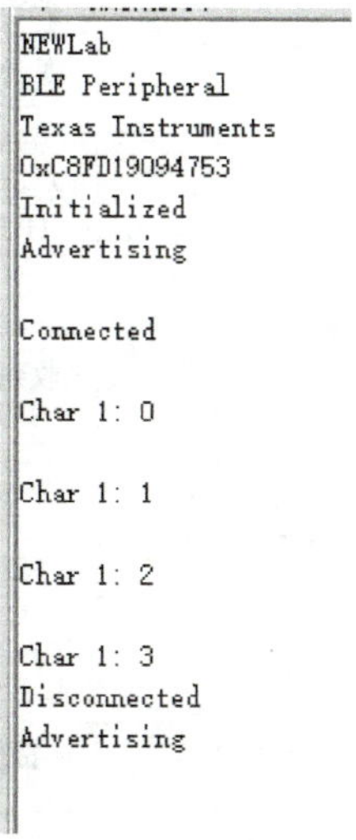

NEWLab
BLE Peripheral
Texas Instruments
0xC8FD19094753
Initialized
Advertising
Connected
Char 1: 0
Char 1: 1
Char 1: 2
Char 1: 3
Disconnected
Advertising

图5-14　传输过程中主机串口显示的信息

# 5.5 任务3　基于BLE协议栈的无线点灯

## 5.5.1　任务要求

采用两台NEWLab平台，每个平台上固定一个蓝牙通讯模块，主机平台与PC相连，从机平台上固定继电器模块和指示灯模块。在PC上，使用BTool工具控制命令，使主、从机建立连接，并且通过BTool工具控制灯泡亮和灭。

## 5.5.2　知识链接

### 1. 蓝牙4.0BLE应用数据传输剖析

主机、从机建立连接之后，可进行服务发现、特征发现、数据读写等数据传输，应用数据传输流程如图5-15所示。当主机需要读取从机中提供的应用数据时，应先由主机进行GATT数据服务发现，给出想要发现的主服务UUID，只有主服务UUID匹配，才能获得GATT数据服务。主机与从机数据传输过程如下。

1）主机发起搜索请求，搜索正在广播的节点设备，若GAP服务的UUID相匹配，则主机与节点设备可以建立连接。

2）主机发起建立连接请求，节点设备响应后，主机与从机建立连接。

3）主机发起主服务UUID，进行GATT服务发现。

4）发现GATT服务后，主机发送要进行数据读写操作的特征值的UUID，获取特征值的句柄，即采用发送UUID方式获得句柄。

5）通过句柄对特征值进行读写操作。

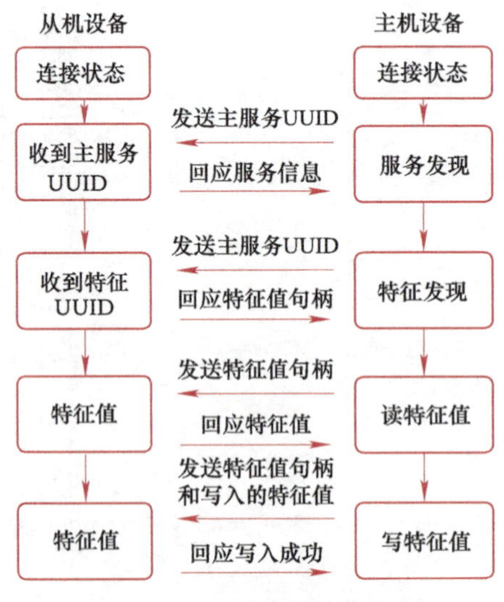


图5-15　应用数据传输流程

### 2. Profile规范

Profile规范是一种标准通信协议，定义了设备如何实现一种连接或者应用。Profile规范存在于从机中，蓝牙组织规定了一系列的标准Profile规范，例如，HID OVER GATT、防丢器、心率计等。同时，产品开发者也可以根据需求自己新建Profile，即非标准的Profile规范。

（1）GATT服务（GATT Server）

BLE协议栈的GATT层是用于应用程序在两个连接设备之间的数据通信。当设备连接后，主机将作为GATT客户端（是从GATT服务器读/写数据的设备）；从机将作为GATT服务器（是包含客户端（主机）需要读/写数据的设备）。

在BLE从机中，每个Profile中会包含多个GATT服务器，每个GATT服务器代表从机的一种能力。每个GATT服务器里又包括了多个特征值（Characteristic），每个具体的特征值才是BLE通信的主体。例如：某电子产品当前的电量是70%，所以会通过电量的特征值存在从机的profile里，这样主机就可以通过这个特征值来读取当前电量。

（2）特征值（Characteristic）

BLE主、从机的通信均是通过特征值来实现的，可以理解为一个标签，通过这个标签可以获取或者写入想要的内容。

（3）统一识别码（UUID）

GATT服务器和特征值，都需要一个唯一的UUID来标识。GATT主服务的UUID为FFF0，特征值1、特征值2……的UUID依次为FFF1、FFF2……。

（4）句柄（handle）

GATT服务将整个服务加到属性表中，并为每个属性分配唯一的句柄。

### 3. GATT数据服务发现

在SimpleBLECentralEventCB( )GAP事件回调函数中提到，当主、从机建立连接之后，使用OSAL定时器设置了一个定时事件START_DISCOVERY_EVT，即GATT服务发现事件。定时时间到达后，调用SimpleBLECentral_ProcessEvent( )事件处理函数来处理该事件。代码如下：

```
1.  uint16 SimpleBLECentral_ProcessEvent( uint8 task_id, uint16 events )
2.  { ……
3.    if ( events & START_DISCOVERY_EVT )   //开始发现事件是否有效
4.    {  simpleBLECentralStartDiscovery( );     //调用服务发现函数，进行GATT数据服务发现
5.       return ( events ^ START_DISCOVERY_EVT );
6.    }
7.    ……
8.  }
9.  //****************************************************************************
10. static void simpleBLECentralStartDiscovery( void )
```

```
11. { uint8 uuid[ATT_BT_UUID_SIZE] = { LO_UINT16(SIMPLEPROFILE_SERV_UUID),
12.                                    HI_UINT16(SIMPLEPROFILE_SERV_UUID) };
13.   simpleBLESvcStartHdl = simpleBLESvcEndHdl = simpleBLECharHdl = 0;
14.   simpleBLEDiscState = BLE_DISC_STATE_SVC;    //将当前发现状态标志设为服务发现
15.   // Discovery simple BLE service
16.   GATT_DiscPrimaryServiceByUUID( simpleBLEConnHandle, uuid,
17.                                  ATT_BT_UUID_SIZE, simpleBLETaskId );
18.   }
```

程序分析：

第11～12行，指定想要发现的主服务UUID，在simpleGATTprofile. h文件中定义为：#define SIMPLEPROFILE_SERV_UUID 0xFFF0。

第13行，将服务的起始句柄、结束句柄和特征句柄清零。

第16行，通过指定的UUID发现GATT主服务，从机会回应一个SYS_EVENT_MSG事件，进一步处理相关内容，代码如下：

```
1.  uint16 SimpleBLECentral_ProcessEvent( uint8 task_id, uint16 events )
2.  {   VOID task_id; // OSAL required parameter that isn't used in this function
3.      if ( events & SYS_EVENT_MSG )
4.     {  uint8 *pMsg;
5.        if ( (pMsg = osal_msg_receive( simpleBLETaskId )) != NULL )
6.        {  simpleBLECentral_ProcessOSALMsg( (osal_event_hdr_t *)pMsg );
7.           VOID osal_msg_deallocate( pMsg ); // Release the OSAL message
8.        }
9.  ......
10.    }
11. }
12. //***************************************************************************
13. static void simpleBLECentral_ProcessOSALMsg( osal_event_hdr_t *pMsg )
14. {  switch ( pMsg->event )
15.    {  case GATT_MSG_EVENT:
16.          simpleBLECentralProcessGATTMsg( (gattMsgEvent_t *) pMsg );
17.          break;
18.    ......
19.    }
20. }
21. //***************************************************************************
22. static void simpleBLECentralProcessGATTMsg( gattMsgEvent_t *pMsg )
23. { ......
24.   else if ( simpleBLEDiscState != BLE_DISC_STATE_IDLE )//应用数据的发现
25.   {    simpleBLEGATTDiscoveryEvent( pMsg );
26.   }
27. ......
```

```
28. }
29. //***********************************************************************
30. static void simpleBLEGATTDiscoveryEvent( gattMsgEvent_t *pMsg )
31. {  attReadByTypeReq_t req;
32.   if ( simpleBLEDiscState == BLE_DISC_STATE_SVC )
33.   { if ( pMsg->method == ATT_FIND_BY_TYPE_VALUE_RSP &&
34.         pMsg->msg.findByTypeValueRsp.numInfo > 0 )          //服务发现存储句柄
35.     { simpleBLESvcStartHdl = pMsg->msg.findByTypeValueRsp.handlesInfo[0].handle;
36.       simpleBLESvcEndHdl = pMsg->msg.findByTypeValueRsp.handlesInfo[0].grpEndHandle;
37.     }
38.     // If procedure complete
39.     if ( ( pMsg->method == ATT_FIND_BY_TYPE_VALUE_RSP  &&
40.       pMsg->hdr.status == bleProcedureComplete ) ||( pMsg->method == ATT_ERROR_RSP ) )
41.     { if ( simpleBLESvcStartHdl != 0 )
42.       { // Discover characteristic
43.         simpleBLEDiscState = BLE_DISC_STATE_CHAR;
44.         req.startHandle = simpleBLESvcStartHdl;
45.         req.endHandle = simpleBLESvcEndHdl;
46.         req.type.len = ATT_BT_UUID_SIZE;
47.         req.type.uuid[0] = LO_UINT16(SIMPLEPROFILE_CHAR1_UUID); //CHAR1的uuid
48.         req.type.uuid[1] = HI_UINT16(SIMPLEPROFILE_CHAR1_UUID);
49.         GATT_ReadUsingCharUUID( simpleBLEConnHandle, &req, simpleBLETaskId );
50.       }
51.   ……
52.     }
53.   }
54. }
```

程序分析：

主机从天线收到返回信息的程序执行过程为：SimpleBLECentral_ProcessEvent-> SimpleBLECentralProcessGATTMsg-> SimpleBLECentralGATTDiscoveryEvent。

第32～34行，获取返回的消息中的GATT服务的起始句柄和结束句柄。

第41～48行，若获得的起始句柄不为0，则填充req结构体。

第49行，采用UUID方式获取特征值的句柄，发送这个信息之后，主机接收到从机的返回信息，然后会按照前面的步骤执行，再次调用SimpleBLE…DiscoveryEvent( )函数。具体代码如下：

```
1.  static void simpleBLEGATTDiscoveryEvent( gattMsgEvent_t *pMsg )
2.  {  ……
3.    else if ( simpleBLEDiscState == BLE_DISC_STATE_CHAR )
4.    { // 特征值发现，存储句柄
5.      if ( pMsg->method == ATT_READ_BY_TYPE_RSP && pMsg->msg.readByTypeRsp.numPairs>0)
6.      {  simpleBLECharHdl = BUILD_UINT16( pMsg->msg.readByTypeRsp.dataList[0],
```

```
7.                                    pMsg->msg.readByTypeRsp.dataList[1] );
8.        LCD_WRITE_STRING( "Simple Svc Found", HAL_LCD_LINE_1 ); //显示字符表示找到句柄
9.        simpleBLEProcedureInProgress = FALSE;                  //处理进程序标志位
10.     }
11.       simpleBLEDiscState = BLE_DISC_STATE_IDLE;              //处理进程序标志位
12.  }
13.   }
```

程序分析：

第5行，存储特征值的句柄。获取特征值的句柄之后，就可以通过这个句柄来进行该特征值的读写操作。

第8行，LCD或串口显示字符串“Simple Svc Found”，表示已经找到特征值句柄。

4. 数据发送

在BLE协议栈中，数据发送包括主机向从机发送数据和从机向主机发送数据，前者是GATT的客户端主动向服务器发送数据；后者是GATT的服务器主动向客户端发送数据，其实是从机通知主机来读数据。

（1）主机向从机发送数据

在主、从机已建立连接的状态下，主机通过特征值的句柄对特征值的写操作，思路如下：

首先，主机对句柄、发送数据长度等变量进行填充，再调用GATT_WriteCharValue函数实现向从机发送数据。

```
1.   typedef struct
2.   {  uint16 handle;
3.     uint8 len;
4.     uint8 value[ATT_MTU_SIZE-3];            // ATT_MTU_SIZE为23，规定长度为20
5.     uint8 sig;
6.     uint8 cmd;
7.   } attWriteReq_t;
8.   //*******************************************************************************
9.   attWriteReq_t req;                        //定义结构体变量req
10.  req.handle = simpleBLECharHdl;            //填充句柄
11.  req.len = 1;                              //填充发送数据长度
12.  req.value[0] = simpleBLECharVal;          //填充发送数据
13.  req.sig = 0;                              //填充信号状态
14.  req.cmd = 0;                              //填充命令标志
15.  status = GATT_WriteCharValue( simpleBLEConnHandle, &req, simpleBLETaskId );
```

程序分析：

第15行调用写特征值函数，向指定的句柄中写入数据，并返回状态标志来判断是否正在进行写入数据的操作。

其次，从机收到写特征值的请求以及句柄后，把数据写入句柄对应的特征值中，从机处理流程为：simpleProfile_WriteAttrCB->simpleProfileChangeCB。主机接收到从机的返回数据时，调用事件处理函数流程为：SimpleBLECentral_ProcessEvent-> simpleBLECentral_ ProcessOSALMsg->simpleBLECentralProcessGATTMsg。

```
1.  static void simpleBLECentralProcessGATTMsg( gattMsgEvent_t *pMsg )
2.  { ……
3.    else if ( ( pMsg->method == ATT_WRITE_RSP ) ||  ( ( pMsg->method == ATT_ERROR_RSP )

4.              && ( pMsg->msg.errorRsp.reqOpcode == ATT_WRITE_REQ ) ) )
5.    { if ( pMsg->method == ATT_ERROR_RSP == ATT_ERROR_RSP )    //写操作失败
6.      { uint8 status = pMsg->msg.errorRsp.errCode;    //读操作失败码显示在LCD上
7.        LCD_WRITE_STRING_VALUE( "Write Error", status, 10, HAL_LCD_LINE_1 );
8.      }
9.      else                                            //写操作完成
10.     { LCD_WRITE_STRING_VALUE( "Write sent:", simpleBLECharVal++, 10, HAL_LCD_LINE_1 );

11.     }
12.     simpleBLEProcedureInProgress = FALSE;  //将处理过程标志位置FALSE，表示写操作完成
13.   }
14. ……
15. }
```

程序分析：

写操作的返回信息包括是否写入错误，如第5～8行代码；写入的数据个数，有时一组数据要分成几次才能写完成，详见任务5基于BLE协议栈的串口透传。

（2）从机向主机发送数据

主机应开启特征值的通知功能，从机再调用GATT_Notification函数，或者修改带通知功能的特征值，通知主机来读数据，实现从机向主机发送数据，而不是像主机那样调用GATT_WriteCharValue函数实现数据传输。

### 5．数据接收

在BLE协议栈中，数据接收包括主机接收从机发送的数据和从机接收主机发送的数据。

（1）主机接收从机发送数据

在主、从机已建立连接的状态，主机通过特征值的句柄对特征值的读操作，过程如下：

1）调用GATT_ReadCharValue函数读取从机的数据。

```
1. attReadReq_t req;
2. req.handle = simpleBLECharHdl;      //填充句柄
3. status = GATT_ReadCharValue( simpleBLEConnHandle, &req, simpleBLETaskId );
```

程序分析:

第3行调用读特征值函数，向指定的句柄中读取数据，并返回状态标志，以判断是否正在进行读数据的操作。

2）从机收到读特征值的请求以及句柄后，将特征值数据返回给主机。从机要在函数simpleProfile_ReadAttrCB中处理。主机接收到从机的返回数据时，调用事件处理函数，流程为: SimpleBLECentral_ProcessEvent-> simpleBLECentral_ProcessOSALMsg->simpleBLECentralProcessGATTMsg。

```
1.  static void simpleBLECentralProcessGATTMsg( gattMsgEvent_t *pMsg )
2.  { ......
3.    if ( ( pMsg->method == ATT_READ_RSP ) || ( ( pMsg->method == ATT_ERROR_RSP ) &&
4.                        ( pMsg->msg.errorRsp.reqOpcode == ATT_READ_REQ ) ) )
5.    { if ( pMsg->method == ATT_ERROR_RSP )              //读操作失败
6.      { uint8 status = pMsg->msg.errorRsp.errCode;       //读操作失败码显示在LCD上
7.        LCD_WRITE_STRING_VALUE( "Read Error", status, 10, HAL_LCD_LINE_1 );
8.      }
9.      else                                                //读操作成功
10.     { // After a successful read, display the read value
11.       uint8 valueRead = pMsg->msg.readRsp.value[0];  //获得需要读的数据，显示在LCD上
12.       LCD_WRITE_STRING_VALUE( "Read rsp:", valueRead, 10, HAL_LCD_LINE_1 );
13.     }
14.     simpleBLEProcedureInProgress = FALSE;//将处理过程标志位置FALSE，表示读操作完成
15.   }
16. ......
17. }
```

（2）从机接收主机发送数据

当从机接收到主机发来的数据后，从机会产生一个GATT Profile Callback回调，在simpleProfileChangeCB( )回调函数中接收主机发送的数据。这个callback在从机初始化时向Profile注册。

```
1.  static simpleProfileCBs_t simpleBLEPeripheral_SimpleProfileCBs =
2.  { simpleProfileChangeCB  };          // Charactersitic value change callback
3.  // Register callback with SimpleGATTprofile 注册特征值改变时的回调函数
4.   VOID SimpleProfile_RegisterAppCBs( &simpleBLEPeripheral_SimpleProfileCBs );
5.  //*************************************************************************
6.  static void simpleProfileChangeCB( uint8 paramID )
7.  { uint8 newValue;
8.    switch( paramID )
9.    { case SIMPLEPROFILE_CHAR1: //特征值1编号
10.       SimpleProfile_GetParameter( SIMPLEPROFILE_CHAR1, &newValue );     //获得特征值
11.   ......
12.   }
13. }
```

## 5.5.3 任务实施

### 1. 启动BTool工具

如果没有USB Dongle板，就可以采用一块蓝牙通讯模块来代替，这里采用代替方式。

1）向蓝牙通讯模块中写入固件“HostTestRelease工程”，制作USB Dongle板。

打开HostTestRelease.eww工程，路径为“...\Projects\ble\HostTestApp\CC2541”，在Workspace栏内选择“CC2541EM”。由于蓝牙通讯模块的串口未采用流控功能，因此要禁止串口流控，方法如下。

① 打开hal_uart.c文件，找到uint8 HalUARTOpen(uint8 port, halUARTCfg_t *config)函数，可以看到“if (port == HAL_UART_PORT_0) HalUARTOpenDMA(config);”代码，右击并从弹出的快捷菜单中选择“go to definition of HalUARTOpenDMA(config)”。

② 在static void HalUARTOpenDMA(halUARTCfg_t *config)函数中增加关闭流控代码，具体如下：

```
1.  static void HalUARTOpenDMA(halUARTCfg_t *config)
2.  { dmaCfg.uartCB = config->callBackFunc;
3.    config->flowControl = 0;          //关闭流控（增加代码）
4.  ......
5.  }
```

2）编译程序，下载到蓝牙通讯模块中。

3）打开BTool（安装了BLE协议栈，就可以在【所有程序】->【Texas Instruments】中找到该工具），可看到BTool启动界面，用户需要设置串口参数，如图5-16所示。单击【OK】连接BTool工具，连接界面如图5-17所示。

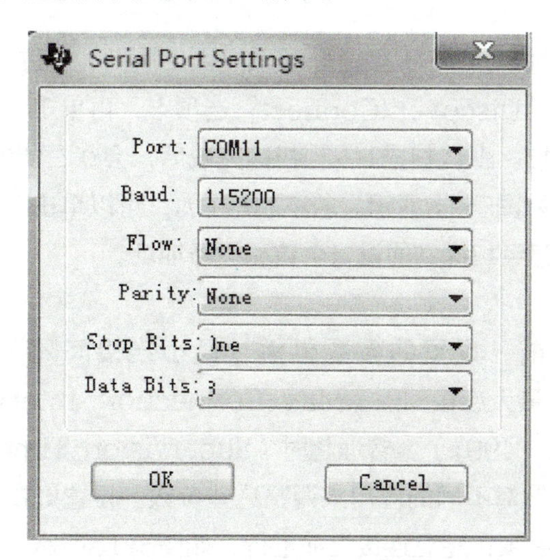


图5-16 BTool工具串口参数设置

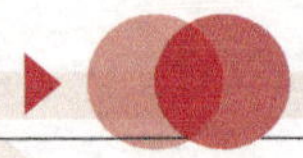

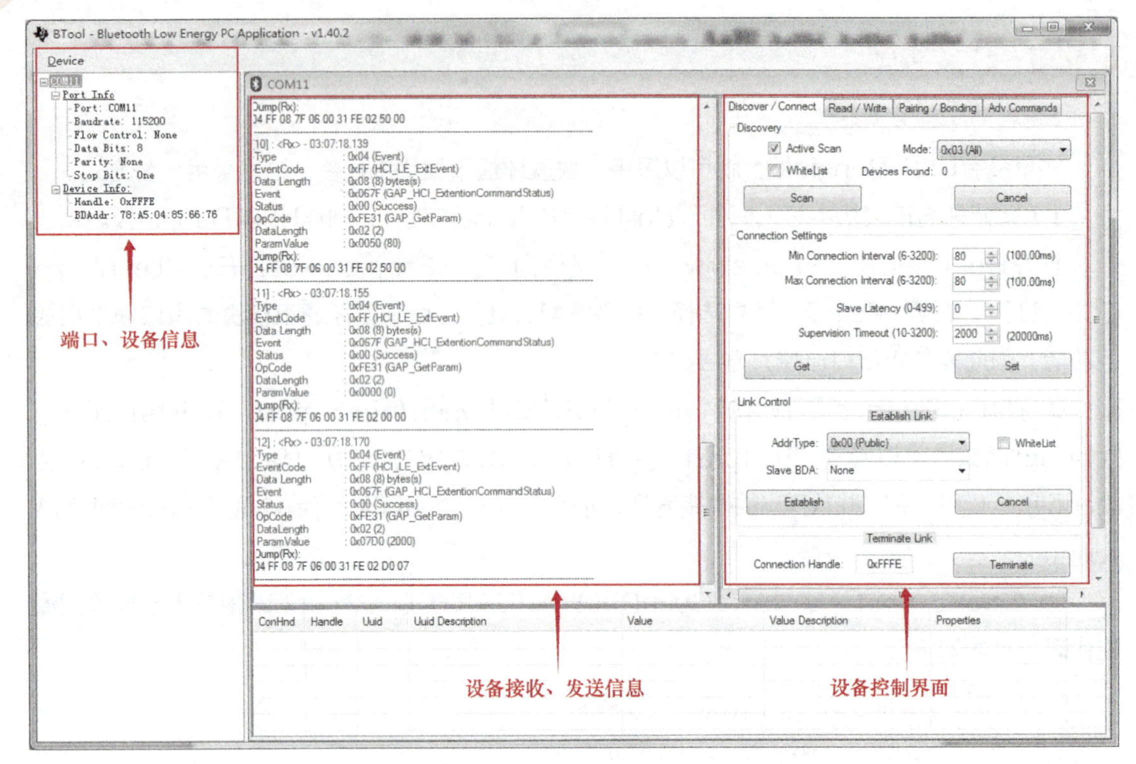


图5-17　PC成功连接BTool工具

## 2．制作蓝牙从机

打开SimpleBLEPeripheral.eww工程，路径为“...\ble\SimpleBLEPeripheral\CC2541DB”，并将其下载到另一个蓝牙通讯模块之中。注意：参照任务2修改，实现蓝牙通讯模块与PC的串口通信功能，以便从机的信息在串口调试软件上显示。

## 3．使用BTool工具

（1）扫描节点设备

首先使USB Dongle板（主机）和蓝牙通讯模块（从机）复位，然后在BTool工具的设备控制界面区域内，选中“Discover/Connect”选项卡，再单击“Scan”按钮，对正在发送广播的节点设备进行扫描。默认扫描10s，扫描完成后，会在右侧的窗口中显示扫描到的所有设备个数和设备地址，如图5-18所示。若不想等10s，可以单击“Cancel”停止扫描，则在右侧的窗口中显示当前已经扫描到的设备个数和设备地址。

（2）连接参数设置

在建立设备连接之前，设置的参数包括：最小连接间隔（Min Connection Interval(6～3200)）、最大连接间隔（Max Connection Interval(6～3200)）、从机延时（Slave Latency(0～499)）、管理超时（Supervision Timeout(10～3200)）。可以使用默认参数，也可以针对不同的应用来调整这些参数。设置好参数后，点击“Set”按钮才能生效，注意参数修改必须在建立连接之前进行，如图5-18所示。

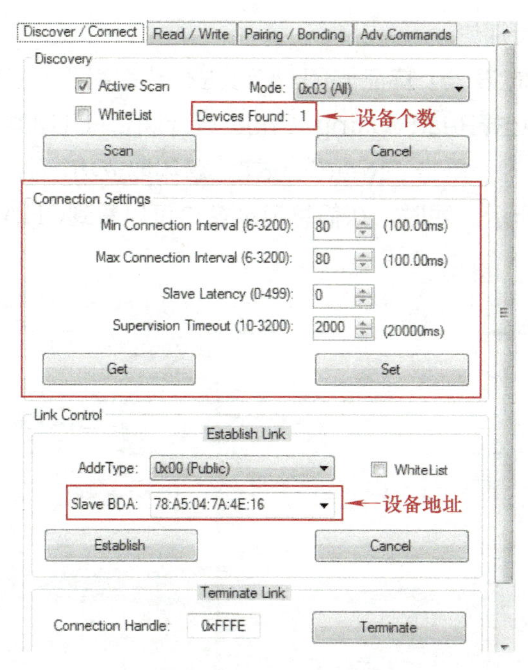


图5-18　扫描节点设备

（3）建立连接

在“Slave BDA”栏选择将与从机建立连接的节点设备地址，然后单击“Establish”按钮建立连接，如图5-18所示。此时节设备的信息会出现在窗口左侧，如图5-19所示。同时在从机的串口调试端显示“Connected”（已连接提示字符），如图5-20所示。

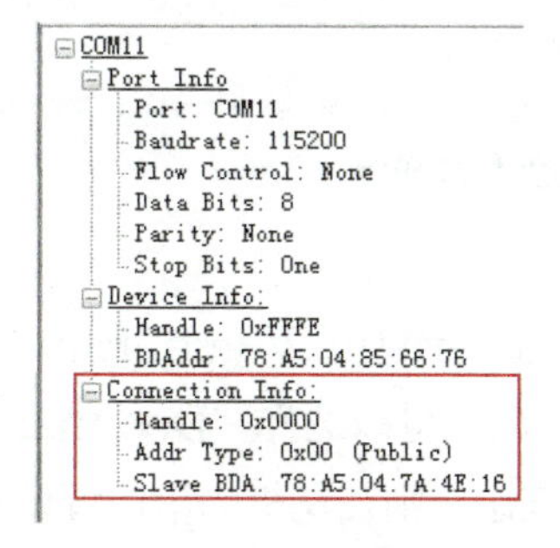


图5-19　已连接设备信息图

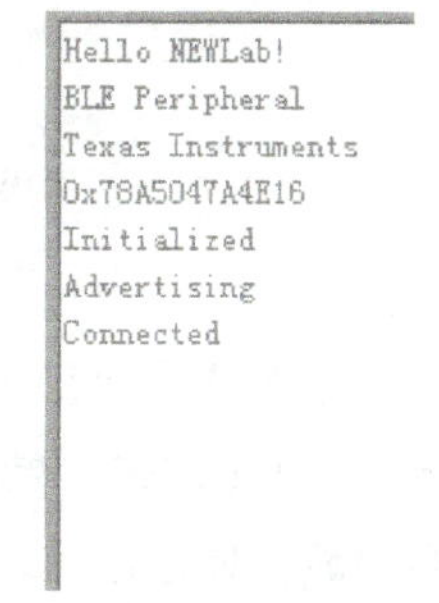


图5-20　从机串口显示信息

（4）对SimpleProfile的特征值进行操作

SimpleProfile中包含5个特征值，每个特征值的属性都不相同，见表5-2。

表5-2　SimpleProfile特征值属性

| 特征值编号 | 数据长度/字节 | 属性 | 句柄（handle） | UUID |
|---|---|---|---|---|
| CHAR1 | 1 | 可读可写 | 0×0025 | FFF1 |
| CHAR2 | 1 | 只读 | 0×0028 | FFF2 |
| CHAR3 | 1 | 只写 | 0×002B | FFF3 |
| CHAR4 | 1 | 不能直接读写，通过通知发送 | 0×002E | FFF4 |
| CHAR5 | 5 | 只读（加密时） | 0×0032 | FFF5 |

1）使用UUID读取特征值。

对SimpleProfile的第一个特征值CHAR1进行读取操作，UUID为0xFFF1。选择Read/Write选项卡，并选择Read Using Characteristic UUID功能，在Characteristic UUID选项填入“F1:FF”，单击“Read”按钮，若读取成功，则可以看到CHAR1的特征值为0x01，如图5-21所示。同时，在信息记录窗口可以看到CHAR1对应的handle值为“0x0025”。

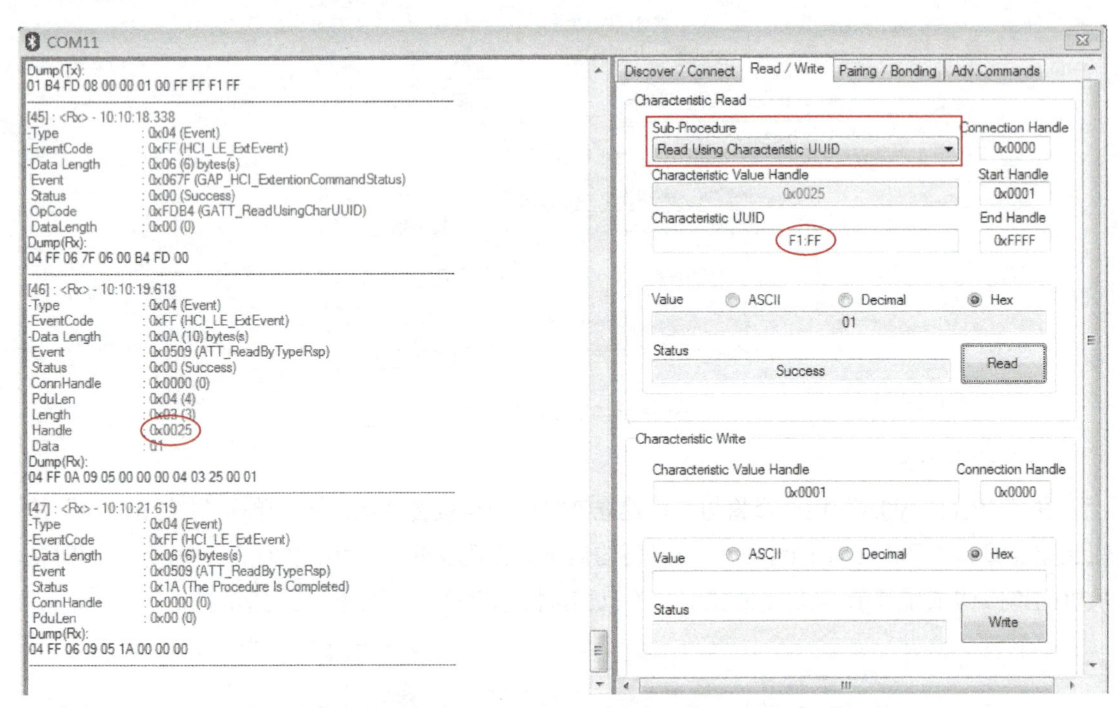

图5-21　使用UUID读取特征值

2）写入特征值。

现在向这个特征值写入一个新的值。在“Characteristic Value Handle”文本框内输入CHAR1的句柄，即0x0025；然后输入要写入的数，可以选择“Decimal”十进制数，或者“Hex”十六进制数，如20；再点击“Write”按钮，则在从机的串口调试端显示被写入的特征值，如图5-22和图5-23所示。

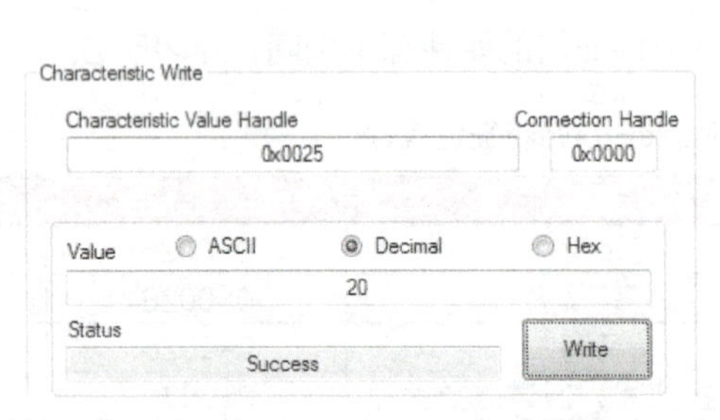

图5-22　写入特征值

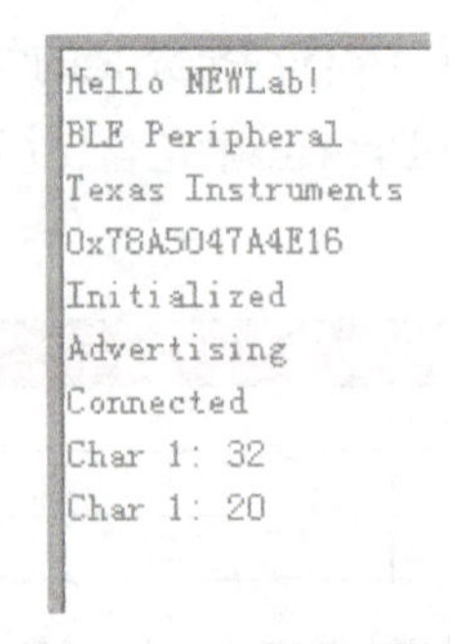

图5-23　从机串口信息

3）使用handle读取特征值。

已介绍采用UUID读取特征值，还可以采用handle读取特征值。方法是选择Read/Write选项卡，在Sub-Procedure下拉菜单中选择Read Characteristic Value / Descriptor，在Characteristic Value Handle文本框中填入0x0025，单击“Read”按钮。读取成功后，如图5-24所示，可以看到特征值为0x14。

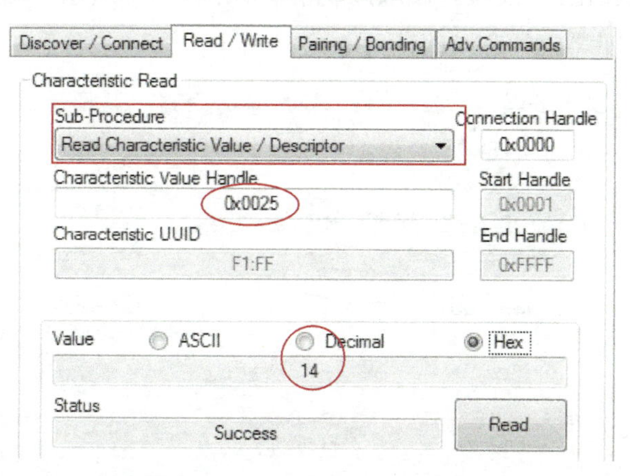


图5-24　使用handle读取特征值

4）使用UUID发现特征值。

利用该功能不仅可以获取特征值的handle，还可以得到该特征值的属性。具体方法是：选择Read/Write选项卡，从Sub-Procedure下拉菜单中选择Discover Characteristic by UUID，在Characteristic UUID文本框中填入“F2:FF”，单击“Read”按钮。读取成功后，如图5-25所示。

读回的数据为：02 28 00 F2 FF，其中“02”表示该特征值可读；“00 28”表示handle，FF F2表示特征值的UUID。注意：在图5-25中显示的数据是低位字节数在前、高位字节数在后，不能把handle理解为“28 00”，也不能把特征值的UUID理解为“F2 FF”。

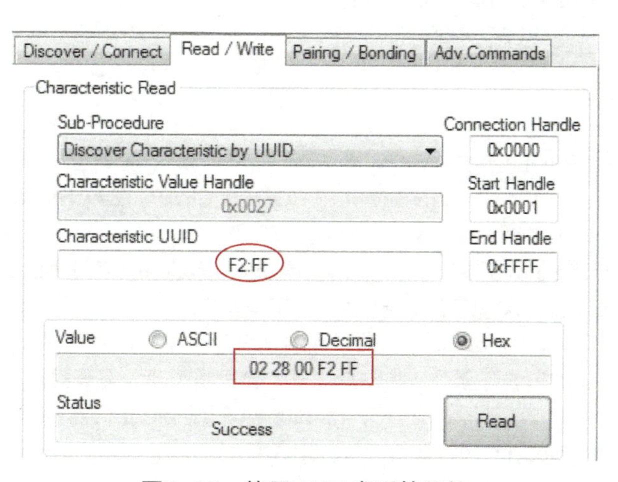


图5-25　使用UUID发现特征值

5）读取多个特征值。

前述内容仅对一个特征值进行读取，其实也可以同时对多个特征值进行读取。具体方法是：选择Read/Write选项卡，在Sub-Procedure下拉菜单中选择Read Multiple Characteristic Values，在Characteristic Value Handle文本框中填入“0x0025；0x0028”，单击“Read”按钮。读取成功后，如图5-26所示，可以读取到CHAR1和CHAR2两个特征值（即“14”和“02”）。

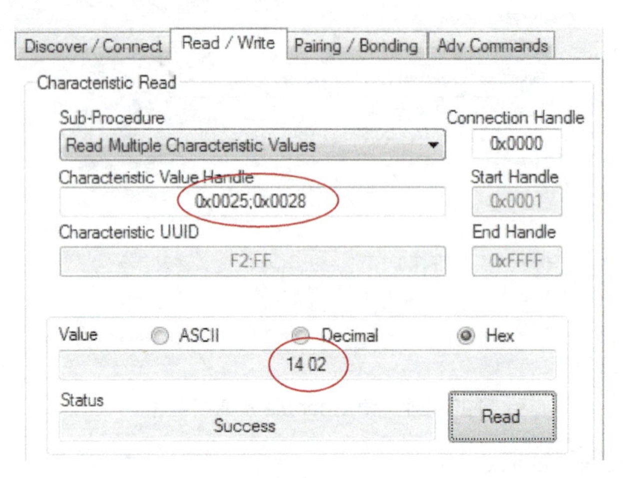


图5-26 读取多个特征值

通过上述的介绍，读者应基本上掌握了BTool的使用方法，其他的功能可以自己实际测试一下。关于HCI的命令可以参考TI_BLE_Vendor_Specific_HCI_Guide. pdf文档。

### 4. 修改从机程序，实现无线点灯

采用SimpleGATTProfile中的第一个特征值CHAR1来作为LED亮灭的标志。

1）修改服务器（从机）程序。打开SimpleBLEPeripheral. eww工程，在simpleBLEPeripheral. c文件中找到static void simpleProfileChangeCB(uint8 paramID)特征值改变回调函数，增加粗体部分代码如下：

```
1.   static void simpleProfileChangeCB( uint8 paramID )
2.   { uint8 newValue;
3.     switch( paramID )
4.     { case SIMPLEPROFILE_CHAR1:
5.       SimpleProfile_GetParameter( SIMPLEPROFILE_CHAR1, &newValue ); //读取CHAR1的值
6.       #if (defined HAL_LCD) && (HAL_LCD == TRUE)
7.         HalLcdWriteStringValue( "Char 1:", (uint16)(newValue), 10,  HAL_LCD_LINE_3 );
8.       #endif // (defined HAL_LCD) && (HAL_LCD == TRUE)
9.       if(newValue) //set_P1_gpio( )函数在simpleBLEPeripheral.c中定义
10.        { set_P1_gpio(2);}      //P1_4控制继电器，特征值为真，点亮灯泡
11.        else                    // clean_P1_gpio()函数在simpleBLEPeripheral.c中定义
12.        { clean_P1_gpio(2);}  //特征值为假，则关灯泡
13.        break;
```

```
14.    ......}
15.  }
```

2）打开SimpleBLEPeripheral.eww工程，在simpleBLEPeripheral.c文件的static void peripheralStateNotificationCB()函数中添加第12和22行代码设置P1_2口电平，代码如下：

```
1.   static void peripheralStateNotificationCB( gaprole_States_t newState )
2.   {
3.     switch ( newState )
4.     {
5.        ...
6.        case GAPROLE_ADVERTISING:          //广播
7.          {
8.            #if (defined HAL_LCD) && (HAL_LCD == TRUE)
9.              HalLcdWriteString( "Advertising", HAL_LCD_LINE_3 );//Advertising
10.           #endif // (defined HAL_LCD) && (HAL_LCD == TRUE)
11.
12.           clean_P1_gpio(2); //设置P1_2为低电平
13.         }
14.         break;
15.
16.       case GAPROLE_CONNECTED:            //已连接
17.         {
18.           #if (defined HAL_LCD) && (HAL_LCD == TRUE)
19.             HalLcdWriteString( "Connected", HAL_LCD_LINE_3 );
20.           #endif // (defined HAL_LCD) && (HAL_LCD == TRUE)
21.
22.           clean_P1_gpio(2); //设置P1_2为低电平
23.         }
24.         break;
25.       ...
26.  }
```

3）编译程序，下载到蓝牙通讯模块中，使主、从机建立连接。

首先要在预编译中设置“HAL_LED=TRUE”（默认设置为HAL_LED=FALSE），然后编译、下载程序。

4）控制灯泡亮或灭。

蓝牙通讯模块P1.2接口连接继电器模块的J2。具体方法是：在“Characteristic Value Handle”文本框中输入CHAR1的句柄“0x0025”；然后输入“1”或者“0”，再单击“Write”按钮，如图5-27所示。在从机的串口调试端将显示被写入的特征值，如图5-28所示。同时，当写入“1”时，灯泡亮；当写入“0”时，灯泡灭。

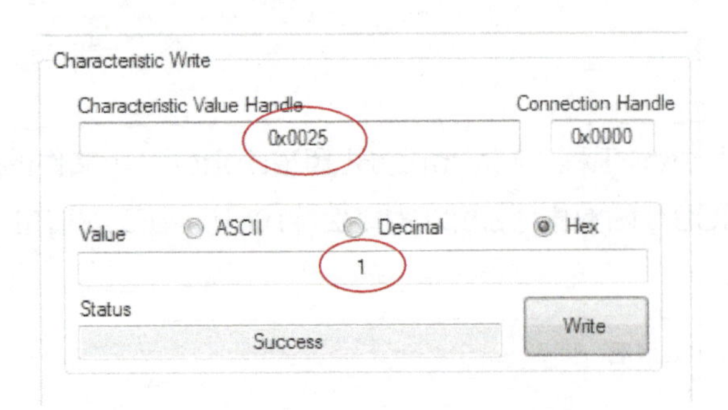


图5-27　写特征值控制灯泡亮或灭

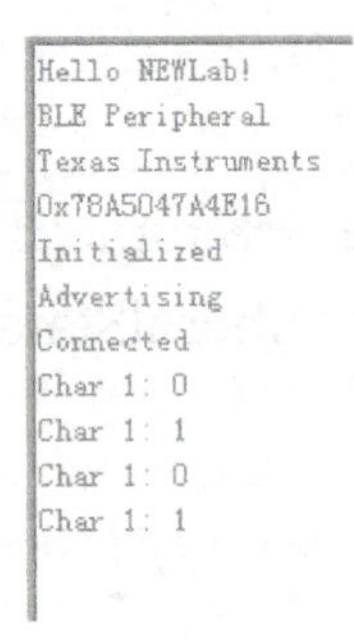


图5-28　从机显示被写入的特征值

# 5.6 任务4　基于BLE协议栈的串口透传

## 5.6.1　任务要求

采用两个蓝牙通讯模块，分别与PC串口相连，一个模块作为从机（SimpleBLEPeripheral工程），另一个模块作为主机（SimpleBLECentral工程），使主、从机建立连接，并能进行无线串口数据透传，同时可以通过串口调试软件观察到主机和从机的发送与接收信息。

## 5.6.2　知识链接

### 1. 在Profiles中添加特征值

通过添加新的特征值，来进一步理解特征值的UUID、属性，以及参数设置、读写函数等概念和用法，新添加的特征值见表5-3。

表5-3　新添加的特征值

| 特征值编号 | 数据长度（字节） | 属性 | UUID |
|---|---|---|---|
| CHAR6 | 10 | 可读可写 | FFF6 |
| CHAR7 | 10 | 不能直接读写，通过通知发送 | FFF7 |

### 2. 特征值的定义

打开SimpleBLEPeripheral.eww工程，路径为：“...\ble\SimpleBLEPeripheral\CC2541DB”。

1）在simpleGATTprofile.h文件中定义CHAR6和CHAR7相关参数。

```
1.  #define SIMPLEPROFILE_CHAR6      5  // RW uint8 – Profile Characteristic 6 value
2.  #define SIMPLEPROFILE_CHAR7      6  // RW uint8 – Profile Characteristic 7 value
3.  #define SIMPLEPROFILE_CHAR6_UUID           0xFFF6
```

```
4. #define SIMPLEPROFILE_CHAR7_UUID          0xFFF7
5. #define SIMPLEPROFILE_CHAR6_LEN          10
6. #define SIMPLEPROFILE_CHAR7_LEN          10
```

2）在simpleGATTprofile. c文件中添加CHAR6和CHAR7的UUID。

```
1. // Characteristic 6 UUID: 0xFFF6
2. CONST uint8 simpleProfilechar6UUID[ATT_BT_UUID_SIZE] =
3. {  LO_UINT16(SIMPLEPROFILE_CHAR6_UUID), HI_UINT16(SIMPLEPROFILE_CHAR6_UUID) };
4. // Characteristic 7 UUID: 0xFFF7
5. CONST uint8 simpleProfilechar7UUID[ATT_BT_UUID_SIZE] =
6. {  LO_UINT16(SIMPLEPROFILE_CHAR7_UUID), HI_UINT16(SIMPLEPROFILE_CHAR7_UUID) };
```

3）在simpleGATTprofile. c文件中设置CHAR6和CHAR7的属性。

```
1.  // Characteristic 6 UUID: 0xFFF6
2.  CONST uint8 simpleProfilechar6UUID[ATT_BT_UUID_SIZE] =
3.  {  LO_UINT16(SIMPLEPROFILE_CHAR6_UUID), HI_UINT16(SIMPLEPROFILE_CHAR6_UUID) };
4.  // Characteristic 7 UUID: 0xFFF7
5.  CONST uint8 simpleProfilechar7UUID[ATT_BT_UUID_SIZE] =
6.  {  LO_UINT16(SIMPLEPROFILE_CHAR7_UUID), HI_UINT16(SIMPLEPROFILE_CHAR7_UUID) };
7.  // Simple Profile Characteristic 6 Properties  可读可写
8.  static uint8 simpleProfileChar6Props = GATT_PROP_READ | GATT_PROP_WRITE;
9.  static uint8 simpleProfileChar6[SIMPLEPROFILE_CHAR6_LEN] ={9,8,7,6,5,4,3,2,1,0};
10. static uint8 simpleProfileChar6UserDesp[17] = "Characteristic 6\0";
11. // Simple Profile Characteristic 7 Properties 通知发送
12. static uint8 simpleProfileChar7Props = GATT_PROP_NOTIFY;
13. static uint8 simpleProfileChar7[SIMPLEPROFILE_CHAR7_LEN] = "abcdefghij";
14. static gattCharCfg_t simpleProfileChar7Config[GATT_MAX_NUM_CONN];
15. static uint8 simpleProfileChar7UserDesp[17] = "Characteristic 7\0";
```

4）在simpleGATTprofile. c文件中修改特征值属性表。

在特征值属性表数组simpleProfileAttrTbl内，把CHAR6和CHAR7特征值的申明、属性和描述加入到属性表中，其中CHAR7比CHAR6多一项配置。

```
1.  static gattAttribute_t simpleProfileAttrTbl[SERVAPP_NUM_ATTR_SUPPORTED] =
2.  {  // Characteristic 6 申明、属性和描述
3.     { { ATT_BT_UUID_SIZE, characterUUID },GATT_PERMIT_READ, 0,&simpleProfileChar6Props  },
4.     { { ATT_BT_UUID_SIZE, simpleProfilechar6UUID },
5.        GATT_PERMIT_READ | GATT_PERMIT_WRITE, 0, simpleProfileChar6        },
6.     { { ATT_BT_UUID_SIZE, charUserDescUUID }, GATT_PERMIT_READ, 0,
7.        simpleProfileChar6UserDesp                              },
8.  // Characteristic 7 申明、属性、配置和描述
9.     { { ATT_BT_UUID_SIZE, characterUUID }, GATT_PERMIT_READ,
10.        0,&simpleProfileChar7Props                             },
```

```
11.  { { ATT_BT_UUID_SIZE, simpleProfilechar7UUID }, 0, 0, simpleProfileChar7   },
12.  { { ATT_BT_UUID_SIZE, clientCharCfgUUID }, GATT_PERMIT_READ | GATT_PERMIT_WRITE,
13.       0, (uint8 *)simpleProfileChar7Config                        },
14.  { { ATT_BT_UUID_SIZE, charUserDescUUID }, GATT_PERMIT_READ, 0,
15.         simpleProfileChar7UserDesp                                },
```

同时将“SERVAPP_NUM_ATTR_SUPPORTED”宏定义修改为“24”，即:

```
（#define SERVAPP_NUM_ATTR_SUPPORTED    24     //原来为17，现增加7个成员）
```

### 3. 特征值的相关函数与初始化

1）在simpleGATTprofile. c文件中修改设置参数函数。

```
1.   bStatus_t SimpleProfile_SetParameter( uint8 param, uint8 len, void *value )
2.   { bStatus_t ret = SUCCESS;
3.     switch ( param )
4.     { ......
5.         case SIMPLEPROFILE_CHAR6:
6.           if ( len == SIMPLEPROFILE_CHAR6_LEN )
7.           { VOID osal_memcpy( simpleProfileChar6, value, SIMPLEPROFILE_CHAR6_LEN ); }
8.           else
9.           {   ret = bleInvalidRange;  }
10.          break;
11.        case SIMPLEPROFILE_CHAR7:
12.          if ( len == SIMPLEPROFILE_CHAR7_LEN )
13.          { VOID osal_memcpy( simpleProfileChar7, value, SIMPLEPROFILE_CHAR7_LEN );
14.            //当CHAR7改变时，从机将调用此函数通知主机CHAR7的值改变了
15.            GATTServApp_ProcessCharCfg( simpleProfileChar7Config, &simpleProfileChar7, FALSE,
16.            simpleProfileAttrTbl, GATT_NUM_ATTRS( simpleProfileAttrTbl ), INVALID_TASK_ID );
17.          }
18.          else
19.          { ret = bleInvalidRange; }
20.          break;
21.     ......
```

程序分析:

对于CHAR7来说，使用通知机制，当从机自己把数据改变时，主机会主动来读取数据。

2）在simpleGATTprofile. c文件中修改获得参数函数。

```
1.   bStatus_t SimpleProfile_GetParameter( uint8 param, void *value )
2.   { bStatus_t ret = SUCCESS;
3.     switch ( param )
4.     { ......
5.         case SIMPLEPROFILE_CHAR6:
6.           VOID osal_memcpy( value, simpleProfileChar6, SIMPLEPROFILE_CHAR6_LEN );
```

```
7.          break;
8.        case SIMPLEPROFILE_CHAR7:
9.          VOID osal_memcpy( value, simpleProfileChar7, SIMPLEPROFILE_CHAR7_LEN );
10.         break;
11.       ......
```

3）在simpleGATTprofile. c文件中修改读特征值函数。

```
1.  static uint8 simpleProfile_ReadAttrCB( uint16 connHandle, gattAttribute_t *pAttr,
2.                        uint8 *pValue, uint8 *pLen, uint16 offset, uint8 maxLen )
3.  {   switch ( uuid )
4.     {  ......
5.        case SIMPLEPROFILE_CHAR6_UUID:
6.          *pLen = SIMPLEPROFILE_CHAR6_LEN;
7.          VOID osal_memcpy( pValue, pAttr->pValue, SIMPLEPROFILE_CHAR6_LEN );
8.        break;
9.        case SIMPLEPROFILE_CHAR7_UUID:
10.         *pLen = SIMPLEPROFILE_CHAR7_LEN;
11.         VOID osal_memcpy( pValue, pAttr->pValue, SIMPLEPROFILE_CHAR7_LEN );
12.       break;
13.     ......
```

4）在simpleGATTprofile. c文件中修改写特征值函数，注意：CHAR7没有写特征值函数。

```
1.   static bStatus_t simpleProfile_WriteAttrCB( uint16 connHandle, gattAttribute_t *pAttr,
2.                                  uint8 *pValue, uint8 len, uint16 offset )
3.   {  case SIMPLEPROFILE_CHAR6_UUID:
4.          if ( offset == 0 ) //验证数据，确定操作无误
5.          { if ( len != SIMPLEPROFILE_CHAR6_LEN )
6.            {  status = ATT_ERR_INVALID_VALUE_SIZE;  }
7.          }
8.          else
9.          {   status = ATT_ERR_ATTR_NOT_LONG;     }
10.         if ( status == SUCCESS ) //写数据
11.         {  VOID osal_memcpy( pAttr->pValue, pValue, SIMPLEPROFILE_CHAR6_LEN );
12.            notifyApp = SIMPLEPROFILE_CHAR6;
13.         }
14.         break;
15.     case GATT_CLIENT_CHAR_CFG_UUID:
16.         ......
```

程序分析：

上述ReadAttrCB和WriteAttrCB两个函数包含在gattServiceCBs_t类型的结构体里，在simpleGATTprofile. c文件中定义，具体如下：

```
1. CONST gattServiceCBs_t simpleProfileCBs =
2. { simpleProfile_ReadAttrCB,  // Read callback function pointer
3.   simpleProfile_WriteAttrCB, // Write callback function pointer
4.   NULL                       // Authorization callback function pointer
5. };
```

这个结构体在simpleGATTprofile.c文件中，使用GATTServApp_RegisterService（）注册服务时，被作为底层读写的回调函数。在底层协议栈（被封装成库）对应用层读写特征值时，它们是被调用的。其实读者只需知道怎么注册服务、如何修改这两个函数即可，具体怎么被调用不用关心，毕竟底层调用是无法跟踪的。

另外，这两个函数是从机自动调用的，其中ReadAttrCB函数是从机向主机发送数据时（采用通知的方式），主机自动来读取数据，当数据读取完成时，主机返回信息，从机自动调用ReadAttrCB函数。WriteAttrCB函数是主机向从机写数据，从机接到主机申请时，自动调用simpleProfile_WriteAttrCB->simpleProfileChangeCB处理。

5）在simpleBLEperipheral.c文件中进行CHAR6和CHAR7的初始化。

```
1. void SimpleBLEPeripheral_Init( uint8 task_id )
2. {   ……
3.     uint8 charValue6[SIMPLEPROFILE_CHAR6_LEN] = {9,8,7,6,5,4,3,2,1,0};
4.     uint8 charValue7[SIMPLEPROFILE_CHAR7_LEN] = "abcdefghij";
5. SimpleProfile_SetParameter( SIMPLEPROFILE_CHAR6, SIMPLEPROFILE_CHAR6_LEN, charValue6 );
6. SimpleProfile_SetParameter( SIMPLEPROFILE_CHAR7, SIMPLEPROFILE_CHAR7_LEN, charValue7 );
7.     ……
```

6）在simpleBLEperipheral.c文件中修改特征值改变回调函数，即：当特征值改变了，在串口会打印输出改变后的值。

```
1.  static void simpleProfileChangeCB( uint8 paramID )
2.  {  uint8 newValue;
3.     uint8 *newCharValue;
4.     switch( paramID )
5.     {   ……
6.       case SIMPLEPROFILE_CHAR6:
7.            SimpleProfile_GetParameter( SIMPLEPROFILE_CHAR6, newCharValue );
8.            //NPI_WriteTransport("Char 6:",7);
9.            NPI_WriteTransport(newCharValue,SIMPLEPROFILE_CHAR6_LEN);
10.           break;
11.    ……
```

7）采用BTool工具，对新添加的CHAR6特征值进行读写操作；对CHAR7特征值设置通知机制，从机周期性改变CHAR7的特征值，并且BTool将会收到从机发送的数据。

按照任务3的步骤制作USB Dongle板（主机），并以SimpleBLEPeripheral. eww工程作为从机。具体步骤如下。

① 修改从机程序，实现周期性改变CHAR7的特征值，并把CHAR6的值复制给CHAR7。

由于从机启动之后，会触发一个周期事件SBP_PERIODIC_EVT，并且该事件会每隔5s周期性地被触发，从而会周期性地调用performPeriodicTask()函数，关键代码如下：

```
1.  uint16 SimpleBLEPeripheral_ProcessEvent( uint8 task_id, uint16 events )
2.  {    ……
3.     if ( events & SBP_PERIODIC_EVT )           //周期性事件
4.     { if ( SBP_PERIODIC_EVT_PERIOD )
5.       {     osal_start_timerEx( simpleBLEPeripheral_TaskID, SBP_PERIODIC_EVT,
6.                                  SBP_PERIODIC_EVT_PERIOD );
7.       }
8.       performPeriodicTask();                   //周期性应用函数
9.       return (events ^ SBP_PERIODIC_EVT);
10.    }
11.      ……
12. //****************************************************************************
13. static void performPeriodicTask( void )
14. { uint8 stat;
15.   uint8 *profile_value;
16.   stat = SimpleProfile_GetParameter( SIMPLEPROFILE_CHAR6, profile_value);
17.   if( stat == SUCCESS )
18.   {   SimpleProfile_SetParameter( SIMPLEPROFILE_CHAR7, SIMPLEPROFILE_CHAR7_LEN,
19.                                     profile_value);
20.   }
21. }
```

程序分析：

第16行，获得CHAR6的特征值；第18行，修改CHAR7的值，把CHAR6的值复制到CHAR7中。

② 编译、下载程序，制作从机。

③ 使用BTool工具读写CHAR6的特征值。

a．建立连接，采用UUID读出CHAR6的特征值，采用handle修改CHAR6的特征值，如图5-29所示，并在串口打印输出写入的数据。切记：在BTool上单击写入按钮“Write”之前，在串口调试软件上修改数据显示方式为“十六进制显示”，即勾选“十六进制显示”复选框，如图5-30所示。

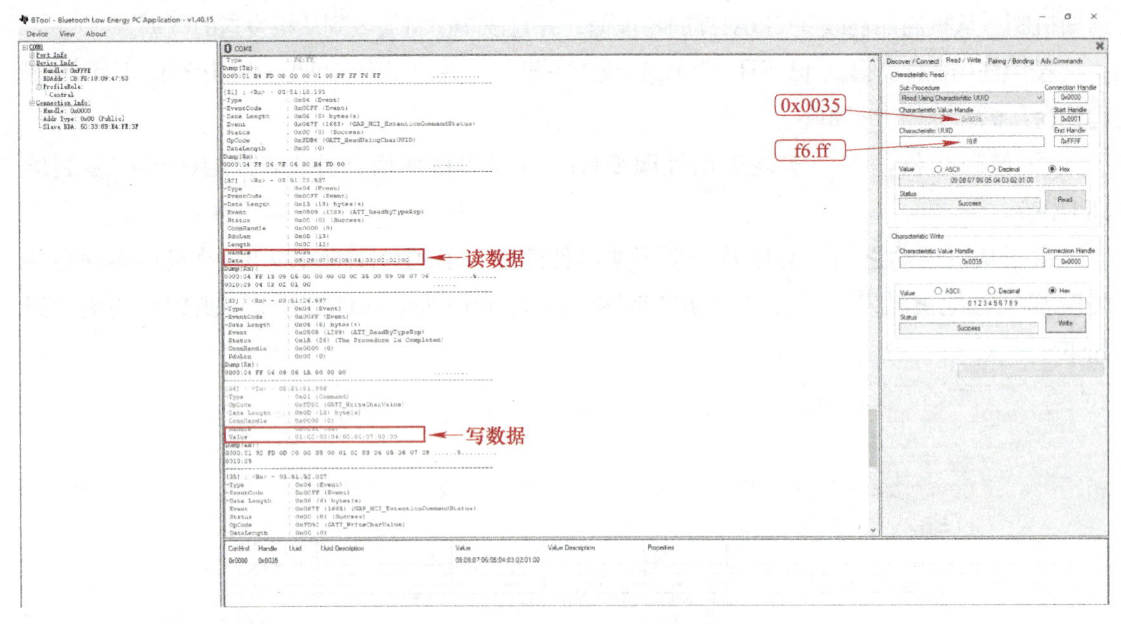


图5-29　读写CHAR6的特征值

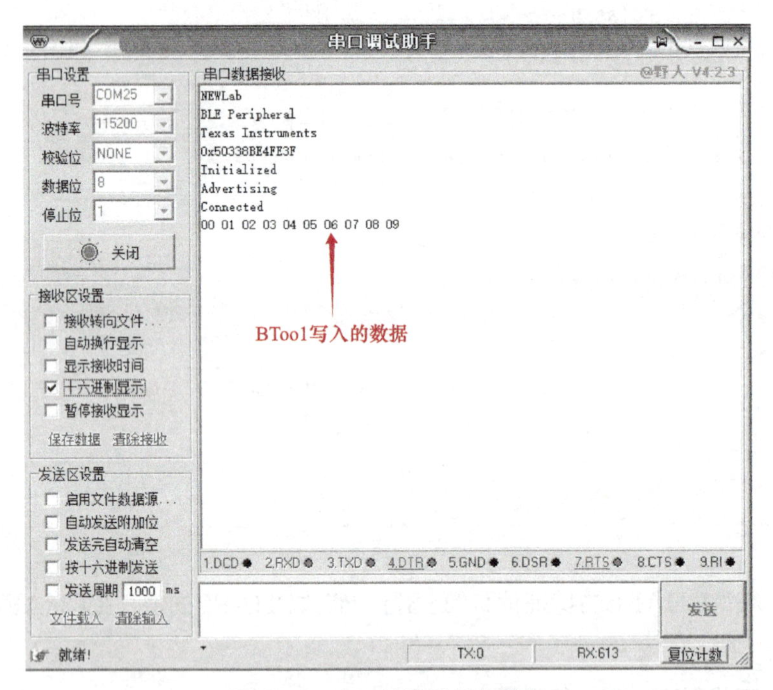


图5-30　串口输出写入的数据

b．采用UUID发现特性，获取CHAR7的句柄：0x0038。注意：特征值的句柄是有规律分配的，CHAR1的句柄为0x0025，CHAR2的句柄为0x0028，可以看出每个特征值的句柄相隔3个单元。使能CHAR7的通知机制，就是在CHAR7的handle+1写入0x0001（01:00），即向0x0039中写入0x0001。此时，可在设备信息窗口看到每隔5s，BTool会收到从机发来的数据，即CHAR6的值。可以修改CHAR6的特征值，观察CHAR7的值变化，如图5-31所示。若要取消CHAR7的通知机制，只要向0x0039中写入0x0000（00:00）即可。

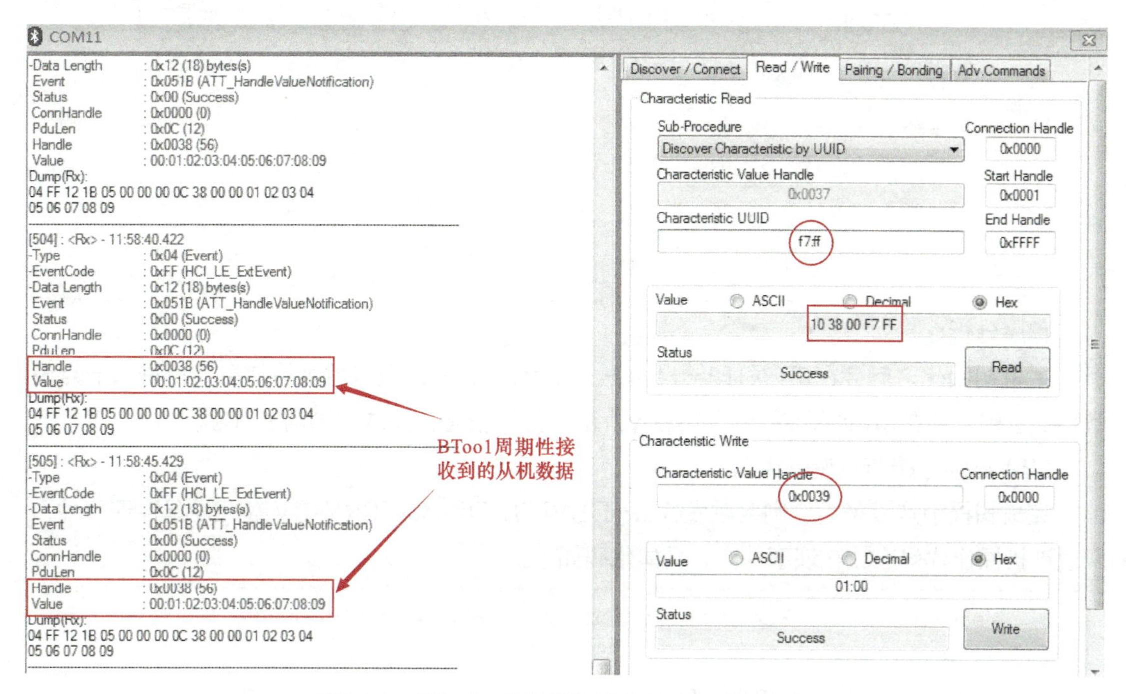


图5-31 BTool工具周期性接收CHAR7的特征值

## 5.6.3 任务实施

### 1．实现主、从机上电自动连接

TI提供的SimpleBLECentral工程必须采用按键扫描、连接，任务2中已介绍了通过串口发送命令实现主、从机连接的方法，现在介绍一种主、从机上电自动连接的方法。上电时，从机会自动进入广播状态，只要修改主机程序，使其自动进行扫描和连接两个环节。

（1）添加扫描节点设备代码

在主机的什么地方添加扫描节点设备代码呢？答案是在设备启动初始化完成之后。在simpleBLECentralEventCB()函数中的GAP_DEVICE_INIT_DONE_EVENT初始化完成事件内添加扫描代码。具体代码如下：

```
1.  static void simpleBLECentralEventCB( gapCentralRoleEvent_t *pEvent )
2.  {  switch ( pEvent->gap.opcode )
3.     {    case GAP_DEVICE_INIT_DONE_EVENT:  //初始化完成
4.          {  LCD_WRITE_STRING( "BLE Central", HAL_LCD_LINE_1 );
5.             LCD_WRITE_STRING( bdAddr2Str( pEvent->initDone.devAddr ),  HAL_LCD_LINE_2 );
6.          }
7.  //****************************添加扫描节点设备代码 ****************************
8.          if ( !simpleBLEScanning & simpleBLEScanRes == 0 )
9.          {  simpleBLEScanning = TRUE;
```

```
10.         simpleBLEScanRes = 0;
11.         GAPCentralRole_StartDiscovery( DEFAULT_DISCOVERY_MODE, //发起扫描请求
12.         DEFAULT_DISCOVERY_ACTIVE_SCAN, DEFAULT_DISCOVERY_WHITE_LIST );
13.         LCD_WRITE_STRING( "Discovering...", HAL_LCD_LINE_1 );
14.       }
15.       else
16.       {  LCD_WRITE_STRING( "No Discover", HAL_LCD_LINE_1 );   }
17.       break;  ……
18.   }
19. }
```

程序分析：

主机初始化之后会在串口打印输出BLE Central、主机设备地址等信息，再进入节点设备扫描进程，会在串口打印输出“Discovering...”信息，完成扫描需要10s。

（2）添加连接节点设备代码

完成扫描节点设备后，则会触发GAP_DEVICE_DISCOVERY_EVENT设备发现事件，所以连接操作代码应放在该事件内，具体代码如下：

```
1.  static void simpleBLECentralEventCB( gapCentralRoleEvent_t *pEvent )
2.  {
3.    switch ( pEvent->gap.opcode )
4.    {
5.    case GAP_DEVICE_DISCOVERY_EVENT:
6.        {
7.          // discovery complete
8.          simpleBLEScanning = FALSE;
9.
10.         // if not filtering device discovery results based on service UUID
11.         if ( DEFAULT_DEV_DISC_BY_SVC_UUID == FALSE )
12.         {
13.           // Copy results
14.           simpleBLEScanRes = pEvent->discCmpl.numDevs;
15.           osal_memcpy( simpleBLEDevList, pEvent->discCmpl.pDevList,
16.                        (sizeof( gapDevRec_t ) * pEvent->discCmpl.numDevs) );
17.         }
18.
19.         LCD_WRITE_STRING_VALUE( "Devices Found", simpleBLEScanRes,
20.                                 10, HAL_LCD_LINE_1 );
21.         if ( simpleBLEScanRes > 0 )
22.         {
23.           LCD_WRITE_STRING( "<- To Select", HAL_LCD_LINE_2 );
24.         }
25.
```

```
26.          //***********************添加连接节点设备代码 ***********************
27.          if ( simpleBLEState == BLE_STATE_IDLE )
28.          {
29.            uint8 addrType;
30.            uint8 *peerAddr;
31.
32.            simpleBLEScanIdx = 0;
33.
34.            // connect to current device in scan result
35.            peerAddr = simpleBLEDevList[simpleBLEScanIdx].addr;
36.            addrType = simpleBLEDevList[simpleBLEScanIdx].addrType;
37.
38.            simpleBLEState = BLE_STATE_CONNECTING;
39.            GAPCentralRole_EstablishLink(DEFAULT_LINK_HIGH_DUTY_CYCLE,
40.                                         DEFAULT_LINK_WHITE_LIST,
41.                                         addrType, peerAddr );
42.          }
43.
44.          // initialize scan index to last device
45.          simpleBLEScanIdx = simpleBLEScanRes;
46.
47.        }
48.        break;
49.    }
50.  }
```

根据节点设备响应主机连接请求的事件，GAP_LINK_ESTABLISHED_EVENT，进一步判断是否能成功连接，具体代码如下：

```
1.  static void simpleBLECentralEventCB( gapCentralRoleEvent_t *pEvent )
2.  {  switch ( pEvent->gap.opcode )
3.    {  ……
4.      case GAP_LINK_ESTABLISHED_EVENT:    //完成建立连接
5.      {  if ( pEvent->gap.hdr.status == SUCCESS )
6.        {   ……
7.          LCD_WRITE_STRING( "Connected", HAL_LCD_LINE_1 );
8.          LCD_WRITE_STRING( bdAddr2Str( pEvent->linkCmpl.devAddr ), HAL_LCD_LINE_2 );
9.        }
10.       else
11.       {   ……
12.         LCD_WRITE_STRING( "Connect Failed", HAL_LCD_LINE_1 );
13.         LCD_WRITE_STRING_VALUE( "Reason:", pEvent->gap.hdr.status, 10, HAL_LCD_LINE_2 );
14.       }
15.     }
```

```
16.         break;
17.       case GAP_LINK_TERMINATED_EVENT:   //断开连接
18.         { ......
19.           LCD_WRITE_STRING( "Disconnected", HAL_LCD_LINE_1 );
20.           LCD_WRITE_STRING_VALUE( "Reason:", pEvent->linkTerminate.reason,10, HAL_
LCD_LINE_2 );
21.         }
22.         break;
23.       case GAP_LINK_PARAM_UPDATE_EVENT: //更新参数
24.         { LCD_WRITE_STRING( "Param Update", HAL_LCD_LINE_1 );
25.         }
26.         break; ......
27.   }
28.  }
```

程序分析：

上述代码为GAP_LINK_ESTABLISHED_EVENT、GAP_LINK_TERMINATED_EVENT、GAP_LINK_PARAM_UPDATE_EVENT这3个事件的处理代码，每个事件的处理结果都会显示在串口调试窗口中。

（3）给主、从设备上电，实现自动连接

1）编辑程序、下载到主机中，在Workspace栏内选择“CC2541EM”。

2）从机采用任务2的SimpleBLEPeripheral. eww，只要LCD上显示的内容能在串口显示就可以了。

3）先给从机上电，再给主机上电，主、从机串口打印输出信息，如图5-32所示。

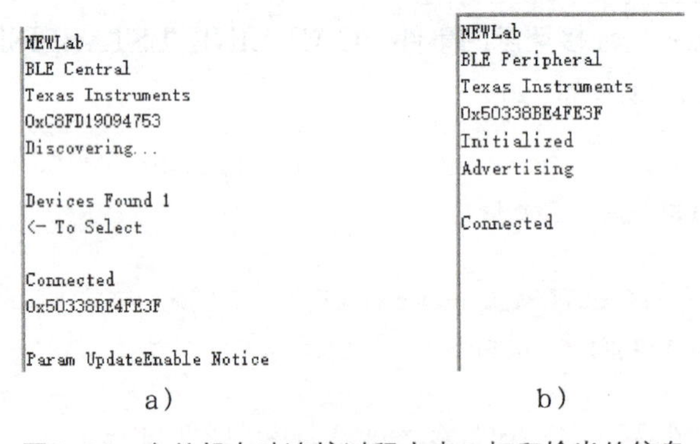


图5-32　主从机自动连接过程中串口打印输出的信息

a）主机串口信息　b）从机串口信息

## 2．实现主机向从机单方向串口传输

在主、从机自动连接的基础上，添加CHAR6和CHAR7两个特征值，具体参照“在Profile中添加特征值”部分的内容。

1）主机采用UUID方式读取CHAR6句柄。

在simpleBLEGATTDiscoveryEvent（）函数中修改代码：

```
1.  static void simpleBLEGATTDiscoveryEvent( gattMsgEvent_t *pMsg )
2.  {   ......
3.      if ( simpleBLEDiscState == BLE_DISC_STATE_SVC )
4.      {   ......
5.        if (  simpleBLESvcStartHdl != 0 )
6.        {   simpleBLEDiscState = BLE_DISC_STATE_CHAR;
7.            req.startHandle = simpleBLESvcStartHdl;
8.            req.endHandle = simpleBLESvcEndHdl;
9.            req.type.len = ATT_BT_UUID_SIZE;
10.           req.type.uuid[0] = LO_UINT16(SIMPLEPROFILE_CHAR6_UUID); //CHAR6的UUID
11.           req.type.uuid[1] = HI_UINT16(SIMPLEPROFILE_CHAR6_UUID);
12.           //利用UUID方式读取CHAR6句柄，存在simpleBLEConnHandle之中
13.           GATT_ReadUsingCharUUID( simpleBLEConnHandle, &req, simpleBLETaskId );
14.       }
15.     }
16.     else if ( simpleBLEDiscState == BLE_DISC_STATE_CHAR )
17.     {   if ( pMsg->method == ATT_READ_BY_TYPE_RSP && pMsg->msg.readByTypeRsp.
numPairs > 0 )

18.         {  //获取CHAR6的Handle
19.           simpleBLECharHd6 = BUILD_UINT16( pMsg->msg.readByTypeRsp.dataList[0],
20.                                          pMsg->msg.readByTypeRsp.dataList[1] );
21.           LCD_WRITE_STRING( "Simple Svc Found", HAL_LCD_LINE_1 );
22.           simpleBLEProcedureInProgress = FALSE;
23.         }
24.     }
25. }
```

程序分析：

在simpleBLECenter. c文件前面定义static uint16 simpleBLECharHd6=0。

2）修改主机的串口回调函数。

```
1.  static void NpiSerialCallback( uint8 port, uint8 events )
2.  {  (void)port;
3.     uint8 numBytes = 0;
4.     uint8 buf[128];  //注意：buf[0]存串口数据的长度；从buf[1]单元开始存串口数据
5.     if (events & HAL_UART_RX_TIMEOUT) //串口有数据
6.     {  numBytes = NPI_RxBufLen(); //读出串口缓冲区有多少字节
7.       if(numBytes)
8.       {  if( simpleBLEState == BLE_STATE_CONNECTED&&simpleBLECharHd6 != 0
9.             &&simpleBLEProcedureInProgress == FALSE)
10.        {  if(simpleBLEChar6DoWrite ) //成功写入后，再写入
11.          {  attWriteReq_t req;
12.             if(numBytes >= SIMPLEPROFILE_CHAR6_LEN)
13.             {     buf[0] = SIMPLEPROFILE_CHAR6_LEN-1; }
```

```
14.             else
15.             {     buf[0] = numBytes;   }
16.             NPI_ReadTransport(&buf[1],buf[0]);          //读取串口数据
17.             req.handle = simpleBLECharHd6;              //0x0035
18.             req.len = SIMPLEPROFILE_CHAR6_LEN;
19.             osal_memcpy(req.value,buf,SIMPLEPROFILE_CHAR6_LEN);
20.             req.sig = 0;
21.             req.cmd = 0;
22.             GATT_WriteCharValue( simpleBLEConnHandle, &req,simpleBLETaskId );
23.           simpleBLEChar6DoWrite = FALSE;              //每写1次，赋FALSE一次
24.         }
25.       }
26.       else
27.       { NPI_WriteTransport("No Ready\n", 9 );
28.         NPI_ReadTransport(buf,numBytes);              //串口数据释放
29.       }
30.     }
31.   }
32. }
```

程序分析：

每个特征值的句柄相隔3，所以CHAR6的句柄为0x0035，因此，第17行可以直接写成req. handle = 0x0035，也就是说，上述“主机采用UUID方式读取CHAR6句柄”代码可以省略，此时，第8行可以修改为：

```
if( simpleBLEState == BLE_STATE_CONNECTED)。
```

第10行，在simpleBLECenter. c文件前面定义static bool simpleBLEChar6DoWrite = TRUE，该变量是写入完成标志位。当主机写入后，主机接到从机返回的信息，会触发系统事件SYS_EVENT_MSG，调用BLECentral_ProcessEvent -> Central_ProcessOSALMsg-> BLECentralProcessGATTMsg（ ）函数，添加部分如粗体部分代码：

```
1.  static void simpleBLECentralProcessGATTMsg( gattMsgEvent_t *pMsg )
2.  { ……
3.  else if ( ( pMsg->method == ATT_WRITE_RSP ) || ( ( pMsg->method == ATT_ERROR_RSP ) &&
4.          ( pMsg->msg.errorRsp.reqOpcode == ATT_WRITE_REQ ) ) )
5.    { if ( pMsg->method == ATT_ERROR_RSP == ATT_ERROR_RSP )
6.      {  ……  }
7.      else
8.      { LCD_WRITE_STRING_VALUE( "Write sent:", simpleBLECharVal++, 10, HAL_LCD_LINE_1 );
9.      simpleBLEChar6DoWrite = TRUE;   //该标志用于表明上一次已经成功写数据到从机
10.     }                               //为下次写操作做好准备
11.    ……
12.   }
13. }
```

3）修改从机的特征值改变回调函数。

```
1.  static void simpleProfileChangeCB( uint8 paramID )
2.  {    ......
3.       case SIMPLEPROFILE_CHAR6:
4.         SimpleProfile_GetParameter( SIMPLEPROFILE_CHAR6, newCharValue ); //获取CHAR6的值
5.         if(newCharValue[0] >= SIMPLEPROFILE_CHAR6_LEN – 1 ) //判断
6.         {  NPI_WriteTransport(newCharValue,SIMPLEPROFILE_CHAR6_LEN-1);
7.               NPI_WriteTransport("\n",1);
8.         }
9.         else
10.        {  NPI_WriteTransport(&newCharValue[1],newCharValue[0]);
11.        }
12.      break;    ......
13. }
```

程序分析：

newCharValue[0]存放的是数据的长度，从newCharValue[1]单元开始是数据。第5行对数据的长度进行判断。

4）编译、下载主从机程序，并依次复位从机、主机。

在主机（simpleBLECentral）对应的串口调试软件上发送“123456789”字符，就可以在从机（SimpleBLEPeripheral）对应的串口调试软件上打印输出该字符，如图5-33和图5-34所示。

图5-33　主机向从机发送数据

图5-34 从机接收主机发来的数据

### 3. 添加从机向主机发送数据代码，实现主、从机串口透传

采用通知机制，从机接收串口数据，并对CHAR7写入数据，再通知主机来读取。

1）主机打开CHAR7的通知功能。

打开SimpleBLECentral工程中的simple Contral. c文件，对CHAR7的Handle+1写入0x0001，即打开CHAR7的通知功能，CHAR7的Handle为0x0038，所以对0x0039写入0x0001。把这些代码放在主机连接参数更新完成之后。

```
1.  static void simpleBLECentralEventCB( gapCentralRoleEvent_t *pEvent )
2.  {    ......
3.       case GAP_LINK_PARAM_UPDATE_EVENT: //更新参数
4.        {    attWriteReq_t req;
5.             LCD_WRITE_STRING( "Param Update", HAL_LCD_LINE_1 );
6.             req.handle = 0x0039;
7.             req.len = 2;
8.             req.value[0] = 0x01;
9.             req.value[1] = 0x00;
10.            req.sig = 0;
11.            req.cmd = 0;
12.            GATT_WriteCharValue( simpleBLEConnHandle, &req, simpleBLETaskId );
13.            NPI_WriteTransport("Enable Notice\n",14);
14.       }
15.                break;
16.     ......
17. }
```

2）主机响应CHAR7的通知，并得到从机发送的数据，上传给PC。

打开SimpleBLECentral工程中的simpleBLECentral. c文件使能通知功能后，当服务器（从机）有数据更新的通知时，则客户端（主机）接到通知并触发GATT事件。在GATT事件处理函数中添加如下代码：

```
1.  static void simpleBLECentralProcessGATTMsg( gattMsgEvent_t *pMsg )
2.  {   ......
3.    else if ( simpleBLEDiscState != BLE_DISC_STATE_IDLE )
4.    {   simpleBLEGATTDiscoveryEvent( pMsg ); }
5.    else if ( ( pMsg->method == ATT_HANDLE_VALUE_NOTI ) )          //通知事件
6.    { if( pMsg->msg.handleValueNoti.handle == 0x0038)
7.      { if(pMsg->msg.handleValueNoti.value[0]>=10)
8.      { NPI_WriteTransport(&pMsg->msg.handleValueNoti.value[1],10 ); //串口输出
9.        NPI_WriteTransport("...\n",4 );
10.     }
11.     else
12.     { NPI_WriteTransport(&pMsg->msg.handleValueNoti.value[1],       //串口输出
13.       pMsg->msg.handleValueNoti.value[0] );
14.     }
15.    }
16.   }
17. }
```

3）打开SimpleBLEPeripheral工程中的simpleBLEPeripheral. c文件，从机接收串口数据，并更新CHAR7特征值数据。

```
1.  static void NpiSerialCallback( uint8 port, uint8 events )
2.  {  (void)port;
3.    uint8 numBytes = 0;
4.    uint8 buf[128];
5.    if (events & HAL_UART_RX_TIMEOUT)     //串口有数据
6.    { numBytes = NPI_RxBufLen();          //读出串口缓冲区有多少字节
7.      if(numBytes)
8.      { if(numBytes >= SIMPLEPROFILE_CHAR7_LEN)
9.        {  buf[0] = SIMPLEPROFILE_CHAR7_LEN-1;      }
10.       else
11.       {  buf[0] = numBytes;     }
12.         NPI_ReadTransport(&buf[1],buf[0]);
13.         SimpleProfile_SetParameter( SIMPLEPROFILE_CHAR7,SIMPLEPROFILE_CHAR7_LEN, buf );
14.     }
15.    }
16. }
```

程序分析：

第13行，将串口接收到的数据写入CHAR7特征值。此时，服务器（从机）将通知客户端（主机）CHAR7的值改变了，来读取该值。

4）打开SimpleBLEPeripheral工程中的simpleGATTprofile. c文件。

```
1.  bStatus_t SimpleProfile_SetParameter( uint8 param, uint8 len, void *value )
2.  {     ......
3.        case SIMPLEPROFILE_CHAR7:
4.          if ( len == SIMPLEPROFILE_CHAR7_LEN )
5.          {  VOID osal_memcpy( simpleProfileChar7, value, SIMPLEPROFILE_CHAR7_LEN );
6.          GATTServApp_ProcessCharCfg( simpleProfileChar7Config, simpleProfileChar7, FALSE,
7.          simpleProfileAttrTbl,  GATT_NUM_ATTRS( simpleProfileAttrTbl ), INVALID_TASK_ID );
8.          }
9.      ......
10. }
```

程序分析：

第6行，当CHAR7改变时，服务器（从机）调用GATTServApp_ProcessCharCfg()函数通知客户端（主机）CHAR7的值改变了。

5）编译、下载主从机程序，并依次复位从机、主机。主从机双向传输效果如图5-35和图5-36所示。

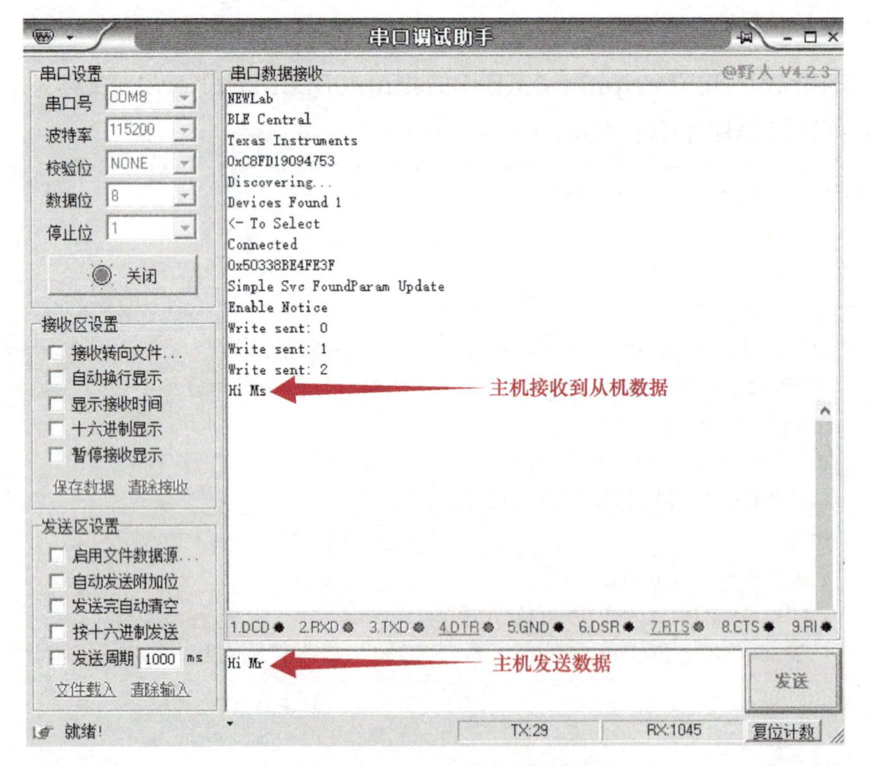


图5-35　主机发送与接收数据效果

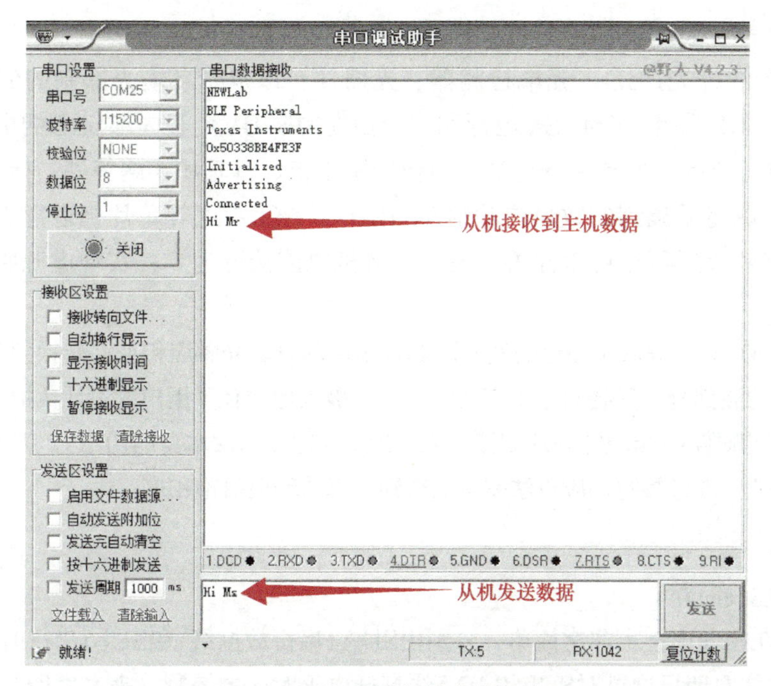


图5-36　从机发送与接收数据效果

# 5.7　任务5　蓝牙采集心率数据

## 5.7.1　任务要求

将心率传感器连接到蓝牙通讯模块上（I²C的方式），采用Android智能手机作为主机，蓝牙通讯模块作为从机，使主、从机建立连接，并能进行简单的无线数据传输，要求在手机上观察到蓝牙通讯模块发来心率传感器的数值信息。

## 5.7.2　知识链接

### 1. 心率传感器

心率传感器使用的是MAX30102芯片，如图5-37所示。

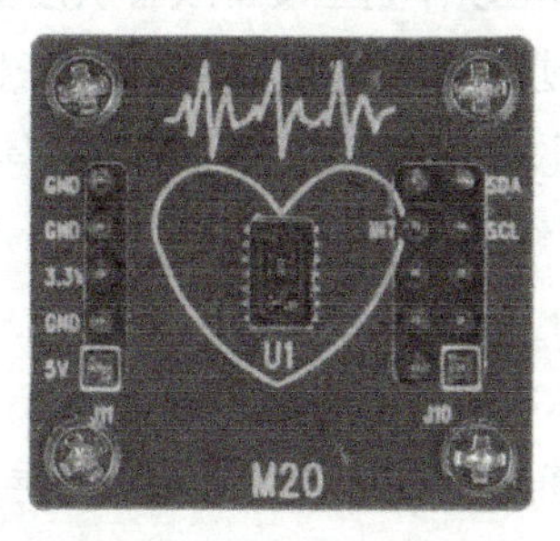


图5-37　MAX30102芯片

该芯片是一个集成的脉搏血氧仪和心率监测仪生物传感器的模块。它集成了一个红光LED、一个红外光LED、光电检测器、光器件，以及带环境光抑制的低噪声电子电路。MAX30102采用一个1.8V电源和一个独立的5.0V用于内部LED的电源，应用于可穿戴设备进行心率和血氧采集检测，可佩戴于手指、耳垂和手腕等处。标准的$I^2C$兼容的通信接口可以将采集到的数值传输给Arduino、KL25Z等单片机进行心率和血氧计算。此外，该芯片还可通过软件关断模块，待机电流接近为零，实现电源始终维持供电状态。

MAX30102本身集成了完整的发光LED及驱动部分、光感应和A-D转换部分、环境光干扰消除及数字滤波部分，只将数字接口留给用户，极大地减轻了用户的设计负担。用户只需要使用单片机通过硬件$I^2C$或者模拟$I^2C$接口来读取MAX30102本身的FIFO，就可以得到转换后的光强度数值，通过编写相应算法就可以得到心率值和血氧饱和度。

### 2. $I^2C$总线开发

（1）$I^2C$总线简介

$I^2C$总线在物理连接上非常简单，分别由SDA（串行数据线）和SCL（串行时钟线）及上拉电阻组成。通信原理是通过对SCL和SDA线高低电平时序的控制，来产生$I^2C$总线协议所需要的信号进行数据的传递。在总线空闲状态时，这两根线一般被上面所接的上拉电阻拉高，保持着高电平，$I^2C$通信方式为半双工，只有一根SDA线，同一时间只可以单向通信，如图5-38所示。

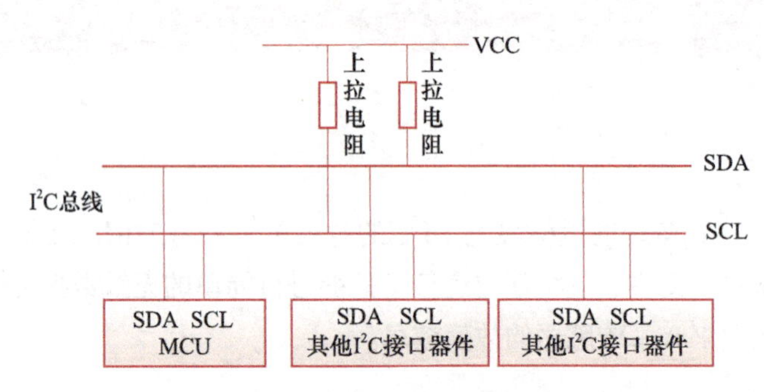


图5-38　$I^2C$总线物理拓扑图

（2）$I^2C$总线特征

① $I^2C$总线上的每一个设备都可以作为主设备或者从设备，而且每一个设备都会对应一个唯一的地址，主从设备之间就通过这个地址来确定与哪个器件进行通信，在应用中，通常把CPU带$I^2C$总线接口的模块作为主设备，把挂接在总线上的其他设备都作为从设备。

② $I^2C$总线上可挂接的设备数量受总线的最大电容400pF限制，如果所挂接的是相同型号的器件，则还受器件地址位的限制。

③ $I^2C$总线数据传输速率在标准模式下可达100kbit/s，快速模式下可达400kbit/s，高速模式下可达3.4Mbit/s。一般通过$I^2C$总线接口可编程时钟来实现传输速率的调整，同时也跟所接的上拉电阻的阻值有关。

④ $I^2C$总线上的主设备与从设备之间以Byte为单位进行双向的数据传输。

（3）$I^2C$总线协议

$I^2C$协议规定，总线上数据的传输必须以一个起始信号作为开始条件，以一个结束信号作为传输的停止条件。起始信号和结束信号总是由主设备产生(意味着从设备不可以主动通信，所有的通信都是主设备发起的，主设备可以发出询问的command，然后等待从设备的通信)。

起始信号和结束信号产生条件：总线在空闲状态时，SCL和SDA都保持着高电平，当SCL为高电平而SDA由高到低跳变时，就产生一个起始条件；当SCL为高电平而SDA由低到高跳变时，就产生一个结束条件。

在起始条件产生后，总线处于忙状态，由本次数据传输的主、从设备独占，其他$I^2C$器件无法访问总线；而在结束条件产生后，本次数据传输的主、从设备将释放总线，总线再次处于空闲状态。起始和结束条件如图5-39所示。

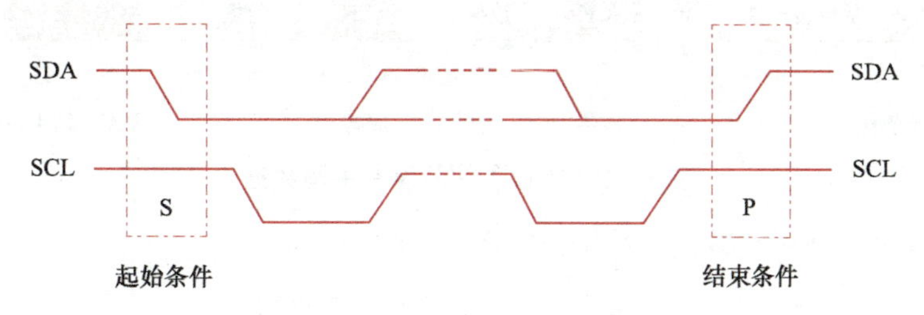


图5-39　起始条件和结束条件

$I^2C$协议中数据传输以字节为单位。主设备在SCL线上产生每个时钟脉冲的过程中将在SDA线上传输一个数据位，当一个字节按数据位从高位到低位的顺序传输完后，紧接着从设备将拉低SDA线，回传给主设备一个应答位， 此时才认为一个字节真正的被传输完成。当然，并不是所有的字节传输都必须有一个应答位，比如：当从设备不能再接收主设备发送的数据时，从设备将回传一个否定应答位。数据传输过程如图5-40所示。

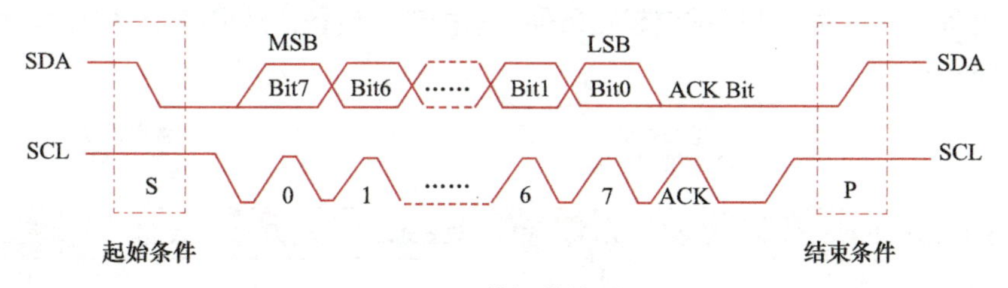


图5-40　数据传输过程

$I^2C$总线上的每一个设备都对应一个唯一的地址，主、从设备之间的数据传输建立在地址的基础上，也就是说，主设备在传输有效数据之前要先指定从设备的地址，地址指定的过程和上面数据传输的过程一样，只不过大多数从设备的地址是7位的，然后协议规定再给地址添加一个最低位用来表示接下来数据传输的方向，0表示主设备向从设备写数据，1表示主设备向从设备读数据。向指定设备发送数据的格式（每一最小包数据由9bit组成，8bit内容+1bit ACK，如果是地址数据，则8bit内容中包含1bit方向）如图5-41所示。

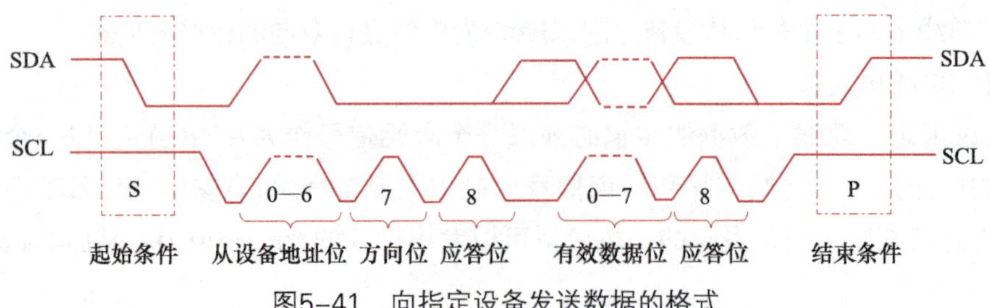

图5-41　向指定设备发送数据的格式

（4）$I^2C$总线操作

对$I^2C$总线的操作实际就是主、从设备之间的读写操作，大致可分为以下三种操作情况：

① 主设备往从设备中写数据。数据传输格式如图5-42所示。

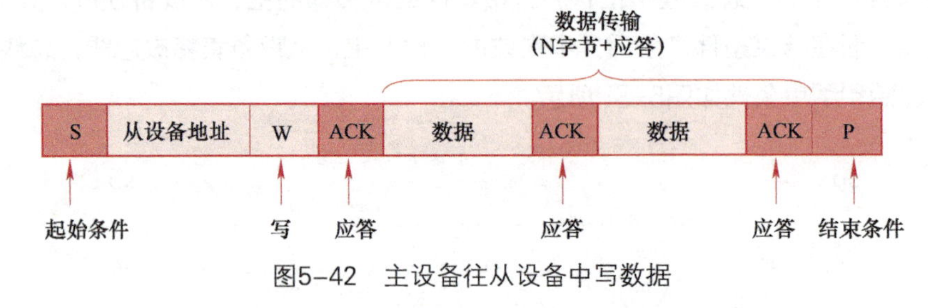

图5-42　主设备往从设备中写数据

② 主设备从从设备中读数据。数据传输格式如图5-43所示。

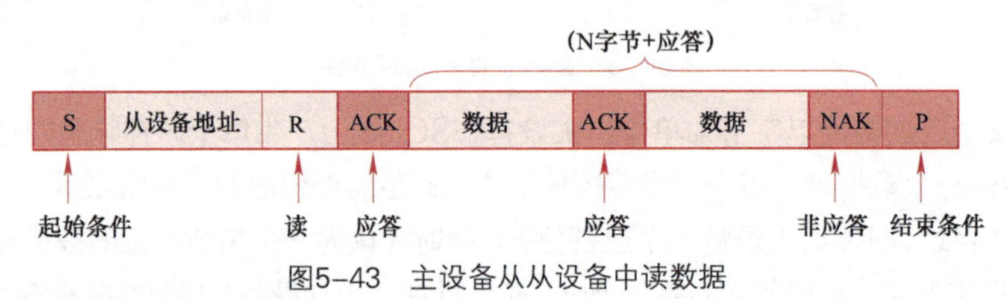

图5-43　主设备从从设备中读数据

③ 主设备往从设备中写数据，然后重启起始条件，紧接着从从设备中读取数据；或者是主设备从从设备中读数据，然后重启起始条件，紧接着主设备往从设备中写数据。数据传输格式如图5-44所示。

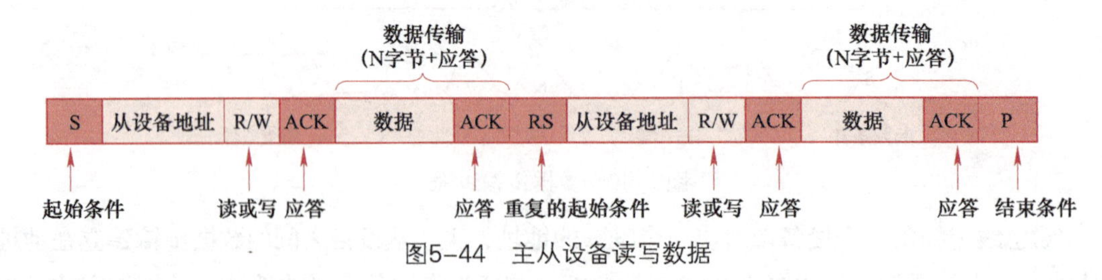

图5-44　主从设备读写数据

## 5.7.3　任务实施

本任务需要在蓝牙任务4的基础上进行修改。因本任务的代码量较大，配套资源中提供的是已经在任务4的基础上修改好的代码工程，读者可对照代码工程进行下述内容的学习，不需要在工程中进行代码的修改，以下操作步骤仅供读者参考学习。

打开“…. \ble\SimpleBLEPeripheral\CC2541DB”目录下的SimpleBLEPeripheral. eww工程，在Workspace栏内选择CC2541，如图5-45所示。

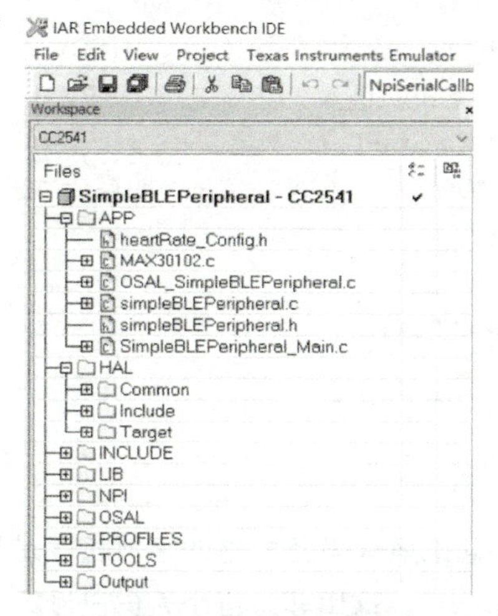


图5-45　打开工程

## 1．设置设备配对名称

在simpleBLEPeripheral. c文件中更改设备名称（该名称就是平时用手机搜索到的蓝牙名称），可参照下列代码进行更改。

```
1.  // GAP – SCAN RSP data (max size = 31 bytes)
2.  static uint8 scanRspData[] =
3.  { // complete name
4.    0x13,          // length of this data
5.    GAP_ADTYPE_LOCAL_NAME_COMPLETE,
6.  'N',// 0x53,      // 'S' 此处的字符可以修改，避免蓝牙的同名，下同。
7.  'L',// 0x70,      // 'p'
8.  'E',// 0x45,      // 'E'
9.  ' ',// 0x72,      // 'r'
10. 'B',// 0x69,      // 'i'
11. 'L',// 0x70,      // 'p'
12. 'E',// 0x68,      // 'h'
13. ' ',// 0x65,      // 'e'
14. 'H',// 0x72,      // 'r'
15. 'e',// 0x61,      // 'a'
16. 'a',// 0x6c,      // 'l'
17. 'r',
18. 't',
19. ' ',
20. 'R',
21. 'a',
22. 't',
23. 'e',
```

```
24.  // connection interval range
25.  0x05,  // length of this data
26.  GAP_ADTYPE_SLAVE_CONN_INTERVAL_RANGE,
27.  LO_UINT16( DEFAULT_DESIRED_MIN_CONN_INTERVAL ),  // 100ms
28.  HI_UINT16( DEFAULT_DESIRED_MIN_CONN_INTERVAL ),
29.  LO_UINT16( DEFAULT_DESIRED_MAX_CONN_INTERVAL ),  // 1s
30.  HI_UINT16( DEFAULT_DESIRED_MAX_CONN_INTERVAL ),
31.  // Tx power level
32.  0x02,  // length of this data
33.  GAP_ADTYPE_POWER_LEVEL,
34.  0       // 0dBm
35. };
```

程序分析：

第4行，0x13表示后面跟着的蓝牙设备名称的字节长度是19B，即从第6行～第23行是设备的名称，原本是SpEripheral，这里要求每个人自己设置一个自己的名称，用于跟其他组进行区别，如果长度不是19B，那么第4行的数值就需要更改。

### 2．添加心率传感器库文件

将任务5配套资料中的heartRate_Config. h、MAX30102. c和MAX30102. h文件复制到工程目录下的Projects\ble\SimpleBLEPeripheral\Source中，将hal_i2c. c和hal_i2c. h复制到Components\hal\target\CC2540EB目录下，将C文件MAX30102. c、hal_i2c. c和头文件heartRate_Config. h添加到工程APP中，如图5-46所示。

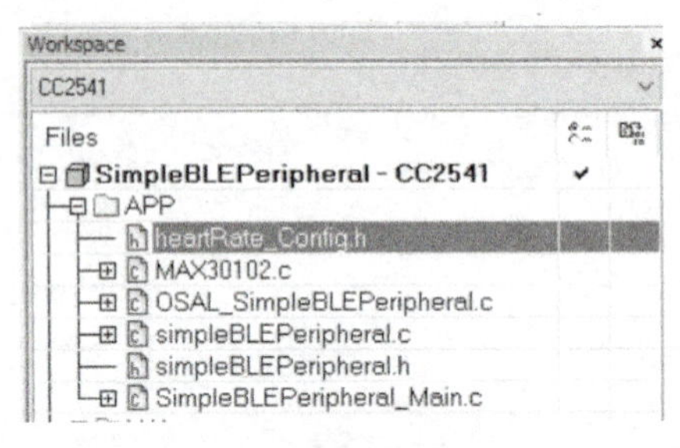


图5-46 添加文件到工程

1）在simpleBLEPeripheral. c文件中添加以下代码：

```
1.  #include "heartRate_Config.h"
2.  #include "max30102.h"
3.  #include "npi.h"
4.  #include "bcomdef.h"
5.  #define SBP_KEY_POLLING_EVT_PERIOD      100
6.  #define SBP_TEST_HEART_PERIOD          20          //心率抽样间隔20ms
7.
8.
9.  static uint16 gapConnHandle;                        // GAP connection handle
```

```
10.  bool flagStartTest=false;          //启动/停止测量标志
11.  bool flagTestTimeout=false;        //测量超时标志
12.  uint8 heartRate=80;                //心率测量结果寄存器，心跳单位：次/min
13.  uint16 testTimeGoing=0;            //开始测量心率计时，测量结束停止计时，同时亦作测量超
时计时
14.  uint16 testTimeGoingStep=50;       //发送测量进度时间间隔步长
```

2）在simpleBLEPeripheral. h中增加以下代码：

```
1.  extern bool flagStartTest;          //启动/停止测量标志
2.  extern bool flagTestTimeout;        //测量超时标志
3.  extern uint8 heartRate;             //心率测量结果寄存器，心跳单位：次/min
4.
5.     #define SBP_KEY_POLLING_EVT     0x0008
6.     #define SBP_HEART_RATE_EVT      0x0010
```

3）在MAX30102. c中增加头文件：

```
#include "bcomdef.h"
```

4）在simpleGATTprofile. c中增加以下代码：

```
1.  //发送自定义通知到手机端
2.  void MyNotification(uint16 gapConnHandle, uint16 cmd, uint32 value, uint8 ack)
3.  {
4.      attHandleValueNoti_t pNoti;
5.      pNoti.handle = simpleProfileAttrTbl[18].handle;//simpleProfileAttrTbl中的第18个是
6.      if(cmd==0x0001)
7.      {pNoti.len = 13+2;}             //血红细胞红光ADC
8.      else if(cmd==0x0000)
9.      {pNoti.len = 13+2;}             //心率（每分钟心跳次数）
10.     else if(cmd==0x0002)            //开始测量心率
11.     {pNoti.len = 12;}
12.     else if(cmd==0x0003)            //停止测量心率
13.     {pNoti.len = 12;}
14.     else if(cmd==0x0004)            //测量进度
15.     {pNoti.len = 12+1;}
16.     else
17.     {return;}
18.     //数据帧头
19.     pNoti.value[0] = 0xA0;
20.     pNoti.value[1] = 0x89;
21.     //命令部分
22.     pNoti.value[2] = cmd>>8;
23.     pNoti.value[3] = (uint8)cmd;
24.     //数据长度
25.     pNoti.value[4] = 0x00;
```

```
26.    pNoti.value[5] = 0x00;
27.    pNoti.value[6] = 0x00;
28.    if(cmd==0x0000)
29.    {pNoti.value[7] = 0x03;}
30.    else if(cmd==0x0001)
31.    {pNoti.value[7] = 0x03;}
32.    else if(cmd==0x0002)
33.    {pNoti.value[7] = 0x00;}
34.    else if(cmd==0x0003)
35.    {pNoti.value[7] = 0x00;}
36.    else if(cmd==0x0004)
37.    {pNoti.value[7] = 0x01;}
38.    else
39.    {return;}
40.
41.    //命令反馈
42.    if(ack==0x00)
43.    {
44.      pNoti.value[8] = 0x00;
45.      pNoti.value[9] = 0x00;
46.      pNoti.value[10] = 0x00;
47.      pNoti.value[11] = 0x00;
48.    }
49.    else
50.    {
51.      pNoti.value[8] = 0xFF;
52.      pNoti.value[9] = 0xFF;
53.      pNoti.value[10] = 0xFF;
54.      pNoti.value[11] = 0xFF;
55.    }
56.    //数据内容
57.    if(cmd==0x0001)
58.    {//血红细胞红光ADC
59.      pNoti.value[12] = (uint8)(value>>16);
60.      pNoti.value[13] = (uint8)(value>>8);
61.      pNoti.value[14] = (uint8)(value);
62.    }
63.    else if(cmd==0x0000)
64.    {//心率（每分钟心跳次数）
65.      pNoti.value[12] = (uint8)(value>>16);
66.      pNoti.value[13] = (uint8)(value>>8);
67.      pNoti.value[14] = (uint8)(value);
68.    }
69.    else if(cmd==0x0004)
```

```
70.     {//测试进度
71.       pNoti.value[12] = (uint8)(value);
72.     }
73.     GATT_Notification( gapConnHandle, &pNoti, FALSE );
74. }
```

5）在simpleGATTprofile. h中增加以下代码：

```
extern void MyNotification(uint16 gapConnHandle, uint16 cmd, uint32 value, uint8 ack);
```

### 3. 添加心率传感器程序

在simpleBLEPeripheral. c中的void SimpleBLEPeripheral_Init( uint8 task_id)初始化函数中，添加心率传感器的初始化程序，参考下列第5行和第6行代码。

```
1.  void SimpleBLEPeripheral_Init( uint8 task_id )
2.  {
3.      /*省略一些代码*/
4.  /*****************初始化max30102**********************************/
5.      maxim_max30102_reset();       //让心率传感器芯片重启
6.      maxim_max30102_init();        //初始化心率传感器芯片程序
7.  /******************************************************************/
8.      /*省略一些代码*/
9.      osal_set_event( simpleBLEPeripheral_TaskID, SBP_START_DEVICE_EVT );
10. }
```

协议栈在上电运行时首先会调用SimpleBLEPeripheral_Init函数，对应用程序进行初始化，所以在该函数中添加第5行和第6行两行代码，让心率传感器程序跟着协议栈进行初始化。第9行代码在应用程序层设置了一个SBP_START_DEVICE_EVT事件，使程序跳转至事件处理函数去处理该函数。最后将SimpleBLEPeripheral_Init( )函数中的NPI_InitTransport（NpiSerialCallback）改成NPI_InitTransport（NULL）。

### 4. 添加轮询按键事件和心率传感器数值采集函数

在事件处理函数SimpleBLEPeripheral_ProcessEvent中，添加SBP_HEART_RATE_EVT，代码如下：

```
1.  uint16 SimpleBLEPeripheral_ProcessEvent( uint8 task_id, uint16 events )
2.  {
3.    ......
4.    if ( events & SBP_START_DEVICE_EVT )
5.    {
6.      //启动设备，这里不做改动
7.      VOID GAPRole_StartDevice( &simpleBLEPeripheral_PeripheralCBs );
8.      // 启动栈管理注册，这里不做改动
9.      VOID GAPBondMgr_Register( &simpleBLEPeripheral_BondMgrCBs );
```

```
10.     // 定时触发第一个周期事件，这里不做改动
11.     osal_start_timerEx( simpleBLEPeripheral_TaskID, SBP_PERIODIC_EVT,
12.                         SBP_PERIODIC_EVT_PERIOD );
13.     // 设置第一次读取心率传感器值的事件
14.     osal_start_timerEx( simpleBLEPeripheral_TaskID, SBP_HEART_RATE_EVT,
15.                         SBP_TEST_HEART_PERIOD );
16.     return ( events ^ SBP_START_DEVICE_EVT );
17.   }
18.   ……
19.   if ( events & SBP_KEY_POLLING_EVT )
20.   {
21.    if ( SBP_KEY_POLLING_EVT_PERIOD )
22.    { // 重新定时触发轮询按键事件
23.     osal_start_timerEx( simpleBLEPeripheral_TaskID, SBP_KEY_POLLING_EVT,
24.                         SBP_KEY_POLLING_EVT_PERIOD );
25.    }
26.    //每隔100ms就执行下面按键周期轮询任务函数进行扫描，确定按键是否按下
27.    //keyPollingPeriodicTask( );
28.    return (events ^ SBP_KEY_POLLING_EVT);
29.   }
30.   //测试心率事件
31.   if ( events & SBP_HEART_RATE_EVT )
32.   {
33.    // 重启定时器
34.    if ( SBP_TEST_HEART_PERIOD )
35.    {
36.     osal_start_timerEx( simpleBLEPeripheral_TaskID, SBP_HEART_RATE_EVT,
37.                         SBP_TEST_HEART_PERIOD );
38.    }
39.    /*************执行周期性应用任务**************/
40.    redAdcSampleProcess( ); //读取心率传感器的AD值
41.    /**********测量超时计时进程************/
42.    if(flagStartTest)
43.    {//测量心率脉搏中...
44.     uint16 gapConnHandle;
45.     uint16 dataTemp;
46.     testTimeGoing++;
47.     if(testTimeGoing>TEST_TIME_THRESHOLD) //测量超时
48.     {
49.      GAPRole_GetParameter(GAPROLE_CONNHANDLE, &gapConnHandle);
50.      MyNotification(gapConnHandle,0x04,(uint32)(100),0x00);//数据发给手机
51.      flagTestTimeout=true;
52.      flagStartTest=false;
53.     }
```

```
54.       else
55.       {
56.         if((testTimeGoing>testTimeGoingStep)&&
57.                        (testTimeGoing<TEST_TIME_THRESHOLD))
58.         {//每隔1s发送测量进度通知,事件定时20ms周期，20*50=1000ms
59.           dataTemp=(uint16)((testTimeGoing*100.0)/TEST_TIME_THRESHOLD);
60.           GAPRole_GetParameter(GAPROLE_CONNHANDLE, &gapConnHandle);
61.           MyNotification(gapConnHandle,0x04,(uint32)dataTemp,0x00);//发送
62.           testTimeGoingStep=testTimeGoingStep+50;
63.         }
64.       }
65.     }
66.     else
67.     {
68.       testTimeGoing=0;
69.       testTimeGoingStep=50;
70.       flagTestTimeout=false;
71.     }
72.     return (events ^ SBP_HEART_RATE_EVT);
73.   }
74.   return 0;     //丢弃未知事件
75. }
```

程序分析：

添加第14行代码，定时一个SBP_HEART_RATE_EVT事件，第36行代码再次定时一个SBP_HEART_RATE_EVT事件，使得程序每过20ms就采集异常心率传感器的数值，从30～73行的代码需要进行添加，主要功能是获取心率传感器的数值。第27行代码keyPollingPeriodicTask( )函数，主要处理按键轮询。第40行代码redAdcSampleProcess( )函数主要负责获取心率传感器的AD值。第61行代码MyNotification( )函数用于发送心率传感器数据。

工程APP目录下MAX30102. c文件中定义了redAdcSampleProcess()函数，获取心率传感器数据。

```
1.  void redAdcSampleProcess(void)
2.  {
3.    static uint32 aun_red_bufferA[SAMPLE_NUM+SAMPLE_NUM_CACHE]; //max30102的红光传感器ADC数值
4.    static uint8 flag=0;
5.    if(redAdcSample(aun_red_bufferA,&flag)!=0) //
6.    {
7.      filterFun(aun_red_bufferA); //滤波函数（滤除尖波、中值滤波、加权滤波）
8.      seekMax(aun_red_bufferA);
9.    }
```

```
10.    if(flag==0)
11.    {
12.      peakRecordCount=0;
13.      peakDataSum=0;
14.      aveTemp=0;
15.    }
```

redAdcSample( )函数中调用了maxim_max30102_read_fifo( )函数通过$I^2C$总线从MAX30102读取传感器数据。I2C_ReadBytes( )函数和I2C_WriteBytes( )函数是在HAL层（硬件抽象层）hal_i2c. c文件中定义的。注意，需要先将hal_i2c. c和hal_i2c. h复制到工程中。

```
1.  //==================================================================
2.  // 函数功能: 往I2C写入一个字节
3.  // 函数接口: void I2C_WriteByte(uint8 address, uint8 mdata);
4.  //==================================================================
5.  void I2C_WriteBytes(uint8 address, uint8 *mdata, uint8 count)
6.  {
7.      i2cMstStrt(0);
8.      I2C_WRITE(address);
9.      if (I2CSTAT != mstDataAckW);
10.     for (uint8 cnt = 0; cnt < count; cnt++)
11.     {
12.       I2C_WRITE(*mdata++);
13.       if (I2CSTAT != mstDataAckW)
14.       {
15.         break;
16.       }
17.     }
18.     I2C_STOP();
19. }
```

```
1.  //==================================================================
2.  // 函数功能: 从I2C读多个字节
3.  // 函数接口: void I2C_ReadBytes(uint8 ucStartAddr, uint8 *buf, uint8 len);
4.  //==================================================================
5.  void I2C_ReadBytes(uint8 ucStartAddr, uint8 *buf, uint8 len)
6.  {
7.      HalI2CWrite(1, &ucStartAddr);
8.      for(uint8 i=0;i<255;i++);
9.      HalI2CRead(len, buf);
10. }
```

程序分析：

I2C_ReadBytes( )函数中调用了HalI2CWrite( )函数和HalI2Cread( )函数。HalI2CWrite( )函数将指定长度的数据写入缓冲区内，HalI2CRead( )函数从缓冲区内读出指定长度的数据。

HalI2CWrite( )函数如下：

```
1.  uint8 HalI2CWrite(uint8 len, uint8 *pBuf)
2.  {
3.    if (i2cMstStrt(0) != mstAddrAckW)
4.    {
5.      len = 0;
6.    }
7.    for (uint8 cnt = 0; cnt < len; cnt++)
8.    {
9.      I2C_WRITE(*pBuf++);
10.     if (I2CSTAT != mstDataAckW)
11.     {
12.       if (I2CSTAT == mstDataNackW)
13.       {
14.         len = cnt + 1;
15.       }
16.       else
17.       {
18.         len = cnt;
19.       }
20.       break;
21.     }
22.   }
23.   I2C_STOP();
24.   return len;
25. }
```

HalI2CRead()函数如下：

```
1.  uint8 HalI2CRead(uint8 len, uint8 *pBuf)
2.  {
3.    uint8 cnt = 0;
4.    if (i2cMstStrt(I2C_MST_RD_BIT) != mstAddrAckR)
5.    {
6.      len = 0;
7.    }
8.    // All bytes are ACK'd except for the last one which is NACK'd. If only
9.    // 1 byte is being read, a single NACK will be sent. Thus, we only want
10.   // to enable ACK if more than 1 byte is going to be read.
11.   if (len > 1)
```

```
12.   {
13.     I2C_SET_ACK();
14.   }
15.   while (len > 0)
16.   {
17.      // slave devices require NACK to be sent after reading last byte
18.      if (len == 1)
19.      {
20.        I2C_SET_NACK();
21.      }
22.      // read a byte from the I2C interface
23.      I2C_READ(*pBuf++);
24.      cnt++;
25.      len--;
26.      if (I2CSTAT != mstDataAckR)
27.      {
28.        if (I2CSTAT != mstDataNackR)
29.        {
30.          // something went wrong, so don't count last byte
31.          cnt--;
32.        }
33.        break;
34.      }
35.    }
36.    I2C_STOP( );
37.    return cnt;
38. }
```

i2cMstStrt( )函数用于I²C主设备发送起始信号和从设备地址。

```
1. static uint8 i2cMstStrt(uint8 RD_WRn)
2. {
3.   I2C_STRT();
4.   if (I2CSTAT == mstStarted) /* A start condition has been transmitted */
5.   {
6.     I2C_WRITE(i2cAddr | RD_WRn);
7.   }
8.   return I2CSTAT;
9. }
```

I²C的起始信号和结束信号以及读写数据都是通过操作寄存器操作的。hal_i2c.c中给出了寄存器的宏定义。

```
1.  /* ------------------------------------------------------------------
2.   *                          Macros
3.   * ------------------------------------------------------------------
```

```
4.    */
5.  #define I2C_WRAPPER_DISABLE() st( I2CWC    =    0x00;            )
6.  #define I2C_CLOCK_RATE(x)    st( I2CCFG  &=    ~I2C_CLOCK_MASK;   \ // 0x83
7.                                   I2CCFG  |=     x;               )
8.  #define I2C_SET_NACK()       st( I2CCFG &= ~I2C_AA; )        // I²C非应答信号
9.  #define I2C_SET_ACK()        st( I2CCFG |=  I2C_AA; )        // I²C应答信号
10. // Enable I2C bus
11. #define I2C_ENABLE()         st( I2CCFG |= (I2C_ENS1); )     // I²C使能信号
12. #define I2C_DISABLE()        st( I2CCFG &= ~(I2C_ENS1); )    // I²C禁用信号
13.   // Must clear SI before setting STA and then STA must be manually cleared.
14. #define I2C_STRT() st (                    \ // I²C起始信号
15.   I2CCFG &= ~I2C_SI;                      \
16.   I2CCFG |= I2C_STA;                      \
17.   while ((I2CCFG & I2C_SI) == 0);         \
18.   I2CCFG &= ~I2C_STA; \
19. )
20. // Must set STO before clearing SI.
21. #define I2C_STOP() st (                    \ // I²C停止信号
22.   I2CCFG |= I2C_STO;                      \
23.   I2CCFG &= ~I2C_SI;                      \
24.   while ((I2CCFG & I2C_STO) != 0);        \
25. )
26. // Stop clock-stretching and then read when it arrives.
27. #define I2C_READ(_X_) st (                 \ // I²C读信号
28.   I2CCFG &= ~I2C_SI;                      \
29.   while ((I2CCFG & I2C_SI) == 0);         \
30.   (_X_) = I2CDATA;                        \
31. )
32. // First write new data and then stop clock-stretching.
33. #define I2C_WRITE(_X_) st (                \ // I²C写信号
34.   I2CDATA = (_X_);                        \
35.   I2CCFG &= ~I2C_SI;                      \
36.   while ((I2CCFG & I2C_SI) == 0);         \
37. )
```

其中在ioCC2541.h头文件定义了I²C相关的寄存器，如下所示：

```
1. /* I2C */
2. #define I2CCFG       XREG( 0x6230 )     // 配置寄存器
3. #define I2CSTAT      XREG( 0x6231 )     // 状态寄存器
4. #define I2CDATA      XREG( 0x6232 )     // 数据寄存器
5. #define I2CADDR      XREG( 0x6233 )     // 地址寄存器
6. #define I2CWC        XREG( 0x6234 )     // 读写寄存器
7. #define I2CIO        XREG( 0x6235 )     // IO寄存器
```

如果发现没有蓝牙的广播，在“Edit”菜单，搜索“INITIAL_ADVERTISING_ENABLE”，都改为“TRUE.”，如图5-47所示。

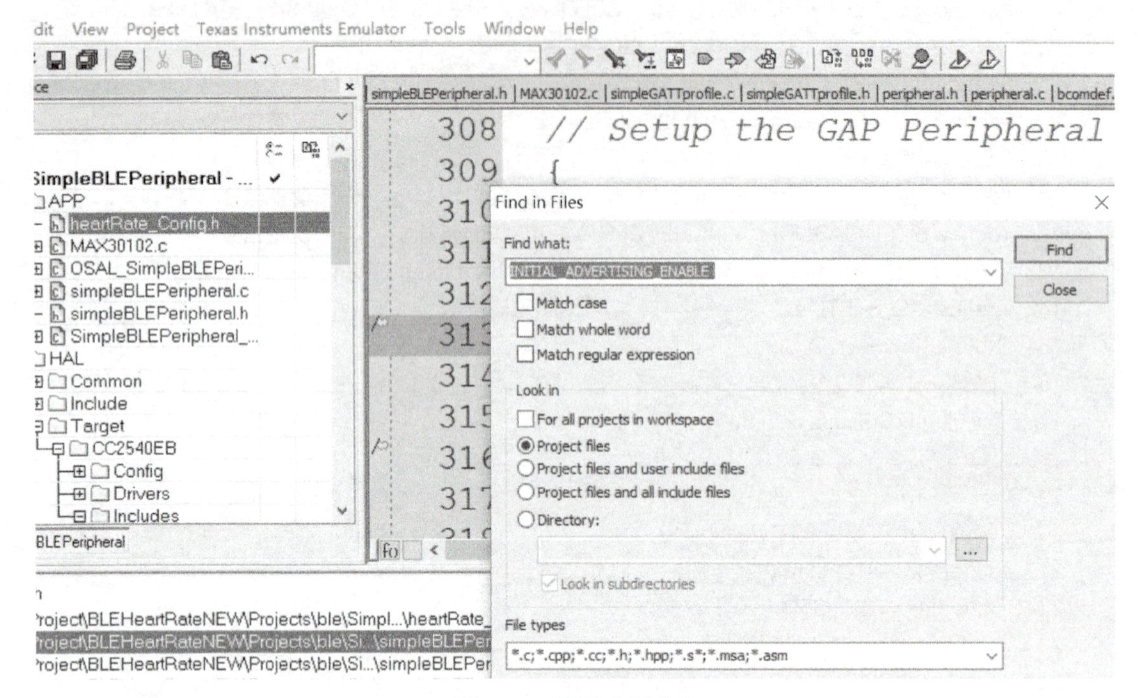


图5-47　蓝牙广播查找

## 5. 心率数据采集测试

在Android手机上安装“蓝牙通讯模块采集心率显示程序.apk”软件，通过该软件查看蓝牙通讯模块上传的心率传感器数值。

将代码编译并生成Hex文件，下载到蓝牙通讯模块上。

给蓝牙通讯模块上电，此时“连接/通讯”灯未亮，说明蓝牙通讯模块还未广播蓝牙信号。按下功能键“SW3”持续1.5s以上，“连接/通讯”灯快速闪烁，说明蓝牙通讯模块正在广播蓝牙信号，如图5-48所示。

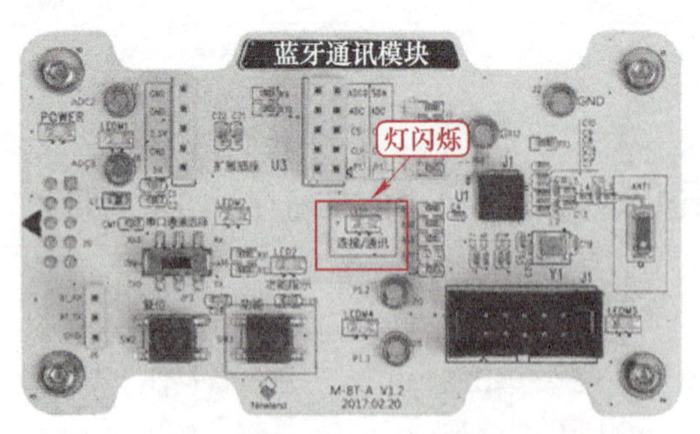


图5-48　蓝牙通讯模块

安装手机端软件，将配套资料中的“蓝牙通讯模块采集心率显示程序.apk”软件安装至安卓手机上，效果如图5-49所示（软件运行时要允许软件打开蓝牙功能）。

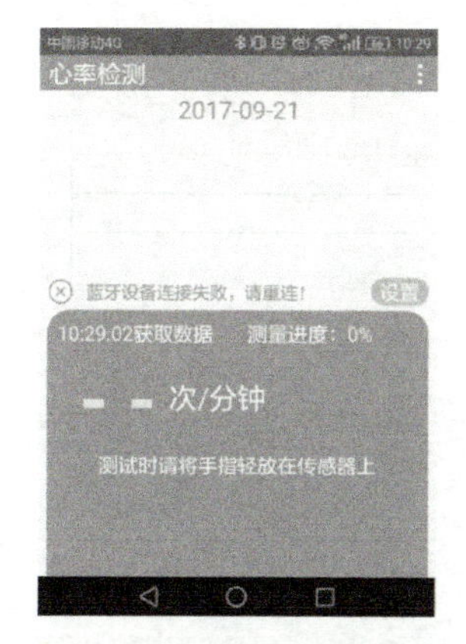


图5-49　心率检测（蓝牙未连接）

单击图5-49中的“设置”按钮，进入蓝牙设置界面，可以看到目前手机没有搜索到可用的设备，此时单击“扫描设备”按钮会扫描到附近的蓝牙信号，选中蓝牙名称，在蓝牙设备名称后面会出现一个“V”符号，说明此时手机已经和蓝牙设备匹配成功，如图5-50所示。蓝牙通讯模块上的“连接/通讯”灯闪烁速度变慢。

回到心率检测界面后，将手指放到心率传感器上，此时手机软件上会显示出心率情况，如图5-51所示。

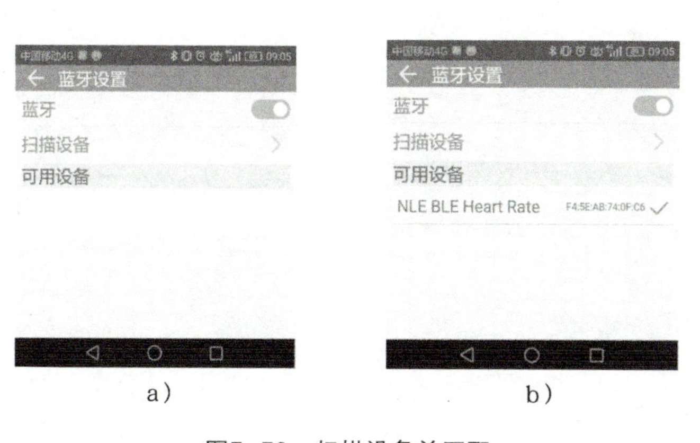


a）　　b）

图5-50　扫描设备并匹配

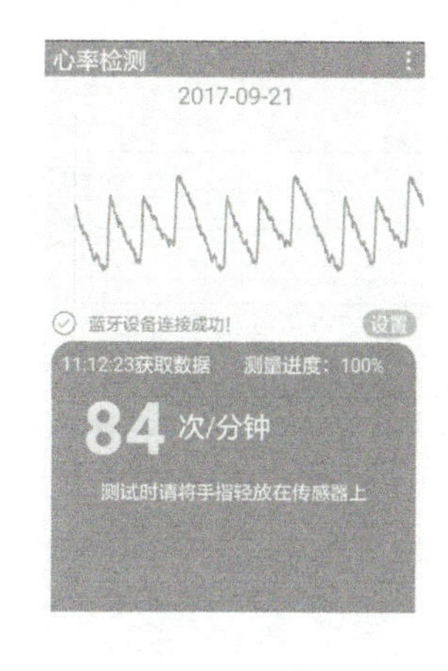


图5-51　心率检测

# 单元总结

本学习单元主要讲解了蓝牙技术、BLE协议栈、$I^2C$总线等基本概念，以BLE协议栈蓝牙通信项目为案例，通过基于BLE协议栈的串口通信、主从机建立连接与数据传输、基于BLE协议栈的无线点灯、基于BLE协议栈的串口透传、蓝牙采集心率数据五个任务介绍了蓝牙通信应用开发的过程。

Project 6

# 学习单元6 Wi-Fi通信应用开发

## 单元概述

本单元主要面向的工作领域是传感网应用开发中的短距离无线通信领域中的Wi-Fi通信应用开发，以“Wi-Fi网关”项目为案例介绍Wi-Fi通信应用开发的过程，项目中使用Wi-Fi通信模块作为Wi-Fi网关传感器和执行器模块接入物联网云平台。Wi-Fi网关基于LwIP协议栈进行开发，项目包含四个任务，分别为开发环境搭建、Wi-Fi工作模式开发、基于LwIP的TCP Socket开发、Wi-Fi接入云平台。

## 知识目标

- 了解Wi-Fi技术；
- 掌握ESP8266 Wi-Fi的工作模式和配置；
- 掌握基于LwIP协议栈的通信开发。

## 技能目标

- 能编程实现Wi-Fi的各种工作模式（soft-AP、station、soft-AP+station）；
- 能实现基于Wi-Fi的TCP Socket的开发。

# 6.1 基础知识

## 6.1.1 Wi-Fi技术简介

Wi-Fi（Wireless Fidelity，无线保真）在无线局域网中是指“无线兼容性认证”，实质上是一种商业认证，同时也是一种无线联网技术，与蓝牙技术一样，同属于在办公室和家庭中使用的短距离无线技术。同蓝牙技术相比，它具备更高的传输速率，更远的传播距离，已经广泛应用于笔记本电脑、手机、汽车等产品中。

### 1. Wi-Fi的前身

Wi-Fi是无线局域网（WLAN）的一个标准。最早的无线局域网可以追溯到20世纪70年代，基于ALOHA协议的UHF无线网络连接了夏威夷岛，是现在无线局域网的一个最初版本。在1985年美国联邦通信委员会规定了现在广泛使用的免费Wi-Fi频段，和微波炉的工作频率相同。1991年NCR公司和AT&T公司发明了现在广泛使用Wi-Fi的标准的802.11的前身，用在收银系统中，命名为WaveLAN。澳大利亚天文学家John O'sullivan和他的同事开发了Wi-Fi技术的关键专利，起初使用在CSIRO（公共健康科学和工业研究组织）的项目上。1997年发布了基于802.11协议的第一个版本，提供2Mbit/s的传输速率，1999年提高到11Mbit/s，使用价值大大提高，随后Wi-Fi得以快速发展。

### 2. Wi-Fi的标准和速率

主流的Wi-Fi标准是802.11b（1999年）、802.11g（2003年）、802.11n（2009年）、802.11ac（2013年）和802.11ax（2017年）。它们之间是向下兼容的，旧协议的设备可以连接到新协议的AP，新协议的设备也可以连接到旧协议的AP，只是传输速率会降低。802.11b和802.11g都是较早的标准，802.11b的传输速率最快只能到11Mbit/s，802.11g的传输速率最快能达到54Mbit/s。802.11n的传输速率理论最快可以达到600Mbit/s，802.11ac的传输速率理论上最快可以达到6.9Gbit/s，802.11ax理论上的最大传输速率为10Gbit/s左右，单用户速率提高不多，它的优势是在多用户、高并发场合提高传输速率。以上传输速率是理论的物理层传输速率，必须满足最大传输频道带宽下发射接收都达到最大空间流数（多天线输入输出），这个条件一般情况下是达不到的。另外，Wi-Fi的速率是包含上下行的，即上下行加起来的速率，这和有线全双工以太网还是有区别的。

### 3. Wi-Fi的组网结构

Wi-Fi有两种组网结构：一对多（Infrastructure模式）和点对点（Ad-hoc模式，也叫IBSS模式）。最常用的Wi-Fi是一对多结构的。一个AP（接入点），多个接入设备，无线路由器就是路由器+AP（一对多结构）。Wi-Fi还可以采用点对点结构，比如，两个笔记本电脑可以不经过无线路由器用Wi-Fi直接连接起来。

#### 4. Wi-Fi的频道

2.4G的Wi-Fi划为14个频道，每个频道的带宽为20～22MHz，不同的调制方式带宽稍微不同。每个频道的间隔为5MHz，很明显，相邻的多个频道是有干扰的，相互没有干扰的只有1、6、11、14或者1，5，9，13，如图6-1所示。这也是为什么在有多个Wi-Fi热点的地方会上不了网或者网速非常慢。现在无线路由器都有手动设置频道的功能，如果在家使用无线路由器最好设置到一个和附近的其他Wi-Fi信号不同且间隔比较远的频道。

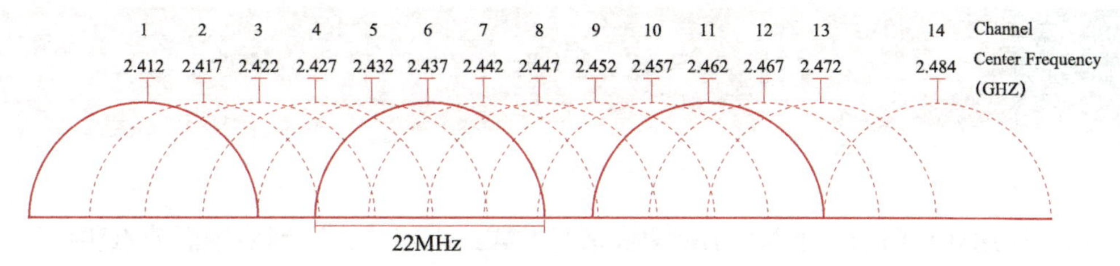


图6-1 Wi-Fi频道

### 6.1.2 ESP8266 Wi-Fi通信模块简介

Wi-Fi通信模块使用的是ESP8266芯片，该芯片最大的特点是性价比高。ESP8266是一个完整且自成体系的Wi-Fi网络解决方案，能够搭载软件应用或通过另一个应用处理器卸载所有Wi-Fi网络功能。

ESP8266强大的片上处理和存储能力使其可通过GPIO口集成传感器及其他应用的特定设备，实现了最低的前期开发和运行中最少地占用系统资源。ESP8266高度片内集成，包括天线开关balun、电源管理转换器，因此仅需极少的外部电路，且包括前端模块在内的整个解决方案在设计时可以将所占PCB空间降到最低。

ESP8266配套有一套软件开发工具包（SDK），该SDK为用户提供了一套数据接收、发送的函数接口，用户不必关心底层网络，如Wi-Fi、TCP/IP等的具体实现，只需要专注于物联网上层应用的开发，利用相应接口完成网络数据的收发即可。

### 6.1.3 LwIP协议栈简介

LwIP（Light Weight Internet Protocol）是瑞士计算机科学院（Swedish Institute of Computer Science）AdamDunkels等人开发的一套用于嵌入式系统的开放源代码TCP/IP栈。LwIP的含义是Light Weight（轻型）IP。LwIP可以移植到操作系统上，也可以在无操作系统的情况下独立运行。LwIP TCP/IP实现的重点是在保持TCP主要功能的基础上减少对RAM的占用。一般它只需要几十KB的RAM和40 KB左右的ROM就可以运行，这使LwIP栈适合在小型嵌入式系统中使用。

LwIP的主要特性如下：

- 支持多网络接口下的IP转发；
- 支持ICMP；
- 包括实验性扩展的UDP（用户数据报协议）；
- 包括阻塞控制，RTT估算和快速恢复和快速转发的TCP（传输控制协议）；

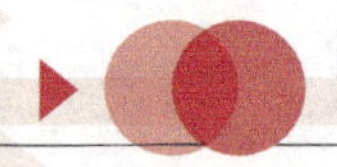


- 提供专门的内部回调接口（Raw API）用于提高应用程序性能；
- 可选择的Berkeley接口API（多线程情况下）；
- 在最新的版本中支持PPP;
- 新版本中增加了的IP fragment的支持；
- 支持DHCP，动态分配IP地址。

# 6.2 项目分析

本项目使用Wi-Fi通信模块、LwIP栈来开发Wi-Fi网关，实现传感器节点和执行器节点通过Wi-Fi网关接入云平台。项目包含开发环境搭建、Wi-Fi工作模式开发、基于LwIP的TCP Socket开发、Wi-Fi接入云平台四个任务。

# 6.3 任务1 搭建Wi-Fi开发环境

## 6.3.1 任务要求

安装Eclipse c/c++开发工具并做配置，能够根据官方提供的SDK开发应用程序，实现编程下载和调试，掌握Eclipse和flash download tools的使用。

## 6.3.2 知识链接

### 1. Eclipse

Eclipse是著名的跨平台的自由集成开发环境（IDE）。最初主要用来Java语言开发，通过安装不同的插件可以支持不同的计算机语言，比如，C++和Python等开发工具。Eclipse本身只是一个框架平台，但是众多插件的支持使得Eclipse拥有其他功能相对固定的IDE软件很难具有的灵活性。

### 2. Cygwin

Cygwin是一个在Windows平台上运行的类UNIX模拟环境，是Cygnus Solutions公司开发的自由软件。它对于学习UNIX/Linux操作环境或者从UNIX到Windows的应用程序移植，或者进行某些特殊的开发工作尤其是使用GNU工具集在Windows上进行嵌入式系统开发非常有用。在ESP8266的开发环境中，Cygwin用作嵌入式软件编译器使用。

### 3. flash download tools

flash download tools是Espressif官方开发的烧录工具，用户可根据实际的编译方式和Flash的容量将SDK编译生成的多个bin文件一键烧录到ESP8266/ESP32的SPI Flash中，是ESP8266开发必备的烧录下载工具。

## 6.3.3 任务实施

### 1. 软件编程环境的搭建

在配套资源中找到“ESP8266 IDE”，下载成功后可以看到如图6-2所示的资源图。

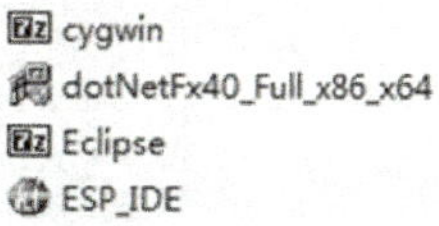

cygwin
dotNetFx40_Full_x86_x64
Eclipse
ESP_IDE

图6-2 资源图

各个文件的用途如下：

- “cygwin.exe”：cygwin和xtensa编译器环境（含ESP8266、ESP31B、ESP32开发环境）打包；
- “dotNetFx40_Full_x86_x64.exe”：.NET Framework 4的安装包，它是内部Windows组件。若eclipse能正常运行，则无需安装。
- “Eclipse.exe”：eclipse c/c++开发工具打包；
- “ESP_IDE.exe”：一体化开发环境配置工具。

其中“cygwin.exe”和“Eclipse.exe”文件格式为7z自解压释放文件，可以解压到任意目录下，但是cygwin文件夹所在的路径中不可以有空格或中文。

1）在磁盘根目录下新建一个空文件夹“ESP8266”，如图6-3所示。

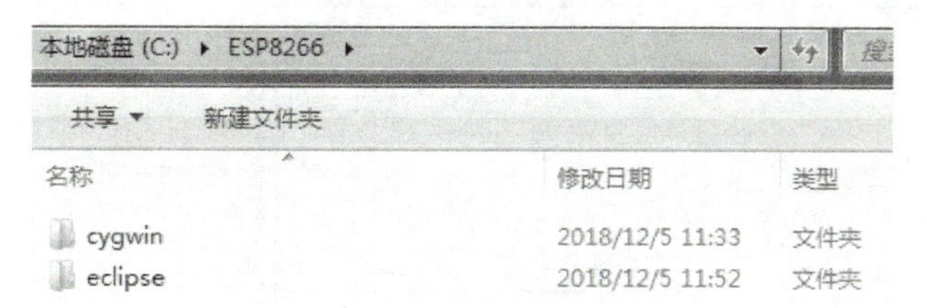


图6-3 磁盘目录

2）双击“cygwin”解压到路径“~:\ESP8266”下（~代表磁盘盘符），如图6-4和图6-5所示。

3）双击“Eclipse”解压到路径“~:\ESP8266”下（~代表磁盘盘符），如图6-6和图6-7所示。

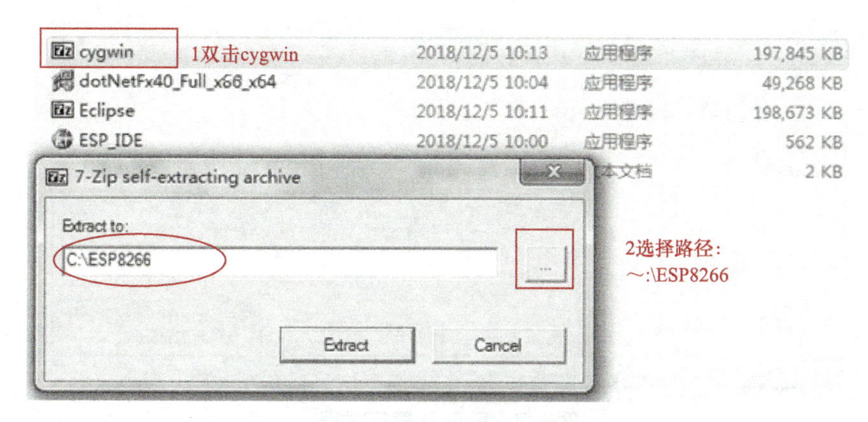


图6-4 cygwin解压路径

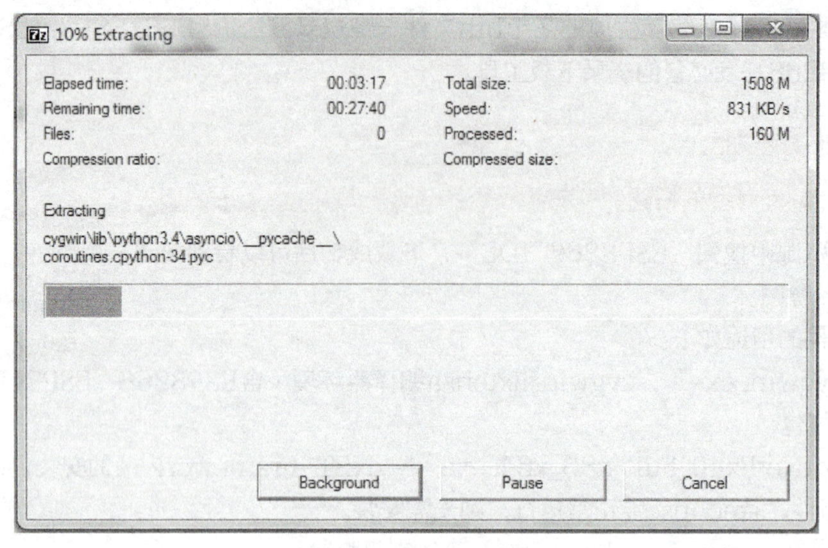


图6-5　cygwin解压过程

图6-6　Eclipse解压路径

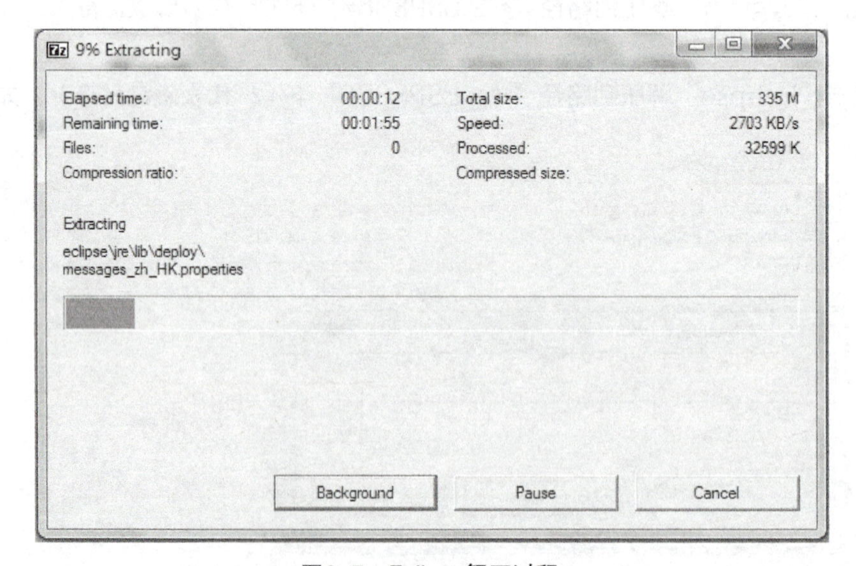


图6-7　Eclipse解压过程

4）将“ESP_IDE”复制到路径“～:\ESP8266”下（～代表磁盘盘符），如图6-8和图6-9所示。

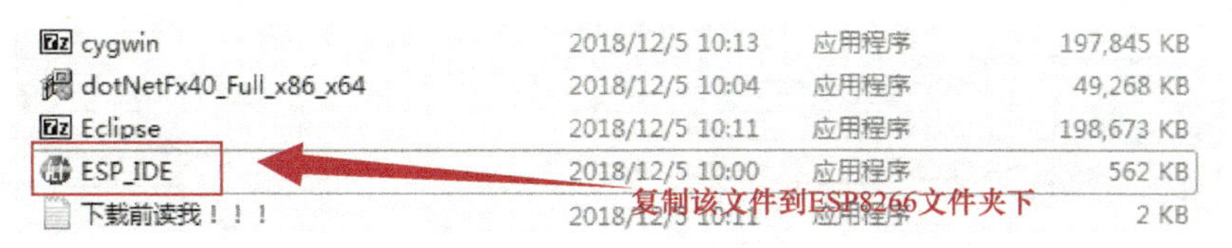


图6-8　复制ESP_IDE

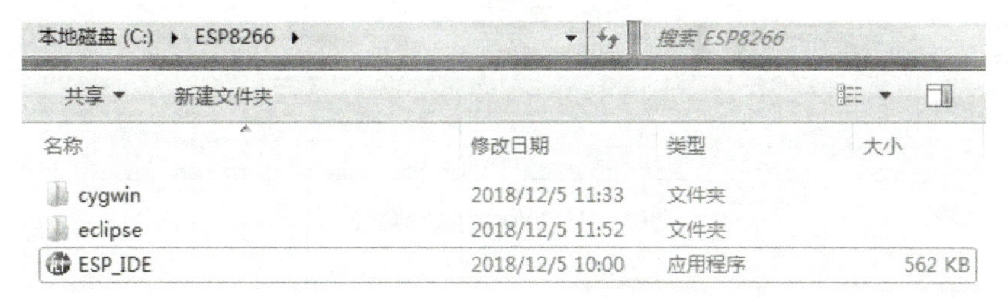


图6-9　复制ESP_IDE至ESP8266目录下

备注：ESP_IDE默认配置保存在同目录下的config文件夹内。

5）双击文件夹“ESP8266”下的“ESP_IDE”运行，这个时候弹出的窗口会自动匹配Eclipse和cygwin的安装路径。如果Eclipse和cygwin的安装路径不正确，则可以手动配置Eclipse和cygwin的路径，配置结果如图6-10所示。

图6-10　配置路径

备注：勾选“Not Ask”，下次启动时将直接按照给定的路径启动Eclipse。

最后单击“OK”按钮即可。然后用户配置自己的Workspace路径，配置完后单击“OK”按钮，随后软件就启动了，启动结果如图6-11所示。

备注：这个Workspace路径可以自由定义，但是最好不要在中文目录下，否则容易出错。

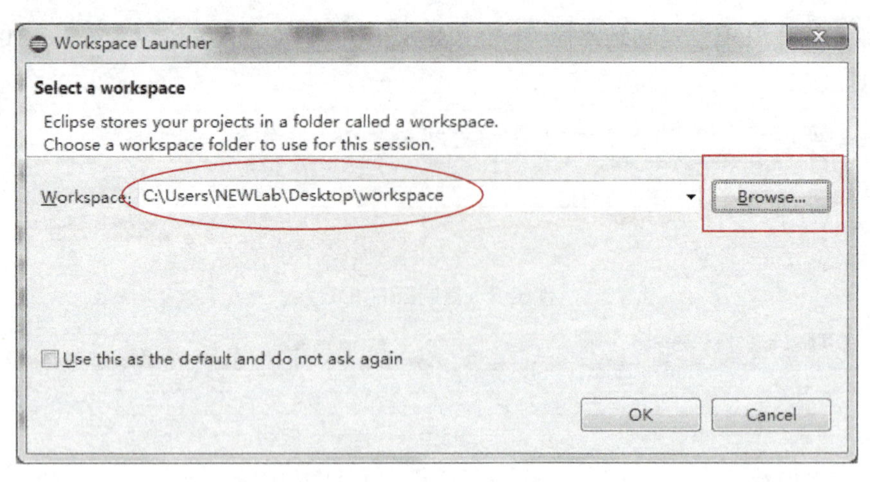


图6-11　Workspace路径

## 2. ESP_IDE开发环境和SDK的使用

1）先在ESP_IDE的“workspace”文件夹下新建project文件夹，如图6-12所示。

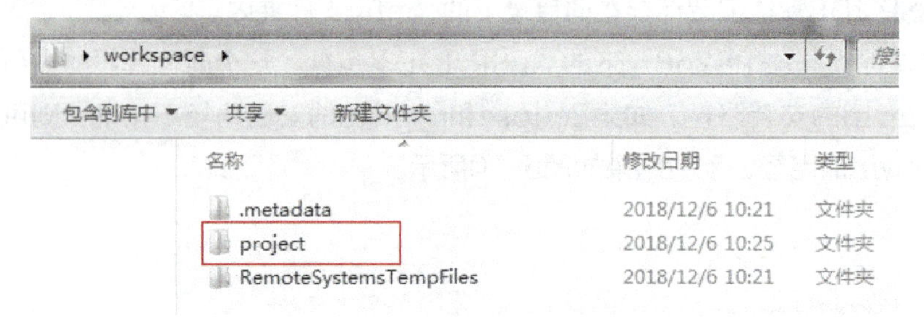


图6-12　新建project文件夹

2）将资源包中“..\Wi-Fi通信应用开发”文件夹下的“esp8266_rtos_sdk-2.0.0.zip”复制到“.\workspace\project”文件夹下并解压，如图6-13和图6-14所示。

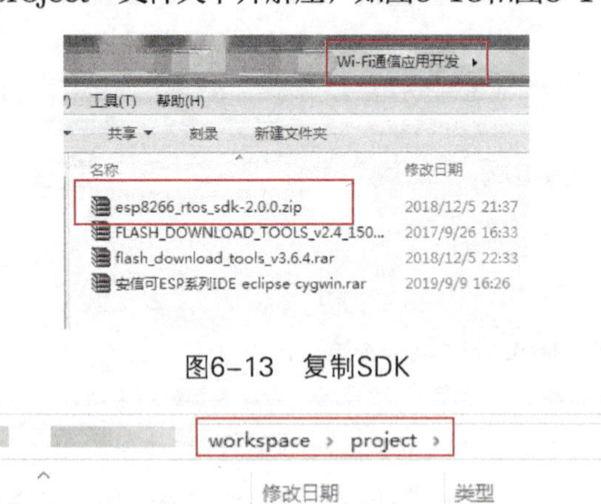


图6-13　复制SDK

图6-14　解压SDK

3）进入文件夹“ESP8266_RTOS_SDK-2.0.0”，将文件夹driver_lib重命名为app，如图6-15所示。

图6-15　将driver_lib文件夹重命名

4）将“.\ESP8266_RTOS_SDK-2.0.0\examples\project_template”文件夹下的所有文件复制到“.\ESP8266_RTOS_SDK-2.0.0\app”文件夹，若出现提示，则选择替换或覆盖即可，如图6-16和图6-17所示。

图6-16　文件复制

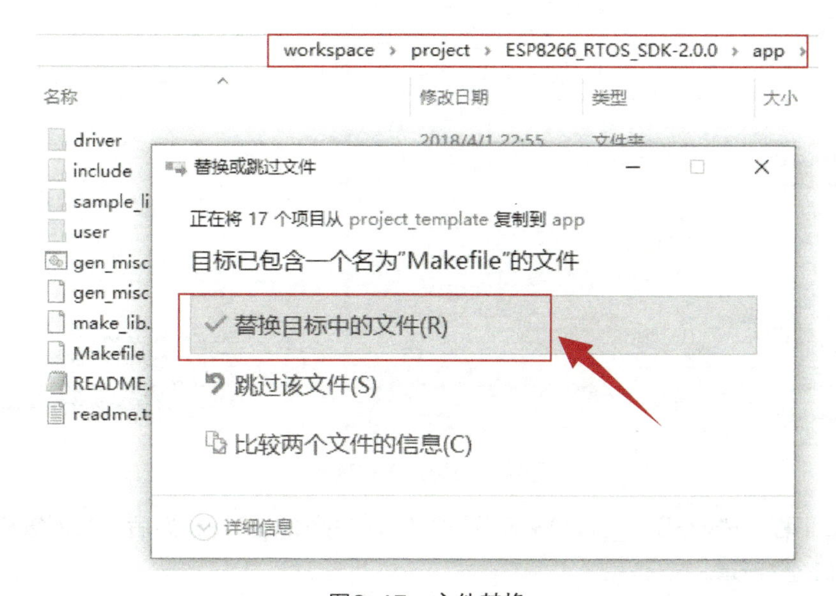


图6-17　文件替换

5）将“.\ESP8266_RTOS_SDK-2.0.0\third_party”文件夹下的Makefile重命名为Makefile.bak，目的是为了防止编译时报错，如图6-18所示。

› workspace › project › ESP8266_RTOS_SDK-2.0.0 › third_party

| 名称 | 修改日期 | 类型 |
| --- | --- | --- |
| espconn | 2018/4/1 22:55 | 文件夹 |
| freertos | 2018/4/1 22:55 | 文件夹 |
| json | 2018/4/1 22:55 | 文件夹 |
| lwip | 2018/4/1 22:55 | 文件夹 |
| mbedtls | 2018/4/1 22:55 | 文件夹 |
| mqtt | 2018/4/1 22:55 | 文件夹 |
| nopoll | 2018/4/1 22:55 | 文件夹 |
| openssl | 2018/4/1 22:55 | 文件夹 |
| spiffs | 2018/4/1 22:55 | 文件夹 |
| ssl | 2018/4/1 22:55 | 文件夹 |
| make_all_lib.sh | 2018/4/1 22:55 | SH 文件 |
| make_lib.sh | 2018/4/1 22:55 | SH 文件 |
| Makefile | 2018/4/1 22:55 | 文件 |

重命名为Makefile.bak

图6-18　重命名Makefile

6）打开ESP_IDE，导入工程项目，选择“Existing Code as Makefile Project”，单击“Next”按钮，如图6-19所示。

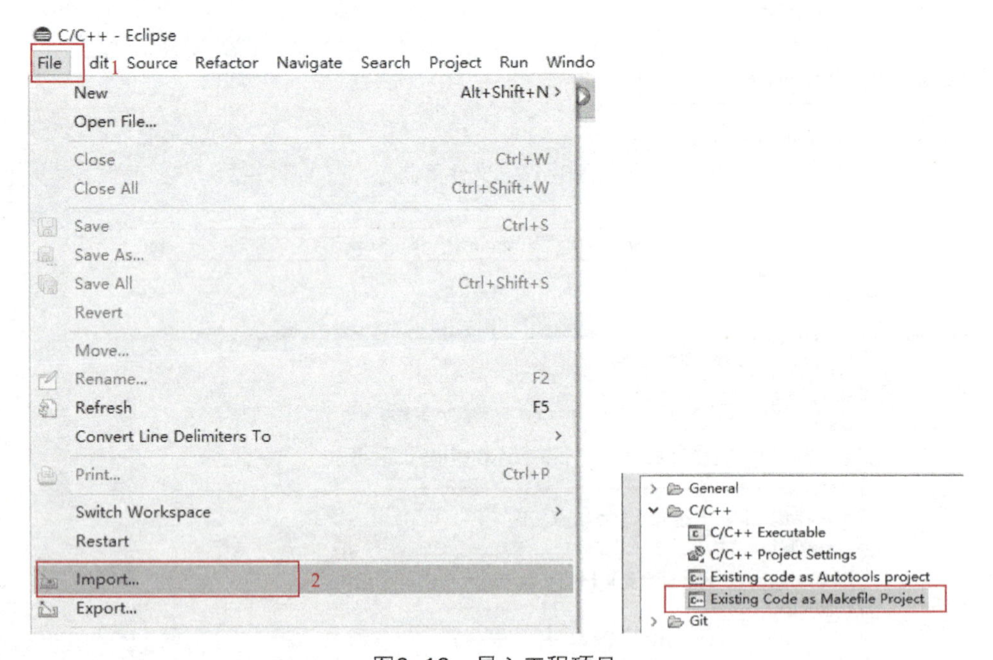


图6-19　导入工程项目

7）添加工程“ESP8266_RTOS_SDK-2.0.0”所在的路径，然后进行配置和操作，如图6-20和图6-21所示。

8）打开的工程如图6-22所示。

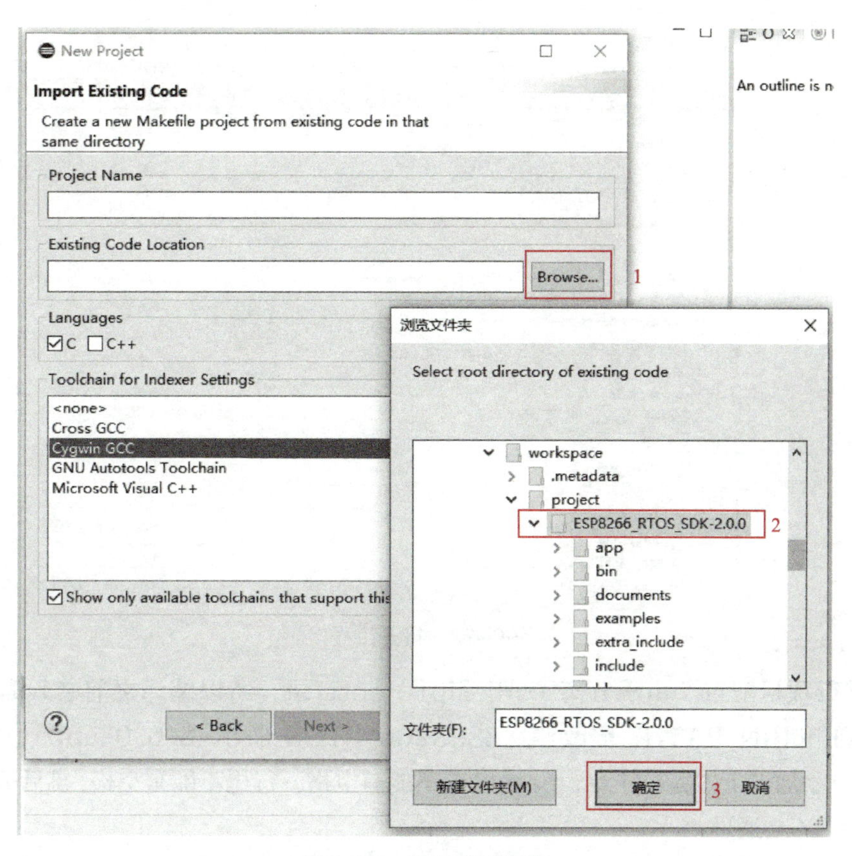


图6-20　添加SDK路径

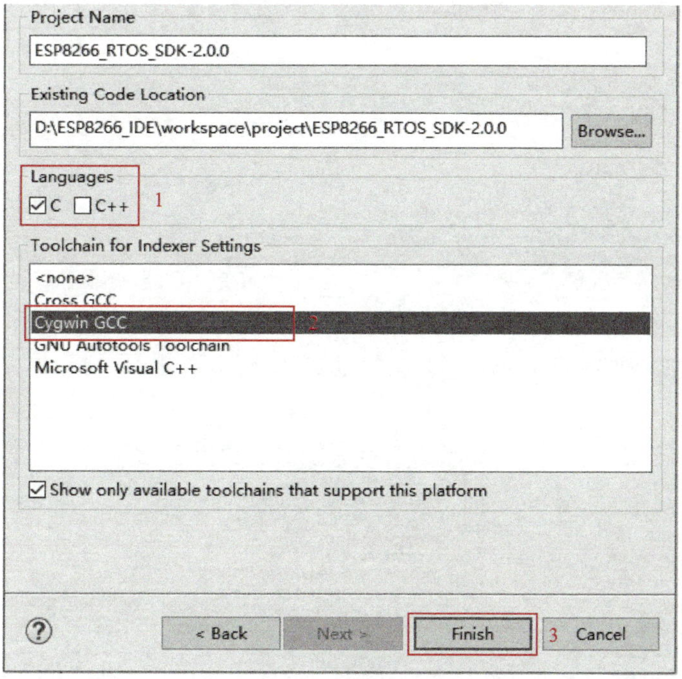

Project Name
ESP8266_RTOS_SDK-2.0.0
Existing Code Location
D:\ESP8266_IDE\workspace\project\ESP8266_RTOS_SDK-2.0.0
Browse...
Languages
☑C ☐C++
1
Toolchain for Indexer Settings
<none>
Cross GCC
Cygwin GCC
2
GNU Autotools Toolchain
Microsoft Visual C++
☑Show only available toolchains that support this platform
< Back
Next >
Finish
3
Cancel

图6-21　配置和操作

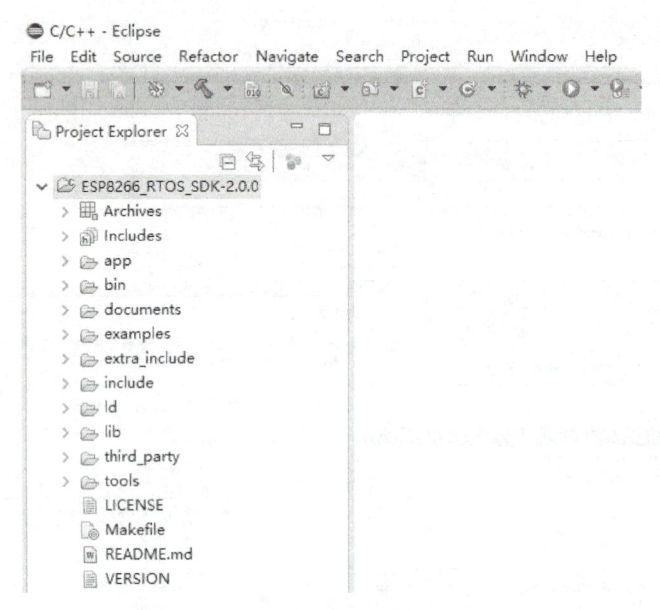


图6-22 打开工程

9）进行项目配置。由于分离了sdk和project目录，所以编译之前必须先指定一个SDK_PATH和BIN_PATH，修改“.\ESP8266_RTOS_SDK-2.0.0\app”文件夹下的Makefile，添加以下内容。注意，parent前不能有空格，行尾不能有空格，$后面不能有空格，否则编译不会通过。

```
1. parent_dir:=$(abspath $(shell pwd)/$(lastword $(MAKEFILE_LIST)))
2. parent_dir:=$(shell dirname $(parent_dir))
3.
4. SDK_PATH= $(parent_dir)
5. BIN_PATH=$(SDK_PATH)/bin
```

修改后如图6-23所示。

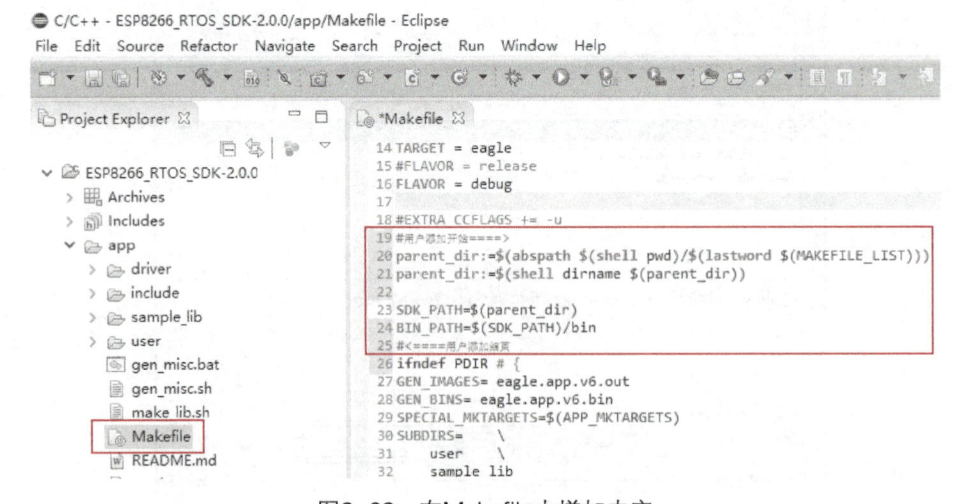


图6-23 在Makefile中增加内容

10）编译工程。先清理工程，然后编译工程代码，操作如图6-24所示。

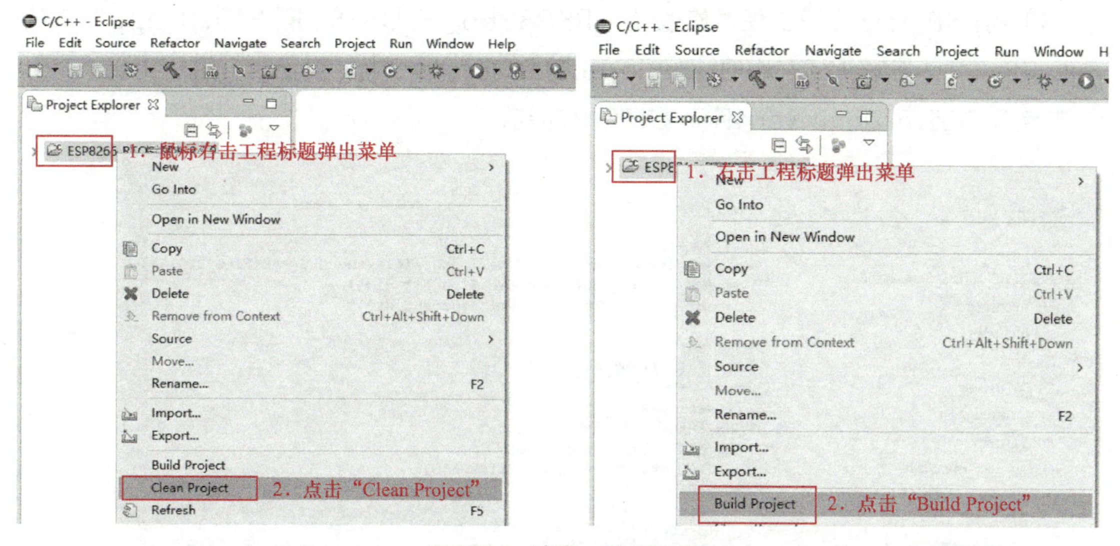


图6-24　清理、编辑工程

控制台操作结果如图6-25所示，表示以上操作都已成功，开发环境搭建完毕。

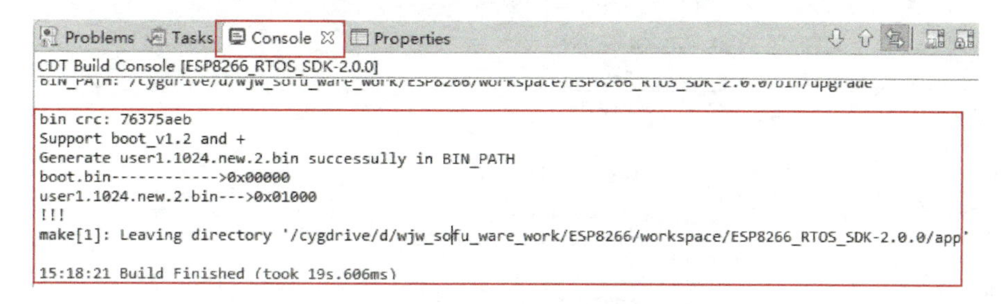


图6-25　控制台输出结果

## 3．应用程序Bin文件的生成和烧录下载

1）在工程代码“ESP8266_RTOS_SDK-2.0.0”的基础上，删除其中的文件夹“sample_lib”，如图6-26所示。

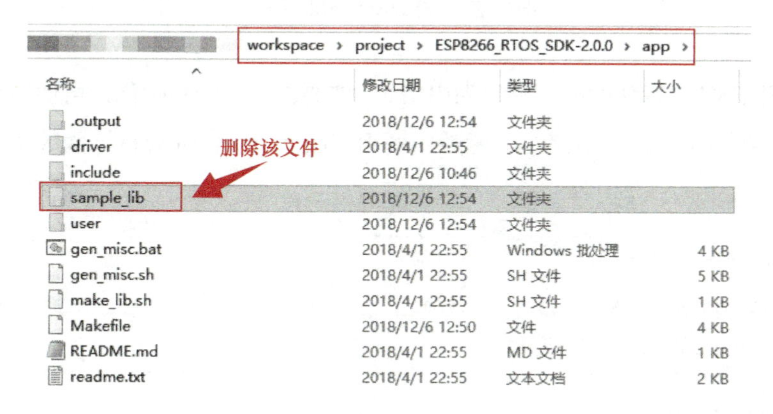


图6-26　删除sample_lib文件夹

2）用ESP_IDE打开工程，修改“.\ESP8266_RTOS_SDK-2.0.0\app”下的Makefile文件，将Makefile中的sample_lib替换为driver，将“sample_lib/libsample.a”替换为“driver/libdriver.a”，如图6-27所示。

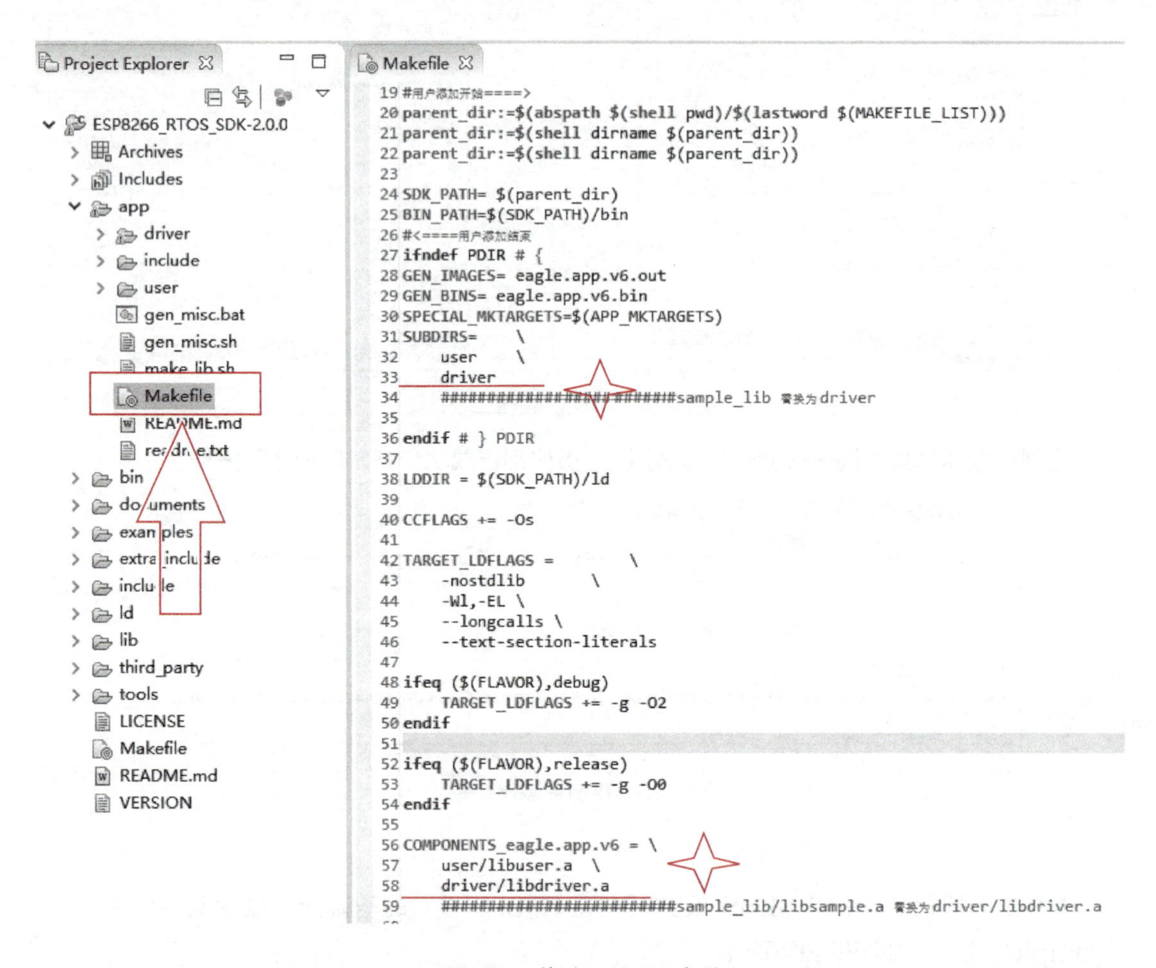


图6-27　修改Makefile文件

3）芯片ESP8266默认的打印端口为串口1，需要进行一些初始化方可使用，可以通过在“user_main.c”的“user_init()”函数中调用“uart_init_new()”函数实现，具体添加内容如下：

```
uart_init_new();
printf("Newland Edu \r\n%s %s\r\n",__DATE__,__TIME__);
printf("NEWLab ESP8266 Demo !\r\n");
```

软件截图如图6-28所示。

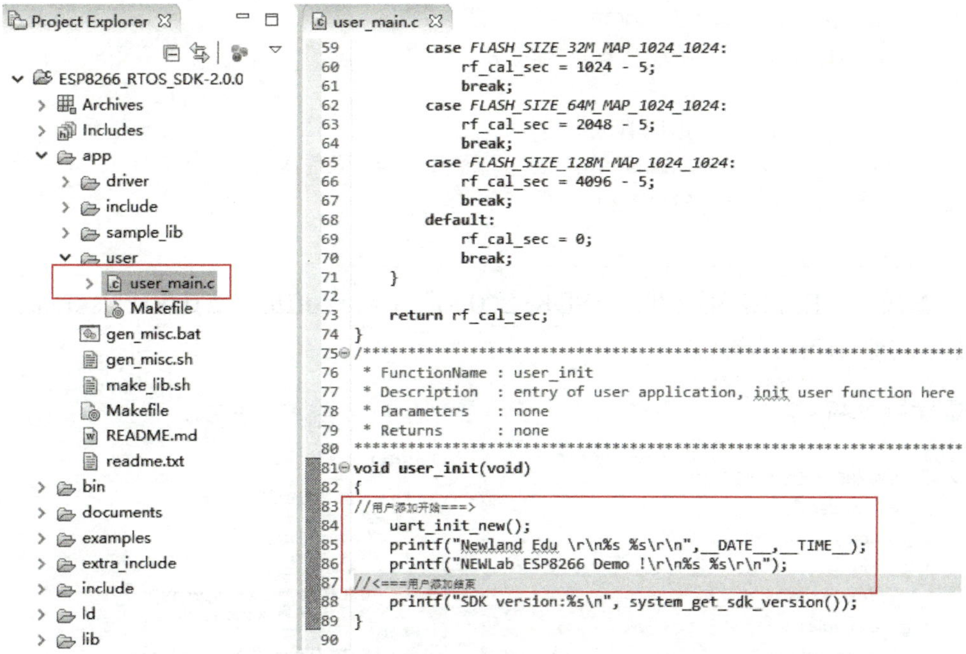

```
Project Explorer
ESP8266_RTOS_SDK-2.0.0
  Archives
  Includes
  app
    driver
    include
    sample_lib
    user
      user_main.c
      Makefile
    gen_misc.bat
    gen_misc.sh
    make_lib.sh
    Makefile
    README.md
    readme.txt
  bin
  documents
  examples
  extra_include
  include
  ld
  lib
```

```
user_main.c
59          case FLASH_SIZE_32M_MAP_1024_1024:
60              rf_cal_sec = 1024 - 5;
61              break;
62          case FLASH_SIZE_64M_MAP_1024_1024:
63              rf_cal_sec = 2048 - 5;
64              break;
65          case FLASH_SIZE_128M_MAP_1024_1024:
66              rf_cal_sec = 4096 - 5;
67              break;
68          default:
69              rf_cal_sec = 0;
70              break;
71      }
72
73      return rf_cal_sec;
74  }
75  /**********************************************************************
76   * FunctionName : user_init
77   * Description  : entry of user application, init user function here
78   * Parameters   : none
79   * Returns      : none
80  **********************************************************************
81  void user_init(void)
82  {
83  //用户添加开始===>
84      uart_init_new();
85      printf("Newland Edu \r\n%s %s\r\n",__DATE__,__TIME__);
86      printf("NEWLab ESP8266 Demo !\r\n%s %s\r\n");
87  //<===用户添加结束
88      printf("SDK version:%s\n", system_get_sdk_version());
89  }
90
```

图6-28 调用“uart_init_new()”函数

函数“uart_init_new()”的原型如下，其中串口波特率为74880bit/s，8个数据位，无校验位，1个停止位，无流控。

```
1.  void
2.  uart_init_new(void)
3.  {
4.      UART_WaitTxFifoEmpty(UART0);
5.      UART_WaitTxFifoEmpty(UART1);
6.
7.      UART_ConfigTypeDef uart_config;
8.      uart_config.baud_rate    = BIT_RATE_74880;
9.      uart_config.data_bits    = UART_WordLength_8b;                 //8个数据位
10.     uart_config.parity       = USART_Parity_None;                  //无校验位
11.     uart_config.stop_bits    = USART_StopBits_1;                   //1个停止位
12.     uart_config.flow_ctrl    = USART_HardwareFlowControl_None;     //无流控
13.     uart_config.UART_RxFlowThresh = 120;
14.     uart_config.UART_InverseMask = UART_None_Inverse;
15.     UART_ParamConfig(UART0, &uart_config);
16.
17.     UART_IntrConfTypeDef uart_intr;
18.     uart_intr.UART_IntrEnMask = UART_RXFIFO_TOUT_INT_ENA | UART_FRM_ERR_INT_ENA |
UART_RXFIFO_FULL_INT_ENA | UART_TXFIFO_EMPTY_INT_ENA;
19.     uart_intr.UART_RX_FifoFullIntrThresh = 10;
20.     uart_intr.UART_RX_TimeOutIntrThresh = 2;
```

```
21.     uart_intr.UART_TX_FifoEmptyIntrThresh = 20;
22.     UART_IntrConfig(UART0, &uart_intr);
23.
24.     UART_SetPrintPort(UART0);
25.     UART_intr_handler_register(uart0_rx_intr_handler, NULL);
26.     ETS_UART_INTR_ENABLE();
27. }
```

4）修改“.\ESP8266_RTOS_SDK-2.0.0”下Makefile，使其生成User2的Bin文件，按图6-29所示进行修改。

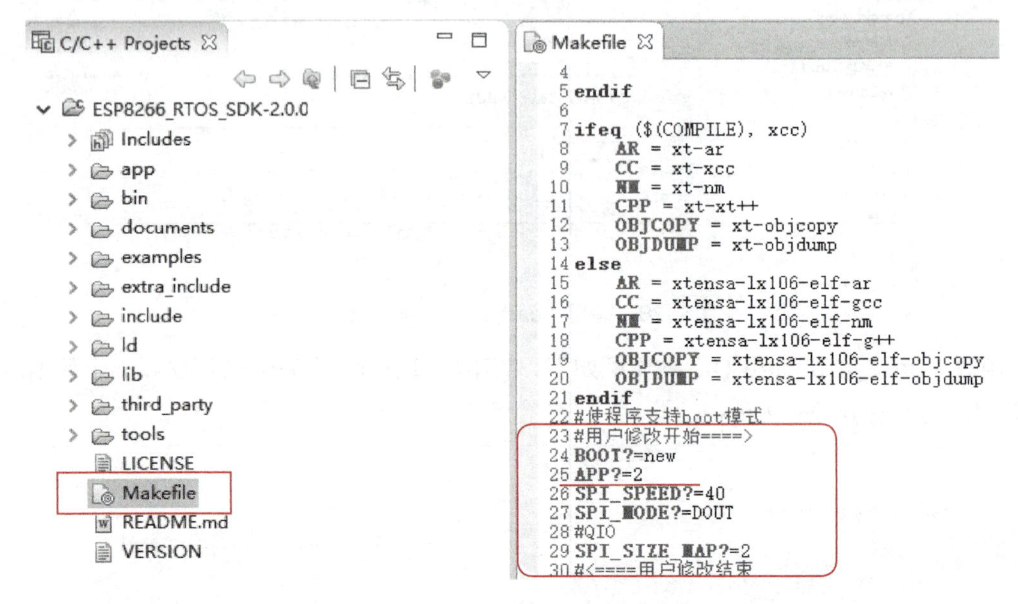


图6-29　修改Makefile文件

5）执行“Clean Project”和“Build Project”，编译生成了User2的Bin文件，如图6-30所示。

```
Problems  Tasks  Console  Properties  Call Hierarchy  Search
CDT Build Console [ESP8266_RTOS_SDK-2.0.0]
make[2]: Leaving directory '/cygdrive/d/ESP8266_IDE/workspace/project/ESP8266_RTOS_SDK-2.0.0/app/driver'

!!!
SDK_PATH: /cygdrive/d/ESP8266_IDE/workspace/project/ESP8266_RTOS_SDK-2.0.0
BIN_PATH: /cygdrive/d/ESP8266_IDE/workspace/project/ESP8266_RTOS_SDK-2.0.0/bin/upgrade

bin crc: 59a41f
Support boot_v1.2 and +
Generate user2.1024.new.2.bin successully in BIN_PATH
boot.bin------------>0x00000
user2.1024.new.2.bin--->0x81000
!!!
make[1]: Leaving directory '/cygdrive/d/ESP8266_IDE/workspace/project/ESP8266_RTOS_SDK-2.0.0/app'
```

图6-30　Console输出

6）修改“.\ESP8266_RTOS_SDK-2.0.0”下Makefile文件，使其生成User1的Bin文件，按图6-31所示进行修改。

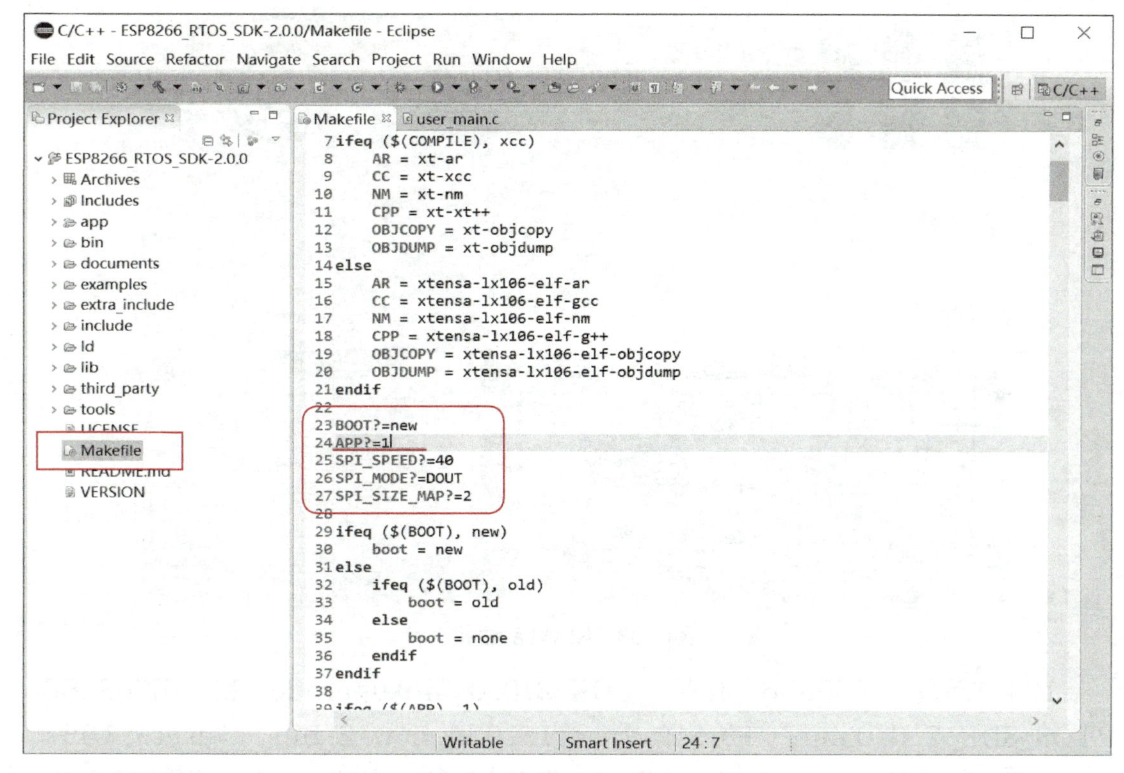


图6-31　修改Makefile文件

7）执行“Clean Project”和“Build Project”，编译生成了User1的Bin文件，Console输出可参考图6-30。

8）打开路径“.\ESP8266_RTOS_SDK-2.0.0\bin\upgrade”，可以看到编译得到的文件“user1.1024.new.2.bin”和“user2.1024.new.2.bin”，如图6-32所示。

图6-32　upgrade目录

9）用串口线连接计算机和NEWLab主机，并接通12V电源，移除NEWLab主机上的其他模块，保留一个Wi-Fi通信模块。NEWlab主机设置为“通讯模式”，并打开电源。Wi-Fi通信模块JP1向右拨，JP2向左拨，并按一下复位键，如图6-33所示。

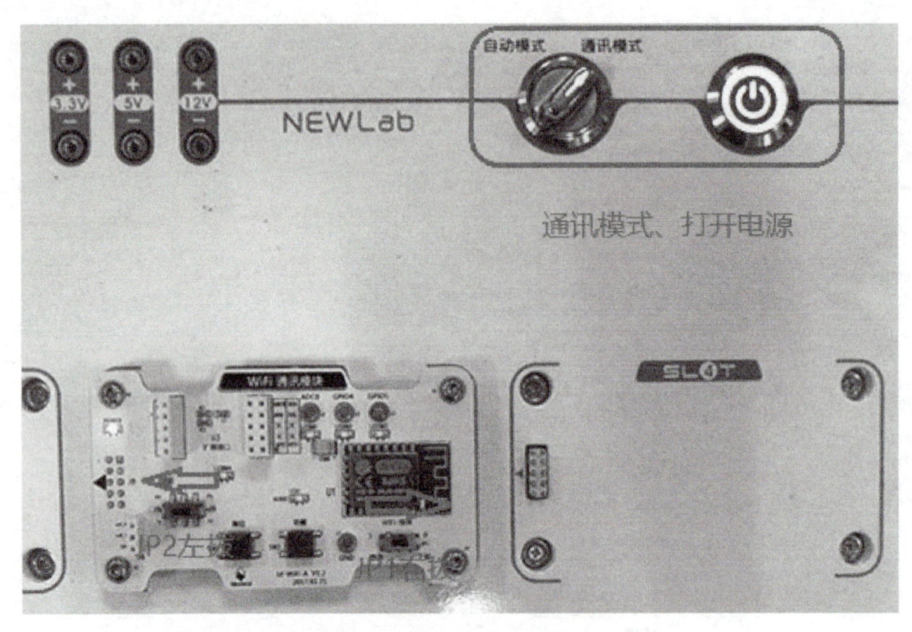


图6-33　NEWLab主机

10）在目录“\ESP8266_RTOS_SDK-2.0.0\bin\upgrade”和“\ESP8266_RTOS_SDK-2.0.0\bin”下分别有“user1.1024.new.2.bin”“user2.1024.new.2.bin”和“boot_v1.6.bin”“boot_v1.7.bin”。对于boot文件，可以在V1.6或V1.7的版本中任选一个，这里选用“boot_v1.7.bin”，如图6-34所示。

› workspace › project › ESP8266_RTOS_SDK-2.0.0 › bin ›

| 名称 | 修改日期 | 类型 | 大小 |
| --- | --- | --- | --- |
| _temp_by_dltool | 2018/12/6 14:00 | 文件夹 | |
| upgrade | 2018/12/7 9:53 | 文件夹 | |
| blank.bin | 2018/4/1 22:55 | BIN 文件 | 4 KB |
| boot_v1.6.bin | 2018/4/1 22:55 | BIN 文件 | 4 KB |
| boot_v1.7.bin | 2018/4/1 22:55 | BIN 文件 | 4 KB |
| eagle.dump | 2018/12/6 13:24 | DUMP 文件 | 1,528 KB |
| eagle.flash.bin | 2018/12/6 13:48 | BIN 文件 | 33 KB |
| eagle.irom0text.bin | 2018/12/6 13:48 | BIN 文件 | 241 KB |
| eagle.S | 2018/12/6 13:24 | S 文件 | 4,482 KB |
| esp_init_data_default.bin | 2018/4/1 22:55 | BIN 文件 | 1 KB |

boot有两个版本，任选一个都可以用

图6-34　boot文件版本

前面已经找到了boot文件和user1文件，接下来看一下这两个文件的下载地址，刚开始编译工程的时候Console输出了编译信息，里面就显示了bin文件的下载地址，如图6-35所示。User2的Bin文件下载地址的获取也是使用同样的方法，这里不再赘述。

11）打开下载工具“ESPFlashDownloadTool_v3.6.4.exe”，选择ESP8266的下载工具，导入bin文件并设置下载地址和其余相关选项。配置的编译选项中指定8Mbit的Flash大小，8Mbit地址分配（bin文件的下载地址）如图6-36所示。

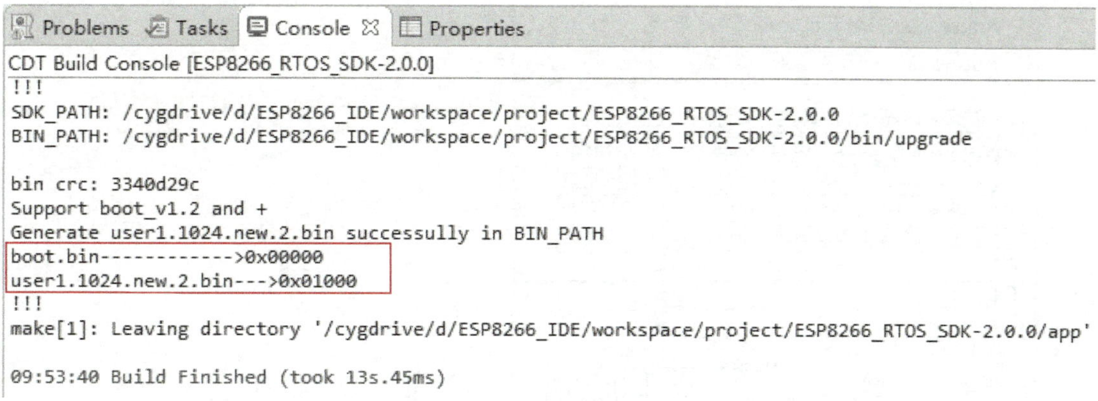

Problems
Tasks
Console
Properties
CDT Build Console [ESP8266_RTOS_SDK-2.0.0]
!!!
SDK_PATH: /cygdrive/d/ESP8266_IDE/workspace/project/ESP8266_RTOS_SDK-2.0.0
BIN_PATH: /cygdrive/d/ESP8266_IDE/workspace/project/ESP8266_RTOS_SDK-2.0.0/bin/upgrade
bin crc: 3340d29c
Support boot_v1.2 and +
Generate user1.1024.new.2.bin successully in BIN_PATH
boot.bin------------>0x00000
user1.1024.new.2.bin--->0x01000
!!!
make[1]: Leaving directory '/cygdrive/d/ESP8266_IDE/workspace/project/ESP8266_RTOS_SDK-2.0.0/app'
09:53:40 Build Finished (took 13s.45ms)

图6-35　Console编译信息

支持云端升级（Boot 模式）

| 文件名称 | 8Mbit 地址分配 | 16Mbit 地址分配 | 32Mbit 地址分配 | 备注 |
|---|---|---|---|---|
| boot.bin | 0x00000 | 0x00000 | 0x00000 | 由乐鑫在 SDK 中提供，建议一直使用最新版本 |
| user1.bin | 0x01000 | 0x01000 | 0x01000 | 主程序，由代码编译生成 |
| user2.bin | 0x81000 | 0x81000 | 0x81000 | 主程序，由代码编译生成 |
| esp_init_data_default.bin | 0xFC000 | 0x1FC000 | 0x3FC000 | 由乐鑫在 SDK 中提供 |
| blank.bin | 0xFE000 | 0x1FE000 | 0x3FE000 | 由乐鑫在 SDK 中提供 |

图6-36　Flash地址分配说明

将工程文件下bin内的boot、esp_init_data_default、blank和bin\upgrade下的user1、user2（可以不下载）通过下载工具下载到ESP8266内，界面配置如图6-37和图6-38所示。

ESPRESSIF DOWN...
ESP8266 DownloadTool
ESP8285 DownloadTool
ESP32 DownloadTool
ESP32D2WD DownloadTool

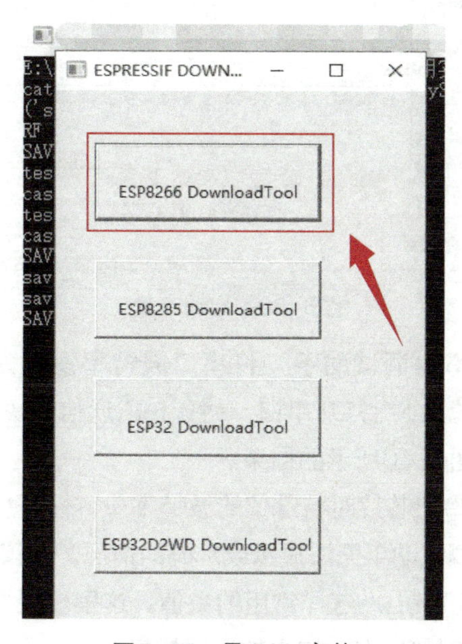

图6-37　导入bin文件

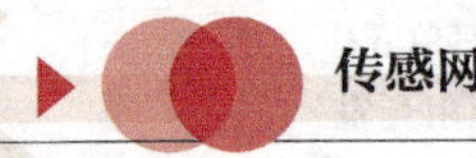

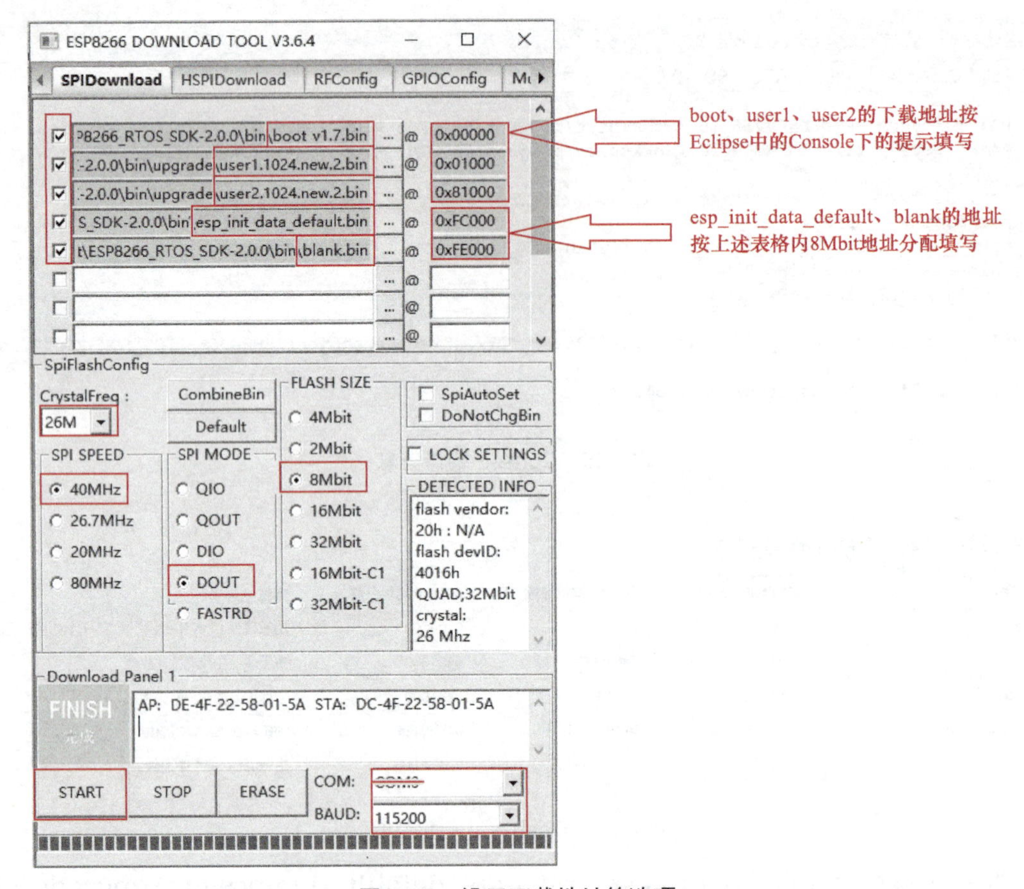


图6-38　设置下载地址等选项

12）先按一下Wi-Fi通信模块的复位键“SW1”，再单击下载工具的“START”按钮便开始了下载过程，如图6-39所示。

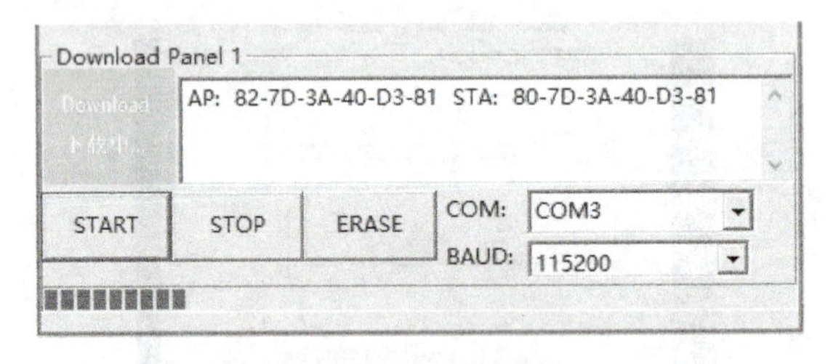


图6-39　启动下载

13）下载完成后打开串口调试助手，将串口波特率设置为74880bit/s、校验位为NONE、数据位为8、停止位为1后打开串口。将Wi-Fi通信模块的JP1往左拨，再按下复位键，可以看到串口打印了如图6-40所示的结果。

这里要特别注意：某些串口芯片对特殊值的波特率兼容性不是很好，像74880bit/s这样的波特率就很容易出现串口调试助手无法显示或乱码的情况。建议用户在源代码中将串口波特率设置为115200bit/s或9600bit/s这样常用的数值。这里设置为74880bit/s，是为了能够在串口看到ESP8266刚启动时打印在串口上的调试信息。

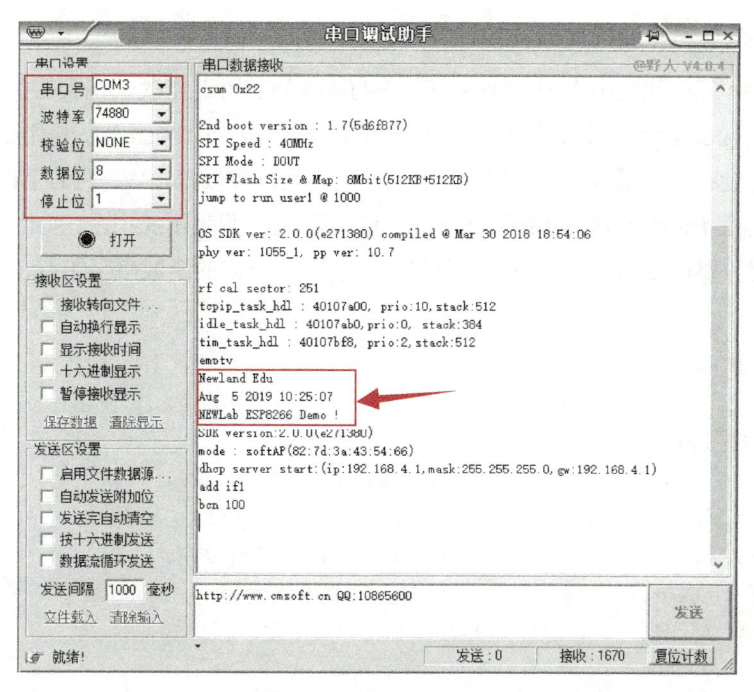


图6-40 程序输出结果

# 6.4 任务2 Wi-Fi工作模式开发

## 6.4.1 任务要求

完成Wi-Fi通信模块station模式、soft-AP模式、station+soft-AP模式的编程开发。

## 6.4.2 知识链接

### 1. ESP8266 Wi-Fi通信模块工作模式

ESP8266支持的三种工作模式分别为station、soft-AP、station+soft-AP模式。

ESP8266工作于soft-AP模式时相当于一个路由器，其他Wi-Fi设备可以连接到该热点AP进行Wi-Fi通信，这种设备模式用在主从设备通信的场景中，被配置为AP热点的Wi-Fi通信模块作为主机。

ESP8266工作于station模式时相当于一个客户端，此时Wi-Fi通信模块会连接到无线路由器，从而实现Wi-Fi通信，这种模式主要用在网络通信中。

ESP8266工作于station+soft-AP模式时，Wi-Fi通信模块既当作无线AP热点，又作为客户端，结合上面两种模式的综合应用，一般可应用在需要网络通信且存在主从关系中的主机，从而实现组网通信。

### 2. SDK中Wi-Fi工作模式相关的程序接口

在SDK文件夹下“include\espressif”内有配置Wi-Fi工作模式相关的头文件。

函数“wifi_set_opmode()”和“wifi_set_opmode_current()”是用于配置Wi-Fi工作模式的，前者会将工作模式保存到Flash中，它们的入口参数就是Wi-Fi的工作模式，取值为0x01表示station mode，0x02表示soft-AP mode，0x03表示station+soft-AP模式。当调用这两个函数时，操作成功返回true，失败则返回false，它们的函数声明如下。

```
1.  bool wifi_set_opmode(WI-FI_MODE opmode);
2.  bool wifi_set_opmode_current(WI-FI_MODE opmode);
3.  WI-FI_MODE的定义如下：
4.  typedef enum {
5.        NULL_MODE = 0,             /**< null mode */
6.        STATION_MODE,              /**< Wi-Fi station mode */
7.        SOFTAP_MODE,               /**< Wi-Fi soft-AP mode */
8.        STATIONAP_MODE,            /**< Wi-Fi station + soft-AP mode */
9.        MAX_MODE
10. } WI-FI_MODE;
```

由SDK开发出来的ESP8266应用程序默认是soft-AP模式，如果用户在初始化Wi-Fi的应用程序时没有设置工作模式，ESP8266将工作在soft-AP模式。此时用户需要调用SDK文件夹“include\espressif”下的“esp_softap.h”头文件内的程序接口，用于配置工作在soft-AP模式时ESP8266发出的AP热点SSID名称和密码等。“softap_set_config()”和“wifi_softap_set_config_current()”是用于配置soft-AP模式时的Wi-Fi信息用的，前者调用时会将配置信息保存到Flash中，函数操作成功返回true，失败则返回false。它们的函数声明如下。

```
1.  bool wifi_softap_set_config(struct softap_config *config);
2.  bool wifi_softap_set_config_current(struct softap_config *config);
3.  softap_config的定义如下：
4.  struct softap_config {
5.       uint8 ssid[32];              /**< SSID of ESP8266 soft-AP */
6.       uint8 password[64];          /**< Password of ESP8266 soft-AP */
7.       uint8 ssid_len;              /**< Length of SSID. */
8.       uint8 channel;               /**< Channel of ESP8266 soft-AP */
9.       AUTH_MODE authmode;          /**< Auth mode of ESP8266 soft-AP. */
10.      uint8 ssid_hidden;           /**< Broadcast SSID or not */
11.      uint8 max_connection;        /**< Max number of stations allowed to connect in */
12.      uint16 beacon_interval;      /**< Beacon interval, 100 ~ 60000 ms */
13. };
```

如果用户在初始化Wi-Fi的应用程序时设置为station模式，则需要调用SDK文件夹“include\espressif”下的“esp_sta.h”头文件内的程序接口，用于配置工作在station

模式时ESP8266需要连接的SSID名称和密码等信息。“wifi_station_set_config()”和“wifi_station_set_config_current()”是用于配置station模式时的Wi-Fi信息用的，前者调用时会将配置信息保存到Flash中，函数操作成功返回true，失败则返回false。它们的函数声明如下。

```
1. bool wifi_station_set_config(struct station_config *config);
2. bool wifi_station_set_config_current(struct station_config *config);
3. station_config的定义如下：
4. struct station_config {
5.     uint8 ssid[32];           /**< SSID of target AP*/
6.     uint8 password[64];       /**< password of target AP*/
7.     uint8 bssid_set;          /**< whether set MAC address of target AP or not. */
8.     uint8 bssid[6];           /**< MAC address of target AP*/
9. };
```

如果用户在初始化Wi-Fi的应用程序时设置为station+soft-AP模式，则需要调用SDK文件夹“include\espressif”下的“esp_sta.h”和“esp_softap.h”头文件内的程序接口配置ESP8266需要连接和发出的SSID名称和密码等信息，这个模式用在Wi-Fi组网通信中的场景会比较多。

## 6.4.3 任务实施

### 1. 打开工程设置初始化参数

用ESP_IDE打开SDK工程代码，用户可以在“user_main.c”内的“user_init()”中添加自己的初始化相关的函数，Wi-Fi通信模块的工作模式配置函数放在该函数内执行即可，如图6-41所示。

将附件包中任务2的Net_Param.h复制到“app\include”文件夹，Net_Param.h中定义了Wi-Fi名称AP_SSID和Wi-Fi密码AP_PASSWORD，这个名称和密码可以按实际情况进行修改，如图6-42所示。

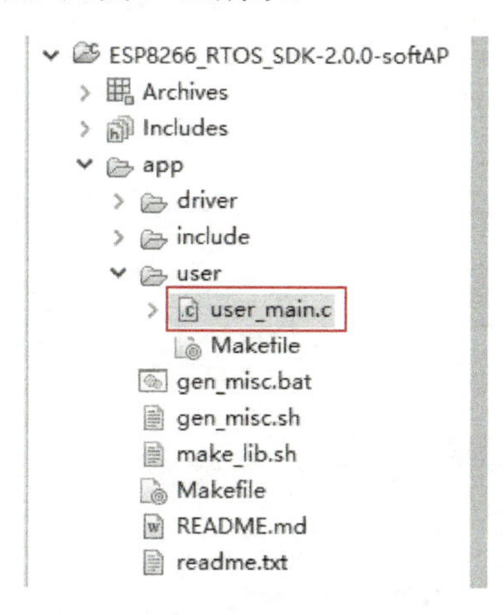


图6-41 工程目录

```
Net_Param.h
2⊕  *  Net_Param.h
7  #ifndef __NET_PARAM_H__
8  #define __NET_PARAM_H__
9
10 #define AP_SSID          "NEWLab-123"
11 #define AP_PASSWORD      "12345678"
12
13
14 #endif /*__NET_PARAM_H__*/
15
```

图6-42 “Net_Param.h”文件

### 2. Wi-Fi通信模块soft-AP模式的编程开发

在“user_main.c”内的“user_init()”前面编写函数“user_set_softap_config()”用于实现配置Wi-Fi通信模块的soft-AP模式，最后把“user_set_softap_config()”函数添加到“user_init()”函数中。

函数“user_set_softap_config()”的代码如下。

```
1.  void ICACHE_FLASH_ATTR
2.  user_set_softap_config(void)
3.  {
4.      struct softap_config config;
5.      //Set softAP mode
6.      wifi_set_opmode_current(SOFTAP_MODE);         //设置为soft-AP模式
7.      wifi_softap_get_config(&config);              // Get config first.
8.      memset(config.ssid, 0, 32);
9.      memset(config.password, 0, 64);
10.     memcpy(config.ssid, AP_SSID, strlen(AP_SSID));
11.     memcpy(config.password, AP_PASSWORD, strlen(AP_PASSWORD));
12.     config.authmode = AUTH_WPA_WPA2_PSK;
13.     config.ssid_len = 0;// or its actual length
14.     config.beacon_interval = 100;
15.     config.max_connection = 4; // how many stations can connect to ESP8266 softAP at most.
16.     Wi-Fi_softap_set_config_current(&config);// Set ESP8266 softap config .
17. }
```

### 3. Wi-Fi通信模块station模式的编程开发

在“user_main.c”内的“user_init()”前面编写函数“user_set_station_config()”用于实现配置Wi-Fi通信模块的station模式，最后把“user_set_station_config()”函数添加到“user_init()”函数中。

函数“user_set_station_config()”的代码如下。

```
1.  void ICACHE_FLASH_ATTR
2.  user_set_station_config(void)
3.  {
4.      // Wi-Fi configuration
5.      char ssid[32] = AP_SSID;
6.      char password[64] = AP_PASSWORD;
7.      struct station_config stationConf;
8.      //Set station mode
9.      wifi_set_opmode_current(STATION_MODE);        //设置为station模式
10.     memset(stationConf.ssid, 0, 32);
11.     memset(stationConf.password, 0, 64);
12.     // No MAC-specific scanning
```

```
13.         stationConf.bssid_set = 0;
14.         //Set ap settings
15.         memcpy(&stationConf.ssid, ssid, 32);
16.         memcpy(&stationConf.password, password, 64);
17.         wifi_station_set_config_current(&stationConf);
18. }
```

4．Wi-Fi通信模块station+soft-AP模式的编程开发

在“user_main. c”内的“user_init()”前面编写函数“user_set_sta_softap_config()”用于实现配置Wi-Fi通信模块的station+softAP模式，最后把“user_set_sta_softap_config()”函数添加到“user_init()”函数下，实现初始化配置。

函数“user_set_sta_softap_config()”代码如下：

```
1.   void ICACHE_FLASH_ATTR
2.   user_set_sta_softap_config(void)
3.   {
4.         // Wi-Fi configuration
5.         char ssid[32] = "Wi-Fi-AP";
6.         char password[64] = "12345678";
7.         struct station_config stationConf;
8.         struct softap_config config;
9.         //Set STATIONAP_MODE mode
10.        wifi_set_opmode_current(STATIONAP_MODE);  //设置为STATION+soft-AP模式
11.        //设置需要连接的路由器热点名称和密码
12.        memset(stationConf.ssid, 0, 32);
13.        memset(stationConf.password, 0, 64);
14.        stationConf.bssid_set = 0;// No MAC-specific scanning
15.        memcpy(&stationConf.ssid, ssid, 32);
16.        memcpy(&stationConf.password, password, 64);
17.        wifi_station_set_config_current(&stationConf);//
18.        //设置ESP8266发出的无线热点名称和密码
19.        wifi_softap_get_config(&config); // Get config first.
20.        memset(config.ssid, 0, 32);
21.        memset(config.password, 0, 64);
22.        memcpy(config.ssid, AP_SSID, strlen(AP_SSID));
23.        memcpy(config.password, AP_PASSWORD, strlen(AP_PASSWORD));
24.        config.authmode = AUTH_WPA_WPA2_PSK;
25.        config.ssid_len = 0;// or its actual length
26.        config.beacon_interval = 100;
27.        config.max_connection = 4; // how many stations can connect to ESP8266 softAP at most.
28.        wifi_softap_set_config_current(&config);// Set ESP8266 softap config .
29.  }
```

其中第5行和第6行的ssid和password是Wi-Fi通信模块需要连接的无线路由器的SSID热点和密码。

将上述代码添加到工程中后，编译之前最好先执行一次“Clean Project”，防止编译时出错。到这里就已经介绍完三种Wi-Fi工作模式的配置方法。Wi-Fi工作模式功能验证：可取两块Wi-Fi通信模块，一块下载STATION工作模式，另一块下载soft-AP模式进行组网连接，并通过串口调试助手查看打印信息进一步确认。

# 6.5 任务3 基于LwIP的TCP Socket开发

## 6.5.1 任务要求

基于TCP的Socket通信，实现客户端Wi-Fi通信模块通过AP热点接入服务器端Wi-Fi通信模块。

## 6.5.2 知识链接

### 1. TCP/IP

TCP/IP（Transmission Control Protocol/Internet Protocol，传输控制协议/互联网协议）是一种面向连接（连接导向）的、可靠的、基于字节流的传输层（Transport layer）通信协议。在使用TCP传输数据时，接收端收到的是一个和发送端完全一样的数据流。发送端和接收端必须建立联系，以便在TCP基础上进行通信，其端口之间建立连接一般都是使用Socket套接字，当服务端的Socket等待服务请求（即建立连接）时，客户端的Socket可以要求建立连接，一旦连接起来就可以双向传输数据。

### 2. 网络套接字Socket

Socket为“套接字”，是计算机网络通信的基本技术之一，用于描述IP地址和端口，是一个通信链的句柄。应用程序通常通过“套接字”向网络发出请求或者应答网络请求。在Internet上的主机一般运行了多个服务软件，同时提供几种服务。每种服务都打开一个Socket，并绑定到一个端口上，不同的端口对应于不同的服务。大多数基于网络的软件（例如，浏览器、即时通信工具、P2P下载软件）都是基于Socket实现的，Socket可以说是一种针对网络的抽象应用，通过它可以针对网络读写数据。

## 6.5.3. 任务实施

### 1. 建立服务器（Server）代码工程

1）将“任务1搭建Wi-Fi开发环境”已经开发成功的“ESP8266_RTOS_SDK-2.0.0”工程代码复制到目录“.\workspace\project”下，并重命名为“ESP8266_RTOS_SDK-2.0.0-Server”，如图6-43所示。

图6-43　复制工程

2）将文件夹“TCP Server”下的“user_tcpserver.c”复制到目录“.\ESP8266_RTOS_SDK-2.0.0-Server\app\user”下，如图6-44和图6-45所示。

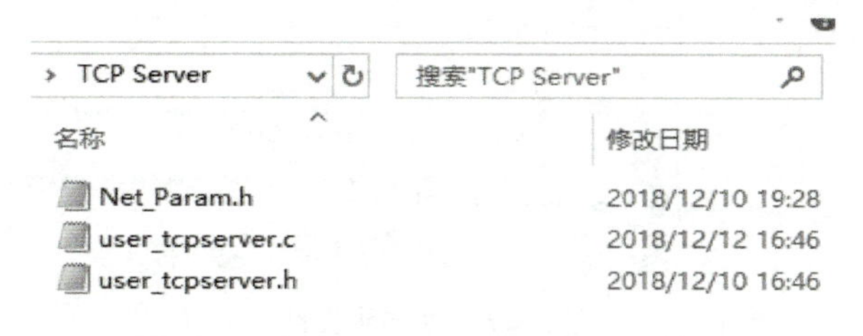


图6-44　复制“user_tcpserver.c”文件

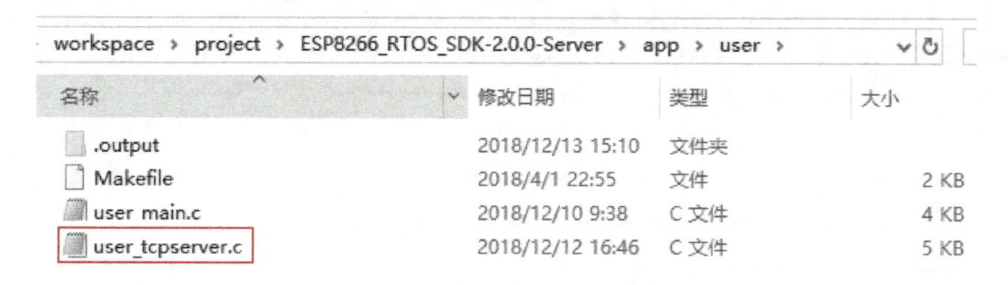


图6-45　user目录

3）将文件夹“TCP Server”下的“user_tcpserver.h”“Net_Param.h”复制到目录“.\ESP8266_RTOS_SDK-2.0.0-Server\app\include”中，如图6-46所示。

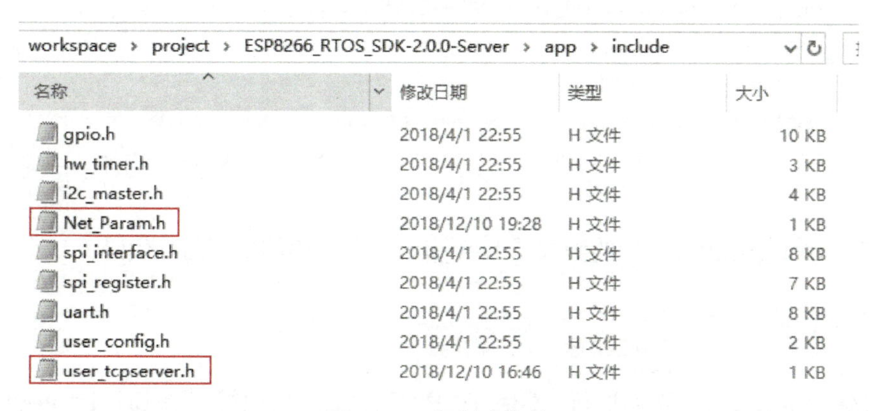


图6-46　复制头文件

4）用ESP_IDE打开“ESP8266_RTOS_SDK-2.0.0-Server”工程代码。打开“app\user\user_main.c”，并添加头文件“user_tcpserver.h”和“Net_Param.h”，如图6-47所示。

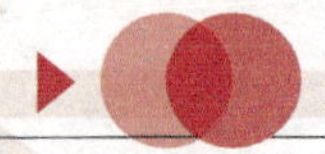

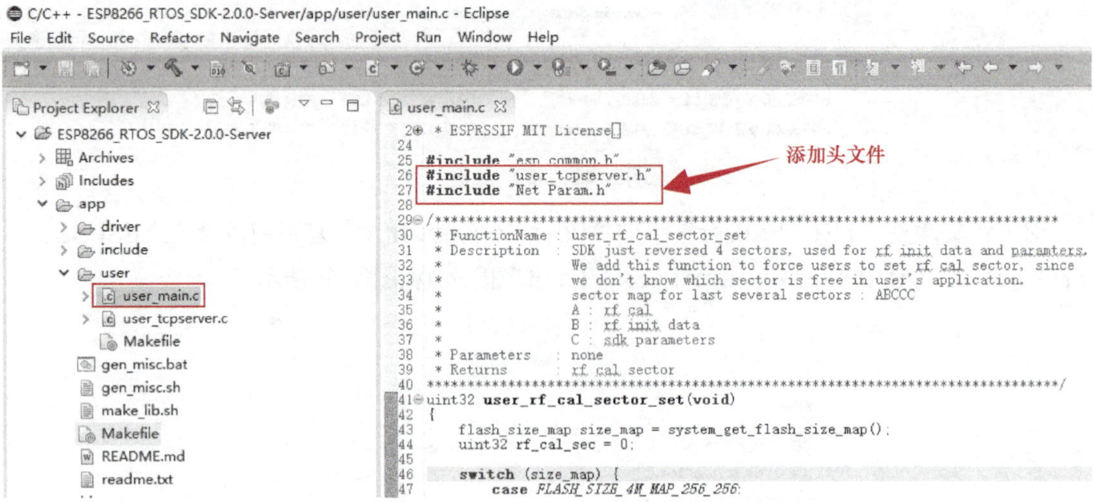

图6-47　添加头文件

5）在“user_main. c”内添加“user_set_softap_config”函数，代码如下:

```
1.  void ICACHE_FLASH_ATTR
2.  user_set_softap_config(void)
3.  {
4.          struct softap_config config;
5.          wifi_softap_get_config(&config); // Get config first.
6.          memset(config.ssid, 0, 32);
7.          memset(config.password, 0, 64);
8.          memcpy(config.ssid, AP_SSID, strlen(AP_SSID));
9.          memcpy(config.password, AP_PASSWORD, strlen(AP_PASSWORD));
10.         printf("AP_SSID: %s, AP_PASSWORD: %s\r\n", AP_SSID, AP_PASSWORD);//用户添加
11.         config.authmode = AUTH_WPA_WPA2_PSK;
12.         config.ssid_len = 0;// or its actual length
13.         config.beacon_interval = 100;
14.         config.max_connection = 4; // how many stations can connect to ESP8266 softAP at most.
15.         wifi_softap_set_config_current(&config);// Set ESP8266 softap config .
16. }
```

6）在“user_main. c”内的函数“user_init()”中添加如下两行代码。

```
1. user_set_softap_config();//用户添加
2. user_tcpserver_init(SERVER_PORT);//用户添加
```

7）先保存所有文件，然后执行“Clean Project”，再执行“Build Project”。最后可以看到Console下的输出内容，如图6-48所示。项目编译成功。

下载刚才编译得到的user1的bin文件到ESP8266中。下载成功后，打开串口调试助手，波特率设置为74880bit/s，数据位为8，无校验位，1个停止位。复位Wi-Fi通信模块，可以看到如图6-49所示的结果。

```
Problems  Tasks  Console  Properties  Call Hierarchy  Search
CDT Build Console [ESP8266_RTOS_SDK-2.0.0-Server]
BIN_PATH: /cygdrive/d/ESP8266_IDE/workspace/project/ESP8266_RTOS_SDK-2.0.0-Server/bin/upgrade

bin crc: 195231cb
Support boot_v1.2 and +
Generate user1.1024.new.2.bin successully in BIN_PATH
boot.bin------------>0x00000
user1.1024.new.2.bin--->0x01000
!!!
make[1]: Leaving directory '/cygdrive/d/ESP8266_IDE/workspace/project/ESP8266_RTOS_SDK-2.0.0-Server/app'

16:32:44 Build Finished (took 6s.751ms)
```

图6-48　清理、编译项目

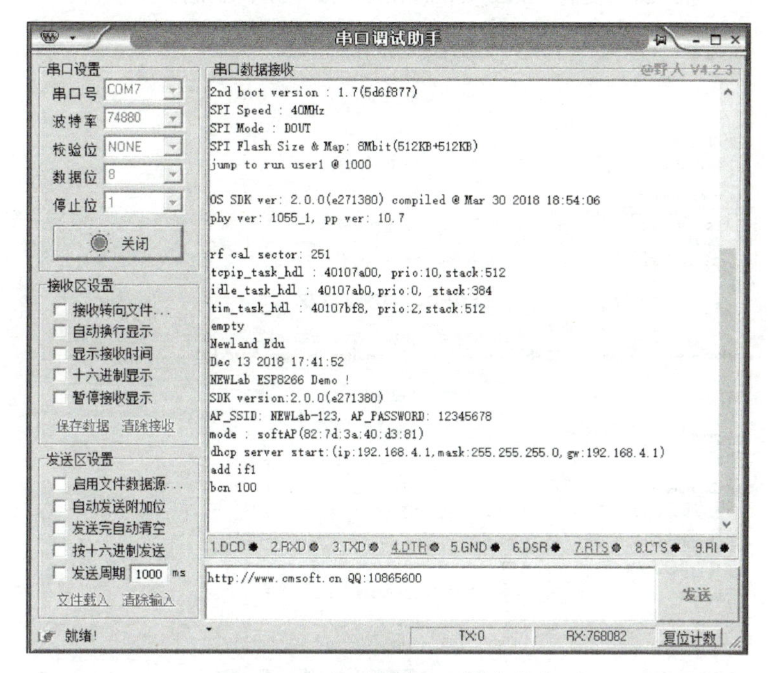


图6-49　串口调试助手输出信息

## 2. 建立客户端（Client）代码工程

1）将“任务1　搭建Wi-Fi开发环境”已经开发成功的“ESP8266_RTOS_SDK-2.0.0”工程代码复制到目录“.\workspace\project”下，并重命名为“ESP8266_RTOS_SDK-2.0.0-Client”，如图6-50所示。

图6-50　复制工程

2）将文件夹“TCP Client”下的“user_tcpclient.c”“user_timers.c”复制到目录“.\ESP8266_RTOS_SDK-2.0.0-Client \app\user”下，如图6-51和图6-52所示。

3）将文件夹“TCP Client”下的“user_ tcpclient.h”“Net_Param.h”“user_timers.h”复制到目录“.\ESP8266_RTOS_SDK-2.0.0-Client \app\include”中，如图6-53所示。

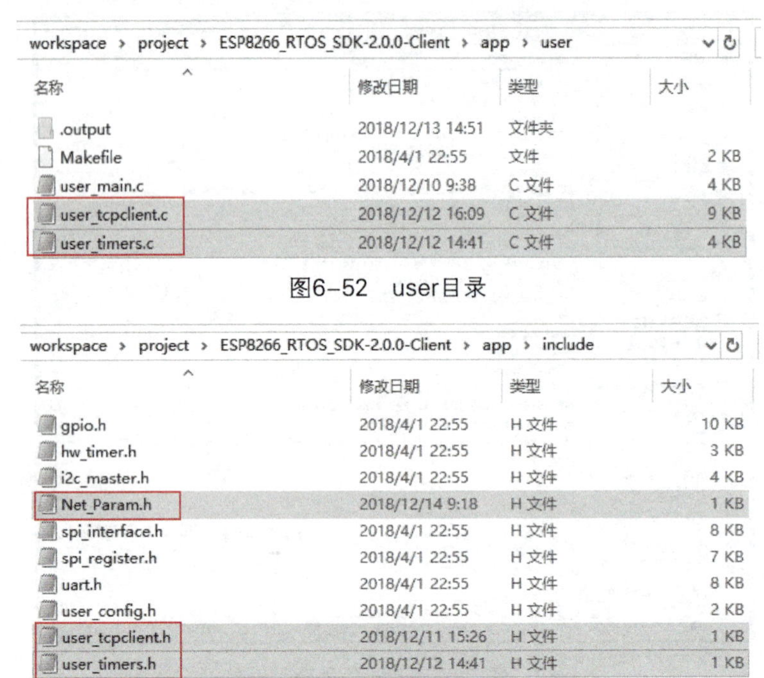


图6-51　复制“user_tcpclient.c”和“user_timers.c”文件



图6-52　user目录



图6-53　复制头文件

4）用ESP_IDE打开“ESP8266_RTOS_SDK-2.0.0-Client”工程代码。打开“app\user\user_main.c”，并添加头文件“user_ tcpclient.h”，如图6-54所示。

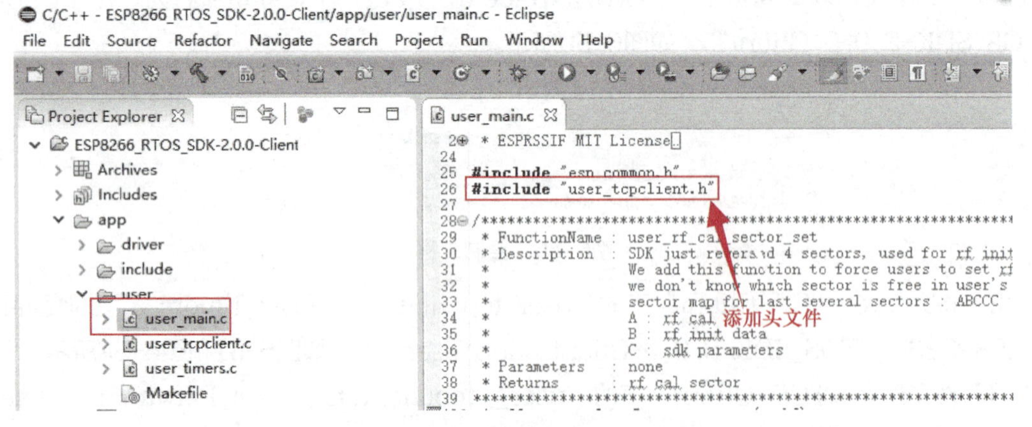


图6-54　添加头文件

5）在“user_main.c”内的函数“user_init()”中添加如下两行代码。

```
1. tcpuser_init();    //用户添加
2. xTaskCreate(schedule_tx_task, "schedule_tx_task", 256, NULL, 2, NULL);    //用户添加
```

6）先保存所有文件，然后执行“Clean Project”，再执行“Build Project”。最后可以看到Console下的输出内容，如图6-55所示。项目编译成功。

```
Problems  Tasks  Console ☒  Properties  Call Hierarchy  Search
CDT Build Console [ESP8266_RTOS_SDK-2.0.0-Client]
!!!
SDK_PATH: /cygdrive/d/ESP8266_IDE/workspace/project/ESP8266_RTOS_SDK-2.0.0-Client
BIN_PATH: /cygdrive/d/ESP8266_IDE/workspace/project/ESP8266_RTOS_SDK-2.0.0-Client/bin/upgrade

bin crc: 47948f64
Support boot_v1.2 and +
Generate user1.1024.new.2.bin successully in BIN_PATH
boot.bin------------>0x00000
user1.1024.new.2.bin--->0x01000
!!!
make[1]: Leaving directory '/cygdrive/d/ESP8266_IDE/workspace/project/ESP8266_RTOS_SDK-2.0.0-Client/app'

10:20:07 Build Finished (took 5s.880ms)
```

图6-55　清理、编译项目

7）下载编译得到的user1的bin文件到ESP8266中，打开串口调试助手，波特率设置为74880bit/s，数据位为8，无校验位，1个停止位，复位Wi-Fi通信模块，可以看到如图6-56所示的结果。

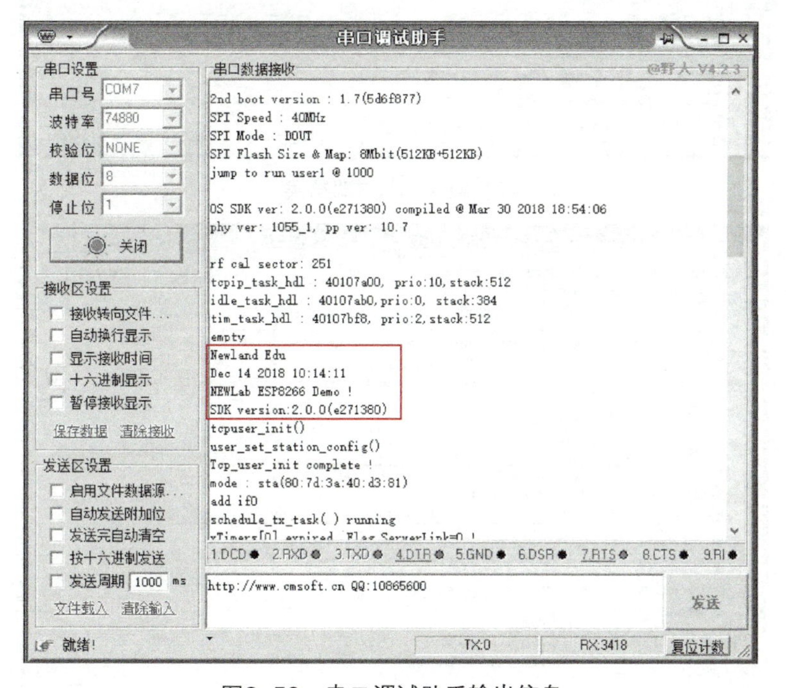


图6-56　串口调试助手输出信息

到这里TCP服务器和客户端的应用程序就开发完成了。

取Wi-Fi通信模块两块，分别放在两个NEWLab平台上，其中一块Wi-Fi通信模块的ESP8266作为AP热点，并建立服务器监听端口“8266”；另一块Wi-Fi通信模块的ESP8266作为客户端，连接前面一块通信模块的热点，并与服务器建立连接。

两块Wi-Fi通信模块一旦建立TCP连接，客户端将向服务器发送消息“NEWLab

ESP8266 TCP Client Connected !\r\n”，服务器响应“NEWLab Ack\r\n”。建立有效TCP连接之后每隔3s，客户端向服务器发送“ping”，服务器响应“pong”。结果如图6-57和图6-58所示。

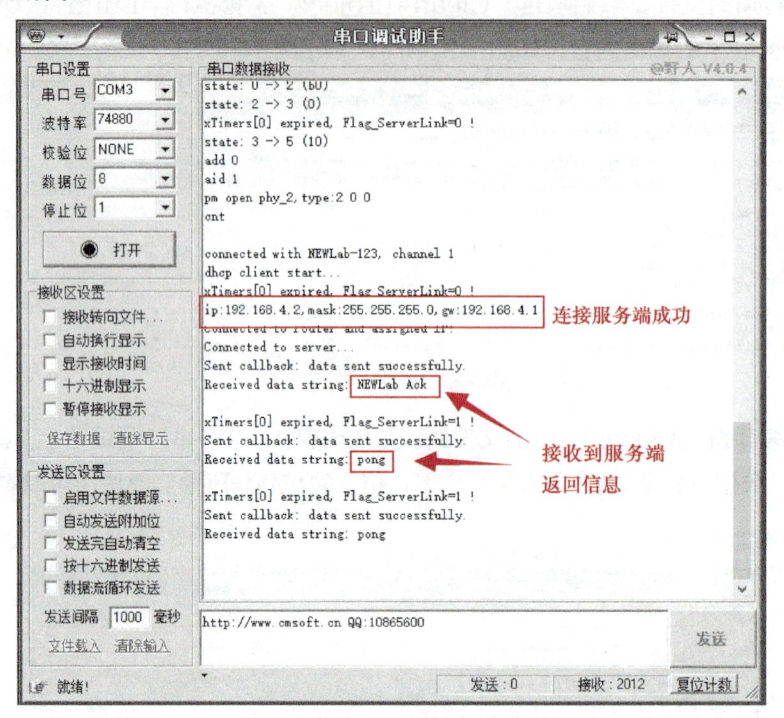


图6-57　客户端结果

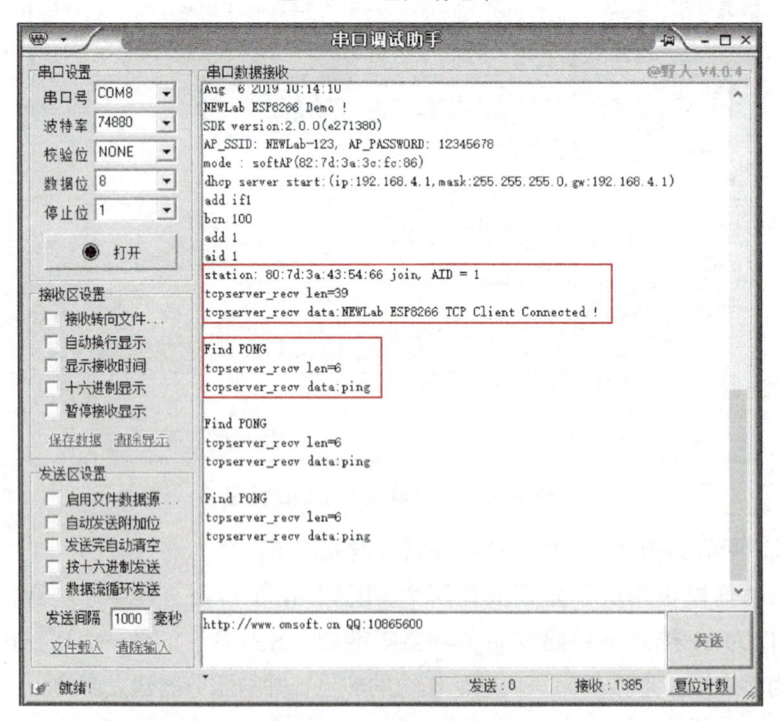


图6-58　服务端结果

# 6.6 任务4 Wi-Fi接入云平台

## 6.6.1 任务要求

实现传感器节点和执行器节点通过Wi-Fi通信模块接入云平台。为了简化硬件结构，传感器数据通过模拟方式上报，执行器模块的“打开”和“关闭”用Wi-Fi通讯模块GPIO4口电平来模拟，“打开”时GPIO4电平为高，“关闭”时GPIO4电平为低，验证时可以在GPIO4和GND之间接发光二极管即可，如图6-59所示。

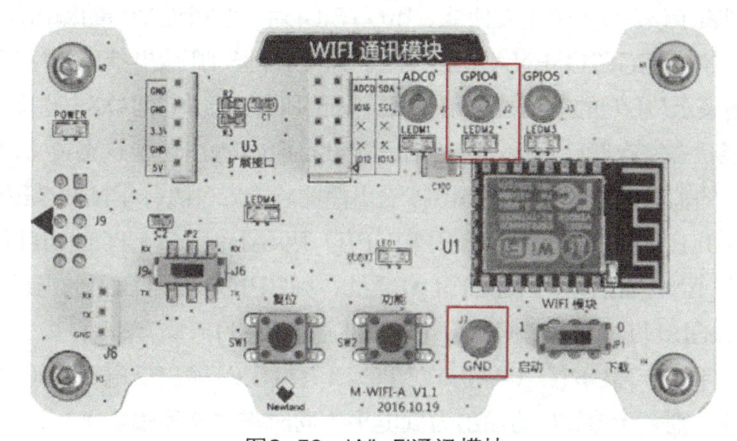


图6-59 Wi-Fi通讯模块

## 6.6.2 知识链接

### 1. ESP8266通用I/O口

任务中通过ESP8266 GPIO4控制继电器打开或关闭执行器（LED）。ESP8266共有16个通用I/O，管脚的位置和管脚的名称见表6-1。

表6-1 ESP8266通用I/O口

| GPIO编号 | 管脚编号 | 管脚名称 |
|---|---|---|
| GPIO0 | pin15 | GPIO0_U |
| GPIO1 | pin26 | U0TXD_U |
| GPIO2 | pin14 | GPIO2_U |
| GPIO3 | pin25 | U0RXD_U |
| GPIO4 | pin16 | GPIO4_U |
| GPIO5 | pin24 | GPIO5_U |
| GPIO6 | pin21 | SD_CLK_U |
| GPIO7 | pin22 | SD_DATA0_U |
| GPIO8 | pin23 | SD_DATA1_U |
| GPIO9 | pin18 | SD_DATA2_U |

（续）

| GPIO编号 | 管脚编号 | 管脚名称 |
| --- | --- | --- |
| GPIO10 | pin19 | SD_DATA3_U |
| GPIO11 | pin20 | SD_CMD_U |
| GPIO12 | pin10 | MTDI_U |
| GPIO13 | pin12 | MTCK_U |
| GPIO14 | pin9 | MTMS_U |
| GPIO15 | pin13 | MTDO_U |

#### 2. ESP8266 GPIO寄存器

1）输出使能寄存器GPIO_ENABLE_W1TS。bit[15:0]输出使能位（可读写）：若对应的位被置1，则表示该I/O的输出被使能。bit[15:0]对应16个GPIO的输出使能位。

2）输出禁用寄存器GPIO_ENABLE_W1TC。bit[15:0]输出禁用位（可读写）：若对应的位被置1，则表示该I/O的输出被禁用。bit[15:0]对应16个GPIO的输出禁用位。

3）输出使能状态寄存器GPIO_ENABLE。bit[15:0]输出使能状态位（可读写）：该寄存器的bit[15:0]的值反映的是对应的pin脚输出使能状态。GPIO_ENABLE的bit[15:0]通过给GPIO_ENABLE_W1TS的bit[15:0]和GPIO_ENABLE_W1TC的bit[15:0]写值来控制。例如，GPIO_ENABLE_W1TS的bit[0]置1，则GPIO_ENABLE的bit[0]=1。GPIO_ENABLE_W1TC的bit[1]置1，则GPIO_ENABLE的bit[1]=0。

4）输出低电平寄存器GPIO_OUT_W1TC。bit[15:0]输出低电平位（只写寄存器）：若对应的位被置1，则表示该I/O的输出为低电平（同时需要使能输出）。bit[15:0]对应16个GPIO的输出状态。

备注：如果需要将该pin配置为高电平，则需要配置GPIO_OUT_W1TS寄存器。

5）输出高电平寄存器GPIO_OUT_W1TS。bit[15:0]输出高电平位（只写寄存器）：若对应的位被置1，则表示该I/O的输出为高电平（同时需要使能输出）。bit[15:0]对应16个GPIO的输出状态。

备注：如果需要将该pin配置为低电平，则需要配置GPIO_OUT_W1TC寄存器。

6）输出状态寄存器GPIO_OUT。bit[15:0]输出状态位（读写寄存器）：该寄存器的[15:0]的值，反映的是对应pin脚输出的状态。GPIO_OUT的bit[15:0]是由GPIO_OUT_W1TS的bit[15:0]和GPIO_OUT_W1TC的bit[15:0]共同决定的。例如，GPIO_OUT_W1TS的bit[1]=1，那么GPIO_OUT[1]=1。GPIO_OUT_W1TC的bit[2]=1，那么GPIO_OUT[2]=0。

### 6.6.3 任务实施

#### 1. 在物联网云平台中创建设备

（1）创建工程

登录物联网云平台，进入开发者中心的“项目管理”主界面，单击“新建项目”按钮，在“添加项目”对话框中填入相关信息，如图6-60所示。

图6-60　添加项目

（2）创建设备

在“添加项目”对话框中单击“下一步”按钮后会跳转到“添加设备”子页面，输入设备名称“ESP8266V1.0”，选择通信协议“TCP”，输入设备标识“zkt001”（设备标识需自定义，符合规则即可），单击“确定添加设备”按钮完成设备的创建，如图6-61所示。

添加设备

*设备名称

ESP8266V1.0　支持输入最多15个字符

*通信协议

TCP　MQTT　HTTP　LWM2M　TCP透传

*设备标识

zkt0001　英文、数字或其组合6到30个字符 解绑被占用的设备

数据保密性

公开(访客可在浏览中阅览设备的传感器数据)

数据上报状态

马上启用（禁用会使设备无法上报传感数据）

确定添加设备　关闭

图6-61　添加设备

（3）记录设备标识和传输密钥

进入新建好的项目，打开项目设备信息页面，记录下“设备标识”和“传输密钥”，如图6-62所示。

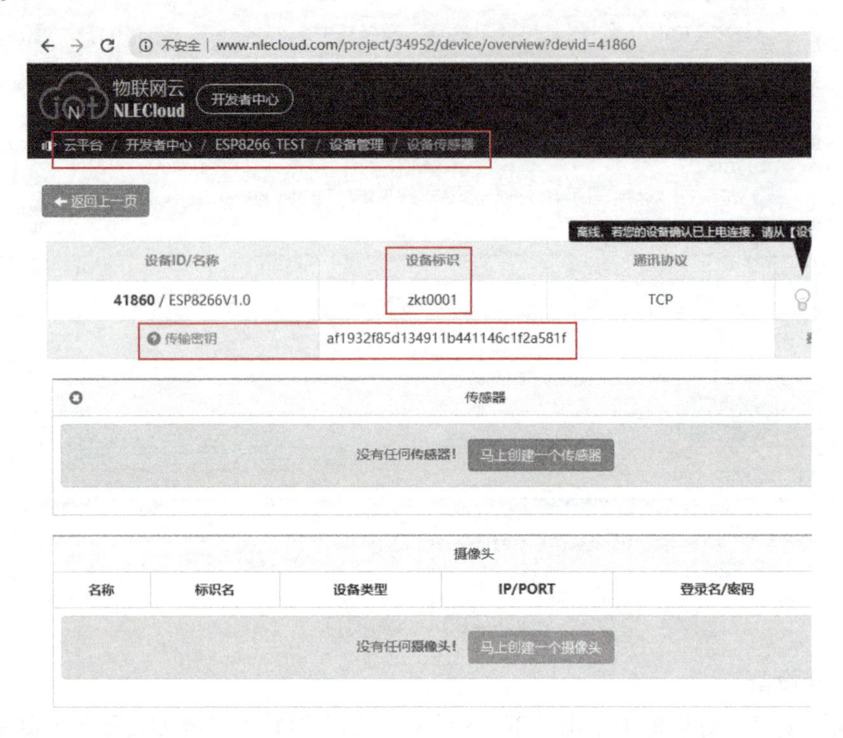

图6-62　设备信息

（4）创建传感器和执行器

在设备传感器界面，单击“马上创建一个传感器”按钮，在“添加传感器”界面中输入传感器信息，输入传感器名称“温度”，标识名“temperature”，选择传输类型“只上报”，选择数据类型“整数型”，选择设备单位“℃”，单击“确定”按钮完成传感器的创建。在传感器信息界面中可以查看详细信息，如图6-63所示。

在设备传感器界面，单击“马上创建一个执行器按钮，在“添加执行器”界面中输入执行器信息，输入执行器名称“开关0”，标识名“switch0”，选择传输类型“上报和下发”，选择数据类型“整数型”，选择操作类型“开关型”，单击“确定”按钮完成执行器的创建。在执行器信息界面中可以查看详细信息，如图6-64所示。

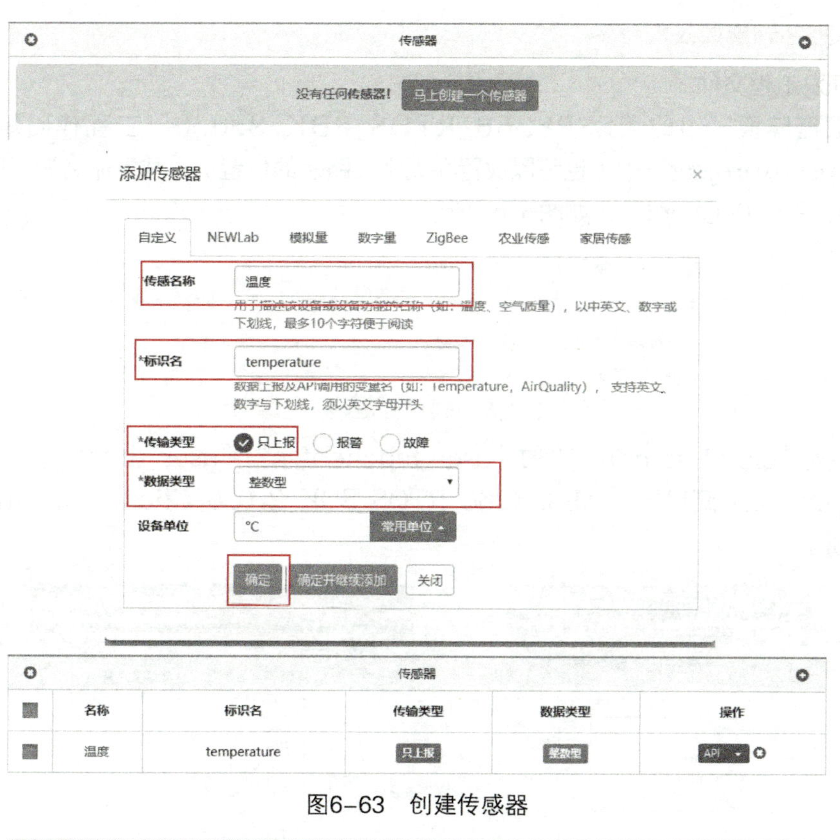


图6-63　创建传感器

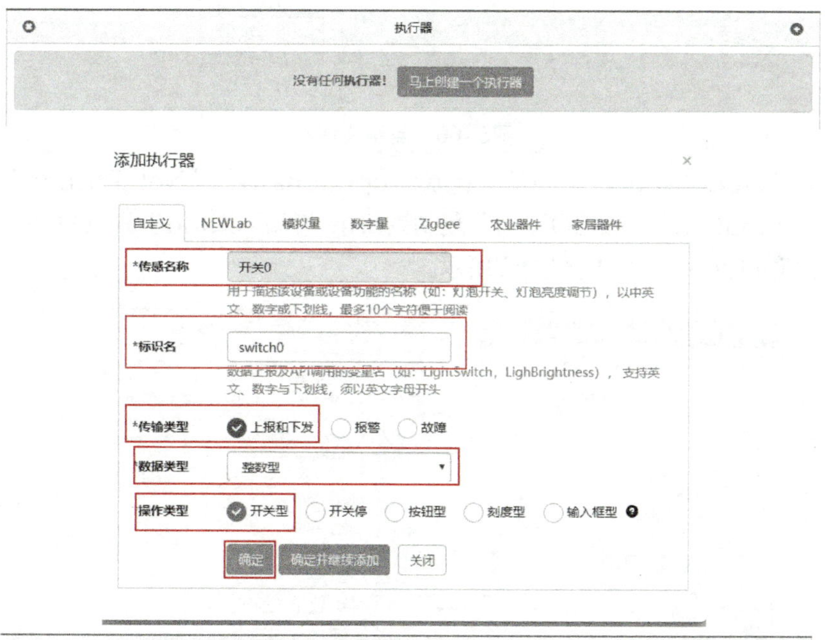


图6-64　创建执行器

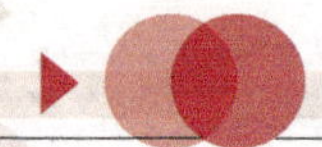

## 2. ESP8266连接云平台

### （1）开发工程文件

将“工程模板”中的“ESP8266_RTOS_SDK-2.0.0”工程代码复制到目录“.\workspace\project”中（也可以放置在无中文路径的位置），并重命名为“ESP8266_RTOS_SDK-2.0.0-Client”，如图6-65所示。

图6-65　复制工程

将文件夹“cloud_source”下的“user_tcpclient.c”“user_timers.c”“cJSON.c”“cloud.c”复制到目录“.\ESP8266_RTOS_SDK-2.0.0-Client \app\user”下，如图6-66所示。

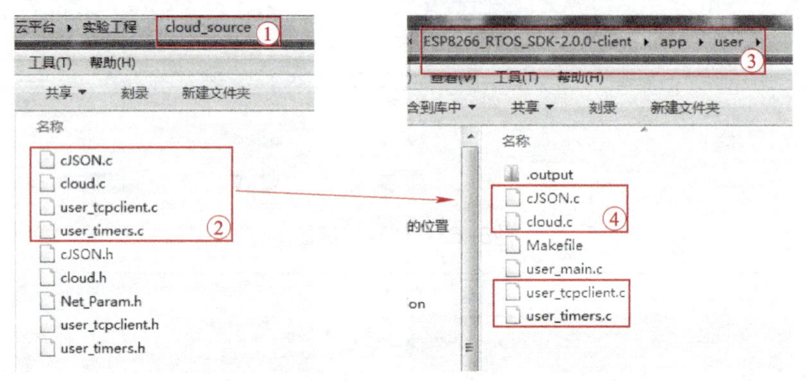


图6-66　复制文件

将文件夹“cloud_source”下的“user_tcpclient.h”“Net_Param.h”“user_timers.h”“cloud.h”“cJSON.h”复制到目录“.\ESP8266_RTOS_SDK-2.0.0-Client \app\include”中，如图6-67所示。

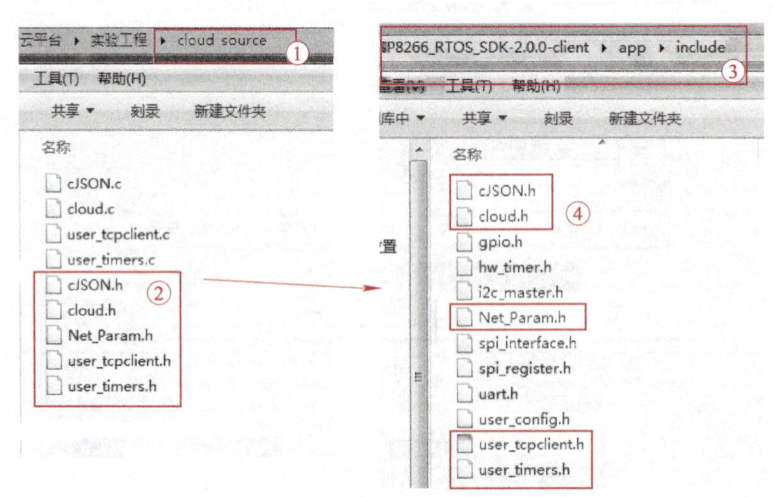


图6-67　复制头文件

（2）用ESP_IDE打开工程并添加头文件

用ESP_IDE打开“ESP8266_RTOS_SDK-2.0.0-Client”工程代码。打开“app\user\user_main.c”，并添加头文件“user_ tcpclient.h”，如图6-68所示。

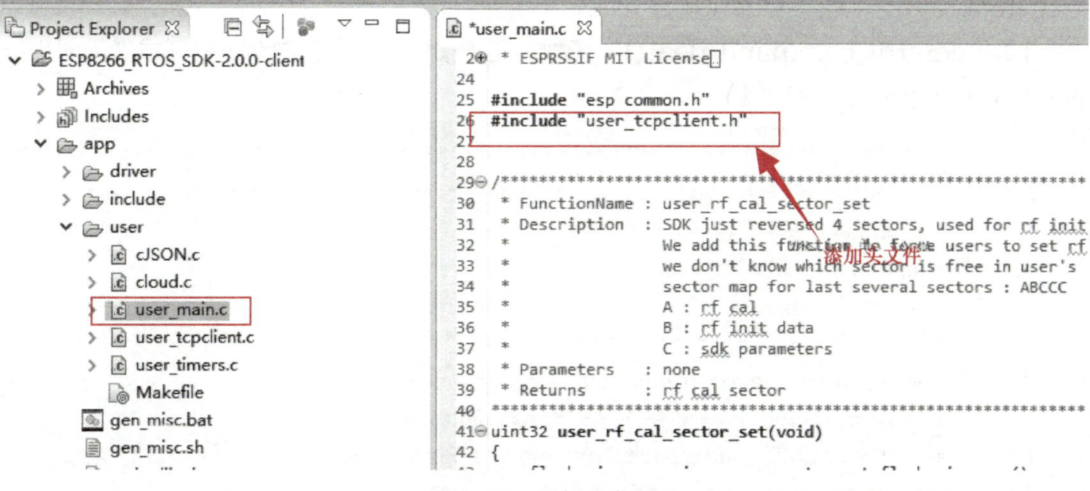


图6-68　添加头文件

（3）修改main()函数

在“user_main.c”内的函数“user_init()”下添加如下两行代码：

```
1.  tcpuser_init();
2.  xTaskCreate(esp8266_link_cloud_test, "esp8266_link_cloud_tes", 512, NULL, 2, NULL);
```

备注：函数“xTaskCreate()”用于创建任务。

（4）修改设备标识和传输密钥

在头文件“Net_Param.h”中修改设备标识和传输密钥为前序步骤中记录的设备标识和传输密钥，如图6-69所示。

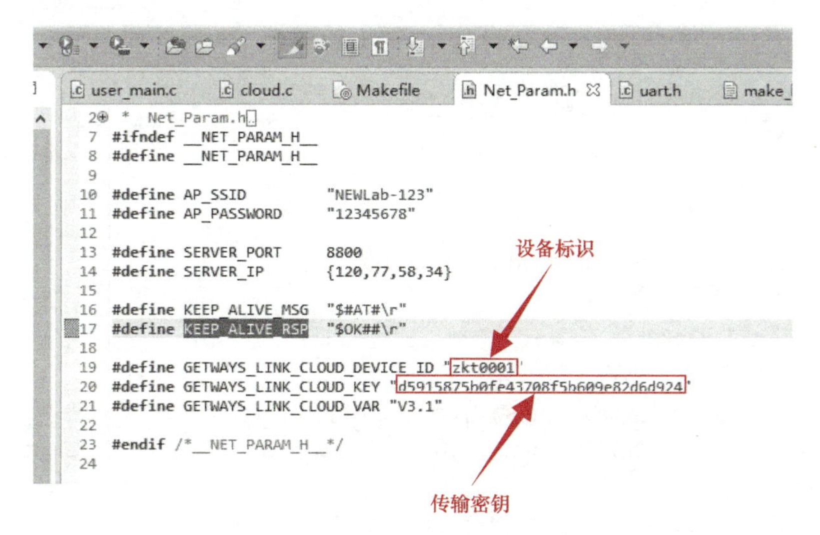


图6-69　修改设备标识和传输密钥

（5）检查传感器标识名和执行器标识名

查看“user_tcpclient.c”代码的“control_command_deal()”“send_temperature_data()”函数中的传感器标识名、执行器标识名是否和物联网云平台中的名称（“temperature”和“switch0”）一致。

1）“control_command_deal()”函数，用于接收云平台控制命令打开或者关闭执行器（以GPIO4电平高低来模拟）。

```
1.  /************************************************************************
2.   * FunctionName : static void control_command_deal(void* msg_unpacket)
3.   * Description  : 云平台控制命令处理
4.   * Parameters   : [in] msg_unpacket
5.   * Returns      : none
6.  ************************************************************************/
7.  static void control_command_deal(void* msg_unpacket)
8.  {   CMD_REQ* cmd_rcv = (CMD_REQ*)msg_unpacket;
9.      printf("recv CMD, data type:%d\n", cmd_rcv->data_type);
10.     switch(cmd_rcv->data_type){
11.         case CMD_DATA_TYPE_NUM:
12.             printf("unpacket, msg_type:%d, msg_id:%d apitag:%s, data:%d\n",
13.                 cmd_rcv->msg_type, cmd_rcv->cmd_id, cmd_rcv->api_tag, *((int*)cmd_
rcv->data));
14.             if(strcmp(cmd_rcv->api_tag,"switch0") == 0)       //执行器标识名
15.             {
16.                 if(*((int*)cmd_rcv->data) == 1)
17.                 {
18.                     printf("Set GPIO4\r\n");
19.                     GPIO_OUTPUT_SET(GPIO_ID_PIN(4), 1);    //GPIO4设置为高电平
20.                 }
21.                 else if(*((int*)cmd_rcv->data) == 0)
22.                 {
23.                     printf("Reset GPIO4\r\n");
24.                     GPIO_OUTPUT_SET(GPIO_ID_PIN(4), 0);    //GPIO4设置为低电平
25.                 }
26.                 else
27.                     printf("not affect GPIO4\r\n");
28.             }
29.             break;
30.         case CMD_DATA_TYPE_DOUBLE:
31.             printf("unpacket, msg_type:%d, msg_id:%d apitag:%s, data:%f\n",
32.                 cmd_rcv->msg_type, cmd_rcv->cmd_id, cmd_rcv->api_tag, *((double*)
cmd_rcv->data));
33.             break;
```

```
34.            case CMD_DATA_TYPE_STRING:
35.                printf("unpacket, msg_type:%d, msg_id:%d apitag:%s, data:%s\n",
36.                      cmd_rcv->msg_type, cmd_rcv->cmd_id, cmd_rcv->api_tag, (char*)cmd_
rcv->data);
37.                break;
38.            case CMD_DATA_TYPE_JSON:
39.                printf("unpacket, msg_type:%d, msg_id:%d apitag:%s, data:%s\n",
40.                      cmd_rcv->msg_type, cmd_rcv->cmd_id, cmd_rcv->api_tag, (char*)cmd_
rcv->data);
41.                break;
42.            default:
43.                printf("data_type(%d) error\n", cmd_rcv->data_type);
44.        }
45.  }
```

2）“send_temperature_data()”函数，用于发送温度数据到云平台（本任务中发送模拟数据）。

```
1.   /*************************************************************************
2.    * FunctionName : void send_temperature_data(int value)
3.    * Description  : 发送温度数据到云平台
4.    * Parameters   : [in] value
5.    * Returns      : none
6.    *************************************************************************/
7.   void send_temperature_data(int value)
8.   {    char *pbuf = (char *)zalloc(packet_size);
9.        char *packet;
10.       POST_REQ post_req;
11.       sprintf(pbuf,"{\r\n\"%s\":%d\r\n}","temperature",value);  //传感器标识名
12.       post_req.msg_type = PACKET_TYPE_POST_DATA;
13.       post_req.msg_id = 0;
14.       post_req.data_type = 1;
15.       post_req.data = pbuf;
16.       post_req.data_len = strlen(post_req.data);
17.       packet = packet_msg(&post_req);
18.       printf("CLOUD:\r\n%s\r\n",packet);
19.       espconn_send(&user_tcp_conn, packet, strlen(packet));
20.       free(pbuf);
21.       free_packet_msg(packet);
22.  }
```

（6）编译工程并烧写

先保存所有文件，然后执行“Clean Project”，再执行“Build Project”。最后可以

看到Console下的输出，如图6-70所示。

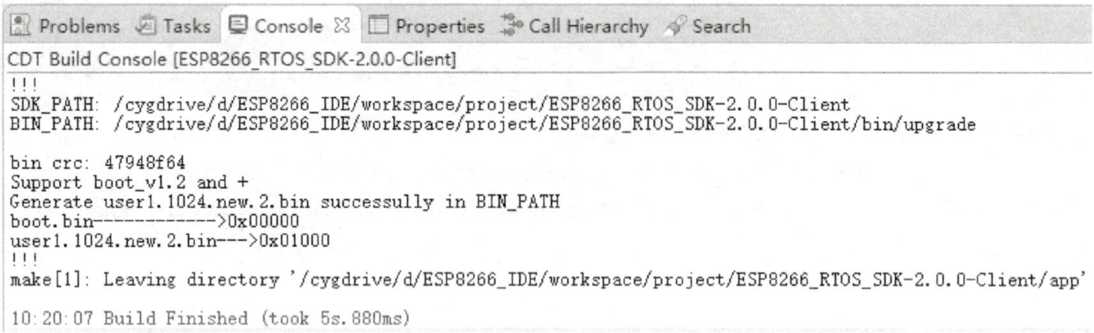

```
Problems  Tasks  Console  Properties  Call Hierarchy  Search
CDT Build Console [ESP8266_RTOS_SDK-2.0.0-Client]
!!!
SDK_PATH: /cygdrive/d/ESP8266_IDE/workspace/project/ESP8266_RTOS_SDK-2.0.0-Client
BIN_PATH: /cygdrive/d/ESP8266_IDE/workspace/project/ESP8266_RTOS_SDK-2.0.0-Client/bin/upgrade

bin crc: 47948f64
Support boot_v1.2 and +
Generate user1.1024.new.2.bin successully in BIN_PATH
boot.bin------------>0x00000
user1.1024.new.2.bin--->0x01000
!!!
make[1]: Leaving directory '/cygdrive/d/ESP8266_IDE/workspace/project/ESP8266_RTOS_SDK-2.0.0-Client/app'

10:20:07 Build Finished (took 5s.880ms)
```

图6-70　清理、编译项目

按图6-71中的配置下载刚编译得到的bin文件并烧写到ESP8266中。

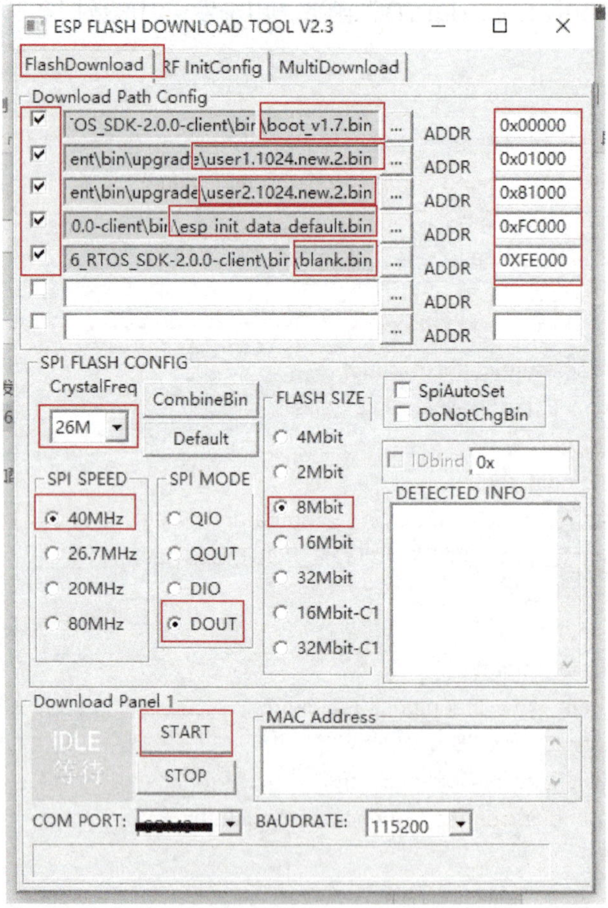

图6-71　烧写参数配置

下载成功后，将开关JP1拨到左边（启动），打开串口调试助手，将波特率设置成74880bit/s，数据位为8，无校验位，1个停止位，可以看到结果如图6-72所示。

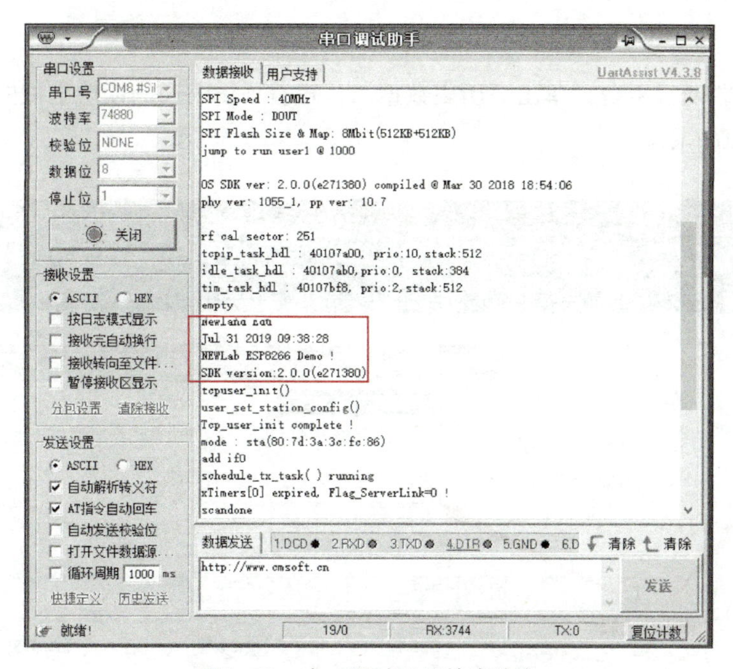

图6-72　串口调试助手输出信息

## 3. 测试结果

根据“NetParam.h”文件配置手机Wi-Fi网络热点（Wi-Fi名：NEWLab-123，密码：12345678），然后在串口调试助手中将波特率设置为74880bit/s，数据位为8，无校验位，1个停止位。在串口调试助手中可以看到Wi-Fi通信模块连接Wi-Fi成功，连接物联网云平台成功（status为0表示成功，status为3表示失败），如图6-73所示。

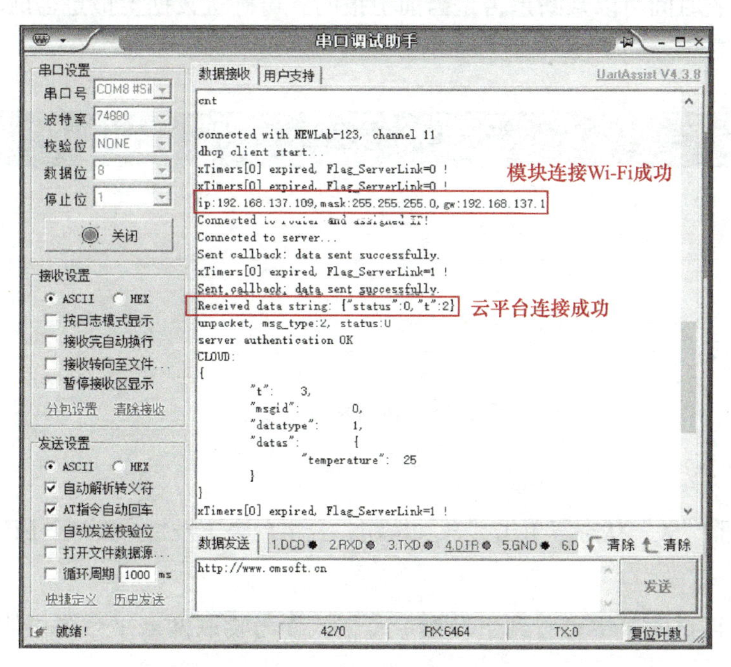

图6-73　Wi-Fi通信模块和云平台连接成功

### 4．查看ESP8266上传数据

1）打开物联网云平台，单击“历史数据”，查看Wi-Fi通信模块上报的数据（模拟数据），如图6-74所示。

图6-74　下发设备、查看历史数据

2）根据接收时间可以判断是否是当前上报的，可确认数据上报是否成功，如图6-75所示。

| 记录ID | 记录时间 | 传感ID | 传感名称 | 传感标识名 | 传感值/单位 | 设备标识 |
|---|---|---|---|---|---|---|
| 760381714 | 2019-07-31 11:06:48 | 129086 | 温度 | temperature | 25 ℃ | zkt0001 |
| 760381639 | 2019-07-31 11:06:42 | 129086 | 温度 | temperature | 25 ℃ | zkt0001 |
| 760381597 | 2019-07-31 11:06:39 | 129086 | 温度 | temperature | 25 ℃ | zkt0001 |
| 760381518 | 2019-07-31 11:06:33 | 129086 | 温度 | temperature | 25 ℃ | zkt0001 |
| 760381465 | 2019-07-31 11:06:30 | 129086 | 温度 | temperature | 25 ℃ | zkt0001 |
| 760381388 | 2019-07-31 11:06:24 | 129086 | 温度 | temperature | 25 ℃ | zkt0001 |
| 760381350 | 2019-07-31 11:06:21 | 129086 | 温度 | temperature | 25 ℃ | zkt0001 |

图6-75　传感器历史数据

### 5．使用执行器

1）在执行器“关”状态下单击“开”按钮，云平台会下发指令到Wi-Fi通信模块，如图6-76所示。

2）在串口调试助手中可看到下发指令（格式参考物联网云平台提供的TCP），如图6-77所示。

图6-76　下发开关指令

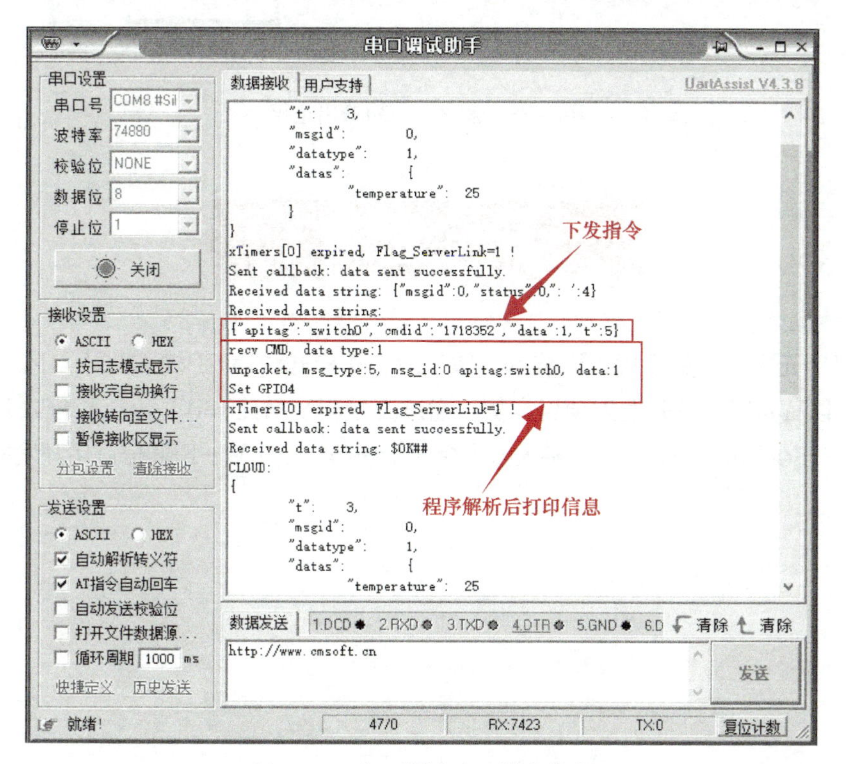


图6-77　串口调试助手输出信息

3）“user_tcpclient.c”文件中“control_command_deal()”函数中的第14～28行代码实现对该执行器进行处理，将GPIO4输出设置为高电平。

4）按照硬件连线图进行接线，之后可以实现远程控制LED，如图6-78所示。

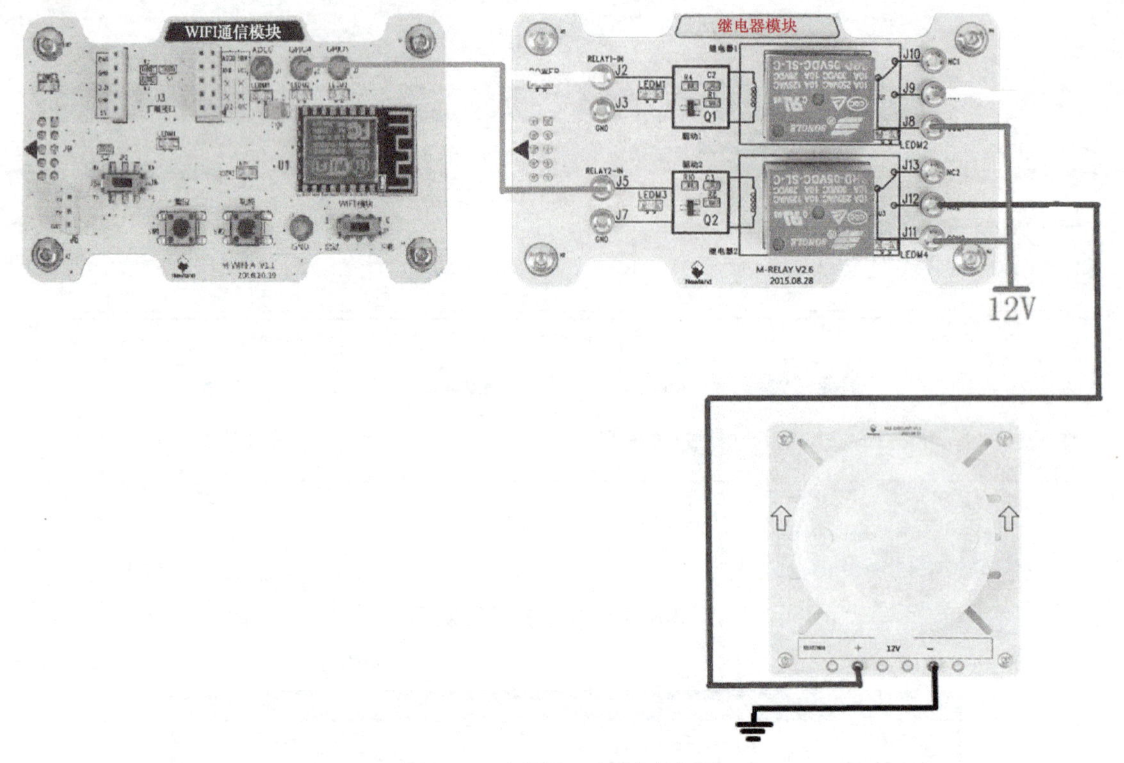


图6-78　测试GPIO4输出电平

## 单元总结

本学习单元主要讲解了Wi-Fi技术、Wi-Fi工作模式、LwIP栈、TCP/IP、Socket等基本概念，以Wi-Fi网关开发为项目案例，通过开发环境搭建、Wi-Fi工作模式开发、基于LwIP的TCP Socket开发、Wi-Fi接入云平台四个任务介绍了Wi-Fi通信应用开发的过程。

Project 7

# NB-IoT通信应用开发

## 单元概述

本单元主要面向的工作领域是传感网应用开发中的低功耗窄带组网通信中的NB-IoT通信应用开发技术，以“智能路灯”项目为案例介绍NB-IoT数据通信的过程，项目中使用NB86-G模组将“M3主控模块”采集到的光照数据接入物联网云平台。本单元包含6个任务，分别为任务1用UDP工具来调试CoAP、任务2使用STM32CubeMX生成基础工程、任务3在工程中添加代码包、任务4在源文件中添加代码，任务5烧写NB-IoT模块程序，任务6 NB-IoT接入云平台。

## 知识目标

- 熟悉NB-IoT模块的各种工作模式（Active模式、Idle模式、PSM模式）；
- 了解CoAP协议；
- 掌握NB-IoT模块组网通信程序开发。

## 技能目标

- 能熟练配置NB-IoT模块的各种工作模式（Active模式、Idle模式、PSM模式）；
- 能编程实现将传感器数据上传至物联网云平台。

# 7.1 NB-IoT技术简介

NB-IoT（Narrow Band Internet of Things，窄带物联网）是一种全新的蜂窝物联网技术，是3GPP组织定义的可在全球范围内广泛部署的低功耗广域网，基于授权频谱的运营，可以支持大量的低吞吐率、超低成本设备连接，并且具有低功耗、优化的网络架构等独特优势。

3GPP（3rd Generation Partnership Project，第三代合作伙伴计划）是一个成立于1998年12月的标准化组织，旨在研究制定并推广基于演进的GSM核心网络的3G标准，即WCDMA、TD-SCDMA、EDGE等，目前其指定技术标准已经延伸到5G，其成员包括日本无线工业及商贸联合会（ARIB）、中国通信标准化协会（CCSA）、美国电信行业解决方案联盟（ATIS）、日本电信技术委员会（TTC）、欧洲电信标准协会（ETSI）、印度电信标准开发协会（TSDSI）、韩国电信技术协会（TTA）。3GPP制定的标准规范以Release作为版本管理。

目前3GPP共有3个技术规格组：无线接入组（RAN）、业务和系统结构组（SA）、核心网和终端组（CT）。其中NB-IoT标准化工作是在无线接入组下进行的，2015年8月前是在GSM EDGE RAN组（GERAN），后来该规格组撤销合并至RAN组。

## 7.1.1 LPWAN

物联网通信技术有很多种，从传输距离上区分可以简化分为两类。

一类是短距离无线通信技术，代表技术有ZigBee、Wi-Fi、Bluetooth、Z-Wave等，目前非常成熟并有各自的应用领域。

另一类是长距离无线通信技术、宽带广域网，例如，电信CDMA、移动及联通的3G/4G无线蜂窝通信和窄带广域网即LPWAN，如图7-1所示。

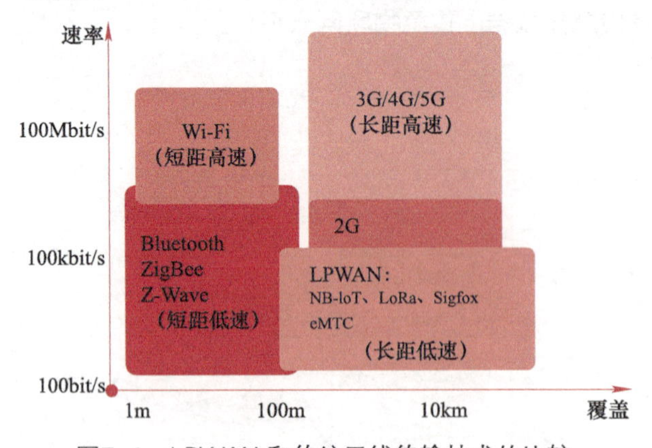


图7-1 LPWAN和传统无线传输技术的比较

LPWAN（Low Power Wide Area Network，低功耗广域网）用于物联网低速

率远距离的通信。低功耗广域网功耗低、数据速率低，而无线广域网（Wireless WAN）数据流量大、能源消耗大，两者使用目的也不相同。一般地，LPWAN数据速率范围为0.3～50kbit/s。

目前主流的LPWAN技术又可分为两类：

一类是工作在非授权频段的技术，如LoRa、Sigfox等，这类技术大多是非标准、自定义实现。

另一类是工作在授权频段的技术，如NB-IoT。

工作在授权频段的还有成熟的2G/3G/4G蜂窝通信技术以及LTE（Long Term Evolution，长期演进）技术。LTE是3G的演进，是3G与4G技术之间的一个过渡，是3.9G的全球标准。LTE技术主要有TDD（Time Division Duplexing，时分双工）和FDD（Frequency Division Duplexing，频分双工）两种主流模式。

NB-IoT是2015年9月在3GPP标准组织中立项提出的一种新的工作在授权频段的LPWAN技术。NB-IoT构建于蜂窝网络，只消耗大约180kHz的带宽，可直接部署于GSM网络（Global System for Mobile Communications，全球移动通信系统）、UMTS网络（Universal Mobile Telecommunications System，通用移动通信系统）或LTE网络，以降低部署成本、实现平滑升级，并且以降低传输速率和提高传输延迟为代价，实现了增强覆盖、低功耗和低成本。NB-IoT仅支持FDD半双工模式，上行和下行的频率是分开的，物联网终端设备不会同时接收和发送数据。

eMTC是2016年3月3GPP接纳的工作在授权频段的LPWAN技术，eMTC是基于LTE演进的物联网接入技术，支持TDD半双工和FDD半双工模式，使用授权频谱，可以基于现有LTE网络直接升级部署，低成本、快速部署的优势可以助力运营商快速抢占物联网市场先机。eMTC除了具备LPWAN基本能力外还具有四大差异化能力：一是速率高，eMTC支持上下行最大1Mbit/s的峰值速率，远远超过GPRS、ZigBee等主流物联技术的速率；eMTC更高的传输速率可以支撑更丰富的物联应用，如低速视频、语音等；二是移动性，eMTC支持连接态的移动性，物联网用户可以无缝切换，保障用户体验；三是可定位，基于TDD的eMTC可以利用基站侧的PRS测量，在无需新增GPS芯片的情况下就可进行位置定位，低成本的定位技术更有利于eMTC在物流跟踪、货物跟踪等场景中的普及；四是支持语音，eMTC从LTE协议演进而来，可以支持VoLTE语音，未来可被广泛应用到可穿戴设备中。

所以，在具体的应用方向上，如果对语音、移动性、速率等有较高要求，可以选择eMTC技术。相反，如果对这些方面要求不高，而对成本、覆盖等有更高的要求，则可选择NB-IoT。

从以上分析可以看出，工作在授权频段的NB-IoT是在现有蜂窝通信的基础上为低功耗物联网接入所做的改进，由移动通信运营商以及其背后的设备商所推动，而工作在非授权频段的LoRa则可以看作是对ZigBee技术的通信覆盖距离进行扩展以适应广域连接的要求。NB-IoT、eMTC与LoRa技术参数对比见表7-1。

表7-1　NB-IoT、eMTC与LoRa技术参数对比

| 技术标准 | 组织 | 频段 | 频宽 | 传输距离 | 速率 | 连接数量 | 终端电池 | 组网 |
|---|---|---|---|---|---|---|---|---|
| NB-IoT | 3GPP | 1GHz以下授权运营商频段 | 200kHz | 市区1～8km<br>郊区25km | 上行14.7～48kbit/s<br>下行150kbit/s | 5万 | 10年 | LTE软件升级 |
| eMTC | 3GPP | 运营商频段 | 1.4MHz | <20km | <1Mbit/s | 10万 | 10年 | LTE软件升级 |
| LoRa | LoRa联盟 | 1GHz以下非授权ISM频段 | 125kHz/500kHz | 市区2～5km<br>郊区15km | 0.018bit/s～37.5kbit/s | 2千～5万 | 10年 | 新建网络 |

## 7.1.2　NB-IoT标准发展演进

NB-IoT标准的研究和标准化工作由标准化组织3GPP进行推进，如图7-2所示，NB-IoT技术最早由华为和英国电信运营商沃达丰共同推出，并在2014年5月向3GPP提出NB-M2M（Machine to Machine）的技术方案。

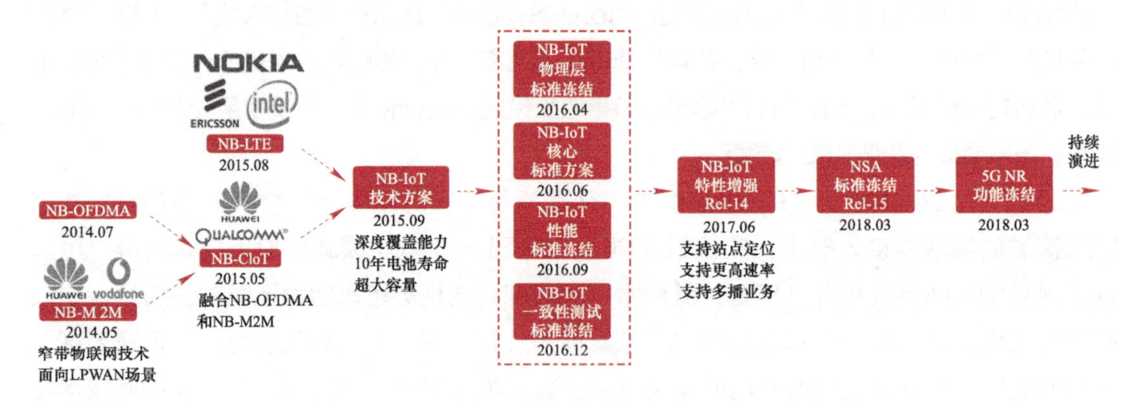


图7-2　NB-IoT标准发展历程演进

2015年5月华为与高通宣布NB-M2M融合NB-OFDMA（Orthogonal Frequency Division Multiple Access，窄带正交频分多址技术）形成NB-CIoT（Cellular IoT）。与此同时，爱立信联合英特尔、诺基亚在2015年8月提出与4G LTE技术兼容的NB-LTE方案。

2015年9月，在3GPP RAN第69次会议上，NB-CIoT与NB-LTE技术融合形成新的NB-IoT技术方案。经过复杂的测试评估，2016年4月，NB-IoT物理层标准冻结，两个月后，NB-IoT核心标准方案正式成为标准化的物联网协议。2016年9月，NB-IoT性能标准冻结。2016年12月，NB-IoT一致性测试标准冻结。

为了满足更多的应用场景和市场需求，3GPP在Rel-14中对NB-IoT进行了一系列增强技术并于2017年6月完成了核心规范。增强技术增加了定位和多播功能，提供更高的数据传输速率，在非锚点载波上进行寻呼和随机接入，增强连接态的移动性，支持更低UE功率等级。具体如下。

定位功能：定位服务是物联网诸多业务的基础需求，基于位置信息可以衍生出很多增值服务。NB-IoT增强引入了OTDOA（Observed Time Difference of Arrival，到达时间差定位法）和E-CID（EnhancedCell-ID，增强小区识别）定位技术。终端可以向网络上报其支持的定位技术，网络侧根据终端的能力和当下的无线环境选择合适的定位技术。

多播功能：为了更有效地支持消息群发、软件升级等功能，NB-IoT增强引入了多播技术。多播技术基于LTE的SC-PTM（Single-Cell Point-to-Multipoint，单小区点到多点），终端通过单小区多播业务信道SC-MTCH接收群发的业务数据。

数据速率提升：Rel-14中引入了新的能力等级UE Category NB2，它支持的最大传输块上下行都提高到2536位，一个非锚点载波的上下行峰值速率可提高到140/125 kbit/s。

非锚点载波（Non-Anchor Carrier）增强：为了获得更好的负载均衡，Rel-14中增加了在非锚点载波上进行寻呼和随机接入的功能。这样网络可以更好地支持连接，减少随机接入冲突概率。

移动性增强：Rel-14中NB-IoT控制面在蜂窝物联网（CIoT）EPS优化方案引入了RRC连接重建和S1 eNB Relocation Indication流程，把没有下发的NAS数据还给MME，MME再通过新基站下发给UE。

更低UE功率等级：Rel-14在原有23/20dBm功率等级的基础上，引入了14dBm的UE功率等级。这样可以满足一些无需极端覆盖条件，但是需要小容量电池的应用场景。

在2018年3月召开的3GPPRAN第79次全会上，3GPP的第一个5G版本——Rel. 15正式冻结，也就是NSA（非独立组网）核心标准冻结。3GPP正式明确了“5G NR与eMTC/NB-IoT将应用于不同的物联网场景”，绘制了物联网发展蓝图。按照会议决议，在R16协议中，5G NR eMTC的应用场景不会涉及LPWAN，eMTC/NB-IoT仍然将是LPWAN的主要应用技术。这标志着，在3GPP协议中，eMTC/NB-IoT已经被认可为5G的一部分，并将与5G NR长期共存，意味着NB-IoT将在5G时代扮演更加重要的角色。

2018年6月14日3GPP全会批准了第五代移动通信技术标准（5G NR）独立组网功能冻结。加之2017年12月完成的非独立组网NR标准，5G已经完成第一阶段全功能标准化工作，进入了产业全面冲刺新阶段。此次SA功能冻结，不仅使5G NR具备了独立部署的能力，也带来全新的端到端新架构，赋能企业级客户和垂直行业的智慧化发展，为运营商和产业合作伙伴带来新的商业模式，开启一个全连接的新时代。

## 7.1.3 NB-IoT网络体系架构

### 1．NB-IoT网络结构图

NB-IoT网络结构如图7-3所示。

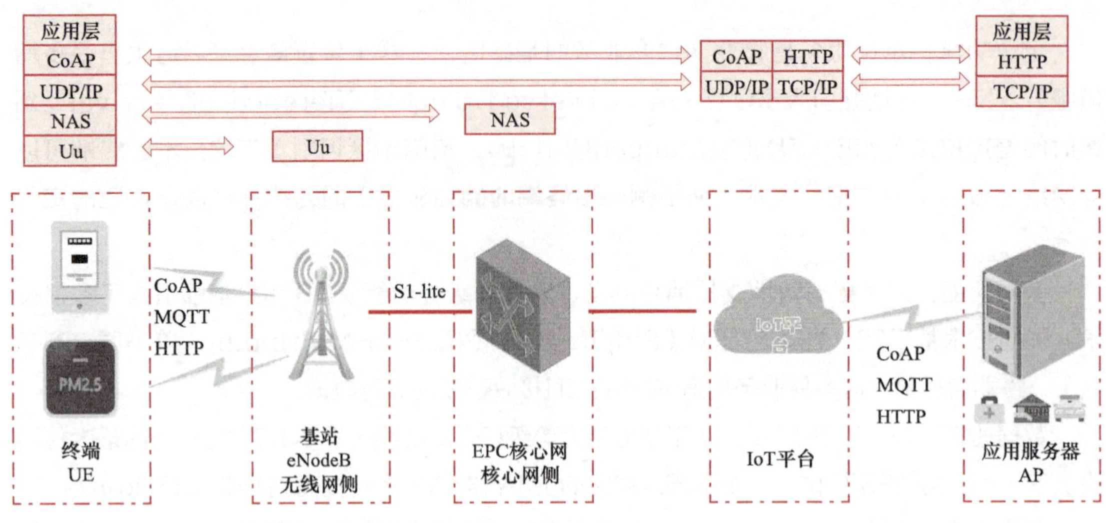


图7-3　NB-IoT网络结构

1）NB-IoT终端UE（User Equipment），应用层采用CoAP，通过空口Uu连接到基站。

2）eNodeB（evolved Node B，E-UTRAN基站）：主要承担空口接入处理、小区管理等相关功能，并通过S1-lite接口与IoT核心网进行连接，将非接入层数据转发给高层网元处理。

3）EPC核心网（Evolved Packet Core Network）：承担与终端非接入层交互的功能，并将IoT业务相关数据转发到IoT平台进行处理。同理，这里可以使用NB独立组网，也可以与LTE共用核心网。

4）IoT平台：汇聚从各种接入网得到的IoT数据，并根据不同类型转发至相应的业务应用服务器进行处理。

5）应用服务器AP（App Server）：是IoT数据的最终汇聚点，根据客户的需求进行数据处理等操作。应用服务器通过HTTP/HTTPs和平台通信，通过调用平台的开放API来控制设备。平台把设备上报的数据推送给应用服务器。

终端UE与物联网云平台之间一般使用CoAP等物联网专用的应用层协议进行通信，主要考虑UE的硬件资源配置一般很低，不适合使用HTTP/HTTPs等复杂协议。

物联网云平台与第三方应用服务器AP之间，由于两者的性能都很强大，要考虑代管、安全等因素，因此一般会使用HTTP/HTTPs应用层协议。

## 2．EPC结构框图

将EPC部分进行细化，其核心网架构如图7-4所示。

1）MME（Mobility Management），移动性管理实体（一个信令实体），是接入网络的关键控制节点。它负责空闲模式UE的跟踪与寻呼控制。通过与HSS（Home Subscribe Server，归属用户服务器）的信息交流完成用户验证功能。

2）S-GW（Serving GW），服务网关，负责用户数据包的路由和转发。对于闲置状态的UE，S-GW则是下行数据路径的终点，并且在下行数据到达时触发寻呼UE。

3）P-GW（Packet Data Network Gateway），PDN网关（分组数据网网关），提供UE与外部分组数据网络连接点的接口传输，进行上下行业务等级计费。

4）HSS（Home Subscriber Server），归属签约用户服务器，是用于存储用户签约信息的数据库，归属网络中可以包含一个或多个HSS。HSS负责保存与用户相关的信息，如用户标识/编号、路由信息、安全信息、位置信息、概要（Profile）信息等。

5）SCEF（Service Cability Exposure Function），业务能力开放单元，为NB-IoT新增网元，支持对于新的PDN类型Non-IP的控制面数据传输。

实际网络部署时，为了减少物理网元数量，可以将核心网网元（MME、S-GW、P-GW）合一部署为服务网关节点C-SGN，其中P-GW也可以单独部署。

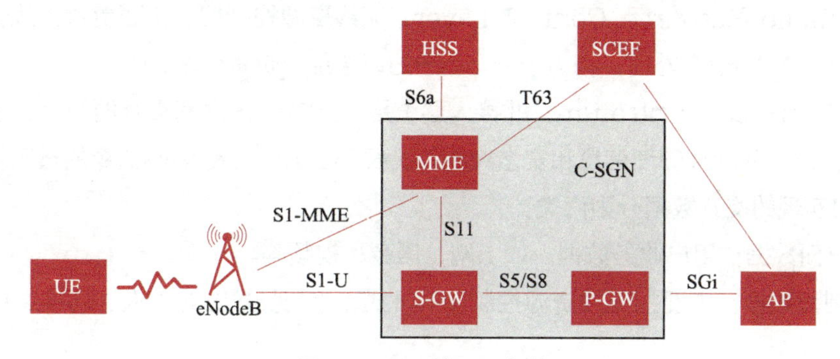


图7-4　EPC核心网架构

### 3．空中接口Uu

Uu接口是终端UE与eNodeB基站之间的接口，可支持1.4～20MHz的可变带宽。空中接口协议栈主要分为三层两面，三层是指物理层、数据链路层、网络层，两面是指控制面和用户面，如图7-5所示。

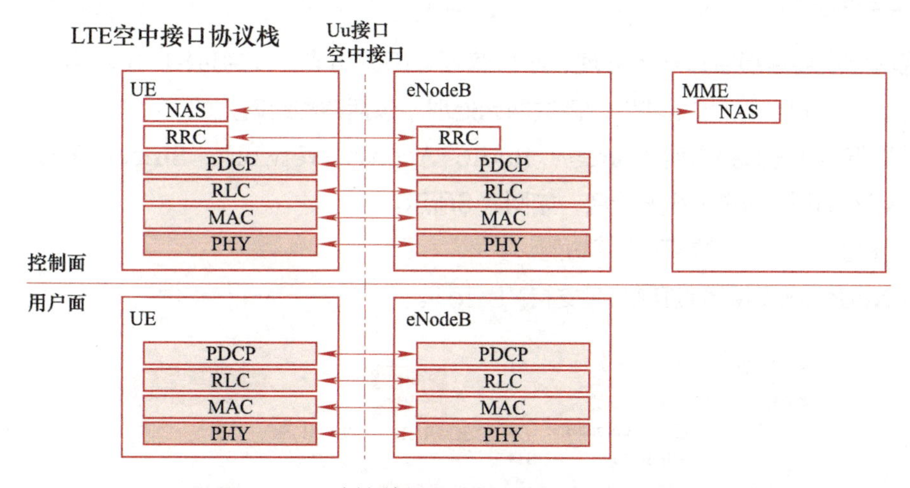


图7-5　LTE空中接口用户面和控制面协议栈结构

空中接口协议栈的三层分别为：

第一层L1物理层（PHY），为高层的数据提供无线资源，如调制编码、OFDM（Orthogonal Frequency Division Multiplexing，正交频分复用技术）等。物理层实现数据的最终处理，如编码、调制、MIMO（Multiple-Input Multiple-Output，多天线技术）、发射分集等。

第二层L2数据链路层（MAC/RLC/PDCP）实现对不同层的三种数据进行区分标示，为高层数据的传送提供必要的处理和有效的服务。

1）媒体接入控制（Media Access Control，MAC）。

2）无线链路控制（Radio Link Control，RLC）。

3）分组数据汇聚协议（Packet Data Convergence Protocol，PDCP）。

第三层L3网络层，即无线资源控制层（RRC），是控制接口服务的使用者。

RRC（Radio Resource Control Layer，无线资源控制层）主要负责无线管理功能，如切换、接入、NAS信令处理，相当于eNodeB的司令部，负责管理UE。

NAS（Non-access stratum，非接入层）是UE和MME之间交互的信令，主要承载的是SAE控制信息、移动性管理信息和安全控制等。eNodeB只负责NAS信令的透明传输。

Uu接口实现的交互数据分为两类：

1）用户面数据：用户业务数据，如上网、语音、视频等。

2）控制面数据：主要指无线资源控制RRC消息，实现对UE的接入、切换、广播、寻呼等有效控制。

从用户面看，主要包括物理层、MAC层、RLC层、PDCP层。

从控制面看，除了以上几层外，还包括RRC层、NAS层。RRC协议实体位于UE和eNodeB网络实体内，主要负责对接入层的控制和管理。NAS控制协议位于UE和EPC的移动管理实体MME内。

### 4．无线网侧组网方式

无线网侧主要承担空口接入处理、小区管理等相关功能，并通过S1-lite接口与IoT核心网进行连接，将非接入层数据转发给高层网元处理。包括两种组网方式。

一种是整体式无线接入网（Single Radio Access Network，Singel RAN），其中包括2G/3G/4G以及NB-IoT无线网，如图7-6所示。

1）CIoT RAN仅支持NB-IoT功能。

2）eNodeB既支持EUTRAN又支持NB-IoT。

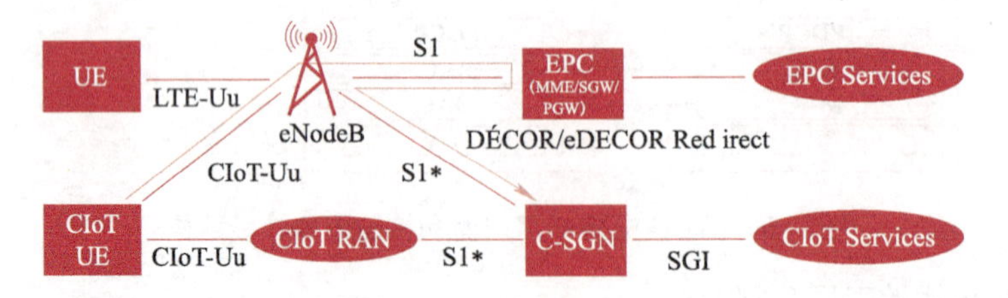


图7-6　EUTRAN与NB-IoT融合组网

另一种是NB-IoT独立组网，它又分为以下两种。

1）C-SGN：将MME/S-GW/P-GW合一部署为服务网关节点，如图7-7所示。

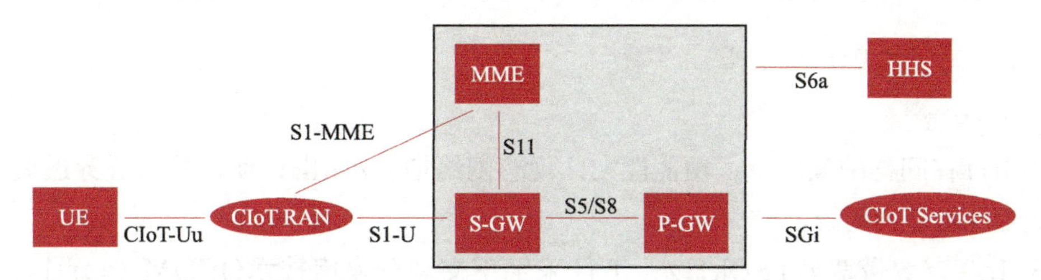


图7-7　C-SGN由MME/S-GW/P-GW组成的NB-IoT独立组网方式

2）P-GW独立实现：实际部署时，将MME和S-GW部署为服务网关节点，而P-GW单独部署，如图7-8所示。

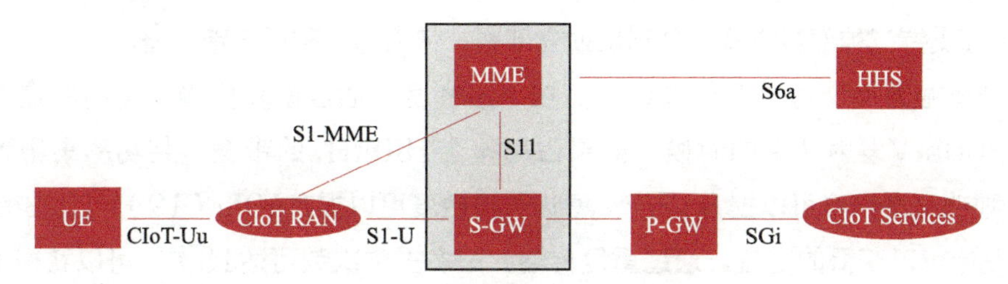


图7-8　P-GW可以独立实现的NB-IoT独立组网方式

## 5．频段

NB-IoT沿用LTE定义的频段号，Rel-13为NB-IoT指定了14个频段，见表7-2。

表7-2　NB-IoT的14个频段

| 波段号 | 上行频率范围/MHz | 下行频率范围/MHz |
| --- | --- | --- |
| 1 | 1920～1980 | 2110～2170 |
| 2 | 1850～1910 | 1930～1990 |
| 3 | 1710～1785 | 1805～1880 |
| 5 | 824～849 | 869～894 |
| 8 | 880～915 | 925～960 |
| 12 | 699～716 | 729～746 |
| 13 | 777～787 | 746～756 |
| 17 | 704～716 | 734～746 |
| 18 | 815～830 | 860～875 |
| 19 | 830～845 | 875～890 |
| 20 | 832～862 | 791～821 |
| 26 | 814～849 | 859～894 |
| 28 | 703～748 | 758～803 |
| 66 | 1710～1780 | 2110～2200 |

### 7.1.4 NB-IoT关键技术

#### 1．基于蜂窝通信技术的NB-IoT特点

（1）广覆盖

NB-IoT在同样的频段下，覆盖能力比现有网络增益20dB，使信号能够穿透墙壁或地板，覆盖更深的室内场景。

NB-IoT有效带宽为180kHz，下行采用正交频分复用技术OFDM（Orthogonal Frequency Division Multiplexing），上行有两种传输方式：单载波传输和多载波传输，其中单载波传输的子载波带宽有3.75kHz和15kHz两种，多载波传输的子载波间隔为15kHz，支持3、6、12个子载波传输。

NB-IoT支持三种部署方式，分别是独立部署、带内部署和保护带部署。

在覆盖增强方面，通过窄带设计提高功率谱密度，通过重复传输来提高覆盖能力。例如，使用200mV发射功率的时候，如果占用整个180kHz的带宽，将功率集中到其中的15kHz，则功率谱密度可以提升12倍，意味着灵敏度可以提升10lg（12）=10.8dB，这是通过窄带设计可以获得的增益。通过重复传输，最多重传次数可达16次，可以获得的增益为3～12dB，这是通过重传可以获得的增益。两者相加，即可达到20dB左右的增益。

（2）低功耗

NB-IoT在LTE系统DRX（Discontinuous Reception）基础上进行了优化，采用功耗节省模式PSM模式（Power Saving Mode）和增强型非连续性接收eDRX模式（Extended DRX）。在终端设备每日传输少量数据的情况下，使电池运行时间达到至少10年。

PSM模式和eDRX模式都是通过用户终端发起请求的，用户可以单独使用PSM模式和eDRX模式中的一种，也可以两种都激活。

在PSM模式下，NB-IoT终端仍然注册在网，但不接受信令，从而使终端更长时间处在深睡眠模式达到省电的目的。

eDRX模式省电技术延长终端在空闲模式下的睡眠周期，减少信号接收单元不必要的启动。eDRX模式将LTE的DRX睡眠周期1.28s最大延长至2.92h。

在模组硬件设计中，通过进一步提高芯片、射频前端器件等各个模块的集成度，减少通路插损来降低功耗；同时，通过各厂家研发高效率功放和高效率天线器件来降低器件和回路上的损耗；架构方面主要在待机电源工作机制上进行优化，待机时关闭芯片中无须工作的供电电源，关闭芯片内部不工作的子模块时钟。物联网应用开发者可以根据业务场景的需要，考虑选用低功耗处理器，控制处理器主频、运算速度和待机模式来降低终端功耗。

软件方面的优化主要通过新的节电特性的引入、传输协议优化以及物联网嵌入式操作系统的引入来实现。

（3）低成本

体现在NB-IoT芯片的低成本和网络部署的低成本。

芯片设计方面低速率、低功耗、低带宽带来低成本优势，主要包括低峰值速率，上下行带宽低至180kHz，内存需求低（500KB）降低了存储器和处理器要求，晶振成本也降低2/3以上；NB-IoT仅支持FDD半双工设计，节省了双工器件成本；简化射频RF设计为单接收天线。

网络部署成本低。NB-IoT可直接采用LTE网络，利用现有技术和基站。此外，NB-IoT与LTE互相兼容，可重复使用已有硬件设备，共享频谱，同时避免系统共存的问题。

（4）大连接

在理想情况下，每个扇区可连接约5万台设备；假设居住密度是每平方公里1 500户，每户家庭有40个设备，那么在这种环境下的设备连接是可以实现的。

为了满足万物互联的需求，NB-IoT技术标准牺牲连接速率和时延，设计更多的用户接入，保存更多的用户上下文，因此NB-IoT有50～100倍的上行容量提升。设计目标为每个小区5万连接数，大量终端处于休眠状态，其上下文信息由基站和核心网维持，一旦终端有数据发送，可以迅速进入连接状态。注意，可以支持每个小区5万个连接数，并不是说可以支持5万设备可以并发连接，只是可以保持5万个连接的上下文数据和连接信息。在NB-IoT系统的连接仿真模型中，80%的用户业务为周期上报型，20%的用户业务为网络控制型，在该场景下可以支持5万个连接的用户终端。事实上，能否达到该设计目标还取决于小区内实际终端业务类型等因素。

## 2. NB-IoT部署

为了便于运营商根据自身网络的条件灵活应用，NB-IoT可以在不同的无线频带上进行部署。NB-IoT占用180kHz带宽，这与在LTE帧结构中一个资源块的带宽是一样的。NB-IoT有如图7-9所示的三种可能的部署方式。

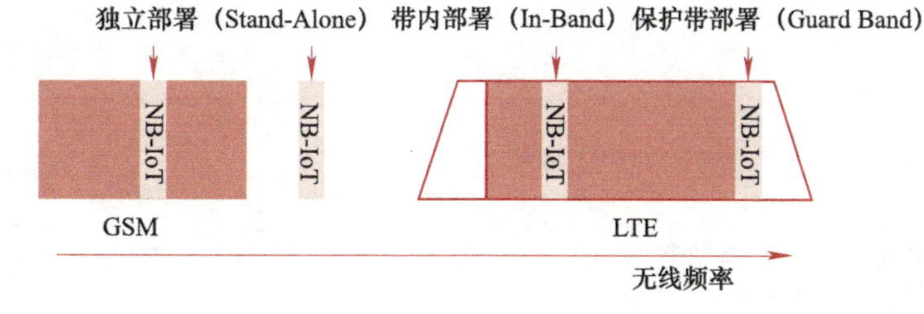


图7-9　NB-IoT部署方式

（1）独立部署（Stand Alone Operation）

不依赖LTE，与LTE可以完全解耦，适用于重耕GSM频段。GSM的信道带宽为200kHz，这对NB-IoT 180kHz的带宽足够了，两边还留出来10kHz的保护间隔。

（2）保护带部署（Guard Band Operation）

适用于LTE频段。不占用LTE资源，利用LTE边缘保护频带中未使用的180kHz带宽资源。

（3）带内部署（In-band Operation）

适用于LTE频段。使用LTE载波中间的某一段频段。

除了独立部署模式外，另外两种部署模式都需要考虑和原LTE系统的兼容性，部署的技术难度相对较高，网络容量相对较低。

### 3．NB-IoT的PSM模式

PSM（Power Saving Mode）即低功耗模式，是3GPP R12引入的技术，该状态下不接受下行数据，与服务器断开连接，网络侧不能寻呼到设备，必须等待设备主动发起连接。

NB-IoT模块有三种工作状态：

（1）连接态（Connected）

此状态下可以发送和接收数据，模块注册入网后即处于该状态。无数据交互超过一段时间，不活动定时器计数时间到后会进入Idle模式，时间是由核心网确定的，范围为1～3 600s。

（2）空闲态（Idle）

此状态下可接收下行数据，无数据交互超过一段时间会进入PSM模式。时间由核心网配置，由激活定时器（Active Timer）T3324来控制，范围为0～11 160s。

（3）节能模式（PSM）

此状态下终端处于休眠模式，近乎关机状态，功耗非常低。在PSM期间，终端不再监听寻呼，但终端还是注册在网络中，但信令不可达，无法收到下行数据，功率很小。该状态持续的时间由核心网配置、TAU（扩展）定时器T3412来控制，范围最大为320h，默认为54min。

如图7-10所示，在Connected态UE处理完数据之后，连接会被释放，与此同时启动T3324，终端进入Idle态，并进入不连续接收（DRX）状态，此时，终端监听寻呼（Paging）；当没有数据上报且DRX定时器T3324超时后，终端进入PSM模式。

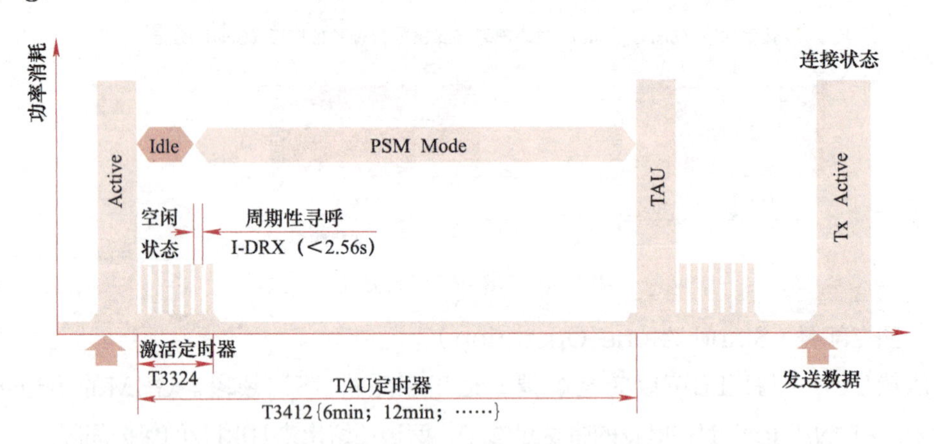


图7-10 NB-IoT的PSM模式

连接态（RRC释放）→空闲态（DRX，T3324超时）→PSM模式。

只有TAU周期请求定时器T3412超时或者UE有数据要上报而主动退出时，UE才会退出PSM模式进入空闲态，进而进入连接态处理上下行业务。

PSM模式（T3412超时/数据要上报）→空闲模式→连接态。

转换状态如图7-11所示。

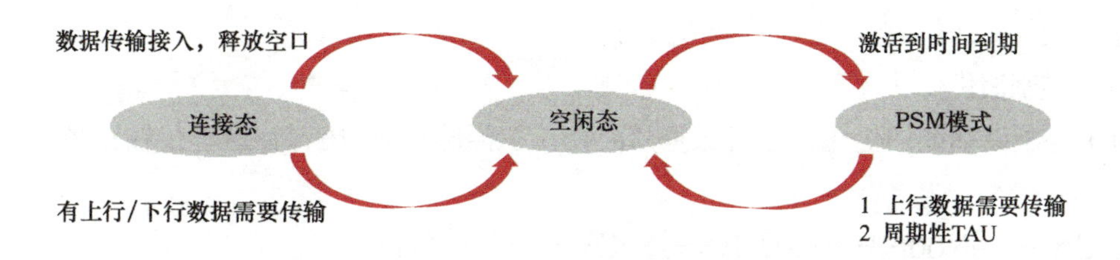


图7-11 NB-IoT工作状态转换

## 4. eDRX模式

eDRX即非连续接收，是3GPP R13引入的技术。R13之前已经有DRX技术，eDRX是对原DRX技术的增强：支持更长周期的寻呼，从而达到省电目的。在eDRX模式下，终端本身就处于空闲模式，可以更快速地进入接收模式，无需额外信令，如图7-12所示。

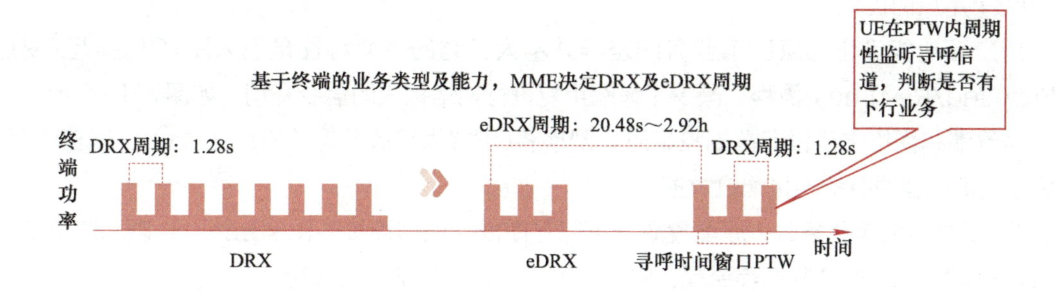


图7-12 NB-IoT关键技术eDRX

DRX模式在每个DRX周期（1.28s、2.56s、5.12s 或者10.24s），终端都会检测一次是否有下行业务到达，适用于对时延有高要求的业务。终端设备一般采取供电的方式，如路灯业务。

eDRX模式下每个eDRX周期内（20.48s～2.92h）有一个寻呼时间窗口（Paging Time Window，PTW），终端在PTW内按照DRX周期监听寻呼信道，以便接收下行数据，其余时间终端处于休眠状态。eDRX模式可以认为终端设备随时可达，但时延较大，时延取决于eDRX周期配置，可以在低功耗与时延之间取得平衡。

DRX模式的节电效果比PSM模式要差一些，但是相对于PSM模式，大幅度提升了下行通信链路的可到达性。

## 5. EPC核心网控制面和用户面功能优化

关于用户面（User Plane，UP）与控制面（Control Plane，CP），简单理解为控制面主要承载无线信令，负责UE接入、资源分配等；用户面主要承载用户数据。

由于单小区内NB-IoT的终端数量远大于LTE终端数，因此控制面的建立和释放次数远大于LTE。另一方面，为了发送和接收很少字节的数据，终端从空闲态（Idle）进入连接态（Connected）消耗的网络信令开销远大于数据载荷本身。此外，基于LTE/EPC复杂的信令流程对终端的能耗也带来了挑战。因此，控制面和用户面的效率改善都需要对NB-IoT做增强与优化。

（1）控制面优化

对于控制面功能的优化，上行数据从eNodeB传送至MME，在这里传输路径分为两个分支：

① UE——eNodeB——MME——S-GW——P-GW。

② UE——eNodeB——MME——SCEF。

SCEF是专门为NB-IoT设计而新引入的，它用于在控制面上传送非IP数据包，并为鉴权等网络服务提供了一个抽象的接口。

下行数据的传送路径一样，但方向相反。

该方案无需建立数据通道，数据包直接在信令通道上发送。因此，这一方案极适合非频发的小数据包传送。

（2）用户面优化

用户面功能优化与原LTE业务的差异并不大，它的主要特性是引入RRC的挂起/恢复（Suspend/Resume）流程，减少了终端重复进行网络接入的信令开销，如图7-13所示。

当终端和网络之间没有数据流量时，网络将UE置为挂起状态（Suspend），但在UE和网络中仍旧保留原有的连接配置数据。

当UE重新发起业务时，原配置数据可以立即恢复通信连接（Resume），以此避免了重新进行RRC重配、安全验证等流程，降低了无线空口上的信令交互量。

这一方案支持IP数据和非IP数据传送。

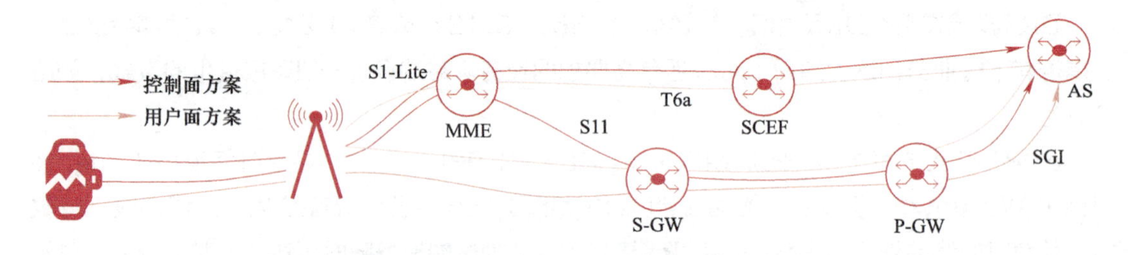


图7-13　EPS用户面和控制面功能优化

## 7.2 利尔达NB-IoT模组介绍

利尔达NB86系列模块是基于HISILICON Hi2110的Boudica芯片开发的，该模块为全球领先的NB-IoT无线通信模块，符合3GPP标准，支持Band1、Band3、Band5、Band8、Band20、Band28不同频段的模块，具有体积小、功耗低、传输距离远、抗干扰能力强等特点，如图7-14所示。

图7-14　NB86系列模组

NB86-G模块支持的部分频段Band说明，见表7-3。

表7-3　NB86-G模块支持的部分频段Band

| 频段<br>Band | 上行频段<br>Uplink（UL）<br>Band/MHz | 下行频段<br>Downlink（DL）Band/<br>MHz | 网络制式<br>Duplex Mode |
|---|---|---|---|
| Band 01 | 1 920～1 980 | 2 110～2 170 | H-FDD |
| Band 03 | 1 710～1 785 | 1 805～1 880 | H-FDD |
| Band 05 | 824～849 | 869～894 | H-FDD |
| Band 08 | 880～915 | 925～960 | H-FDD |
| Band 20 | 832～862 | 791～821 | H-FDD |
| Band 28* | 703～748 | 758～803 | H-FDD |

## 7.2.1　NB86-G系列模块主要特性

- 模块封装：LCC and Stamp hole package；
- 超小模块尺寸：20mm×16mm×2.2mm（L×W×H），重量1.3g；
- 超低功耗：≤3μA；
- 工作电压：VBAT 3.1～4.2V（Tye:3.6V），VDD_IO（Tye:3.0V）；
- 发射功率：23dBm±2dB（Max），最大链路预算较GPRS或LTE下提升20dB，最大耦合损耗MCL为164dBm；
- 提供两路UART接口、1路SIM/USIM卡通信接口、1个复位引脚、1路ADC接口、1个天线接口（特性阻抗50Ω）；
- 支持3GPP Rel.13/14 NB-IoT无线电通信接口和协议；
- 内嵌IPv4、UDP、CoAP、LwM2M等网络协议栈；
- 所有器件符合EU RoHS标准。

## 7.2.2　NB86-G模块引脚描述

NB-IoT模块共有42个SMT焊盘引脚，引脚图如图7-15所示，引脚描述见表7-4～表7-9。

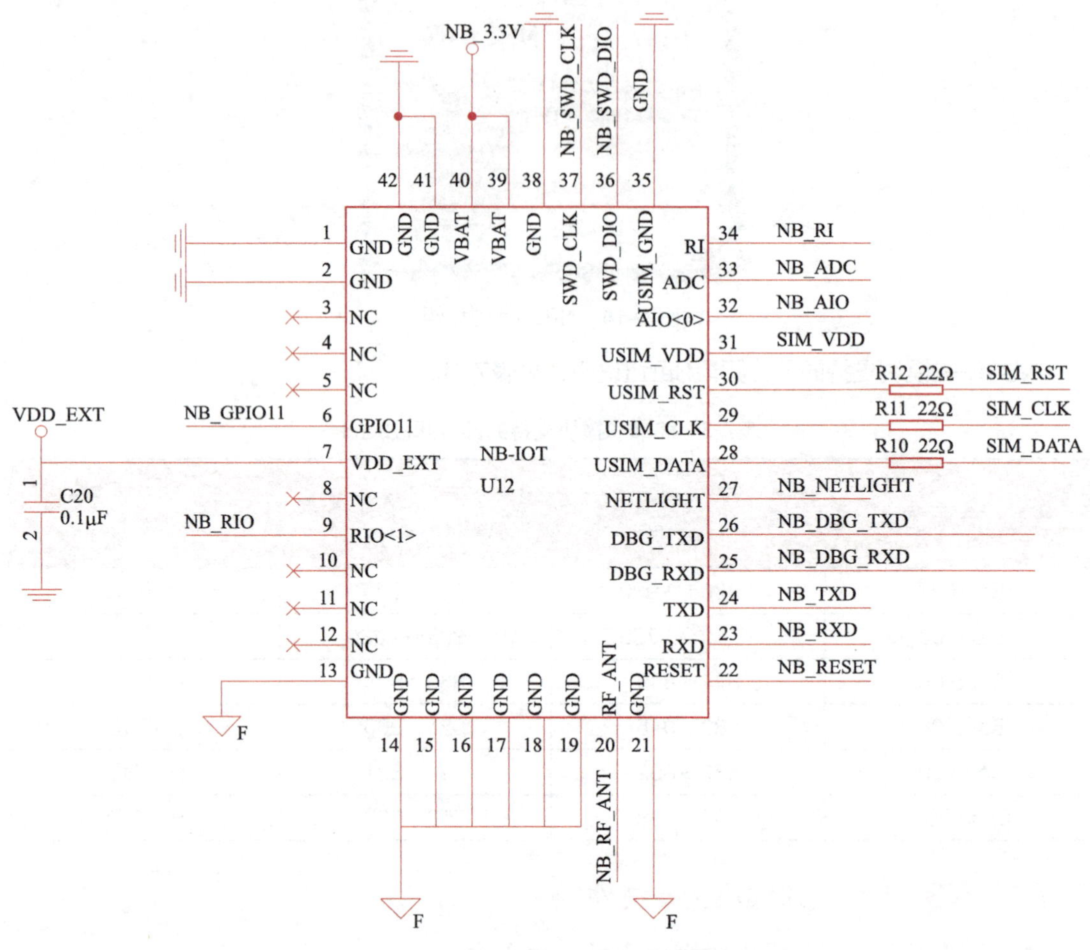


图7-15 NB86-G模块引脚图

**表7-4 电源与复位引脚**

| 引脚号 | 引脚名 | I/O | 描述 | DC特性 | 备注 |
| --- | --- | --- | --- | --- | --- |
| 39、40 | VBAT | PI | 模块电源 | $V_{max}$=4.2V<br>$V_{min}$=3.1V<br>$V_{norm}$=3.6V | 电源必须能够提供达0.5A的电流 |
| 7 | VDD_EXT | PO | 输出范围：1.7V～VBAT | $V_{norm}$=3.0V<br>$I_{omax}$=20mA | 1. 不用则悬空<br>2. 用于给外部供电，推荐并联一个2.2～4.7μF的旁路电容 |
| 1、2、13～19、21、35、38、41、42 | GND | 地 | | | |
| 22 | RESET | DI | 复位模块 | $R_{pu}$≈78kΩ<br>$V_{IHmax}$=3.3V<br>$V_{IHmin}$=2.1V<br>$V_{IHmax}$=0.6V | 内部上拉，低电平有效 |

表7-5　串口（UART）接口引脚

| 引脚号 | 引脚名 | I/O | 描述 | DC特性 | 备注 |
|---|---|---|---|---|---|
| 23 | RXD | DI | 主串口：<br>模块接收数据 | $V_{ILmax}$=0.6V<br>$V_{IHmin}$=2.1V<br>$V_{IHmax}$=3.3V | 3.0V电源域；进入PSM时，RXD不可悬空 |
| 24 | TXD | DO | 主串口：<br>模块发送数据 | $V_{OLmax}$=0.4V<br>$V_{OHmin}$=2.4V | 3.0V电源域，不用则悬空 |
| 34 | RI* | DO | 模块输出振铃提示 | $V_{OLmax}$=0.4V<br>$V_{OHmin}$=2.4V | 3.0V电源域 |
| 25 | DBG_RXD | DI | 调试串口：<br>模块接收数据 | $V_{ILmax}$=0.6V<br>$V_{IHmin}$=2.1V<br>$V_{IHmax}$=3.3V | 3.0V电源域，不用则悬空 |
| 26 | DBG_TXD | DO | 调试串口：<br>模块发送数据 | $V_{OLmax}$=0.4V<br>$V_{OHmin}$=2.4V | 3.0V电源域，不用则悬空 |

表7-6　外部USIM卡接口引脚

| 引脚号 | 引脚名 | I/O | 描述 | DC特性 | 备注 |
|---|---|---|---|---|---|
| 28 | USIM_DATA | IO | SIM卡数据线 | $V_{OLmax}$=0.4V<br>$V_{OHmin}$=2.4V<br>$V_{ILmin}$=0.3V<br>$V_{ILmax}$=0.6V<br>$V_{IHmin}$=2.1V<br>$V_{IHmax}$=3.3V | USIM_DATA外部的SIM卡要加上拉电阻到USIM_VDD，外部SIM卡接口建议使用TVS管进行ESD保护，且SIM卡座到模块的布线距离最长不要超过20cm |
| 29 | USIM_CLK | DO | SIM卡时钟线 | $V_{OLmax}$=0.4V<br>$V_{OHmin}$=2.4V | |
| 30 | USIM_RST | DO | SIM卡复位线 | $V_{OLmax}$=0.4V<br>$V_{OHmin}$=2.4V | |
| 31 | USIM_VDD | DO | SIM卡供电电源 | $V_{norm}$=3.0V | |

表7-7　信号接口引脚

| 引脚号 | 引脚名 | I/O | 描述 | DC特性 | 备注 |
|---|---|---|---|---|---|
| 33 | ADC\DAC | AI | 10_bit通用模-数转换 | 电压范围：<br>0V～VBAT | 不用则悬空 |

表7-8　网络状态指示引脚

| 引脚号 | 引脚名 | I/O | 描述 | DC特性 | 备注 |
|---|---|---|---|---|---|
| 27 | NETLIGHT | DO | 网络状态指示 | $V_{OLmax}$=0.4V<br>$V_{OHmin}$=2.4V | 正在开发 |

表7-9　RF接口引脚

| 引脚号 | 引脚名 | I/O | 描述 | DC特性 | 备注 |
|---|---|---|---|---|---|
| 20 | RF_ANT | IO | 射频天线接口 | 50Ω特性阻抗 | |

3～5、10～12引脚为保留引脚，名为RESERVED。

## 7.2.3 NB86-G系列模块工作模式

模块工作时共有三种模式。

（1）Active模式

模块处于活动状态。所有功能正常可用，可以进行数据发送和接收。在此模式下可切换到Idle模式或PSM模式。

（2）Idle模式

模块处于浅睡眠、网络连接状态，可接收寻呼消息。模块在此模式下可切换至Active模式或者PSM模式。

（3）PSM模式

模块只有RTC工作，模块处于网络非连接状态，不再接收寻呼消息。当DTE（Data Terminal Equipment）主动发送数据或者定时器T3412（周期性更新）超时后，模块将被唤醒。

## 7.2.4 NB86-G系列模块功能电路

### 1. 供电电路

电源设计对模块的性能影响极其重要，必须选择能够提供至少0.5A电流能力的电源。若输入电压与模块的供电电压的压差不是很大，建议选择LDO作为供电电源，若输入输出之间存在比较大的压差，则须使用DC-DC进行电源转换，同时需要关注DC-DC带来的EMI问题。

NB86-G模块的VBAT供电范围为3.1～4.2V，要确保输入电压不会低于3.1V（注意电压跌落问题）。VBAT输入端参考电路如图7-16所示。PCB设计上VBAT走线越长，线宽越宽，为了确保更好的电源供电性能，建议走线宽度不低于2mm，电源部分的GND平面要尽量完整且多打地孔，同时电容尽可能地靠近模块的VBAT引脚。其中：C10、C11、C12均为0402封装的0.1μF滤波电容，以去除高频干扰。

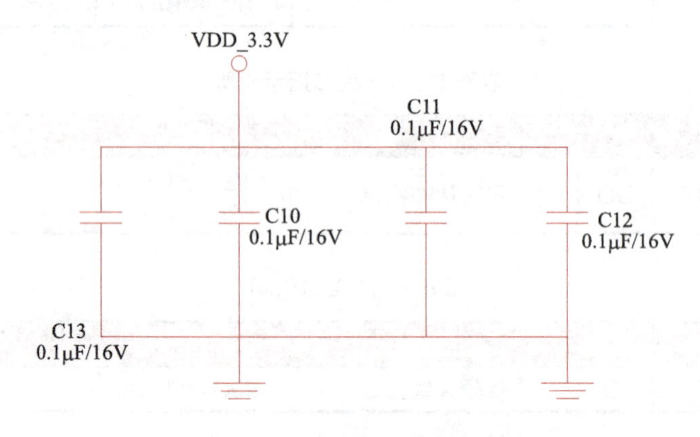


图7-16 VBAT输入端参考电路

## 2. 复位电路

模块可通过以下方式复位，复位引脚拉低时间如图7-17所示。

1）硬件复位：拉低复位引脚一段时间可使模块复位。

2）软件复位：发送“AT+NRB”命令复位。

当给RESET引脚保持大于100ms的低电平时，复位有效；NB-IoT模块设计了硬件复位，把NB86-G模块的复位引脚连接到M3的RST引脚即可。

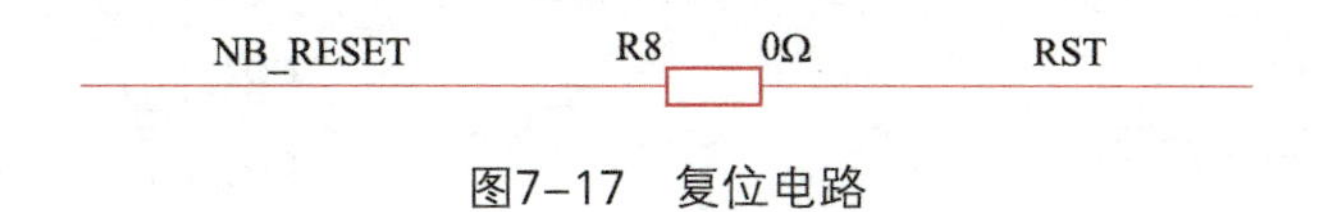


图7-17　复位电路

## 3. UART通信

模块提供了两个通用异步收发器：主串口和调试串口。波特率支持9600bit/s，调试串口仅用于调试和测试用。主串口进入PSM时，RXD不可悬空。

主串口的特点如下：

1）用于AT命令通信和数据传输，波特率为9600bit/s。

2）用于固件升级，升级波特率为9600/115200/921600bit/s，最大波特率为921600bit/s。

3）主串口在Active模式、 Idle模式和PSM模式下均可工作。

调试串口的特点如下：

通过UE Log Viewer工具，调试串口可查看日志信息并进行软件调试，波特率为921600bit/s。

两串口连接方式如图7-18所示。

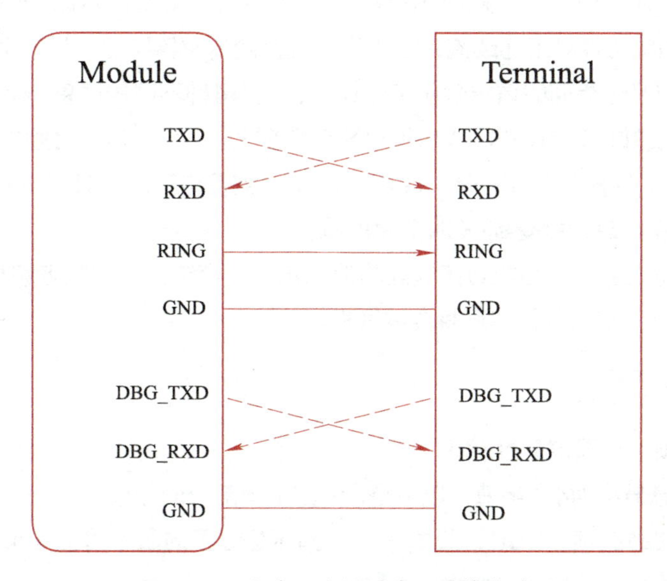


图7-18　主串口和调试串口连接方式

4. USIM卡接口

模块包含一个外部USIM卡接口，支持模块访问USIM卡。该USIM卡接口支持3GPP规范的功能。外部USIM卡通过模块内部的电源供电，仅支持3.0V供电，如图7-19所示。

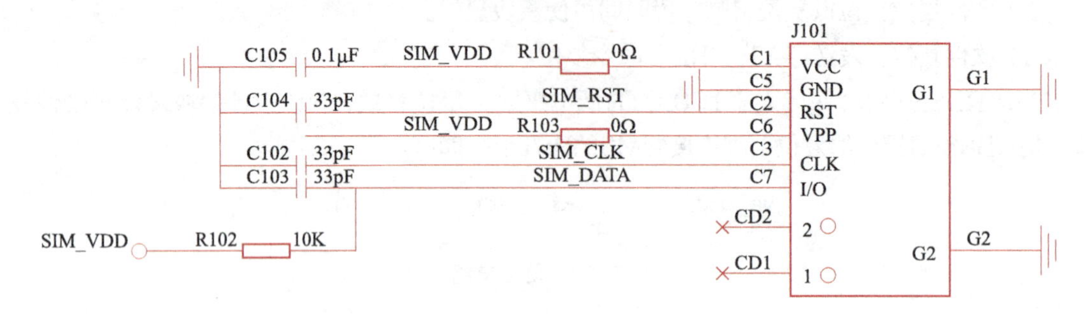


图7-19　外部SIM卡参考电路

# 7.3 CoAP

CoAP是一个基于REST（Representational State Transfer）模型的网络传输协议，主要用于轻量级M2M（Machine to Machine）通信。由于物联网中的很多设备都是资源受限型的，即只有少量的内存空间和有限的计算能力，所以传统的HTTP应用在物联网上就显得过于庞大而不适用，CoAP应运而生。

CoAP是一种应用层协议，该协议网络传输层由TCP改为UDP。CoAP非常小巧，最小的数据包仅为4字节。在CoAP下，服务因素保持不变情况下，CoAP相比HTTP/MQTT更加不可靠。但是4字节的头文件对于连续流系统（如环境监测传感器网络）是一个不错的选择。

CoAP采用与HTTP相同的请求响应工作模式，共有4种不同的消息类型。

1）CON：需要被确认的请求，如果CON请求被发送，那么对方必须做出响应。

2）NON：不需要被确认的请求，如果NON请求被发送，那么对方不必做出回应。

3）ACK：应答消息，接受到CON消息的响应。

4）RST：复位消息，当接收者接受到的消息包含一个错误，接收者解析消息或者不再关心发送者发送的内容，那么复位消息将会被发送。

## 7.3.1 CoAP帧格式

Header（必须）：固定4个byte。

一个CoAP消息最小为4个字节，以下是CoAP不同部分的描述。

【Ver】：报文必选项，2bit，版本编号，指示CoAP的版本号。类似于HTTP 1.0、HTTP 1.1。版本编号占2位，取值为0x01。

【T】：报文必选项，2bit，报文类型：CON报文、NON报文、ACK报文和RST报文。

【TKL】：报文必选项，4bit，CoAP标识符长度。CoAP中具有两种功能相似的标识符，一种为Message ID（报文编号），一种为Token（标识符）。其中每个报文均包含报文编号，但是标识符对于报文来说是非必须的。

【Code】：报文必选项，8bit，功能码/响应码。Code在CoAP请求报文和响应报文中具有不同的表现形式，Code占一个字节，它被分成了两部分，前3位一部分，后5位一部分，为了方便描述，它被写成了c.dd结构。其中0.XX表示CoAP请求的某种方法，而2.XX、4.XX或5.XX则表示CoAP响应的某种具体表现。具体内容可参考RFC7252 #12.1.1 Method Codes。

【Message ID】：报文必选项，16bit，报文编号。

【Token】：报文可选项，标识符具体内容，通过TKL指定Token长度。

【Options】：报文可选项，请求消息与回应消息都可以有零个或多个options，主要用于描述请求或者响应对应的各个属性，类似参数或者特征描述。

【1111 1111B】：CoAP报文和具体负载之间的分隔符。

【payload】：报文可选项，实际携带数据内容，前面加payload标志【1111 1111B】。

CoAP报文格式如图7-20所示。

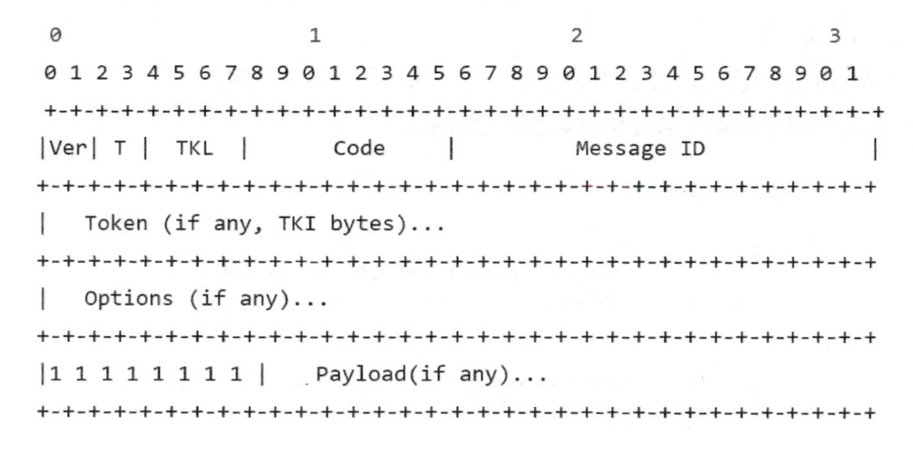


图7-20 CoAP报文格式

## 7.3.2 CoAP的URL

一个CoAP资源可以被一个URL所描述，例如一个设备可以测量温度，那么这个温度传感器的URL被描述为：CoAP://machine.address:5683/sensors/temperature。请注意，CoAP的默认UDP端口号为5683。

## 7.3.3 CoAP观察模式

在物联网的世界中，常需要去监控某个传感器，例如温度或湿度等传感器。在这种情况下，CoAP客户端并不需要不停地查询CoAP服务器端的数据变化情况。CoAP客户端可以发送一个观察请求到服务器端，从该时间点开始，服务器便会记住客户端的连接信息，一旦温度发生变化，服务器将会把新结果发送给客户端。如果客户端不再希望获得温度检测结果，那么客户端将会发送一个RST复位请求，此时服务器便会清除与客户端的连接信息。

### 7.3.4 CoAP块传输

CoAP的特点是传输的内容小巧精简，但是在某些情况下不得不传输较大的数据。在这种情况下，可以使用CoAP中的某个选项设定分块传输的大小，那么无论是服务器还是客户端都要求可完成分片和组装这两个动作。

## 7.4 任务1 用UDP工具来调试CoAP

### 7.4.1 任务要求

了解CoAP以及CoAP帧格式，并会使用UDP调试工具模拟CoAP的传输过程。

### 7.4.2 知识链接

CoAP协议RFC7252在最后的附录中有很好的CoAP协议示例。

【例1】获取温度数据，最简格式如图7-21所示。

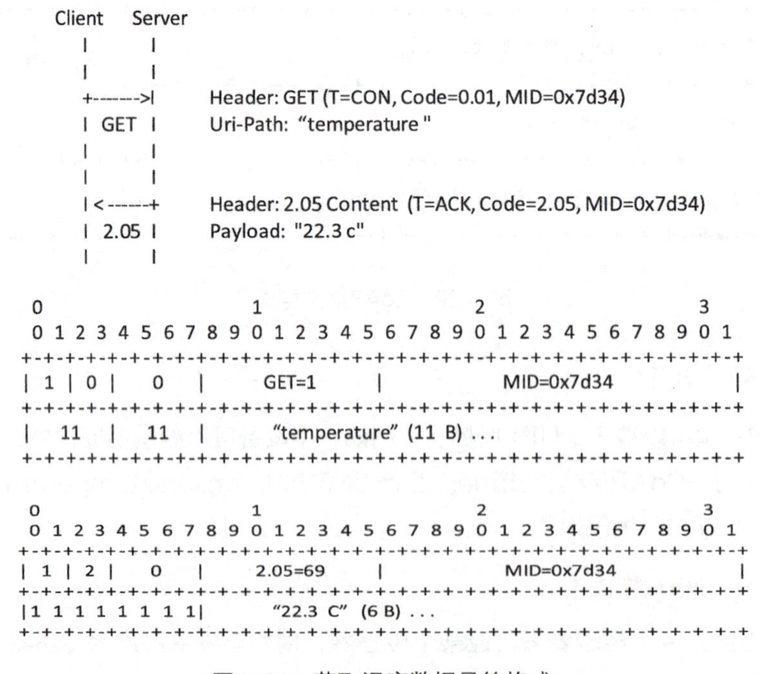


图7-21 获取温度数据最简格式

【例2】增加了Token获取温度数据，如图7-22所示。

```
Client   Server
  |        |
  |        |
  +------->|     Header: GET (T=CON, Code=0.01, MID=0x7d35)
  |  GET   |     Token: 0x20
  |        |     Uri-Path: "temperature"
  |        |
  |<-------+     Header: 2.05 Content (T=ACK, Code=2.05, MID=0x7d35)
  |  2.05  |     Token: 0x20
  |        |     Payload: "22.3 c"
  |        |

 0                   1                   2                   3
 0 1 2 3 4 5 6 7 8 9 0 1 2 3 4 5 6 7 8 9 0 1 2 3 4 5 6 7 8 9 0 1
+-+-+-+-+-+-+-+-+-+-+-+-+-+-+-+-+-+-+-+-+-+-+-+-+-+-+-+-+-+-+-+-+
| 1 | 0 |   1   |     GET=1     |          MID=0x7d35           |
+-+-+-+-+-+-+-+-+-+-+-+-+-+-+-+-+-+-+-+-+-+-+-+-+-+-+-+-+-+-+-+-+
|     0x20      |
+-+-+-+-+-+-+-+-+-+-+-+-+-+-+-+-+-+-+-+-+-+-+-+-+-+-+-+-+-+-+-+-+
|  11   |  11   |      "temperature" (11 B) ...
+-+-+-+-+-+-+-+-+-+-+-+-+-+-+-+-+-+-+-+-+-+-+-+-+-+-+-+-+-+-+-+-+

 0                   1                   2                   3
 0 1 2 3 4 5 6 7 8 9 0 1 2 3 4 5 6 7 8 9 0 1 2 3 4 5 6 7 8 9 0 1
+-+-+-+-+-+-+-+-+-+-+-+-+-+-+-+-+-+-+-+-+-+-+-+-+-+-+-+-+-+-+-+-+
| 1 | 2 |   1   |    2.05=69    |          MID=0x7d35           |
+-+-+-+-+-+-+-+-+-+-+-+-+-+-+-+-+-+-+-+-+-+-+-+-+-+-+-+-+-+-+-+-+
|     0x20      |
+-+-+-+-+-+-+-+-+-+-+-+-+-+-+-+-+-+-+-+-+-+-+-+-+-+-+-+-+-+-+-+-+
|1 1 1 1 1 1 1 1|      "22.3 C"  (6 B) ...
+-+-+-+-+-+-+-+-+-+-+-+-+-+-+-+-+-+-+-+-+-+-+-+-+-+-+-+-+-+-+-+-+
```

图7-22　Token获取温度数据格式

## 7.4.3　任务实施

### 1．确定Http://coap.me网站IP地址

1）打开Windows操作系统自带的Dos命令界面。

2）输入“ping coap.me”命令。

3）得到该网站的IP地址为“134.102.218.18”，如图7-23所示。

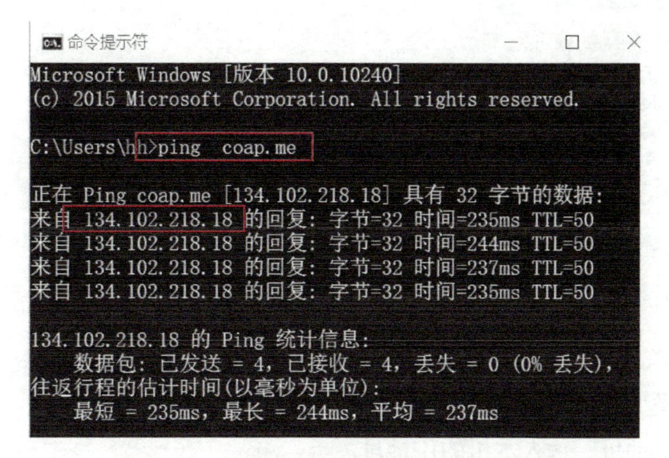


图7-23　确定Http://coap.me网站IP地址

## 2．生成CoAP字节流

把7.4.2【例1】的查询温度的示例转成字节流。

```
1. Ver:01 T=0 TKL=0// 0x40
2. Code=0.01 // 0x01
3. MID// 0x7D 34
4. Option No=11 ( Uri-Path ) len=11 value="temperature" ( 0x74 65 6D 70 65 72 61 74 75 72 65 )
5. // 0xBB 0x74 65 6D 70 65 72 61 74 75 72 65
```

因此上传服务器的CoAP字节流为：

```
1. 40 01 7D 34 BB 74 65 6D 70 65 72 61 74 75 72 65
```

**注意：**CoAP端口号默认为5683。

## 3．设置UDP调试工具

双击资源包“…\烧写和配置工具\NetAssist.exe”，打开UDP调试工具，如图7-24所示。

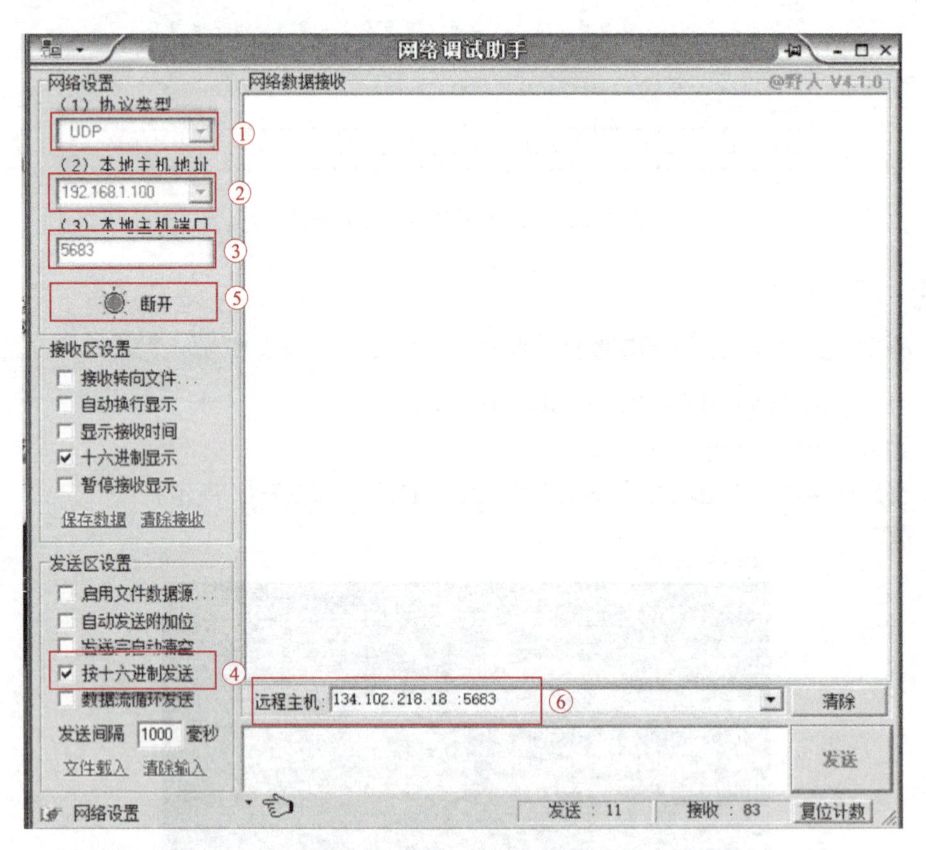


图7-24　设置UDP调试工具

1）在“协议类型”处设置UDP协议。

2）“本地主机地址”输入本机的IP地址。

3）“本地主机端口”设置一个有效的用户程序端口号。

4）选“按十六进制发送”命令。

5）单击“连接”按钮。

6）在“远程主机”输入服务器的IP地址和CoAP端口号“134.102.218.18：5683”。

## 4．上传CoAP字节流

1）如图7-25所示，在命令输入框内输入16进制的CoAP字节流。

2）单击“发送”按钮。

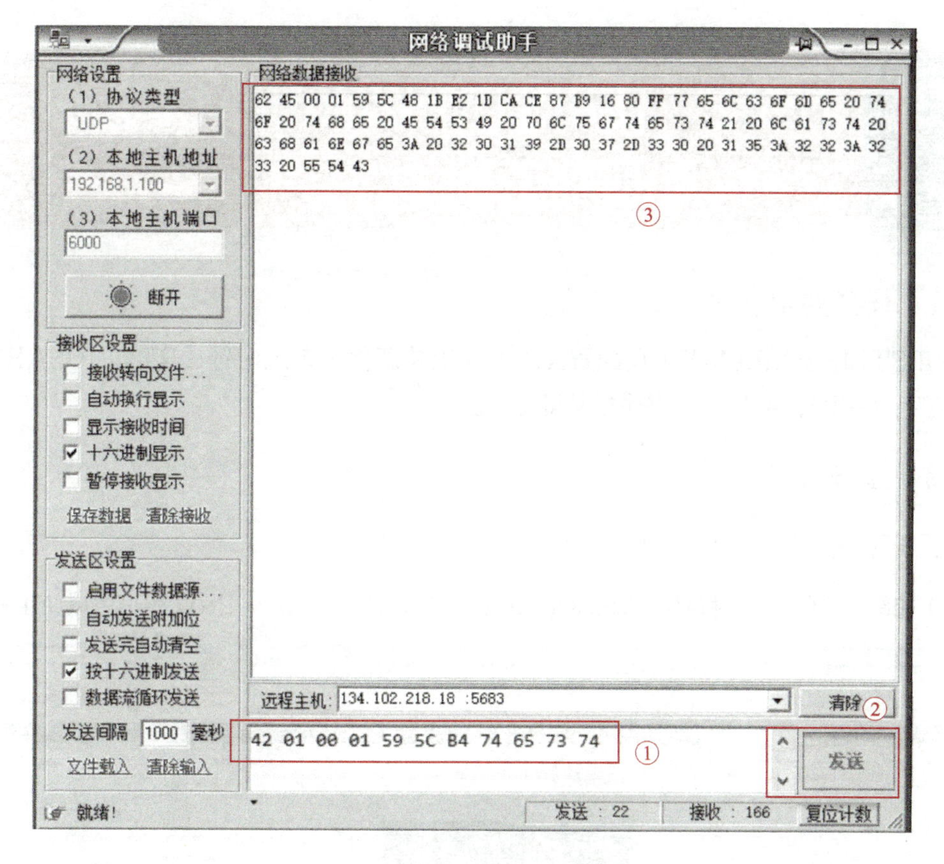


图7-25 发送CoAP字节流

3）在网络数据接收框内得到如下回复字节流：

```
1. 62 45 00 01 59 5C 48 7C 38 F8 1A AF F8 7F F2 80 FF 77 65 6C 63 6F 6D 65 20 74 6F 20 74
68 65 20 45 54 53 49 20 70 6C 75 67 74 65 73 74 21 20 6C 61 73 74 20 63 68 61 6E 67 65 3A 20 32
30 31 39 2D 30 37 2D 32 34 20 30 37 3A 32 30 3A 31 33 20 55 54 43
```

逐个拆包：

```
1. 62 // 01100010 VER=01 T=2（ACK） TKL=2
2. 45 // 010 00101 Code=2.05（Content）
3. 00 01 // MID=0x0001
4. 59 5C // TOKEN=0x595C
```

```
5.  48 // OptionNO=4（ETag） OptionLen=8
6.  7C 38 F8 1A AF F8 7F F2 // Option:
7.  80 // OptionNO=8（LocationPath）
8.  FF // Marker
9.  77 65 6C 63 6F 6D 65 20 74 6F 20 74 68 65 20 45 54 53 49 20 70 6C 75 67 74 65 73 74 21 20
6C 61 73 74 20 63 68 61 6E 67 65 3A 20 32 30 31 39 2D 30 37 2D 32 34 20 30 37 3A 32 30 3A 31 33
20 55 54 43   // welcome to the ETSI plugtest! last change: 2019-07-24 07:20:13 UTC
```

# 7.5 任务2 使用STM32CubeMX生成基础工程

## 7.5.1 任务要求

使用STM32CubeMX工具配置NB-IoT相关硬件（系统时钟、RTC、USART1、USART2、GPIO、ADC），并生成基础工程。

## 7.5.2 任务实施

### 1. 新建一个STM32CubeMX工程

1）如图7-26所示，打开STM32CubeMX。单击File->New Project，生成新工程。

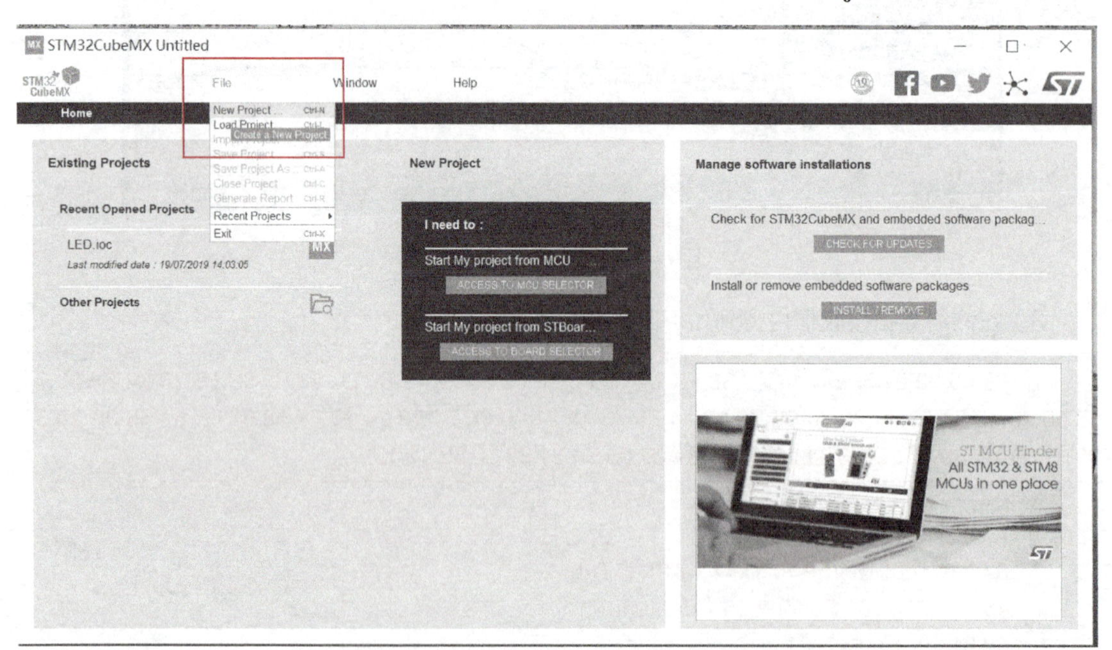


图7-26 创建一个STM32CubeMX新工程

2）选择芯片型号。

如图7-27所示，在Part Number Search处选择STM32L151C8，Reference选STM32L151C8Tx，单击“Start Project”按钮。

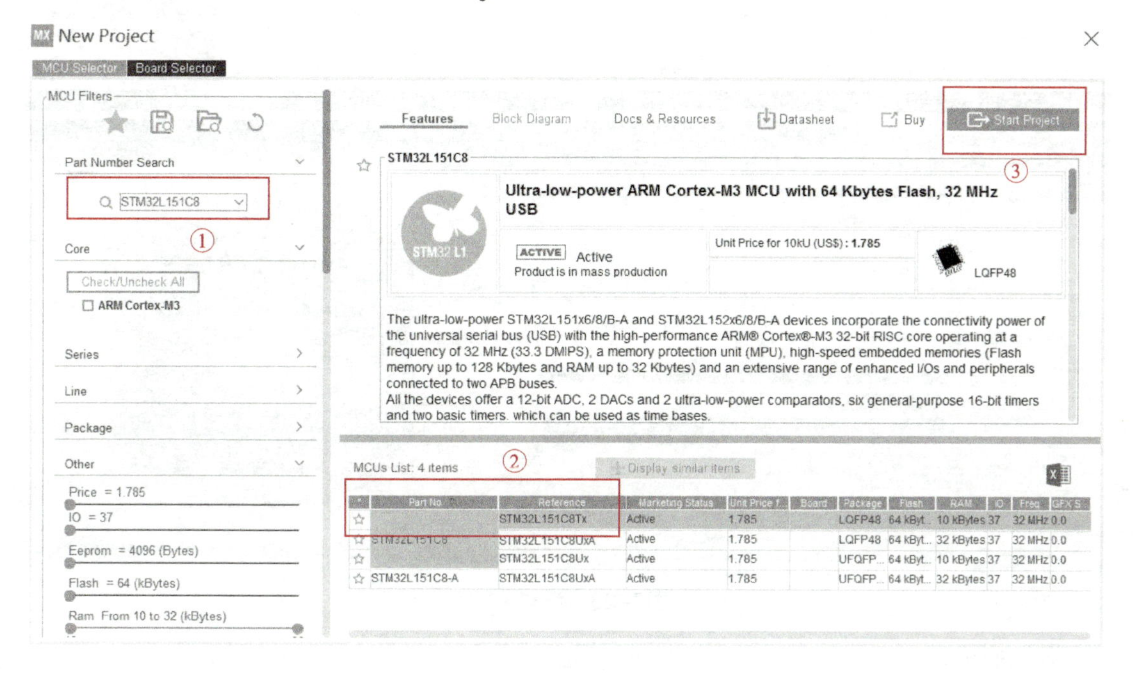


图7-27　选择芯片型号

## 2. 在CubeMX中配置硬件信息

1）如图7-28所示，选择System Core→RCC→Low Speed Clock 选择Crystal/Ceramic Resonator，其他保持默认。

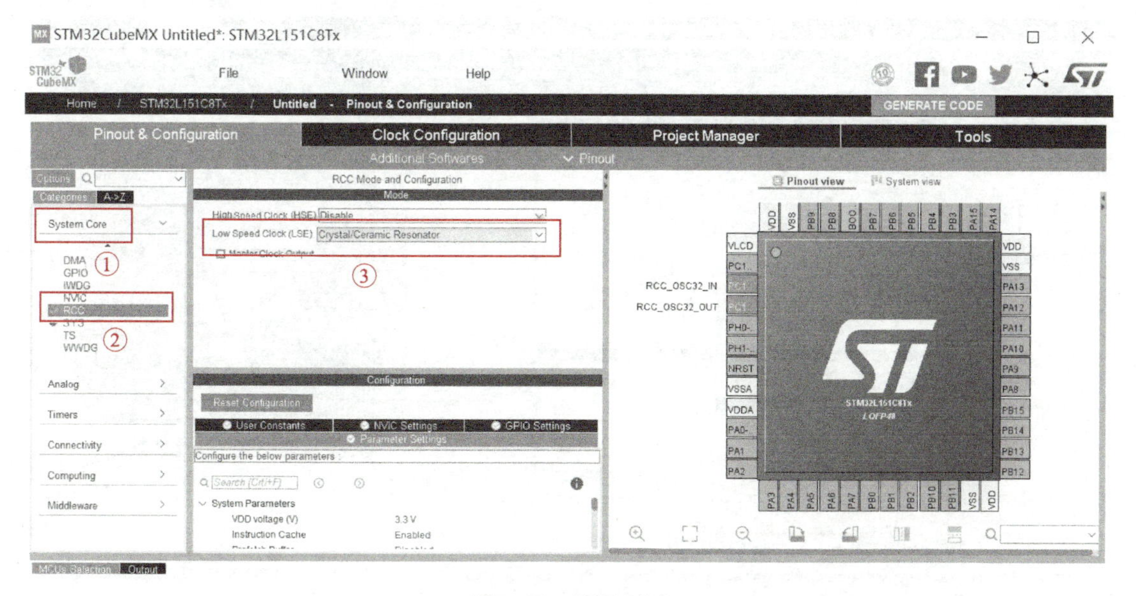


图7-28　配置RCC

2）配置ADC。

如图7-29所示，选择Analog->ADC，选择IN0，可在Pinout View看见相关引脚ADC_IN0。

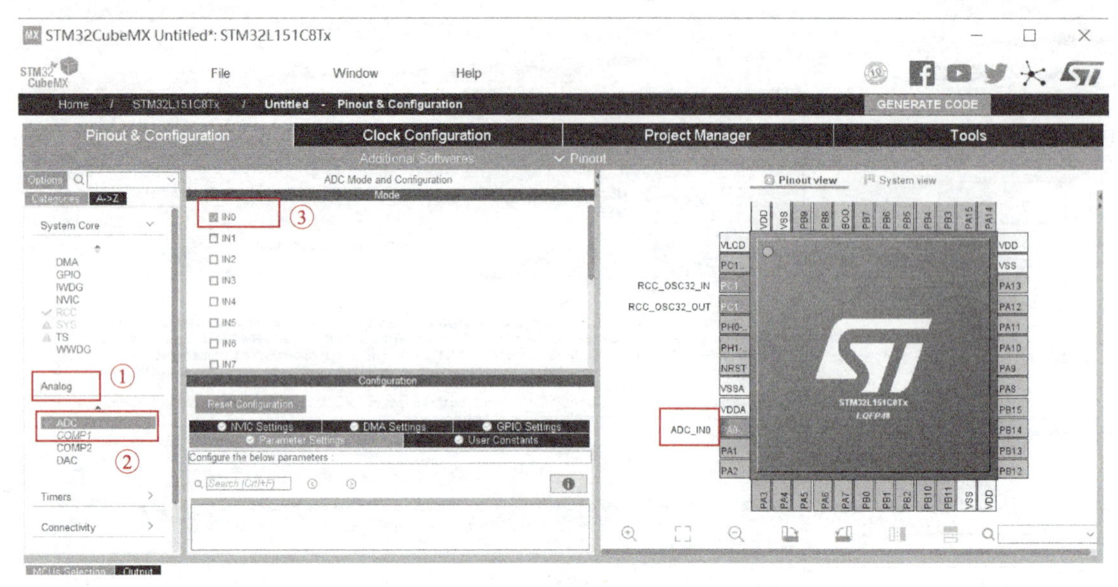


图7-29　配置ADC

3）配置RTC。

如图7-30所示，选择Timers->RTC，勾选Activate Clock Source和Activate Calendar两项，General→Hour Format选择Hourformat24，Calendar Time→Data Format选择Binary data format，其他保持默认。

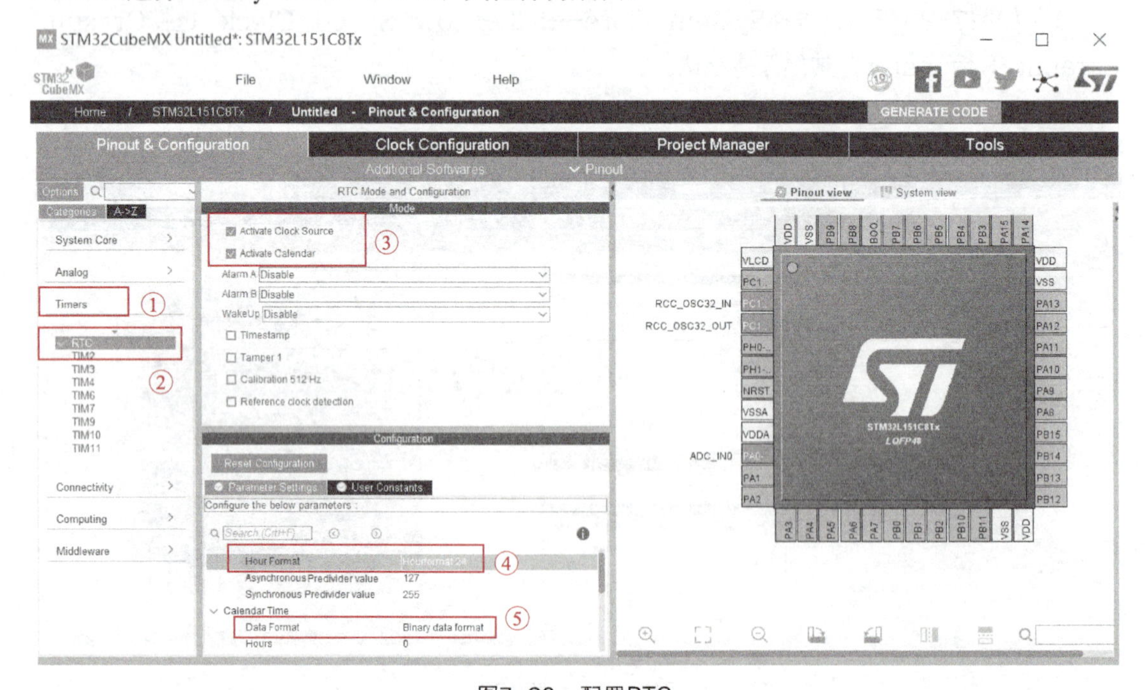


图7-30　配置RTC

4）配置USART1。

如图7-31所示，在Pinout&Configuration页面选择Connectivity->USART1，选择Asynchronous，串口参数使用默认值。

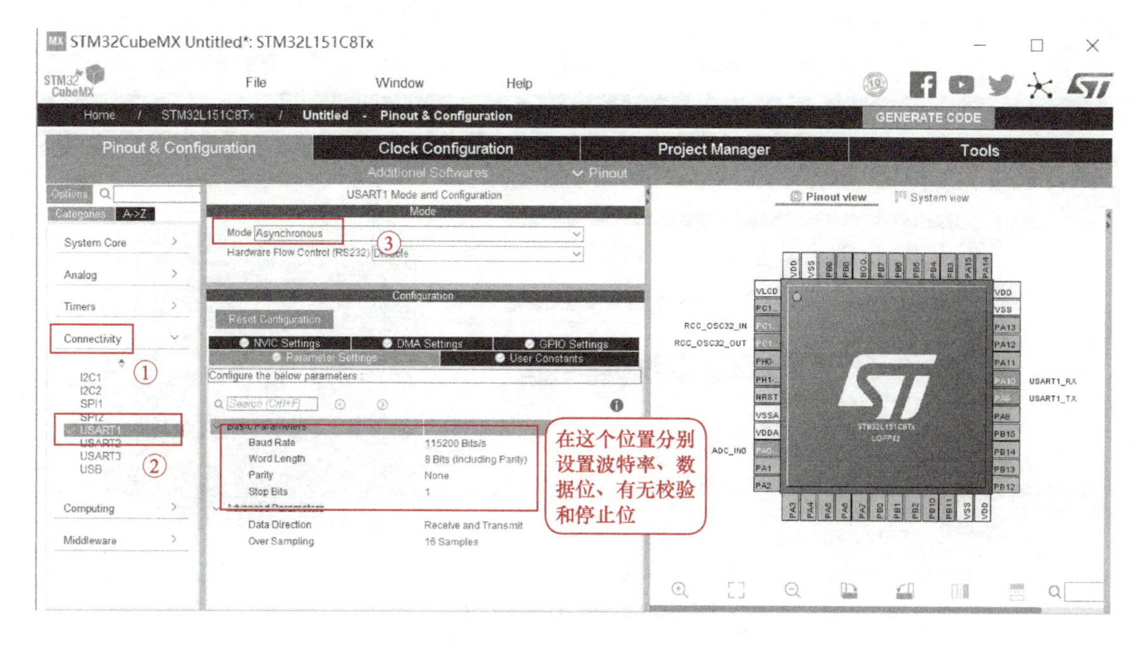


图7-31　配置USART1

5）使能USART1串口中断。

如图7-32所示，选择NVIC Settings选项卡，勾选USART1 global interrupt为Enabled。

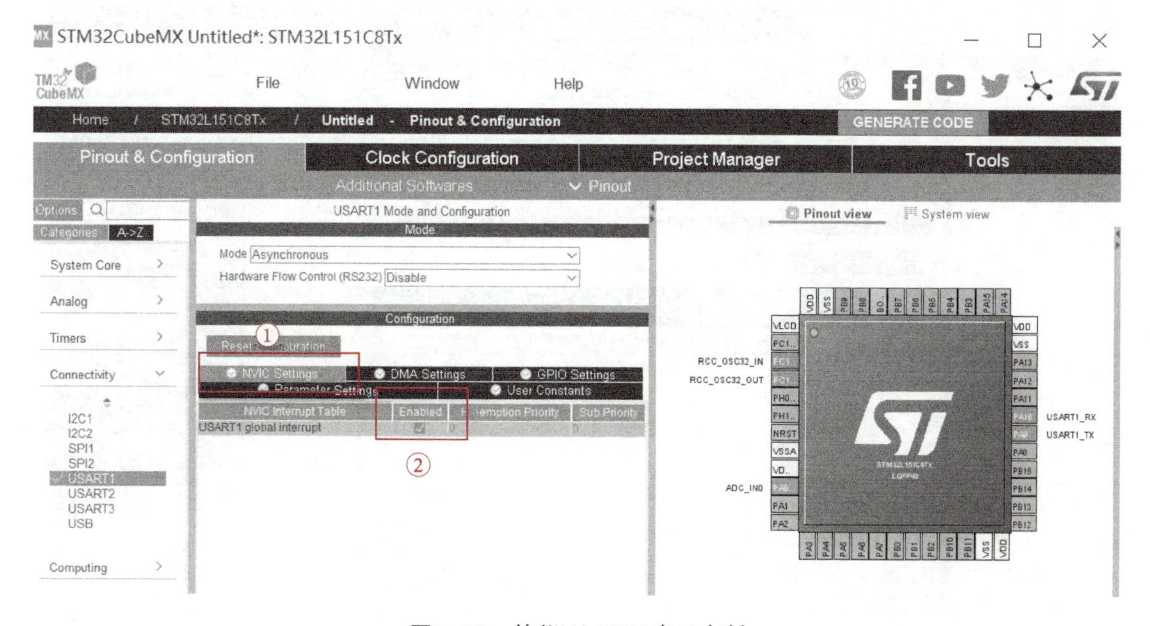


图7-32　使能USART1串口中断

6）配置USART2。

如图7-33所示，在Pinout&Configuration页面选择Connectivity－>USART2，选择Asynchronous，设置波特率为9600bits/s。

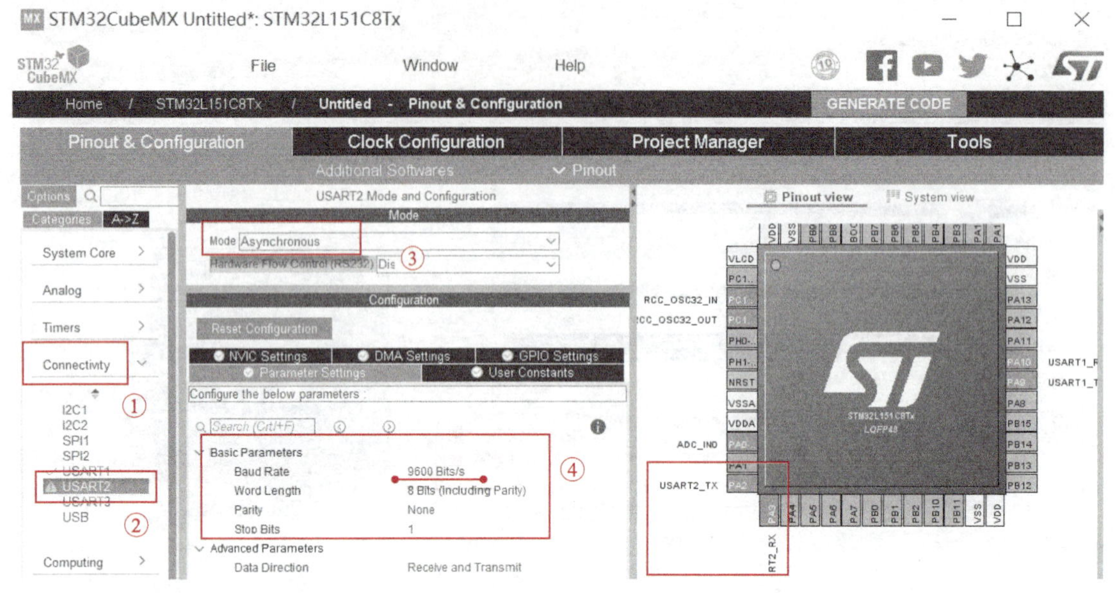


图7-33 配置USART2

7）使能USART2串口中断。

如图7-34所示，选择NVIC Settings选项卡，勾选USART2 global interrupt为Enabled。

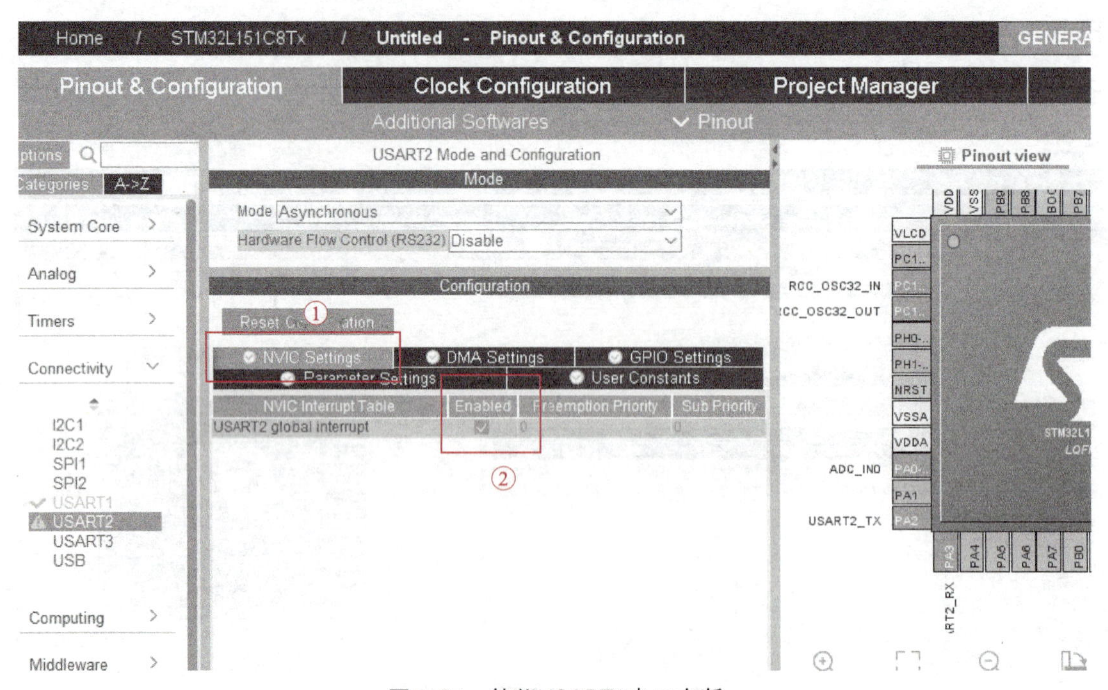


图7-34 使能USART2串口中断

8）如图7-35所示，设置引脚PA8为输出引脚。

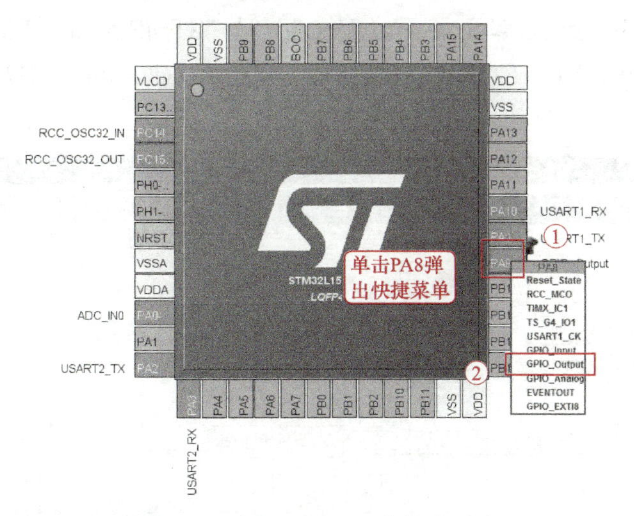


图7-35 设置引脚PA8为输出引脚

9）配置PA8引脚。

如图7-36所示，选择System Core->GPIO，User Label输入Light，选中Modified。

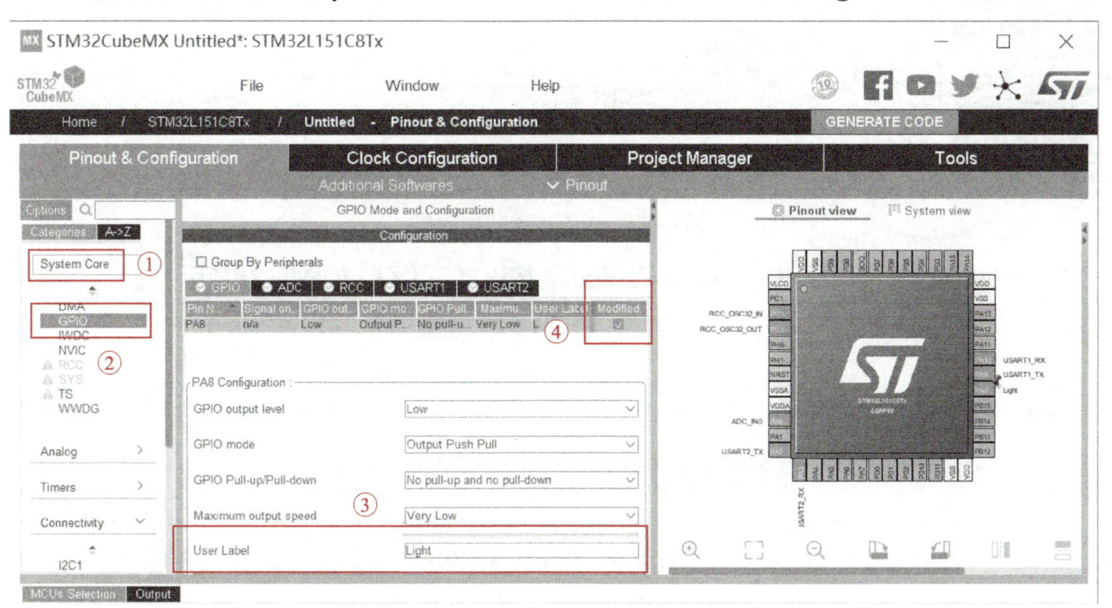


图7-36 配置PA8引脚

### 3. 在CubeMX中填写项目信息生成工程初始代码

1）选中Project Manager选项卡。

2）Project Name填入项目名称“NBIOT-lamp”。

3）在Project Location中选中项目创建路径。

注：建议不要有中文路径

4）Toolchain/IDE选择“MDK-ARM V5”。

5）Use Latest available version取消选中。

6）Firmware Package Name and Version选“STM32Cube FM_L1 V1.8.0”。

7）单击“GENERATE CODE”按钮生成工程初始代码，如图7-37所示。

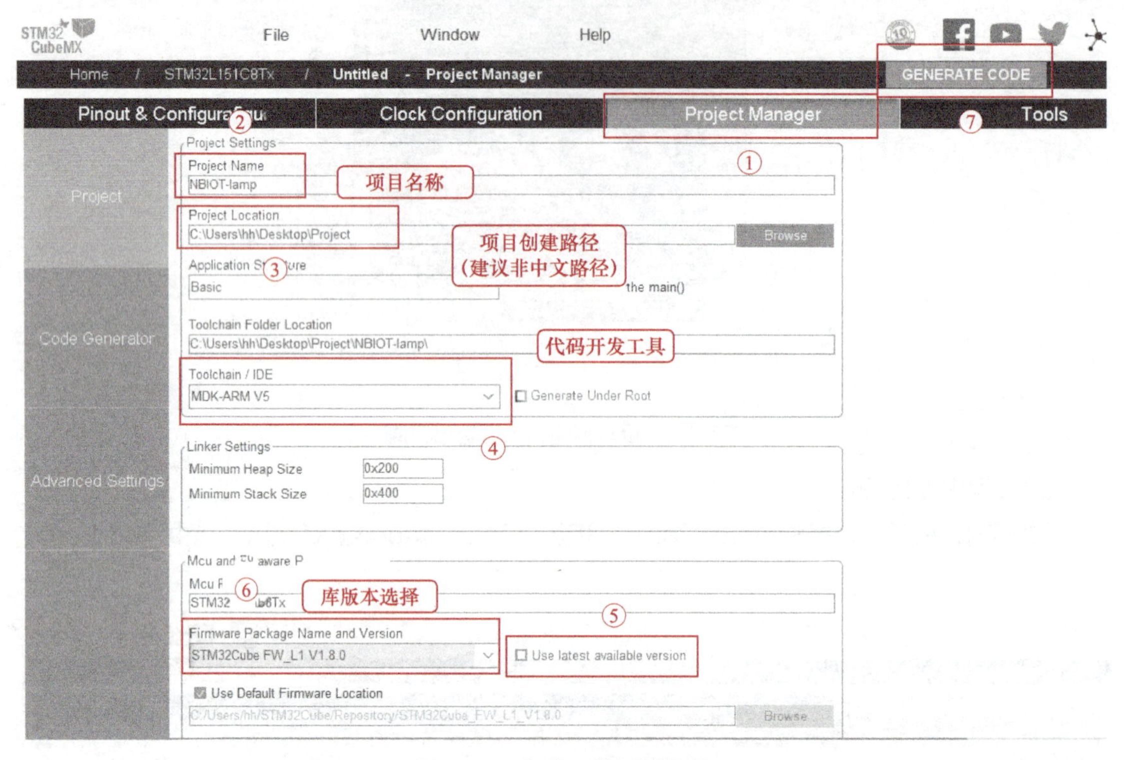


图7-37　生成工程初始代码

8）生成成功，可以单击“Open Project”按钮打开工程，如图7-38所示。

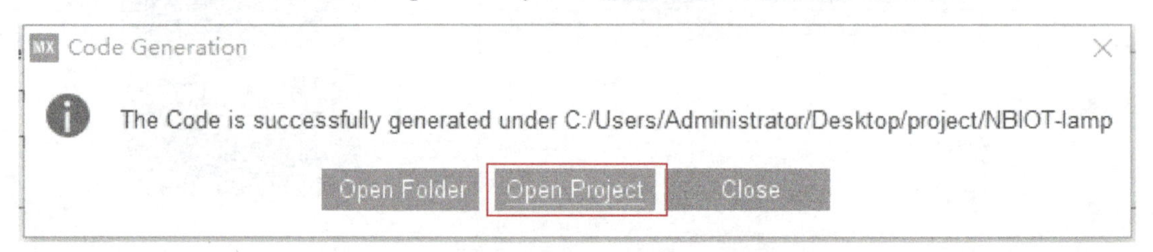


图7-38　生成工程成功

# 7.6 任务3　在工程中添加代码包

## 7.6.1　任务要求

打开任务2中所生成的基础工程，在此工程内导入任务所需的.c工程代码，并添加路径。

## 7.6.2 任务实施

### 1. 检查工程是否可用

如图7-39所示，打开工程后，先要对工程进行编译。若编译通过，则表示工程可用，若编译失败，请参照“开发环境搭建”先完成开发环境搭建及测试。

单击“编译”按钮开始编译，若0个错误则表示编译通过。

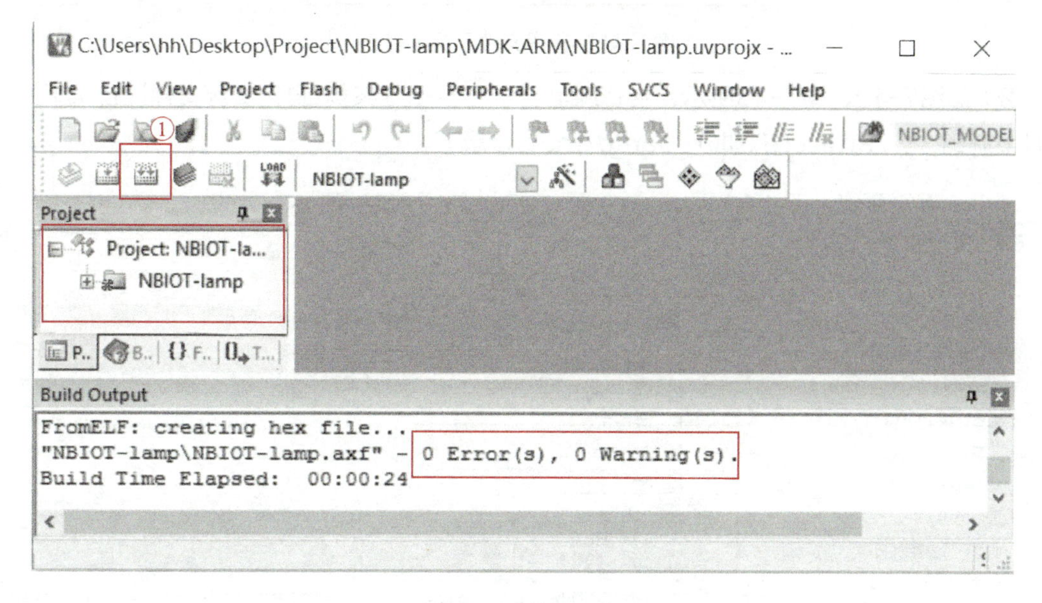


图7-39 编译工程

### 2. 添加代码文件

1）如图7-40、图7-41所示，将资源包“…/NB-IoT智能路灯/自定义源文件”目录下的user_cloud.c、user_oled.c、user_rtc.c、user_usart1.c和user_usart2.c文件复制到“…Project/NBIOT-lamp/Src”目录下。

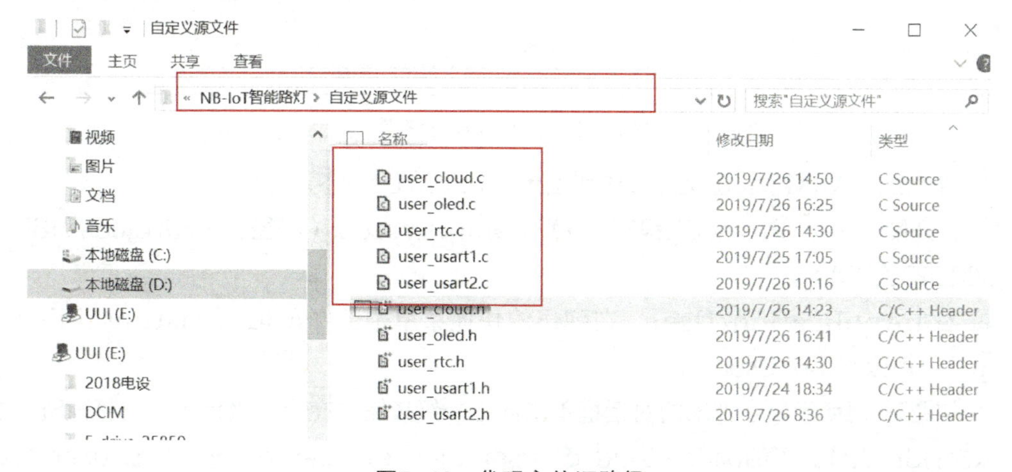


图7-40 代码文件源路径

图7-41　代码文件目标路径

2）如图7-42、图7-43所示，将资源包“…/NB-IoT案例/自定义源文件”目录下的.h文件复制到“…/Project/NBIOT-lamp/Inc”目录下。

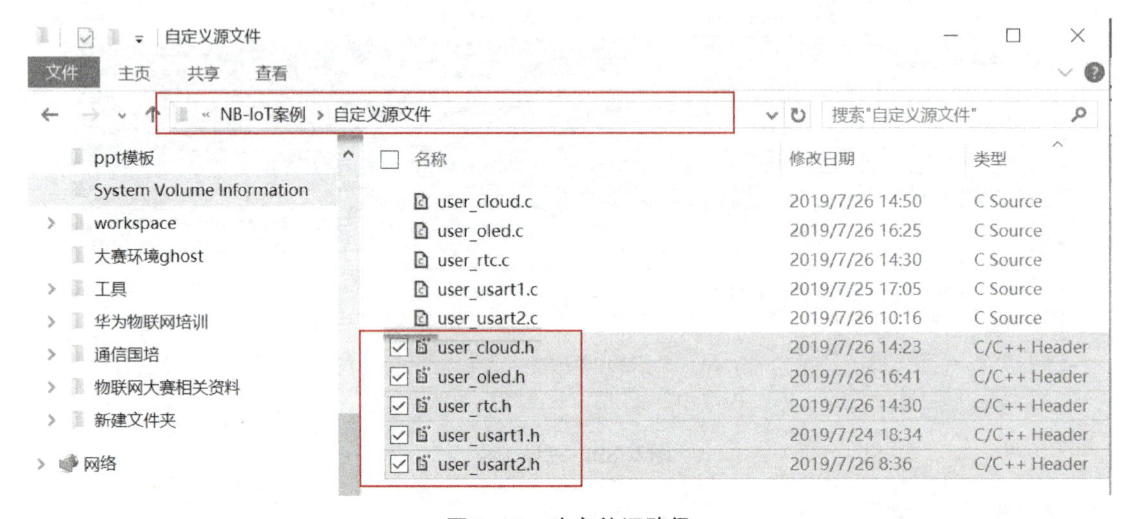


图7-42　头文件源路径

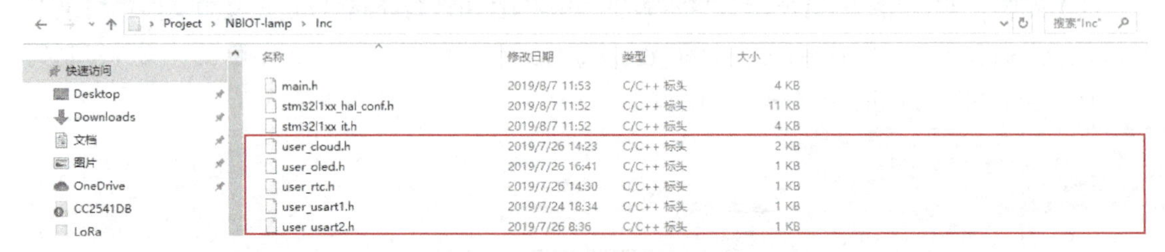


图7-43　头文件目标路径

3）在MDK-ARM中将源文件添加到Application/User下。

① 打开NB-IOT Project工程NB-IOT-lamp.uvprojx（路径：…/Project/NBIOT-lamp/MDK-ARM）。

② 右击Application/User，在弹出的快捷菜单中选择Add Existing Files to Group ‘Application/User’。

③ 如图7-44所示，在弹出的对话框单击向上一级按钮，在上一级目中双击打开Src文件夹，依次将Src文件夹下的user_cloud.c、user_oled.c、user_rtc.c、user_usart1.c和user_usart2.c文件添加进工程，如图7-45所示。

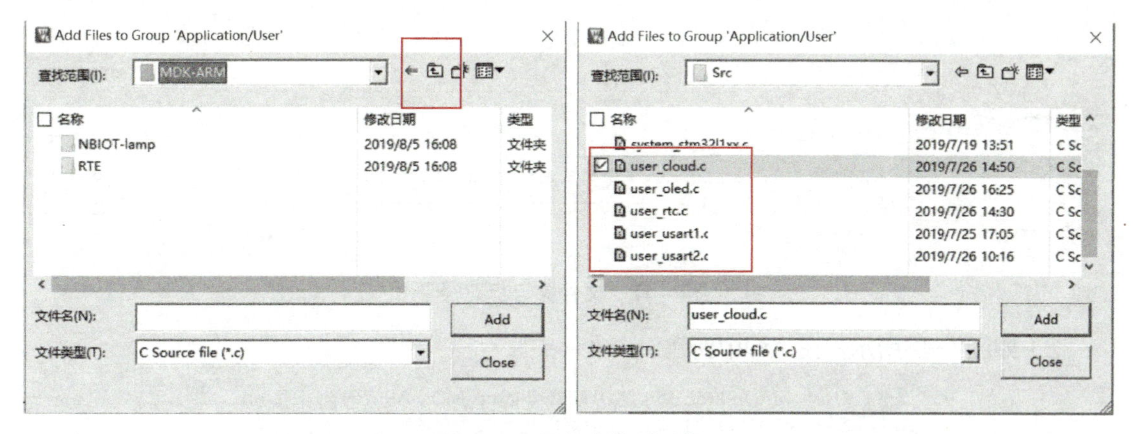

图7-44　添加文件对话框

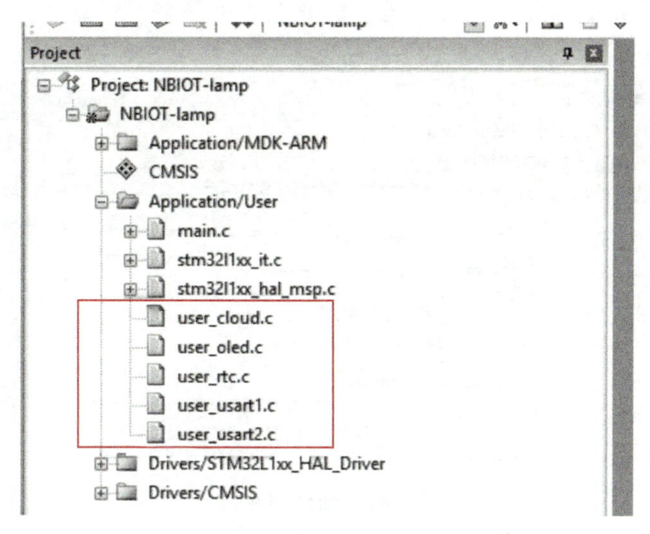

图7-45　文件添加进工程中

### 3. 添加OLED代码包

1）如图7-46、图7-47所示，将资源包“…/NB-IoT智能路灯/代码包”目录下的oled文件夹复制到“…/Project/NBlOT-lamp”目录下。

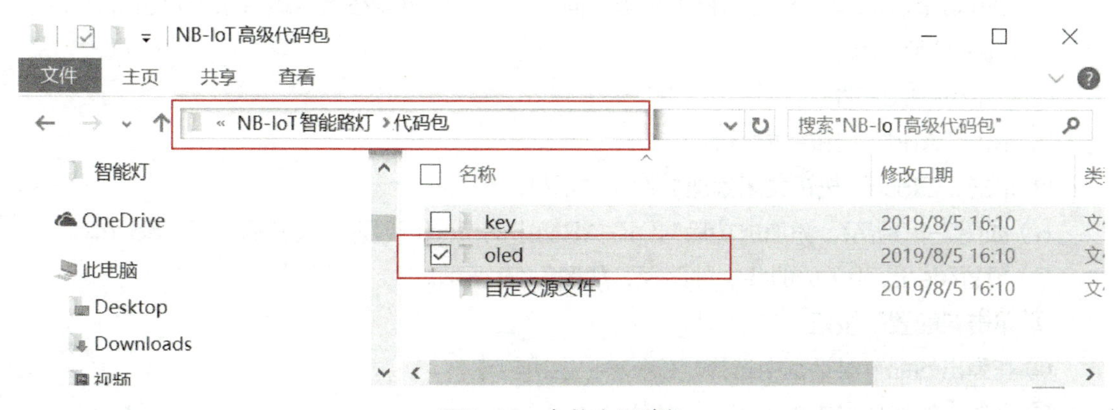

图7-46　文件夹源路径

图7-47　文件夹目标路径

2）如图7-48所示，在工程中新建一个文件夹。

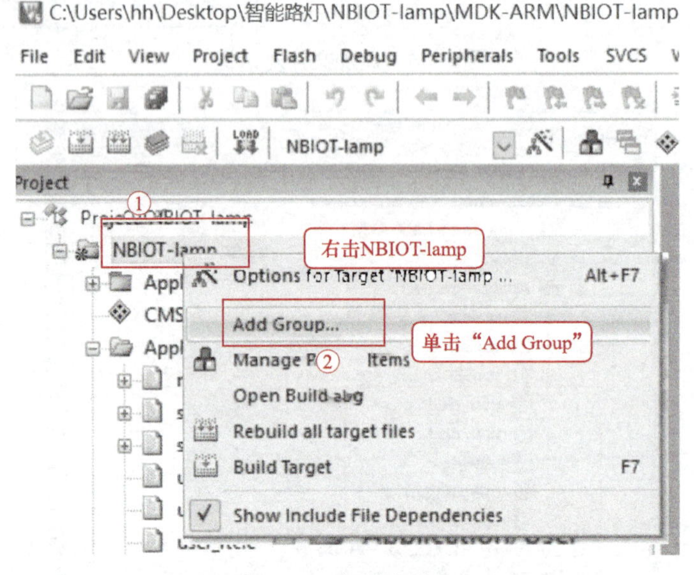


图7-48　新建文件夹

3）重命名New　Group文件夹为oled。选择New　Group，在蓝条无字的地方单击左键，输入oled。

4）右击oled文件夹，在弹出的快捷菜单中选Add Existing Files to Group ‘oled’命令。

5）在弹出的添加文件夹对话框中单击“向上一级”按钮，在上一级目录中双击打开oled目录，如图7-49所示。

① 选中oled. c文件。

② 单击“Add”按钮完成添加。

③ 单击“Close”按钮关闭添加文件夹对话框。

6）如图7-50所示，添加成功后MDK-ARM中的oled可展开，展开后可见oled. c。

7）设置oled. c相关的的头文件路径，如图7-51所示。

① 单击“配置”按钮。

② 在弹出的配置对话框中选择“C/C++”选项卡。

③ 在选中的选项卡中单击“...”按钮。

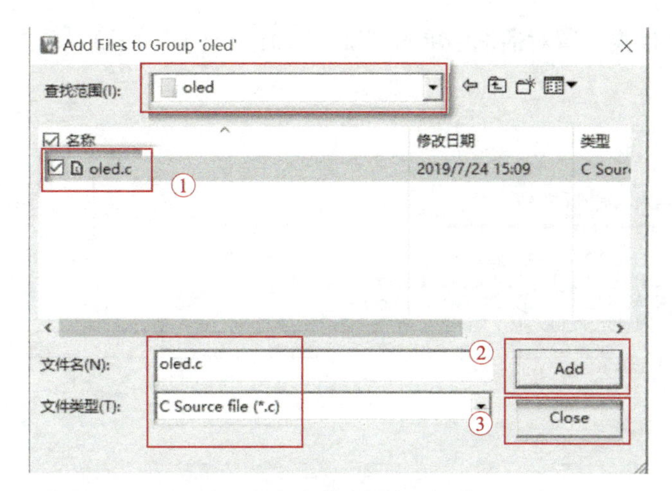


图7–49 文件夹添加对话框

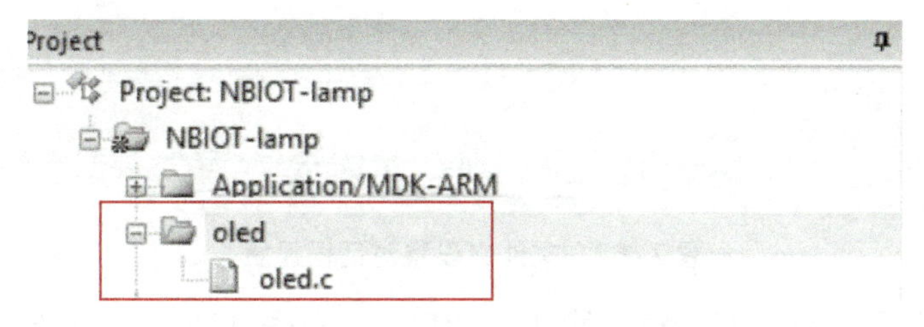


图7–50 oled代码包添加成功

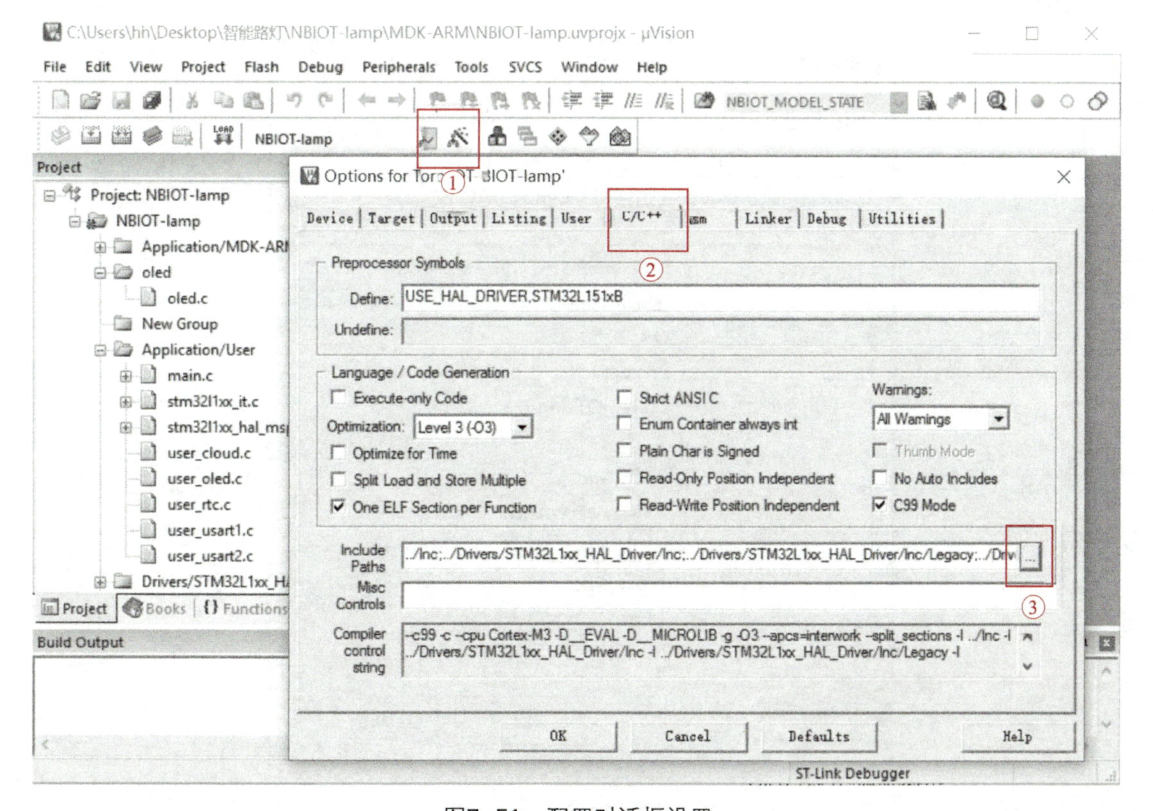


图7–51 配置对话框设置

④ 在弹出的文件夹设置对话框中单击“New（Insert）”按钮，单击“…”按钮，如图7-52所示。

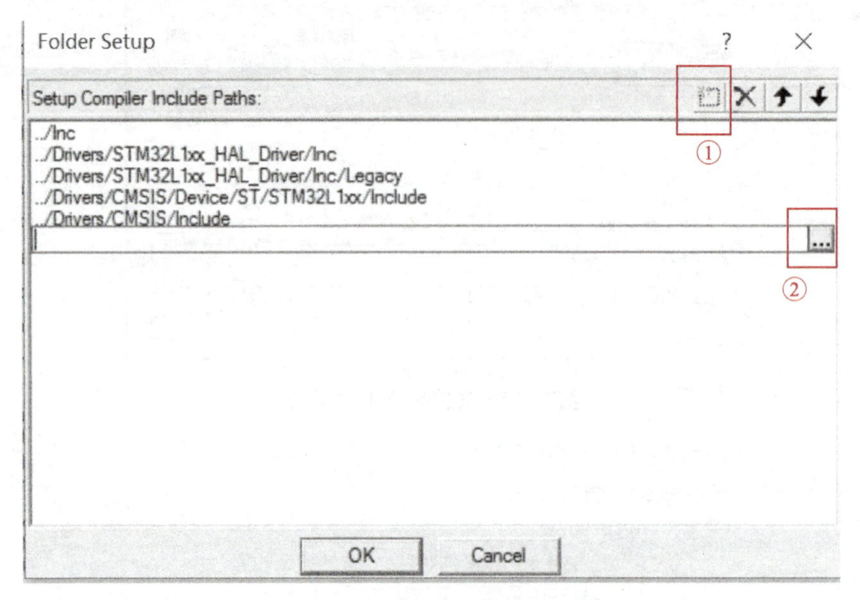


图7-52　文件夹设置对话框设置

⑤ 在弹出的选择文件夹对话框中找到oled目录，双击打开oled目录，单击“确定”按钮，如图7-53所示。

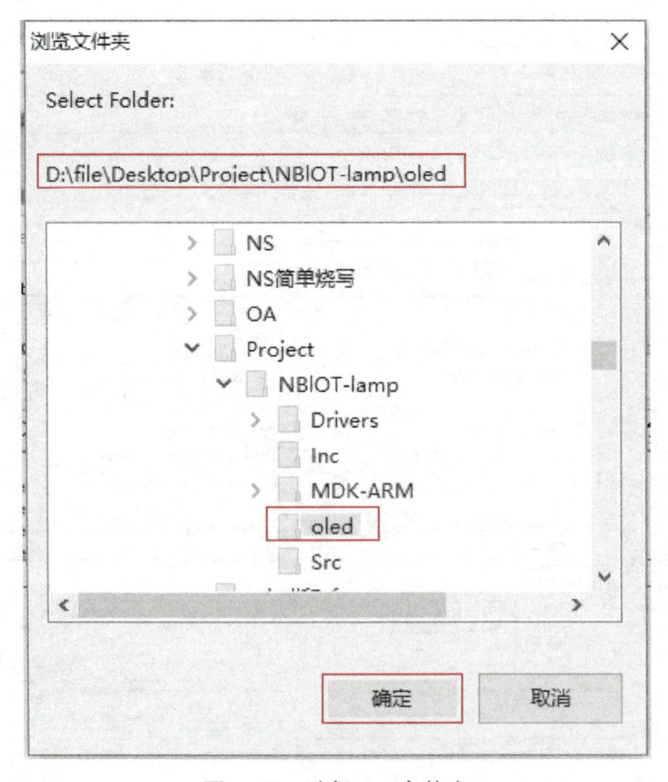


图7-53　选择oled文件夹

⑥ 在文件夹设置对话框中单击“OK”按钮，在配置对话框中单击“OK”按钮完成头文件路径配置，如图7-54所示。

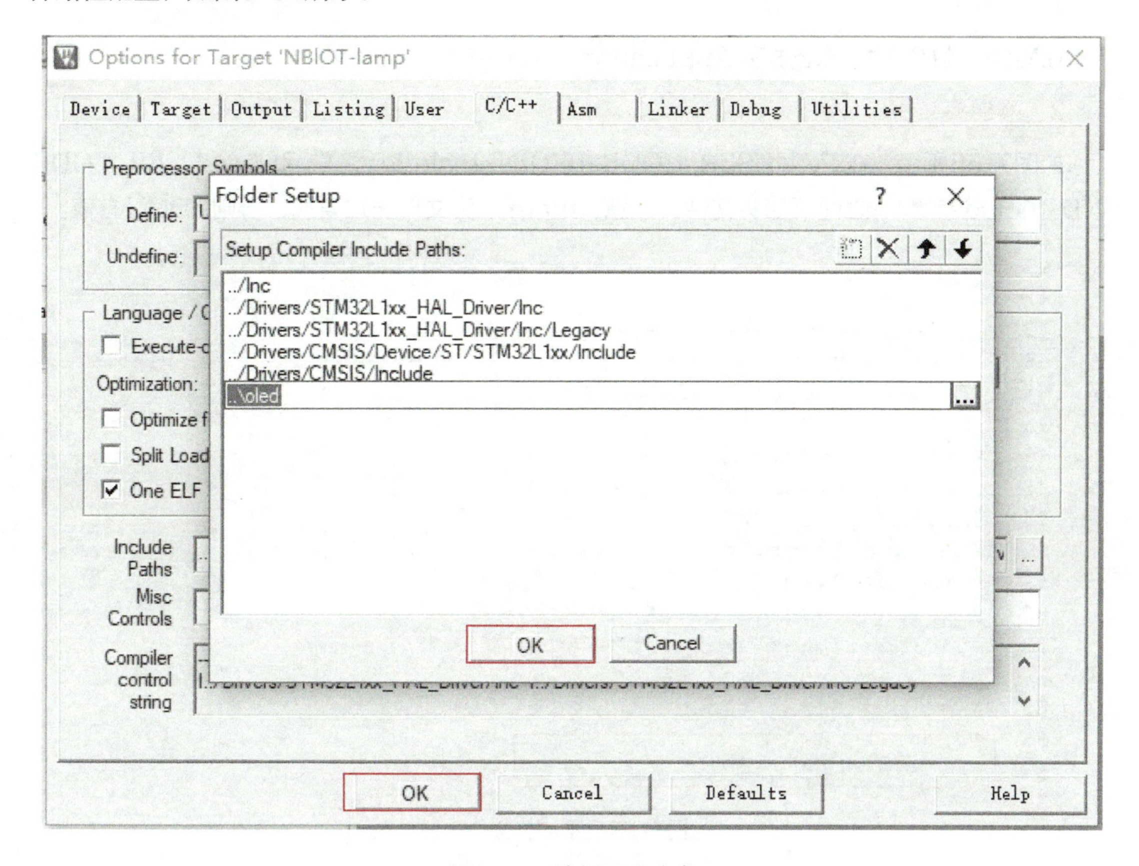


图7-54　路径配置确定

8）添加完成后，单击“重新编译”按钮完成编译，确保编译准确无错误。

### 4．添加key代码包

参考7.6.2中的步骤3，完成key代码包的添加，以及key代码头文件的配置。

# 7.7　任务4　在源文件中添加代码

## 7.7.1　任务要求

在任务3的基础上，编写相关代码并编译工程，将生成的.hex文件烧写到NB-IoT模块中，实现NB-IoT模块接入云平台，通过云平台查看上报的光照数据，并下发命令控制灯的亮灭。

## 7.7.2 任务实施

### 1. 打开main. c文件

在MDK-ARM中，双击打开Application/User下的main. c文件。

### 2. 添加头文件

如图7-55所示，在“/* USER CODE BEGIN Includes */”和“/* USER CODE END Includes */”之间添加头文件。注意，math. h头文件一定要加，否则ADC没有值。

```
41  /* Includes ------------------------------------------------------------------
42
43
44  /* Private includes ----------------------------------------------------------
45  /* USER CODE BEGIN Includes */
46
47  #include <stdio.h>
48  #include <math.h>
49  #include "main.h"
50  #include "oled.h"
51  #include "key.h"
52  #include "user_oled.h"
53  #include "user_usart1.h"
54  #include "user_usart2.h"
55  #include "user_cloud.h"
56
57  /* USER CODE END Includes */
```

图7-55　添加头文件

### 3. 添加用户自定义的全局变量

如图7-56所示，在“/* USER CODE BEGIN PV */”和“/* USER CODE END PV */”之间添加全局变量usart1RxBuf、usart2RxBuf用于USART1、USART2的接收。

```
/* Private variables -------------------
ADC_HandleTypeDef hadc;

RTC_HandleTypeDef hrtc;

UART_HandleTypeDef huart1;
UART_HandleTypeDef huart2;

/* USER CODE BEGIN PV */

uint8_t usart1RxBuf;
uint8_t usart2RxBuf;

/* USER CODE END PV */
```

图7-56　添加全局变量

## 4．添加用户自定义函数

如图7-57所示，在“/* USER CODE BEGIN 0 */”和“/* USER CODE END 0 */”之间添加用户自定义函数。

```
100  /* Private user code-----------------------------------------
101  /* USER CODE BEGIN 0 */
102
103   添加 int fputc(int ch, FILE *f)
104   添加 float get_illumination_value()
105   添加 void control_light(uint8_t status)
106   添加 void automatic_mode(int value, int *light_flag)
107   添加 void HAL_UART_RxCpltCallback(UART_HandleTypeDef *huart)
108   添加 void HAL_UART_ErrorCallback(UART_HandleTypeDef *huart)
109
110  /* USER CODE END 0 */
111
112  /**
113    * @brief  The application entry point.
114    * @retval int
115    */
116  int main(void)
```

图7-57　添加用户自定义函数

1）添加定向输出函数int fputc（int ch，FILE *f）。

```
1. int fputc(int ch, FILE *f)
2. {
3.     HAL_UART_Transmit(&huart1, (uint8_t*)&ch, 1, 10);
4.     return(ch);
5. }
```

2）添加ADC采集及转化为光照强度值函数float get_illumination_value( )。

注：该函数必须位于全局变量定义之后。

```
1. /*************************************************************************
2.  * FunctionName : void get_illumination_value( )
3.  * Description  : 获取光照强度数值
4.  * Parameters   : none
5.  * Returns      : illumination_value
6. *************************************************************************/
7. float get_illumination_value( )
8. {
9.      float adcValue;
10.     float illumination_value;
11.     HAL_ADC_Start(&hadc); //启动ADC
12.     HAL_ADC_PollForConversion(&hadc,10); //等待采集完成
13.     adcValue = HAL_ADC_GetValue(&hadc); //获取ADC采集的数据
14.     adcValue = adcValue * 3.3 / 4096.0; //将采集到的数据转换为电压值(单位:V)
15.     illumination_value = pow(10,((1.78-log10(33/adcValue -10))/0.6)); //将电压值转换为光照强度
16.     oled_display_illumination(illumination_value); //在OLED上显示数据
```

```
17.     HAL_ADC_Stop(&hadc); //停止ADC
18.     return illumination_value;
19. }
```

3）添加控制灯亮灭的函数 void control_light（uint8_t status）。

该函数通过控制I/0的高低电平从而控制继电器的开关。

```
1.  /***********************************************************************
2.   * FunctionName : void control_light(uint8_t status)
3.   * Description  : 控制灯的亮灭
4.   * Parameters   : [in] status
5.   * Returns      : none
6.  ***********************************************************************/
7.  void control_light(uint8_t status) {
8.      if(status == LIGHT_OPEN) {
9.          HAL_GPIO_WritePin(Light_GPIO_Port, Light_Pin, GPIO_PIN_SET);
10.         oled_display_light_status(LIGHT_OPEN);
11.     }
12.     else {
13.         HAL_GPIO_WritePin(Light_GPIO_Port, Light_Pin, GPIO_PIN_RESET);
14.         oled_display_light_status(LIGHT_CLOSE);
15.     }
16. }
```

4）添加可以根据设置的光照度阈值自动控制灯的亮灭的函数void automatic_mode（int value，int *light_flag）。

```
1.  /***********************************************************************
2.   * FunctionName : void automatic_mode( )
3.   * Description  : 自动模式
4.   * Parameters   : [in] status
5.   * Returns      : none
6.  ***********************************************************************/
7.  void automatic_mode(int value, int *light_flag)
8.  {
9.              static int now_ill_value;
10.             if((value < 3) && (*light_flag == 0))
11.             {
12.                 control_light(LIGHT_OPEN);
13.                 *light_flag = 1;
14.                 HAL_Delay(10);
15.                 now_ill_value = (int)get_illumination_value( );
16.             }
17.             else if((now_ill_value+1 < value) && (*light_flag == 1))
18.             {
```

```
19.                 control_light(LIGHT_CLOSE);
20.                 *light_flag = 0;
21.             }
22. }
```

5）添加串口中断服务程序void HAL_UART_RxCpltCallback（UART_HandleTypeDef *huart）。

```
1. //当产生串口中断后，最终会跳到此
2. void HAL_UART_RxCpltCallback(UART_HandleTypeDef *huart)
3. {
4.     if(huart == &huart1) //判断是哪个串口产生的中断
5.     {
6.         usart1_data_fifo_put(usart1RxBuf); //向USART1串口缓冲区写入数据
7.         HAL_UART_Receive_IT(&huart1, &usart1RxBuf, 1);
8.     }
9.
10.    if(huart == &huart2)
11.    {
12.        usart2_data_fifo_put(usart2RxBuf); //向USART2串口缓冲区写入数据
13.        HAL_UART_Receive_IT(&huart2, &usart2RxBuf, 1);
14.    }
15. }
16.
```

6）添加串口出错处理函数void HAL_UART_ErrorCallback（UART_HandleTypeDef *huart）。

```
1. //当串口出错后，跳转到此
2. void HAL_UART_ErrorCallback(UART_HandleTypeDef *huart)
3. {
4.     printf("UART Error:%x\r\n",huart->ErrorCode); //报告错误编号
5.     huart->ErrorCode = HAL_UART_ERROR_NONE;
6.     if(huart == &huart1){
7.     HAL_UART_Receive_IT(&huart1, &usart1RxBuf, 1); //重新打开USART1接收中断
8.     }
9.     if(huart == &huart2){
10.    HAL_UART_Receive_IT(&huart2, &usart2RxBuf, 1); //重新打开USART2接收中断
11.    }
12. }
```

### 5．在main( )函数中添加代码

如图7-58所示，在main( )函数的“/* USER CODE BEGIN 2 */”和“/* USER

CODE END 2 */”之间添加第一段代码。

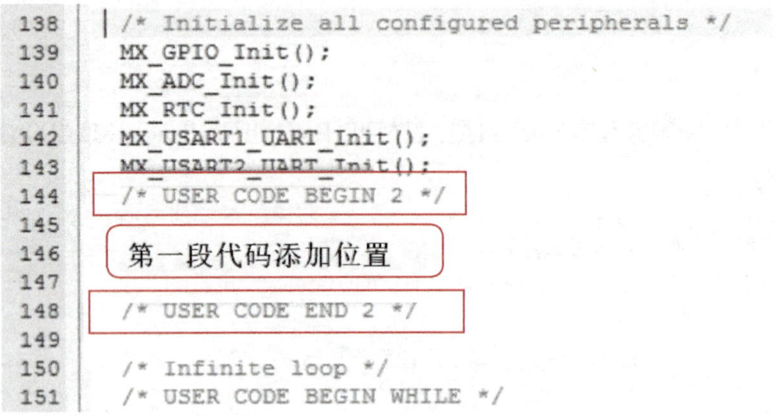

```
138  /* Initialize all configured peripherals */
139  MX_GPIO_Init();
140  MX_ADC_Init();
141  MX_RTC_Init();
142  MX_USART1_UART_Init();
143  MX_USART2_UART_Init();
144  /* USER CODE BEGIN 2 */
145
146      第一段代码添加位置
147
148  /* USER CODE END 2 */
149
150  /* Infinite loop */
151  /* USER CODE BEGIN WHILE */
```

图7-58　第一段代码添加位置

第一段代码如下：

```
1.  OLED_Init( ); //Oled初始化
2.  keys_init( );//按键初始化
3.  //Oled显示初始信息
4.  oled_display_information( );
5.  oled_display_connection_status(LINKING);
6.  oled_display_light_status(LIGHT_CLOSE);
7.  oled_show_mode(MANUAL);
8.  HAL_UART_Receive_IT(&huart1, &usart1RxBuf, 1);  //开启USART1中断接收
9.  HAL_UART_Receive_IT(&huart2, &usart2RxBuf, 1); //开启USART2中断接收
10. wait_nbiot_start( );//等待NB模块启动
11. nbiot_config( );//NB模块配置
12. link_server( ); //连接服务器
13. int i, ret, ill_value, lightStatus, link_flag = 0, send_count;
14. uint8_t mod_flag=0, light_flag=0;
```

如图7-59所示，在main( )函数的“/* USER CODE END WHILE */”和“/* USER CODE BEGIN 3 */”之间添加第二段代码。

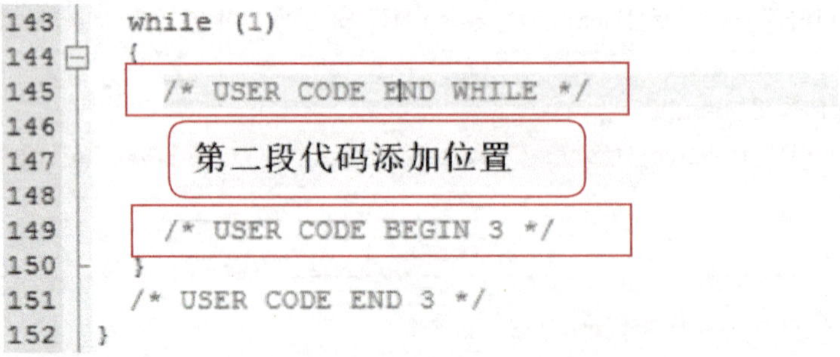

```
143  while (1)
144  {
145    /* USER CODE END WHILE */
146
147      第二段代码添加位置
148
149    /* USER CODE BEGIN 3 */
150  }
151  /* USER CODE END 3 */
152  }
```

图7-59　第二段代码添加位置

第二段代码如下：

```
1.  //1.5S采集并发送一次数据
2.          if(i++ > 14)
3.          {
4.              i = 0;
5.              //获取光照强度值
6.              ill_value = (int)get_illumination_value( );
7.              //自动模式下，光照强度小于3会自动开灯
8.              if(mod_flag == 1)
9.              {
10.                 automatic_mode(ill_value, &lightStatus);
11.             }
12.             //发送数据到云平台
13.             if(link_flag < 2)
14.             {
15.                 get_time_from_server( );
16.
17.             }
18.             else if(link_flag == 2)
19.             {
20.                 send_data_to_cloud( ill_value, lightStatus);
21.                 send_count++;
22.             }
23.         }
24.         //接收数据处理
25.         ret = rcv_data_deal( );
26.         switch(ret)
27.         {
28.             //LINK OK
29.             case LINK_OK : {
30.                 oled_display_connection_status(LINKED);
31.                 link_flag = 1;
32.                 break;
33.             }
34.             //get time OK
35.             case TIME_OK : {
36.                 oled_display_connection_status(LINKED);
37.                 link_flag = 2;
38.                 break;
39.             }
40.             //RCV OK
41.             case RCV_OK : {
42.                 send_count = 0;
43.                 break;
44.             }
45.             //lamp OPEN
46.             case CONTROL_OPEN : {
```

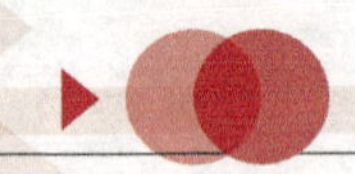



```
47.                 control_light(LIGHT_OPEN);
48.                 lightStatus = 1;
49.                 break;
50.             }
51.             //lamp CLOSE
52.             case CONTROL_CLOSE : {
53.                 control_light(LIGHT_CLOSE);
54.                 lightStatus = 0;
55.                 break;
56.             }
57.         }
58.         //重新开启USART2中断
59.         if(send_count >= 3)
60.             HAL_UART_Receive_IT(&huart2, &usart2RxBuf, 1);
61.         HAL_Delay(100);
62.         //KEY2按键控制灯
63.         if(key_even(KEY2) == KEY_DOWN)
64.         {
65.             if(light_flag == 0)
66.             {
67.                 control_light(LIGHT_OPEN);
68.                 lightStatus = 1;
69.                 light_flag = 1;
70.             }
71.             else
72.             {
73.                 control_light(LIGHT_CLOSE);
74.                 lightStatus = 0;
75.                 light_flag = 0;
76.             }
77.         }
78.         //KEY3按键选择模式
79.         if(key_even(KEY3) == KEY_DOWN)
80.         {
81.             if(mod_flag == 0)
82.             {
83.                 printf("Enter automatic mode\r\n");
84.                 oled_show_mode(AUTO);
85.                 mod_flag = 1;
86.             }
87.             else
88.             {
89.                 printf("Enter manual mode\r\n");
90.                 oled_show_mode(MANUAL);
91.                 mod_flag = 0;
92.             }
93.         }
```

### 6．在Application/User user_cloud.c文件下填写NB-IoT连接服务器代码

1）填写void link_server（void）的NB-IoT配置代码。

在Application/User user_cloud.c文件中找到void link_server（void）函数填写NB-IoT配置代码，代码如下：

```
1. void link_server(void)
2. {
3. //连接电信IP，5683为CoAP端口
4.     printf("AT+NCDP=%s,%d\r\n", "117.60.157.137", 5683);
5.     send_AT_command("AT+NCDP=%s,%d\r\n", "117.60.157.137", 5683);
6.     wait_answer("OK");
7. }
```

2）填写void nbiot_config（void）的NB-IoT配置代码。

在Application/User user_cloud.c文件中找到void nbiot_config（void）函数填写NB-IoT配置代码，代码如下：

```
1. void nbiot_config(void)
2. {
3.   //开启NB-IoT芯片所有功能
4.     printf("AT+CFUN=%d\r\n", 1);
5.     send_AT_command("AT+CFUN=%d\r\n",1);
6.     wait_answer("OK");
7.     //设置模块处于空闲状态
8.     printf("AT+CSCON=%d\r\n", 0);
9.     send_AT_command("AT+CSCON=%d\r\n", 0);
10.    wait_answer("OK");
11.    //设置模块自动找网
12.    printf("AT+CEREG=%d\r\n",2);
13.    send_AT_command("AT+CEREG=%d\r\n", 2);
14.    wait_answer("OK");
15.    //开启下行数据通知
16.    printf("AT+NNMI=%d\r\n",1);
17.    send_AT_command("AT+NNMI=%d\r\n", 1);
18.    wait_answer("OK");
19.    //开启驻网
20.    printf("AT+CGATT=%d\r\n", 1);
21.    send_AT_command("AT+CGATT=%d\r\n", 1);
22.    wait_answer("OK");
23. }
```

3）填写void get_time_from_server（void）的NB-IoT配置代码。

在Application/User user_cloud.c文件中找到void get_time_from_server（void）函数填写NB-IoT配置代码，代码如下：

```
1. void get_time_from_server(void)
2. {
3.     //获取网络时间
4.     printf("AT+CCLK?\r\n");
5.     send_AT_command("AT+CCLK?\r\n");
6.
7. }
```

代码添加完成后，单击“重新编译”按钮完成编译，确保编译准确无错误。

# 7.8 任务5 烧写NB-IoT模块程序

## 7.8.1 任务要求

根据硬件接线图完成硬件搭建，并将任务1中的.hex文件烧写到NB-IoT模块中。

## 7.8.2 任务实施

### 1. 硬件环境搭建

1）图7-60所示为本任务使用的NB-IoT模块的正面和反面的实物图。

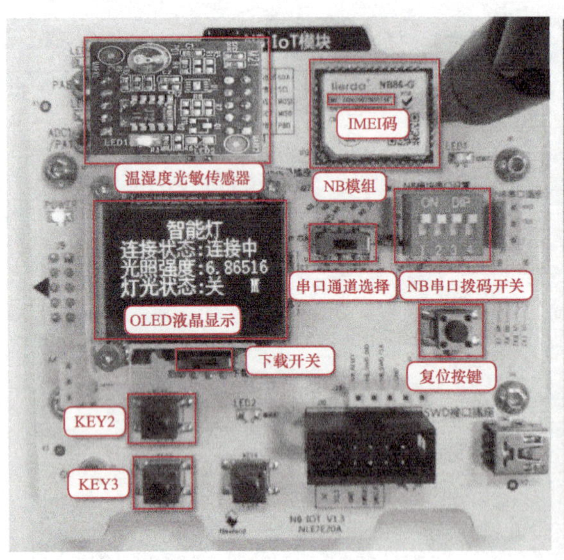


a）

b）

图7-60 硬件器件介绍

a）NB-IoT模块正面 b）NB-IoT模块反面

2）图7-61所示是本任务的硬件连线图。

把NB-IoT模块的PA8线连接到继电器模块的J2口，继电器模块的J9（NO1）接到灯的正极“+”，继电器模块的J8（COM1）接到newlab平台的12V的正极“+”，灯的负极“-”接到NEWLab平台的12V的负极“-”。

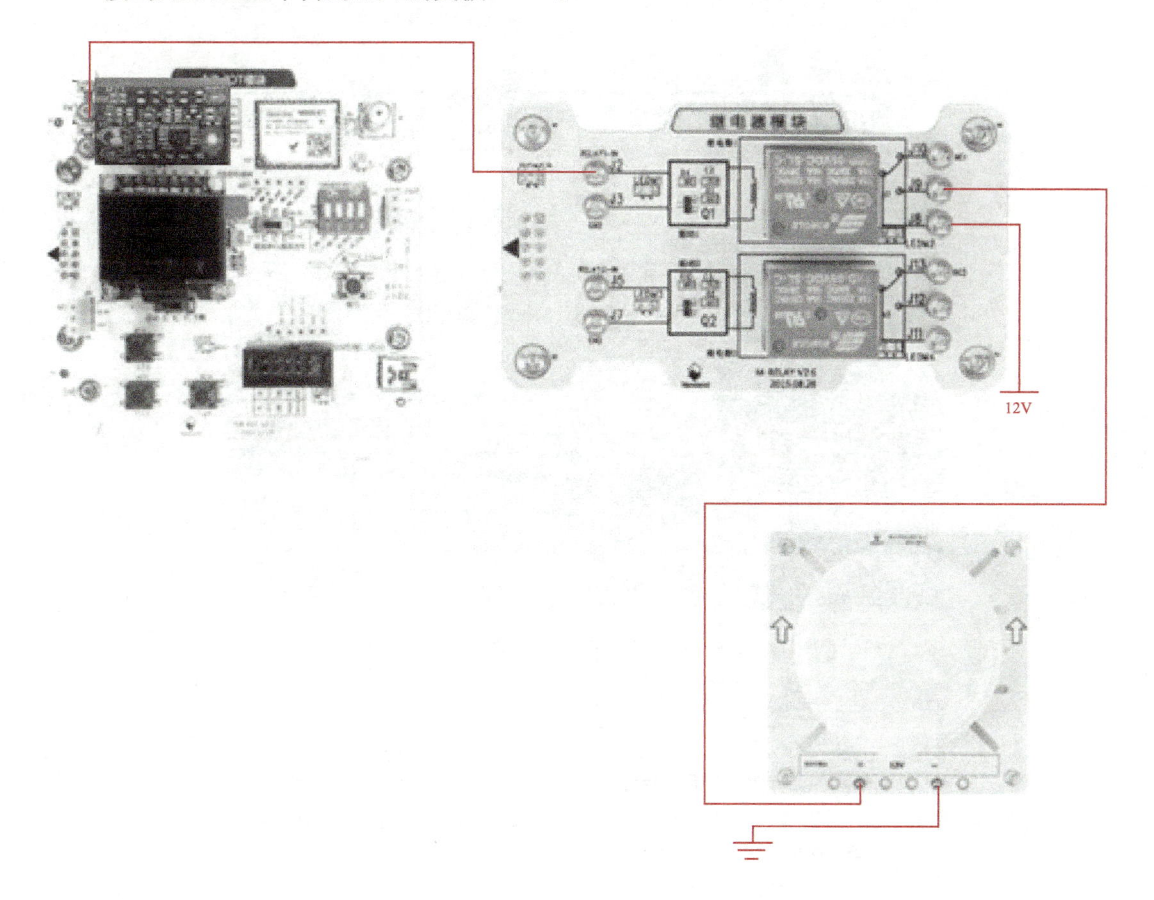


图7-61　硬件连线图

### 2. NB-IoT模块烧写准备

1）搭建硬件平台，把NB-IoT模块按图7-62所示的方向放置于NEWLab平台上。

2）按照标注①连接串口线，按照标注②连接电源线。

3）按照标注③将开关旋钮旋至通信模式。

4）按照标注④把拨码开关1、2向下拨，拨码开关3、4向上拨。

5）按照标注⑤把开关拨向左方丝印M3芯片处。

6）按照标注⑥把开关拨向右方丝印下载处。

### 3. 查看串口号

在“设备管理器”中查看对应的串口号，如图7-63所示。

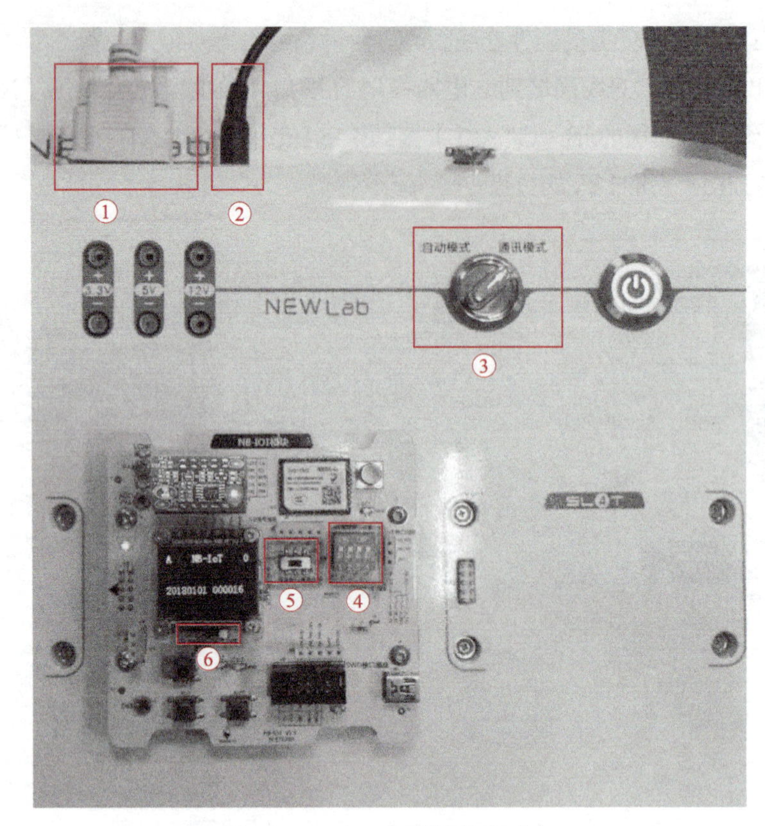


图7-62　NB-IOT模块烧写准备

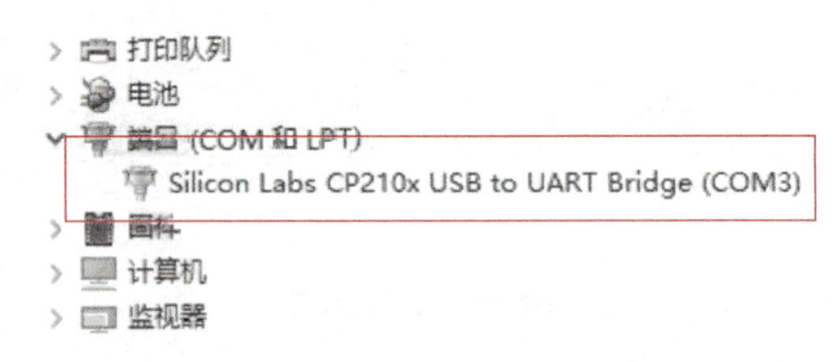


图7-63　在“设备管理器”中查看对应的串口号

### 4．使用STM Flash Loader Demonstrator烧写器烧写代码

1）确认图7-62标注⑥处的开关已拨到丝印下载处，且按过复位键。

2）打开Flash Loader Demonstrator软件，在“Port Name”下拉列表框中选择图7-63所示的串口，单击“Next”按钮，如图7-64a所示。

3）软件读到硬件设备后，单击“Next”按钮，如图7-64b所示。

4）选择MCU型号为STM32L1_Cat2-128K，单击“Next”按钮，如图7-65所示。

5）选中“Download to device”单选按钮，选择xxx. hex下载程序对应的路径，单击“Next”按钮。例如，路径为“NB-IoT案例\智能路灯\下载文件\NBIOT-lamp. hex”，如图7-66所示。

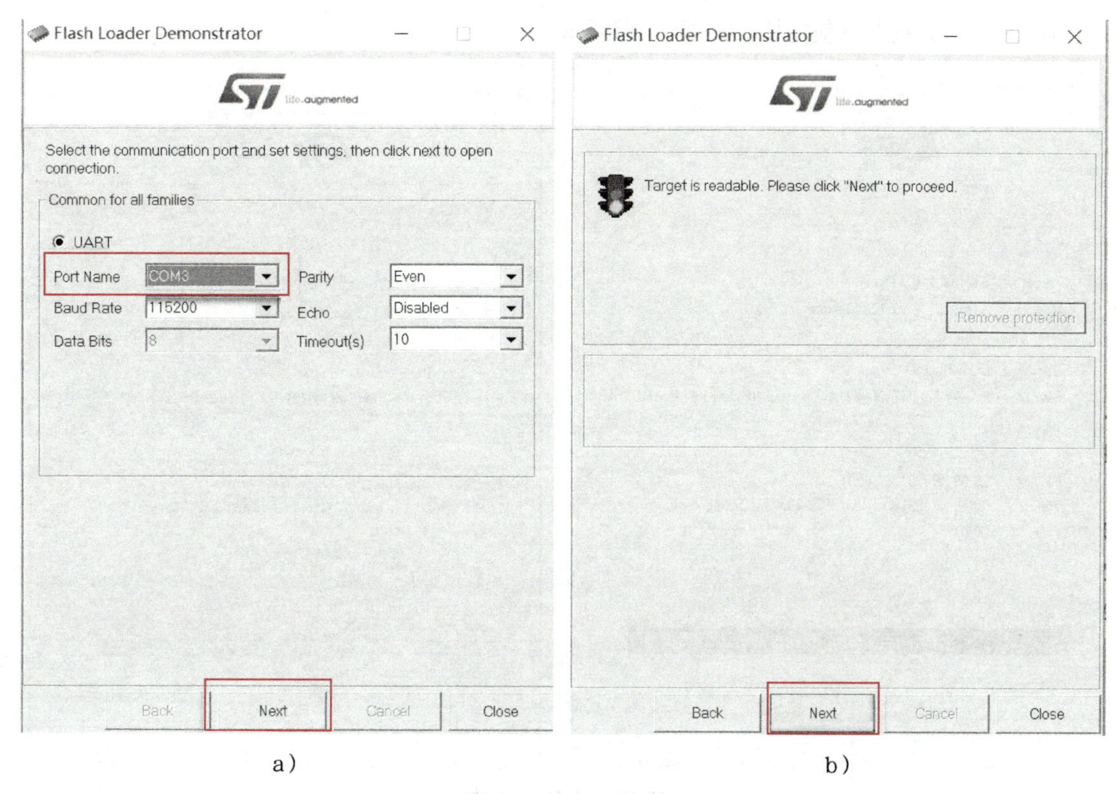


图7-64　串口设置

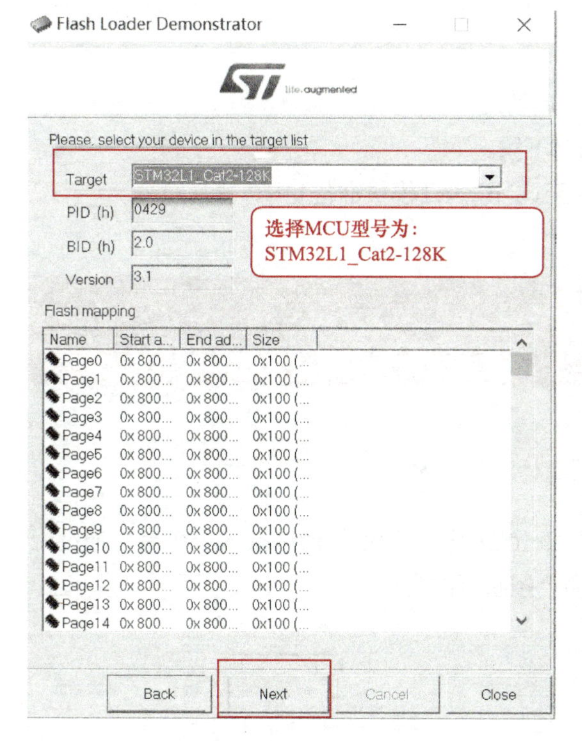


图7-65　处理器型号设置

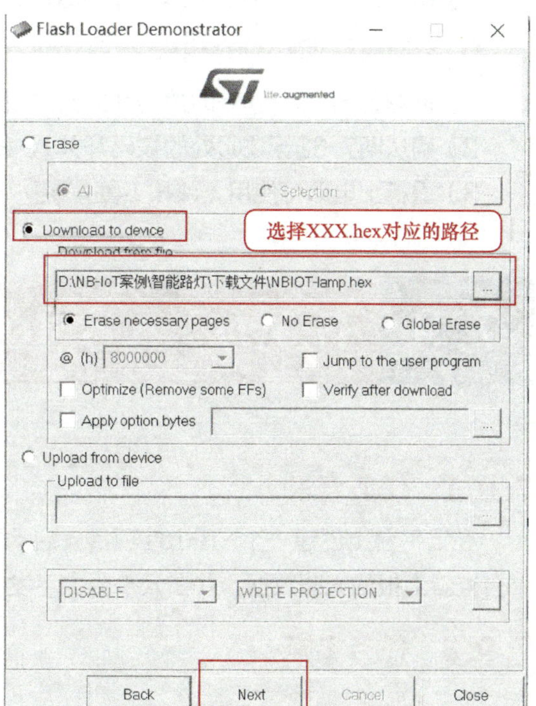


图7-66　烧写代码设置

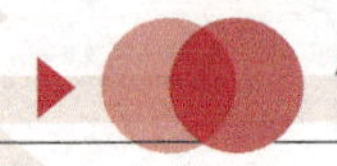

6）等待30s左右下载完毕，如图7-67所示。

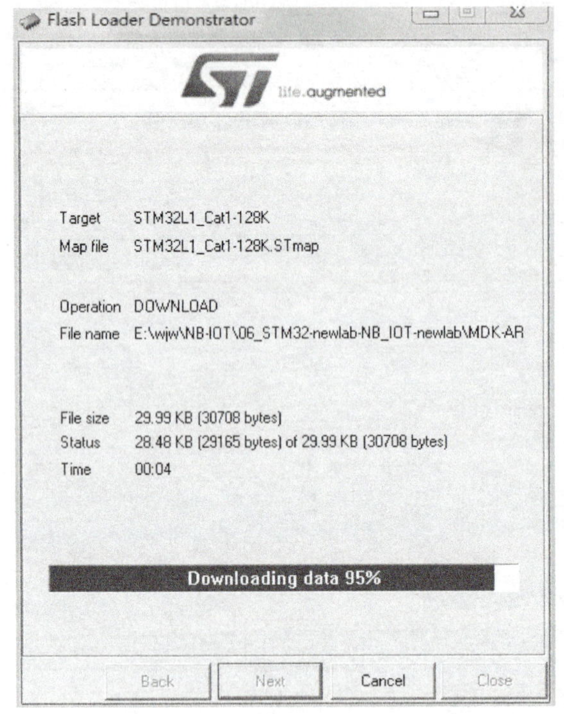


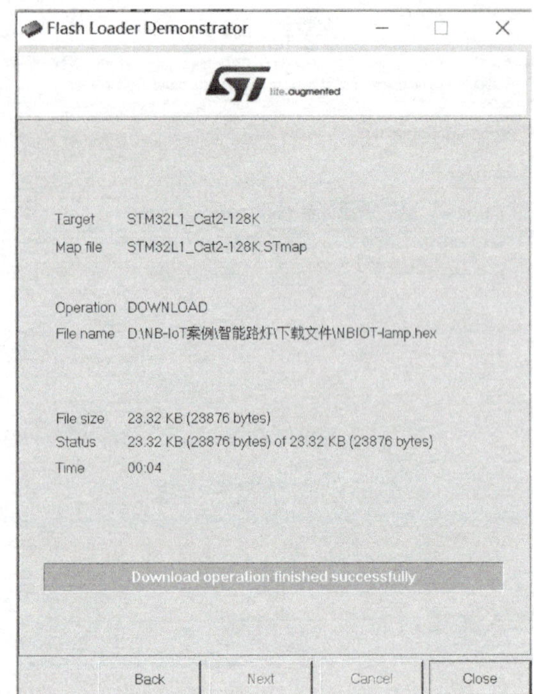


图7-67　烧写软件

7）断电，在NB-IoT模块反面插入NB-IoT卡。

#### 5. 烧写后启动NB-IoT模块

1）把图7-62标注⑥处的拨码开关向左拨至启动处。

2）确认图7-62标注④处的拨码开关1、2向下拨。

3）重新上电即可使用（或按下复位键），至此NB-IoT模块准备完毕。

## 7.9 任务6　NB-IoT接入云平台

### 7.9.1　任务要求

在云平台上创建一个NB-IoT项目，启动NB-IoT模块，让模块能够接入云平台，通过云平台查看上报的光照数据，并在云平台上下发命令控制灯的亮灭。

### 7.9.2　任务实施

#### 1. 注册账号

登录http://www.nlecloud.com/my/login 物联网云平台，如图7-68所示。

图7-68　联网云平台登录或注册账号

## 2. 新增物联网项目

单击“新增项目”按钮，给项目取名为“NB-IOT项目”，“行业类别”选择“智能家居”，“联网方案”选择“NB-IoT”，单击“下一步”按钮完成项目的新建，如图7-69所示。

图7-69　新增物联网项目

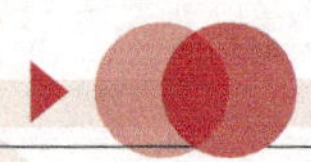

### 3．添加NB-IoT设备

给设备取名为“Illumination”，通信协议选择“LWM2M”，“设备标识”填写NB-IoT模块的NB86-G芯片上的IMEI号，如图7-70所示。单击“确定添加设备”按钮后，云平台自动获取NB-IoT模块上的传感器数据，如图7-71所示。

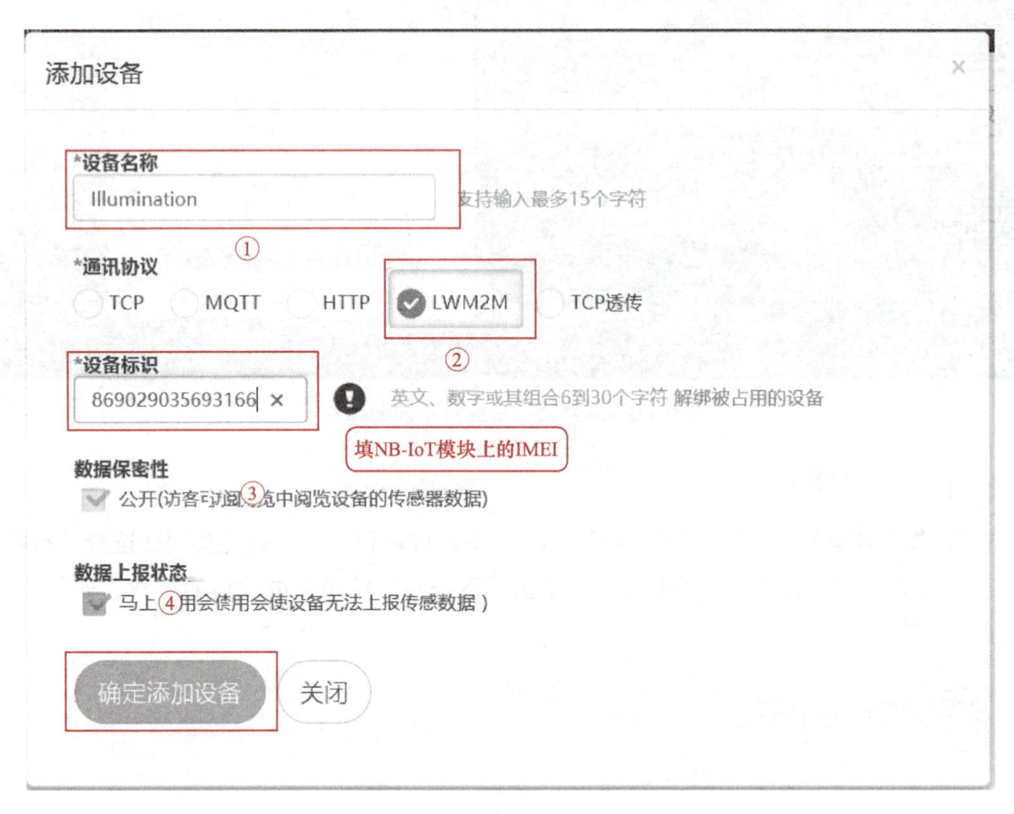


图7-70　添加NB-IoT设备

传感器

| 名称 | 标识名 | 传输类型 | 数据类型 | 操作 |
|---|---|---|---|---|
| Temperature | Temperature | 只上报 | [illegible] | API |
| Illumination | Illumination | 只上报 | [illegible] | API |
| Humidity | Humidity | 只上报 | [illegible] | API |
| Battry | Battry | 只上报 | [illegible] | API |
| Signal | Signal | 只上报 | [illegible] | API |

执行器

| 名称 | 标识名 | 传输类型 | 数据类型 | 操作 |
|---|---|---|---|---|
| Light | Light | 上报和下发 | [illegible] | API |
| Fan | Fan | 上报和下发 | [illegible] | API |

多余选项，可点击x删除

图7-71　NB-IoT模块传感器数据

删除多余选项后，仅剩光照传感器Illumination和控制灯Light，Illumination为传感器上传的数据，Light可控制灯的亮灭。

### 4．模块上电

1）显示“已连接”表示连接成功，如图7-72所示。

图7-72　NB-IoT模块上电

2）KEY2可手动控制灯的亮灭。

3）KEY3可切换模式，单击按键KEY3：

① 当OLED最后一行显示M表示手动控制，可通过云平台或KEY2控制灯的亮灭；

② 当OLED最后一行显示A表示自动控制，根据光照传感器采集到的数据控制灯的亮灭，当光照强度小于3时会自动开灯，开灯后采集开灯时的光照强度val，当环境的光照度大于val+1时，会自动熄灯。

# 单元总结

本单元主要介绍了NB-IoT技术的定义与特点、LPWAN分类与技术特征；讲解了NB-IoT标准的演进、NB-IoT网络体系架构、NB-IoT的EPC架构、NB-IoT无线网侧组网方式以及NB-IoT使用的频段等。介绍了NB-IoT的四个技术特点，三种部署方式，两个低功耗工作模式以及NB-IoT对EPC的控制面和用户面的功能优化；介绍了单元案例使用的利尔达NB-IoT模组，讲解了NB-IoT轻量级网络传输协议CoAP。本单元以智能路灯为例介绍了用户通过AT指令与NB-IoT模组数据通信以及NB-IoT模组通过CoAP与物联网云平台交互的过程。

Project 8

# 学习单元8

## LoRaWAN组网通信应用开发

### 单元概述

本单元主要面向的工作领域是传感网应用开发中的低功耗窄带组网通信中的LoRaWAN组网通信应用开发。LoRa模组仅能实现LoRa设备间的无线数据传输，使用LoRa技术进行组网，需要一个组网协议，LoRaWAN就是这样的一个组网协议。本单元主要介绍LoRaWAN网络的基本原理及应用开发。首先介绍了LoRaWAN的基本知识，然后讲解了LoRaWAN的节点类型，最后通过“园区环境监测”案例来实现将各类型LoRaWAN节点的数据上传到PC。通过本单元学习，能根据LoRaWAN协议，运用LoRa调制解调技术和MCU编程技术，实现LoRaWAN节点的数据采集和传输。

### 知识目标

- 了解LoRaWAN协议；
- 掌握LoRa调制解调技术的初步应用；
- 理解LoRaWAN的节点类型；
- 掌握LoRaWAN节点的使用方法。

### 技能目标

- 能编程实现class A节点的数据采集和传输；
- 能编程实现class B节点的数据采集和传输；
- 能编程实现class C节点的数据采集和传输。

# 8.1 基础知识

## 8.1.1 LoRaWAN网络简介

### 1. LoRaWAN网络拓扑结构

LoRaWAN网络由应用服务器、网络服务器、网关、节点设备组成，拓扑结构如图8-1所示。左边是各种应用传感器，包括智能水表、智能垃圾桶、物流跟踪、自动贩卖机等，右边是LoRaWAN网关，网关转换协议把LoRa传感器的数据转换为TCP/IP的文件传输格式发送到Internet上。LoRaWAN网关用于远距离星型架构，是多信道、多调制收发，可多信道同时解调。LoRa可以实现同一信道上同时多信号解调。LoRaWAN网关与终端节点的射频（RF）设备不同，它具有更高的容量，可作为一个透明网桥在终端设备和中心网络服务器间中继消息。网关通过IP连接到网络服务器，终端设备使用单播的无线通信报文连接到一个或多个网关。

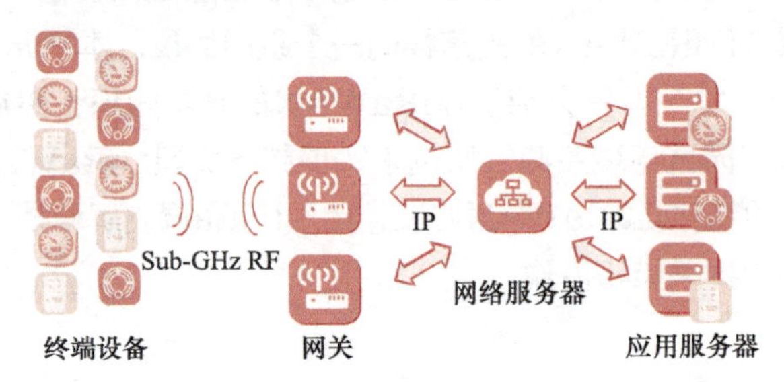


图8-1　LoRaWAN网络拓扑结构

### 2. LoRaWAN网络协议的安全性

LoRaWAN网络采用基于IEEE 802.15.4的AES-128加密算法实现网络安全。LoRaWAN引入网络会话密钥（Network Session Key）、应用会话秘钥（Application Session Key）用于增加安全性。

LoRaWAN网络的加密和解密是从节点设备开始的，节点设备对数据进行加密，然后将数据发送给网关。网关把收到的节点数据转发给网络服务器，网络服务器将收到的数据用网络会话密钥解密，最后发给应用服务器，应用服务器应用会话密钥对数据进行解密就得到了明文数据。逻辑数据流如图8-2所示。

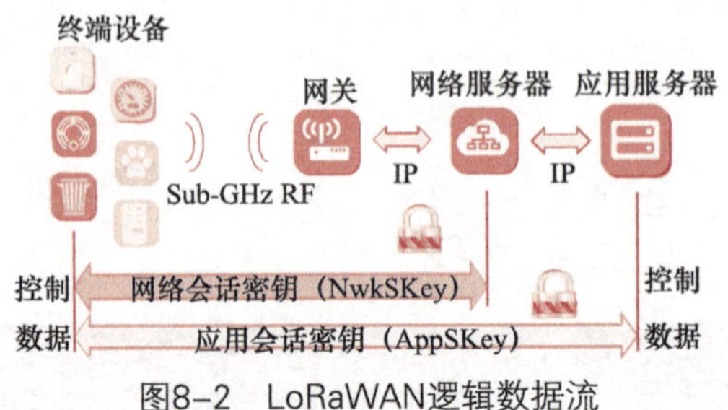


图8-2　LoRaWAN逻辑数据流

## 8.1.2 LoRaWAN网络的节点设备类型

不同类型的节点设备有着不同的性能表现，这种性能取决于节点设备类型的选择。LoRaWAN网络的节点设备类型有三种，分别为：电池供电-Class A、低延迟-Class B、无延迟-Class C。

### 1. 电池供电-Class A

Class A类型的节点设备具有双向通信、单播消息的功能，但是消息有效载荷短，且通信时间间隔长。通信必须由Class A节点发起，也就是主动上报数据（Uplink）。服务器和Class A节点的通信只能在事先约定好的响应窗的时间内进行，也就是服务器数据下发（Downlink）只能在打开响应窗1或响应窗2的时间内进行，通信时序如图8-3所示。Class A节点平时处于休眠模式，当它需要工作的时候才会去发送数据包，所以功耗比较低。但是实时性较差，间隔一段时间才能下行通信。

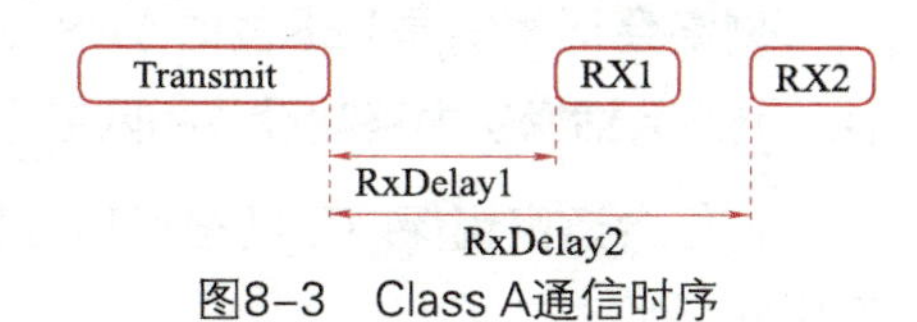


图8-3 Class A通信时序

### 2. 低延迟-Class B

Class B类型的节点设备具有双向通信、单播消息、多播消息的功能，同样具有消息有效载荷短，且通信时间间隔长的缺点。需要注意的是，Class B类型的节点设备的双向通信是在预定的接收槽（Slot）内进行的。网关发出周期性信标给Class B节点，所以Class B节点还有一个额外的接收窗口（Ping slot）。服务器可以在固定的间隔内下发数据至Class B节点。通信时序如图8-4所示。当需要Class B节点去响应实时性问题的时候，首先网关会发送一个信标，告诉节点要加快通信，快速工作，节点收到信标之后，会在128s内去打开多个事件窗口，每个窗口在3～160ms，在128s内可以实时对节点进行监控。

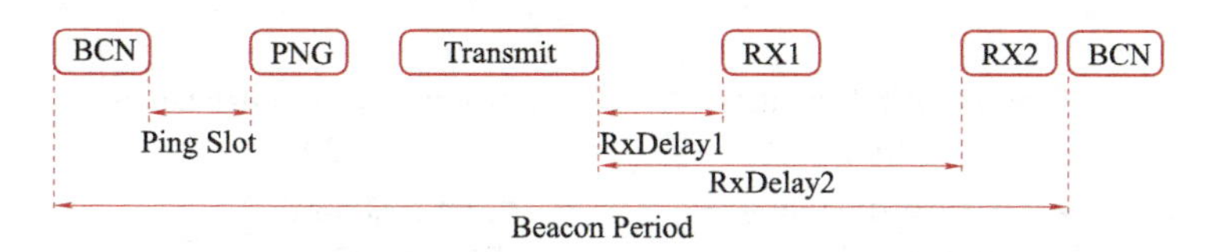


图8-4 Class B通信时序

### 3. 无延迟-Class C

Class C类型的节点设备具有双向通信、单播消息、多播消息的功能，也具有消息有效载荷短的缺点。服务器可以在任意时域下发数据到Class C节点，Class C节点持续不断地处于接收状态。通信时序如图8-5所示。Class C节点在不发送数据的情况下，节点一直打开接收窗口，既保证了实时性，也保证了数据的收发，但是功耗非常高。

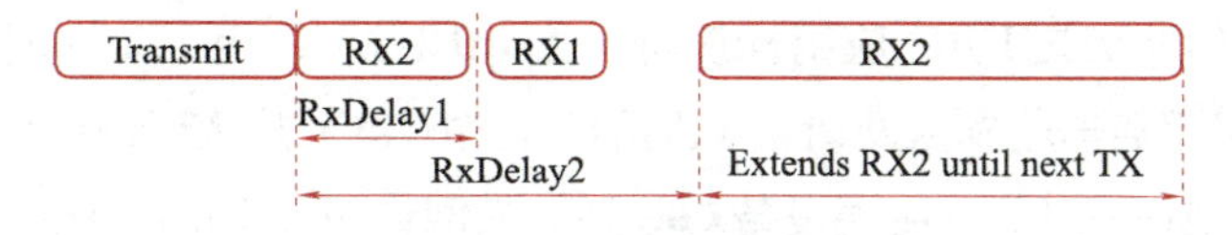


图8-5 Class C通信时序

### 8.1.3 LoRaWAN终端设备激活

终端设备要想在LoRaWAN网络上通信，那它就必须先被激活，激活需要用到设备地址、网络会话密钥、应用会话密钥，在LoRaWAN网络中的不同节点允许网络使用正确的密钥并准确的解析数据。

#### 1. 设备地址（DevAddr）

设备地址在LoRaWAN网络中是32位唯一标识，并体现在各个数据框架上。终端设备、网络服务器、应用服务器都可以使用设备地址进行相关操作。

#### 2. 网络会话密钥（NwkSKey）

网络会话密钥是128位的AES加密密钥，每个终端设备在LoRaWAN网络中具有唯一性，网络会话密钥为终端设备和网络服务器所共用。

网络会话密钥保障了网络通信过程中的消息一致性，并为终端设备和网络服务器的通信提供安全保证。

#### 3. 应用会话密钥（AppSKey）

应用会话密钥是128bit的AES加密密钥，每个终端设备在LoRaWAN网络中具有唯一性，应用会话密钥为终端设备和应用服务器所共用。它被用来加密和解密应用数据消息，为应用（数据消息）有效载荷提供了安全保障。

设备地址、网络会话密钥、应用会话密钥信息可以通过两种方法实现在网络中互换。这两种方法分别是OTAA（Over-the-Air Activation）和ABP（Activation By Personalization），如图8-6所示。OTAA是基于全球唯一识别码，并通过空中消息握手实现激活；ABP是在生产的时候就已经将共享的密钥保存在产品里，这种方法只能固定用在特定的网络中。

Over-the-Air Activation
(OTAA)

- 基于全球唯一标识符
- 无线信息交换

Activation By Personalization
(ABP)

- 生产时存储共享密钥
- 锁定到特定网络

图8-6 OTAA与ABP

#### 4. OTAA方式激活

终端设备向应用服务器发送入网请求（Join Request），这个入网请求包含：全球唯一终端设备标识符（DevEUI）、应用标识符（AppEUI）、用于（入网）认证的应用密钥（AppKey）。应用服务器收到入网请求（Join Request）并认证通过后，便向终端设备发送入网许可（Join Accept）。终端设备对收到的入网许可（Join Accept）进行认证，认证通过后再对入网许可（Join Accept）进行解密。终端设备从解密得到的消息数据中提取出设备地址（DevAddr），并保存起来。最后终端设备导出安全密钥，这个安全密钥由网络会话密钥（NwkSKey）和应用会话密钥（AppSKey）组成。

5．ABP方式激活

设备地址（DevAddr）、网络会话密钥（NwkSKey）和应用会话密钥（AppSKey）在生产的时候就已经配置好了，不需要通过空中握手认证确定这些参数。ABP方式激活的设备一出厂就具备在LoRaWAN网络中通信的能力，无需额外的（激活）操作。

## 8.1.4 LoRaWAN网络设备的数据传递流程

1．确认帧消息（Confirmed-Data Message）

这里以自动售卖机为例介绍确认帧消息（Confirmed-Data Message）数据传递流向和步骤。

1）自动售卖机发送数据，此时在自动售卖机的附近有三台网关，有两台网关收到了自动售卖机发送的数据，如图8-7所示。

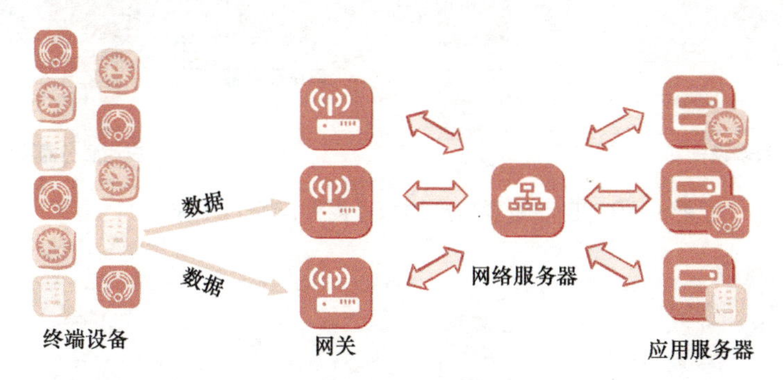


图8-7 网关收到自动售卖机发送的数据

2）收到数据的两台网关都将数据发给网络服务器，如图8-8所示。

图8-8 网关将数据发给网络服务器

3）网络服务器将数据推送给自动售卖机的应用服务器，如图8-9所示。

4）自动售卖机应用服务器回送确认（ACK），如图8-10所示。

5）网络服务器收到确认（ACK）后，选择一条最佳路径（网关）用于发送确认（ACK）给终端设备，如图8-11所示。

6）网关将确认（ACK）发送给自动售卖机，完成确认帧消息的传递，如图8-12所示。

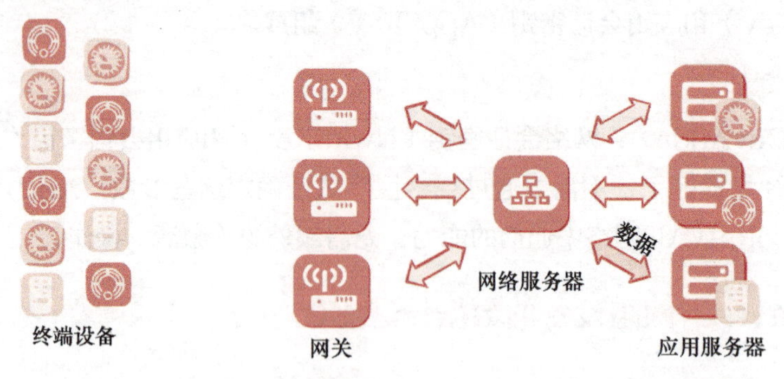


图8-9　网络服务器将数据推送给自动售卖机的应用服务器

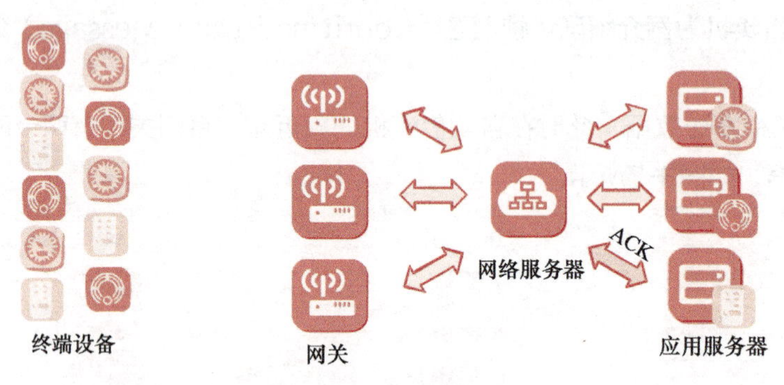


图8-10　自动贩卖机应用服务器回送确认（ACK）

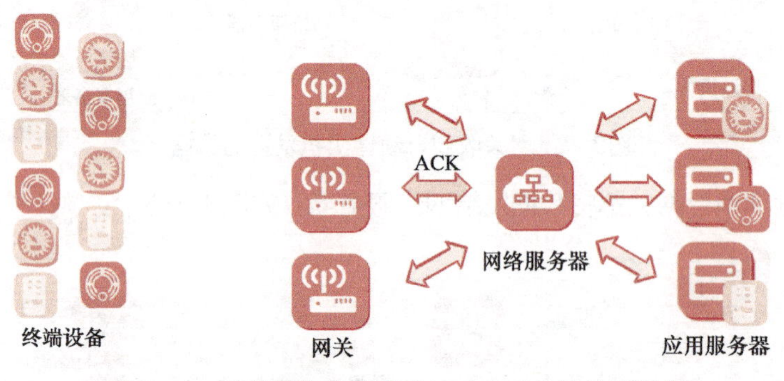


图8-11　网络服务器发送确认（ACK）给终端设备

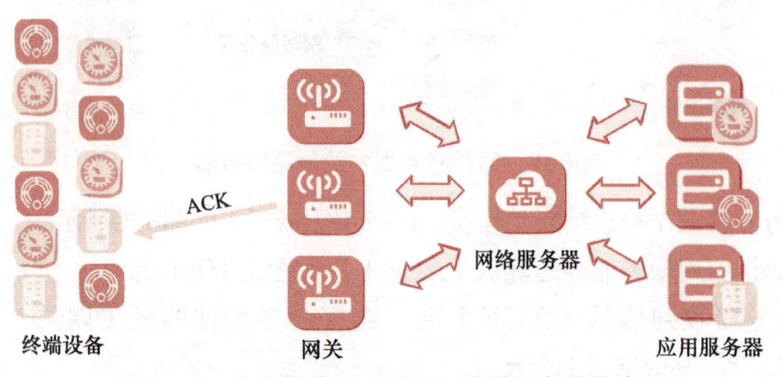


图8-12　网关将确认（ACK）发送给自动售卖机

### 2. 应用服务器数据消息（Application Server Data Message）

这里以烟雾探测器介绍应用服务器数据消息（Application Server Data Message）传递流向和步骤。

1）烟雾探测器应用服务器有一个数据要发给烟雾探测器，如图8-13所示。图中被方框圈中的，左边是烟雾探测器，右边是烟雾探测器应用服务器。

图8-13 烟雾探测器应用服务器有一个数据要发给烟雾探测器

2）此时烟雾探测器处于睡眠状态，应用服务器不得不等待它苏醒并发送数据消息，如图8-14所示。

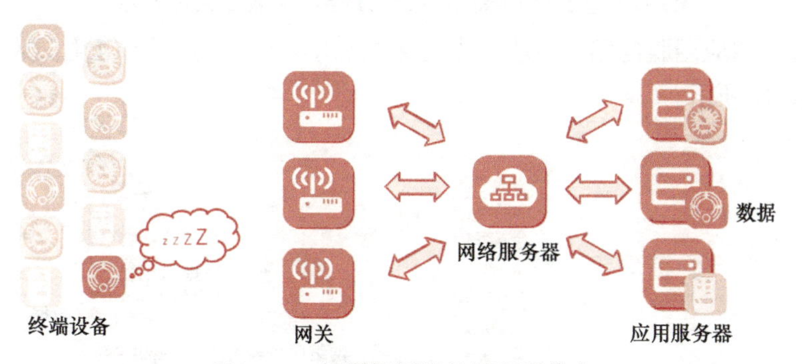


图8-14 烟雾探测器处于睡眠状态

3）当烟雾探测器检测到传输时，发起数据消息上行（UL），如图8-15所示。

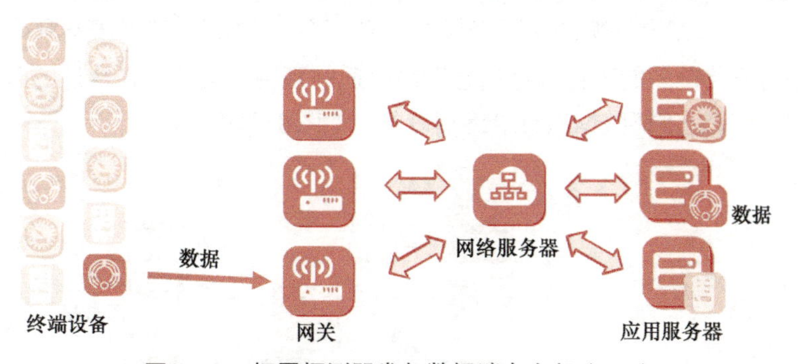


图8-15 烟雾探测器发起数据消息上行（UL）

4）网关传递上行数据消息，如图8-16所示。

5）网络服务器将上行数据发给烟雾探测器应用服务器，如图8-17所示。

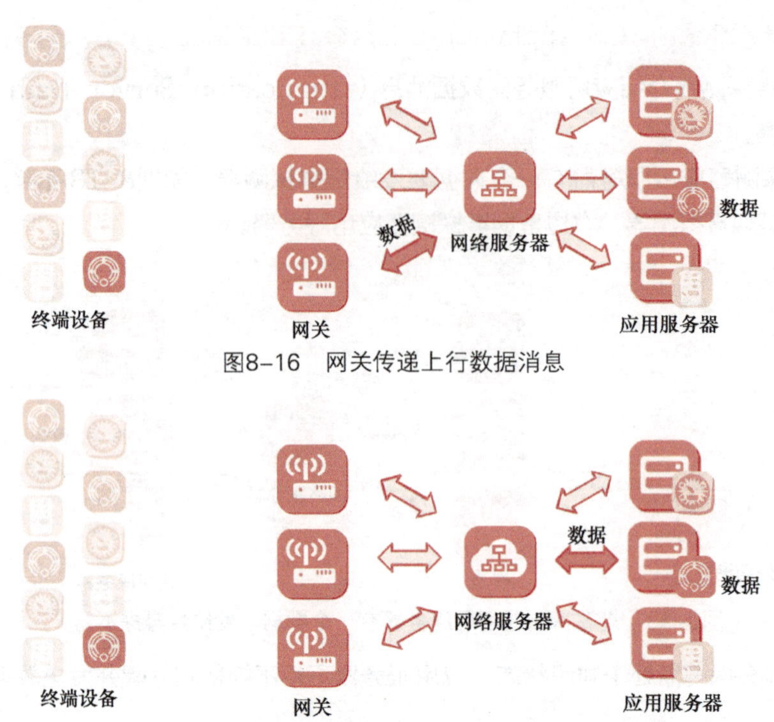


图8-16　网关传递上行数据消息

图8-17　网络服务器发数据给烟雾探测器应用服务器

6）烟雾探测器应用服务器一旦收到上行数据消息，便发送下行（DL）数据消息给烟雾探测器，如图8-18所示。

图8-18　烟雾探测器应用服务器发送下行（DL）数据消息给烟雾探测器

7）网络服务器将收到的下行数据消息发给合适的网关，网关会在合适的时机（终端设备打开响应窗RX时）发送下行数据消息给终端设备，如图8-19所示。

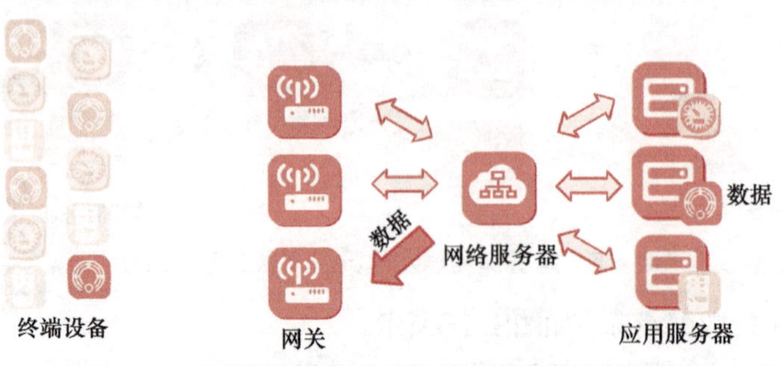


图8-19　网络服务器将收到的下行数据消息发给网关

8）一旦终端设备打开接收窗口，网关便发送下行数据消息给终端设备，如图8-20所示。

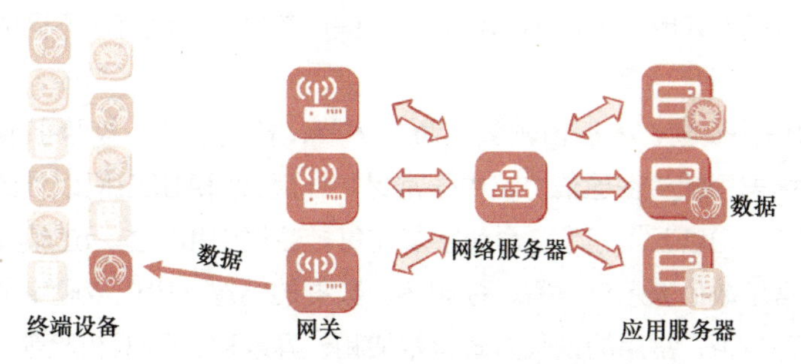


图8-20　网关发送下行数据消息给终端设备

## 8.1.5　LoRaMac-node简介

LoRaMac-node的最新代码可以从https://github.com/LoRa-net/LoRaMac-node获得，LoRaMac-node中已经集成了LoRa的驱动代码和MAC层，是典型的LoRaWAN端点协议栈和例程。将附件中的LoRaMac-node-master.zip文件解压到适当位置，进入路径为“…\LoRaMac-node-master\Keil\SensorNode\LoRaMac\classA”，并用KeiluVision5打开LoRaMac.uvproj。这就打开了LoRaWAN节点Class A的工程代码了。

如图8-21所示，可以看到节点class A的工程代码由应用层、板级驱动、固件库、MAC层、外设、SX1278驱动（radio）、系统和加密/解密代码构成。节点Class B、Class C也是一样的。节点Class A的应用层代码是原版的例程，板级驱动、固件库是和硬件平台相关的。用自己的硬件平台运行LoRaWAN协议栈，执行自己的应用任务，就需要将它们修改和替换成对应的应用功能代码和固件库。STM32L151的固件库需要改成和STM32CubeMX所使用的库版本相一致，这样由STM32CubeMX生成的初始化代码才能应用到协议栈中，否则可能会由于版本不兼容的原因导致编译无法通过。MAC层是LoRaWAN协议的体现，外设文件为节点提供采集传感数据和控制执行器的接口，SX1278驱动（radio）是进行无线通信的基础，系统层代码为系统运行提供支撑。对于节点Class B和节点Class C也是一样的代码结构。

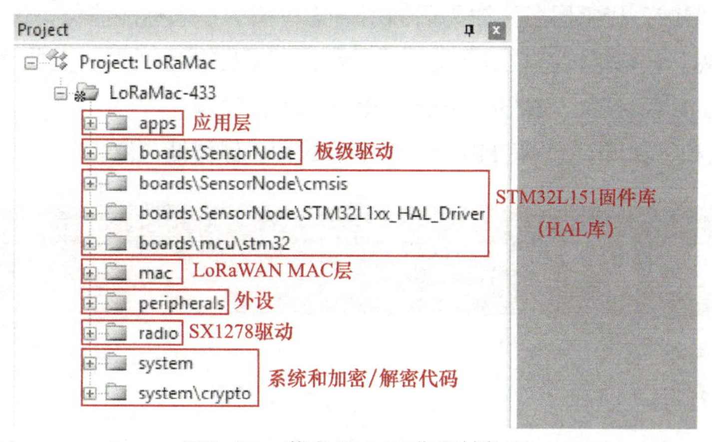


图8-21　节点Class A代码结构图

### 8.1.6 LoRaWAN通信协议

在工业和商业应用领域，不同企业的通信产品都有属于自己的私有通信协议，这些协议都是根据产品的特点而设计的，所以不尽相同。这些通信协议虽然有着不同的通信格式，却有着大体类似的结构。

一帧完整的通信协议帧，一般由帧头、命令字节、长度字节、校验字节构成。数据帧头是一帧数据的起始标志，帧头在通信协议中很常见。一般会用ASCII码以外的编码值，例如："0x55""0xAA""0xFE"等等。命令字节在每帧数据中用于指示这帧数据的目的意图或作用，命令字节通常用数值表示读、写、控制等。数据的结尾一般以校验字节结尾，用来校验一帧数据的传输正确与否，常用的校验方式有累加和、异或和、CRC校验等。

在无线通信中，同一个频道内同时存在多个无线网络组，为区分这些网络组，可以给每个组设定一个网络ID编号，用这个网络ID编号来区分不同的网络。同一个网络中的不同设备则用设备地址来区分。

综上所述，设计无线通信协议的基本结构为HEAD、CMD、NET_ID、LORA_ADDR、LEN、DATA和CHK。由此设计上报传感数据命令，命令中的各个成员含义如表8-1所示。

表8-1 上报传感数据命令结构

| 项目 | HEAD | CMD | NET_ID | LORA_ADDR | LEN | DATA | CHK |
|---|---|---|---|---|---|---|---|
| 编号 | 0 | 1 | 2～5 | 6～9 | 10 | 11～（*n*−1） | *n* |
| 长度 | 1B | 1B | 4B | 4B | 1B | *n*−11B | 1B |
| 属性 | 0x55 | 命令编号 | 网络ID | LoRa地址 | 数据域长度 | 数据域 | SUM |

HEAD：数据帧头，默认为0x55；

CMD：命令字节，0x81为上发传感数据；

NET_ID：网络ID号，4B；

LORA_ADDR：LoRa地址，4B；

LEN：数据长度，指定数据域DATA有多少个字节。ACK非0x00时，无此项；

DATA：数据域，传感器名称编码后面用"（单位）"来标注单位，传感器名称编码和数值间用"："隔开，每组传感数据间用"|"隔开。ACK非0x00时，无此项；

举例：voltage（mV）：1256|humidity（%）：68。

CHK：校验和，从HEAD到CHK前一个字节的和，保留低八位。

## 8.2 项目分析

### 8.2.1 项目介绍

有一方圆5平方千米的植物园，以前是粗放式管理：工作人员频繁检查控制，耗时耗力；

植物生长环境要求精细，人工经验难以保障最佳环境；发生突发情况，不能及时处理，容易造成损失。管委会想对园区的环境（温湿度、光照等）进行智能化监测，要求：

- 保护环境，少施工；
- 低成本，节约经费；
- 先期实现上位机监控数据，后期升级为云平台系统；
- 对一般区域，智能化监测后该监测点要与监控中心经常互动，要求有一定的实时性；
- 对重点区域，智能化监测后该监测点要与监控中心实时互动。

### 8.2.2 方案设计

为保护园区环境，该系统选择无线通信方式较为合适。目前较为流行的无线通信技术有蓝牙、Wi-Fi、ZigBee、NB-IoT、LoRa等，不同的通信技术有着不同的特点，也各有适合自己的应用场景。

蓝牙：无线传输技术，理论上能够在最远100m左右的设备之间进行短距离连线，但实际使用时大约只有10m。其最大特色在于能让便于携带的移动通信设备和计算机，在不借助电缆的情况下联网，并传输资料和信息，目前普遍被应用在智能手机和智慧穿戴设备的连接以及智慧家庭、车用物联网等领域中。

Wi-Fi：无线局域网技术，最常见的是作为从网关到连接互联网的路由器链路，大多数Wi-Fi版本工作在2.4GHz免许可频段，传输距离长达100m，具体取决于应用环境。

ZigBee：ZigBee技术是一种近距离、低复杂度、低功耗、低速率、低成本的双向无线通信技术。它主要用于距离短、功耗低且传输速率不高的各种电子设备之间进行数据传输。目前ZigBee采用2.4GHz高频传输，传输距离在几十米到300米，受环境影响很大。

NB-IoT：构建于蜂窝网络，可直接部署于GSM网络、UMTS网络或LTE网络。NB-IoT和蜂窝通信使用1GHz以下的频段是授权的，需要收费。

LoRa：远距离、低功耗无线通信技术，其典型范围是2～5km，最长距离可达15km，具体取决于所处的位置和天线特性。典型工作频率在美国是915MHz，在欧洲是868MHz，在亚洲是433MHz，免牌照。

针对该园区需求，LoRaWAN组网技术最为合适。根据需要，一般区域用Class A/B类节点，重点区域用Class C类节点。先期完成Class A、Class B、Class C节点到LoRaWAN网关之间的无线通信，LoRaWAN网关将数据上传给上位机监测。

## 8.3 任务1 LoRaWAN协议栈移植

### 8.3.1 任务要求

在LoRaWAN园区环境监测文件夹下有“LoRa代码资源”和“LoRaMac-node-master”这两个文件。“LoRaMac-node-master”是LoRaWAN协议栈的节点例程，“LoRa代码资源”文件夹内的source文件夹内的代码是STM32L151的HAL库文件和基于原版LoRaWAN协议栈修改而来的一些硬件驱动函数代码，这些代码和LoRa模块硬件适配。

"LoRaMac-node-master"是LoRaWAN协议栈的节点例程，内部集成了SX1278的驱动函数和LoRaWAN应用接口，需要将LoRaWAN移植和适配到LoRa模块上。

## 8.3.2 任务实施

### 1. LoRaWAN节点Class A移植

将LoRaWAN园区环境监测文件夹下的LoRaMac-node-master.zip文件解压到合适位置，将文件内的coIDE、Doc、Keil文件夹删除，因为用不到这些文件，如图8-22所示。

› LoRaMac-node-master　　搜索"LoRaMac-

| 名称 | 修改日期 | 类型 |
| --- | --- | --- |
| coIDE | 2017/4/19 8:52 | 文件夹 |
| Doc | 2017/4/19 8:52 | 文件夹 |
| Keil | 2017/4/19 8:52 | 文件夹 |
| src | 2017/4/19 8:52 | 文件夹 |
| .gitignore | 2017/4/19 8:52 | GITIGNORE 文件 |
| LICENSE.txt | 2017/4/19 8:52 | 文本文档 |
| readme.md | 2017/4/19 8:52 | MD 文件 |

图8-22 LoRaMac-node-master文件夹

在LoRaMac-node-master文件夹内新建project文件夹，在project文件夹内再新建classA文件夹。将LoRaMac-node-master文件夹下的src文件夹重命名为source。进入路径"…\LoRaMac-node-master\source"，如图8-23所示。apps文件夹内是应用层相关的代码，boards文件夹下的文件都和硬件平台相关，这里用的MCU是STM32L151，所以相对应的也就需要将boards文件夹中的文件替换为STM32L151相关的驱动程序和HAL库。peripherals文件夹内则是外设相关的驱动程序代码，目前的外设有OLED12864显示屏和温湿度光敏传感器。

如图8-23所示，先将LoRaMac-node-master\source文件夹下的apps、boards、peripherals删除，再将LoRa代码资源source文件夹下的apps、boards、peripherals复制到LoRaMac-node-master\source文件夹下，这样就将原有协议栈的应用层、固件库、外设替换为自己的硬件平台了。LoRa代码资源下的STM32L151的HAL库是事先已经准备好的，HAL库是从软件STM32CubeMX下载的"stm32cube_fw_l1_v180.zip"压缩包中提取出来的。

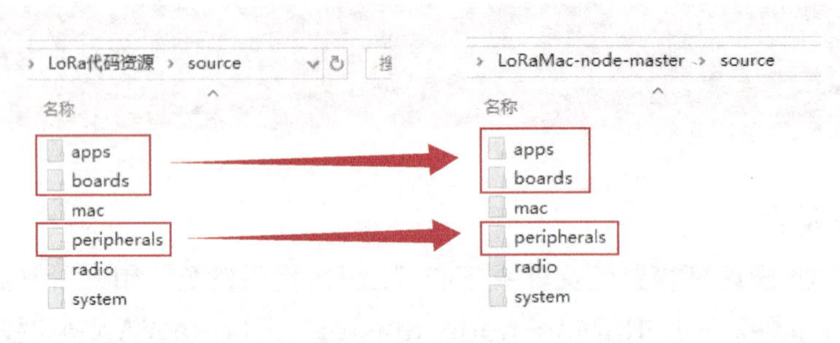


图8-23 LoRa代码资源文件夹和LoRaMac-node-master文件夹

接下来新建Keil工程，打开Keil软件。单击菜单栏“Project”，再单击“New μVision Project...”，如图8-24所示，在弹出的窗口里面找到路径“…\LoRaMac-node-master\project\classA”，将Keil工程命名为LoRaMac并单击“保存”按钮，如图8-25所示。

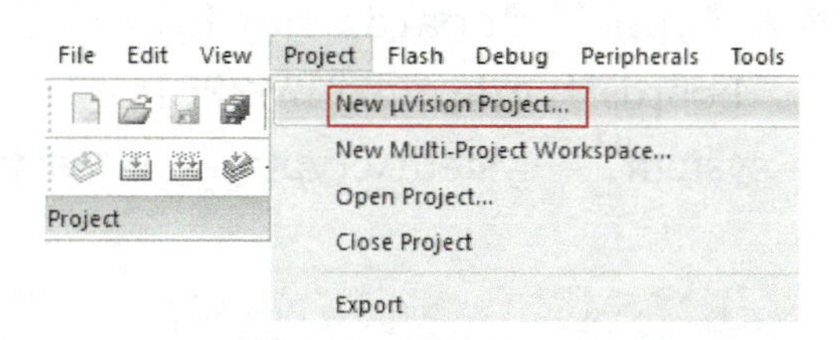


图8-24　新建Keil工程

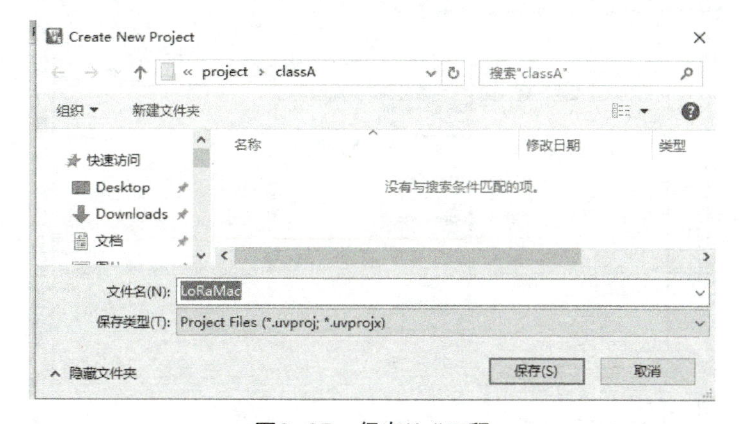


图8-25　保存Keil工程

随后软件将弹出选择设备的窗口，如图8-26a所示，在“Search：”文本框中填入“stm32l151c8”，然后选中搜索到的芯片，再单击“OK”按钮。软件跳转到“Manage Run-Time Environment”的窗口，如图8-26b所示，此时直接单击“OK”按钮即可。

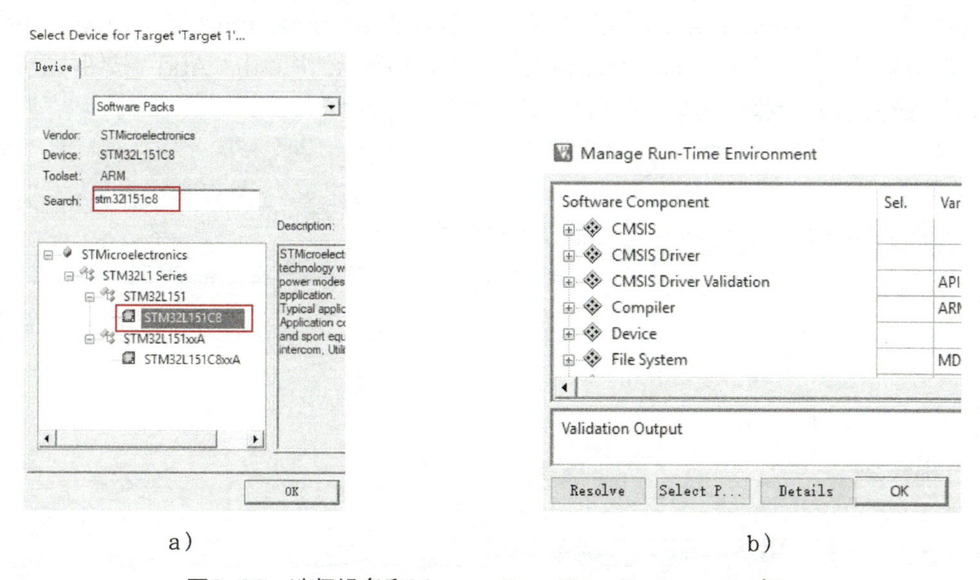


图8-26　选择设备和Manage Run-Time Environment窗口

建立目标工程和分组，如图8-27所示。单击“Manage Project Items”按钮，并在“Project Targets：”栏下先删除默认的Target 1，再单击新建图标“”并填入“LoRaMac”。在“Groups：”栏下先删除默认的Source Group 1，再单击新建图标“”并依次填入“apps”“boards\hardware”“boards\hardware\cmsis”“boards\mcu”“boards\hardware\STM32L1xx_HAL_Driver”“mac”“peripherals”“radio”“system”“system\crypto”。这些组名与路径名相对应，因此组名就是路径名。

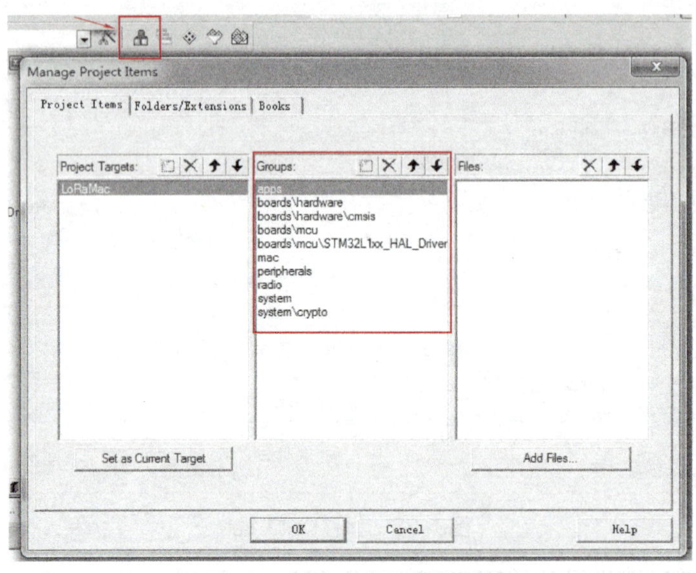


图8-27　建立目标工程和分组

单击选中apps，再单击“Add Files...”按钮，在弹出的窗口中浏览到路径“…\LoRaMac-node-master\source\apps\LoRaMac\classA，文件类型选“*.c”，并选中“main.c”，单击“Add”按钮，如图8-28所示。浏览到路径“…\LoRaMac-node-master\source\apps”再将文件类型选“*.h”，单击“user_define.h”如图8-29所示，并单击“Add”按钮，最后单击“Close”按钮。这样就将apps文件夹下的代码添加到了工程中。

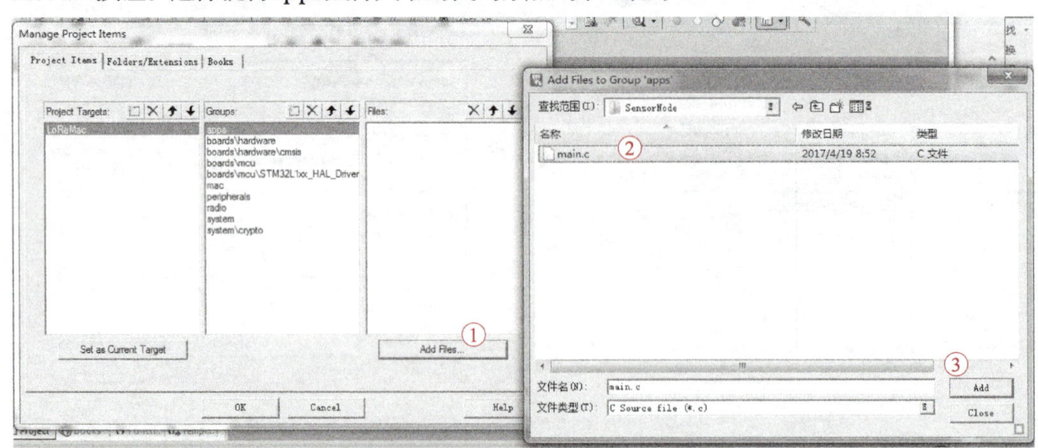


图8-28　添加main.c文件

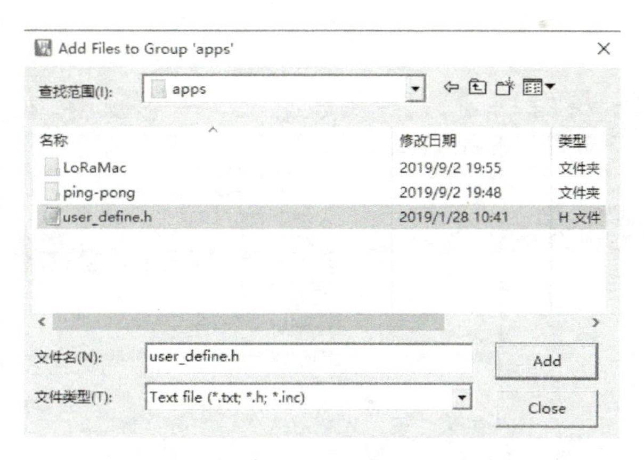


图8-29　添加“user_define.h”文件

按添加apps文件夹下的代码到工程的方法，根据图8-30，依次给“boards\hardware”“boards\hardware\cmsis”“boards\mcu”“boards\mcu\STM32L1xx_HAL_Driver”“mac”“peripherals”“radio”“system”添加代码文件，各个代码文件都在组名对应的路径中或子目录下。添加STM32L1xx_HAL_Driver下的“*. c”源文件时需注意，对于初学者不清楚这里面的文件之间的关联关系的，建议添加所有“*. c”的源文件，但是不要添加“stm32l1xx_ll*. c”文件（这些文件暂且不会用到），这里的“*”代表任意长度的字符。不要把“stm32l1xx_hal_timebase_tim_template. c”文件添加进来，因为该文件内的函数HAL_TIM_PeriodElapsedCallback（）已经在“tim-board. c”定义过，如果包含进来将导致函数重复定义。此外“stm32l1xx_hal_msp_template. c”文件也不需要添加进来（目前暂未用到）。

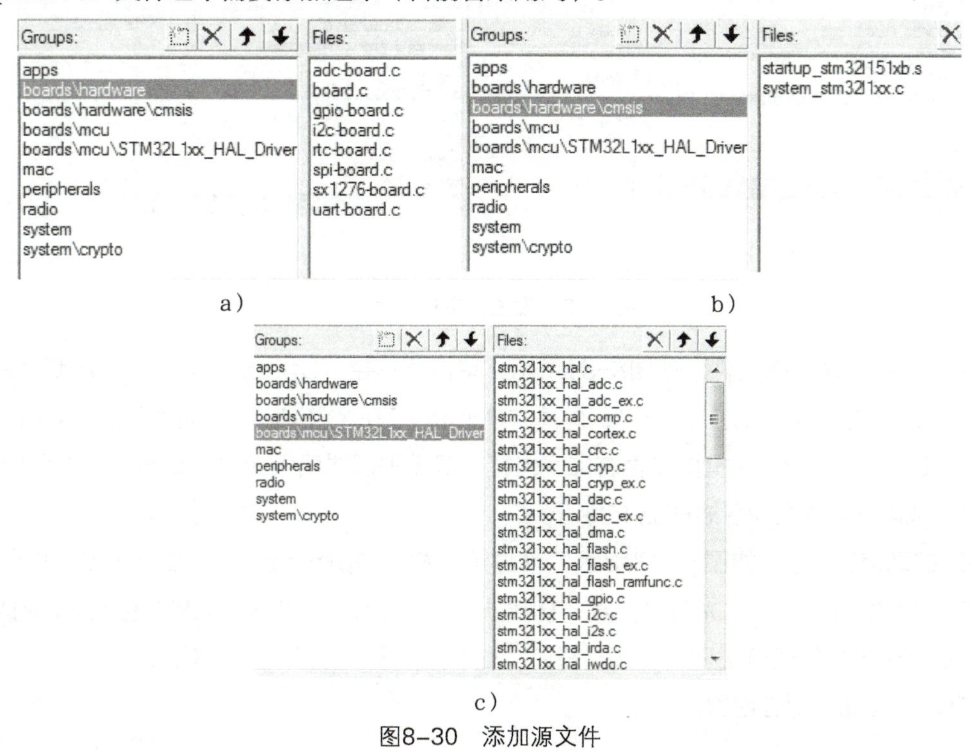


图8-30　添加源文件

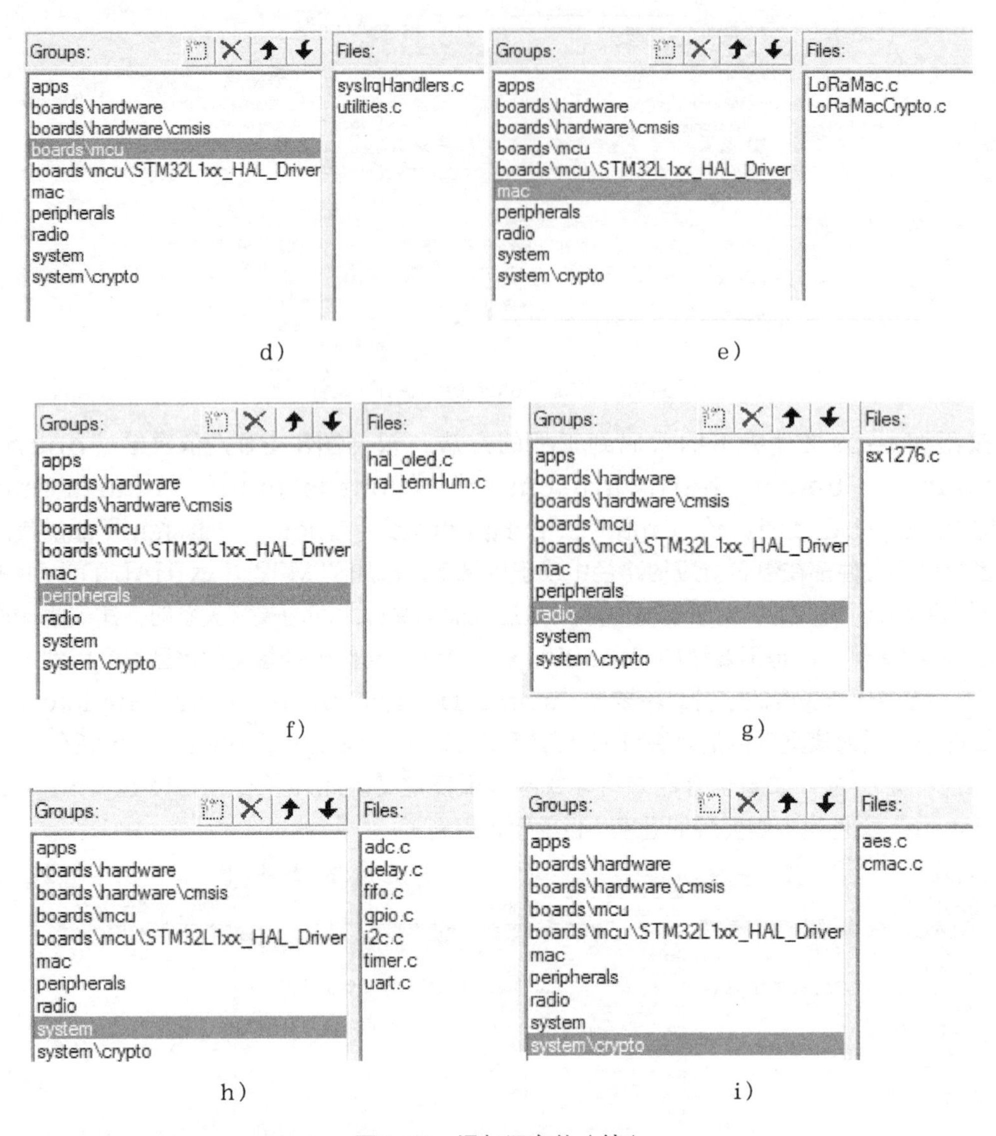


图8-30　添加源文件（续）

配置工程生成HEX文件。如图8-31所示，单击菜单栏“Options for Target”中的按钮“⚒”，单击“Output”选项卡，勾选“Create HEX File”，同时注意“Name of Executable：”右侧文本框内是否有文字内容，若无则需要填入合适的文件名，工程编译结束后将生成以该文件名命名的HEX文件。

添加预编译符号。如图8-32所示，单击菜单栏“Options for Target”中的按钮“⚒”，单击“C/C++”选项卡，在“Define：”文本框中填入“USE_HAL_DRIVER STM32L151xB USE_DEBUGGER USE_BAND_433”，并勾选“C99 Mode”，最后单击“OK”按钮，保存配置。

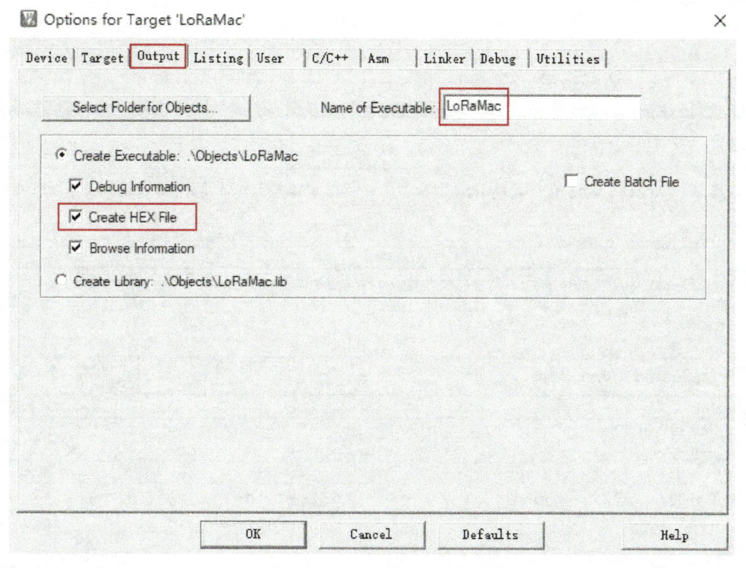


图8-31　配置HEX文件

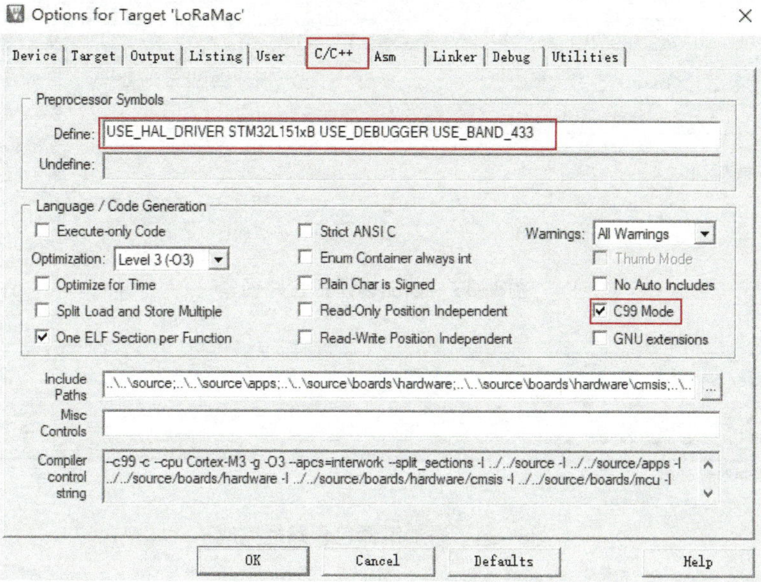

图8-32　配置C/C++选项

添加编译包含路径。如图8-33所示，单击菜单栏“Options for Target”中的按钮“ ”，单击“C/C++”选项卡，再单击Include Paths右侧的按钮“ ”，随后弹出配置文件夹窗口。单击新建图标“ ”，窗体内将弹出新的文本框，单击文本框右侧的按钮“ ”，找到apps文件夹所在的路径，单击apps文件夹，再单击“选择文件夹”按钮，此时单击一下配置文件夹窗口内的空白处，文本框内的路径将变成相对路径，如图8-34所示。单击配置文件夹窗口的“OK”按钮，保存路径配置，最后单击“Options for Target”窗口中的“OK”按钮，保存配置选项。这样就完成了apps文件夹的添加过程，编译器编译时将会从apps文件夹内检索头文件。

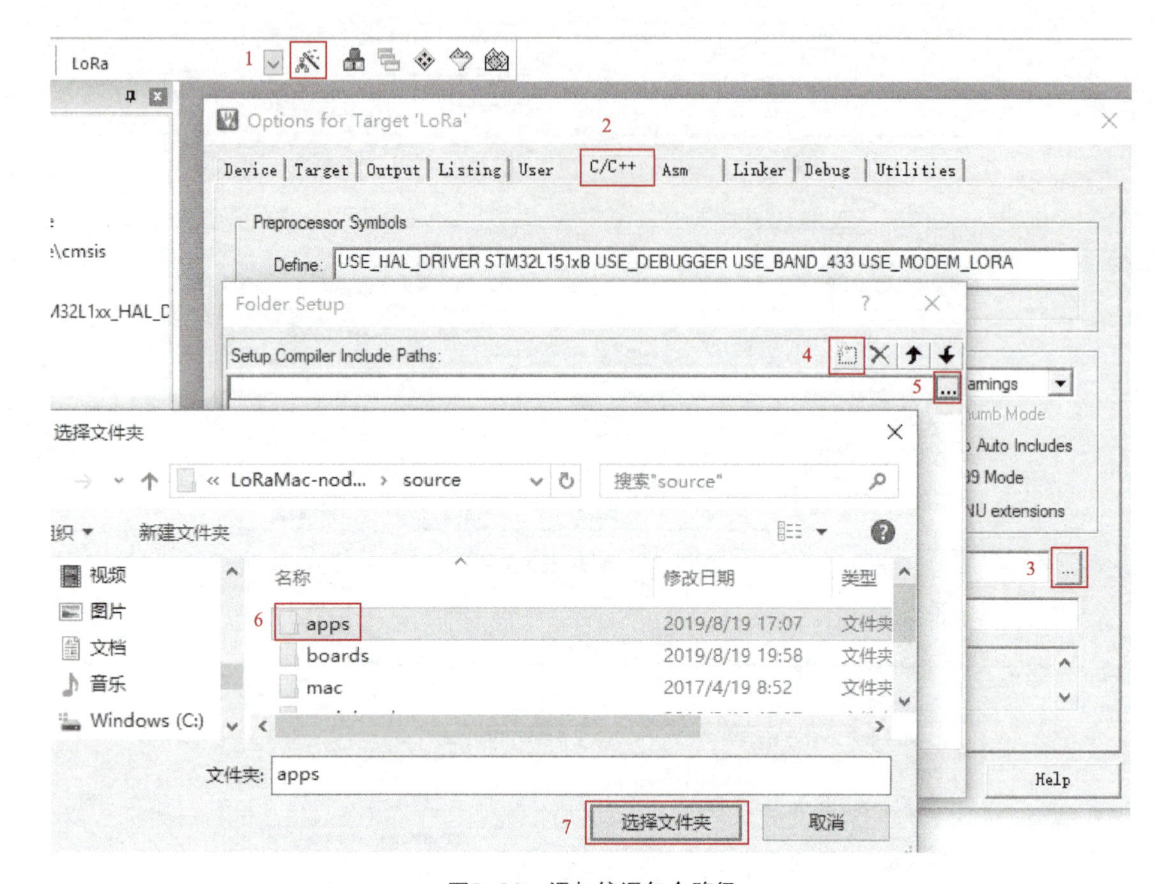

图8-33　添加编译包含路径

图8-34　添加编译包含路径完成

按图8-35添加余下的编译包含路径。建议每次添加3条编译包含路径后保存配置，并关闭工程。重新打开工程再添加剩余的编译包含路径，每次添加的路径不要超过5条，添加完所有编译包含路径后关闭Keil工程，并重新打开工程。这样做的目的是为了预防Keil因添加的编译包含路径过多而崩溃的Bug，导致工程配置数据丢失。

先编译一下工程，编译后会报错，修改错误的原因，打开路径“...\LoRaMac-node-master\source\system”下的“gpio. h”，如图8-36所示，可以看到该文件中有代码语句“#include“pinName-ioe. h””，将该代码语句删除。“pinName-ioe. h”是原协议栈扩展GPIO用的驱动程序代码的头文件，这里没有使用，故删除该段代码语句，否则编译时将报错。

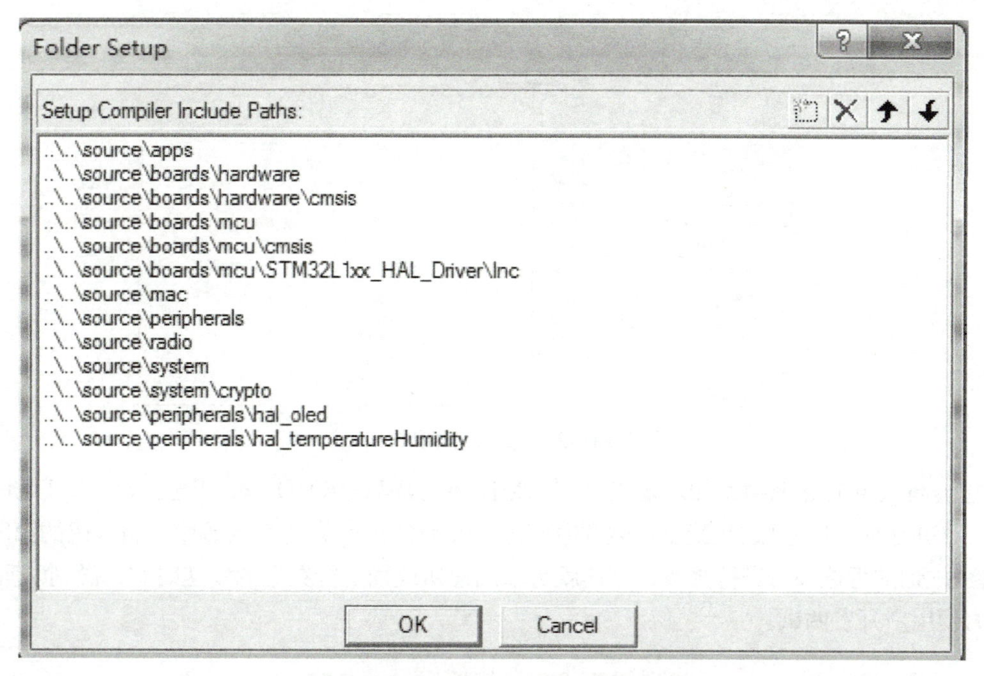


图8-35　添加编译包含路径最终效果

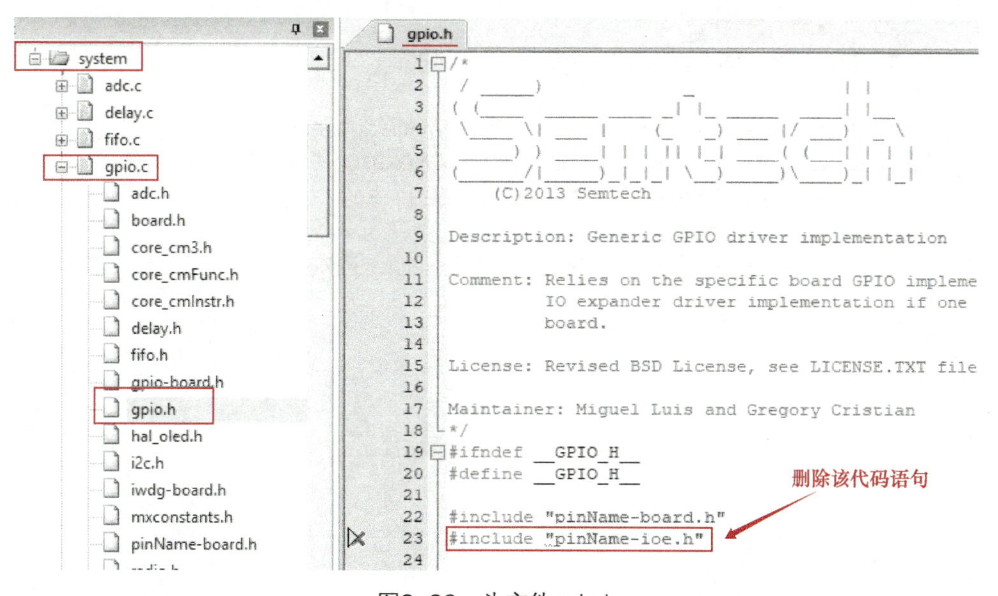


图8-36　头文件gpio.h

由于LoRa模块没有控制SX1278复位的GPIO口，但是原协议栈定义了一个GPIO口去控制SX1278复位的功能，所以需要修改该复位功能，否则代码编译时将报错。在“user_define.h”中添加宏定义“#define USE_SX1276_RESET false”，并在“sx1276.c”中的函数SX1276Reset（）前后分别添加“#if（USE_SX1276_RESET!=false）”和“#endif”，就可以起到既保留了代码又不编译该函数内的代码的作用，代码位置如图8-37所示。

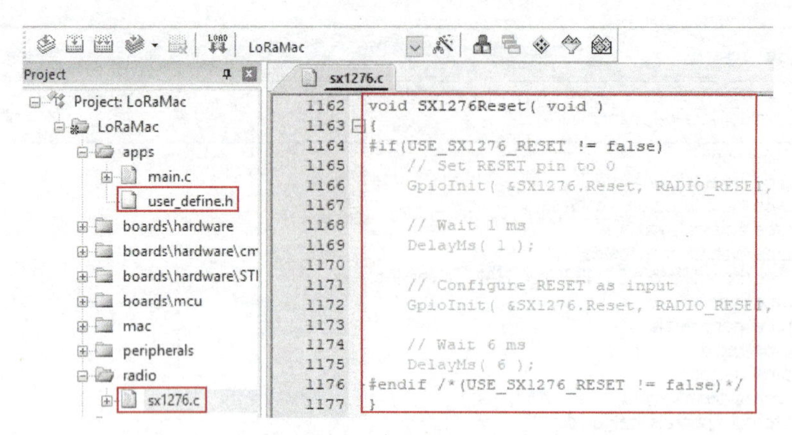


图8-37　文件sx1276.c

在user_define. h中添加宏定义：“#define NEWLAND_ACCELERATE_DEBUG true”，并在如下所示LoRaMac. c中的函数SetNextChannel（）代码中，将代码的第21行按照图8-38的框选部分进行修改，这样就可以加速协议栈上行数据的发送时间，做到0延时传输，方便用户开发调试。

```
1.  static bool SetNextChannel( TimerTime_t* time )
2.  {
3.      ...//此处省略无关代码
4.      if( nbEnabledChannels > 0 )
5.      {
6.          Channel = enabledChannels[randr( 0, nbEnabledChannels – 1 )];
7.  #if defined( USE_BAND_915 ) || defined( USE_BAND_915_HYBRID )
8.          if( Channel < ( LORA_MAX_NB_CHANNELS – 8 ) )
9.          {
10.             DisableChannelInMask( Channel, ChannelsMaskRemaining );
11.         }
12. #endif
13.         *time = 0;
14.         return true;
15.     }
16.     else
17.     {
18.         if( delayTx > 0 )
19.         {
20.             // Delay transmission due to AggregatedTimeOff or to a band time off
21.             *time = NextTxDelay;
22.             return true;
23.         }
24.         // Datarate not supported by any channel
25.         *time = 0;
26.         return false;
27.     }
28. }
```

```
2007        if( nbEnabledChannels > 0 )
2008        {
2009            Channel = enabledChannels[randr( 0, nbEnabledChannels - 1 )];
2010 #if defined( USE_BAND_915 ) || defined( USE_BAND_915_HYBRID )
2011            if( Channel < ( LORA_MAX_NB_CHANNELS - 8 ) )
2012            {
2013                DisableChannelInMask( Channel, ChannelsMaskRemaining );
2014            }
2015 #endif
2016            *time = 0;
2017            return true;
2018        }
2019        else
2020        {
2021            if( delayTx > 0 )
2022            {
2023 #if (NEWLAND_ACCELERATE_DEBUG != false)
2024                *time = 0;//0ms,加快发送速度
2025 #else
2026                // Delay transmission due to AggregatedTimeOff or to a ba
2027                *time = nextTxDelay;
2028 #endif //(NEWLAND_ACCELERATE_DEBUG != false)
2029                return true;
2030            }
2031            // Datarate not supported by any channel
2032            *time = 0;
2033            return false;
2034        }
2035 }
```

图8-38　文件LoRaMac.c的函数SetNextChannel ( )

在user_define.h中添加宏定义"#define NEWLAND_USE_RX_TX_RF_SET true"，并在LoRaMac.c中的函数RxWindowSetup ( ) 代码中，将代码的第13行按照图8-39的框选中部分进行修改，这样就统一了LoRa无线数据接收/发送时的调制解调参数。因为LoRa模块接收/发送无线数据是共用一根天线，没法同时进行发送和接收无线数据，统一调制解调参数是为了能够使网关和节点在同一个信道上进行无线数据的接收/发送。

```
1. static bool RxWindowSetup( uint32_t freq, int8_t datarate, uint32_t bandwidth, uint16_t timeout, bool rxContinuous )
2. {
3.             …//此处省略无关代码
4. #if defined( USE_BAND_433 ) || defined( USE_BAND_780 ) || defined( USE_BAND_868 )
5.             if( datarate == DR_7 )
6.             {
7.                 modem = MODEM_FSK;
8.                 Radio.SetRxConfig( modem, 50e3, downlinkDatarate * 1e3, 0, 83.333e3, 5, timeout, false, 0, true, 0, 0, false, rxContinuous );
9.             }
10.            else
11.            {
12.                modem = MODEM_LORA;
13.                Radio.SetRxConfig( modem, bandwidth, downlinkDatarate, 1, 0, 8, timeout, false, 0, false, 0, 0, true, rxContinuous );
14.            }
15.            …//此处省略无关代码
16. }
```

```
2055            else
2056            {
2057                modem = MODEM_LORA;
2058    #if (NEWLAND_USE_RX_TX_RF_SET != false)
2059                Radio.SetRxConfig( modem, bandwidth, downlinkDatarate, 1, 0, 8, timeout, false, 0, true, 0, 0, false, rxContinuous );
2060    #else
2061                Radio.SetRxConfig( modem, bandwidth, downlinkDatarate, 1, 0, 8, timeout, false, 0, false, 0, 0, true, rxContinuous );
2062    #endif //(NEWLAND_USE_RX_TX_RF_SET != false)
2063            }
2064    #elif defined( USE_BAND_470 ) || defined( USE_BAND_915 ) || defined( USE_BAND_915_HYBRID )
2065            modem = MODEM_LORA;
2066            Radio.SetRxConfig( modem, bandwidth, downlinkDatarate, 1, 0, 8, timeout, false, 0, false, 0, 0, true, rxContinuous );
2067    #endif
2068
2069            if( RepeaterSupport == true )
2070            {
2071                Radio.SetMaxPayloadLength( modem, MaxPayloadOfDatarateRepeater[datarate] + LORA_MAC_FRMPAYLOAD_OVERHEAD );
2072            }
2073            else
2074            {
```

图8-39　文件LoRaMac.c的函数RxWindowSetup ( )

在user_define. h中添加宏定义：“#define RF_FREQUENCY 433532108// Hz”，按照图8-40修改LoRaMac-definitions. h中的RX_WND_2_CHANNEL、LC1、LC2、LC3，这样就统一了LoRa调制解调时的信道了，同时保留了旧版的代码用作参照。

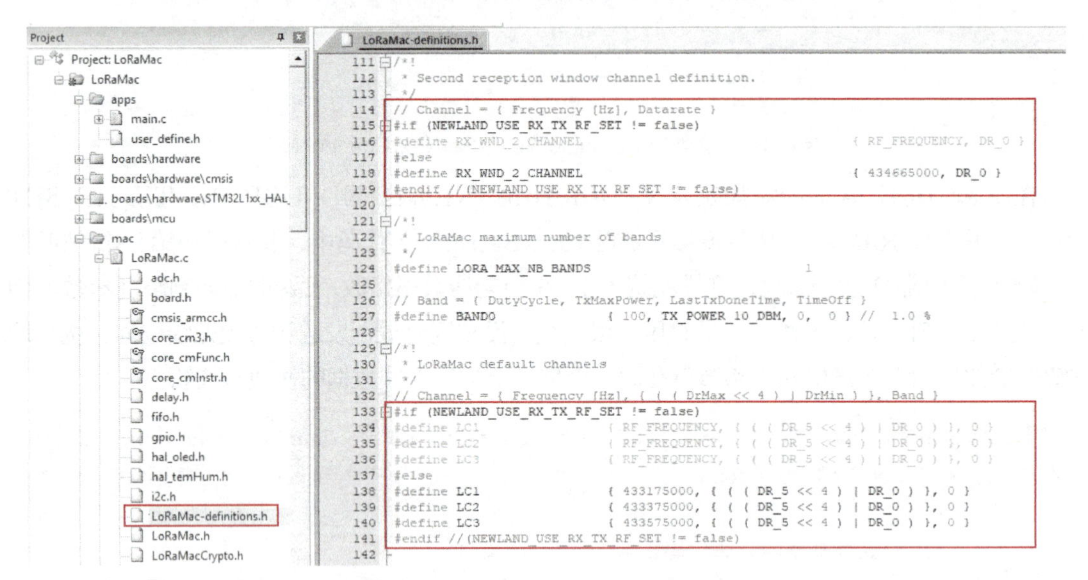

图8-40　文件LoRaMac-definitions.h

关闭工程代码，并将工程代码文件夹重命名为“LoRaMacNode”。这时再次打开工程，重新编译工程，编译完成后如图8-41所示，可以看到Build Output窗口中无错误，也无警告。到这里就完成了LoRaWAN节点Class A的移植。

```
Build Output
compiling fifo.c...
compiling adc.c...
compiling delay.c...
compiling gpio.c...
compiling timer.c...
compiling uart.c...
compiling flash.c...
compiling iwdg.c...
linking...
Program Size: Code=34798 RO-data=4306 RW-data=92 ZI-data=4972
FromELF: creating hex file...
".\Objects\LoRa_Modem.axf" - 0 Error(s), 0 Warning(s).
Build Time Elapsed:  00:00:53
```

图8-41　LoRaMacNode Class A编译结果

## 2. LoRaWAN节点Class B移植

在上文工程代码LoRaMacNode的基础上，进入路径“…\LoRaMacNode\project”，如图8-42所示，复制文件classA为副本，并重命名为classB。进入路径“…\LoRaMacNode\project\classB”，并打开工程代码。

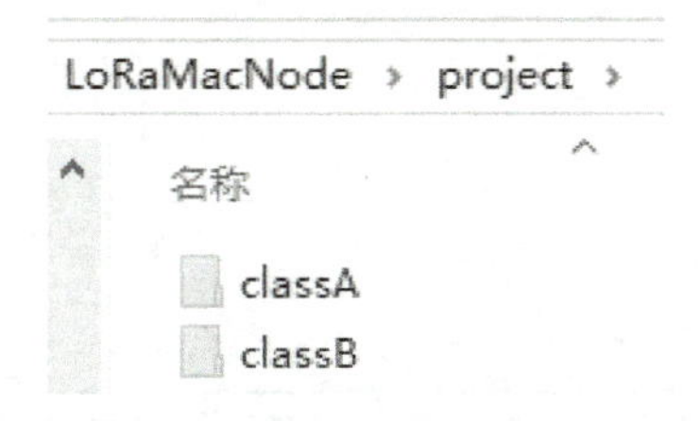


图8-42　复制classA并重命名为classB

打开“…\LoRaMacNode\project\classB”内的工程代码后，在KEIL窗口中，如图8-43所示，单击“Manage Project Items”按钮，在“Groups：”栏下单击“apps”，再单击“Files：”下的“main. c”，最后单击删除图标“X”，这就删除了原有的classA的“main. c”文件了。单击按钮“Add Files…”，如图8-44所示，在弹出的窗口中浏览到路径“…\LoRaMacNode\source\apps\LoRaMac\classB”，文件类型选“*. c”，并选中“main. c”，并单击按钮“Add”，然后单击按钮“Close”。最后单击“Manage Project Items”对话框的“OK”按钮保存配置。

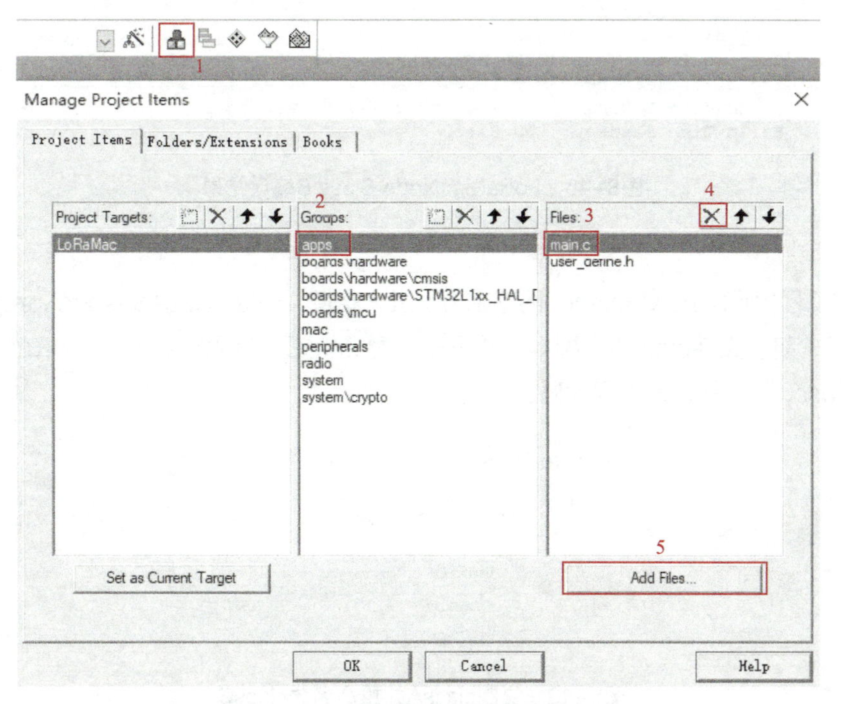


图8-43　删除原有的main.c文件

重新编译工程，编译完成后如图8-45所示，可以看到Build Output窗口中无错误，也无警告。到这里就完成了LoRaWAN节点Class B的移植。

Add Files to Group 'apps'
查找范围(I):
classB
名称
修改日期
类型
main.c
2019/9/2 19:55
C 文件
文件名(N):
main.c
Add
文件类型(T):
C Source file (*.c)
Close

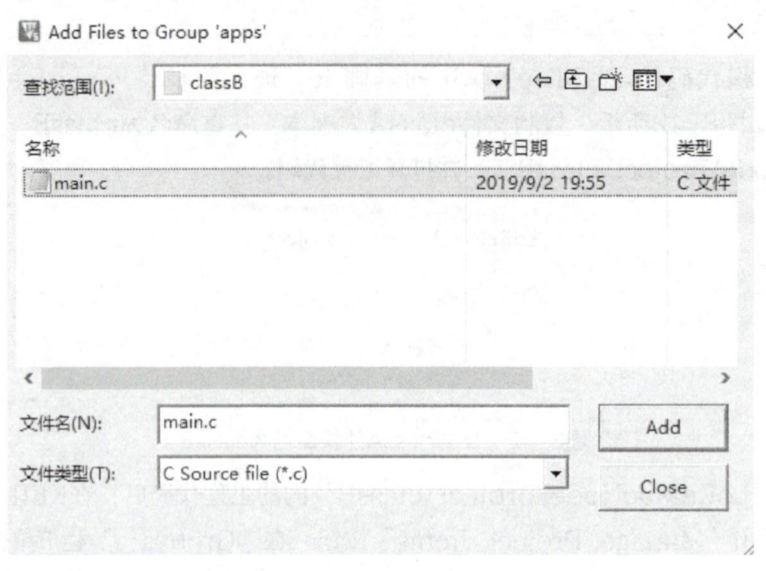

图8-44　添加classB的main.c文件

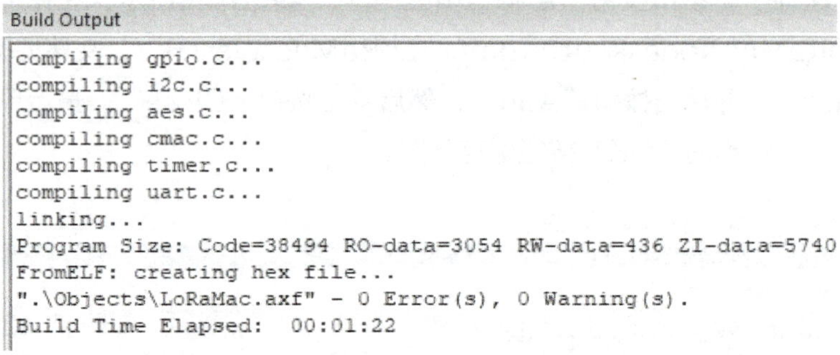

Build Output
compiling gpio.c...
compiling i2c.c...
compiling aes.c...
compiling cmac.c...
compiling timer.c...
compiling uart.c...
linking...
Program Size: Code=38494 RO-data=3054 RW-data=436 ZI-data=5740
FromELF: creating hex file...
".\Objects\LoRaMac.axf" - 0 Error(s), 0 Warning(s).
Build Time Elapsed:  00:01:22

图8-45　LoRaMacNode Class B编译结果

### 3．LoRaWAN节点Class C移植

在上文工程代码LoRaMacNode的基础上，进入路径“…\LoRaMacNode\project”，如图8-46所示，复制文件classA为副本，并重命名为classC。进入路径“…\LoRaMacNode\project\classC”，并打开工程代码。

LoRaMacNode › project ›
名称
classA
classB
classC

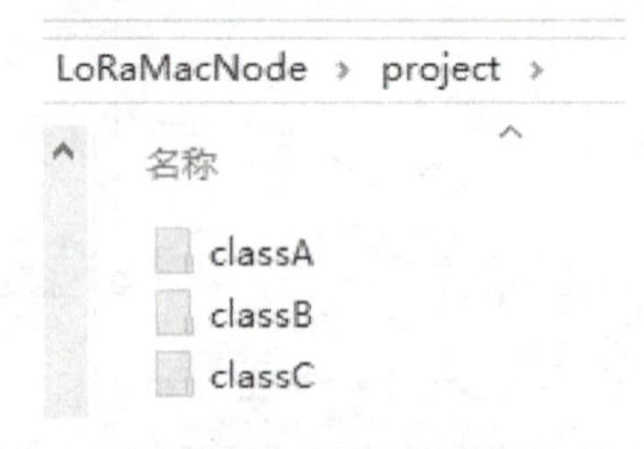

图8-46　复制classA并重命名为classC

打开“…\LoRaMacNode\project\classB”内的工程代码后，在KEIL窗口中，如图8-47所示，单击“Manage Project Items”按钮，在“Groups：”栏下单击“apps”，

再单击“Files：”下的“main.c”，最后单击删除图标“×”，这就删除了原有的classB的“main.c”文件了。单击按钮“Add Files…”，在弹出的窗口中浏览到路径：“…\LoRaMacNode\source\apps\LoRaMac\classC”，文件类型选“*.c”，并选中“main.c”，如图8-48所示，单击按钮“Add”，然后单击按钮“Close”。最后单击“Manage Project Items”对话框中的“OK”按钮保存配置。

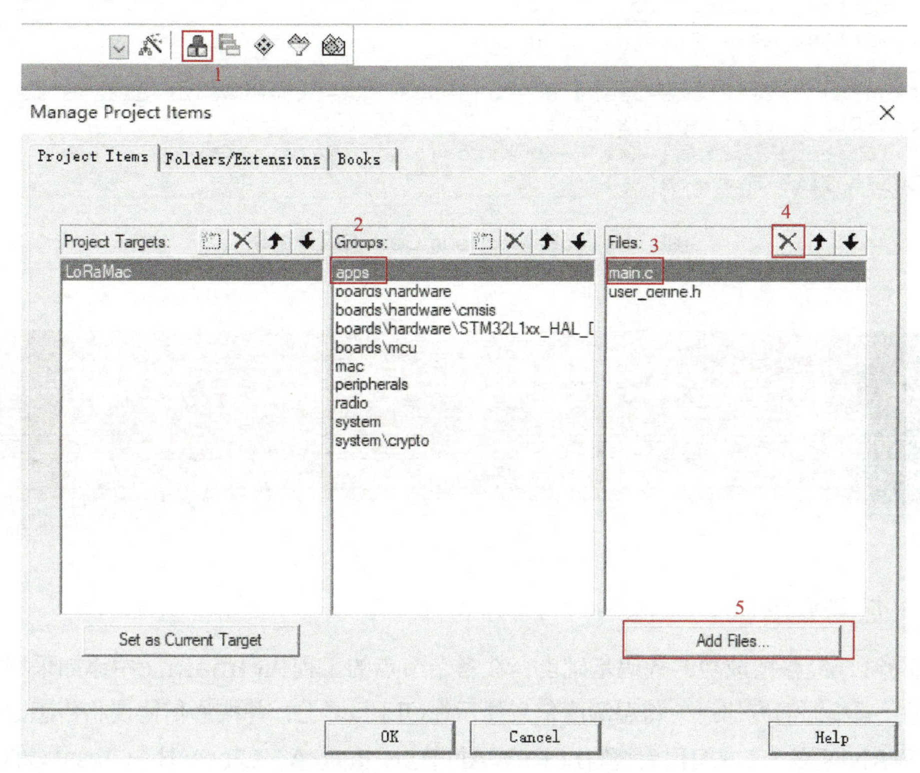


图8-47　删除原有的main.c文件

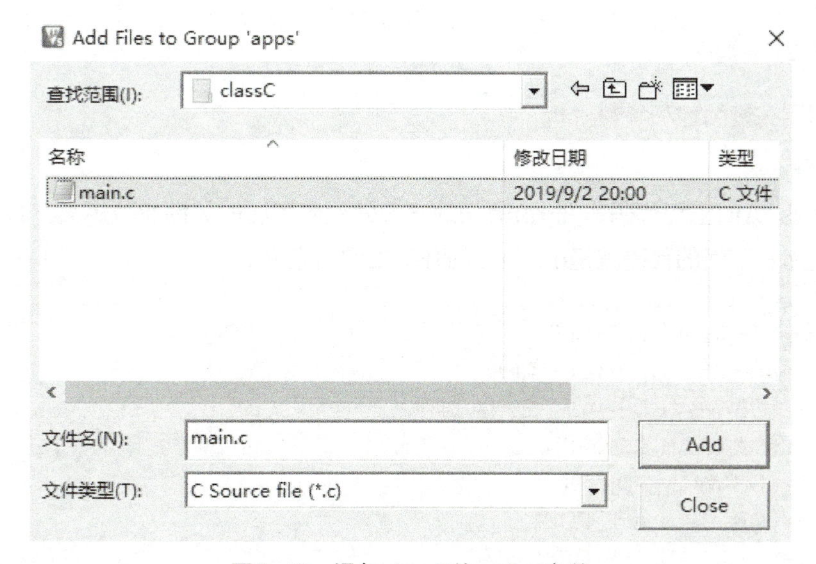


图8-48　添加classC的main.c文件

重新编译工程，编译完成后如图8-49所示，可以看到Build Output窗口中无错误，也无警告。到这里完成了LoRaWAN节点Class C的移植。

```
Build Output
compiling aes.c...
compiling cmac.c...
compiling timer.c...
compiling uart.c...
linking...
Program Size: Code=38494 RO-data=3054 RW-data=436 ZI-data=5740
FromELF: creating hex file...
".\Objects\LoRaMac.axf" - 0 Error(s), 0 Warning(s).
Build Time Elapsed:  00:01:27
```

图8-49 LoRaMacNode Class C编译结果

# 8.4 任务2 温湿度传感器节点应用程序开发

## 8.4.1 任务要求

在任务1已经移植成功的代码基础上，在各个节点的工程代码main. c中添加采集温湿度功能代码，采集温湿度信息，将温湿度信息显示在OLED屏上，并按通信协议将传感数据上报到LoRaWAN网关。完成编程后烧写LoRaWAN节点Class A、Class B、Class C的程序，最后通电运行。

## 8.4.2 任务实施

### 1．应用层关键函数和参数分析

（1）关键参数

打开Class A的工程代码，在main. c的开头处是应用层的关键参数定义。各个参数的含义如表8-2所示，下面的代码就是main. c的开头处的宏定义。

```
1.  #define APP_TX_DUTYCYCLE                      20000
2.  #define APP_TX_DUTYCYCLE_RND                  4000
3.  #define LORAWAN_DEFAULT_DATARATE              DR_0
4.  #define LORAWAN_CONFIRMED_MSG_ON              false
5.  #define LORAWAN_ADR_ON                        1
6.  #define LORAWAN_APP_PORT                      2
7.  #define LORAWAN_APP_DATA_SIZE                 32
```

表8-2　关键参数

| 宏定义 | 数值 | 含义 |
| --- | --- | --- |
| APP_TX_DUTYCYCLE | 20 000 | 应用数据传输周期，这里定义为20 000ms |
| APP_TX_DUTYCYCLE_RND | 4 000 | APP_TX_DUTYCYCLE_RND是应用数据传输周期的随机延时，这里定义为4 000ms |
| LORAWAN_DEFAULT_DATARATE | DR_0 | 数据传输速率，DR_0～DR_7的含义如下：<br>DR_0：扩频因子12–带宽125KHz<br>DR_1：扩频因子11–带宽125KHz<br>DR_2：扩频因子10–带宽125KHz<br>DR_3：扩频因子9–带宽125KHz<br>DR_4：扩频因子8–带宽125KHz<br>DR_5：扩频因子7–带宽125KHz<br>DR_6：扩频因子7–带宽250KHz<br>DR_7：FSK调制方式 |
| LORAWAN_CONFIRMED_MSG_ON | false | LoRaWAN确认消息 |
| LORAWAN_ADR_ON | 1 | 开启LoRaWAN静态地址功能 |
| LORAWAN_APP_PORT | 2 | 应用端口 |
| LORAWAN_APP_DATA_SIZE | 32 | 应用层数据大小 |

（2）关键变量

在main. c的开头处定义了DevEui [] 、AppEui [] 存放设备和应用的IEEE EUI。静态数组AppKey [] ，用于存放应用层密钥。由于这套例程采用的是ABP方式激活，还需要使用已事先确定好的网络层会话密钥、应用层会话密钥。设备地址DevAddr的初值为0，在经过系统初始化后，会由芯片唯一识别码UID生成32位地址。各个数组的代码如下所示：

```
1.  static uint8_t DevEui[] = LORAWAN_DEVICE_EUI;
2.  static uint8_t AppEui [] = LORAWAN_APPLICATION_EUI;
3.  static uint8_t AppKey[] = LORAWAN_APPLICATION_KEY;
4.  #if( OVER_THE_AIR_ACTIVATION == 0 )
5.  static uint8_t NwkSKey[] = LORAWAN_NWKSKEY;
6.  static uint8_t AppSKey[] = LORAWAN_APPSKEY;
7.  static uint32_t DevAddr = LORAWAN_DEVICE_ADDRESS;
8.  #endif  。
```

应用端口AppPort、用户数组AppData [] 与应用层数据传输相关。用户要传输的无线数据集存放到AppData [] 中，通过AppPort端口发送出去。目前协议栈应用层发送的无线数据为非确认消息，所以IsTxConfirmed的值LORAWAN_CONFIRMED_MSG_ON为false。它们在main. c中代码如下：

```
1.  static uint8_t AppPort = LORAWAN_APP_PORT;
2.  static uint8_t AppDataSize = LORAWAN_APP_DATA_SIZE;
3.  static uint8_t AppData[LORAWAN_APP_DATA_MAX_SIZE];
4.  static uint8_t IsTxConfirmed = LORAWAN_CONFIRMED_MSG_ON;
```

应用主程序目前是用状态机的方式运作，系统在各个状态间切换运行，主程序的状态目前有：初始化、入网、发送、循环、睡眠，设备状态代码定义如下：

```
1.  /*!
2.   * Device states
3.   */
4.  static enum eDeviceState
5.  {
6.      DEVICE_STATE_INIT,
7.      DEVICE_STATE_JOIN,
8.      DEVICE_STATE_SEND,
9.      DEVICE_STATE_CYCLE,
10.     DEVICE_STATE_SLEEP
11. } DeviceState;
12.
```

（3）关键函数

节点的main. c的代码中有个函数PrepareTxFrame（ ）是用来预装载待发送的无线数据的，该函数的入口参数是端口号port。本例程代码的应用端口是2，用户需要在端口值为2的情况下向AppData[]内填充待发送的无线数据。函数PrepareTxFrame（ ）代码如下所示，用户需要在第10行开始向AppData[]内填充待发送的无线数据，当协议栈发送无线数据时，AppData[]内的无线数据就会被发送出去。

```
1. /*!
2.  * \brief   Prepares the payload of the frame
3.  */
4. static void PrepareTxFrame( uint8_t port )
5. {
6.     switch( port )
7.     {
8.     case 2:
9.     {
10.        /*********用户应用*START*********/
11.        //将传感数据按照通信协议填充到数组AppData[]中
12.        /*********用户应用*END*********/
13.    }
14.    break;
15.    ...//此处省略无关代码
16.    default:
17.        break;
18.    }
19. }
```

在main. c内的函数SendFrame（），用于发送消息数据的服务框架。程序在发送数据前会先检查MAC层是否可用，若不可用则清空MAC层指令。一旦MAC层允许程序发送数据，程序先判断是否为确认帧消息，若是则按确认帧处理，否则按非确认帧处理，然后发送数据，函数操作成功返回false（数值0），若失败则返回true（数值1）。SendFrame（）的代码如下所示：

```
1.  /*!
2.   * \brief   Prepares the payload of the frame
3.   *
4.   * \retval  [0: frame could be send, 1: error]
5.   */
6.  static bool SendFrame( void )
7.  {
8.      McpsReq_t mcpsReq;
9.      LoRaMacTxInfo_t txInfo;
10.
11.     if( LoRaMacQueryTxPossible( AppDataSize, &txInfo ) != LORAMAC_STATUS_OK )
12.     {
13.         // Send empty frame in order to flush MAC commands
14.         mcpsReq.Type = MCPS_UNCONFIRMED;
15.         mcpsReq.Req.Unconfirmed.fBuffer = NULL;
16.         mcpsReq.Req.Unconfirmed.fBufferSize = 0;
17.         mcpsReq.Req.Unconfirmed.Datarate = LORAWAN_DEFAULT_DATARATE;
18.     }
19.     else
20.     {
21.         if( IsTxConfirmed == false )
22.         {
23.             mcpsReq.Type = MCPS_UNCONFIRMED;
24.             mcpsReq.Req.Unconfirmed.fPort = AppPort;
25.             mcpsReq.Req.Unconfirmed.fBuffer = AppData;
26.             mcpsReq.Req.Unconfirmed.fBufferSize = AppDataSize;
27.             mcpsReq.Req.Unconfirmed.Datarate = LORAWAN_DEFAULT_DATARATE;
28.         }
29.         else
30.         {
31.             mcpsReq.Type = MCPS_CONFIRMED;
32.             mcpsReq.Req.Confirmed.fPort = AppPort;
33.             mcpsReq.Req.Confirmed.fBuffer = AppData;
34.             mcpsReq.Req.Confirmed.fBufferSize = AppDataSize;
35.             mcpsReq.Req.Confirmed.NbTrials = 8;
36.             mcpsReq.Req.Confirmed.Datarate = LORAWAN_DEFAULT_DATARATE;
37.         }
```

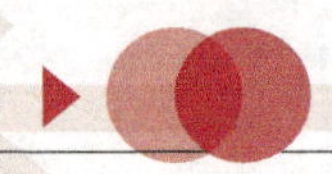


```
38.     }
39.
40.     if( LoRaMacMcpsRequest( &mcpsReq ) == LORAMAC_STATUS_OK )
41.     {
42.         return false;
43.     }
44.     return true;
45. } 。
```

函数SendFrame（）内的第21行～第37行，是节点向网关发送消息数据。当IsTxConfirmed=false时，节点发送非确认帧消息到网关，此时执行代码第22行～第28行。当IsTxConfirmed=true时，节点发送确认帧消息到网关，此时执行代码第30行～第37行。函数SendFrame（）的代码只展示了单播和双向通信的例子，这里补充下广播的情况。

广播代码的结构体设置如下：

```
1. typedef enum eMcps
2. {
3.      /*!
4.       * Unconfirmed LoRaMAC frame
5.       */
6.      MCPS_UNCONFIRMED,
7.      /*!
8.       * Confirmed LoRaMAC frame
9.       */
10.     MCPS_CONFIRMED,
11.     /*!
12.      * Multicast LoRaMAC frame
13.      */
14.     MCPS_MULTICAST,
15.     /*!
16.      * Proprietary frame
17.      */
18.     MCPS_PROPRIETARY,
19. }Mcps_t;
20. /*!
21.  * LoRaMAC MCPS-Request for a proprietary frame
22.  */
23. typedef struct sMcpsReqProprietary
24. {
25.      /*!
26.       * Pointer to the buffer of the frame payload
27.       */
28.      void *fBuffer;
```

```
29.     /*!
30.      * Size of the frame payload
31.      */
32.     uint16_t fBufferSize;
33.     /*!
34.      * Uplink datarate, if ADR is off
35.      */
36.     int8_t Datarate;
37. }McpsReqProprietary_t;
```

LoRaWAN数据服务类型定义在上述代码的第1行~第19行，Mcps_t定义在LoRaMac. h中，可以看到LoRaMAC的数据服务类型有MCPS_UNCONFIRMED、MCPS_CONFIRMED、MCPS_PROPRIETARY。需要发送广播时就需要使用MCPS_PROPRIETARY数据服务。广播数据结构体McpsReqProprietary_t为上述代码第23行~第37行。参照函数SendFrame（）的第21行~第37行单播代码，广播代码如下：

```
1. mcpsReq.Type = MCPS_PROPRIETARY;
2. mcpsReq.Req.Proprietary.fBuffer = AppData;
3. mcpsReq.Req.Proprietary.fBufferSize = AppDataSize;
4. mcpsReq.Req.Proprietary.Datarate = LORAWAN_DEFAULT_DATARATE;   。
```

将函数SendFrame（）内的第21行~第37行替换为MCPS_PROPRIETARY广播数据服务，就可以将消息广播给已经打开接收窗口的节点。MCPS_PROPRIETARY广播数据服务也同样适用于网关，当网关不知道节点地址的情况下，可以通过发送广播消息给节点，实现网关和节点间的通信。

MCPS指示事件函数用于指示MCPS的状态信息，这些信息包括MCPS的多播状态、端口、接收速率、（接收）缓存、缓存数据大小、信号强度等。当应用层收到了网关的无线数据时，系统将调用此函数。McpsIndication（）的代码如下所示，本例程的应用端口是2，若有需要解析的无线数据，用户需在第16行开始添加解析无线数据代码和执行相应的操作，无线数据存放在mcpsIndication->BufferSize所指向的缓存区，mcpsIndication->BufferSize是这个缓存区所存放无线数据的大小。

```
1. /*!
2.  * \brief   MCPS-Indication event function
3.  *
4.  * \param   [IN] mcpsIndication - Pointer to the indication structure,
5.  *               containing indication attributes.
6.  */
7. static void McpsIndication( McpsIndication_t *mcpsIndication )
8. {
9.    ...//此处省略无关代码
10.     if( mcpsIndication->RxData == true )
```

```
11.     {
12.         switch( mcpsIndication->Port )
13.         {
14.         case 1: // The application LED can be controlled on port 1 or 2
15.         case 2:
16. /*********用户应用*START*********/
17. //mcpsIndication->BufferSize
18. //mcpsIndication->Buffer
19. /*********用户应用*END*********/
20.                 break;
21.            ...//此处省略无关代码
22.            default:
23.                break;
24.            }
25.     }
26.     // Switch LED 2 ON for each received downlink
27.     GpioWrite( &Led2, 0 );
28.     TimerStart( &Led2Timer );
29. }
```

主程序如下所示，从第10行到第18行是用户自定义的初始化代码，目前初始化了OLED显示屏和串口UART1，默认初始化了温湿度传感器。如用户未使用到温湿度传感器，可以注释掉第18行代码“hal_temHumInit（）;”。代码的第28行到第35行用于在OLED屏幕上显示网络ID和节点本身地址。

```
1. int main( void )
2. {
3.     LoRaMacPrimitives_t LoRaMacPrimitives;
4.     LoRaMacCallback_t LoRaMacCallbacks;
5.     MibRequestConfirm_t mibReq;
6.     BoardInitMcu( );
7.     BoardInitPeriph( );
8.     //用户自定义初始化
9.     //显示屏初始化
10.    OLED_Init();
11.    OLED_Clear();
12.    OLED_ShowString(0,0, (uint8_t *)"LoRaWAN classA");
13.    //串口初始化
14.    UartInit( &Uart1, UART_1, UART_TX, UART_RX );
15.    UartConfig( &Uart1, TX_ONLY, 115200, UART_8_BIT, UART_1_STOP_BIT, NO_PARITY, NO_FLOW
       _CTRL );// RX_TX
16.    printf("新大陆教育 LoRaWAN Node classA V1.0.0.0\r\n");
17.    //初始化温湿度传感器
```

```
18.     hal_temHumInit();
19.     //硬件自检
20.  #if (ENGINEER_DEBUG != false)
21.      uint8_t buffer;
22.      SX1276ReadBuffer( 0x42,&buffer, 1 );
23.      printf("SX1276寄存器软件版本:V%2d\r\n",buffer);
24.  #endif //(ENGINEER_DEBUG != false)
25.      DeviceState = DEVICE_STATE_INIT;
26.      while( 1 )
27.      {
28.          mibReq.Type = MIB_NET_ID;
29.          LoRaMacMibGetRequestConfirm( &mibReq );
30.          OLED_ShowString(0,2, (uint8_t *)"N_ID:");
31.          OLED_ShowHex(32+8,2,mibReq.Param.NetID,4,16);
32.          mibReq.Type = MIB_DEV_ADDR;
33.          LoRaMacMibGetRequestConfirm( &mibReq );
34.          OLED_ShowString(0,4, (uint8_t *)"ADDR:");
35.          OLED_ShowHex(32+8,4,mibReq.Param.DevAddr,4,16);
36.          ...//此处省略无关代码
```

打开文件user_define.h，如图8-50所示。这里定义了RF_FREQUENCY的大小。RF_FREQUENCY是节点和网关的载波频率，必须一致，否则可能会无法通信。如果要修改节点的频率，那么网关也要跟着修改，而且频率必须一样才能通信。LoRa模块按照大于或等于带宽的间隔来划分频率RF_FREQUENCY，相同的频率节点和网关可以相互通信，不同频率的则无法通信。比如在带宽为125kHz的情况下，以频率430000kHz为起始频率，按125kHz间隔划分出三个频率：430000kHz、430125kHz、430250kHz，频率为430125kHz的节点和网关可以相互通信，而频率为430125kHz的节点和频率为430250kHz的网关则无法通信。用这个方法可以区分出不同LoRa无线网络。

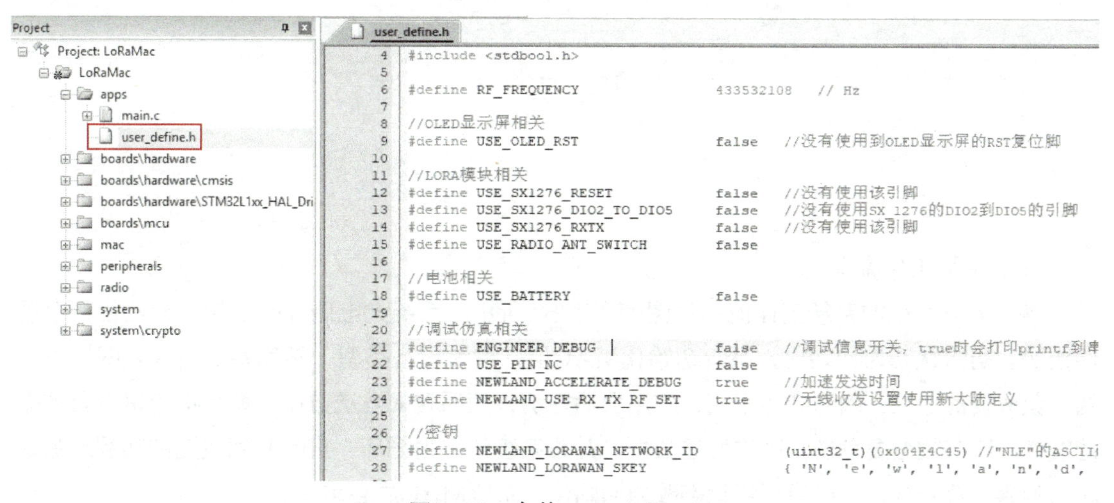


图8-50　文件user_define.h

网络ID标识NEWLAND_LORAWAN_NETWORK_ID定义在文件user_define. h，网络ID用来区分同一个区域的不同网络。会话密钥NEWLAND_LORAWAN_SKEY也定义在文件user_define. h中，只有有相同会话密钥的LoRa无线数据能传递到应用层，否则也会被MAC层过滤掉。当需要区分同一个频率的不同LoRaWAN网络时，可以通过定义不同的会话密码NEWLAND_LORAWAN_SKEY来区分网络。本例程中网络会话密钥和应用会话密钥是同一个，使用的都是NEWLAND_LORAWAN_SKEY这个密钥。

（4）设置节点类型

上述分析的是节点Class A的程序代码，也是节点Class B和节点Class C的相同部分，节点应用层代码几乎一样，唯一不同就是节点类型不同，节点类型是在节点初始化时确定的。节点Class A的主函数main（ ）的部分代码如下所示，从设备初始化状态代码的第13行可以看到，节点类型在此处确定，同样的，节点Class B和节点Class C在初始化的时候，也是在这个位置确定节点类型CLASS_B、CLASS_C的。

```
1.  /**
2.   * Main application entry point.
3.   */
4.  int main( void )
5.  {
6.      ...//此处省略无关代码
7.          switch( DeviceState )
8.          {
9.          case DEVICE_STATE_INIT:
10.         {
11.             ...// 此处省略无关代码
12.             mibReq.Type = MIB_DEVICE_CLASS;
13.             mibReq.Param.Class = CLASS_A;
14.             LoRaMacMibSetRequestConfirm( &mibReq );
15.
16.             DeviceState = DEVICE_STATE_JOIN;
17.             break;
18.         }
        ...//此处省略无关代码
```

（5）系统工作流程

各个节点类型的系统工作流程框图如图8-51所示。系统上电后开始工作，初始化各个硬件模块。初始状态为初始化，系统初始化MAC层并设置设备类型，然后系统转入入网处理。网关获取设备地址、网络会话密钥、应用会话密钥，随后转入发送数据。系统检查是否有数据待发送，若有数据要发送，则先发送数据，并置系统状态为循环，直到收到数据被唤醒或被定时器唤醒。若系统状态出错则将状态改为初始化，系统MAC层会重置。

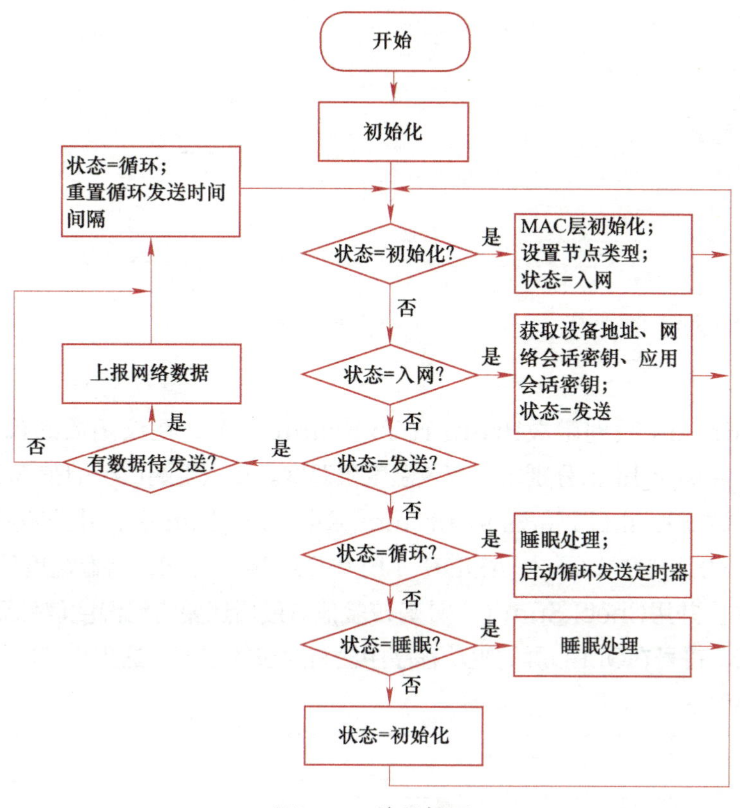


图8-51　流程框图

## 2. 温湿度传感器节点应用程序开发

根据8.1.6的LoRaWAN通信协议可以知道，数据帧头的数值为0x55，上发传感数据的命令为0x081，通信协议的基本结构为：HEAD CMD NET_ID LORA_ADDR LEN DATA CHK。打开节点Class A的工程源码，并在main.c的开头处定义：

```
1.  #define HEAD 0x55
2.  #define CMD 0x81
```

上报传感数据到网关的时候，每帧数据的结尾是校验字节CHK，它的值为从HEAD到CHK前一个字节的和，且保留低八位，在main.c中设计一个求校验和的函数，并在适当的位置添加该函数的声明，设计的求校验和的CheckSum（）函数代码如下：

```
1.  /*****************************************************************************
2.  *函数：uint8 CheckSum(uint8 *buf, uint8 len)
3.  *功能：计算校验和
4.  *输入：uint8 *buf-指向输入缓存区, uint8 len输入数据字节个数
5.  *输出：无
6.  *返回：返回校验和
7.  *特殊说明：无
8.  *****************************************************************************/
```

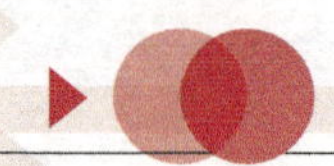



```
9.  uint8_t CheckSum(uint8_t *buf, uint8_t len)
10. {
11.     uint8_t temp = 0;
12.     while(len--)
13.     {
14.         temp += *buf;
15.         buf++;
16.     }
17.     return (uint8_t)temp;
18. } 。
```

在文件main. c中找到函数PrepareTxFrame（ ），在该函数的代码内定义变量sensor_tem和sensor_hum分别用于存放温度和湿度。在应用端口port值为2的代码位置添加采集温湿度函数call_sht11（&sensor_tem, &sensor_hum），并按照通信协议格式：HEAD CMD NET_ID LORA_ADDR LEN DATA CHK，将温湿度传感数据填充到AppData[ ]中，并用CheckSum（ ）计算校验值。最后还要将温湿度信息显示在OLED屏幕上，由于“℃”符号在OLED屏的驱动程序中没有对应的字库，这里用“C”代替“℃”。由此得到的代码如下：

```
1.  /*!
2.   * \brief   Prepares the payload of the frame
3.   */
4.  static void PrepareTxFrame( uint8_t port )
5.  {
6.      switch( port )
7.      {
8.      case 2:
9.      {
10.         /*********用户应用*START*********/
11.         //用户自定义变量
12.         uint16_t sensor_hum = 0;
13.         uint16_t sensor_tem = 0;
14.         call_sht11(&sensor_tem, &sensor_hum);//读取温湿度
15.         AppData[21] = '\0';
16.         AppData[20] = '%';
17.         AppData[19] = sensor_hum%10+'0';
18.         AppData[18] = sensor_hum/10+'0';
19.         AppData[17] = 'H';
20.         AppData[16] = 'R';
21.         AppData[15] = 0xE6;
22.         AppData[14] = 0xA1;  //A1 E6为摄氏度符号℃ 的GBK十六进制编码。
23.         AppData[13] = sensor_tem%10+'0';
```

```
24.            AppData[12] = sensor_tem/10+'0';
25.            AppData[11] = 'T';
26.            AppData[10] =strlen((const char *)(AppData+11))+1;
27.            AppData[9] = DevAddr;
28.            AppData[8] = DevAddr>>8;
29.            AppData[7] = DevAddr>>16;
30.            AppData[6] = DevAddr>>24;
31.            AppData[5] = (uint8_t) NEWLAND_LORAWAN_NETWORK_ID;
32.            AppData[4] = (uint8_t) (NEWLAND_LORAWAN_NETWORK_ID>>8);
33.            AppData[3] = (uint8_t) (NEWLAND_LORAWAN_NETWORK_ID>>16);
34.            AppData[2] = (uint8_t) (NEWLAND_LORAWAN_NETWORK_ID>>24);
35.            AppData[1] = CMD;
36.            AppData[0] = HEAD;
37.            AppData[22] = CheckSum(AppData,22);
38.            OLED_ShowString(0,6, (uint8_t *)"Tem:");
39.            OLED_ShowNum(32,6,sensor_tem,2,16);
40.            OLED_ShowChar(48,6,'C');
41.            OLED_ShowString(56+8,6, (uint8_t *)"RH:");
42.            OLED_ShowNum(80+8,6,sensor_hum,2,16);
43.            OLED_ShowChar(96+8,6,'%');
44.            printf("温度： %d ℃，湿度： %d PERCENT\r\n",sensor_tem,sensor_hum);
45.            /*********用户应用*END*********/
46.        }
47.    break;
48.    ...//此处省略无关代码
49.    default:
50.        break;
51.    }
52. }
```

到这里就已经完成了温湿度传感器节点Class A的应用程序的开发了，最后编译工程生成HEX文件。用同样的方法完成节点Class B和节点Class C的湿度传感器应用程序。

### 3. 硬件连接

取一块LoRa模块，如图8-52所示。显示屏下方的两开关JP1往右拨、JP2往左拨，拨码开关往上拨，并插上天线。

JP1是boot脚的设置脚，右拨的时候是正常工作；左拨的时候是在下载固件时使用。

JP2是STM32单片机的usart1的接通选择开关，左拨的时候接通到NEWLab主机上；右拨的时候断开与NEWLab主机的连接，并将RX和TX引脚接通到J6排针母座上。

拨码开关是控制STM32的SPI引脚和SX1278模组的SPI接通，全部上拨的时候，STM32的SPI和SX1278模组接通；全部下拨的时候，STM32的SPI和SX1278模组断开连接。

LoRa模块插上温湿度光敏传感器（M21）模块（见图8-53），作为LoRaWAN的传感器节点，效果如图8-54所示。

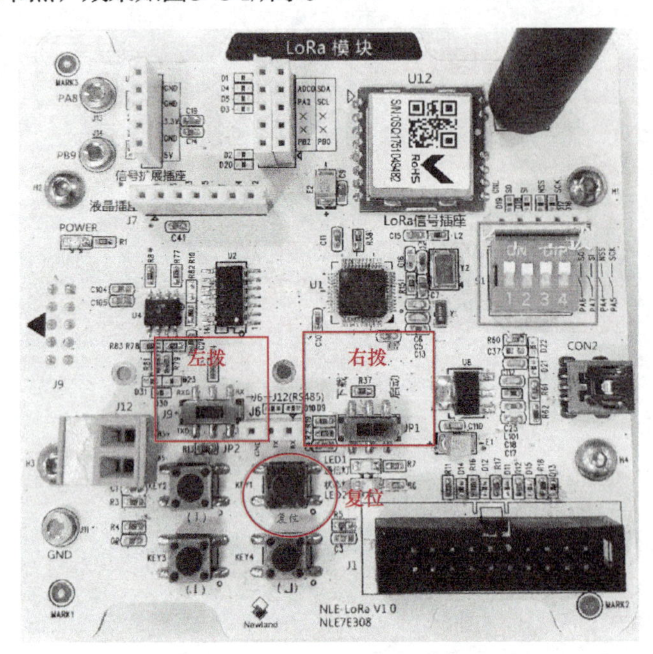


图8-52　LoRa模块

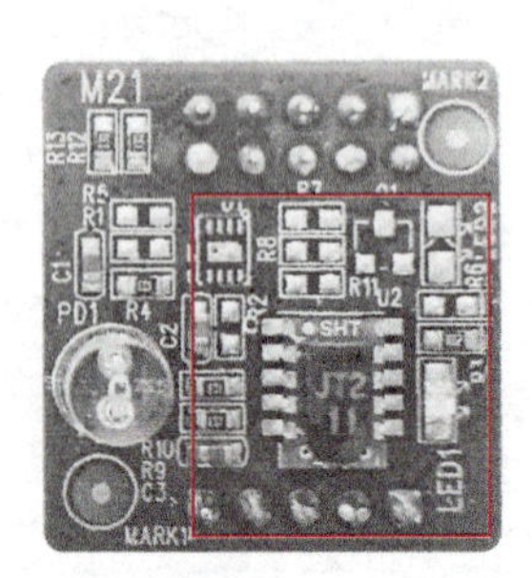


图8-53　温湿度光敏传感器

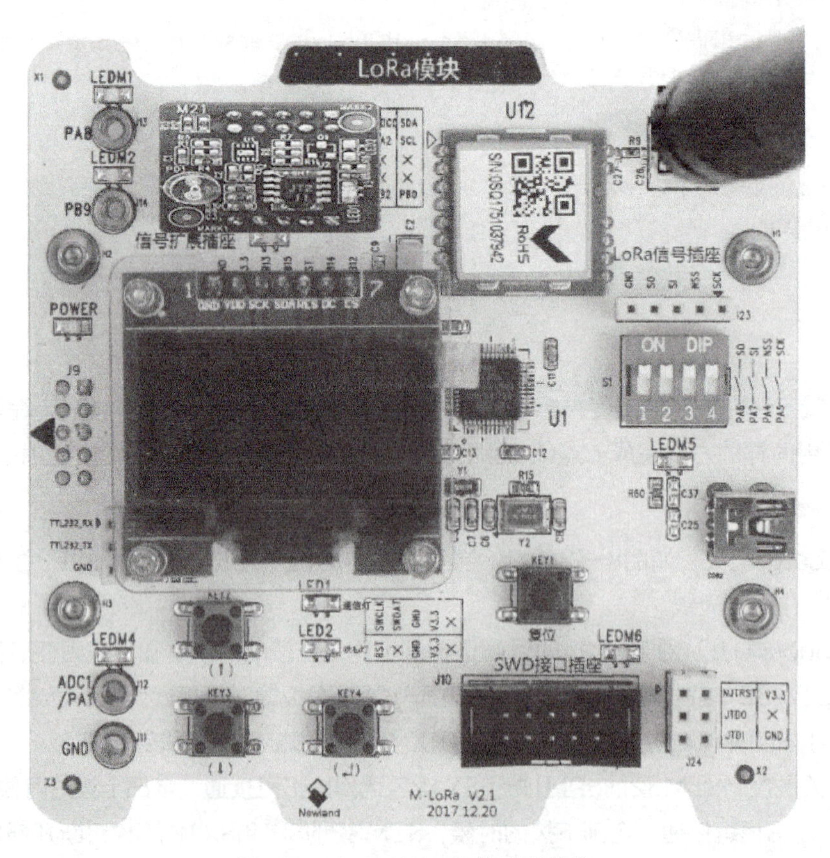


图8-54　LoRaWAN的传感器节点

温湿度传感器原理图如图8-55所示。

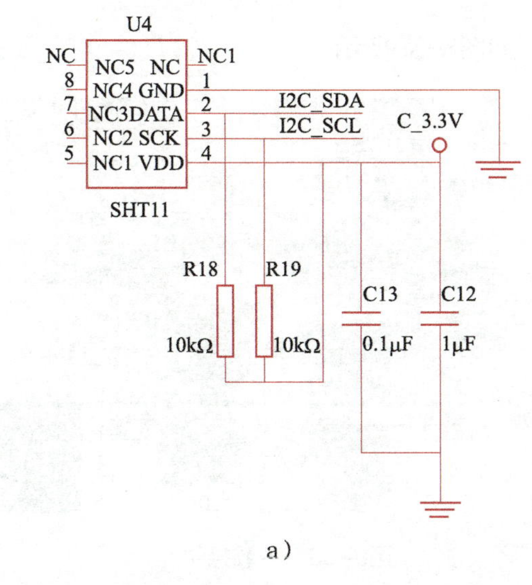


a）

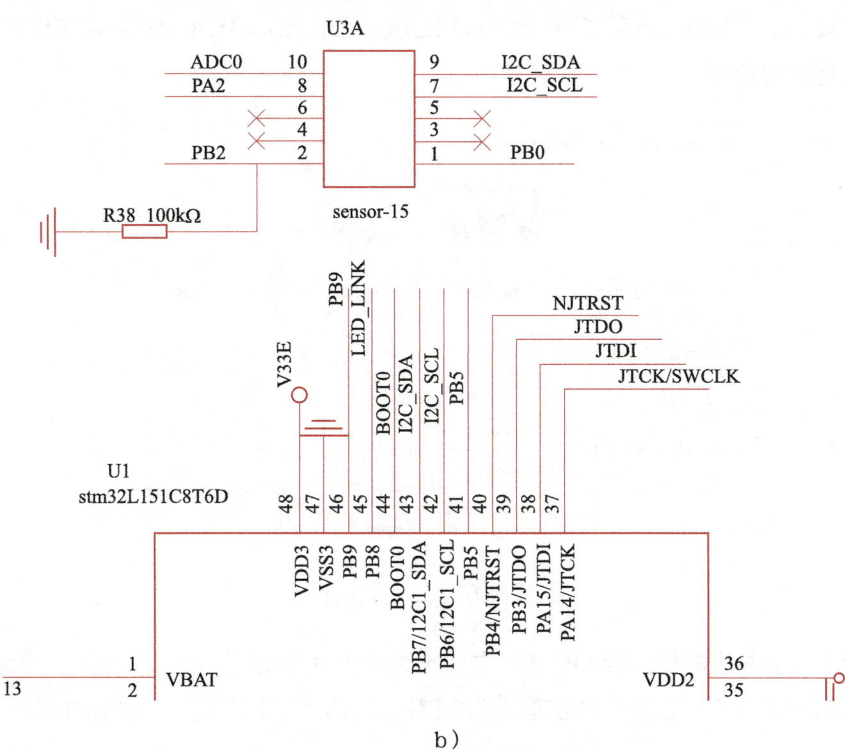


b）

图8-55 温湿度传感器原理图

a）温湿度传感器小板原理图 b）温湿度传感器主板原理图

准备NEWLab主机和配套12V电源，NEWLab主机接通12V电源，并用串口线连接好电脑和NEWLab主机，通信旋钮开关旋至通信模式，NEWLab主机上放置LoRa模块。

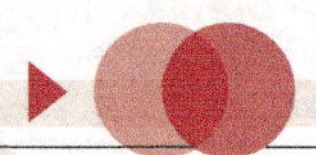

### 4．程序烧写

LoRa模块JP1往左拨，如图8-56所示。

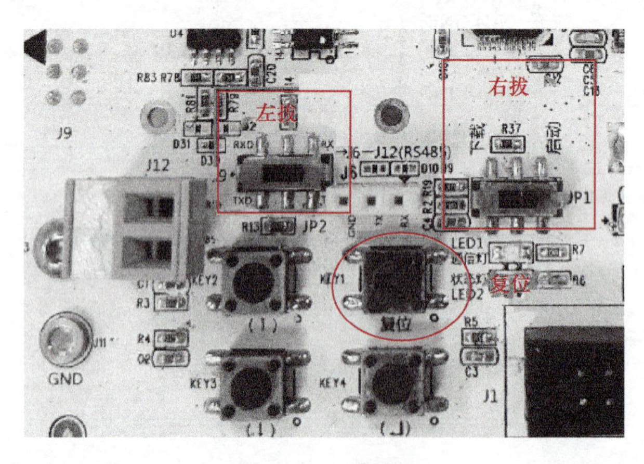


图8-56　下载操作

打开STM32固件串口下载工具Flash Loader Demonstrator，并按图8-57配置，串口号根据实际情况选择。

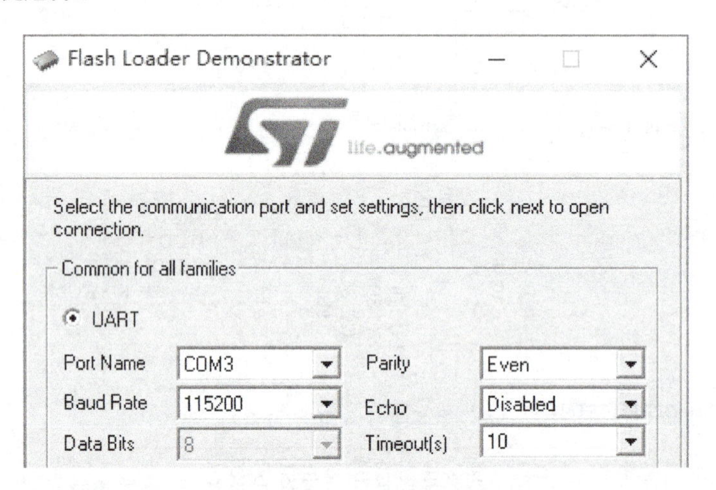


图8-57　UART配置

按一下LoRa模块的复位键KEY1，之后一路单击软件的“Next”按钮，直到出现如图8-58所示的窗口，在下拉菜单中选择“STM32L1_Cat1-128K”，然后再单击“Next”按钮。

如图8-59所示，按路径选择节点Class A生成的.hex文件。

单击软件的“Next”按钮，程序开始下载过程，下载成功后，将LoRa模块的JP1往右拨，同时按一下复位KEY1，LoRaWAN-Node程序便开始运作了，如图8-60所示。按同样的方法给另外两块LoRa模块烧写节点Class B和Class C的程序。

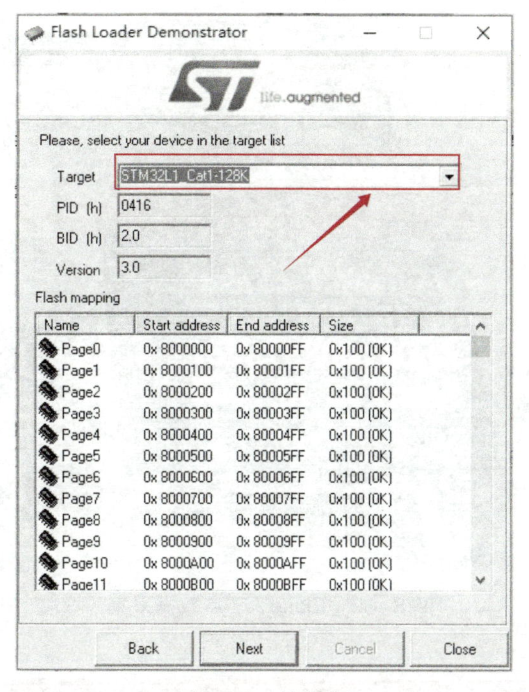


图8–58　选择框

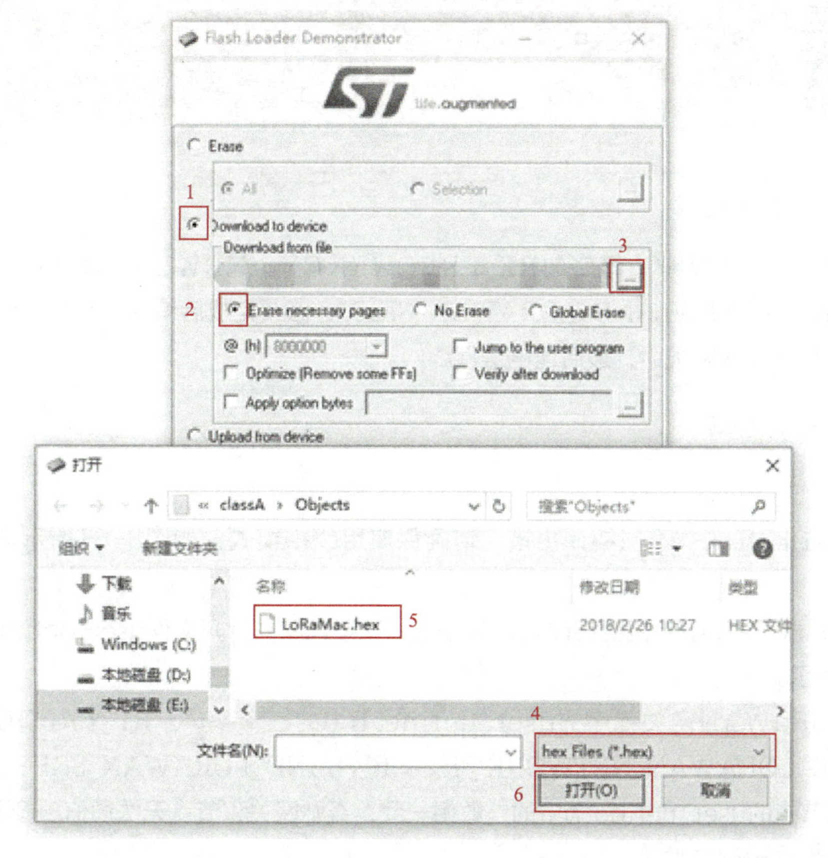


图8–59　选择hex文件

图8-60　Class A节点数据采集

# 8.5 任务3　LoRaWAN网关汇聚节点数据到上位机

## 8.5.1　任务要求

修改LoRaWAN网关程序的RF_FREQUENCY、NEWLAND_LORAWAN_NETWORK_ID、NEWLAND_LORAWAN_SKEY，修改完成后编译工程生成HEX文件，并烧写到LoRaWAN网关中，最后通电运行。

## 8.5.2　任务实施

### 1. 软件配置

1）为防止MDK-ARM编译出错，请确保使用C99模式，如图8-61所示勾选“C99 Mode”。

2）打开LoRaWAN-Master的MDK-ARM工程代码，打开文件user_define. h配置，如图8-62所示。

修改LoRaWAN网关程序的user_define. h中的三个参数：RF_FREQUENCY、NEWLAND_LORAWAN_NETWORK_ID、NEWLAND_LORAWAN_SKEY，将这三个参数改成和节点的user_define. h中的参数相一致，否则网关和节点无法通信。修改完成后编译工程代码生成HEX文件。

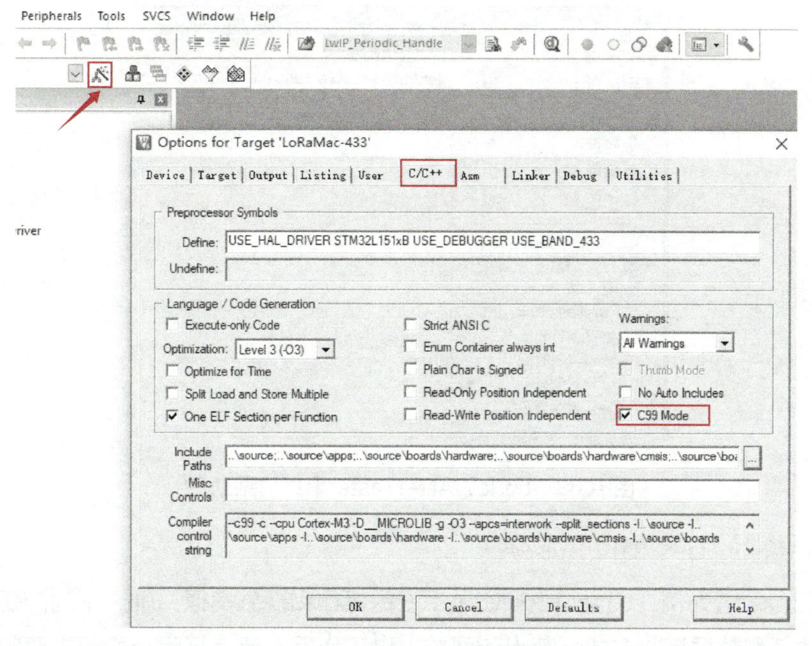


图8-61　勾选“C99 Mode”

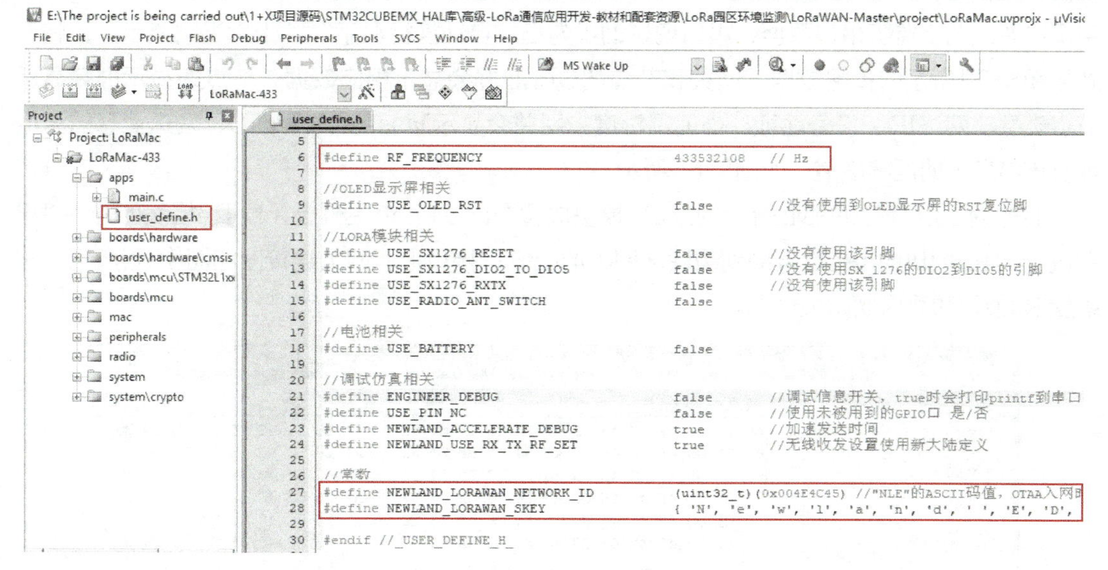


图8-62　各类宏定义

## 2. 程序烧写

选取未插温湿度光敏传感器的LoRa模块作为LoRaWAN网关，操作同节点步骤，烧写路径为“...\LoRaWAN-Master\project\Objects。

烧写完成，串口设置波特率为115200，校验位为NONE，数据位为8，停止位为1，按一下复位KEY1，LoRaWAN-Master便会在串口上打印如图8-63所示的信息，注意此时的串口不勾选“十六进制显示”。

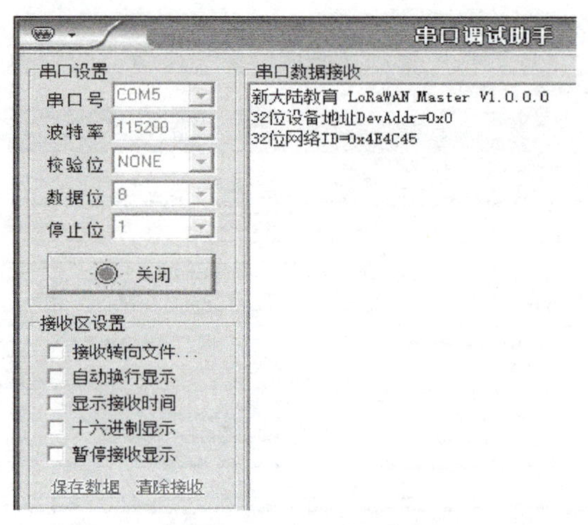


图8-63　LoRaWAN-Master串口调试助手

### 3．LoRa模块运行效果和串口数据

以节点Class A为例，Class B和Class C的操作和现象类似，唯一不同的是节点本身类型所决定的功耗和数据接收方式。节点和网关上电工作后，节点每隔一段随机时间会唤醒并采集温湿度信息，然后发送给网关。LoRaWAN网关将收到的传感数据发给物联网网关，如果用串口调试助手监听串口数据，串口调试助手勾选“自动换行显示”“十六进制显示”，将看到如图8-64所示的传输数据。网关和节点的OLED屏会显示相应数据，节点的显示屏会显示节点类型、网络ID、设备地址、当前温湿度，网关会显示Master、网络ID、发送消息的源地址及该消息内的温湿度值，如图8-65所示。

将作为LoRaWAN-Master的LoRa模块放置在NEWLab主机上，LoRa模块的开关JP2右拨，LoRa模块的485信号接到物联网网关的485-2接口上。网关连接图如图8-66所示，并给LoRa模块和物联网网关供电。

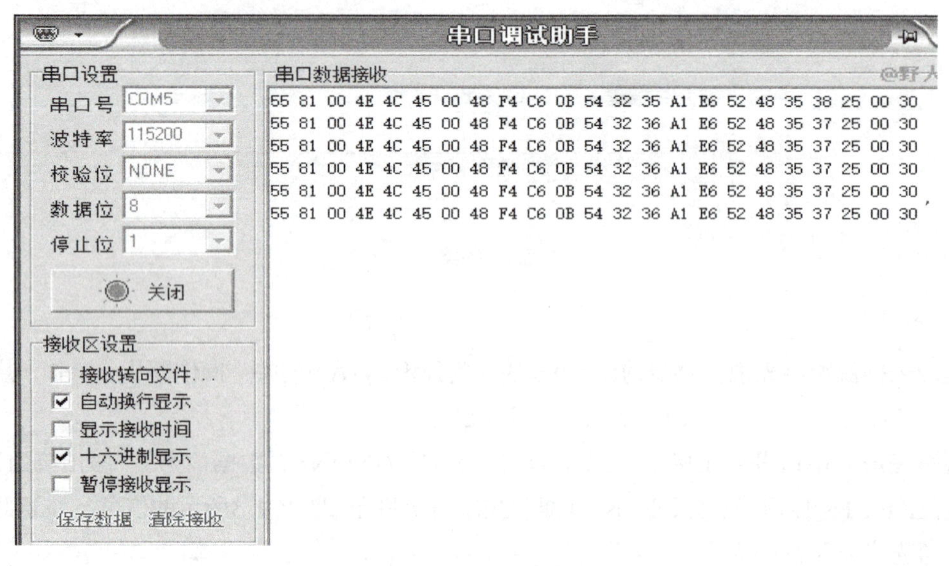


图8-64　网关串口数据

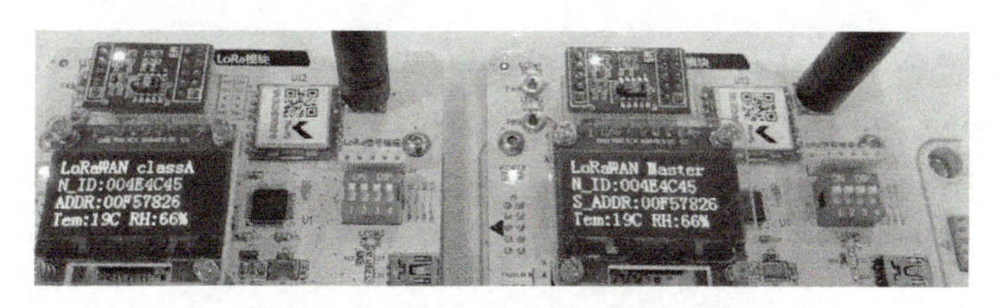


图8-65　网关和节点OLED显示

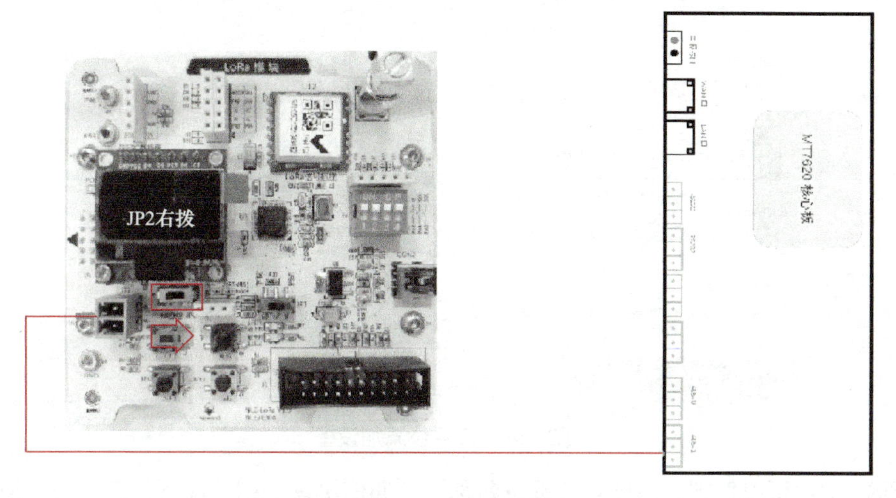


图8-66　网关连接图

## 4. 新建项目

登录云平台后，先单击“开发者中心”按钮，然后单击“新增项目”按钮即可新建一个项目。在弹出的“添加项目”对话框中，可对“项目名称”“行业类别”以及“联网方案”等信息进行填充（图8-67中的标号③处）。

在本案例中，设置“项目名称”为“园区环境监测”，“行业类别”选择“工业物联”，“联网方案”选择“以太网”。

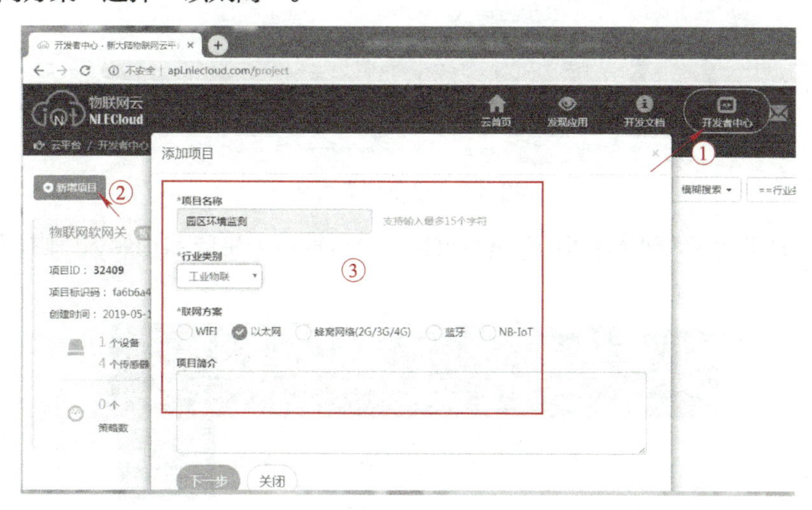


图8-67　云平台新建项目

### 5. 添加设备

项目新建完毕后，可为其添加设备，设备标识名末尾加一串随机数字，防止和其他人重复，如图8-68所示。

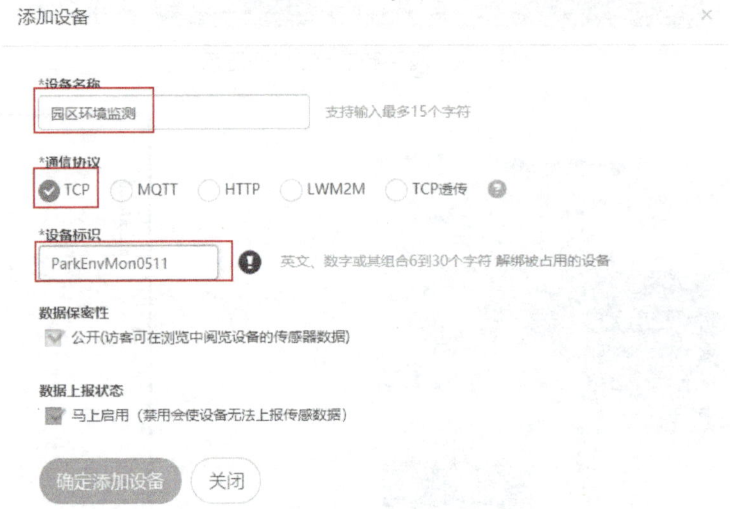

添加设备
*设备名称
园区环境监测
支持输入最多15个字符
*通信协议
TCP
MQTT
HTTP
LWM2M
TCP透传
*设备标识
ParkEnvMon0511
英文、数字或其组合6到30个字符 解绑被占用的设备
数据保密性
公开(访客可在浏览中阅览设备的传感器数据)
数据上报状态
马上启用（禁用会使设备无法上报传感数据）
确定添加设备
关闭

图8-68　云平台添加设备

从图8-68中可以看到，需要对“设备名称”“通信协议”和“设备标识”进行设置。

设备添加完成进入如图8-69所示页面，记录下设备ID、设备标识、传输密钥。

物联网云
NLECloud
开发者中心
云平台 / 开发者中心 / 物联网网关 / 设备管理 ①
添加设备
设备图片
设备名称
园区环境监测
设备ID：42947 ②
设备标识：ParkEnvMon0511 ③
传输密钥：51d83d4663fb44c0810ca7d2ca346b2d ④
通讯协议：TCP
数据浏览：http://www.nlecloud.com/device/42947

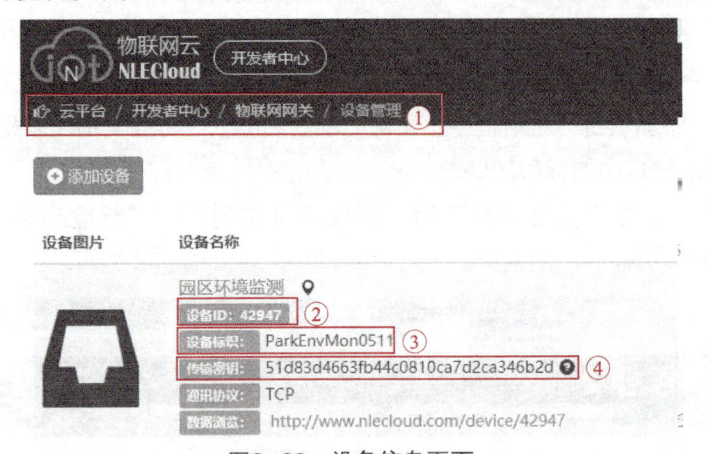

图8-69　设备信息页面

按图8-70、图8-71确认APIKey是否过期，若过期或未生成APIKey，则按图8-71生成APIKey。

云首页
发现应用
开发文档
开发者中心
133****6060
普通会员
个人设置
开发设置
实名认证
退出系统
可以输入设备标识、名称、ID等关键词
模糊搜索

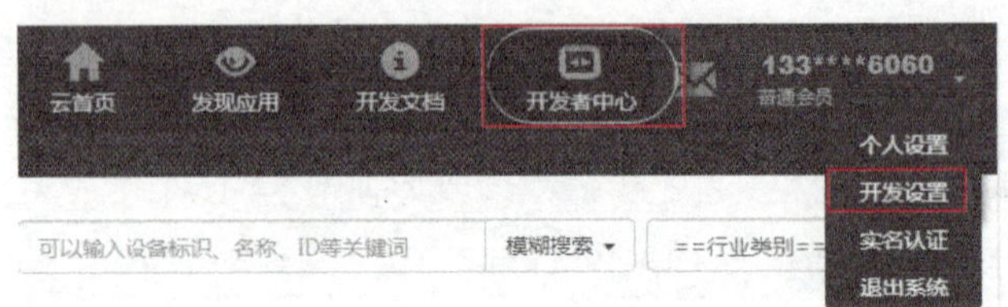

图8-70　开发设备

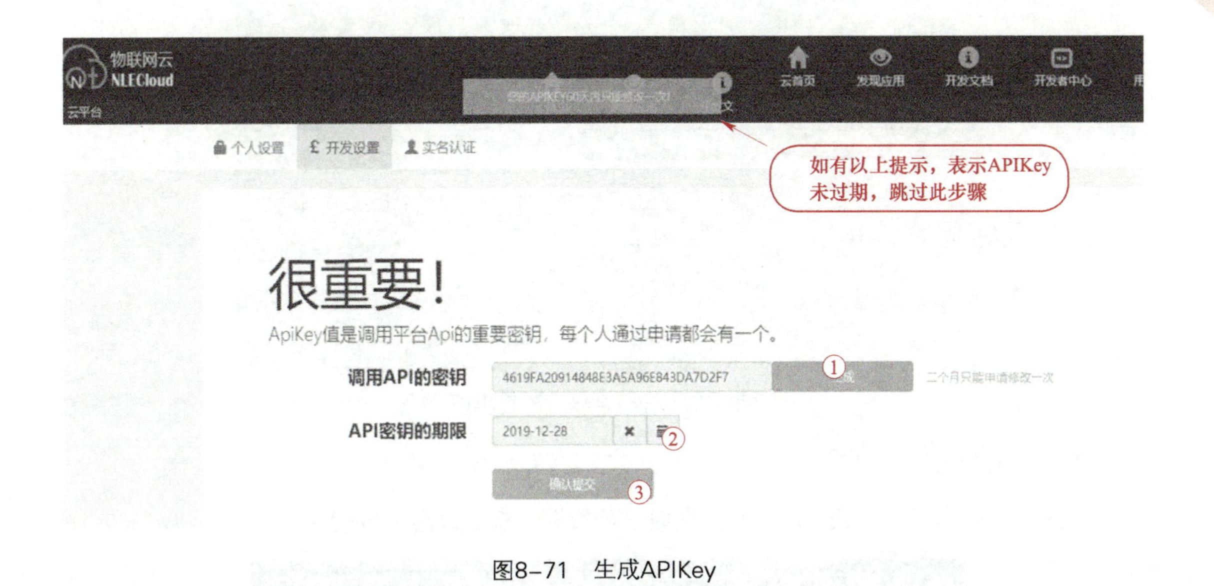


图8-71　生成APIKey

## 6．配置物联网网关接入云平台

登陆物联网网关系统管理界面192.168.14.200:8400（IP可自行设置，端口号固定），如图8-72所示。

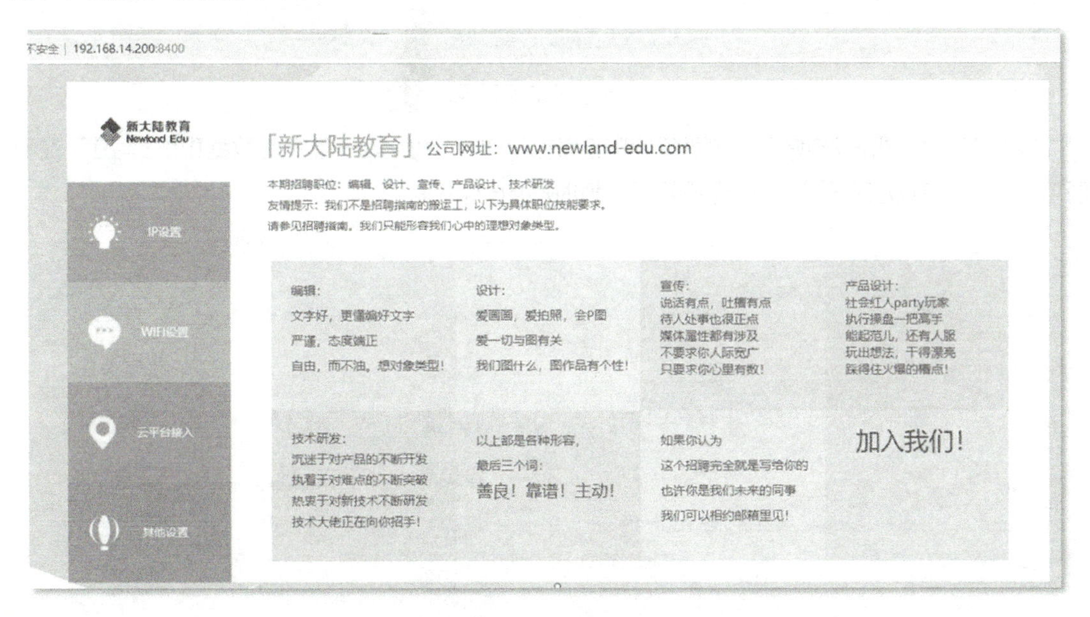


图8-72　网关首页

将前面记录的设备ID、设备标识和传输密钥填入到图8-73的相应位置。

物联网网关配置参数配置完毕，单击“设置”按钮，物联网网关系统自动重启，20s左右，系统初始化完毕。

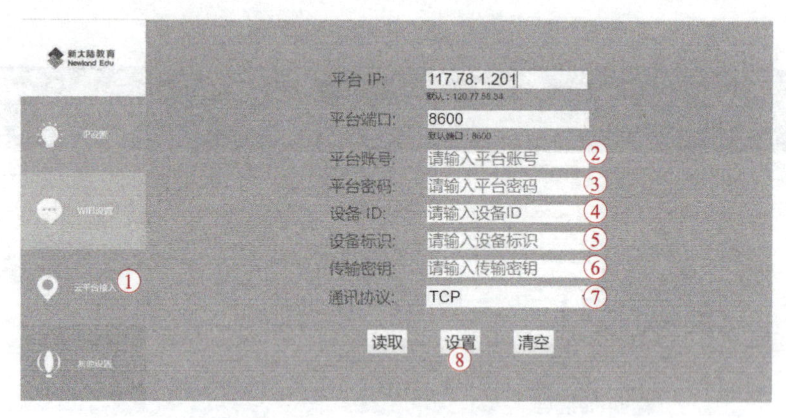


图8-73　云平台接入配置界面

## 7. 系统运行情况分析

按图8-74 ①、②步骤，可让网页实时显示数据，查看数据上传情况。

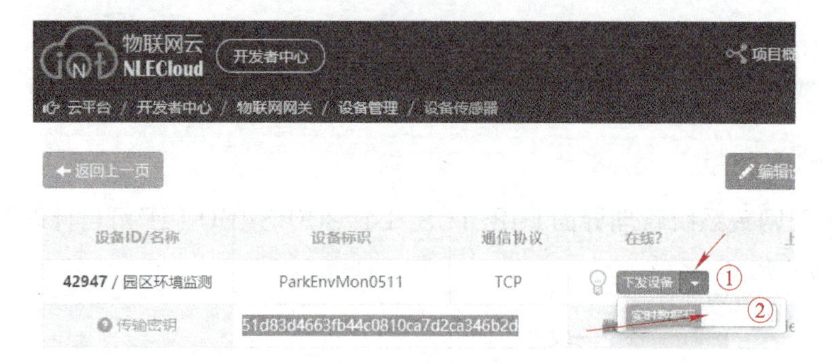


图8-74　开启实时显示

实时显示如图8-75所示，网页每间隔5s刷新一次，图中第一条实时数据中的“29”表示温度数值，“10分09秒”表示传感数据上报时间的分和秒。

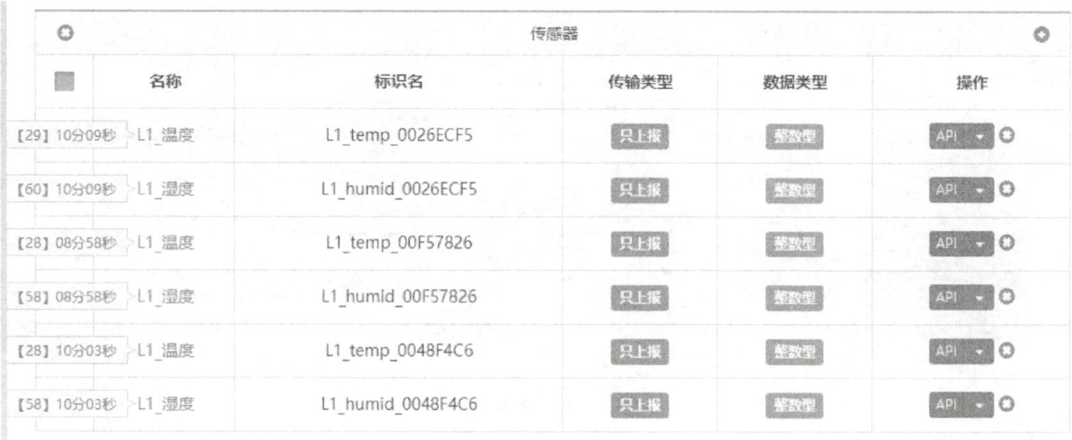

| 传感器 | | | | | |
|---|---|---|---|---|---|
| | 名称 | 标识名 | 传输类型 | 数据类型 | 操作 |
| 【29】10分09秒 | L1_温度 | L1_temp_0026ECF5 | 只上报 | 整数型 | API |
| 【60】10分09秒 | L1_湿度 | L1_humid_0026ECF5 | 只上报 | 整数型 | API |
| 【28】08分58秒 | L1_温度 | L1_temp_00F57826 | 只上报 | 整数型 | API |
| 【58】08分58秒 | L1_湿度 | L1_humid_00F57826 | 只上报 | 整数型 | API |
| 【28】10分03秒 | L1_温度 | L1_temp_0048F4C6 | 只上报 | 整数型 | API |
| 【58】10分03秒 | L1_湿度 | L1_humid_0048F4C6 | 只上报 | 整数型 | API |

图8-75　实时显示

单击图8-76中①所指位置可跳转到历史数据页面。

图8-76　显示历史数据

## 单元总结

本单元通过“园区环境监测”项目的分任务实施，逐步讲解LoRaWAN技术的基本知识和LoRaWAN组网技术的基本应用。

1）LoRaWAN是为LoRa远距离通信网络设计的一套通信协议和系统架构，LoRaWAN在协议和网络架构的设计上，充分考虑了节点功耗、网络容量、QoS、安全性和网络应用多样性等几个因素。

2）LoRaWAN网络的节点设备类型有三种，分别为：电池供电-Class A、低延迟-Class B、无延迟-Class C，不同类型的节点设备有着不同的性能表现。

3）LoRaWAN网络上的终端设备必须先被激活才能通信，激活需要用到设备地址、网络会话密钥、应用会话密钥，在LoRaWAN网络中的不同节点允许网络使用正确的密钥并准确的解析数据。

# 参 考 文 献


[1] 周杏鹏．传感器与检测技术[M]．北京：清华大学出版社，2010．

[2] 杨黎．基于C语言的单片机应用技术与Proteus仿真[M]．长沙：中南大学出版社，2012．

[3] 欧阳骏，陈子龙，黄宁淋．蓝牙4.0BLE开发完全手册[M]．北京：化学工业出版社，2013．

[4] 王小强，欧阳骏，黄宁淋．ZigBee无线传感器网络设计与实现[M]．北京：化学工业出版社，2012．

[5] 高守玮，吴灿阳．ZigBee技术实践教程[M]．北京：北京航空航天大学出版社，2009．

[6] 李文仲，段朝玉，等．ZigBee2007/PRO协议栈实验与实践[M]．北京：北京航空航天大学出版社，2009．

[7] 姜仲，刘丹．ZigBee技术与实训教程—基于CC2530的无线传感网技术[M]．北京：清华大学出版社，2014．

[8] 刘火良，杨森．STM32库开发实战指南：基于STM32F103[M]．2版．北京：机械工业出版社，2017．

[9] 冯暖，周振超．物联网通信技术（项目教学版）[M]．北京：清华大学出版社，2016．

[10] 黄宇红，杨光．NB-IoT物联网技术解析与案例详解[M]．北京：机械工业出版社，2018．

[11] 张阳，郭宝．万物互联：蜂窝物联网组网技术详解[M]．北京：机械工业出版社，2019．

[12] 牛跃听，周立功，方丹，等．CAN总线嵌入式开发—从入门到实战[M]．2版．北京：北京航空航天大学出版社，2016．

[13] 罗峰，孙泽昌．汽车CAN总线系统原理、设计与应用[M]．北京：电子工业出版社，2010．

[14] 杨更更．Modbus软件开发实战指南[M]．北京：清华大学出版社，2017．